第188场中国工程科技论坛论文集

Proceedings of the 188th China Engineering Science and Technology Forum

爆炸合成纳米金刚石和岩石安全破碎关键科学与技术

汪旭光　主编

冶金工业出版社

图书在版编目(CIP)数据

爆炸合成纳米金刚石和岩石安全破碎关键科学与技术/汪旭光
主编. —北京：冶金工业出版社, 2014.8
ISBN 978-7-5024-6703-6

Ⅰ.①爆… Ⅱ.①汪… Ⅲ.①金刚石—人工合成 ②岩石切削
机理 Ⅳ.① TQ164.8 ②TU45

中国版本图书馆 CIP 数据核字 (2014) 第 187228 号

出 版 人 谭学余
地 址 北京市东城区嵩祝院北巷 39 号 邮编 100009 电话 (010)64027926
网 址 www.cnmip.com.cn 电子信箱 yjcbs@cnmip.com.cn
责任编辑 廖 丹 程志宏 美术编辑 彭子赫 版式设计 孙跃红
责任校对 王永欣 责任印制 牛晓波
ISBN 978-7-5024-6703-6
冶金工业出版社出版发行；各地新华书店经销；三河市双峰印刷装订有限公司印刷
2014 年 8 月第 1 版，2014 年 8 月第 1 次印刷

787mm×1092mm 1/16；31 印张；742 千字；488 页
180.00 元

冶金工业出版社 投稿电话 (010)64027932 投稿信箱 tougao@cnmip.com.cn
冶金工业出版社营销中心 电话 (010)64044283 传真 (010)64027893
冶金书店 地址 北京市东四西大街 46 号(100010) 电话 (010)65289081(兼传真)
冶金工业出版社天猫旗舰店 yjgy.tmall.com
（本书如有印装质量问题，本社营销中心负责退换）

前　言

正值全国上下深入贯彻落实党的十八大和十八届三中全会精神之际，我们爆破行业迎来了第 188 场中国工程科技论坛——"爆炸合成纳米金刚石和岩石安全破碎关键科学与技术"的召开。这是继 2011 年第 125 场中国工程科技论坛"爆炸合成新材料与高效、安全爆破关键科学和工程技术"召开之后，我国爆破行业的又一次高规格、高水平的学术盛会，它必将进一步助推我国爆破行业的转型升级和创新发展。

根据国家有关新材料产业的发展规划和大力实施安全发展战略的要求，爆破行业一直竭力探索爆炸合成新材料的科学与技术，大力发展岩石安全破碎关键科学与技术，这些新材料和新技术在航空航天、石油化工、国防建设、城市改造、水利水电、交通运输、采矿工程等领域得到了广泛应用并取得了有目共睹的成就。

纳米金刚石作为爆炸合成新材料产业中应用前景最广阔的功能材料，引起了全球爆破行业的广泛关注。世界上对爆炸合成纳米金刚石的研究始于 20 世纪。1984 年俄罗斯 A. M. Staver 等在俄文刊物上发表了有关在炸药爆轰残余灰尘中含有金刚石的报道，以及 1988 年美国 Los Alamos 国家实验室的 N. R. Greiner 等在《自然(Nature)》上以"爆轰灰中的金刚石(Diamonds in Detonation Soot)"为题发表了利用负氧平衡炸药爆轰所产生的余碳合成出颗粒直径 4～7nm 的纳米金刚石的报道和原理分析，极大地带动了世界性的关于"气相合成金刚石"研究。由于当时在材料学中没有"纳米"的概念提法，所以一直称为"超微细金刚石(ultrafine diamond)"或"超分散金刚石(ultra dispersed diamond)"，现在普遍称为"纳米金刚石(nano-diamond, n-diamond)"。目前，俄罗斯的"阿尔泰"科研生产联合体、白俄罗斯的"辛塔"科研生产联合体、乌克兰的"阿立特"公司，以及"阿尔泰"在美国办的"超分散技术"公司都建有年产 20t 左右的纳米金刚石生产线。我国 1993 年在中科院兰州化学物理研究所用爆轰法也得到了纳米金刚石，揭开了我国爆轰合成纳米金刚石的序幕。例如，中科院兰州化学物理研究所、北京理工大学、第二炮兵工程学院、中国工程物理研究院西南流体物理研究所、西北核技术研究所、大连理工大学等单位大力开展纳米金刚石合成及其应用技术等方面的研究工作，研究重点主要集中在合成技术和分散技术，以促进其工业应用。另外，中科院兰州化学物理研究所、北京理工大学等多家单位已建立了爆轰合成生产线。

多年来，岩石安全破碎关键科学与技术一直是我国爆破行业研究的一项重要课题，利用炸药爆炸瞬间释放的巨大能量破碎岩石是岩石破碎中应用最广泛、最有效的方法。由于炸药的爆炸威力极大，确保爆破破岩的施工安全成为至关重要的科学问题。为此，我国爆破界本着"从效果着眼，从过程入手"的原则，在多年的爆破工程实践的基础上，提出了精细爆破理念，即通过定量化的爆破设计和精心的爆破施工，对炸药爆炸能量释放与介质破碎、抛掷等过程实行精密控制。既达到预定的爆破效果，又实现对爆破有害效应的安全有效控制，最终实现安全可靠、绿色环保及经济合理的爆破作业。

本论文集收录了本次论坛上交流的有关论文，共计 69 篇，分为爆破理论研究、爆炸合成新材料、爆炸复合新技术、岩石破碎关键技术、爆破安全与爆破器材五个部分，总体上反映了我国在爆炸合成纳米金刚石和岩石安全破碎关键科学与技术方面取得的研究成果，对国内爆炸合成纳米金刚石和岩石安全破碎方面的理论和技术水平提高具有较强的指导意义。本论文集可供从事爆炸合成纳米金刚石和岩石破碎的科研人员和工程技术人员阅读，也可供大专院校相关专业的师生参考。

在论坛组织者、审稿专家、出版社和联系人的通力协作和共同努力下，经过审阅、编排、校对，最终完成了本论文集的制作。许多专家、教授为之付出了诸多心血和繁重劳动。在此谨致以衷心的感谢。

由于时间仓促，编者经验有限，凡此不妥不当之处，敬请读者批评指正。

中国工程院院士
中国工程爆破协会理事长

2014 年 8 月

目　录

1　爆破理论研究

2　爆炸合成新材料

3　爆炸复合新技术

4　岩石破碎关键技术

5　爆破安全与爆破器材

1

爆破理论研究

纳米金刚石合成理论计算与实验分析

王宇新　李晓杰　王小红　闫鸿浩　孙　明

（大连理工大学工程力学系，辽宁大连，116024）

摘　要：爆炸驱动飞片高速冲击石墨产生的高温高压能使石墨转化为金刚石粉末颗粒，实验模型包括多层材料组合，各层材料的冲击波阻抗不同，冲击波在不同材料中多次的透射和反射，在不同层材料内冲击压力和温度是变化的，冲击压力和冲击温度将直接影响石墨转化成纳米金刚石粉末的比率。本文应用固体材料和疏松材料的状态方程计算在高速飞片冲击作用下合成纳米金刚石在各层材料中冲击载荷的变化和冲击波在多层材料中的传播规律，为纳米金刚石粉末的冲击合成提供理论依据，并同时进行相应实验分析。

关键词：纳米金刚石；状态方程；冲击载荷；飞片增压

Calculation and Experimental Analysis of Synthetic Nanometer Diamond

Wang Yuxin　Li Xiaojie　Wang Xiaohong　Yan Honghao　Sun Ming

(Department of Engineering Mechanics, Dalian University of Technology, Liaoning Dalian,116024)

Abstract: Pressurize flyer method is one of synthetic nanometer diamond technology. Transiting from graphite to diamond is under high temperature and pressure by high impacting of flyer. Shock wave transmits and reflects for many times in multi-layers materials because of different wave impedance of every layer material. Impact loading in graphite layer is dynamic numerical value. This is a main factor which directly affect productive efficiency of diamond. In this paper, state equations of solid materials and porous materials are used to calculate impact loading and study shock wave propagation in multi-layers materials. It is important to provide one rational theory and calculation model for synthetic nanometer diamond by explosive pressurize flyer.

Keywords: nanometer diamond; state equation; impact loading; pressurize flyer

1　引言

金刚石和石墨是碳的同素异构体，金刚石具有硬度高、极高的电阻率和折射率、耐磨和耐腐蚀性等优越的物理性能，尤其是在高温下仍然保持很好的稳定性，这是其他材料所无法比拟的，在各个领域里具有广阔的应用前景。随着工业生产的不断发展，对金刚石的应用在数量和品质上提出了新的要求，显然天然金刚石由于数量少和开采困难很难满足生产需求。纳米金刚

基金项目：国家自然科学基金资助项目（10972051，11272081）。

作者信息：王宇新，讲师，wyxphd@dlut.edu.cn。

石超微细粉具备纳米材料和金刚石的物理特性,越来越受到关注,被应用于许多领域,作为刀具或其他材料表面的涂层可以提高表面微观硬度和耐磨性,用于半导体器件高精度加工的磨料、半导体激光器等[1,2]。当前纳米金刚石的生产和研制已经成为热点,对于金刚石的制备大多采用负氧平衡炸药在密闭容器内爆炸合成和爆炸驱动飞片增压法合成技术,通过在高温高压条件下重新对碳原子排列组合,使之成为金刚石的分子结构,具有成本低、转化率高等特点。

目前各种从石墨向金刚石的转化方法中重点研究如何提高金刚石转化率,美国、日本报道的金刚石转化率已经超过 30%以上。飞片增压技术是人工合成金刚石的方法之一,该方法可以获得比接触爆炸高很多的冲击压力,其主要原理是使用一个平面波爆轰系统加速一个薄的飞片,在爆轰波的驱动作用下,经过一个适当长度的加速空腔,使飞片高速度飞行[3],当飞片高速撞击靶板时,靶板中产生一个高压冲击波,可以获得 30~150GPa 的压力,使靶板冲击压缩,在事先经过预处理的石墨层中形成高温高压,在 0.1~1μs 内使石墨发生相变转化为金刚石。因此在该过程中,需要考虑的主要因素就是在石墨层内形成的冲击载荷和冲击温度大小,它是影响石墨转化为金刚石的主要参数,而冲击载荷的大小、作用时间宽度和冲击温度的高低又取决于飞片的质量、厚度、初始的飞行速度和靶板的物理属性,冲击波在多层材料中多次的透射和反射,在石墨层内的载荷也是动态变化的。本文应用固体和疏松材料的状态方程研究高速冲击载荷下其动态力学行为,通过研究石墨层内冲击波的传播规律和冲击载荷的理论计算为提高金刚石的转化率提供理论依据,并根据计算结果进行金刚石合成实验。

2　计算模型

使用飞片增压法制备纳米金刚石的主要装置包括平面波发生器、炸药、飞片和靶板,为方便计算起见,可以将其简化为如图 1 所示的模型。如果要提高靶中的冲击压力,必须提高飞片的密度或者速度,当飞片高速冲击靶板时,飞片与靶板碰撞可认为是平面刚性碰撞,石墨采用专用的石墨粉末,通常要对它进行预处理,通过真空压缩将石墨层压实到一定的密度,具有适当的气孔率,一般保证石墨粉末内的气孔率在20%左右,气孔率不能太高也不能太低,否则在冲击压缩过程中不能达到金刚石的转化温度。

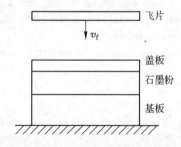

图 1　飞片增压法制备金刚石简化模型

Fig. 1　Simple model of synthetic diamond by pressurized fly plate

由于不同材料的冲击波阻抗不同,冲击波穿过各层材料的分界面时,将产生右传入射波和左传反射波,根据连续方程和动量守恒方程可知[4],右传入射波满足

$$\rho_{02}D_2 = \rho_2(D_2 - u_2) \tag{1}$$

$$p_2 = \rho_{02}D_2u_2 \tag{2}$$

左传反射波满足

$$\rho_{01}(D_1 + u_{01}) = \rho_1(D_1 + u_1) \tag{3}$$

$$p_1 = \rho_{01}(D_1 + u_{01})(u_{01} - u_1) \tag{4}$$

式中，ρ 为材料密度，下标 0 代表初始密度，由碰撞界面的连续条件可知，在分界面处的压力 $p_1 = p_2 = p$，质点速度 $u_1 = u_2 = u$，D 为冲击波速度，下标 1、2 代表碰撞界面左和右的参数，当飞片冲击目标时，其入射波冲击方程为：

$$p = \rho_0 Du = \rho_0(a + bu)u \tag{5}$$

反射波冲击方程为：

$$p = \rho_0[a + b(u_0 - u)](u_0 - u) \tag{6}$$

a 和 b 是常数，碰撞界面处左右质点速度是相等的，分别计算界面左右的质点速度公式如下：

$$u_1 - u_{01} = \pm\sqrt{(p_1 - p_{01})(v_{01} - v_1)} \tag{7}$$

$$u_2 - u_{02} = \pm\sqrt{(p_2 - p_{02})(v_{02} - v_2)} \tag{8}$$

p_{01}，p_{02}，v_{01}，v_{02}，u_{01}，u_{02} 代表界面左右材料的初始压力、比容和质点速度，p_1，p_2，v_1，v_2，u_1，u_2 代表界面左右材料在冲击波作用下的压力、比容和质点速度值，并满足连续条件 $p_1 = p_2$ 和 $u_1 = u_2$，如果冲击波是激波则取负号，稀疏波则取正号。对于固体材料的状态方程采用默纳汉方程[5]：

$$p = A\left[\left(\frac{v}{v_0}\right)^{-n} - 1\right] \tag{9}$$

石墨疏松材料的状态方程使用 Gruneison 方程[4]：

$$p = A\left[\left(\frac{v}{v_0}\right)^{-n} - 1\right]\frac{1 - (\gamma/2)(1 - v/v_0)}{1 - (\gamma/2)(v_{00}/v_0 - v/v_0)} \tag{10}$$

式中，v_0 是密实材料的比容；v_{00} 是疏松材料的比容；v 是在冲击载荷作用下的比容；γ 是 Gruneison 方程系数；A 和 n 是材料状态方程常数。当材料在不同的压力和比容下，冲击波的传播速度是不同的，计算冲击波的公式如下：

$$D = v_0\sqrt{\frac{p - p_0}{v_0 - v}} \tag{11}$$

稀疏波按声速传播，对于固体材料的声速公式如下：

$$C = \sqrt{\frac{E}{\rho}} \tag{12}$$

E 是弹性模量，而疏松材料在高速冲击载荷的作用下将产生较大的压缩变形，其声速则不能直接使用上式求得，对于材料在任何状态下冲击波面处的声速有下式成立[7]：

$$C_H^2 = -v_H^2\left[1 - \frac{\gamma}{v_H}\left(\frac{v_0 - v_H}{2}\right)\right]\frac{\mathrm{d}\phi_H}{\mathrm{d}v_H} + v_H^2\left(\frac{\gamma}{v_H}\right)\frac{p_H}{2} \tag{13}$$

下标 H 代表冲击波面处的参数，计算声速关键是求导数 $\mathrm{d}p_H/\mathrm{d}v_H$ ，由方程（9）求出该导数，则疏松材料声速如下：

$$C_H = \sqrt{\frac{\gamma \, v_H^2}{2v_0} p_H - A \, n \, \frac{v_H^2}{v_0} \left(\frac{v_H}{v_0}\right)^{-(n+1)} \left[\frac{\gamma (v_0 - v_H)}{2v_0} - 1\right]} \tag{14}$$

当飞片碰撞第一层钢板时，通过联立方程（5）~（8）求出碰撞界面处的冲击压力 p、质点速度 u 和比容变化率 v/v_0，对求解钢板和石墨层碰撞界面处的这三个参量则须使用各自的材料状态方程。

3 计算实例

在高温高压的作用下，石墨转化为金刚石存在一个合适的转化温度和压力区域，如图 2 所示金刚石-碳 $p\text{-}T$ 相图[6]。该相图中的 B-S 线称为 Berman-Simon 线，在 B-S 线以上的部分是金刚石稳定和石墨亚稳区，下方是石墨稳定和金刚石亚稳区，相图右侧部分是液相碳区。从图 2 金刚石-碳相图可以看出成功地制备金刚石的压力和温度范围要同时满足一定的条件，石墨粉末转化为金刚石的温度为 2000K 左右，并且冲击波压力要满足在 40GPa 以上。为了提高金刚石的转化率，选择合适的初始参数是至关重要的，如果压力和温度太低，则石墨不能转化为金刚石，压力和温度过高又会使转化的金刚石又重新石墨化，所有这些和飞片的密度、厚度、冲击速度以及靶板中各层材料的物性参数密切相关，决定着靶板中的石墨能否达到转化为金刚石相变的条件。

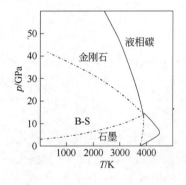

图 2 金刚石-碳 $p\text{-}T$ 相图

Fig. 2 Phase diagram of diamond-carbon

为了提高金刚石的转化率，建立飞片增压法制备纳米金刚石的理论模型并计算冲击载荷在多层材料中的传播过程以及数值大小就显得尤为重要。为了更好地理解使用飞片增压法制备纳米金刚石的理论模型，本文给出一个计算的实例，在表 1 和表 2 中给出了材料的初始参数[4,5,7]。飞片使用钽材料，因为钽密度大是钢的两倍多，具有很大冲击波阻抗，在炸药爆轰波的驱动下以初始速度 2800m/s 冲击目标（飞片速度可以使用电探针法测定），冲击波将在三层材料中多次的透射和反射，冲击载荷是动态变化的。此外，石墨材料的选取也是影响金刚石转化率的重要因素，粉状石墨在高速冲击载荷的作用下，内部空气的绝热压缩导致温度剧烈升高，通常要对石墨进行真空压缩预处理，使石墨层达到一定的密度和适当气孔率，使得石墨在冲击压缩过程中形成合理的温度，石墨颗粒的尺寸一般在20~60nm范围。对于经真空压缩预处理的石墨层参数见表2。

表 1　钽和钢板材料初始参数
Table 1　Initial values of steel plates and Ta plate

材　料	比容 $v_0/\text{cm}^3\cdot\text{g}^{-1}$	声速 $C_0/\text{m}\cdot\text{s}^{-1}$	系数 $A/\text{kg}\cdot\text{cm}^{-2}$	系数 n	厚度 h/mm	系数 $a/\text{m}\cdot\text{s}^{-1}$	系数 b
飞片钽板	0.06	3410	4.58×10^5	4	2	3.414	1.2
盖板钢板	0.127	3570	2.15×10^5	5.5	2	3574	1.92
基板钢板	0.127	3570	2.15×10^5	5.5	20	3574	1.92

表 2　石墨层初始参数
Table 2　Initial values of graphite layer

材　料	单质比容 $v_0/\text{cm}^3\cdot\text{g}^{-1}$	粉末比容 $v_{00}/\text{cm}^3\cdot\text{g}^{-1}$	系数 A	系数 n	系数 r	厚度 h/mm
石墨粉	0.455	0.88	5.27×10^5	1.22	0.541	4

当飞片碰撞第一层时，入射波和反射波都是激波，将钢板的状态方程常数和初始值代入式(5)~式(8)成为式(15)~式(17)，式(15)和式(17)分别为钢板和钽的冲击方程。计算飞板和第一层钢板碰撞界面上的冲击载荷 $p=p_1=p_2$ 和材料质点速度 u：

$$p_1 = 7.85\times(3.574+1.92u)u \tag{15}$$

$$u = [(p-0)\times v_{01}(1-v_1/v_{01})]^{1/2} \tag{16}$$

$$p_2 = 16.654[3.414+1.2(2.4-u)](2.4-u) \tag{17}$$

由式(15)~式(17)可以求解出碰撞界面压力 $p=72\text{GPa}$，质点速度 $u=1.45\text{km}$，第一层钢板在冲击载荷的作用下，其比容 $v_1=0.098\text{cm}^3/\text{g}$，钢板中的入射冲击波速度由式(11)求得 $D_1=6.34\text{km}$。当冲击波由第一层钢板入射到第二层石墨层时，因材料波阻抗不同，石墨层中为入射冲击波，第一层钢板中为反射稀疏波，应用式(18)~式(21)分别计算石墨和第一层钢板界面处的压力 p 和质点速度 u，式(18)和式(20)分别为钢的默纳汉方程和疏松石墨的状态方程。

$$p_1 = 2.15\times10^5\times\left[\left(\frac{v_1}{v_{01}}\right)^{-5.5}-1\right] \tag{18}$$

$$u_1 = u_{01}+[(p-p_{01})\times v_{01}(1-v_1/v_{01})]^{1/2} \tag{19}$$

$$p_2 = 5.27\times10^5\left[\left(\frac{v_2}{v_{02}}\right)^{-1.22}-1\right]\times\frac{1-(0.541/2)(1-v_2/v_{02})}{1-(0.541/2)(v_{00}/v_{02}-v_2/v_{02})} \tag{20}$$

$$u_2 = [(p-0)\times v_{02}(1-v_2/v_{02})]^{1/2} \tag{21}$$

p_{01}、v_{01} 和 u_{01} 是第一层钢板在飞片冲击作用下的压力、比容和质点速度。

冲击波从第一层钢板入射到石墨层，界面上的压力 $p=28.8\text{GPa}$，石墨层中冲击波速度由式(11)求得 D_2 =6.4km，质点速度 u_1=1.78km，钢板和石墨层的比容分别为 v_1=0.11cm³/g 和 v_2=0.345cm³/g，由此可以看出疏松的石墨已经被压实，计算以后石墨层中的冲击载荷和质点速度应使用其固体的状态方程。

冲击波从石墨层传播到第三层固定钢板底座时，可以认为是固定端，因此在此界面处的压力 p 等于原来的两倍，石墨的质点速度为 0。当飞片脱离靶板时，第一层钢板和石墨层界面上的反射波在顶层自由面被卸载，该处压力可认为等于 0，质点速度等于第一层钢板和石墨层界面处质点速度的两倍，该卸载波将经过钢板与石墨层和底部固定端的界面反射波在石墨层中间相叠加。冲击波在这三层材料中多次的入射和反射，其计算方法同前面相似，图 3 给出了冲击波各时刻在这三层材料中传播过程的 *x-t* 图，在表 3 和表 4 中给出了计算的结果。

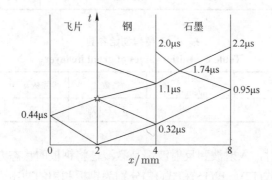

图 3　冲击波传播 *x-t* 图
Fig. 3　*x-t* graph of shock wave propagation

表 3　第一层钢板和石墨层碰撞界面的计算结果
Table 3　Calculation results of interface of the first steel plate and graphite layer

时间 t/μs	质点速度 u /km·s⁻¹	石墨层冲击波速度 D/km·s⁻¹	分界面冲击载荷 p/GPa
0.32	2.17	6.4	38.8
1.1	1.98	7.2	59.2
2.0	2.3	5.8	46.4

表 4　底部固定钢板和石墨层碰撞界面的计算结果
Table 4　Calculation results of interface of graphite layer and the basesteel plate

时间 t/μs	质点速度 u /km·s⁻¹	石墨层冲击波速度 D/km·s⁻¹	分界面冲击载荷 p/GPa
0.95	3.56	7.90	57.6
1.74	1.16	5.25	42.8

t=1.74μs 时刻是左右冲击波在石墨层中交汇时刻，计算结果是两冲击波在该处的质点速度、冲击波速度和载荷。从上面的计算结果可知，在 2μs 时间内，石墨层中的冲击载荷稳定在 46.4GPa 左右，这是石墨向金刚石转化的压力范围。根据上述理论计算结果，开展了纳米金刚石合成实验，经过酸洗分离等工艺，合成的纳米金刚石颗粒的透射电镜和扫描照片如图 4 和图 5 所示。

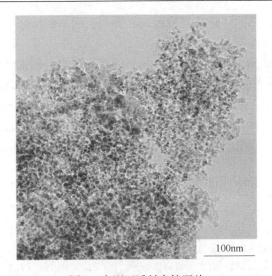

图 4　金刚石透射电镜照片

Fig. 4　Transmission electron microscope graph of diamond particles

图 5　金刚石扫描电镜照片

Fig. 5　Scan electron microscope graph of diamond particles

4　结论

由飞片增压法冲击合成的样品中包括金刚石微粉、石墨、铁和泥沙等杂质，需要经过提纯才能获得纳米金刚石成品，一般经多次的酸洗、水洗，最后经酸煮等一系列的工艺流程得到成品，具体工艺参见文献[6]~[8]。通过上面理论计算可知：

（1）为了提高金刚石的转化率，必须要严格地控制石墨层内的冲击载荷和冲击温度，飞片的质量（或者厚度）以及初始的碰撞速度将直接影响石墨层中的冲击压力，随着飞片质量和速度的增加，冲击压力将显著增高。

（2）因为石墨层是包含空气的疏松材料，在冲击载荷的作用下石墨层被压实，因此石墨的初始密度是影响冲击载荷和温度的主要因素之一。在压实的过程中，石墨内的空气产生绝热压缩导致温度急剧升高，为了避免温度过高和提高金刚石的转化率，可以在石墨中添加铁粉、铜粉等材料，起到冷却降低温度作用。

（3）石墨材料也是影响金刚石质量和转化率的重要因素，在生产中应选择灰分少，石墨密度在 1.7~2.2g/cm^3，石墨化度 85%左右的石墨材料，如 T64P、T621、T621A 等，同时还要考虑石墨微粉颗粒的大小，它的尺度将直接影响合成金刚石颗粒的大小，选择石墨颗粒的大小从几纳米到上百纳米，则合成的金刚石颗粒也在这个尺度范围内。

参 考 文 献

[1] 李建国, 丰杰, 梅军. 超纳米金刚石薄膜及其在 MEMS 上的应用研究进展[J]. 材料导报, 2008, 22(7): 1~4.

[2] 文潮, 关锦清, 刘晓新. 炸药爆轰合成纳米金刚石的研发历史与现状[J]. 超硬材料工程, 2009, 21(2): 46~51.

[3] 经福谦. 实验物态方程导引[M]. 北京: 科学出版社, 1999:125~162.

[4] 北京工业学院八系. 爆炸及其作用(上册) [M]. 北京: 国防工业出版社, 1979:254~285.

[5] 吕洪生. 连续介质力学(下)[M]. 湖南:国防科技大学出版社, 1999:60~66, 163~193.

[6] 谢有赞. 金刚石理论与合成技术[M]. 湖南：湖南科学技术出版社,1993: 63~87, 116~143.

[7] 章冠人. 炸药爆炸产生超细金刚石微粉问题[J]. 爆炸与冲击, 1998, 18 (2): 118~122.

[8] 李晓杰, 易彩虹, 王小红. 爆轰纳米金刚石在水中稳定分散研究[J]. 材料科学与工艺, 2011, 19(5): 144~148.

连续–非连续单元方法及其在爆炸破岩领域的应用

冯　春　李世海　郭汝坤

（中国科学院力学研究所，北京，100190）

摘　要：有限元擅长模拟连续介质的弹性、损伤、流变及塑性等特征，离散元主要用于分析非连续系统的摩擦、碰撞、飞散及堆积过程。连续–非连续单元耦合方法（CDEM）通过将有限元与离散元进行耦合，可以模拟爆炸载荷作用下岩体的损伤破碎全过程。该方法采用基于增量的显式求解策略，块体部分利用有限元进行计算，界面部分利用离散元进行计算，通过块体及界面的损伤断裂模拟岩体的渐进破坏过程。本文以 CDEM 方法为基础，采用朗道模型及 JWL 模型表征爆生气体的膨胀过程，采用实时更新变形矩阵的方法模拟有限元的大运动过程，采用半弹簧-半棱联合接触模型进行接触的检索及接触力的计算，采用考虑应变率效应的 Mohr-Coulomb 模型表征岩体在爆炸载荷作用下的破裂过程。柱状岩块的爆炸破碎、深埋爆破及抛掷爆破等数值案例表明了 CDEM 方法在模拟爆炸破岩方面的准确性及合理性。

关键词：CDEM; 有限元; 离散元; 耦合; 爆炸破岩

Continuum Discontinuum Element Method and Its Application in Rock Blasting

Feng Chun　Li Shihai　Guo Rukun

(Institute of Mechanics, Chinese Academy of Sciences, Beijing, 100190)

Abstract: FEM is expert in simulating elastic, damage, creep and plastic features of continuous media, while DEM is mainly used to analyze friction, collision, flying and accumulation process of discontinuous system. Continuum discontinuum element method (CDEM) is a combination of FEM and DEM, which could simulate rock damage and crush process under explosive load. In CDEM, incremental based explicit solution strategy is adopted, FEM is used to calculate deformation force of block part, and DEM is adopted to compute contact force of interface part. According to the damage and fragmentation of block and interface, the progressive failure of rock could be simulated. Based on CDEM source code, Landau model and JWL model is used to represent the expansion process of detonation gas. By renewing deformation matrix at each time step, the large displacement and movement of FEM element could be simulated. Based on semi-spring and semi-edge combined contact model, the contact pairs could be detected fast and contact force could be calculated precisely. According to adopting strain ratio dependent Mohr-Coulomb model, the failure process of

基金项目：国家自然科学基金青年基金项目资助（11302230）；广东宏大爆破股份有限公司"基于数字模拟的露天爆破设计软件"项目资助。

作者信息：冯春，助理研究员，fengchun@imech.ac.cn。

rock under explosive load could be simulated well. Numerical cases, such as cylindrical rock blasting, deep blasting, casting blasting, show the accuracy and rationality of CDEM when simulating rock blasting problems.

Keywords: CDEM; FEM; DEM; coupling; rock blasting

1 引言

爆炸破岩过程涉及炸药的爆轰、爆炸应力波的传播、岩体中裂纹的动态扩展及交汇、破碎块体的碰撞飞散等多个过程。为了准确模拟爆炸破岩过程，需要给出岩石破裂准则、破裂方式及破裂后运动规律的精确描述。扩展有限元法、自适应网格法、离散元法等是几类主要的数值方法。扩展有限元法[1, 2]通过引入跳跃函数实现单元内部的非连续变形及裂纹的扩展，该方法具有严格的数学推导，但只能描述有限条裂纹的扩展过程，且在处理裂纹交汇、分叉方面不尽如人意。自适应网格法[3, 4]根据计算获得的裂纹起裂方向，通过局部细化及调整网格，使细化后的网格边界沿着裂纹扩展的方向，从而实现裂纹扩展过程的模拟；此类方法在计算复杂工程问题时，涉及大量网格的重新划分及调整，计算效率低下。离散元法包括块体离散元法及颗粒离散元法等两类。块体离散元法[5, 6]通过块体边界的断裂实现裂纹扩展过程的模拟，此类方法的裂缝扩展路径为块体边界，网格依赖性严重；颗粒离散元法[7, 8]通过细观颗粒簇的集合表述连续介质的宏观特性，通过细观颗粒的滑移、断裂反映宏观裂缝的萌生、扩展过程，此类方法虽能反映裂缝渐进扩展的过程，但无法准确描述宏观介质的力学特性，细观参数与宏观参数的对应依赖于大量数值实验的标定。

有限元与块体离散元相结合进行爆炸破岩过程的模拟是当前学术界的研究热点，Owen、Munjiza 等[9, 10]均对上述方法进行过深入研究。李世海等[11, 12]提出的连续-非连续单元方法（CDEM）将连续介质模型与非连续介质模型进行有机结合，通过块体边界及块体内部的断裂，实现了材料渐进破坏过程的模拟。

2 CDEM 方法简介

2.1 基本理论

连续-非连续单元方法（CDEM）是一种将有限元与离散元进行耦合计算，通过块体边界及块体内部的断裂来分析材料渐进破坏过程的数值模拟方法。CDEM 中包含块体及界面两个基本概念（如图 1 所示），块体由一个或多个有限元单元组成，用于表征材料的连续变形特征；界面由块体边界组成，通过在块体边界上引入可断裂的一维弹簧实现材料中裂纹扩展过程的模拟。图 1 中，块体 1 包含 5 个有限元单元，块体 2 包含 1 个有限元单元，块体 3 包含 5 个有限元单元；块体 1 与块体 2 间、块体 1 与块体 3 间及块体 2 与块体 3 间均为接触界面，分别用法向及切向接触弹簧进行表征。CDEM 中的节点包括连续节点、离散节点及混合节点等三类（如图 2 所示），连续节点被一个或多个有限元单元共用，不参与界面力的求解；离散节点仅属于一个有限元单元，参与界面力的求解；混合节点被多个有限元单元共用，参与界面力的求解。

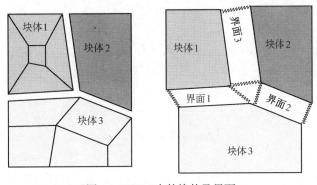

图 1 CDEM 中的块体及界面

Fig.1 Blocks and interfaces in CDEM

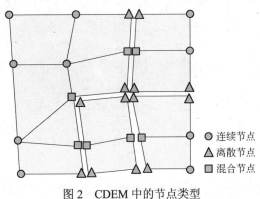

○ 连续节点
△ 离散节点
▢ 混合节点

图 2 CDEM 中的节点类型

Fig.2 Node type in CDEM

CDEM 中的控制方程为质点运动方程，见式(1)。式中，m^i 为节点 i 的质量；$\ddot{\pmb{u}}^i$ 为节点 i 的加速度矢量；c_m 为节点 i 的阻尼系数；$\dot{\pmb{u}}^i$ 为节点 i 的速度矢量；$\pmb{F}^E$ 为节点 i 上的外力；$\pmb{F}_b^d$ 为节点 i 上的块体变形力；$\pmb{F}_b^c$ 为节点 i 上的块体阻尼力；$\pmb{F}_j^d$ 为节点 i 上的界面变形力；$\pmb{F}_j^c$ 为节点 i 上的界面阻尼力。

$$m^i\ddot{\pmb{u}}^i + c_m\dot{\pmb{u}}^i = \pmb{F}^E + \pmb{F}_b^d + \pmb{F}_b^c + \pmb{F}_j^d + \pmb{F}_j^c \tag{1}$$

CDEM 采用基于增量方式的显式欧拉前差法进行动力问题的求解，在每一时步包含有限元的求解及离散元的求解两个步骤，整个计算过程中通过不平衡率表征系统受力的平衡程度。

2.2 有限元的求解

有限元计算时采用显式求解策略，主要包含节点合力计算及节点运动计算两个部分。节点合力计算如式(2)所示，节点运动计算如式 (3)所示。式(2)中，F 为节点合力；F_e 为节点外力；F_d 为节点变形力（由单元应力贡献）；F_c 为节点阻尼力。式(3)中，a 为节点加速度；v 为节点速度；Δu 为节点位移增量；u 为节点位移全量；m 为节点质量；Δt 为计算时步。基于式(2)、式(3)的交替计算，即可实现有限元的显式求解过程。

$$F = F_e + F_d + F_c \tag{2}$$

$$\begin{cases} a = F/m & v = \sum_{t=0}^{T_{now}} a\Delta t \\ \Delta u = v\Delta t & u = \sum_{t=0}^{T_{now}} \Delta u \end{cases} \tag{3}$$

采用增量法进行单元应力及节点变形力的计算，见式(4)。式中，$[B]_i$，$\{\Delta\varepsilon\}_i$，$\{\Delta\sigma\}_i$，w_i，J_i 分别为高斯点 i 的应变矩阵、增量应变向量、增量应力向量、积分系数及雅克比行列式；$\{\sigma^n\}_i$ 及 $\{\sigma^o\}_i$ 为高斯点 i 当前时刻及上一时刻的应力向量；$[D]$，$\{\Delta u\}_e$，$\{F_d\}_e$ 分别表示单元的弹性矩阵、节点增量位移向量及节点力向量；N 表示高斯点个数。

$$\begin{cases} \{\Delta\varepsilon\}_i = [B]_i\{\Delta u\}_e \\ \{\Delta\sigma\}_i = [D]\{\Delta\varepsilon\}_i \\ \{\sigma^n\}_i = \{\sigma^o\}_i + \{\Delta\sigma\}_i \\ \{F_d\}_e = \sum_{i=1}^{N} [B]_i^T \{\sigma^n\}_i w_i J_i \end{cases} \tag{4}$$

爆炸破岩计算时，单元会发生较大的平动及转动，本文通过实时更新应变矩阵（[B]矩阵）实现单元大运动的模拟。为验证更新[B]矩阵的算法在计算大位移时的准确性，建立宽 1m，高 0.7m 的三角模型（如图 3 所示），并用 152 个三角形单元进行离散。在模型左侧及右侧分别施加 5m/s 的初速度（方向相反），在无阻尼无约束的情况下，三角模型顶点（0.5,0.7）水平及竖直方向的位移运动轨迹如图 4 所示。由图 4 可得，在自由转动了近 12 个周期后，顶点水平及竖直位移的变化规律依然保持一致，由此表明了上述算法在计算大运动时的精确性。

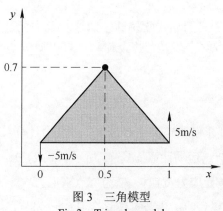

图 3　三角模型

Fig.3　Triangle model

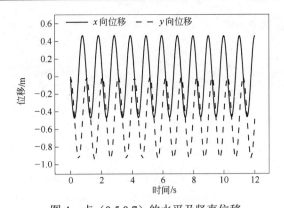

图4 点（0.5,0.7）的水平及竖直位移
Fig.4 Horizontal and vertical displacement at point (0.5, 0.7)

2.3 离散元的求解

离散元中最重要的两个步骤是接触检测及接触力的计算，本文采用半弹簧-半棱联合接触模型[13, 14]进行接触对的快速标记及接触力的精确求解。

半弹簧由单元顶点缩进至各棱（二维）或各面（三维）内形成；半棱仅在三维情况下起作用，由各面面内相邻的半弹簧连接而成（如图5所示）。图5的二维三角形中共包含6个半弹簧，三维四面体中共包含12个半弹簧及12个半棱。半弹簧形成时，缩进距离一般取顶点到各棱或各面中心距离的1%~5%（本文取5%）。由于半弹簧及半棱找到对应的目标面及目标棱后，方能构建出完整的接触，因此称之为"半"弹簧及"半"棱（如图6所示）。

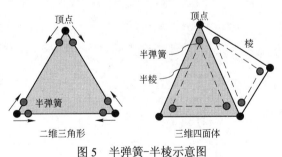

图5 半弹簧-半棱示意图
Fig.5 Semi-spring and semi-edge

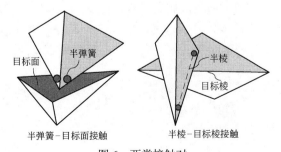

图6 两类接触对
Fig.6 Two types of contact pairs

由于半弹簧、半棱均位于各棱（二维）或各面（三维）内，因此均具有各自的特征面积（二维情况下取单位厚度），为：

$$A_{SS} = \frac{A_{face}}{N_v} \tag{5}$$

$$A_{SE} = A_{SS-i} + A_{SS-j} \tag{6}$$

式中，A_{SS}，A_{SE} 是半弹簧、半棱的特征面积；A_{face} 为半弹簧、半棱所在母面的面积；N_v 为所在母面的顶点数，A_{SS-i}，A_{SS-j} 为组成半棱的两根半弹簧的面积。

利用上述方法构建接触对时，包含初步检测及精确检测两个步骤。初步检测用于筛选出当前时步与半弹簧或半棱可能接触的单元，并形成相应的单元集合；为了加速搜索计算，本文采用了子空间法及潜在接触块体链表法。精确检测时，分别循环每个单元的每条棱（二维）或每个面（三维），判断半弹簧是否存在目标面（棱），半棱是否存在目标棱。

半弹簧–半棱联合接触模型将二维情况下的三类接触关系转化为半弹簧–目标棱的关系，将三维情况下的六类接触关系转化为半弹簧–目标面及半棱–目标棱两类关系，从而简化了计算，提升了接触检索效率。

接触对建立完毕后，在每个接触对上创建法向及切向弹簧，并利用式(7)进行弹性接触力的计算。式中，F_n，F_s 为法向、切向接触力；K_n，K_s 为法向、切向接触刚度；Δd_n，Δd_s 为法向、切向相对位移增量。

$$\begin{cases} F_n(t+\Delta t) = F_n(t) - K_n \times \Delta d_n \\ F_s(t+\Delta t) = F_n(t) - K_s \times \Delta d_s \end{cases} \tag{7}$$

为了计算材料的渐进破坏过程，引入了 Mohr-Coulomb 准则及最大拉应力准则，见式(8)。式中，T 为当前时步的抗拉强度；C 为当前时步的黏聚力；φ 为内摩擦角；A 为接触面积。

$$\begin{cases} (1) If \quad -F_n \geqslant TA \quad F_n = F_s = 0 \\ next \quad step \quad C = 0, T = 0 \\ (2) If \quad F_s \geqslant F_n \times \tan(\varphi) + CA \\ F_s = F_n \times \tan(\varphi) + CA \\ next \quad step \quad C = 0, T = 0 \end{cases} \tag{8}$$

为了更好地表征应变率效应对爆炸破岩过程的影响，本文将界面的黏聚力及抗拉强度与界面的切向应变率及法向应变率建立了联系，见式(9)。式中，C_0，T_0 为静态时的黏聚力及抗拉强度；$\dot{\gamma}$，$\dot{\varepsilon}$ 为界面上的切向及法向应变率；α 为应变率系数。

$$\begin{cases} C = C_0[1 + \alpha \ln(1 + \dot{\gamma})] \\ T = T_0[1 + \alpha \ln(1 + \dot{\varepsilon})] \end{cases} \tag{9}$$

2.4　爆源模型

CDEM 中主要采用朗道模型及 JWL 模型进行爆生气体状态方程的描述。

朗道模型[15]采用朗道-斯坦纽科维奇公式（γ率方程），见式(10)，进行爆炸气体膨胀压力的计算[15]。式中，$\gamma=3$，$\gamma_1=4/3$，p 和 V 分别为高压气球的瞬态压力和体积，p_0 和 V_0 分别为高压气球初始时刻的压力和药包的体积，p_k 和 V_k 分别为高压气球在两段绝热过程边界上的压力和体积。p_k 由式(11)给出，p_0 由式(12)给出，其中，Q_w 为单位质量炸药爆热，J/kg；ρ_w 为装药密度，kg/m^3；D 为爆轰速度，m/s。

$$\begin{cases} pV^\gamma = p_0V_0^\gamma & p \geqslant p_k \\ pV^{\gamma_1} = p_kV_k^{\gamma_1} & p < p_k \end{cases} \tag{10}$$

$$p_k = p_0 \left\{ \frac{\gamma_1-1}{\gamma-\gamma_1}\left[\frac{(\gamma-1)Q_w\rho_w}{p_0}-1\right] \right\}^{\frac{\gamma}{\gamma-1}} \tag{11}$$

$$p_0 = \frac{\rho_w D^2}{2(\gamma+1)} \tag{12}$$

JWL 模型[16, 17]由 Lee 于 1965 年在 Jones 和 Wilkins 工作的基础上提出，具体可表述为式(13)。式中，p 为爆轰产物瞬时压力，V' 为爆轰产物相对体积（V/V_0），A，B，R_1，R_2，ω 为圆筒试验拟合得出的参数；E 为爆炸产物任意时刻的比内能，J/m^3，可由式 $E=E_0/V'$ 给出，其中 E_0 为爆炸产物初始比内能。

$$p = A\left(1-\frac{\omega}{R_1V'}\right)e^{-R_1V'} + B\left(1-\frac{\omega}{R_2V'}\right)e^{-R_2V'} + \frac{\omega E}{V'} \tag{13}$$

本文采用到时起爆的方式模拟点火过程及爆轰波在炸药内的传播过程。设某一炸药单元到点火点的距离为 d，炸药的爆速为 D，则点火时间为 $t_1=d/D$。当爆炸时间 $t>t_1$ 时，该单元才根据式(14)进行爆炸压力的计算。式中，p_r 为真实爆炸压力；$p(V',E)$ 为 JWL 状态方程；ξ 为能量释放率，见式(15)，其中，V_e 为单元初始体积，$A_{e-\max}$ 为单元最大面积。

$$p_r = \xi p(V',E) \tag{14}$$

$$\xi = \begin{cases} \min\left[\dfrac{2(t-t_1)DA_{e-\max}}{3V_e},1\right] & \text{if} \quad t>t_1 \\ 0 & \text{if} \quad t \leqslant t_1 \end{cases} \tag{15}$$

程序实现时，首先根据式(10)（朗道模型）或式(14)（JWL 模型）计算单元爆炸压力，而后将该压力转换为单元节点力，累加各炸药单元贡献的节点力形成节点合力，根据牛顿定律计算节点的加速度、速度、位移，根据节点位移计算单元的当前体积，根据当前体积及式(10)或式(14)计算下一时步的爆炸压力。

与围岩耦合计算时，如果围岩单元与炸药单元共节点，则炸药单元产生的爆炸压力通过公用节点自动作用到围岩体上；如果炸药单元与围岩节点独立，则需设定接触单元进行爆炸压力的传递，本文采用半弹簧接触模型实现相应的压力传递过程，计算过程中令切向耦合刚度为0。

3 算例

3.1 柱状岩块在爆炸载荷下的破碎过程

建立直径为 0.5m 的岩石圆柱模型，并用 10900 个三角形单元进行离散。模型正中设置直径为 2cm 的通孔，并放置 TNT 炸药。岩石采用 Mohr-Coulomb 界面脆断模型进行描述，其密度为 2500kg/m³，弹性模量为 30GPa，泊松比为 0.25，黏聚力为 20MPa，内摩擦角为 40°，抗拉强度为 8MPa。TNT 炸药采用 JWL 模型进行描述，装药密度为 1630kg/m³，炸药比内能为 7GJ/m³，实验参数 A 为 371.2GPa，B 为 3.2GPa，R_1 为 4.2，R_2 为 0.95，ω 为 0.3，CJ 面上的压力为 29.5GPa，爆速为 7980m/s，点火位置为模型中心。

本算例研究了模型外侧固定及外侧自由两种边界条件下岩石的破坏情况。根据应力波的相关理论，当爆炸压缩波未到达模型外表面时，爆炸压力将导致模型产生沿着径向的向外运动，从而诱发径向拉裂缝的产生；当压缩波到达模型外表面且外侧固定时，压缩波在外表面反射后仍然以压缩波的形式向模型中心传播；而当压缩波到达外表面且外侧自由时，压缩波在外侧面反射后形成拉伸波，并向模型中心传播，从而导致了环向拉裂缝的形成。

两种边界条件下岩石的破坏模式如图 7 和图 8 所示。由图 7 和图 8 可得，外侧固定时以沿着径向的拉伸破裂为主；外侧自由时首先产生沿着径向的拉伸破裂，而后产生沿着环向的拉伸破裂。此外，外侧固定时的最大位移出现在药包附近，外侧自由时的最大位移出现在岩石外表面。图 7 和图 8 给出的岩石破裂模式与应力波传播的基本理论一致，表明了 CDEM 方法在模拟爆炸破岩方面的准确性。

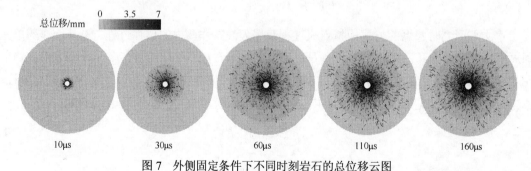

图 7 外侧固定条件下不同时刻岩石的总位移云图

Fig.7 Contour of rock displacement magnitude under external fixed condition

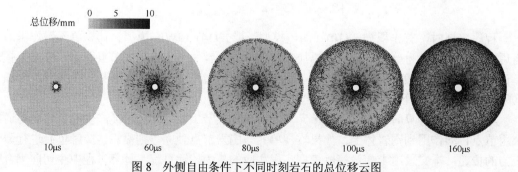

图 8 外侧自由条件下不同时刻岩石的总位移云图

Fig.8 Contour of rock displacement magnitude under external free condition

距爆心 0.15m 处测点径向应力及环向应力随时间的变化规律如图 9 所示。由图 9 可得，当外表面的反射应力波到达测点之前，两种边界条件下的应力变化规律基本一致；当反射应力波到达后，外侧固定的边界条件将导致应力的突然增大，外侧自由的条件将导致应力突降为零（拉伸破坏）。由图 9 还可以看出，径向应力的首峰值约为 700MPa 左右，环向应力的首峰值约为 200MPa 左右。

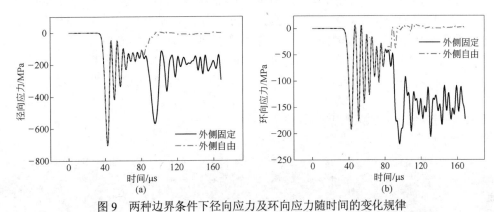

图 9 两种边界条件下径向应力及环向应力随时间的变化规律
(a) 距爆心 0.15m 处径向应力随时间的变化；(b) 距爆心 0.15m 处环向应力随时间的变化
Fig. 9 Radial and toroidal stress VS time under two different boundary conditions
(a) radial stress VS time at 0.15m; (b) toroidal stress VS time at 0.15m

3.2 深部岩体在爆炸载荷下的破碎过程模拟

建立 10m×10m 的深部岩体数值模型，采用 2841 个四边形单元进行离散。模型中部设置两个直径为 10cm 的炮孔，孔间距为 60cm，孔内放置乳化炸药，左侧孔较右侧孔延时 0.1ms 起爆。爆源采用朗道模型进行描述，装药密度为 1100kg/m³，爆速为 5200m/s，爆热为 4500kJ/kg。岩体采用 Mohr-Coulomb 脆断模型进行描述，密度为 2500kg/m³，弹性模量为 20GPa，泊松比为 0.3，黏聚力为 6MPa，内摩擦角为 40°，抗拉强度为 3MPa。模型所受水平地应力为 10MPa、竖直地应力为 25MPa、轴向地应力为 10.5MPa（垂直于纸面方向）。模型四周施加无反射边界条件，用以吸收人工边界产生的虚假反射波。典型时刻深部岩体的破裂情况如图 10 所示。由图 10 可得，爆炸载荷作用下，深部岩体首先发生了沿着炮孔径向的膨胀变形，而后岩体中出现了大量随机分布的张拉裂缝，纵横交错的裂缝将完整的岩体切割为大量碎块。总体而言，在当前岩体参数及爆源参数下，岩体的有效破裂直径为 5m。

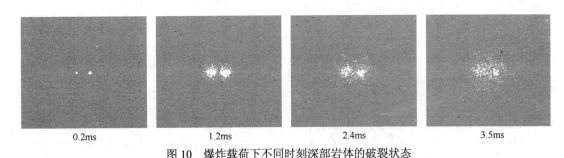

0.2ms   1.2ms   2.4ms   3.5ms

图 10 爆炸载荷下不同时刻深部岩体的破裂状态
Fig.10 Fracture state of deep rock mass in different time under blasting load

3.3　碎裂岩体中抛掷爆破过程的模拟

建立长 5m、高 2m 的碎裂岩体模型，并用 43418 个三角形单元进行离散。在模型正中部设置 10cm 的炮孔。炸药采用朗道模型进行描述，装药密度为 1620kg/m³，爆速为 6500m/s，爆热为 5818kJ/kg。碎裂岩体采用 Mohr-Coulomb 脆断模型进行描述，密度为 2500kg/m³，弹性模量为 30GPa，泊松比为 0.25，黏聚力为 30kPa，抗拉强度为 10kPa，内摩擦角为 35°。碎裂岩体受重力作用，重力方向竖直向下。在模型底部及左右两侧施加无反射边界条件，用以吸收人工边界产生的虚假反射波。不同时刻碎裂岩体的破裂运动模式如图 11 所示。由图 11 可得，爆炸发生后，爆炸波传到顶部自由面时出现发射拉伸现象，导致表层出现大量的层状拉伸破坏。而后，炮孔附近的岩体在爆生气体巨大的压力推动下向四周膨胀，并推动上部岩体向顶部运动，形成抛掷现象。

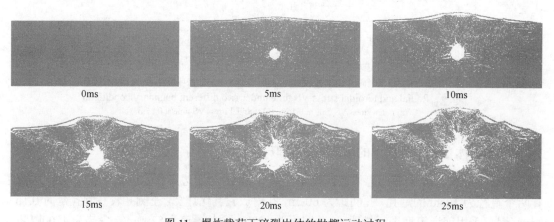

图 11　爆炸载荷下碎裂岩体的抛掷运动过程

Fig.11　Cataclasite rock throwing process under blasting load

4　结论

连续-非连续单元数值模拟方法（CDEM）将有限元及离散元进行了有机结合，通过有限元表征岩体的连续变形特性，通过离散元表征岩体的非连续特性，通过块体边界及块体内部的断裂，实现岩体渐进破坏过程的模拟。本文通过在 CDEM 方法中引入朗道爆源模型及 JWL 爆源模型，实现了爆炸破岩过程的模拟。柱状岩石的爆炸破碎、深部岩体的爆炸破裂、岩体的抛掷爆破等数值案例，表明了 CDEM 方法在模拟爆炸破岩方面的优势。

参 考 文 献

[1] Zi G, Belytschko T. New crack-tip elements for XFEM and applications to cohesive cracks[J]. International Journal for Numerical Methods in Engineering, 2003, 57(15): 2221~2240.

[2] Duddu R, Bordas S, Chopp D, et al. A combined extended finite element and level set method for biofilm growth[J]. International Journal for Numerical Methods in Engineering, 2008, 74(5): 848~870.

[3] Miehe C, Gürses E. A robust algorithm for configurational‐force‐driven brittle crack propagation with R-adaptive mesh alignment[J]. International Journal for Numerical Methods in Engineering, 2007, 72(2): 127~155.

[4] Moslemi H, Khoei A R. 3D adaptive finite element modelling of non-planar curved crack growth using the

weighted superconvergent patch recovery method[J]. Engineering Fracture Mechanics, 2009, 76(11): 1703~1728.

[5] Itasca Consulting Group Inc. UDEC (Universal Distinct Element Code), Version 4.0, User's Manual. USA: Itasca Consulting Group Inc, 2005.

[6] Jing L R, Stephansson O. Fundamentals of Discrete Element Methods for Rock Engineering Theory and Applications [M]. Elsevier, 2007.

[7] Itasca Consulting Group Inc. PFC3D (Particle Flow Code in 3 Dimensions), Version 4.0, User's Manual. USA: Itasca Consulting Group Inc, 2003.

[8] Vesga L F, Vallejo L E, LoboGuerrero S. DEM analysis of the crack propagation in brittle clays under uniaxial compression tests[J]. International journal for numerical and analytical methods in geomechanics, 2008, 32(11): 1405~1415.

[9] Owen D R J, Feng Y T, de Souza Neto E A, et al. The modelling of multi‐fracturing solids and particulate media[J]. International Journal for Numerical Methods in Engineering, 2004, 60(1): 317~339.

[10] Munjiza A, Owen D R J, Bicanic N. A combined finite-discrete element method in transient dynamics of fracturing solids[J]. Engineering computations, 1995, 12(2): 145~174.

[11] Wang Y N, Zhao M H, Li S H, et al. Stochastic Structural Model of Rock and Soil Aggregates by Continumm-Based Discrete Element Method[J]. Scinece in China Series E-Engineering & Materials Science, 2005, 48 (Suppl):95~106.

[12] Li S H, Zhao M H, Wang Y N, et al. A new Numerical Method for DEM-Block and Particle Model[J]. International Journal of Rock Mechanics and Mining Sciences, 2004, 41 (3): 436.

[13] Feng C, Li S H, Liu X Y, et al. A semi-spring and semi-edge combined contact model in CDEM and its application to analysis of Jiweishan landslide [J]. Journal of Rock Mechanics and Geotechnical Engineering, 2014, 6(1): 26~35.

[14] 冯春,李世海,刘晓宇.半弹簧接触模型及其在边坡破坏计算中的应用[J]. 力学学报, 2011, 43(1): 184~192.

[15] 陈保君, 欧阳振华, 王观石, 等. 岩石爆炸增渗模型实验及 DEM 数值模拟研究[J]. 爆破, 2008, 25(3), 1~6,16.

[16] 赵铮, 陶钢, 杜长星. 爆轰产物 JWL 状态方程应用研究[J]. 高压物理学报, 2009, 23(004): 277~282.

[17] LSTC. LS-DYNA KEYWORD USER'S MANUAL [R]. 2007.

岩石爆破破碎过程数值模拟研究

孙宝平[1] 石连松[1] 刘 冬[1] 高文学[1] 刘 学[2]

(1. 北京工业大学建筑工程学院，北京，100124;
2. 北京市房地产科学技术研究所，北京，100021)

摘 要: 为研究岩石爆破破碎过程，应用 LS-DYNA 非线性有限元程序采用流固耦合方法对单孔炸药爆破岩石破碎过程进行数值模拟。结果表明，流固耦合方法可以较好地描述岩石爆破的破碎过程，数值模拟结果可对多孔炸药岩石爆破工程设计提供参考依据。

关键词: 岩石破碎；数值模拟；流固耦合

Study on Numerical Simulation of Rock Blast Fragmentation

Sun Baoping[1] Shi Liansong[1] Liu Dong[1] Gao Wenxue[1] Liu Xue[2]

(1. College of Architecture and Civil Engineering, Beijing University of Technology,
Beijing, 100124;
2. Beijing Institute of Real Estate Science and Technology, Beijing, 100021)

Abstract: To investigate rock blast fragmentation, nonlinear finite element code of the hydrocode LS-DYNA was used for numerical simulation of rock blasting fragmentation with the fluid-structure interaction method. The computed results was compared with test from literature. The results indicate that fluid-structure interaction method are available for simulating rock blast fragmentation. The results of numerical simulation can provide reference for engineering blast design of subgrade slope.

Keywords: rock fragmentation; numerical simulation; fluid-structure interaction

1 引言

爆破方法是目前国内外石方开挖工程中最经济、最快捷的手段[1]。在公路石方爆破过程中，由于对工程地质条件、岩石动态力学特性以及爆破破碎机制缺乏系统、全面的认识，经常会诱发大量的路堑边坡灾害。采用数值模拟的方法可以提前预测岩石(体)在爆炸荷载作用下的破坏过程。丁桦等[2]将爆炸荷载等效为三角形压力加载曲线，数值计算中将该曲线加载在炮孔内壁，澄清了爆破振动等效载荷模拟中的一些模糊认识，但这种等效方法不能将爆炸压力最大值等重要特征反映出来，不能很好地描述爆破的破坏过程。在国外，Liu Liqing[3]和 Arnulu[4]采用拉格朗日方法模拟了岩石单孔爆破，但对炸药的大变形问题没有很好的处理，仅计算了极短时间内的岩石的破坏。本文基于流固耦合方法对岩石单孔爆破过程进行数值模拟，这对研究爆破过程岩石破碎机理研究具有重要的借鉴意义。

作者信息：孙宝平，博士，sunbp@sina.cn。

2 数值模拟方法

有限单元法的应用已由弹性力学平面问题扩展到空间问题、板壳问题，由静力平衡问题扩展到稳定性问题、动力问题和波动问题等；分析的对象从弹性材料扩展到塑性、黏弹性和复合材料等，从固体力学扩展到流体力学、传热学等领域。DYNA 是 ANSYS 的高度非线性瞬态动力分析模块，作为最著名的通用显式动力分析程序，能够模拟各种复杂问题，特别适合求解各种二维、三维非线性结构的高速碰撞、爆炸等非线性动力学问题，同时也可以求解流固耦合问题[5]。

2.1 拉格朗日(Lagrange)方法

采用 Lagrange 方法描述炸药材料以及相互作用的其他物质材料，如战斗部设计分析等。该算法的优点是可得到清晰的物质界面。炸药与结构之间的相互作用通过定义接触关系来实现，一般采用滑动接触来处理接触关系(CONTACT_2D_SLIDING, CONTACT_SLIDING_ONLY)[6]。Lagrange 方法最大的不足就是炸药单元在爆炸过程中会发生严重的畸变，计算过程中会出现"负体积"问题而导致终止求解计算，求解计算能够持续的时间与网格尺寸、质量等相关。

2.2 流固耦合(ALE)方法

使用流固耦合算法来描述爆炸过程，对炸药及其他流体材料(如空气、水、土壤等)采用 Euler 算法，对其他的结构采用 Lagrange 算法，然后通过流固耦合方式来处理相互作用。该方法的优点是炸药和流体材料在 Euler 单元中流动，不存在单元的畸变问题，并通过流固耦合方式来处理相互作用，能方便地建立爆炸模型。进行流固耦合一般有两种方法，一种是共节点方法，Lagrange 单元与 ALE 单元在边界上使用公共节点，不需要使用关键字 *CONSTRAINED_LAGRANGE_IN_SOLID 定义流体和固体之间的耦合作用，等同于施加固体边界条件，这就导致了计算不能处理相互作用问题；第二种方法是使用关键字 *CONSTRAINED_LAGRANGE_IN_SOLID，将流体和固体单元耦合在一起，在算法上实现固体和流体之间的数据传递。

在岩石爆破作用分析过程中，炸药和空气形成的爆炸流场采用 ALE 方法描述，岩石采用 Lagrange 方法描述。ALE 方法的控制方程为：

$$\frac{\partial \rho}{\partial t} + \rho \nabla \cdot v + (v-u) \cdot \nabla \rho = 0 \tag{1}$$

$$\rho \frac{\partial v}{\partial t} + [\rho (v-u) \cdot \nabla] \, v = \nabla \cdot \sigma + \rho b \tag{2}$$

$$\rho \frac{\partial E}{\partial t} + \rho (v-u) \cdot \nabla E = \nabla \cdot (\sigma \cdot v) + v \cdot \rho b \tag{3}$$

对于爆炸流场与岩体结构的动态耦合处理，本文采用罚函数[5]方式，该方法的优点在于保证了耦合、接触过程中的能量守恒，并具有计算稳定性。当结构单元穿过爆炸流场单元时，根据相对位移的大小分别对结构与爆炸流体施加如线性弹簧的节点力。

3　计算模型

　　本文以无限区域的单孔爆破过程为研究对象，设计孔深 1.6 m，装药长 1.2 m，堵塞 0.4 m，孔径 50 mm，药径 32 mm，边界设置为无反射条件。图 1 所示为 1/4 计算模型，炸药网格 2 mm，岩石网格为 0.8~3 cm，网格总数约 30 万，工作站为双路 4 核 HP-Z820；计算采用 g-cm-μs 单位制。

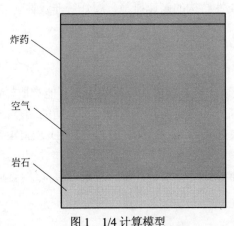

图 1　1/4 计算模型
Fig.1　1/4 calculation domain

　　2 号乳化炸药材料模型采用高能炸药爆炸模型(MAT_HIGH_EXPLOSIVE_BURN)和 JWL 爆轰产物状态方程，材料参数如表 1 所示，其中，D 为爆速；A，B，R_1，R_2 和 ω 是常数；E 是单位体积内能。

表 1　炸药材料参数[8]
Table 1　Parameters of explosive[8]

ρ/g·cm^{-3}	D / ms^{-1}	A / GPa	B / GPa	R_1	R_2	ω	E/GPa
1.31	5500	214.4	0.182	4.2	0.9	0.15	4.192

　　空气材料模型采用 MAT_NULL 和多线性状态方程 (EOS_LINEAR_POLYNOMIAL)来描述，状态方程为：

$$p = c_0 + c_1\mu + c_2\mu^2 + c_3\mu^3 + (c_4 + c_5\mu + c_6\mu^2)E \tag{4}$$

式中，$c_0 = c_1 = c_2 = c_3 = c_6 = 0.0$，$c_4 = c_5 = \gamma - 1$；$\gamma$ 为气体的比热。一般情况下将空气看作理想气，$\gamma = 1.4$，$c_4 = c_5 = 0.4$；空气密度为 $R_0 = 1.29$ kg/m^3，压力截断值 $PC = -0.0$，动力黏性系数是 0.0010。

　　岩土材料采用双线性弹塑性模型进行描述，材料参数如表 2 所示，E 为弹性模量，σ_0 为屈服强度。

表 2　岩石材料参数[8]
Table 2　Parameters of rock[8]

ρ/g·cm^{-3}	E / GPa	v	σ_0 / GPa
2.83	64.8	0.29	0.14

4 计算结果

图 2 所示为 1.15 ms 时刻药柱爆炸后空气和岩石中受到的压力云图。从图 2(a)可以看出，流体压力场与固体(岩石)压力场完全相同，这是由于采用流固耦合方法传递了压力数据。图 2(b)中岩石已破坏区域是流场区域，此空间由爆炸产物、空气占据。

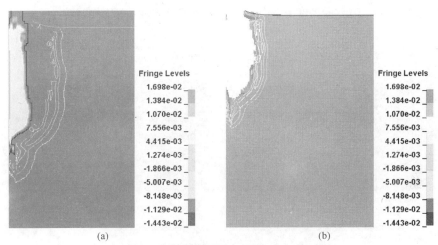

图 2 空气和岩石压力云图(*t*=1.15 ms)

(a)空气和岩石压力云图(100GPa); (b)岩石压力云图(100GPa)

Fig. 2 Contours of pressure for air and rock at 1.15 ms

(a)contours of pressure for air and rock; (b)contours of pressure for rock

图 3 所示为爆炸产物与冲击波对岩石破碎的作用，其中蓝色区域是爆炸产物完全占据空

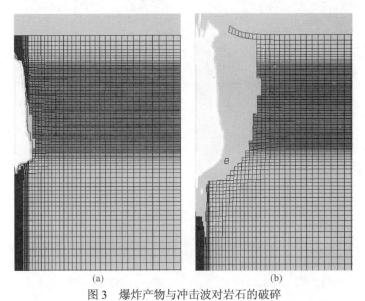

图 3 爆炸产物与冲击波对岩石的破碎

Fig. 3 Fragmentation of rock induced by products and shock wave

(a) *t*=0.35 ms; (b) *t*=1.4 ms

气中的部分，图 3(a)所示为 0.35 ms 时刻，爆炸产物和岩体相互作用，但开始分离，可以知道此时岩石破碎完全是由于爆炸产物的驱动作用引起的。图 3(b)所示为 1.4 ms 时刻，爆炸产物与岩体已完全分开，表明真正使岩体破碎的并不是产物的推动作用，而此时岩体破碎是由于爆炸冲击波的作用形成的。

　　图 4 所示为 6 种不同时刻岩石爆破形成空腔、发展的破坏过程。在 0.68ms 和 0.8 ms 时刻可以看到岩石鼓包的形成过程，可推断爆炸产物从鼓包位置大量渗出，爆炸产物对岩石的破坏逐渐减弱。图 4(f)所示为在 t=3.0 ms 时形成"V"形的漏斗破坏区域。

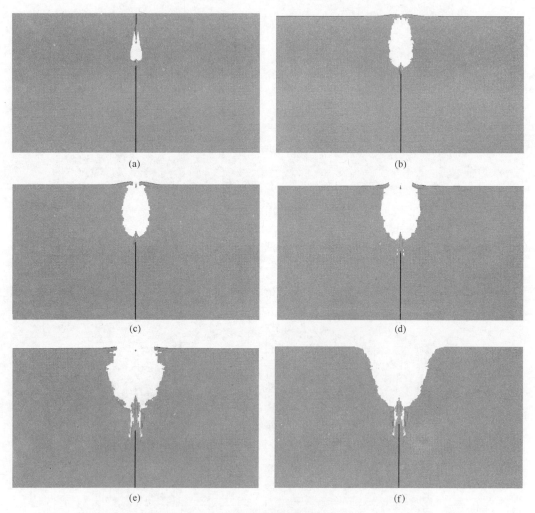

图 4　岩石爆破破坏历程
Fig.4　History of rock blasting damage
(a) t=0.25 ms; (b) t=0.68 ms; (c) t=0.8 ms; (d) t=1.25 ms; (e) t=2.5 ms; (f) t=3.0 ms

　　文献[9]给出了爆破漏斗的实际效果，如图 5 所示，与数值模拟得到的爆破终态效果较为吻合，也验证了流固耦合方法模拟岩石爆破破碎的可行性。

图 5　文献[9]爆破效果图
Fig.5　Picture of blasting from reference [9]

5　结论

采用流固耦合方法对单孔炸药爆破岩石破碎过程进行数值模拟，分析了流体场和固体场的相互耦合作用，该方法较好地描述了岩石爆破的破碎过程，数值模拟结果可对多孔炸药爆破数值分析提供参考。

参 考 文 献

[1] 汪旭光, 郑炳旭, 宋锦泉, 等. 中国爆破技术现状与发展[C]//中国工程爆破协会, 中国爆破新技术III. 北京：冶金工业出版社, 2012.
[2] 丁桦, 郑哲敏. 爆破震动等效载荷模型[J]. 中国科学(E 辑), 2003, 33(1)：82~90.
[3] Liu Liqing. Continuum modelling of rock fragmentation by blasting [D]. Canada, Kingston: Queen's University, 1996.
[4] Arnulu M R, Chakraborty A K, Reddy A H. Influence of bur dell on the intensity of ground vibration in a lime stone quarry[C]// The 7th international symposium on rock fragmentation by blasting, China, Beijing, 2002：617~624.
[5] 白金泽. LS-DYNA3D 理论基础与实例分析[M]. 北京: 科学出版社, 2005.
[6] 李裕春, 时党勇, 赵远. ANSYS11.0/LS-DYNA 基础理论与工程实践[M]. 北京: 中国水利水电出版社, 2006.
[7] Nikolic M, Petrov E P, Ewins D J. Robust strategies for forced response reduction of bladed disks based on large mistuning concept [J]. Journal of Engineering for Gas Turbines and Power, 2009, 130: 022501-1-11.
[8] 杨军, 金乾坤, 黄风雷. 岩石爆破理论模型及数值计算[M]. 北京: 科学出版社, 1999.
[9] 周传波, 罗学东, 何晓光. 爆破漏斗试验在一次爆破成井中的应用研究[J]. 金属矿山, 2005, (350)：20~23.

基于 SPH 方法的岩石爆破破碎过程数值模拟研究

廖学燕 施富强 蒋耀港 龚志刚

（四川省安全科学技术研究院，四川成都，610045）

摘 要：炸药爆炸对周围介质作用过程的数值模拟，采用基于网格的传统 Lagrange 法（拉格朗日网格法）和 Euler 法（欧拉网格法）各有优缺点，但都会因为网格变形过大而终止，不能模拟介质受爆炸冲击作用后裂纹扩展、破碎和抛掷的过程。本文采用 SPH 法（光滑粒子法）对岩石爆破过程进行数值模拟，包括炸药爆炸、岩石裂缝产生、裂缝扩展和破碎的整个过程。SPH 法无须网格可以模拟岩石破碎甚至抛掷过程，为岩石爆破破碎过程机理研究和爆破方案的设计提供了一种新方法。

关键词：爆破；SPH；岩石破碎；数值模拟

Study on Numerical Simulation of Crush Progress of Rock Blasting Based on SPH

Liao Xueyan Shi Fuqiang Jiang Yaogang Gong Zhigang

(Sichuan Province Academy of Safety Science and Technology, Sichuan Chengdu, 610045)

Abstract: Lagrange, Euler, ALE are often used in simulation of explosion，but each has both advantages and disadvantages in simulation of propagation of explosion shock wave, deformation and velocity of medium. And all of them could not simulate the progress of crack propagation，so this paper proposes a new method—SPH. SPH could simulate the whole rock explosion from explosion、rock crack formation and propagation to rock fragment.

Keywords: blasting; SPH; rock fragmentation; numerical simulation

1 引言

岩石爆破是一个复杂的大变形过程，采用数字模拟计算时，基于网格的 Lagrange 方法和 Euler 方法都会因为网格畸变过大，导致计算中断。有限元方法通常采用单元"销蚀"法或重分网格技术来克服这种困难，但是单元"销蚀"法本身缺乏物理依据，纯粹是为了使计算进行下去的一种数值手段。而网格重分技术在节点重新分配物理量时，很难保证系统动量、能量守恒，因而导致计算的精度下降。此外，网格重分技术不是很容易实现，为了更好地解决大变形问题，必须对网格有新的处理方法或去除网格，所以各种无网格方法相继被提出来。光滑粒子动力学方法（smoothed particle hydrodynamics，简称 SPH）是由 Lucy、Gingold 和

作者信息：廖学燕，博士，stagger@mail.ustc.edu.cn。

Monaghan 在 1977 年分别提出的，并且在天体领域得到成功的应用。随后 SPH 方法被应用于水下爆炸数值模拟、高速碰撞中材料动态响应数值模拟等领域。近几年来，我国的学者也开始关注 SPH 计算方法，中国科学技术大学的汴梁将 SPH 方法用于高速碰撞问题研究。与有限元和有限差分等网格法相比，无网格法能求解大变形和破碎问题。本文采用 SPH 方法对岩石爆破过程进行模拟。结果表明，SPH 方法能模拟岩石爆破的整个过程，爆破炸药起爆，炸药对岩石的作用，岩石的应力应变、裂缝产生及扩展、岩石破碎和抛掷。因此，SPH 方法为模拟研究岩石爆破过程和爆破方案优化提供了一个新的方法。

2　SPH 方法基本原理

SPH 基本思想的核心是一种插值理论，它以核函数为基础，将连续介质离散成一系列有质量的粒子，通过核近似将方程离散，其基本流程如下：

（1）将连续介质离散成一系列具有质量的 SPH 粒子，粒子之间没有任何连接，因此 SPH 方法无需网格；

（2）场函数用积分表示法来近似，在 SPH 方法中称为核近似法；

（3）应用支持域内的相邻粒子对应的值叠加求和取代场函数的积分表达式来对场函数进行粒子近似，由于在每一个时间步内都要进行粒子近似，支持域内的有效粒子为当前时刻支持域内的粒子，因此 SPH 方法具有自适应性；

（4）将粒子近似法应用于所有偏微分方程组的场函数相关项中，将偏微分方程组进行离散；

（5）粒子被附上质量后，则意味着这些粒子是真实的、具有材料特性的粒子，最后应用显式积分法得到所有粒子的场变量随时间的变化值。

从以上分析可以看到，SPH 方法是具有无网格、自适应属性的动力学求解方法。

3　SPH 方法模拟岩石爆破

为了研究采用 SPH 方法模拟岩石爆破过程的可行性，采用 SPH 方法对典型的爆破漏斗和抛掷爆破过程进行模拟。两个计算模型中岩石采用 RHT 材料模型，单轴抗压强度取 35MPa，炸药为铵油炸药，密度为 930kg/m^3，采用 JWL 状态方程。

3.1　爆破漏斗模拟

对典型的爆破漏斗进行模拟，以验证 SPH 法模拟岩石爆破过程的可行性。模型中岩石的几何尺寸为 6m×8m；药包尺寸为 0.08m×0.08m，药包离左、右边界距离为 4m，离上边界 1m；粒子间距为 40mm，如图 1 所示。

SPH 法模拟得出的爆破漏斗形成过程如图 2 所示。从图 2 中可以看出：首先炸药起爆，爆炸产生的应力波将炸药周围的岩石压碎；接着应力波传播到上部自由发生应力反射，反射的拉应力将自由面的岩石拉裂；同时在岩石内部出现裂纹并逐渐扩展形成破碎区，破碎和裂纹主要集中在上部，呈漏斗状；上部的岩石获得速度，往上方飞出，最终形成爆炸漏斗。

采用 SPH 方法能模拟炸药起爆、岩石被炸药冲击力压缩、岩石受爆破作用产生裂纹、裂纹扩展、岩石破碎和破碎岩石抛出、最终形成爆破漏斗的整个过程。整个模拟过程与爆破漏斗经典理论相吻合。另外可以得到计算模型中任一点的应力时程曲线和速度等重要参数，如图 3 和图 4 所示。

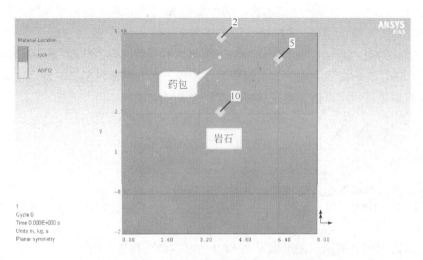

图 1　爆破漏斗模型

Fig.1　Model of blasting crater

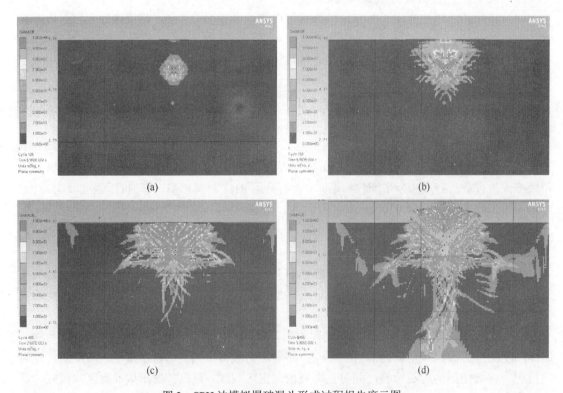

图 2　SPH 法模拟爆破漏斗形成过程损失度云图

Fig.2　Damage of blasting crater numerical simulation on SPH

(a) 0.6ms; (b) 0.9ms; (c) 2.7ms; (d) 3.9ms

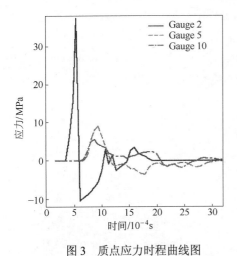

图 3　质点应力时程曲线图
Fig.3　Stress time-history curves of particle

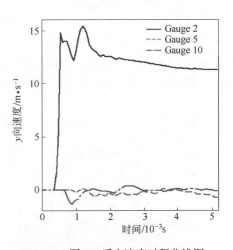

图 4　质点速度时程曲线图
Fig.4　Velocity time-history curves of particle

3.2　抛掷爆破模拟

为了更好验证 SPH 方法在爆破工程中的适用性，建立了两个自由面的抛掷爆破模型。模型中岩石的几何尺寸为 8m×8m；药包尺寸为 0.08m×0.08m，药包离左边界为 2.6m，离上边界为 2m；粒子间距为 40mm，如图 5 所示。

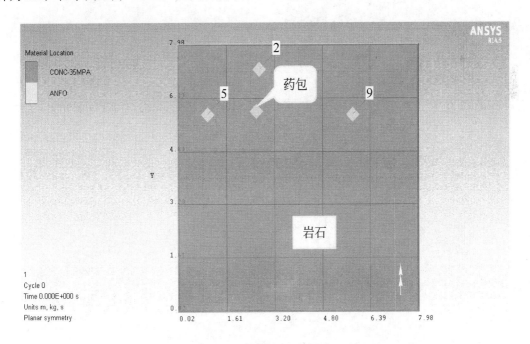

图 5　抛掷爆破计算模型
Fig.5　Model of casting blast

采用 SPH 方法模拟的岩石抛掷爆破过程如图 6 所示。从图 6 中可以清晰看出炸药爆炸后周围岩石被压碎和到达上边界应力反射与爆破漏斗模拟相同；不同的是：应力波在左边界也发生应力反射，造成裂纹往上部扩展的同时也往左侧扩展，最终左上部出现破碎和裂纹区，然后岩石往左上方抛出。SPH方法模拟的抛掷爆破过程与工程实际基本吻合。另外可以得到计算模型中任一点的应力时程曲线和速度等重要参数，如图7和图8所示。

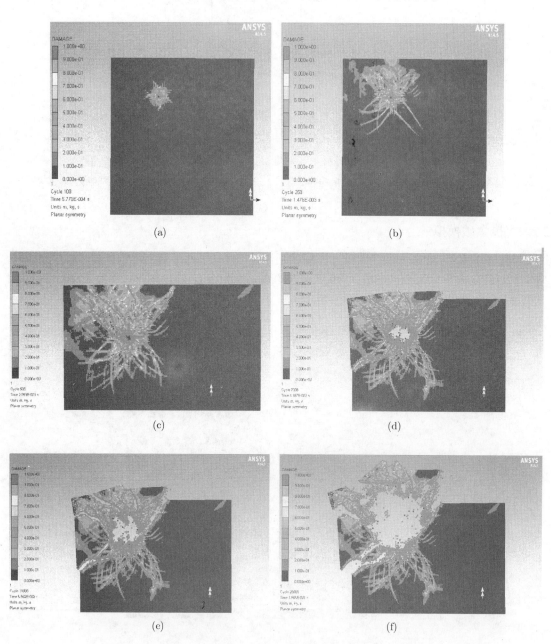

图6 抛掷爆破过程损伤云图

Fig.6   Damage cloud of casting blast

(a) 0.6ms; (b) 1.5ms; (c) 3.0ms; (d) 41.9ms; (e) 65.8ms; (f) 155.6ms

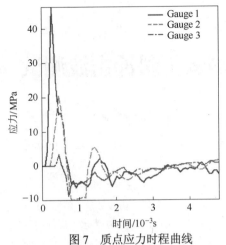

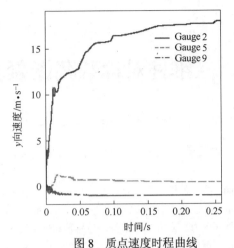

图7　质点应力时程曲线

Fig.7　Stress time-history curves of particle

图8　质点速度时程曲线

Fig.8　Velocity time-history curves of particle

4　结论

(1) 采用 SPH 方法对岩石爆破漏斗模型进行模拟,结果表明: SPH 方法能完整模拟炸药起爆、岩石破碎和爆破漏斗形成的整个过程,并与爆破漏斗经典理论相吻合。

(2) 采用 SPH 法模拟了抛掷爆破,结果表明:SPH 方法能模拟抛掷爆破的整个过程——从炸药起爆到岩石破碎抛出。模拟的岩石爆破抛掷过程与工程实际基本吻合。

(3) SPH 方法除了能得出质点的应力、速度等重要参数外,还能模拟岩石爆破的整个过程,特别是能较好地模拟传统的 Lagrange 法和 Euler 法不能有效模拟的岩石破碎和抛掷过程。因此 SPH 方法为研究岩石爆破破碎过程和工程爆破设计提供了一种新方法。

参 考 文 献

[1]　汪旭光. 爆破手册[M]. 北京:冶金工业出版社,2010.

[2]　Lucy L B.Numerical approach to testing the fission hypothesis[J]. Astronomical Journal, 1977(82):1013~1024.

[3]　Gingold R A, Monaghan J J. Smoothed Particle Hydrodynamics: Theory and Application to Non-spherical stars[C]//Monthly Notices of the Royal Astronomical Society, 1977(181): 375~389.

[4]　Johnson G R, Stryk R A, Beissel S R.SPH for high velocity impact computations[J].Computer Methods in Applied Mechanics and Engineering,1996,139:347~373.

[5]　Libersky L D, Petschek A G, et al. High strain lagrangianhydrodynamics:A three-dimensional SPH code for dynamic material response[J]. J Comput Phys,1993, 109:67~75.

[6]　Johnson G R, Beissel S R. Normalized smoothing functions for SPH impact computations[J]. International Journal for Numerical Methods in Engineering, 1996, 39:2725~2741.

[7]　卞梁. 高速碰撞中的 SPH 方法及其应用研究[D]. 合肥: 中国科学技术大学, 2009.

[8]　AUTODYN materials library version 6.1.

二维柱对称装药爆轰波与水下斜冲击波测试

陈　翔　张程娇　王小红　李晓杰　李现远

（大连理工大学工程力学系工业装备结构分析国家重点实验室，辽宁大连，116024）

摘　要：使用新型压导探针，对二维柱对称装药水下爆炸的爆轰波和水下斜冲击波进行了速度测量。经过理论推导和数据处理，得到了水下爆炸近场的爆速、水下斜冲击波波速、斜冲击波角度、界面压力、多方气体指数、马赫数和爆轰波 CJ 压力，本文介绍的测试方法为水下爆炸的研究提供了更加可靠的测试手段。

关键词：水下爆炸；斜冲击波速度；斜冲击波压力；新型压导探针

Detonation Wave and Underwater Oblique Shock Wave Test of Two-Dimensional Column Symmetric Explosive Loaded

Chen Xiang　Zhang Chengjiao　Wang Xiaohong　Li Xiaojie　Li Xianyuan

(Department of Engineering Mechanics, Dalian University of Technology, Liaoning Dalian, 116024)

Abstract: With the new pressure-conduction probe, this paper tests the velocity of detonation wave and oblique underwater shock wave. Through related theory and data processing, the paper gets the underwater near field detonation velocity, shock wave velocity, angle of the underwater oblique shock wave, surface pressure, polytropic exponent, Mach number and the CJ pressure etc. The test method introduced in this paper, provides a more reliable way in underwater explosion study.

Keywords: underwater blasting; oblique shock wave velocity; oblique shock wave pressure; new pressure-conduction probe

1　引言

　　水下爆炸现象广泛地存在于水下施工与现代兵器设计中，随着海洋战略的进一步深入，水下爆破的施工方式、先进的水下兵器设计将会得到更多的应用。炸药是水下爆炸最基本的能源，是爆破施工和兵器设计的基础。新型的炸药不断研制成功，要充分地利用炸药的性能，必须充分了解炸药的各个参数，尤其是炸药爆速和爆压。

　　库尔[1]在总结美国军方炸药测试和水下爆炸研究的基础上，阐述了水下爆炸的基本现象、冲击波的形成和传播、气泡的形成以及脉动规律。他总结的水下爆炸经验公式在工程应用中被广泛采用。随着科学技术的不断发展，水下爆炸逐渐成为一个重要的研究方向。水下爆炸越来越多地被用于炸药的性能测试。赵生伟等[2]利用 PCB 压电型传感器测量了小当量的水中爆炸冲击波压力脉冲，并且通过模拟，发现小当量的水中爆炸的实验结果可以利用爆炸相似

基金项目：国家自然科学基金资助项目（11272081）。

律推广到大当量的水中爆炸情况中。李健等[3]利用压力传感器，测试了球形 TNT 装药以及柱状含铝炸药的远场炸药性能。池家春等[4]通过不同的测试系统，测量了爆炸近场和爆炸远区的压力时程曲线和气泡的脉动周期，由于传感器的限制，测点都是点状分布，未能实现连续测量。胡宏伟等[5]利用 PCB138 型 ICP 压电式电气石水下激波传感器测试了近场的压力数值，但是测试数据只是根据电气石压力计的分布来确定，连续性不好。随着计算机以及数值技术的迅速发展，水下爆炸数值模拟技术也得到了长足的发展。周俊祥等[6]利用一维数值分析方法，研究了水下爆炸冲击波的传播规律。荣吉利等[7, 8]利用 DYTRAN 软件对 TNT 炸药的球形装药距离爆心处 3m 的气泡脉动规律进行了研究，很好地契合了 JWL 状态方程，并且利用该软件，首次实现了三维水下爆炸气泡的脉动研究，得到了良好的模拟效果。

但是现有的文献和研究中，对于爆炸近场的水下冲击波速度和压力都未能实现连续测量。为了实现冲击波速度和压力连续测量，我们开展了这方面的探索研究，如齐凯文[9]首次实现了爆轰波与冲击波的连续测量，刘智远[10]改进了压倒探针并利用该探针连续地测出了工业用铵油炸药的爆轰波和水下冲击波速度。

本文利用改进的新型压导探针，成功地测取了工业用黑索金炸药（RDX）的爆速和水下爆炸近场斜冲击波速度，成功地解决了水下爆炸近场冲击波速度和压力的二维柱对称装药的连续测试问题。

2 实验设备及装置

2.1 改进的压导探针

压导探针利用了炸药爆轰产物高压的特点，使得探针能够不断地在压力的作用下导通，不断地记录下爆轰波传播的距离时程曲线。因为探针外壳保护层的屈服极限为几百个大气压，而爆轰波以及水下冲击波能够产生数千至数万个大气压，因此可以轻易地将压导探针压通。

在实验中使用的是改进的连续压导探针，如图 1 所示。该探针能够测定炸药爆轰波和水中冲击波。在冲击波的高压作用下，探针内部电路回路的电阻值不断发生变化。测试仪器能够将这些不断变化的电阻信息转换为连续变化的电信号并最终转换为冲击波的传播信息，应用该探针能够实现爆轰波和水下冲击波的连续测量。压导探针的内部由一根钢制螺纹线及漆包电阻丝组成，两者在一端联结导通，而另一侧与测试电路相连。在两者的外侧包有用于屏蔽外部电磁干扰的绝缘层，最外侧为压导探针的保护层。

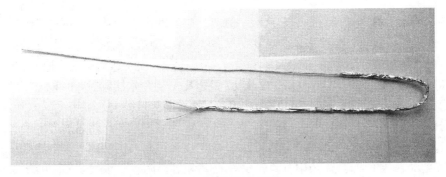

图 1 改进探针实物图

Fig.1 The improved probe

2.2   实验装置

实验装置如图 2 所示。盛装炸药的 PVC 管的直径为 4cm，长度为 40cm，其内部装有密度为 0.65 g/cm³ 的粉状黑索金炸药（RDX）。探针长度为 80cm 左右，其插入药柱部分的长度为 20cm，这一部分沿药柱轴心放置，用于测量炸药爆炸波波速；探针的剩余部分置于水中，用于测量水中斜冲击波，该段探针与药柱轴线的夹角为 φ。在远离斜置探针的药柱口处插入电雷管及起爆药，然后将以上的设备放置在 200cm×50cm×70cm 的长方形水槽中。为了保证实验能够准确地反映冲击波传播规律，在实验过程中对药柱两端进行严密的防水处理，信号传输线路以及所有接头之间都使用电磁屏蔽材料进行严格的电磁屏蔽。在实验中，使用爆速连续记录仪测定爆轰波及水中冲击波波速。该仪器的启动电阻值范围为 310~340Ω，频率为 1MHz，预触发时间为 32.8ms，总记录时间为 123ms。

在此之前，作者已经使用压导探针对爆轰波及水中正冲击波的传播速度进行过大量的实验研究，研究结果表明压导探针能够测量水中正冲击波的传播速度并获得较好的测量结果[11]。本文利用改进的压导探针，在之前研究工作的基础上，对水中斜冲击波的传播速度进行了测量。

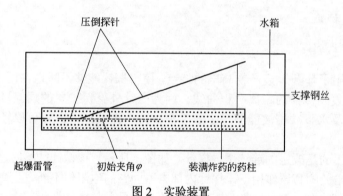

图 2   实验装置
Fig.2   The experimental device

3   斜冲击波的基本理论

如图 3 所示，柱形炸药爆炸后，水域一侧会产生斜冲击波。基于二维定常流场，将坐标系建立在爆轰波波头上，在柱状装药水气交界面的位置近似为平面流动。炸药以爆速 D 流过爆轰波阵面，爆轰后，压力为 p_H，气体质点速度为 $D-u_H$。由于爆轰波后声速 C_H 的表达与气体质点速度同为 $D-u_H$，因此其马赫数 $Ma_H=1$。当爆轰产物与水接触时，爆轰产物发生膨胀并在水中形成斜冲击波。这些区域内的气流密度会降低，而区域外的气流密度基本不发生变化，因此为普朗特-迈耶（Prandtl-Meyer）膨胀波，即 P-M 膨胀流动。炸药爆炸产生的气流向水方向发生转动的角度为 θ_e。在水域中，水以水平流度 D 流过斜冲击波，若假定波后水流产生转角 θ_w。可见水中转角 θ_w 与炸药中气流转角 θ_e 必然相等，两者与水气交界面的转角 θ 相等，$\theta=\theta_w=\theta_e$；并假定水侧压力 p_w，爆轰产物一侧的压力 p_e，均与界面压力 p 相等，即 $p=p_w=p_e$。

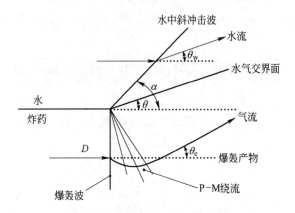

图3 普朗特-迈耶膨胀波

Fig.3 Prandtl-Meyer expansion wave

水气界面处，水中斜冲击波可以做简化，如图 4 所示。已知水冲击波角度 α，可以利用该已知量对来流速度 D 进行分解，求出斜冲击波的垂直方向来流速度 D_c 和平行于冲击波的来流速度 D_p：

$$\begin{cases} D_c = D\sin\alpha \\ D_p = D\cos\alpha \end{cases} \tag{1}$$

根据文献[12]中水的雨果尼奥关系，可以导出质点速度 u：

$$u = 5.190 \times \left(10^{\frac{D_c - 1.483}{25.3066}} - 1\right) \tag{2}$$

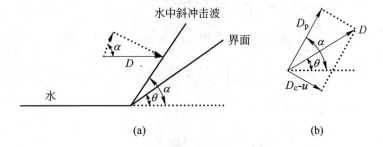

(a)   (b)

图4 水流侧简化斜冲击波模型

Fig.4 Simplified model of oblique shock wave in water

根据图 4，可知斜冲击波波后的垂直方向的流速为 D_c-u，平行于冲击波的流速是连续的，因此可以得到：

$$\tan(\alpha - \theta) = \frac{D_c - u}{D\cos\alpha} = \frac{D_c - u}{D_p} \tag{3}$$

因此得到界面偏转角 θ：

$$\theta = \alpha - \arctan\left(\frac{D_c - u}{D\cos\alpha}\right) \tag{4}$$

这里，水的密度取为 1.0 g/cm³，根据以上的数据处理，我们可以求解出界面的转角 θ 和界面压力 p。

将水气交界面处爆轰产物一侧简化为如图 5 所示的斜冲击波模型。根据普朗特-迈耶绕流公式：

$$\upsilon(Ma) = \sqrt{\frac{k+1}{k-1}}\arctan\sqrt{\frac{k-1}{k+1}(Ma^2-1)} - \arctan\sqrt{Ma^2-1} \tag{5}$$

$$\theta - \theta_H = \upsilon(Ma) - \upsilon(Ma_H) \tag{6}$$

又由于爆轰波波头转角 $\theta_H=0$，马赫数 $Ma_H=1$，因此可得

$$\theta = \upsilon(Ma) \tag{7}$$

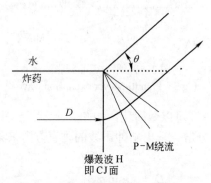

图 5　气流侧斜冲击波简化模型

Fig.5　Simplified model of obliqueshock wave in gas

另外由定常流的压力关系式：

$$\frac{p_0}{p} = \left(1 + \frac{k-1}{2}Ma^2\right)^{\frac{k}{k-1}} \tag{8}$$

式中，p_0 为滞止压力；Ma 为马赫数。由于爆轰波头 $Ma_H=1$，因此有：

$$\frac{p_0}{p_H} = \left(\frac{k+1}{2}\right)^{\frac{k}{k-1}} \tag{9}$$

联立式（8）和式（9），可得

$$\frac{p_H}{p} = \left(\frac{2}{k+1} + \frac{k-1}{2}Ma^2\right)^{\frac{k}{k-1}} \tag{10}$$

将冲击波的动量守恒方程与式（10）联立，可得

$$\begin{cases} \dfrac{\rho_0 D^2}{p} = (k+1)\left(\dfrac{2}{k+1} + \dfrac{k-1}{2}Ma^2\right)^{\frac{k}{k-1}} \\ \upsilon(Ma) = \sqrt{\dfrac{k+1}{k-1}}\arctan\sqrt{\dfrac{k-1}{k+1}(Ma^2-1)} - \arctan\sqrt{Ma^2-1} \end{cases} \tag{11}$$

整理式（11），得到如下关系：

$$\begin{cases} Ma^2 = \dfrac{k+1}{k-1}\left[\dfrac{\rho_0 D^2}{(k+1)p}\right]^{\frac{k-1}{k}} - \dfrac{2}{k-1} \\ \theta = \sqrt{\dfrac{k+1}{k-1}}\arctan\sqrt{\dfrac{k-1}{k+1}(Ma^2-1)} - \arctan\sqrt{Ma^2-1} \end{cases} \tag{12}$$

水域一侧利用式（4）求得的转角 θ 和界面压力 p，求解以上的超越方程，最终可以得到斜冲击波的压力 p_H。

4 实验结果以及数据处理

4.1 测试数据的处理方法

将记录仪中的距离-时间关系导出，由于本文使用的压导探针单位电阻值与连续爆速仪内设的单位电阻值不同，因此导出的数据并非真实的实验数据，需要对测量的数据乘以相应的系数才能得到真实的爆轰波与水下冲击波传播真实的距离-时间关系。系统的测量原理为：

$$\Delta V = I_0 \Delta R \tag{13}$$

式中，ΔV 为外电路中电压变化值；I_0 为回路中的恒定电流值；ΔR 为探针电阻变化值。软件处理的基本公式为：

$$\Delta R = L_0 R_0 \tag{14}$$

式中，L_0 为连续爆速仪中记录的距离；R_0 为仪器本身设置的标准电阻丝单位阻值。由于采用了新型压导探针，实际的阻值变化公式变为：

$$\Delta R = L_1 R_1 \tag{15}$$

式中，L_1 为爆轰波实际传播距离；R_1 为新型压导探针电阻丝单位阻值。联立式（14）和式（15）可得：

$$L_1 = \frac{R_0}{R_1} L_0 \tag{16}$$

由式（16）可知，在记录距离 L_0 的基础上乘以相应的系数 R_0/R_1 就可以得到真实的爆轰波与水下冲击波的距离-时间曲线。

4.2 斜冲击波的分析结果

利用仪器记录下的距离-时间曲线，进行数据处理。由式（16）仪器测得的数据需要乘以系数 R_0/R_1 进行换算，才能得到真实的距离-时间曲线。利用真实的距离-时间曲线的爆轰波段，求得炸药爆速 D。将坐标系放置在爆轰波波头上，在水流一侧将爆轰波速度分解为垂向来流速度 D_c 和平行于冲击波的流速 D_p，利用式（2）求得分界面上的质点速度 u，利用式（4）就可以求得界面转角 θ，利用式（10）求得界面压力 p。

由于已经求解出界面转角 θ 和界面压力 p，将坐标系放置在气流一侧，求解超越方程（12），就可以得到多方气体指数 k 值和马赫数 Ma 的数值。从而完全求解水下斜冲击波问题。

表 1 是利用改进的连续压导探针测量和计算求得的黑索金炸药的爆速以及水下斜冲击波的相关参数。测试结果求得的数值与文献 [13] 中的数据相比，炸药在该密度下的爆速、多方气体指数 k 等参数的数值是相近的，说明该方法能完全解决水下爆炸二维柱状装药问

题。表 1 中，各项分别为压导探针的总长度 L、压导探针与药柱之间的初始斜角 φ、炸药的爆速 D、斜冲击波角度 α、界面压力 p、多方气体指数 k、马赫数 Ma 和爆轰波 CJ 面的压力 p_H。

表 1　黑索金(RDX)水下爆炸斜冲击波测试结果
Table1　Test result of RDX underwater explosion oblique shock wave

编号	L/m	$\varphi/(°)$	$D/m·s^{-1}$	$\alpha/(°)$	$\theta/(°)$	P/GPa	k	Ma	p_H/GPa
1	0.74	28.3	5758.1	40.6	10.4	4.6706	2.11	1.61	7.2815
2	0.77	22.3	5659.3	37.9	9.2	3.5837	2.56	1.65	6.1446
3	0.77	18.4	5675.5	39.5	9.4	3.6052	2.41	1.63	6.4517

5　结论

利用改进的压导探针，针对柱形装药的水下爆炸问题，本文成功地连续测取了爆轰波与水下斜冲击波的距离时程曲线，并得到爆速和水下斜冲击波的速度以及界面压力和爆轰波阵面的 CJ 压力等。

本文首次实现了水下爆炸近场斜冲击波速度的连续测试，为水下爆炸研究提供了更加可靠的试验基础。本文给出的根据理论推导的水下爆炸以及炸药相关关系与参数，为进一步完善相关状态方程（如 JWL 状态方程等）提供了更加可靠的实验依据和参数。

参 考 文 献

[1]　Cole R H. Underwater explosions[M].New Jersy:Princeton University Press, 1948: 235~245.

[2]　赵生伟, 张颖, 王占江, 等.小当量水中爆炸冲击波实验及数值模拟[J]. 实验力学, 2009, 24(3): 259~263.

[3]　李健, 荣吉利, 杨荣杰, 等. 水中爆炸冲击波传播与气泡脉动的实验和数值模拟[J]. 兵工学报, 2008, 29(12): 1437~1443.

[4]　池家春, 马冰. TNT/RDX(40/60)炸药水中爆炸波研究[J]. 高压物理学报, 1999, 13(3): 199~204.

[5]　胡宏伟, 王建灵, 徐洪涛, 等. RDX 基含铝炸药水中爆炸近场冲击波特性[J]. 火炸药学报, 2009, 32(2): 1~5.

[6]　周俊祥, 于国辉, 李澎, 等. RDX/Al 含铝炸药水下爆炸试验研究[J]. 爆破, 2005, 22(2): 5~10.

[7]　荣吉利, 李健, 杨荣杰, 等. 水下爆炸气泡脉动的实验及数值研究[J]. 北京理工大学学报, 2008, 28(12): 1035~1039.

[8]　荣吉利, 李健. 基于 DYTRAN 软件的三维水下爆炸气泡运动研究[J]. 兵工学报, 2008, 29(3): 331~336.

[9]　齐凯文. 爆轰波与水下冲击波连续测量方法[D]. 大连: 大连理工大学工程力学系, 2012: 27~37.

[10]　刘智远. 压导探针连续测量爆轰波与冲击波研究[D]. 大连: 大连理工大学工程力学系, 2013: 11~15.

[11]　李晓杰, 李现远, 张程娇, 等. 水下爆炸近场冲击波连续速度测试[C]// 西安: 中国力学学会, 2013: 276.

[12]　MIL-STD-1751(USAF), Method 17. An Analysis of the "Aquarium Technique" as a Precision Detonation Pressure Measurement Gage.

[13]　邵丙璜, 张凯. 爆炸焊接原理及其工程应用[M]. 大连: 大连工学院出版社, 1987: 65.

水下爆炸冲击波压实生物活性材料的探索性研究

刘建湖　盛振新　张　静　黄亚平　张显丕　唐佳炜

（中国船舶科学研究中心，江苏无锡，214082）

摘　要：羟基磷灰石是一种具有极强生物活性的陶瓷材料，其断裂强度和韧性较低，加入氧化铝和钛能够在不影响羟基磷灰石生物活性的基础上提高其力学性能。本文采用水下爆炸冲击波作为载荷，开展了生物活性材料压实的探索性研究。首先，利用 AUTODYN 软件对压实过程进行了数值模拟，发现装药爆轰产生的水中冲击波到达粉末表层后，即开始对粉末进行压实，密度增大，直至接近该种材料固体的理论密度。在此基础上开展了相应试验，试验时采用 TNT 柱药，待压实粉末为羟基磷灰石、氧化铝和钛的混合粉末，试验后得到了压实体，验证了该方法的可行性。

关键词：水下爆炸冲击波压实；生物活性材料；AUTODYN

Exploration of Underwater Shock Consolidation of Bioactive Material

Liu Jianhu　Sheng Zhenxin　Zhang Jing　Huang Yaping

Zhang Xianpi　Tang Jiawei

(China Ship Scientific Research Center, Jiangsu Wuxi, 214082)

Abstract: Hydroxyapatite [HAp; $Ca_{10}(PO_4)_6(OH)_2$] biocomposites are ceramic materials that exhibit excellent bioactivity, with inherent low fracture strength and toughness. Alumina (Al_2O_3) and Titanium (Ti) are added to improve in mechanical properties without diminution of biocompatibility. The exploration of bioactive material consolidation by underwater shockwave was carried out with numeric simulation combined with experiment. Firstly, the consolidation process, which was simulated using AUTODYN, was obtained: the powders are consolidated when the shockwave generated by explosion arrive at the powders surface. At the same time, the density of powders increases to the theory density of solid of the material. Based on this, the experiment was carried out using TNT charge, the composite powders of HAp, Al_2O_3 and Ti were consolidated. The feasibility of underwater shockwave consolidation was validated with obtaining of solid mixture of HAp, Al_2O_3 and Ti.

Keywords: underwater shock consolidation; bioactive material; AUTODYN

1　引言

近年来，老龄化、车祸和战争等因素造成的骨缺损现象层出不穷，每年有几百万伤者需要进行骨缺损修补手术，因此需要大量的人工骨骼。鉴于骨骼成分的特点，国内外科研工作

作者信息：刘建湖，研究员，博士生导师，liujhu@pub.wx.jsinfo.net。

者早期开展了用羟基磷灰石、磷酸钙等生物活性陶瓷材料制造人工骨骼的研究。生物活性材料虽然具有较好的生物相容性，但是其无法达到骨骼所要求的强度和韧性。近年来，国内外科研工作者逐步发展了多种制造技术用于提高生物活性材料人工骨的机械性能，如快速成型技术[1]、3D 打印技术[2,3]、冷冻挤压制造技术[4,5]和粉末激光烧结技术[6]等。上述几种方法均基于 3D 精密定型加后期烧结这一常规制作流程来进行人工骨的制作，虽然满足了人工骨的力学性能和生物活性，但鉴于其制作设备精密，制作工艺复杂，无法满足大批量工业生产所需的设备简易性、经济性要求。有鉴于此，本文采用较为简易、经济的爆炸压实方法来合成具有高强度、较高韧性和高生物相容性的人工骨。

爆炸压实的原理是利用爆炸产生的瞬时高压将粉末压实，得到接近材料理论密度的压实体。国内主要采用钢管爆炸压实装置[7~10]，其关键技术是通过调节炸药的爆速和装药密度来控制爆轰压力。日本学者提出了一种水下爆炸冲击波压实装置[11~13]，该装置利用了水下爆炸冲击波的优点，通过改变水的高度来调节冲击波压力的大小。

经比较，本文采用水下爆炸冲击波压实装置来压实由羟基磷灰石、氧化铝和钛混合而成的生物活性材料。首先，利用 AUTODYN 软件对水下爆炸冲击波压实装置的压实过程进行了数值模拟，了解了该装置的作用过程，确定了装置的主体尺寸。在此基础上开展相应试验，试验时采用 TNT 柱药，待压实粉末为羟基磷灰石、氧化铝和钛的混合粉末，试验后得到了压实体，验证了该方法的可行性。

2 数值模拟

首先，利用 AUTODYN 软件对水下爆炸冲击波压实装置的压实过程进行数值模拟，根据计算结果分析该装置的作用过程，确定该装置的主体尺寸。由于 AUTODYN 中没有羟基磷灰石、氧化铝和钛的混合粉末的状态方程，而数值模拟的目的是为了观察压实装置的作用过程，所以本文采用 AUTODYN 材料库中的粉末材料 Sand 来代替主粉末，计算结果可以达到同样的目的。

2.1 计算模型

建立二维轴对称模型，如图 1 所示，网格尺寸为 1mm。该模型从上至下依次为装药管、装水管和装粉管，均为低碳钢管。装药管中放置 TNT 圆柱形装药，起爆点设置在圆柱装药的端面中心，装水管中装水，装粉管中装填粉末。粉末分三层，中间一层为待压实的粉末，上层和下层为缓冲粉末。三个钢管为 Lagrange 单元，其余均为 Euler 填充单元。

2.2 状态方程

图 1 所示的计算模型中涉及钢、TNT、水、空气、主粉末和缓冲粉末共六种材料，每种材料的状态方程如下文所述。

2.2.1 钢的状态方程

采用 AUTODYN 中的 STEEL1006，其状态方程为 Linear 状态方程，形式为 $p = K\mu$，式中，p 为压力；K 为弹性模量；$\mu = \rho/\rho_0 - 1$；ρ_0 为初始密度；ρ 为密度。

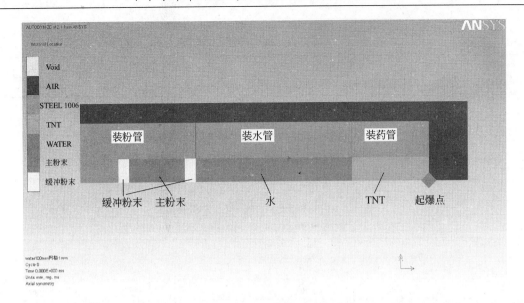

图 1　水下爆炸冲击波压实装置计算模型

Fig.1　Simulation model of underwater shock consolidation assembly

2.2.2　TNT 的状态方程

在计算中，采用的是密度为 $\rho_0 = 1.63 \text{g/cm}^3$ 的 TNT 炸药，对应的状态方程为 JWL 状态方程，其形式如下：

$$p = A\left(1 - \frac{\omega}{R_1 V}\right)e^{-R_1 V} + B\left(1 - \frac{\omega}{R_2 V}\right)e^{-R_2 V} + \frac{\omega}{V}E \tag{1}$$

式中，E 为单位质量内能；V 为相对体积；方程中的参数 A，B，R_1，R_2，ω 与 TNT 相关，本文中 TNT 的材料参数参见表 1。

表 1　TNT 状态方程的参数

Table1　Parameters in the EOS for TNT

A/GPa	B/GPa	R_1	R_2	ω	ρ_0/g·cm^{-3}	p_{CJ}/GPa	D/cm·μs^{-1}
373.77	3.747	4.15	0.9	0.35	1.63	21	0.693

2.2.3　水的状态方程

AUTODYN 材料库中提供了两种水的状态方程，分别是 Polynomial 和 Shock 形式的状态方程，均源于 Grüneisen 形式的状态方程。本计算模型中，采用水的 Polynomial 状态方程，形式如下：

$$\begin{cases} p = A_1\mu + A_2\mu^2 + A_3\mu^3 + (B_0 + B_1\mu)\rho_0 E & \mu \geq 0 \\ p = T_1\mu + T_2\mu^2 + B_0\rho_0 E & \mu < 0 \end{cases} \tag{2}$$

式中，μ 表示压缩度，用 $\mu = \rho/\rho_0 - 1$ 表示，$\mu < 0$ 表示受外界拉力作用，$\mu \geq 0$ 表示受压力作用；A_1，A_2，A_3，T_1，T_2，B_0，B_1 为 AUTODYN 材料库中给定的水的常量参数，具体见表 2。

表 2   水的 Polynomial 状态方程的参数
表 2   水的 Polynomial 状态方程的参数
Table 2   Parameters in the Polynomial EOS for water

A_1/GPa	A_2/GPa	A_3/GPa	T_1/GPa	T_2/GPa	B_0	B_1
2.2	9.54	14.57	2.2	0	0.28	0.28

2.2.4   主粉末的状态方程

Sand 的状态方程为 Compaction，由压力 p 和密度 ρ 的 10 点分段函数定义，ρ 表示压力为 p 时的粉末密度，具体参数见表 3。

表 3   Sand 的 Compaction 状态方程的参数
Table 3   Parameters in the Compaction EOS for Sand

p/MPa	0	4.577	14.980	29.151	59.175
ρ/g·cm^{-3}	1.674	1.740	1.874	1.997	2.1438
p/MPa	98.098	179.44	289.44	450.20	650.66
ρ/g·cm^{-3}	2.250	2.380	2.485	2.585	2.671

2.2.5   缓冲粉末的状态方程

缓冲粉末同样用 Sand 来代替，为了在模型中区分主粉末和缓冲粉末，将两者设置成不同的颜色。

2.3   计算工况与结果

参照文献[11]确定计算模型的尺寸，装药管的高度为 50mm，装粉管的高度为 75mm，钢管内径为 ϕ30mm，钢管外径为 ϕ75mm。计算过程中，主要考察装水管高度 H_w、主粉末高度 H_p 和缓冲粉末高度 H_c 对爆炸压实效果的影响。计算工况见表 4。

表 4   计算工况表
Table 4   Situations of simulation

序 号	H_w/mm	H_p/mm	H_c/mm
工况 1	80	30	10
工况 2	90	30	10
工况 3	100	30	10
工况 4	80	36	7
工况 5	90	36	7
工况 6	100	36	7

通过计算表 4 中工况，确定采用工况 6 的参数，装水管高度 H_w=100mm，主粉末高度 H_p=36mm，缓冲粉末高度 H_c=7mm。

将工况 6 模型在几个典型时刻的形态图、应力云图和主粉末的密度云图列于表 5 中。计算过程中，主粉末 Sand 的密度由初始时刻的 1.674g/cm^3 增大至 2.641g/cm^3，达到表 3 中最大密度 2.671g/cm^3 的 98.9%，表明 Sand 被压实。

表5 典型时刻的形态图
Table 5　Shape of model at some representative time

时刻/μs	8.2	27.5	59.1	106.9	123.1	237.3
形态图	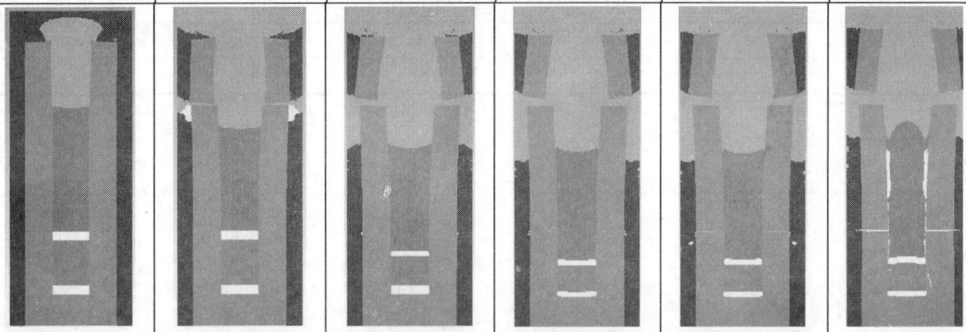					
应力云图	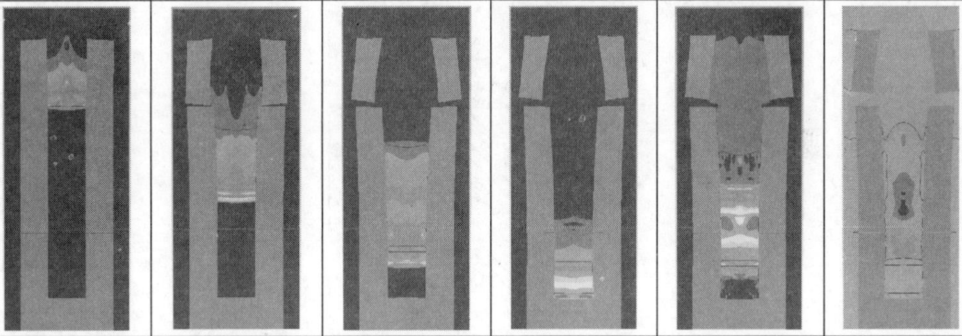					
密度云图	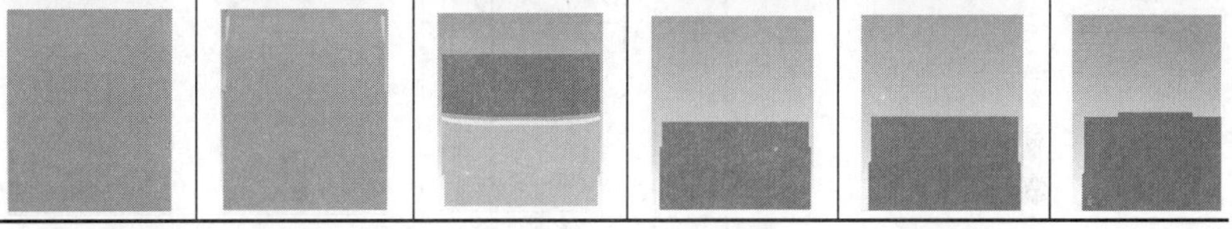					

注：应力云图中只显示 Euler 单元的应力云图。

通过分析表5可以得出水下爆炸冲击波压实装置的压实过程：起爆后，爆轰波在装药中传播，然后传播到水中形成冲击波，冲击波到达粉末后将粉末从上至下压实，密度增大；冲击波到达装粉钢管沉孔底部遇到刚性壁反射，反射冲击波再次通过压实体，最后将水推出形成向上的水柱。

根据对水下爆炸冲击波压实装置的压实过程的数值模拟，表明该装置可以实现粉末的爆炸压实，同时确定了装置的主体尺寸，下面本文将对水下爆炸冲击波压实生物活性材料进行试验。

3　爆炸压实试验

3.1　粉末制备

试验之前购置了所需的羟基磷灰石、氧化铝和钛三种粉末，相关参数列于表6中。然后，将羟基磷灰石、氧化铝和钛按照不同配比制成三种混合粉末。

表 6 粉末参数
Table 6 Parameter of powders

序 号	名 称	粒 度
1	羟基磷灰石（HAp）	20nm×150nm
2	氧化铝（Al$_2$O$_3$）	0.6μm
3	钛（Ti）	40μm

3.2 装置加工

根据数值模拟结果确定压实装置的主体参数，具体尺寸见图2。

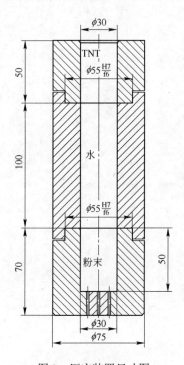

图 2 压实装置尺寸图
Fig.2 Drawing of the assembly

3.3 装置组装

粉末制备和装置加工完成之后，进行装置的组装，具体流程如下：

（1）装粉管底层装填高度为 7mm 的 SiC 粉末（粒度为 100μm），作为缓冲粉末。

（2）按照一定顺序装填三种配比的 HAp/Al$_2$O$_3$/Ti 混合粉末，高度均为 12mm。

（3）顶层装填高度为 7mm 的 Fe 粉(粒度为 7μm)，Fe 粉是为了防止 HAp/Al$_2$O$_3$/Ti 混合粉末飞散。装填粉末之后的效果如图3 所示。

（4）粉末装填完成之后，在装粉管上面铺一层保鲜膜，防止水和粉末接触。

（5）将装水管放在装粉管上面，通过台阶定位，往装置中注水。

（6）装水之后，在装水管上面铺一层保鲜膜，防止水和 TNT 装药接触。

（7）将装药管放在装水管的上面，通过台阶定位，组装完成之后的压实装置如图4所示。

图3　装填粉末后的装粉管
Fig.3　Tube filled with composite powder

图4　水下爆炸冲击波压实装置
Fig.4　Underwater shock consolidation assembly

3.4　试验及试验结果

准备工作完成之后，将爆炸压实装置放于地面上，将 TNT 装药放入装药管中，布置起爆电路。因为试验过程中会有破片飞出，安全起见，将装置放在钢桶内，试验现场布置图如图5所示。

图5　试验现场布置图
Fig.5　Experiment arrangement

图6所示为试验之后的装粉管，从图中可以看到上层有崩落的碎片，这是由反射冲击波

引起的。将压实体从钢管中取出，得到混合粉末的压实体，如图7所示，从图中可以看出该压实体具有一定的致密度，经测量密度为 3.1g/cm³，达到理论密度的 89%（3.5 g/cm³）。

图 6　试验后的装粉钢管
Fig.6　Pipe after consolidation

图 7　压实体
Fig.7　Solid mixture of HAp, Al₂O₃ and Ti

4　计算结果与试验结果对比

由于计算模型中的粉末是 Sand,而试验装置中的粉末是羟基磷灰石、氧化铝和钛的混合粉末，所以计算结果和试验结果只能进行爆炸压实现象的对比，具体如下：

（1）计算模型中，Sand 的密度由初始时刻的 1.674 g/cm³ 压实到 2.641 g/cm³，达到最大密度 2.671 g/cm³ 的 98.9%；试验中，混合粉末的密度由初始装填密度 1.18 g/cm³ 压实到 3.1 g/cm³，达到理论密度 3.5 g/cm³ 的 89%，表明水下爆炸冲击波压实装置能够较好地压实粉末。

（2）根据表 5 中粉末的压实状态发现，当冲击波通过粉末后，得到形状规则的压实体，然后，反射冲击波再次通过压实体，引起压实体上表面出现毛刺；图 6 中，试验之后得到的压实体上表面同样有碎片，计算结果和试验结果均表明，反射冲击波对压实体会产生破坏作用，应尽量减少反射冲击波。

（3）试验过程中，装药管形成破片，而在 2D 计算模型中装药管同样以较大的速度飞出，说明压实装置的形态变化是相同的。

以上对比均表明计算结果和试验结果是一致的，本文采用的数值模拟方法是正确的，可以为以后的工作提供可信的依据。

5　结论及展望

本文通过对水下爆炸冲击波压实装置进行数值模拟，然后进行了具有生物活性的混合粉末的压实试验，得出以下结论：

（1）水下爆炸冲击波压实装置的作用过程为：起爆后，爆轰波在装药中传播，然后传播到水中形成冲击波，冲击波到达粉末后将粉末从上至下压实，密度增大；

（2）利用水下爆炸冲击波压实装置对羟基磷灰石、氧化铝和钛的混合粉末进行压实试验，得到了压实体，试验结果表明，利用水下爆炸冲击波方法压实生物活性材料是可行的；

（3）经过对比，计算结果和试验结果是一致的，证明了数值模拟的计算方法的正确性。

鉴于本文目前仅开展了少量试验，尚有很多工作要做，主要包括：（1）对压实体的密度、力学性能及生物活性进行检验；（2）探讨装置参数对压实效果的影响规律。

参 考 文 献

[1] 刘舜尧, 左鹏. 利用快速成型技术制造人工骨骼[J]. 机械工程师, 2005(6): 44~45.

[2] Fu Q, Saiz E, Tomsia A P. Bioinspired strong and highly porous glass scaffolds[J]. Advanced Functional Materials, 2011，21(6): 1058~1063.

[3] Fu Q, Saiz E, Tomsia A P. Direct ink writing of highly porous and strong glass scaffolds for load-bearing bone defects repair and regeneration[J]. Acta Biomaterialia, 2011, 7(10): 3547~3554.

[4] Doiphode N D, Huang T, Leu M C, et al. Freeze extrusion fabrication of 13-93 bioactive glass scaffolds for bone repair[J]. Journal of Material Science:Materials in Medicine, 2011, 22(3): 515~523.

[5] Huang T S, Rahaman M N, Doiphode N D, et al. Porous and strong bioactive glass (13-93) scaffolds fabricated by freeze extrusion technique[J]. Materials Science & Engineering: C, 2011, 31(7): 1482~1489.

[6] Kolan K C R, Leu M C, Hilmas G E, et al. Fabrication of 13-93 bioactive glass scaffolds for bone tissue engineering using indirect selective laser sintering[J]. Biofabrication, 2011, 3(2): 025004.

[7] 李金平, 孟松鹤, 韩杰才, 等. ZrB_2-SiCw 超高温陶瓷爆炸压实工艺研究[J]. 稀有金属材料与工程, 2006, 35(z2): 177~180.

[8] 赵铮, 李晓杰, 陶钢. 爆炸压实法制备纳米氧化铝弥散强化铜[J]. 稀有金属材料与工程, 2009, 38(z1): 365~369.

[9] 王金相, 张晓立, 孙钦密, 等. 爆炸压实法制备钨钛合金实验研究[J]. 中国钨业, 2007, 27(5): 19~22.

[10] 李晓杰, 张越举. 爆炸压实烧结 ITo 陶瓷靶材的实验研究[J]. 稀有金属材料与工程, 2005, 34(3): 417~420.

[11] Raghukandan K, Hokamoto K, Lee J S, et al. An investigation on underwater shock consolidated carbon fiber reinforced Al composites [J]. Journal of Materials Processing Technology, 2003, 134(3): 329~337.

[12] Manikandan P, Nayeem Faruqui A, Raghukandan K, et al. Underwater shock consolidation of Mg–SiC composites[J]. Journal of Material Science, 2010, 45(16): 4518~4523.

[13] Youngkook Kim, Fumiaki Mitsugi, Ikegami Tomoaki, et al. Shock-consolidated TiO_2 bulk with pure anatase phases fabricated by explosive compaction using underwater shockwave[J]. Journal of the European Ceramic Society, 2011, 31(6): 1033~1039.

爆炸加载诱发低碳钢表面纳米化研究

王呼和   佟   铮   佟姝婕

（内蒙古工业大学, 内蒙古呼和浩特, 010051）

摘　要：爆炸冲击加载诱发材料表面纳米化是材料表面自身纳米化的一种新方法[1]。本文以 Q235 钢板为样本, 应用爆炸加载方式进行了低碳钢表面纳米化研究, 利用 X 射线衍射仪（XRD）、扫描电子显微镜（SEM）、透射电子显微镜（TEM）和 HXD-1000YM 型显微硬度计等检测仪器, 研究了材料表面沿厚度方向纳米层组织结构和力学性能的变化规律。结果表明, 经爆炸加载处理后, 材料表面形成约 20μm 厚的纳米晶结构层, 晶粒尺寸为 5～10nm; 纳米层表面比原始组织显微硬度值提高了 2.02 倍, 摩擦磨损总量低于原始样品 30%～50%。分析表明, 材料表面纳米层由强烈塑性变形所诱发; 表面显微硬度的提高是材料表面晶粒细化和位错密度增加共同作用的结果。

关键词：爆炸加载；低碳钢；表面纳米化；表面硬度

Study on Surface Nanocrystallization of Low Carbon Steel Plate under Explosion Loading

Wang Huhe   Tong Zheng   Tong Shujie

(Inner Mongolia University of Technology, Inner Mongolia Hohhot, 010051)

Abstract: Explosion shock loading is a new kind of method to induced material surface nano-crystallization[1]. This paper take the Q235 steel as sample, research the nano-crystallization in low carbon steel surface with the method of explosion shock loading. The variation characteristics of microstructure and performance along depth of the sample under explosive shock loading was researched by X-ray diffraction test (XRD), scanning electron microscopy (SEM) and transmission electron microscopy (TEM) and HXD-1000YM the microscopic hardness tester. Experimental results show that it's formed approximately 20μm thick layer in the surface, grain size is 5～10nm; The happen different degrees of hardening phenomena, hardness is enhanced more than twice the original value; Wear loss is 30%～50% lower than the original sample. Analysis indicates the hardness increased significantly can be attributed to the refinement of coarse grains, dynamic strain aging and the increase of dislocation density.

Keywords: explosion loading; low carbon steel; surface nanocrystallization; surface hardness

基金项目：国家自然科学基金资助项目（51161013）。

作者信息：王呼和，讲师，13009509192@163.com。

1 引言

低碳钢在工业上用途广、用量大，利用表面纳米化技术提高低碳钢的综合性能和使用寿命有着较大的应用潜力。表面自身纳米化是采用非平衡处理方法增加材料表面的自由能，使粗晶组织逐渐细化至纳米量级。表面自身纳米化制备的材料的主要特征是晶粒尺寸沿厚度方向逐渐增大，纳米结构表层与基体之间没有明显的界面，在使用过程中不会发生剥层或分离[2,3]。常用的表面自身纳米化方法有表面机械研磨处理法、超声速颗粒轰击法、凸轮辊压法、气动喷丸法和超声表面摩擦法等，利用这些技术已分别在钢铁材料和有色金属及其合金等常规工程金属材料上制备出了纳米结构层。

爆炸诱发材料表面纳米化是通过炸药爆炸所产生的冲击波使金属板产生高速率塑性变形，从而使其表面晶粒细化至纳米级并且显微硬度和耐磨性能显著提高，同时能够保证金属板表面保持平整光洁的表面自身纳米化新方法[4,5]。本文利用爆炸加载诱发表面纳米化方法对低碳钢进行表面处理，采用 X 射线衍射仪（XRD）、扫描电子显微镜（SEM）、透射电子显微镜（TEM）和 HXD-1000YM 型显微硬度计等检测仪器，表征了低碳钢表面结构特征，检测了显微硬度和耐磨性能并对其机理进行了简单分析。

2 试验方法

2.1 试验装置

试验装置如图 1 所示，将刚性基座 7 放入真空室 5 中，再将 Q235 钢板 4 支撑在刚性基座之上，两者之间要保持一定的间隙；使钢板和基座处于真空密闭状态，粉状乳化炸药层 3 敷设在真空室上方；为了提高炸药能量利用率，炸药上方放置水套 1。整个装置安放在夯实的地基上，雷管 2 起爆后，低碳钢板下表面在爆炸能量的作用下，高速撞击刚性基座，绝大部分撞击能量将被低碳钢板下表面产生的高应变速率大塑性变形所吸收，小部分转变成热量。

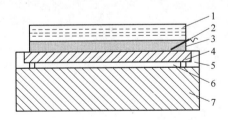

图 1 爆炸加载试验装置
1—水套；2—雷管；3—炸药层；4—金属板；5—真空室；6—支撑间隙；7—刚性基座
Fig.1 Layout of explosion-loading test apparatus

2.2 试验材料

试验用 Q235 钢板的尺寸为 300mm×80mm×6 mm，化学成分（质量分数，%）为 C 0.17，Si 0.24，Mn 0.73，S 0.030，P 0.050，剩余为 Fe，样品密度为 7.9g/cm^3。试验中使用的粉状乳化炸药，密度为 0.9g/cm^3，爆速为 4800m/s，参考爆炸焊接药量计算公式，并通过多次试验研究确定单位面积药量为[6]：

$$W = 0.7K\sqrt{\delta\rho} \tag{1}$$

式中，W 为单位面积药量；K 为单位面积药量系数，取 $K=1.4$[6]；δ, ρ 分别为金属板厚度和密度。通过式(1)计算出单位面积药量为 2.12g/cm^2，炸药层的厚度为 2.4cm。

2.3　检测方法

利用 D/MAX -2500/PC 型全自动 X 射线衍射仪对样品撞击表面 10μm 左右深度进行物相和结构分析，同时采用 JEM-2010 型高分辨透射电子显微镜、S-3400N 扫描电子显微镜、HXD-1000YM 型显微硬度计和 MM-W1 立式万能摩擦磨损试验机对爆炸加载处理前后样品表面和横截面进行了组织结构表征、显微硬度和摩擦磨损量测试。

3　试验结果

3.1　变形层组织结构

图 2(a)所示为 Q235 钢板经过 910℃、30min 退火后的原始组织 SEM 像，由铁素体和少量珠光体组成，其平均晶粒尺寸为 20～40μm。图 2(b)所示为经过爆炸加载处理后 Q235 的横截面 SEM 像。从图中可以看出，表层沿厚度方向 20μm 处产生了强烈塑性变形，已经无法辨别铁素体与珠光体，样品表层产生了厚度约为 20μm 的微晶层。在距表面 20～60μm 的范围内，可以看出在爆炸冲击下铁素体晶粒产生了明显的塑性变形，导致这一区域的晶粒有了一定的细化。在大于 60μm 处的晶粒趋向于原始晶粒尺寸。显然，样品表层晶粒尺寸是随着高速率应变量的不同而得到不同程度的细化，并沿厚度方向呈梯度变化。

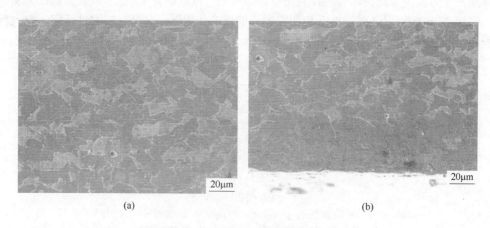

(a)　　　　　　　　　　　　　　　　　(b)

图 2　爆炸加载前后 SEM 形貌

（a）Q235 退火组织；（b）爆炸加载后样品横截面

Fig. 2　SEM image of the microstructure

（a）annealed Q235 sample；（b）cross-section microstructure after the treatment by explosive impact

图 3 所示为爆炸加载前后 Q235 钢板表层 X 射线衍射谱。图 3 右图为将 110 晶面衍射峰放大后的结果。曲线 T 和 B 分别为原始退火样品和经爆炸加载处理后样品表层的 X 射线衍射峰。由图 3 可知，爆炸加载处理后的样品表面 X 射线衍射半波峰发生了明显的宽化[8]。低碳

钢板在爆炸加载过程中，位错不断增加并发展到一定程度，为了降低结构的能量，位错将发生湮灭和重排，形成亚晶界和晶界，从而导致材料内部晶粒的细化，同时引起衍射峰的宽化[9]。因此，在相同试验条件下，仪器宽化对样品的影响是相同的，主要考虑晶粒细化和微观应变的作用[10]。

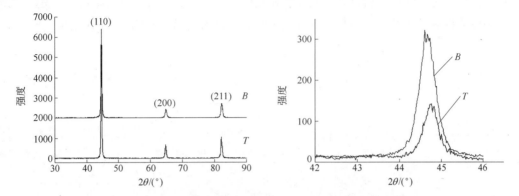

图 3　爆炸加载前后样品表面的 X 射线衍射谱

T—原始样品表层的 X 射线衍射峰；B—爆炸加载样品表层的 X 射线衍射峰

Fig.3　XRD patterns of the Q235 steel sample before and after the treatment by explosive impact

T—original sample；B—the sample treated by explosive impact

图 4 所示为爆炸加载处理后距试样表面 20μm 处的 TEM 图。从图 4 中可以清楚地看到纳米级晶粒的形貌，晶粒尺寸达到了 5～10nm 级，说明表层经爆炸加载处理后，晶粒发生了显著的细化。从选区电子衍射照片中可以看出，电子衍射花样为连续性较好的同心圆环，晶粒为超细的等轴状晶粒；且晶粒的晶体学取向在三维空间中呈随机分布。结合 XRD 与 TEM 分析可知，在距表面约 20μm 深度范围内形成了组织致密的纳米晶层。

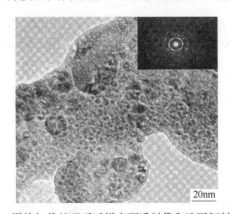

图 4　爆炸加载处理后试样表面透射像和选区衍射花样

Fig.4　TEM image and selected area electron diffraction pattern of the top surface layer of the sample before and after explosive loading

3.2　显微硬度

图 5 所示为爆炸加载处理前后 Q235 钢板表面显微硬度曲线。原始组织表面的平均硬度

值为 135HV，经爆炸加载处理后试样显微硬度高达 408HV，与原始试样相比较，硬度提高了两倍。从图 5 中可以看出，距表层 60μm 范围内，显微硬度沿厚度方向呈梯度变化；在 60～100μm 的深度，硬度值下降缓慢；在 100～600μm 的深度，硬度值逐渐趋于原始组织。对于高层错能的体心立方金属，晶粒细化后单位面积内晶界密度提高，阻碍位错的运动，产生位错缠结，位错缠结区可重新排列为明显的亚晶界[11, 12]，对晶内滑移有阻碍作用，最终表现为宏观硬度的提高。因此，硬度提高是晶粒细化和位错密度增加共同作用的结果。

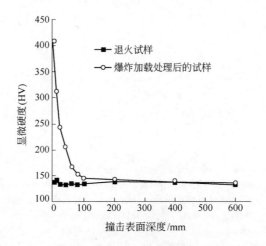

图 5　爆炸加载前后样品硬度沿深度的变化
Fig.5　Hardness variation along depth from the surface layer of the Q235 steel sample before and after explosive loading

3.3　摩擦磨损

图 6 所示为 Q235 在爆炸加载前后的摩擦磨损试验结果。爆炸加载处理后样品表面的磨损量低于原始样品，约为原始样品的 30%～50%，而且随距表层深度的增加磨损量有所增加。

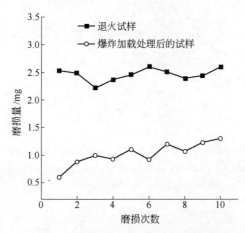

图 6　爆炸加载前后样品表面的磨损量
Fig.6　Wear mass of the Q235 steel sample before and after explosive loading

其原因为表面微晶层具有较高的硬度和强度，磨粒压入表层的深度小，摩擦阻力较小，因此爆炸加载后的样品表面的磨损量比原始样品少[13]。

4　结论

(1) 采用爆炸加载法对 Q235 钢板进行表面纳米化试验，在距表面约 20μm 深度范围内成功获得组织致密的纳米晶结构层，最小晶粒尺寸为 5～10nm。

(2) 爆炸加载处理后，材料表层显微硬度最高,其显微硬度值为 408HV，是基材显微硬度 (135HV)的 3.02 倍。距离表层 60μm 范围内，显微硬度值沿厚度方向呈梯度变化。摩擦磨损量约为原始样品的 30%～50%，样品表面力学性能得到明显改善。

(3) 研究分析，表面硬度的显著提高是晶粒细化和位错密度增加共同作用的结果。

参 考 文 献

[1] 佟铮. 爆炸制备金属材料表面纳米层的方法: 中国, ZL 201110304518.0[P].

[2] 徐滨士. 纳米表面工程 [M]. 北京: 化学工业出版社, 2004：352~354.

[3] 刘刚, 雍兴平, 卢柯. 金属材料表面纳米化的研究现状[J]. 中国表面工程, 2001,21(3)：1~6.

[4] Lu K, Lu J. Surface nanocrystallization (SNC) of metallic materials presentation of the concept behind a new approach[J]. J. Mater. Sci. Technol., 1999, 15(3): 193~197.

[5] 张洪旺, 刘刚, 黑祖昆, 等. 表面机械研磨 AISI304 不锈钢表层纳米化[J].金属学报, 2003, 39（4）：343.

[6] 肖建国, 佟铮.连铸结晶器铜板爆炸硬化机理研究 [D]. 呼和浩特：内蒙古工业大学, 2010.

[7] 佟铮, 马万珍, 曹玉生. 爆破与爆炸技术 [M]. 北京：中国人民公安大学出版社, 2001：248~249.

[8] 巴德玛, 马世宁, 李长青,等.超音速微粒轰击 45 钢表面纳米化的研究[J].材料科学与工艺, 2007, 15(3)：343~344.

[9] Wang Z B, Tao N R, Li S, et al. Effect of surface nanocrystallization on friction and wear properties in low carbon steel[J]. Materials Science and Engineering, 2002:146~147.

[10] 潘金生, 仝健民, 田民波, 等. 材料科学基础[M]. 北京：清华大学出版社, 1998:342~345.

[11] I GUPTA, J C M LI. Stress Relaxation, Internal Stress, and Work Hardening in some Bcc Metals and Alloys [J]. METALLURGICAL TRANSACTIONS, 1970(1):6~7.

[12] 赵敬世.位错理论基础 [M]. 北京：国防工业出版社, 1989:210~230.

[13] Chui Pengfei, Sun Kangning, Sun Chang, et al. Effect of surface nanocrystallization induced by fast multiple rotation rolling on mechanical properties of a low carbon steel [J]. Materials and Design,2011, 35:756~758.

改进特征线方法对水下爆炸近场的研究

张程娇　李晓杰　杨晨琛　陈　翔

（大连理工大学工程力学系工业装备结构分析国家重点实验室，辽宁大连，116024）

摘　要：本文介绍了改进的特征线法及其相关的特征线方程组和差分格式。由于引进了熵变的影响项，因此该方法可以用于求解等熵问题。本文应用该方法求解了球形 TNT 炸药一维球对称水下爆炸问题，得到了冲击波峰值压力的曲线。在 6~30 倍炸药球半径范围内，将该结果与经验公式的结果作比较，结果显示其误差小于 10.2%。根据计算结果，本文还给出了初始位置位于 6 倍和 15 倍药球半径处的质点压力与时间的关系曲线，它们与经验公式的结果非常符合。这些比较结果说明改进的特征线法能够处理一维球对称水下爆炸问题并取得较好的计算结果。

关键词：水下爆炸；改进的特征线法；等熵流；数值计算

Application of Modified Characteristic Method in One-Dimensional Spherical Symmetric Underwater Explosion Problem

Zhang Chengjiao　Li Xiaojie　Yang Chenchen　Chen Xiang

(Department of Engineering Mechanics, State Key Laboratory of Structural Analysis for Industrial Equipment, Dalian University of Technology, Liaoning Dalian, 116024)

Abstract: This paper presents a modified method of characteristics including its basic characteristic equation system and difference schemes. Compared with the standard method of characteristics, the modified method can be applied to isentropic problems by the introduction of entropy change terms. The numerical calculation of a one-dimensional spherically symmetric underwater explosion problem is performed with the modified method. Peak pressure of underwater shock wave is obtained. Peak pressure errors between the calculated results and the results of empirical formula are less than 10.2% in the scaled distance of 6 to 30. The pressure versus time curves at the fixed positions of 6 and 15 charge radii are plotted, and they are well coincident with the corresponding curves from empirical formula. All comparison results indicate that the modified method of characteristics can be applied to one-dimensional spherical symmetric underwater explosion, and satisfied results can be obtained.

Keywords: underwater explosion; modified method of characteristic; isentropic flow; numerical calculation

1　引言

　　水中爆炸冲击波是水下爆炸研究中的一个重要研究方向，数值计算在该研究方向起到了越来越重要的作用。目前各商用软件一般有用于处理水下爆炸问题的计算模块，其求解的基

基金项目：国家自然科学基金资助项目(11272081)。
作者信息：张程娇，博士生，danielhughes@126.com。

本方法主要包括有限元法，有限差分法以及无网格法等方法。使用这些方法处理冲击波间断问题时，为避免在冲击波附近区域产生非物理振荡，通常会引入人工黏性项；该项的引入实际上是对冲击间断做连续化处理即使冲击间断在若干个网格内连续，并在这若干网格内动能转换为热能；使用该方法处理问题时，冲击波附近区域的计算结果直接受到人工黏性项系数的影响[1, 2]。

特征线法是一种基于特征理论的求解双曲型偏微分方程组的方法。该方法在一维非定常流和二维定常流等问题中有着广泛的应用[3~5]。与上述引入人工黏性项调节冲击间断的方法不同，特征线法求解冲击波问题完全是根据冲击波关系式求解，而不需要引进非客观的参数；这使得该方法求出的结果具有较好的客观性；此外，特征线法具有物理概念清晰明确等特点，特征线能够表明扰动的传播路径，这对流场分析是非常有意义的；并且使用特征线法处理简单几何体的问题是非常方便的。标准特征线法是基于均熵假定的，因此标准特征线法更适用于处理均熵流场问题，其方程组通常由两个特征线方程和各自的相容方程组成。在非均熵流场问题中，限于标准特征线法的均熵假定，其求解的冲击波及其波后流场的正确性不能够得到证明，因此应用该方法求解等熵问题的准确性受到影响。本文从可压缩流的基本方程出发，重新推导了特征线方程组；其相容方程中含有沿单一质点变化的熵变修正项，该项的引入能够解释熵变的影响；并补充了质点的迹线方程作为第三族特征线方程[6]。使用改进的特征线法处理激波管中的冲击波问题以及一维水下爆炸问题等等熵流场问题是非常方便的。

本文使用改进的特征线法对 TNT 炸药的一维球对称水下爆炸问题做了数值计算。在求解冲击波间断时，联立特征线方程组与材料的状态方程，冲击波关系式，得到冲击波的传播及其峰值压力的变化规律。对求得的峰值压力与经验公式的结果作比较，结果显示在 6~30 倍药球半径范围内计算结果的误差小于 10.2%。本文还分别比较了初始位置位于 6 倍和 15 倍药球半径位置处的质点的压力与时间的关系曲线，它们与经验公式给出的变化规律相一致。以上比较结果证明改进的特征线法的可行性并能够很好地应用于球对称水下爆炸的数值求解。

2 基本方程及差分格式

2.1 特征线方程

在研究水下爆炸问题时通常将这一过程假定为是绝热过程，并且可以忽略流体的黏性。因此可使用一维可压缩流的欧拉方程：

$$\frac{d\rho}{dt} + \rho\frac{\partial u}{\partial r} + \frac{N\rho u}{r} = 0 \tag{1}$$

$$\frac{du}{dt} + \frac{1}{\rho}\frac{\partial p}{\partial r} = 0 \tag{2}$$

$$dQ = p\,d(1/\rho) + de \tag{3}$$

式中，ρ, u 和 p 分别表示流体的密度、速度和压力；r 和 t 表示空间和时间坐标；e 表示内能；Q 表示热量；N=0,1,2 分别表示平面，柱面和球面坐标。流场中质点的压力可以用熵 S 和 ρ 表示，即

$$dp = \left(\frac{\partial p}{\partial \rho}\right)_S d\rho + \left(\frac{\partial p}{\partial S}\right)_\rho dS \tag{4}$$

根据绝热假定，冲击波后流体质点的熵增沿迹线是不变的；将方程(1)、方程(2)与方程(4)联立，最终可以得到两组特征线方程组[6]：

$$\begin{cases} \left(\dfrac{dr}{dt}\right)_{\text{I}} = u + C \\ \left(\dfrac{dp}{dt}\right)_{\text{I}} + \rho C\left(\dfrac{du}{dt}\right)_{\text{I}} - \left(\dfrac{\partial p}{\partial e}\right)_\rho \left(\dfrac{TdS}{dt}\right)_{\text{III}} + \dfrac{N\rho C^2 u}{r} = 0 \end{cases} \tag{5}$$

$$\begin{cases} \left(\dfrac{dr}{dt}\right)_{\text{II}} = u - C \\ \left(\dfrac{dp}{dt}\right)_{\text{II}} - \rho C\left(\dfrac{du}{dt}\right)_{\text{II}} - \left(\dfrac{\partial p}{\partial e}\right)_\rho \left(\dfrac{TdS}{dt}\right)_{\text{III}} + \dfrac{N\rho C^2 u}{r} = 0 \end{cases} \tag{6}$$

方程组(5)和方程组(6)分别是沿 I 和 II 方向传播的特征线方程以及与之相对应的相容方程，方程组中 I 和 II 分别表示右行和左行的特征线，III 表示质点迹线；C 表示流体的声速。将质点的迹线方程和能量方程作为第三族特征线方程组：

$$\begin{cases} (dr / dt)_{\text{III}} = u \\ \left[de + pd(1/\rho)\right]_{\text{III}} = TdS \end{cases} \tag{7}$$

方程组(5)~方程组(7)即构成了改进特征线法的方程组。在水下爆炸问题中，由于引入了绝热假定，冲击波后质点的熵增是不变的，因此方程组(5)~方程组(7)中的熵变项均为零。处理水中冲击波时还需要引入冲击波关系式。

2.2　材料的状态方程

2.2.1　炸药的状态方程

本文在水下爆炸的计算中选用了初始密度 $\rho_0 = 1.63 \ \text{g/cm}^3$ 的 TNT 炸药，该炸药稳定爆轰时的爆速为 $D = 0.693 \ \text{cm/μs}$，爆压为 $p = 21.0\text{GPa}$，使用 JWL 方程作为炸药的状态方程：

$$p = A\left(1 - \frac{\omega}{R_1 V}\right)e^{-R_1 V} + B\left(1 - \frac{\omega}{R_2 V}\right)e^{-R_2 V} + \frac{\omega}{V}E \tag{8}$$

式中，E 是内能；V 是相对体积，即爆轰产物当前体积与炸药初始体积的比值，$V = v/v_0$。方程中的其他参数分别为：$A = 371.2\text{GPa}$，$B = 3.23\text{GPa}$，$R_1 = 4.15$，$R_2 = 0.95$，$\omega = 0.3$。

2.2.2　水的状态方程

由于本文处理的问题涉及熵增的影响，因此选用压力内能型的状态方程作为水的状态方程。使用多项式状态方程，如下：

$$\begin{cases} p = A_1\mu + A_2\mu^2 + A_3\mu^3 + \left(B_0 + B_1\mu\right)\rho_0 E & \mu \geqslant 0 \\ p = T_1\mu + T_2\mu^2 + B_0\rho_0 E & \mu < 0 \end{cases} \tag{9}$$

式中，$\mu \geqslant 0$ 表示受压状态；$\mu < 0$ 表示受拉状态；E 是单位质量的内能；p 表示压力。对于水，该方程其他的相关参数为：$A_1 = 2.2\text{GPa}$，$A_2 = 9.54 \ \text{GPa}$，$A_3 = 14.57 \ \text{GPa}$，$B_0 = 0.28$，$B_1 = 0.28$，$T_1 = 2.2 \ \text{GPa}$，$T_2 = 0$。

3 改进特征线法的差分格式

与标准特征线法相比，改进特征线法多了一组方程，并考虑到沿质点等熵的特点，因此改进特征线法采用等时的差分格式。如图 1 所示，t_0 时刻线上 A，C 和 B_0 节点的物理参数均是已知的，t_1 时刻的 B_1 为待求节点且与 B_0 位于同一条质点迹线上。在 A 和 B_0，B_0 和 C 之间能够分别找到合适的节点 E 和 F 使得经过这两点的特征线 I 和 II 刚好经过 B_1。节点 E 和 F 的物理参数可以分别通过 AB_0 和 B_0C 的插值求出。将 EB_1、FB_1 和 B_0B_1 作为三族特征线，联立方程组 (5)~方程组(7)和材料的状态方程即可求出 B_1 节点的各项物理参数。

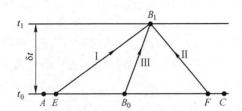

图 1 冲击波后流场中节点的差分格式

Fig.1 Difference scheme of the modified method behind shock wave

对于水中冲击波上的节点，采用图 2 所示的差分格式，节点 B 和 B_0 分别表示位于不同时刻的冲击波节点。节点 A 和 B 的物理参数均是已知的，B_0 为待求的冲击波上的节点。在节点 A 和 B 之间能够找到一点 F，使得由 F 发出的特征线 I 能够到达 B_0。F 点的参数可以通过节点 A 和 B 的插值得出。将 FB_0 作为 I 型特征线，联立方程组(5)、冲击波传播方程、冲击波关系式以及水的状态方程，可以求出 B_0 点的所有物理参数。

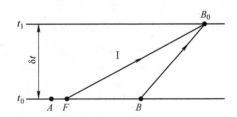

图 2 冲击波节点的差分格式

Fig.2 Difference scheme of the modified method for shock wave

4 计算模型

本文利用特征线程序对无边界的一维球对称水下爆炸问题进行了数值求解，考察了近场压力的变化规律。炸药球为 1.0 kg 的 TNT 炸药，其半径大约是 5.27 cm。炸药内沿半径方向初始网格的大小为 0.022 cm。为避免药球中心奇异点的影响，将距炸药中心 0.2 cm 的球面作为起爆面，起爆后将该球面作为固壁边界。

5　计算结果及讨论

5.1　经验公式

为验证改进特征线法的可靠性，本文将其求解结果与 B.V. Zamyshlyaev 经验公式的结果进行了比较，该经验公式的表达式为：

$$p_{m} = \begin{cases} 4.41\times10^{7}\left(W^{1/3}/R\right)^{1.5} & 6<\left(R/R_{0}\right)<12 \\ 5.24\times10^{7}\left(W^{1/3}/R\right)^{1.13} & 12\leqslant\left(R/R_{0}\right)\leqslant240 \end{cases} \tag{10}$$

式中，p_m 表示冲击波峰值压力，Pa；W 表示炸药质量，kg；R_0 表示炸药球半径，m；R 表示测点距药球中心的距离，m。B.V. Zamyshlyaev[8]在 Cole 公式基础上将水中任一质点的压力随时间的变化分成五个阶段分别研究；近场水下爆炸问题仅需要利用前两个阶段即指数衰减阶段和倒数衰减阶段描述即可，水中定点的压力与时间的关系可以使用如下表达式[8~10]：

$$p(t) = \begin{cases} p_{m}\exp\left(-t/\theta\right) & t<\theta \\ 0.368p_{m}\left(\theta/t\right)\left[1-\left(t/t_{p}\right)^{1.5}\right] & \theta\leqslant t\leqslant t_{1} \end{cases} \tag{11}$$

式中，θ 是与距离相关的指数衰减常数，s；t_p 为冲击波正压作用时间，s。式(11)中的 θ 和 t_p 的表达式分别为：

$$\theta = \begin{cases} 0.45R_{0}\left(R/R_{0}\right)^{0.45}\times10^{-3} & R/R_{0}\leqslant30 \\ 3.5\left(R_{0}/c\right)\sqrt{\lg\left(R/R_{0}\right)-0.9} & R/R_{0}>30 \end{cases} \tag{12}$$

$$t_{p} = \left(\frac{850}{\overline{p}_{0}^{0.85}} - \frac{20}{\overline{p}_{0}^{1/3}} + m\right)\frac{R_{0}}{c} \tag{13}$$

式中，m 是一个无量纲量，可以用 $m=11.4-10.6/\left(R/R_{0}\right)^{0.13}+1.51/\left(R/R_{0}\right)^{1.26}$ 表示；$\overline{p}_0$ 是炸药球承受静水压力的无量纲量，用 $\overline{p}_0=\left(p_{atm}+\rho gH_0\right)/p_{atm}$ 表示；H_0 表示炸药球中心的初始水深，m；p_{atm} 表示一个标准大气压，Pa；c 表示声速，m/s。式(11)中的 t_1 可以用式(14)表示：

$$\frac{t_{1}}{\left(t_{1}+5.2-m\right)^{0.87}} = 4.9\times10^{5}\left(\frac{p_{m}}{p_{atm}}\right)\frac{\theta cR}{R_{0}^{2}} \tag{14}$$

式中，t_1 表示倒数衰减阶段与其后的倒数衰减阶段后段在时间上的分界点，s。

5.2　水中冲击波的峰值压力

利用经验公式(10)，本文对 6~30 倍药球半径区间内改进特征线法与经验公式的冲击波峰值压力进行了比较，如图 3 所示。比较结果显示两者在衰减变化趋势上是一致的，并且经验公式的结果略高于计算结果；图 4 中，6~12 比例距离的范围内，峰值压力的计算结果相对于经验公式结果的误差百分比是逐步减小的，而在 12~30 的范围中该误差逐渐变大，该误差在 R/R_0=30 处达到最大值–10.18%。以上分析结果表明在 R/R_0=12 附近两者的符合程度最好。

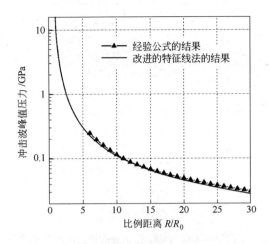

图 3　流场中冲击波的峰值压力

Fig.3　The peak pressure versus scaled distance curves of underwater shock wave

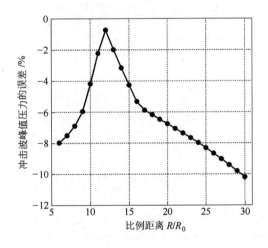

图 4　冲击波的峰值压力的误差

Fig.4　Peak pressure errors of the calculated results using the modified method relative to the results from Cole's empirical formula

　　根据式(11)，可以得到任一质点的压力随时间的变化曲线。图 5 和图 6 中分别给出了初始位置在距离炸药球中心 6 和 15 倍半径处的质点的压力与时间的关系曲线。图 5 中计算结果与经验公式数值变化趋势一致且符合较好，经验值的初始压力略高并在 0.34 ms 附近有压力波动，而图 6 中，两者在 0.5~0.6 ms 区间内的压力相差比较大，但随着时间的增加，两条曲线的变化又逐渐趋于一致。

　　以上冲击波峰值压力的比较结果和质点的压力与时间曲线的比较结果表明，使用改进特征线法求解的冲击波峰值压力与波后流场压力分布是能够满足计算要求的，这说明该方法是可行的。

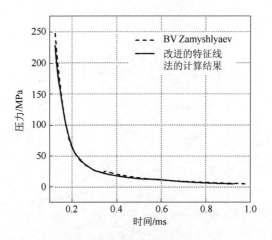

图 5　距离中心 6 倍药球半径位置的压力随时间的变化

Fig.5　The pressure versus time curves of gauge point at fixed positions of 6 charge radii

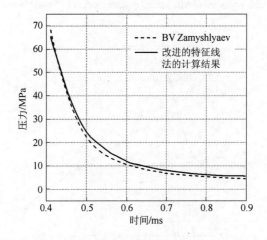

图 6　距离中心 15 倍药球半径位置的压力随时间的变化

Fig.6　The pressure versus time curves of gauge point at fixed positions of 15 charge radii

6　结论

本文介绍了改进的特征线及其特征线方程组，应用该方法求解了 TNT 炸药的一维球对称水下爆炸问题，得到了冲击波峰值压力曲线以及初始位置位于 6 倍和 15 倍药球半径位置处的质点的压力与时间变化的曲线。并将计算结果分别与经验公式做比较，比较结果显示在 6~30 倍药球半径范围内改进特征线法的冲击波峰值压力与经验公式的结果相差小于 10.2%，并且位于 6 倍和 15 倍药球半径位置处的质点的压力与时间的关系曲线也与经验公式给出结果的变化规律一致。计算中由于未引入人工黏性等，因此求解的结果具有较好的客观性。

参 考 文 献

[1]　Huang H, Jiao Q J, Nie J X, et al. Numerical modeling of underwater explosion by one-dimensional

ANSYS-AUTODYN[J]. Journal of Energetic Materials, 2011, 29(4): 292~325.

[2] 方斌, 朱锡, 张振华, 等. 水下爆炸冲击波数值模拟中的参数影响[J]. 哈尔滨工程大学学报, 2006, 26(4): 419~424.

[3] 许云，柳兆荣.气波增压器中不定常非等熵流的分析[J].内燃机工程, 1980, 1: 72~84.

[4] 张凯, 李晓杰. 滑移爆轰下带覆盖平板抛掷的理论与计算[J]. 大连理工大学学报, 1988, 28(1): 29~32.

[5] 王飞, 王连来, 刘广初. 飞板运动规律的特征线差分方法研究[J]. 解放军理工大学学报: 自然科学版,2006, 6(4): 374~377.

[6] 李晓杰, 张程娇, 闫鸿浩, 等. 水下爆炸近场非均熵流的特征线差分解法[J]. 爆炸与冲击, 2012, 32(6): 604~608.

[7] Cole R H. Underwater explosions[M]. New York: Dover Publications, 1965.

[8] B V Zamyshlyaev et al. Dynamic loads in underwater explosion. Naval Intelligence Support Center,1973.

[9] Qiankun J, Gangyi D. A finite element analysis of ship sections subjected to underwater explosion[J]. International Journal of Impact Engineering, 2011, 38(7): 558~566.

[10] Chunliang XIN, Gengguang XU, Kezhong LIU. Numerical simulation of underwater explosion loads[J]. Transactions of Tianjin University, 2008, 14(1): 519~522.

冰体结构与冲击加载条件下破坏特征研究

王呼和　　史兴隆　　佟　铮

（内蒙古工业大学, 内蒙古呼和浩特, 010051）

摘　要：冰是一种特殊的固体介质，具有非均匀性、各向异性、应变速率及温度敏感性等特点。本文以黄河爆炸破冰为背景，针对-10℃冰体结构及其物理力学性能进行检测，并对冰体在不同加载条件下所表现出的破坏特征进行试验研究，获得冰晶体结构与冰内气泡特征、冰体在静载条件下的塑性破坏特征和在动载条件下的脆性裂隙与破碎特征，并获得破碎单位体积冰体所需炸药能量计算公式。研究成果可为黄河冰体爆破作业提供理论和实践依据。

关键词：冰体结构；冲击加载；破坏特征

Study of Ice Structure and Failure Characteristics under Shock Loading

Wang Huhe　Shi Xinglong　Tong Zheng

(Inner Mongolia University of Technology, Inner Mongolia Hohhot, 010051)

Abstract: Ice is an exceptive solid medium with many characteristics, such as heterogeneity, anisotropy and sensitivity to strain rate and temperature etc. On the background of Yellow River explosive ice-breaking, the structure and mechanical properties of -10℃ river ice were checked. The experiment studies were carried on about ice different failure characteristics with different loading. Many parameters are gotten which include ice structure and air bubble characteristics inner ice, ice's plastic failure characteristic with static loading, brittleness crack and breaking characteristic with dynamic loading, in addition, the computational formula of explosive energy for breaking unit volume ice. The research results can provide basic theory evidence for explosive ice-breaking of Yellow River.

Keywords: ice structure; shock loading; failure characteristics

1　引言

为了有效防止黄河开河期出现凌汛险情，黄河水利委员会制定了河道应急爆炸破冰的响应机制，通过采用爆破方式破碎河冰，实现人工干预高纬度封河段开河的目的[1]。本文以河冰为对象，系统地对冰晶体的结构与基本物理力学性能、静态损伤特征、冲击加载裂隙特征、冰体破碎能量条件等进行了检测与试验研究，为冰体爆破作业提供理论和实践依据。

基金项目：水利部公益性专项资助项目（201201080）；国家自然科学基金资助项目（50869004）。

作者信息：王呼和，讲师，13009509192@163.com。

2　冰晶体结构与冰内气泡特征

　　冰晶体的结构与冰内气泡决定着宏观冰体裂隙生成与发育的环境。从冰工程学角度讲，河冰的物理性质受冰晶体结构与冰内气泡的控制。体现冰晶体结构的指标有晶体类型、晶粒大小；反映冰内气泡状况的指标有气泡百分比含量和气泡形状及尺寸。冰的力学性质受物理性质的控制[2]。通过对冰体稳定期试样的检测，观测到距冰层表面 20cm 处河冰晶体类型、晶粒尺寸、气泡分布等特征。检测结果显示，–10℃河冰呈现出垂直于冰面的柱状晶体，平均粒径为 6～8mm，并且具有随距冰面深度的增加而增大的趋势。粒径的确定方式，是从水平切片上确定晶体的数目和它们面积的总和，计算晶粒的平均面积并换算它的等效直径，作为冰晶体的平均粒径[3]。图 1 所示为河冰晶体结构照片。

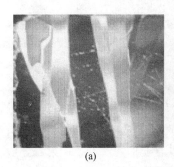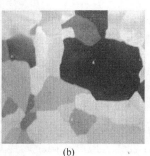

(a)　　　　　　　　　　　(b)

图1　河冰晶体结构

(a) 垂直切片的冰晶体；(b) 水平切片的冰晶体

Fig.1　Crystal structure of river ice

(a) vertical sliced crystal; (b) horizontal sliced crystal

　　检测显示，冰体内部宏观气泡是在冰体生长与消融过程中形成与发育的，气泡在冰体内随机分布。图 2(a)所示为冰体内圆球状气泡；图 2(b)所示为冰体内圆柱状气泡。图像分析数据表明圆球体的直径在 0.3～5mm 范围内，圆柱体的高度与直径比为 10～70。气泡直径是通过计算每一个气泡的像素面积、周长，换算出气泡绝对等效圆直径和试片内全部气泡所占的面积百分比含量[3]。图 3 所示为气泡等效直径分布直方图。

(a)　　　　　　　　　　(b)

图2　河冰气泡宏观形态

(a) 圆球状气泡；(b) 圆柱状气泡

Fig.2　Micro shape of river ice bubble

(a) spherical bubble; (b) column bubble

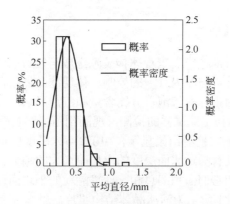

图 3　冰内气泡等效直径分布直方图

Fig.3　Equivalent diameter distribution graph of bubble inner ice

3　冰体宏观力学性能检测

　　为充分认识冰体的力学性能,采集−10℃黄河样本冰体制成 15cm×15cm×15cm 标准试样,参照"混凝土立方体极限抗压强度试验方法"国际标准,利用万能材料试验机对冰体的抗压强度与抗劈裂强度进行了检测。由于冰体具有非均匀性、各向异性、应变速率及温度敏感性等特点,试验过程均在冰面垂直方向对冰体试样匀速施压与劈裂,加载速率为 2mm/min。检测结果显示,在−10℃条件下,冰体极限抗压强度为3.5∼7.5MPa,冰体极限抗拉强度为1.2∼1.6MPa。冰体的抗压强度值约为抗拉强度值的 3∼6 倍,而一般岩体的抗压强度为抗拉强度的 15∼35 倍,这是冰体与岩体力学性能的重要差别[4]。图 4 所示为冰试样抗压与抗拉强度检测照片。

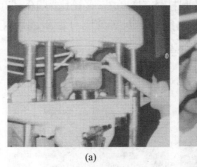
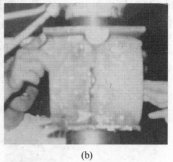

(a)　　　　　　　　　　　　(b)

图 4　冰体力学性能检测

（a）冰试样抗压试验；（b）冰试样抗劈裂试验

Fig.4　Checking of ice mechanical property

(a) compressing experiment；(b) splitting experiment

4　冰体静载压缩破坏特征试验研究

　　试验证明,当应力与冰晶主轴平行时,冰的松弛期为 90min；当应力与主轴垂直时,冰的松弛期只有 8min。加载时间在上述范围之内，冰体发生弹性变形或脆性变形。如果加载时间超过上述时间，冰体将表现出明显的塑性变形，并且在不同加载速率下，冰体试样损伤形式具有一定的差异[5]。本试验采用–10℃样本冰，加载方向与冰面垂直，加载速率为 2～100mm/min。图 5 所示为在此加载速率条件下冰体试样的压缩损伤形式。

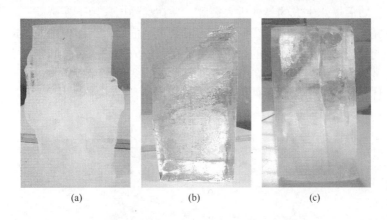

(a)　　　　　　　　(b)　　　　　　　　(c)

图 5　静载下冰体试样的压缩损伤形式
(a) 鼓胀形式破坏；(b)剪切形式破坏；(c) 劈裂形式破坏
Fig.5　Failure shape of ice with static loading
(a) ballooning failure; (b) shearing failure; (c) splitting failure

5　爆炸加载破坏特征与数值模拟

5.1　冰体内部冲击加载的破坏特征

爆炸冲击加载时，由于作用时间极短，且加载速度极快，冰体表现出明显的脆性变形，可视为脆性材料。裂隙是脆性冰体宏观破碎的基本条件，裂隙范围是评判冰体破坏范围的主要依据[6]。为了观察冰体在爆炸冲击加载条件下的动态损伤特征，将 5g 球形炸药包放置在黄河样本冰体内部，引爆炸药包后观察冰体内部裂隙形成的特征。图 6 与图 7 所示分别为冰温在–10℃条件下，球形药包在无限冰体内部爆炸所产生的径向裂隙和环向裂隙特征照片。

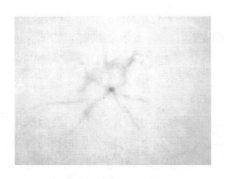

图 6　径向裂隙特征（–10℃）　　　图 7　环向裂隙特征（–10℃）
Fig.6　Character of radius direction crack　　Fig.7　Character of circular direction crack

为了便于对冰体宏观的动态破坏特征进行描述，假设冰体为均匀连续介质。冰体内的炸药爆炸时，引起的瞬时压力可高达数千兆帕以上，这种巨大的压力瞬间作用于药包周围的冰壁上，形成一个直径为药包直径 16～22 倍的空穴。随着冲击波能量急剧消耗，衰减为压缩应力波对孔壁的径向产生压应力和压缩变形，而在切向产生拉伸应变，形成初期的径向裂隙，如图 8(a)所示。随后爆炸生成的气体进入裂隙，并在准静压作用下使裂隙进一步扩展发育，最终形成一个完整的径向裂隙圈。径向压应力降到最小值后，则出现径向拉应力，如图 8(b)所示。若其径向拉应力值大于冰体的抗拉强度，在已形成的径向裂隙间则产生环向裂隙，形成一个完整的环向裂隙圈，环向裂隙圈的半径约为径向裂隙圈半径的 1/3。径向裂隙区和环向裂隙区为冰体在爆炸冲击加载条件下的动态破坏特征。

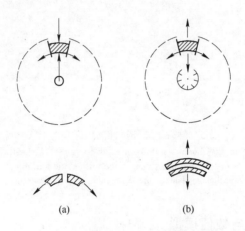

图 8　冰体裂隙形成应力作用示意图
(a)径向裂隙；(b)环向裂隙
Fig.8　Stress action of crack formation
(a) radial crack；(b) circumferential crack

经过较复杂的数学推导，获得冰体在爆炸应力波作用下形成的径向裂隙区的半径 R_p 的计算公式为：

$$R_{\mathrm{p}} \leqslant \left[\frac{(1-2b^2)p_{\mathrm{m}}}{K_{\mathrm{T}}S_{\mathrm{T}}} \right]^{1/\alpha} R_{\mathrm{c}} \tag{1}$$

式中，b 表示冰介质横波与纵波波速之比；R_{c} 表示压碎区半径，m；p_{m} 表示冲击波初始压力，MPa；S_{T} 表示冰体极限抗拉强度；α 表示应力波衰减指数；K_{T} 表示动载时冰体抗拉强度增大系数。

5.2　冰体内部裂隙特征有限元数值模拟

利用大型有限元分析软件 ANSYS/LS-DYNA，对药包在-10℃冰体内，裂隙产生与扩展过程进行有限元数值模拟，图 9 所示为模拟结果截图。距爆孔中心较远处的径向裂隙止裂点和环向裂隙止裂点取值，分别计算各点坐标值距中心点的距离，得出当药包半径为 R 时，径向裂隙半径 R_{p}=146R，环向裂隙半径 R_{m}=50R，冰体内部径向裂隙与环向裂隙半径的比值约为 3:1，试验结果与数值模拟结果十分吻合[6]。

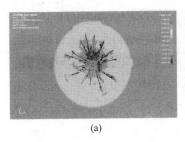
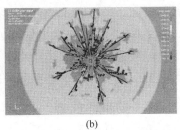
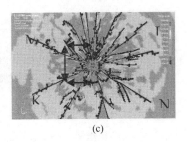

(a)　　　　　　　　　　(b)　　　　　　　　　　(c)

图 9　不同时刻裂隙扩展过程

(a) t=260 μs；(b) t=450 μs；(c) t=600 μs

Fig. 9　Crack growth during different moment

6　体积破碎试验研究

根据利文斯顿的破碎固体介质的爆炸能量理论，在半无限冰体内部放置炸药包，距离临空面较近的一侧将会发生破碎现象，形成一个漏斗状破碎体积，此漏斗称为"爆破漏斗"。这一理论揭示了爆炸能量与脆性固体破碎体积之间的关系，据此理论可获得破碎单位体积所需炸药量。为了描述冰体破碎体积与炸药量之间的关系，使用膏状乳化炸药对-10℃冰体进行多次标准爆破漏斗试验。图 10 所示为圆锥角 90° 的标准爆破漏斗断面照片。试验结果表明，破碎给定体积的冰体时，其炸药单耗为 0.92kg/m³。爆破体量越大，则所需炸药量越大。同时这一结果显示，由于冰体抗压强度较低，相当一部分炸药能量在形成冰体压缩空穴过程中被消耗，加之冰体内部气泡的存在，降低了应力波的传播效率，造成破碎冰体的炸药单耗高于破碎一般岩石的炸药单耗。这一试验结果可作为冰体爆破作业炸药量计算依据。

图 10　-10℃冰体标准爆破漏斗

Fig.10　The standard explosive funnel of -10℃ ice

7　结论

(1) -10℃河冰晶体呈垂直冰面的柱状晶结构，平均粒径为 6～8mm；冰体内部存在宏观气泡，并在冰体内随机分布，气泡直径为 0.3～5.0mm。

(2) -10℃冰体的极限抗压强度为 3.5～7.5MPa，极限抗拉强度为 1.2～1.6MPa，其在缓慢加载条件下表现出塑性破坏特征。

(3) 冰体在动载条件下表现出明显的脆性变形，可视为脆性材料，并且以裂隙为主要破坏特征。当药包半径为 R 时，径向裂隙半径 R_p=146R，环向裂隙半径 R_m=50R,环向裂隙半径约为径向裂隙半径的 1/3。

(4) 根据利文斯顿爆破漏斗理论，通过多次试验获得破碎−10℃单位体积冰体的炸药单耗为 0.92kg/m³。这一结果可为冰体爆破作业提供计算依据。

参 考 文 献

[1]   王春青, 彭梅香. 黄河凌汛成因分析及预测研究[M]. 北京：气象出版社, 2007.
[2]   可素娟. 黄河冰凌研究[M]. 郑州：黄河水利出版社, 2002.
[3]   李志军, 等. 水库淡水冰的晶体和气泡及密度特征分析[J]. 水利学报, 2009, 40(11): 1333~1337.
[4]   张丽敏, 等. 人工淡水冰单轴压缩强度试验研究[J]. 水利学报, 2009, 40(11): 1392~1395.
[5]   佟铮, 等. 爆破与爆炸技术[M]. 北京：中国人民公安大学出版社, 2001.
[6]   佟铮, 等. 黄河冰凌爆破机理研究[C]//中国爆破新技术Ⅲ. 北京：冶金工业出版社, 2012: 57~66.

2

爆炸合成新材料

激波合成纳米金刚石的相变机理

邵丙璜　　张晓堤

（中国科学院力学研究所，北京，100190）

摘　要：纳米聚晶金刚石在半导体超精细加工产业中的应用前景，将是数以百亿美元计的巨大经济效益和几亿克拉计的金刚石需求量。金刚石的激波合成机理，是生产高性价比优质纳米聚晶金刚石理论基础的重要组成，可使激波合成金刚石在生产过程中减少盲目性。

本文用"超压值"替代传统的"过冷度"作为物质"相变动力"，描述了高压下的石墨-金刚石相变过程，在实践上是一种创新，丰富了物质的相变理论。

本文通过固体物理理论的谐振子模型，详细研究了石墨在超高压、高温、微秒瞬间相变成金刚石的微观机理，揭示了在激波压力，激波温度，残余温度，激波持续时间4个因素的综合作用下，石墨的两种结晶结构转变为金刚石的全过程。

计算结果表明：当石墨达到或超过它的第二相变点压力和相应温度时，可全部转变为金刚石。但等熵卸载到常压时的残余温度如果高达 2000~3000K，则金刚石将严重石墨化。减少或防止石墨化是激波合成金刚石中的一个重要课题。

本文计算结果与 Lawrence 实验室的 Alter & Christen 以及 Gust 实验结果相吻合。

关键词：纳米聚晶金刚石；超压值；谐振子模型

Mechanism of Phase Transition of Nanometer-Polycrystalline Diamondand under Shock Wave Loading

Shao Binghuang　　Zhang Xiaodi

（Institute of Mechanics, Chinese Academy of Sciences, Beijing, 100190）

Abstract: The application of nanometer-polycrystalline diamond in ultra-precision machining of semiconductor industry has wider prospect. Hundreds million carats per year will be demanded in the world. It can bring economic benefit about tens billion dollars.

The mechanismof diamond synthesis under shock wave loading is the most important the oretical basis of synthesis nanometer-polycrystalline diamond. Researching the mechanism can help exactly to choosetechnology parametersand reduce blindness in the production process.

In this paper, the graphite-diamond phase transition process under high pressure has been described using "overpressure value" instead of the traditional "super-coolingdegree" as the material "phase transition power".

The idea is an innovation and enriches theory of phase transitions of substance.

Using"harmonic oscillator model" in solid physics, the authors have detailed studied microcosmic

---

作者信息：邵丙璜，研究员，zxt@imech.ac.cn。

mechanism of graphite transformation into diamond under the conditions of ultra-high pressure, high temperature and microsecondmoment.

This paper revealed whole process of phase transition of AB and ABC type graphite under the combination effect of four factors which are shock wave pressure, shock wave temperature, duration and residual temperature.

The numerical results show: When shock wave pressure exceeds the second phase transition point(see Fig. 10), all of the graphite can transform into diamond. Whereas if the residual temperature exceeds 2000-3000K, diamond will be graphitized intensively. Therefore, it is an important subject to reduce or prevent graphitization.

The numerical results are consistent with experimental results of Gust and Lawrence Lab.

Keywords: nanometer-polycrystalline diamond; shock wave loading; harmonic oscillator model

1　回顾和现状

1792 年，拉瓦锡尔首先发现金刚石是石墨的同素异构体，开启了探索石墨相变金刚石之门。1954 年美国通用电气（GE）公司的 Hall 和 Bundy 等人率先实现以静压法制成单晶金刚石。次年 10 月公布了"金刚石-石墨相图"，开启了人类人工合成金刚石时代。

1969 年，Intel 公司第一块半导体产品问世，代表 IC 产业的兴起。GE 公司立刻认识到该产业所带来的巨大潜在市场。在 1984 年举行的关于硅材料特性和硅片加工的国际会议上，其代表 D. B. Fallon 称，"持续高速发展的半导体工业要求发展一种专门的金刚石产品来满足它独一无二的需要。这是 GE 公司所面临的印象最深刻的挑战"。该新品种金刚石"应具有微观断裂的特性，也即在其切削刃口变钝之前，就能自动脱落，从而产生新的较锋利的刃口，以便保持良好的切削性能"。他所描述的理想新产品实际上就是本文所述的纳米聚晶金刚石。

GE 公司一直想用他们擅长的静压法生产出纳米聚晶金刚石，但根据相变动力学的原理这是很难实现的（本文中将从理论上予以说明）。静压法生产的单晶金刚石因具有解理面，在破裂时会出现宏观刃口，从而在超精细加工时易划伤工件表面。GE 公司目睹单晶金刚石逐渐被化学机械抛光（CMP）工艺所代替，而被迫退出了硅片的超精细加工的主流地位。GE 公司超硬材料部也因创新乏力，被公司剥离，于 2003 年被瑞典收购，并更名。

杜邦(DuPont)公司在 20 世纪 80 年代就以 Mypolex 品牌的纳米聚晶金刚石而驰名全球，因产品的卓越性能而被应用于包括 IBM 公司硅/芯片等在内的电子产品的加工中。

杜邦公司采用了"环状飞片法"。根据其公布的专利每次炸药量重达 4.7t，一次爆炸可得 2.5kg 金刚石，折合每公斤炸药产出约 2.66ct 金刚石（估计后来有所改进）。这种技术方案需要坚固的地下工程设施。杜邦公司所采用的技术方案最大的不足是：每公斤炸药的金刚石产率过低，设备投入过高，阻碍了公司产能的大幅度提高。公司曾投资近亿美元研究经费来提高产率，但没有重要的成效，产生了研究无用思想。通过相变机理的讨论可以看到杜邦提供的爆炸条件与相变所需的不够匹配，是造成产率过低、成本过高的重要原因。

杜邦公司是世界著名的化工企业，精通炸药。他们的困境，说明了瞬态、超高压、超高温的激波法合成金刚石机理上的复杂性。出于无奈，杜邦 1999 年将其金刚石部门转让给了瑞士并更名，规模也大大缩小，已无进军硅片加工市场能力。

这两大金刚石行业领军企业的退出，是业内的重大损失。留下一片巨大的年产值以百亿美元计的半导体产业的超精细加工市场，任凭逐鹿。对金刚石业者而言，这既是千载难逢的商机和面临以"亿克拉"计的金刚石潜在市场，同样也是巨大的挑战。

20世纪90年代，在国际上尚无一家成熟的企业能生产出性价比远优于杜邦的产品，并迎接这一挑战。

这期间，爆轰法合成的纳米金刚石兴起，其纳米粒度可不划伤工件表面，适宜于超精细加工。但从形核生长机理的角度看，因其晶体生长时间过短（为几十纳秒），晶核之间通过生长，形成具有高结合强度的化学键的时间不够。其聚晶体的结合主要依靠范特瓦尔的分子间引力和表面张力而不是化学键结合。因此在微米或亚微米粒度上，这种纳米金刚石聚晶体的强度过低，难以挑起重担，独立使用。

国际上，半导体产业界在寻找替代单晶金刚石的抛光颗粒时，采用了IBM公司于1988年提出的化学机械抛光（CMP）工艺。该工艺的特点是由柔软的二氧化硅胶体作为抛光颗粒，以代替以往的单晶金刚石。二氧化硅颗粒不会划伤硅片表面，因此不产生新的表面划伤层。而碱性抛光液（pH值在8~11之间）的化学腐蚀作用，可将上道工序残留的损伤层全部除去。在这20年间，CMP工艺迅速取代了单晶金刚石，占领了半导体产业超精细加工的国际市场，目前仅美国市场CMP年产值就约达50亿美元。

但由于CMP在化学腐蚀硅表面的同时，形成新的化学腐蚀损伤层，因此化学机械抛光总的加工量通常可达上一道工序留下的表面损伤层深度的50倍以上，大大增加了加工工作量。其次化学腐蚀毕竟是一种缓慢过程，效率较低。更重要的是：在化学机械抛光的过程中缺乏保证工件表面高平整度的机制。它随硅片表面局部的压力、材质硬度、成分、微观缺陷等因素的差别而不一致。可能导致有些部位过度抛光，形成碟形凹陷，有些部位因坚硬耐腐而凸起。特别对于布线后的芯片表面，因各区材质不同腐蚀程度的差异更大。目前CMP工艺已成为半导体超精细加工进一步发展的难点，在我国这一现象尤为突出，严重影响了我国支柱产业——IT产业的结构。

当机遇再一次出现在金刚石业者的面前时，需要人们抓住时机，合成出优质纳米聚晶金刚石产品来迎接挑战。

要把纳米聚晶金刚石合成好，首先要了解清楚超高压、高温、瞬时条件下激波合成纳米聚晶金刚石的机理，以及解决好一系列激波合成金刚石的技术问题。这些问题现已基本得到解决。例如，每公斤炸药的金刚石的产率达到160ct/kg（不小于16倍杜邦专利产率）；操作也大为简便，可在激波合成金刚石的车间内实现高效率、低噪声、低振动的全天候流水作业；一个企业年生产能力可在一千万克拉以上；其金刚石粒径范围在10~0.05μm之间，其亚微米颗粒呈类球状，也恰好适合了当今年产值达数百亿美元的半导体晶片的超精细加工需要等。在技术层面上已基本具备迎接挑战的条件。但这是一项特大工程，需要业内人士共同努力，把产业做强、做大。

本文重点介绍利用固体物理中的谐振子模型，揭示超高压、高温、瞬时条件下激波合成纳米聚晶金刚石的机理和相变动力学的全过程，揭示出实现高转化率所需的激波条件，这也是今后进一步提高金刚石产率的理论基础。

本文结合Gust和Alder的实验结果进行对比分析，显示了良好的一致性。为了避免篇幅过长，有关激波压力、波形、温度、残余温度、持续时间的爆炸力学计算在另文讨论。

2　Gibbs 能与临界晶核半径

静压法和动压法合成金刚石的温度大致均在 1500~2500K 范围，相差不大，而两者的主要差别是压力。前者在 6.3GPa 左右，而后者高达 30~60GPa。压力的巨大差别导致它们的临界形核能数值悬殊。图 1 中，代表静压法的相变点 $1(p_1, T_1)$ 处于相变曲线 AB 附近，而代表动压法相变的点 $2(p_2, T_2)$ 则远离相变线，深入到金刚石的稳定区。

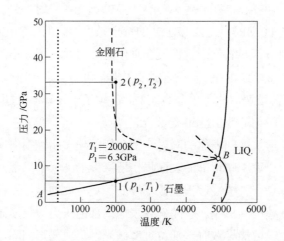

图 1　石墨-金刚石的相平衡图（Bundy 1996 年重新修正）

Fig. 1　Diagram of phase equilibrium of graphite-diamond (F. P. Bundy 1996)

根据热力学原理，一切化学反应和物质结构转变过程都是从高能态到更稳定的低能态的过程。为研究化学反应和相变的需要，1876 年美国人 Gibbs 引入了"Gibbs 能"这一物理量，用 G 表示：$G = H - TS = E + pv - TS$，式中 H，E，p，v，T 和 S 分别表示系统的焓、比内能、压力、比容、温度和熵。从上式不难看出，焓的下降和熵的增加均使 Gibbs 能值降低，从而使物质处于更稳定的状态。Gibbs 能是物质的属性和状态的函数。利用热力学第一定律，G 的增量形式可写作：

$$dG = vdp - SdT \tag{1}$$

如前所述，无论静压法或动压法，石墨相变为金刚石的温度大致相当。现在我们考查从图 1 中的状态点 $1(p_1, T_1)$ 到状态点 $2(p_2, T_2)$ 的过程。由于 $T_1 \approx T_2$，可近似认为等温过程，$dT \approx 0$，式(1)简化为：

$$dG = vdp \tag{2}$$

由于等温过程的状态方程过于复杂，而固体物质的冲击绝热压缩曲线与绝对零度下的等温压缩曲线相当接近，如图 2 所示。

因此在讨论式（2）时，若近似采用描写冲击绝热压缩过程的 Murnaghan 方程(3)来代替，则其函数的表达形式大为简化，不影响问题的实质，即

$$\frac{v}{v_0} = \left(\frac{p}{B} + 1\right)^{-\frac{1}{A}} \tag{3}$$

式中，v_0 为材料的初始比容；A 和 B 为材料常数。将式（3）代入式（2），在图 1 中，从相变点压力 p_1 积分到某激波压力 p（$p > p_1$）得到：

$$\int \mathrm{d}G = \int_{P_1}^{v} v \mathrm{d}p = \frac{AB}{A-1} v_0 \left[\left(\frac{p}{B} + 1\right)^{\frac{A-1}{A}} - \left(\frac{p_1}{B} + 1\right)^{\frac{A-1}{A}}\right] \equiv \delta G$$

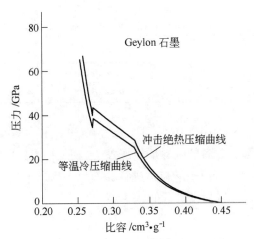

图 2　冲击绝热压缩曲线与等温压缩曲线之比较

Fig. 2　Impact adiabatic compression curve compare with absolute-zero degree isothermal compression curve

$\delta G > 0$，表示材料升压时 Gibbs 能增加。以下标"g"和"d"分别表示石墨和金刚石的物理量。对于高于相变点压力 p_1 的 p 恒有 $(\delta G)_\mathrm{g} > (\delta G)_\mathrm{d}$。

1g 石墨在压力 p 下相变为 1g 金刚石时，系统释放的 Gibbs 能为

$$\Delta G(p) \equiv (\delta G)_\mathrm{g} - (\delta G)_\mathrm{d}$$

$$= \left(\frac{AB}{A-1}\right)_\mathrm{g} v_{0,\mathrm{g}} \left[\left(\frac{p}{B} + 1\right)^{\frac{A-1}{A}} - \left(\frac{p_1}{B} + 1\right)^{\frac{A-1}{A}}\right]_\mathrm{g} - \left(\frac{AB}{A-1}\right)_\mathrm{d} v_{0,\mathrm{d}} \left[\left(\frac{p}{B} + 1\right)^{\frac{A-1}{A}} - \left(\frac{p_1}{B} + 1\right)^{\frac{A-1}{A}}\right]_\mathrm{d} \tag{4}$$

$\Delta G(p) > 0$ 表明，在 $p > p_1$ 的区域，石墨向金刚石转变是 Gibbs 能减少的，可自发进行的放热反应过程。但是，在固相转变时将形成新相表面和表面能。因新、旧两相的比容不同还会形成内应力及相应的应变能以及在新、旧相界面的共格能，它们均导致形核能的增加，从而阻止相变自发进行。但在超高压下，因材料强度远远小于超高压，可忽略不计而近似地视为液体，故忽略固体材料强度及相关的应变能和共格能的影响，近似认为是液相转变。

用 σ 表示新相的比表面能。不同研究者给出的金刚石在石墨中的比表面能见表 1。

在石墨中形成一颗半径为 r 的球状金刚石晶核，它所需要的形核能可用 $\Delta \bar{g}$ 表示：

$$\Delta \bar{g} = 4\pi r^2 \sigma - \frac{4}{3} \Delta G(p) \pi r^3 / v_\mathrm{d} \tag{5}$$

式中，v_d 为激波压力 p 作用下金刚石的比容，由式(3)确定；$\Delta G(p)$ 由式(4)给出。式(5)的 $\Delta \overline{g}$ 为 r 的多项式非单调函数，如图 3 所示。当 $r = r_k = \dfrac{2\sigma v_d}{\Delta G(p)}$ 时，$\Delta \overline{g}$ 取极大值 $\Delta \overline{g}_{max}$，称为临界形核能，相应的 r_k 称为临界晶核半径。

$$\Delta \overline{g}_{max} = \frac{16}{3}\pi\sigma^3\left(\frac{v_d}{\Delta G(p)}\right)^2，\quad \text{其量纲为 } J/1 \text{ 颗金刚石晶粒。}$$

表 1   比表面能 σ
Table 1   Specific surface energy σ
(J/cm²)

晶 面＼来 源	Horkins(1942)	Berman (1965)
$(1,1,1)$	5.4×10^{-4}	5.0×10^{-4}
$(1,0,0)$	9.4×10^{-4}	9.0×10^{-4}

图 3 给出的是取 $\sigma = 5.4\times10^{-4}$ J/cm² 时，$p = 15$GPa 和 60GPa 条件下的形核能与晶核半径的关系曲线。不难看到，二者的临界形核能 $\Delta \overline{g}_{max}$ 相差很大。对于 $r < r_k$ 的晶核，r 的增大意味着形核能 $\Delta \overline{g}$ 的增大，因而不能自发进行。而对于 $r > r_k$ 的晶核，随着其半径 r 的长大，$\Delta \overline{g}$ 急剧减小，因而是可以自发进行的。

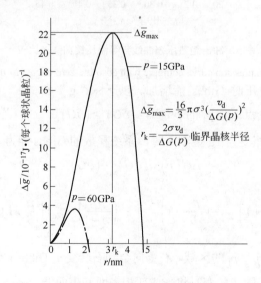

图 3 $\Delta \overline{g}$ 和 r 的关系曲线
Fig. 3   Relation-ship curve of $\Delta \overline{g}$

表 2 给出了取 $\sigma = 9.4\times10^{-4}$ J/cm² 时，不同激波压力 p 下的临界形核能 $\Delta \overline{g}_{max}$ 和临界晶核半径 r_k。

由表 2 的算例中，可以得到以下重要结论：

(1) 第 1、第 4 行分别相当目前静压法和激波法（第一相变点）的压力，二者的 $\Delta \overline{g}_{max}$ 之比高达 3000 倍以上。$\Delta\bar{g}_{max}$ 值越大,从系统中获取该能量的几率越小。这就从理论上解释了为什么静压法必须借助于触媒金属作为其非均匀形核的基底,而激波法比静压法容易形核得多,无需触媒即可大量均匀形核。

表 2 不同激波压力下的临界形核能和临界晶核半径
Table 2 The critical nucleation energy and the critical nucleation radius under different shock pressure

序号	激波压力 p /GPa	$\Delta G(p)$ /J·g^{-1}	$\Delta\bar{g}_{max}$ /J·(晶粒)$^{-1}$	r_k /nm
1	7.0	36.0	85.3×10^{-14}	147.2
2	13.0	556.2	34.9×10^{-16}	9.4
3	15.0	709.1	21.3×10^{-16}	7.4
4	34.5	1926.0	2.7×10^{-16}	2.6
5	60.0	3181.0	9.2×10^{-17}	1.5

(2) 激波法的临界晶核半径 r_k 仅为几纳米,在激波作用的微秒量级的短暂时间内,大量密集形成的晶核稍加生长即相互聚合,形成各向同性无解理面的纳米聚晶金刚石。而静压法形成的晶核,相对激波法而言,粒径大而且稀少,主要靠长时间的生长。这就从理论上说明了激波法生成的必然是纳米聚晶金刚石。反之,在相变曲线附近的静压法,则不可能生成纳米聚晶金刚石。

(3) 1963 年 GE 公司 F.P.Bundy 公布了通过静压法,不用触媒,在明显高于相变曲线的 13～15 GPa 压力下,获得 Carbonado 型金刚石的实验结果。这与表 2 中第 2、第 3 行给出的本文的理论计算结果相一致,这说明用静压法也可以合成出纳米聚晶金刚石,GE 公司没有进行下去的原因不详,也许是受到压头材料强度和使用寿命的限制。

3 激波作用下石墨转变金刚石的动力学过程

1925 年 Tammann 提出结晶过程包括"形核"和"晶体生长"两阶段,并指出在常压下,形核率和生长速度与"过冷度"有关。而后,这一模型应用到在常压下的固相相变时,其相变的动力仍是过冷度。本文以激波"超高压"替代"过冷度"作为为相变的动力,建立包含"形核"和"晶体生长"两阶段的相变动力学模型。

3.1 形核率 $\bar{N}$

用形核率 $\bar{N}$ 表示每秒 1g 石墨碳原子由于形核,变为金刚石的碳原子数:

$$\bar{N} = N\nu\exp\left(-\frac{\Delta\bar{G}_{max}/(3N)+U_*}{kT}\right) \tag{6}$$

式中 N——1g 石墨的碳原子数,$N=5.01\times10^{22}/g$,则 1g 石墨具有 $3N$ 个谐振子(谐振子念见下节);

$\Delta\bar{G}_{max}$——形成 1g 新相时,需要的临界形核能,则 $\Delta\bar{G}_{max}/(3N)$ 表示一个新相谐振子的临界形核能;

k ——Boltzmann 常数，$k = 1.3806 \times 10^{-23} \, \text{J/K}$；

ν ——石墨碳原子的振动频率；

U_* ——一个新相谐振子所需的"形核活化能"，它是激波超压的函数，将在 4.6 节中讨论。

3.2　生长速度 $\bar{C}$

假设激波法合成金刚石的生长过程是垂直石墨网格平面进行的，则

$$\bar{C} = \lambda_0 \nu \exp\left(-\frac{\bar{U}}{kT}\right) \tag{7}$$

式中　λ_0 ——石墨与金刚石两相界面的原子间距；

$\bar{U}$ ——1 个碳原子从石墨网格平面迁移到金刚石表面所需的活化能，可称为"生长活化能"，是激波超压的函数。

3.3　新相体积 V_{new}

设新相的生长仅沿着垂直于石墨网格平面上、下两个方向同时进行，则在与一个临界尺寸晶粒相对应的平面 πr_k^2 上，新相的体积为：

$$V_{\text{new}} = \frac{4}{3} \pi r_k^3 + 2\pi r_k^2 \bar{C}(t - \tau) \tag{8}$$

式中，t 为整个相变持续的时间，与加载装置结构有关，一般为微秒量级；τ 为某一个新相晶粒开始形成的时间，$(t - \tau)$ 表示该晶粒的有效生长时间。

3.4　转化率 η

由形核率 $\bar{N}$、生长速度 $\bar{C}$ 和新相体积 V_{new} 经过计算可导出转化率 η 的表达式。

在新相晶粒尚未发生相互相遇时，令 1g 石墨碳原子所形成的新相体积为 $\bar{V}$，令 $\bar{\tau} = (t - \tau)$，则新相体积 $\bar{V}$ 的增量 $\mathrm{d}\bar{V}$ 为：

$$\mathrm{d}\bar{V} = V_{\text{new}} \dot{N}' \mathrm{d}\bar{\tau} \tag{9}$$

式中，N' 为新相（金刚石）晶粒的形核率，即"新相晶粒数/秒·克石墨"。

$$N' = \frac{M}{\rho_d A_v} \bar{N} \left(\frac{4}{3} \pi r_k^3\right)^{-1} \tag{10}$$

式中　$\bar{N}$ ——每秒每克石墨形成新相（金刚石）的碳原子数，由（6）式确定；

r_k ——临界晶核半径；

M ——碳原子量；

ρ_d ——金刚石在激波压力下的密度；

A_v ——Avergodro 常数，$A_v = 6.02 \times 10^{23}$。

则 $\dfrac{M}{\rho_d A_v}$ 表示每个金刚石碳原子体积，$\dfrac{M}{\rho_d A_v} \bar{N}$ 表示每秒每克石墨中形成新相的体积，除以临界晶核体积 $\dfrac{4}{3} \pi r_k^3$，则 N' 即可确定。

我们取 m 表示 1g 质量的石墨碳原子形成新相（金刚石）的质量，因此 m 相当于金刚石的转化率。考虑到由于新相晶粒相遇后，生长速度相应减慢的情况，则用 $(1-m)$ 表示未发生相变的石墨碳原子质量。用 $\bar{\eta}$ 表示每秒形成新相金刚石的质量百分比，则新相的质量增量 $\mathrm{d}m$ 为：

$$\mathrm{d}m = (1-m)\bar{\eta}\mathrm{d}\bar{\tau} \tag{11}$$

则 $\bar{\eta}\mathrm{d}\bar{\tau}$ 表示在 $\mathrm{d}\bar{\tau}$ 时间内每克石墨形成新相的质量，它同时等于：

$$\bar{\eta}\mathrm{d}\bar{\tau} = \rho_\mathrm{d}\mathrm{d}\bar{V} \tag{12}$$

式(12)右侧 $\mathrm{d}\bar{V}$ 表示在 $\mathrm{d}\bar{\tau}$ 时间内每克石墨形成新相的体积，则 $\rho_\mathrm{d}\mathrm{d}\bar{V}$ 也表示在 $\mathrm{d}\bar{\tau}$ 时间内每克石墨形成新相的质量。由式(11)和式(12)两式可知：

$$\bar{\eta}\mathrm{d}\bar{\tau} = \rho_\mathrm{d}\mathrm{d}\bar{V} = \frac{\mathrm{d}m}{1-m}$$

积分后得

$$\rho_\mathrm{d}\bar{V} = \int_0^m \frac{\mathrm{d}m}{1-m} = -\ln(1-m)$$

即 $\ln(1-m) = -\rho_\mathrm{d}\bar{V} = \rho_\mathrm{d}\int_0^{\bar{V}}\mathrm{d}\bar{V} = -\rho_\mathrm{d}\int_0 V_\mathrm{new}N'\mathrm{d}\bar{\tau}$

代入式(8)，有

$$m = 1 - \exp\left[-\rho_\mathrm{d}N'\left(\frac{4}{3}\pi r_\mathrm{k}^3 + \pi r_\mathrm{k}^2\bar{C}t\right)t\right] \tag{13}$$

其中，N' 由式(10)可知：

$$N' = \frac{\nu}{\rho_\mathrm{d}}\left(\frac{4}{3}\pi r_\mathrm{k}^3\right)^{-1}\exp\left(-\frac{\Delta\bar{G}_\mathrm{max}/(3N) + U_*}{kT}\right) \tag{14}$$

将式(7)和式(14)两式一并代入式(13)，令 η 表示转化率，则

$$\eta = 1 - \exp\left\{-\nu t\exp\left[-\frac{\Delta\bar{G}_\mathrm{max}/(3N) + U_*}{kT}\right]\left(1 + \frac{3}{4}\frac{\bar{C}t}{r_\mathrm{k}}\right)\right\} \tag{15}$$

其中小括号中的 1 和 $\dfrac{3}{4}\dfrac{\bar{C}t}{r_\mathrm{k}}$ 两项依次表示形核及生长对新相体积的贡献。数值计算结果表明由于 t 为微秒量级，一般情况下 $\dfrac{3}{4}\dfrac{\bar{C}t}{r_\mathrm{k}} \ll 1$，由此可知，在动高压法中，形核对转化率的贡献是主要的，生长对新相总量的贡献是次要的。这是与静压法的重大区别，也是造成两种方法所生成的金刚石性质不同的重要原因。顺便指出爆轰法生产纳米金刚石的持续时间仅为几十纳秒，几乎无晶体生长的过程，而有分散的晶核所组成的纳米晶粒。

3.5　原子振动频率 ν 的确定

根据量子理论，将在平衡位置附近进行三维简谐振动的固体粒子（例如石墨碳原子）视为三个谐振子。每个谐振子的能量为：

$$\overline{e} = (n + \frac{1}{2}) h\nu \tag{16}$$

式中，$h = 6.626 \times 10^{-34} \, \text{J} \cdot \text{s}$，为 Plank 常数；$n$ 为正整数，表示谐振子所处的能级。

谐振子处于 n 能级的几率为：

$$\eta_0 = \exp\left(-\frac{nh\nu}{kT}\right) \tag{17}$$

根据 Boltzmann－Maxwell 经典统计理论，在 $3N$ 个谐振子中，能级为 j 的谐振子数 $3N_j$ 的表达式如下：

$$3N_j = 3N \frac{\exp\left[-\left(j+\frac{1}{2}\right)\frac{h\nu}{kT}\right]}{\sum_{n=0}^{\infty} \exp\left[-\left(n+\frac{1}{2}\right)\frac{h\nu}{kT}\right]} \tag{18}$$

式中，分子表示能级为 j 的谐振子的几率，分母表示处于各种能级的谐振子几率之总和。式 (18) 的物理意义表示以上两种几率之比等于能级为 j 的谐振子数 $3N_j$ 与总谐振子数 $3N$ 的比例。$3N$ 个谐振子的总能量 E 可写为：

$$E = \sum_{j=0}^{\infty} \left[3N_j \left(j+\frac{1}{2}\right) h\nu \right]$$

将式 (18) 代入上式，则

$$E = 3N \left\{ \sum_{j=0}^{\infty} \left(j+\frac{1}{2}\right) h\nu \frac{\exp\left[-\left(j+\frac{1}{2}\right)\frac{h\nu}{kT}\right]}{\sum_{j=0}^{\infty} \exp\left[-\left(j+\frac{1}{2}\right)\frac{h\nu}{kT}\right]} \right\} \tag{19}$$

已知当变量 x 绝对值小于 1 时，$\dfrac{1}{1-x} = 1 + x + x^2 + x^3 + \cdots + x^n = \sum_{n=0}^{\infty} x^n$，因此式 (19) 的分母项为：

$$\sum_{j=0}^{\infty} \exp[-(j+\frac{1}{2})\frac{h\nu}{kT} = \exp(-\frac{1}{2}\frac{h\nu}{kT}) \frac{1}{1 - \exp(-\frac{h\nu}{kT})} = Z \tag{20}$$

式 (20) 称为"配分函数"，用 Z 表示，它的物理意义表示 $j=0\sim\infty$ 的各种能级的几率总合，将其代入式 (19)，则

$$E = -\frac{3N}{Z} \frac{\partial Z}{\partial (1/kT)} = -3N \frac{\partial \ln Z}{\partial T} \frac{\partial T}{\partial (1/kT)} = 3NkT^2 \frac{\partial \ln Z}{\partial T} \tag{21}$$

将式 (20) 代入式 (21)，得到：

$$E = 3NkT^2 \left\{ \frac{\partial \ln\left[\exp\left(-\frac{1}{2}\frac{h\nu}{kT}\right)\right]}{\partial T} - \frac{\partial \ln\left[1 - \exp\left(-\frac{h\nu}{kT}\right)\right]}{\partial T} \right\}$$

即

$$E = 3N\left[\frac{1}{2}hv + hv\big/\left[\exp\left(hv/(kT)\right)-1\right]\right]$$

则每个谐振子的平均能量记作 e，显然：

$$e = \left[\frac{1}{2}hv + hv\big/\left[\exp\left(hv/(kT)\right)-1\right]\right] \tag{22}$$

式(22)右端第一项称为"零点能"，是绝对零度时谐振子具有的最小能量。第二项为谐振子的热内能。1g 石墨含有 N 碳原子，即 $3N$ 谐振子，则 1g 石墨的热内能为：

$$E_\mathrm{T} = 3Nhv\big/\left[\exp\left(hv/(kT)\right)-1\right] \tag{23}$$

借助于式(23)，e 也可表示为：

$$e = \frac{E_\mathrm{T}}{3N} + \frac{1}{2}hv \tag{24}$$

当作用于石墨的激波压力 p 确定后，其热内能 E_T 和温度 T 也随之而确定，由式(24)可求得谐振子的振动频率 v。当 $T \approx 2000\mathrm{K}$ 时，石墨谐振子的 $v \approx 10^{13}\mathrm{Hz}$。

下节将重点介绍式(6)中的形核活化能 U_* 和式(7)中的生长活化能 $\bar{U}$。

4 结构直接转变模型下的活化能

本节采用结构直接转变模型导出形核活化能 U_* 和生长活化能 $\bar{U}$ 的表达式。活化能是指石墨碳原子脱离其平衡位置越过"势垒"转变为另一种结构，即金刚石结构所需的能量。或者说石墨碳原子的振幅大到什么程度时，其相应的势能才高于变为金刚石结构的势垒。为此首先需要了解石墨和金刚石的结构，以及在热激发下石墨碳原子以何种振型实现这种转变。

4.1 石墨与金刚石的结构

金刚石的每个碳原子与相邻 4 个碳原子以 sp^3 杂化轨道构成 4 对共价键，形成一个正四面体的金刚石晶胞，常压下其键距为 1.54Å，如图 4(a)所示。

晶体石墨呈层状结构，每个碳原子在层状平面内与相邻 3 个碳原子以 sp^2 杂化轨道构成 3 对共价键，石墨碳原子呈六角形平面网状结构，键距为 1.42Å，常压下，网状平面的层间距离为 3.35Å。石墨层间结合力为范得瓦尔力，在剪切力作用下层间极易错动，而平面网状结构则不易改变。

按石墨平面网状结构上下层之间相对位置的不同，石墨可分为 ABC 型和 AB 型。在网状平面内每个碳原子与周围 3 个键接的碳原子构成一个"四原子组合"。在 ABC 型石墨中，中心碳原子在一侧相邻网状平面的垂直投影处正好对着一个碳原子，而周围 3 个碳原子在另一侧相邻网状平面的垂直投影处也各有原子垂直对应，如图 4(b) 所示。在高压高温条件下，层间距离缩短，ABC 型石墨的这种形态已接近立方金刚石四面体的雏形，比较容易转变为立方金刚石。

AB 型石墨的网状平面内，任意一个"四原子组合"，若其中心碳原子与上下两相邻层中的碳原子垂直相对，则其周围 3 个碳原子在上下相邻网状平面的垂直投影处，是六角形网状的"形心"，没有碳原子相对，如图 4(c)所示。

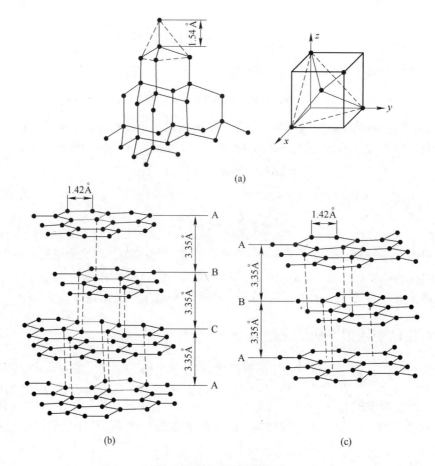

图 4　石墨与金刚石的结构

(a) 金刚石结构；(b) ABC 型石墨结构；(c) AB 型石墨结构

Fig. 4　Structure of graphite and diamond

(a) diamond structure; (b) ABC type graphite; (c) AB type graphite

　　因此这些非垂直相对的碳原子在形成金刚石"晶胞"时，只能与邻层六角形网格的角点处的碳原子形成金刚石键，显然这种可称为"斜相对"的碳原子的"成键距离"要比"垂直相对"的成键距离大，要求的活化能高。因此和 ABC 型石墨相比，AB 型石墨转变金刚石的难度大，需要更高的压力和温度。

4.2　石墨碳原子借助热运动相变为金刚石的两种振型

　　在高压下，石墨层间距离缩短，石墨碳原子相互吸引形成两种振型。其中 ABC 型石墨，将它的位于网格平面六角形角上的六个碳原子，依次编号为 1，2，3，4，5，6，如图 5(a) 所示。第 1,3,5 碳原子和第 2,4,6 碳原子同时做反向垂直网状平面的振动，形成图 5(a) 中的"椅子形"振动，形成了立方金刚石的雏形。对于图 5(b)所示的 AB 型石墨的"船形"振动，若其中第 1,4 碳原子和第 2,3,5,6 碳原子同时做反向垂直网状平面的振动，其中半数碳原子以"垂直相对"成键，而另半数碳原子以"斜相对"成键，呈图 5(b)所示的"船形"振动，形成六方金刚石的雏形。AB 型石墨也可以通过"椅子形"振动，形成立方金刚石的雏形。无论何种振型，所需活化能相同，且均大于 ABC 型石墨所需活化能。

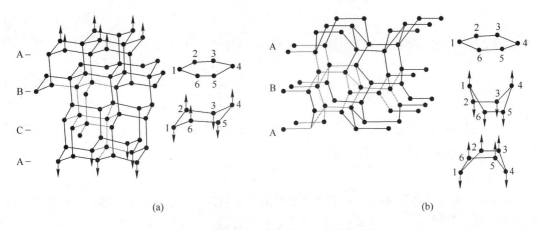

(a)　　　　　　　　　　　　　　　(b)

图 5　石墨原子相变为金刚石的两种振型
(a) "椅子形"振型; (b) "船形"振型
Fig. 5　Graphite carbon atoms two vibration modes in the process of transform into diamond
(a) chair-shapevibration mode; (b) boat-shape vibration mode

4.3　谐振子的振幅和间距

4.3.1　谐振子在热振动中的振幅 C_1

根据固体物理中的 Debye 模型，每个谐振子做简谐振动时，其振动位移可写为：

$$Z = C_1 \cos(2\pi \nu t) \tag{25}$$

式中，C_1, ν 分别表示谐振子的平均振幅和频率；t 为时间。

振动速度为：$\dfrac{\mathrm{d}Z}{\mathrm{d}t} = Z' = -C_1 (2\pi \nu) \sin(2\pi \nu t)$

当 $t = 0$ 时，$Z = C_1$，势能最大，动能为零。

当 $t = \dfrac{1}{4\nu}$ 时，$Z = 0$，势能为零，动能最大。在简谐振动中最大势能等于最大动能，即

$$e = \frac{m}{2}\left(2\pi \nu C_1\right)^2$$

式中，m 为谐振子的质量，由上式可知：

$$C_1 = \frac{1}{2\pi \nu}\left(\frac{2e}{m}\right)^{1/2} \tag{26}$$

式中，势能 e 已由式(24)给出，则振幅 C_1 可知。

4.3.2　激波压力下的石墨层间距和金刚石键距

石墨压缩前后的层间距分别记作 $\delta_{0,\mathrm{g}}$ 和 δ_{g}，金刚石压缩前后的碳原子键的间距分别记为 $\delta_{0,\mathrm{d}}$ 和 δ_{d}。在激波压力作用下，石墨层间距离的压缩远大于网状平面内碳原子间的间距压缩，因而可以认为石墨比容的变化完全是由层间压缩造成的，而金刚石则是在三维等压缩。因此可以写出：

$$\delta_{g}=\delta_{0,g}\left(v/v_0\right)_g \tag{27}$$

$$\delta_{d}=\delta_{0,d}\left(v/v_0\right)_d^{1/3} \tag{28}$$

以上两式中的比容比 v/v_0，由爆炸力学基本方程可以导出：

$$\frac{v}{v_0}=\frac{\left(\lambda+1\right)+\left(\lambda-1\right)\sqrt{1+4v_0\lambda P/C_0^2}}{\lambda\left(1+\sqrt{1+4v_0\lambda P/C_0^2}\right)} \tag{29}$$

式中，C_0 为材料初始状态的声速；λ 为与材料压缩性有关的常数。当 p 已知后，v/v_0 即可确定，因此式(27)和式(28)中的 δ_g，δ_d 可以确定。

4.3.3　活化能模型

图6所示为2个石墨碳原子克服"势垒"形成金刚石共价单键的示意图，现对该图作以下说明：

(1) 在激波作用的高温高压下，石墨和金刚石具有相同的热内能 E_T，其定容比热 C_V 也相当接近，可近似认为两者的温度 T、原子振幅 C_1 以及振动频率 ν 均近似相同。

(2) 由式(26)可知，谐振子的势能 e 与振幅 C_1^2 成正比，在图6中的 $e\sim z$ 平面上，势能曲线为一抛物线，且石墨和金刚石的抛物线形式相同。

(3) 图6中外侧的绿色抛物线为石墨的势能曲线，当其振幅为 C_1 时，其势能 $e=\left(\dfrac{E_T}{3N}+\dfrac{1}{2}h\nu\right)$，两条绿色抛物线表示一对石墨碳原子各自在其平衡位置上做热振动，其层间距离为 δ_g。

(4) 图6中内侧的红色抛物线为金刚石碳原子的势能曲线，一对红色抛物线表示上述这对石墨碳原子在同时获得活化能后，越过势垒所形成的金刚石共价单键，其"键距"为 δ_d。金刚石的碳键能高达 345.6 kJ/mol，成键后认为不再分开。

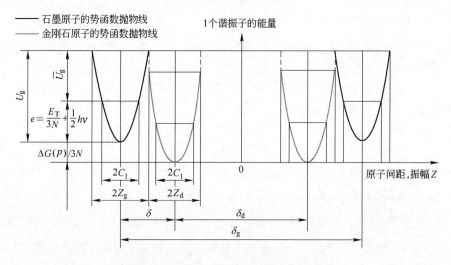

图6　石墨碳原子克服势垒形成金刚石碳原子键模型

Fig. 6　Schematic diagram of graphite carbon atoms overcome energy-barrier forming diamond carbon atoms bond

(5) 图 6 中石墨碳原子势能曲线高于金刚石碳原子势能曲线的值 $\Delta G(p)/3N$ 为二者的 Gibbs 能差，由式（4）确定。

(6) 在 ABC 型石墨中，石墨层间每对碳原子均为"正相对"，其距离均为 δ_g。而在 AB 型石墨中，有半数石墨碳原子其"正相对"距离为 δ_g，而另一半石墨碳原子其层间"斜相对"距离 $\varDelta_g$ 为：

$$\varDelta_g = [\ \delta_g^2 + \ (1.42\overset{\circ}{A})^2\ ]^{1/2} \tag{30}$$

如图 7(a)所示。由于 $\varDelta_g$ 大于 δ_g，AB 型石墨通过"船形"振动形成六方金刚石，如图 7(b) 所示，所需活化能将大于 ABC 型石墨。

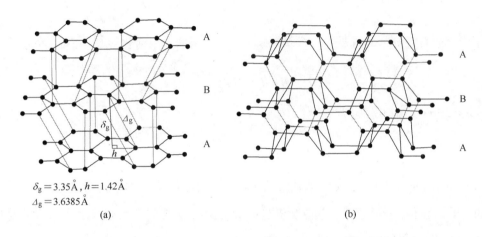

$$\delta_g = 3.35\overset{\circ}{A},\ h = 1.42\overset{\circ}{A}$$
$$\varDelta_g = 3.6385\overset{\circ}{A}$$

(a)　　　　　　　　　　　　　　　　　　　(b)

图 7　ABA 型石墨在冲击绝热压缩下形成"船形"振型并产生层间联接键（图中用红色线表示）

(a)相变前原子的相对位置；(b) 转变为六方金刚石后的"船形"结构

Fig.7　Shows under shock wave adiabatic compression, AB type graphite formed "boat-shape" vibration mode and bond-link between interlayes (was shown with red lines)

(a) shows AB type graphite carbon atoms relative position before phase transformation;

(b) shows after phase transformation，AB type graphite transform into hexagonal diamond with boat-shape structure

4.3.4　石墨转变为金刚石的形核活化能 $\bar{U}_g$

如图 6 所示，$\bar{U}_g$ 表示石墨碳原子振幅增大到 Z_g，从而能越过势垒变为金刚石时其势能比平均热运动势能 e 的增加值。$\bar{U}_g$ 即为石墨碳原子从系统的能量"起伏"中获取的活化能。这时石墨碳原子的势能达到峰值 U_g。

$$U_g = e\left(Z_g/C_1\right)^2 = \left(\frac{E_T}{3N} + \frac{1}{2}h\nu\right)\left(\frac{Z_g}{C_1}\right)^2$$

显然

$$\bar{U}_g = U_g - e = \left(\frac{E_T}{3N} + \frac{1}{2}h\nu\right)\left[\left(\frac{Z_g}{C_1}\right)^2 - 1\right] \tag{31}$$

式中，Z_g 待定，其值与采用的物理模型有关。由量子理论可以认为，石墨谐振子取得某 n 能级，而拥有 $(n+\frac{1}{2})hv$ 的势能后，当其进入金刚石势阱的瞬间，仍保持其势能不变，也即其振幅不变。这样一来，由图 6 不难定出 $Z_g = Z_d = \frac{1}{2}\delta$，代入式(31)后得到：

$$\bar{U}_g = \left(\frac{E_T}{3N} + \frac{1}{2}hv\right)\left[\left(\frac{\delta}{2C_1}\right)^2 - 1\right] \tag{32}$$

4.3.5　形成金刚石共价单键的活化能 U_*

一个石墨碳原子获取活化能 $\bar{U}_g$ 的几率 η 为：

$$\eta = \exp\left(-\frac{\bar{U}_g}{kT}\right) \tag{33}$$

形成金刚石共价单键需要一对石墨碳原子在同一瞬间获取活化能 $\bar{U}_g$，其几率 $\bar{\eta}$ 为：

$$\bar{\eta} = \eta \times \eta = \exp\left(-\frac{2\bar{U}_g}{kT}\right)$$

令 $U_* = 2\bar{U}_g$，则上式成为：

$$\bar{\eta} = \exp\left(-\frac{U_*}{kT}\right) \tag{34}$$

式(34)的物理含义为：2 个石墨碳原子在同一瞬间各获取活化能 $\bar{U}_g$ 形成"金刚石共价单键"的几率，与 1 个石墨碳原子获取 2 倍 $\bar{U}_g$（即 U_*）活化能的几率相同，均为 $\bar{\eta}$。此 U_* 就是式(6)中的形核活化能。由式(32)可知：

$$U_* = 2\left(\frac{E_T}{3N} + \frac{1}{2}hv\right)\left[\left(\frac{\delta}{2C_1}\right)^2 - 1\right] \tag{35}$$

所形成的金刚石共价单键与网格平面上相邻的其他 3 个碳原子，在热运动中就成为一个四面体的金刚石晶胞。

对于 ABC 型石墨以及 AB 型石墨中的半数"正相对"碳原子，式(35)中的 $\delta = \frac{1}{2}(\delta_g - \delta_d)$；

对于 AB 型石墨，另一半"斜相对"的碳原子有 $\delta = \frac{1}{2}(\Delta_g - \delta_d)$，$\Delta_g$ 见式(30)。

4.3.6　生长活化能 $\bar{U}$

图 8 所示为石墨碳原子在金刚石表面生长的示意图。与形核不同，它无需 2 个碳原子同时形成金刚石共价单键，而是碳原子一个一个地向金刚石界面迁移。$\bar{U}$ 可写成式(31)的形式，其中 $Z_g = \delta = (\delta_g - \delta_d)/2$，如图 8 所示。

这样则有：

$$\bar{U} = \left(\frac{E_T}{3N} + \frac{1}{2}hv\right)\left[\left(\frac{\delta}{C_1}\right)^2 - 1\right] \tag{36}$$

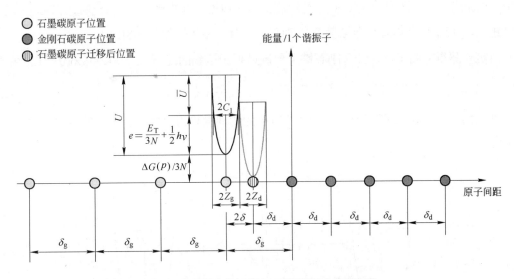

图 8　金刚石生长过程中石墨碳原子迁移模型

Fig. 8　Schematic diagram of graphite carbon atom migration to diamond growth process

5　残余温度与金刚石的石墨化

5.1　残余温度 T_*

当石墨试样冲击绝热压缩达到峰值压力、温度和比容后，激波压力随之迅速降为常压时，试样中仍有相当高的残余温度 T_*。当 T_* 高于 2000K 时会造成金刚石严重的石墨化并形成无定型石墨，因此大量无定型石墨的出现是严重石墨化的标志。残余温度可以写为以下函数：

$$T_* = f\left(p，v，T，p_x，v_*\right)$$

式中，p_x 为绝对零度下试样等温压缩到比容 v 时的压力，称为冷压力；v_* 为卸载到常压后对应 $T = T_*$ 的残余比容。其中残余温度 T_* 可利用爆炸力学知识，通过理论计算得到，此处不再深入介绍，详细介绍见参考文献[6]。

5.2　金刚石的石墨化率 η_*

类似于式(15)已知活化能可求得金刚石形核所产生的转化率，则已知金刚石石墨化活化能 U_d，可得到金刚石石墨化率表达式如下：

$$\eta_* = 1 - \exp\left\{-v_* t \exp\left(-\frac{\bar{U}_d}{kT_*}\right)\right\} \tag{37}$$

式中，v_* 为金刚石碳原子在残余温度 T_* 下的振动频率，由式(23)给出；$\bar{U}_d$ 为 $T = T_*$ 时打开金刚石共价单键所需的活化能；t 为残余温度持续的时间，由实验条件确定。

相应的残余热内能 E_{T_*} 为残余温度 T_* 的函数，由下式计算：

$$E_{T_*} = \int_{298}^{T_*} C_V\left(T\right) \mathrm{d}T \tag{38}$$

式中，$C_V(T)$ 为金刚石的定容比热，是温度函数（根据固体物理，已知金刚石的 Debye 温度即可建立 $C_V(T)$ 为已知值）详见参考文献[8]，积分下限为室温（298K）。

由实验测得室温下，打开金刚石键需要碳谐振子达到的能量 $U_d = 1.908 \times 10^{-22}\,\text{J}$。由式 (24)知，$T = T_*$ 时金刚石碳原子的平均势能为 $e_* = \dfrac{E_{T*}}{3N} + \dfrac{1}{2}hv_*$。因此，$\bar{U}_d = U_d - e_*$，见图 9，此时图中 $\Delta G(p) \approx 0$。至此式(37)右侧的所有的物理量均为已知，金刚石的石墨化率 η_* 即可确定。

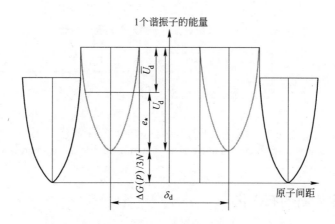

图 9 卸载后金刚石在残余温度影响下的"石墨化"

Fig.9 Potential energy diagram shows after unloading and the residual temperature influence diamond taking place graphitization

6 理论计算结果和实验的比较

我们选用有较完整实验数据的高密度、高纯热解石墨和国际经常使用的 Ceylon 石墨与理论计算结果比较。

6.1 热解石墨的实验资料

1980 年 Gust 给出了热解石墨的冲击绝热压缩实验结果，如图 10 所示，激波速度 u 和质点速度 u_p 分段呈线性关系：

$$u = C_0 + \lambda u_p$$

已知激波压力 p 与 u、u_p 的关系为 $p = \rho_0 u u_p$，式中，ρ_0 为初始密度。利用该式，由图 10 可知，按压力 p 划分的分段线性区为：

$p = 0 \sim 34\,\text{GPa}$ （低压区），$u = (3.951 + 2.2u_p)\,\text{km/s}$

$p = 34 \sim 56\,\text{GPa}$ （中压区），$u = (8.06 + 0.01u_p)\,\text{km/s}$

$p > 56\,\text{GPa}$ （高压区），$u = (3.987 + 1.33u_p)\,\text{km/s}$

其中，第一相变点的压力 $p = 34\,\text{GPa}$，可解读为 ABC 型石墨全部转变为立方金刚石。第

二相变点的压力 p =56GPa ，可认为是 AB 型石墨转变为金刚石的反应。Gust 披露，当激波压力 p =118Pa 时，热解石墨失去金刚石特征。

　　假定热解石墨 ABC 型石墨的含量为 30%，激波作用时间 t =1μs，残余温度的作用时间 t_* =1.3μs 。

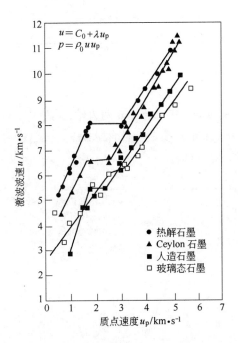

$$u = C_0 + \lambda u_p$$
$$p = \rho_0 u u_p$$

图 10　不同石墨的 $u \sim u_p$ 试验曲线

Fig. 10　$u \sim u_p$ experimental curve of different graphite

　　本文计算出相应的激波压力 p、激波温度 T、残余温度 T_* 和转化率 η，列于表 3。其中 η_{ABC}、η_{AB}、η_* 和 η 依次表示 ABC 型石墨、AB 型石墨的转化率以及石墨化率和石墨化后的金刚石总转化率。

表 3　本文计算出的相应的激波压力 p、激波温度 T、残余温度 T_* 和转化率 η

Table 3　The calculated shock wave pressure p, shock wave temperature T, residual temperature T_* and the transformation rates η in this paper

p/GPa	T/K	T_*/K	η_{ABC}/%	η_{AB}/%	η_*/%	η/%
34.2	873.3	848.6	99.3	7×10^{-9}	9×10^{-9}	29.8
55.9	910.1	857.0	100	1.8	1.4×10^{-8}	31.3
60.9	1131.5	1123.2	100	100	1×10^{-3}	100
89.8	2172.6	2107.9	100	100	50.0	50.0
92.5	2273.0	2201.0	100	100	78.8	21.2
96.1	2298.0	2223.0	100	100	98.7	1.3
118.0	3080.0	2949.0	100	100	100	0

表 4 给出了计算结果和 Gust 实验数据的对比。

表 4　计算结果和 Gust 实验数据的对比
Table 4　The comparison of calculation result and Gust experimental data

压　力 来　源	第 1 相变点 p/GPa	第 2 相变点 p/GPa	金刚石相消失点 p/GPa
Gust 实验（如图 10 所示）	34.0	56.0	118.0
本文计算结果	34.2 （表 3 第 1 行）	60.9 （表 3 第 3 行）	96.1~118.0 （表 3 第 7~8 行）

6.2　Ceylon(锡兰)石墨

1961 年 Lawrence 实验室 Alder 和 Christen 两人给出了冲击压缩下高纯度 Ceylon 石墨的 $p\sim v$ 曲线，如图 11 所示。Ceylon 石墨是一种含 ABC 型石墨量超过 30%的优质石墨，产地在斯里兰卡，为国际业内所经常采用。

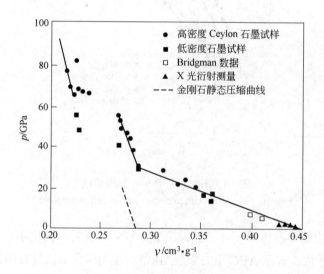

图 11　石墨冲击压缩 $p\sim v$ 曲线
Fig. 11　The $P\sim v$ curve of Ceylon graphite under shock compression

当 p =30GPa 时，实验曲线出现"相变转折"，试样中大约有 40%石墨转变为金刚石。当 p =40GPa 时，曲线出现中断。Alder 判断此时石墨已差不多全部转变为金刚石。1980 年 Gust 给出了密度 ρ=2.16g/cm³ 的 Ceylon 石墨的冲击绝热压缩的 $U\sim u_p$ 关系，如图 10 所示。

按压力 p 划分的分段线性区为：

p =0~25.9GPa（低压区），$U = (3.0 + 2.0u_p)\ km/s$

p =25.9~39.9Pa（中压区），$U = (6.43 + 0.095u_p)\ km/s$

p >39.9GPa（高压区），$U = (1.7 + 1.82u_p)\ km/s$

其中，第一相变点的压力 p =25.9GPa，第二相变点的压力 p =39.9GPa。

当激波压力 p =92Pa 时，Ceylon 石墨失去金刚石特征。据 Alder 等称，其用于实验的 Ceylon 石墨中 ABC 型石墨含量占 40%。本文就该种石墨的理论计算结果列于表 5。

表 5　Ceylon 石墨的理论计算结果
Table 5　Theoretical calculations of Ceylon graphite

p / GPa	T/K	T_*/K	η_{ABC}/%	η_{AB}/%	η^*/%	η/%
32.0	1041.2	985.9	100	2.5×10^{-7}	2.5×10^{-8}	40.0
42.4	1217.6	1108.5	100	100	2.3×10^{-6}	100
50.5	1597.8	1566.9	100	100	9.4×10^{-2}	99.9
87.7	3375.6	3344.5	100	100	100	0

表 6 给出了 Ceylon 石墨的计算结果和 Alder 及 Gust 实验数据的对比。

表 6　Ceylon 石墨的计算结果和 Alder 及 Gust 实验数据的对比
Table 6　The comparison of Ceylon graphite calculation results and Alder, Gust experimental data respectively

来　源 ＼ 压　力	第 1 相变点 p_1/GPa	第 2 相变点 p_2/GPa	金刚石相消失点 p_3/GPa
Alder 等（如图 11 所示）	30.0	≈ 40.0	92
本文计算结果	32.0（表 5 第 1 行）	42.4（表 5 第 2 行）	>87.7（表 5 第 4 行）

7　结束语

(1) 由表 5 和表 6 可以看到，由本文建立的激波合成金刚石的理论模型得到的计算结果与国际上重要的实验结果相当一致，揭示了石墨转变为金刚石的相变动力学的全过程。

(2) 定量给出了激波压力、激波温度、残余温度、作用时间的综合作用下，对石墨的两种结晶结构转变为金刚石的转化率的定量影响。

(3) 特别看到当石墨处于等于或高于第二相变点压力和相应温度时，可使石墨全部转变为金刚石。但当其等熵卸载到零压时，其残余温度达到 2000~3000K，可引起金刚石不同程度石墨化。

(4) 激波法合成金刚石以及其他超硬材料（如立方氮化硼等）是一个极具挑战性的领域。这是由于它涉及的问题是在几十万大气压、几千度高温下，发生在微秒量级时间内的复杂过程。同样，对这样的过程得到翔实可靠的实验数据也十分困难和稀缺。理论研究方面，为了给出定量描述以便对实践具有指导意义，必需建立物理模型并进行合理的简化，这也绝非易事。研究工作尚需继续完善。

(5) 从应用角度看，激波法合成的纳米聚晶金刚石无论在高科技产业还是传统产业均是一个具有广泛应用前景的高科技材料。

参 考 文 献

[1]　Gust W H，J. Phys. Rev. 1980, B22: 4744.

[2]　Alder B J, Christian R M. Phys. Review Letters, 1961, 7(10): 366.

[3]　Fallon D B. International Conferences of Characteristics of Silicon Materials and Its Wafer Machining. 硅材料特性和硅片加工的国际会议，1984.

[4]　Balchan A S, et al. Method of Treating Solids with High Dynamic Pressure，DuPont Co.US Patent：3677911，1972.

[5]　张厥宗. 硅单晶抛光片的加工技术[M]. 北京：化学工业出版社，2005.

[6]　邵丙璜. 类球状纳米聚晶金刚石与半导体晶片产业的超精细加工[J]. 电子信息材料，2013(1): 45.

[7]　邵丙璜，张晓堤. 激波合成超硬材料过程中的爆炸力学（待发表）[J]. 2008.

激波合成纳米聚晶金刚石在我国半导体产业超精细加工中的应用前景
——构建破解我国当前无高精芯片之痛的基础

邵丙璜　张晓堤

（中国科学院力学研究所，北京，100190）

摘　要： 本文介绍了激波合成纳米聚晶金刚石的优异性能以及它在半导体晶片/芯片超精细加工中的应用前景。

为应对半导体晶片平整度快速提高的需求，采用纳米聚晶金刚石超精细加工可以避免化学机械抛光（CMP）存在的缺点，构成破解我国"芯片之痛"的基础，也可大幅度提高太阳能光-伏电池的光电转换率。

关键词： 纳米聚晶金刚石；半导体硅片；抛光磨料

Application Prospect of Nanometer-Polycrystalline Diamond in Ultra-Precision Machining of Semiconductor Industry

Shao Binghuang　Zhang Xiaodi

(Institute of Mechanics, Chinese Academy of Sciences, Beijing, 100190)

Abstract: In this paper, the excellent properties of nanometer-polycrystalline diamond and its application prospect in ultra-precision machining of semiconductor industry have been introduced.

To deal with the requirements of rapidly increasing planeness of semiconductor wafer, selecting nanometer-polycrystalline diamond as the polishing grain can avoid disadvantage of CMP method and also can greatly improve silicon solar photo-voltaic cells photoelectric conversion rate.

Keywords: nanometer-polycrystalline diamond; semiconductor silicon wafer; polishing grain

1　引言

目前我国已成为全球第一大半导体产品市场，IT 产业已成中国第一大支柱产业。但 80% 的芯片依靠进口，8in 以上几乎全部进口，并呈现进口不断加大的趋势，业内人士形容我国繁荣的 IT 产业类似建在沙滩上的大厦，这对于我国应对复杂多变的国际形势是十分不利的。原因是多方面的，其中也与所生产的硅晶片的超精细加工技术有关。

目前国际所采用的超精细加工主流工艺是化学机械抛光(CMP)法，这种工艺的形成和发

作者信息：邵丙璜，研究员，zxt@imech.ac.cn。

展有其历史原因，但现已成为当今 IT 产业进一步发展的瓶颈，在我国直接导致支柱产业（IT 产业）的核心——芯片的线宽落后国际 4 个等级（即线宽 90nm, 65nm, 46nm, 28nm）。采用纳米聚晶金刚石加工后，晶片的表面质量可达到极致，并使我国半导体超精细加工技术由落后国际十年而跃居世界前沿。即本项目的开发，可望为国家带来以百亿元计的经济、社会效益并改变被动的国际局面，更重要的是使我国的 IT 产业大厦有可能建立在拥有自主产权并可大量提供的坚硬钻石基础上。

此外，光伏业界经过长期不懈努力，目前硅单晶半导体在实验室光电转换率达到了 25%，但规模化生产的转换率仍在 20% 以下徘徊。然而从太阳能光电转换利用率的角度看还存在很大潜力，即实际上还有很大的一部分能量未被业者触动和发掘。能量消失的主要原因是：由于采用 CMP 工艺所生产的标准硅片本身，存在化学腐蚀所形成的微裂纹损伤层，它成了光生载流子——"电子-空穴对"发生复合，从而消失的"复合中心"。迄今 PV 业者对此现象无能为力。若采用纳米聚晶金刚石加工，硅晶片的表面质量可望达到极致，使复合中心数量降到最低，转换率可望达到 30% 以上。即本项目的开发，同样也可望为我国太阳能光电转换率的大幅度提升做出重要贡献。

半导体超精细加工产业包括 IC 产业、PV 产业和 LED 产业（即集成电路、光-伏电池和发光二极管产业）。

1.1　技术的国内外概况和技术的成熟性

1954 年美国通用电气（GE）公司实现了以静压法制成单晶金刚石，开启了人类人工合成金刚石时代，誉满全球。

1969 年 Intel 公司第一块半导体产品问世，代表 IC 产业的兴起。GE 公司很快收到大量订单和用户反馈信息，立刻认识到该产业所带来的巨大潜在市场。在 1984 年举行关于硅材料特性和硅片加工的国际会议上，其代表 Fallon 称："持续高速发展的半导体工业，要求发展一种专门的金刚石产品来满足它独一无二的需要。这是 GE 公司所面临的印象最深刻的挑战。"该新品种金刚石"应具有微观断裂的特性，也即在其切削刃口变钝之前，就能自动脱落，从而产生新的较锋利的刃口，以便保持良好的切削性能。"他所描述的心目中理想新产品，实际上就是本文所述的纳米聚晶金刚石。

GE 公司一直想用他们擅长的静压法生产出纳米聚晶金刚石，但根据相变动力学的原理这是极难实现的。静压法生产的单晶金刚石因具有解理面，在破裂时会出现宏观刃口，从而在超精细加工时易划伤工件表面。GE 公司目睹他们生产的单晶金刚石逐渐被化学机械抛光 (CMP) 工艺所代替，而被迫退出了硅片的超精细加工的主流地位。一代名厂 GE 公司的超硬材料部也因创新乏力，被公司剥离，于 2003 年被瑞典收购并更名。

杜邦 (Du Pont) 公司在 20 世纪 80 年代就以 Mypolex 品牌的纳米聚晶金刚石而驰名全球，因产品的卓越性能而被应用于包括 IBM 公司硅/芯片等在内的电子产品的加工中。

杜邦公司采用了"环状飞片法"。根据其公布的专利每次炸药量重达 4.7t，一次爆炸可得 2.5kg 金刚石，折合每公斤炸药产出约 2.66ct 金刚石。这种技术方案需要坚固的地下工程设施。杜邦公司所采用的技术方案最大的不足是：每公斤炸药的金刚石产率过低，设备投入过高，阻碍了公司产能的大幅度提高。公司曾投资近亿美元研究经费来提高产率，但没有重要的成效。出于无奈，杜邦于 1999 年将其金刚石部门转让给了瑞士并更名。规模也大大缩小，已无进军硅片加工市场的能力。杜邦公司是世界著名的化工企业并精通炸药爆炸业务。他们的困境，说明了瞬态、超高压、超高温的激波法合成金刚石机理上的复杂性。这两大金刚石行业领军企业的退出,使业内人士感到惋惜，但也留下一片巨大的年产值以百亿美元计的半导体产业的超精细加工市场，任凭逐鹿。这对业者而言，既是千载难逢的商机，也面临巨大的挑战。

与 GE 公司、杜邦公司开展金刚石研究的同时，1970~1978 年中科院力学所邵丙璜等人，也独立开展了不同于杜邦方法的激波合成金刚石研究，研究成果发表在 1981 年苏联召开的国际爆炸加工会议上。1995 年在技术上有了一次新的重大改进，实现了类球状纳米聚晶金刚石的规模化生产，年产能力达到 100 万克拉，并与日本油脂(NOF)公司建立了业务联系。2005 年前后，用该技术生产的产品，曾大量销售日本微涂料（NMC）公司用于硬盘加工，数量达数百万克拉。

图 1 所示为杜邦公司所生产的纳米聚晶金刚石的形貌，它各向同性，无解理面，韧性高，不易整体脆性断裂。作为超级磨料，不易划伤工件表面，缺点是形貌呈砾石状。

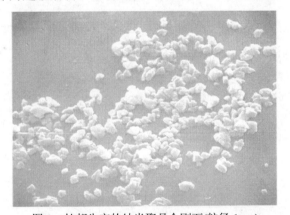

图 1　杜邦生产的纳米聚晶金刚石(粒径 1μm)

Fig. 1　Morphology of DuPont Co. produced Mypolex brandnanometer-polycrystalline diamond, after shaping and grading process (particle 1μm)

图 2 所示为 GE 公司所生产的优质 MBS 单晶金刚石，晶莹剔透，其性能优于天然单晶金刚石。

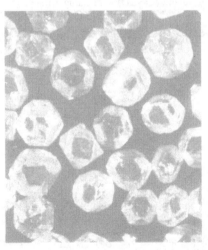

图 2　GE 公司生产的优质 MBS 单晶金刚石

Fig. 2　The high-quality MBS monocrysital diamond by GE

图 3 所示为杜邦公司生产的纳米聚晶金刚石与 GE 公司的单晶金刚石磨削效率的比较。

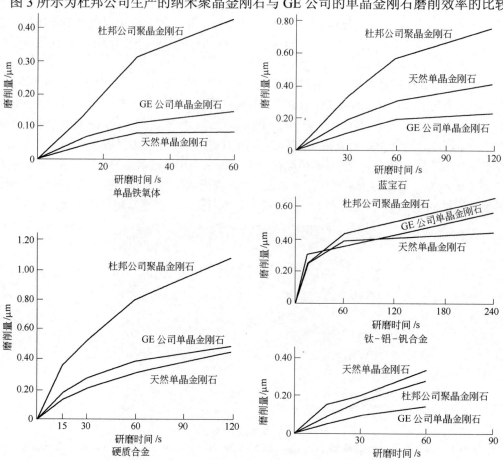

图 3 　杜邦公司生产的纳米聚晶金刚石与 GE 公司的单晶金刚石磨削效率的比较

Fig. 3 　DuPont Co. production of nanometer-polycrystalline diamond（NPD）compare with single crystalline diamond(SCD) in grinding efficiency

图 4 所示为杜邦公司生产的纳米聚晶金刚石在 IBM 公司芯片加工中的应用。

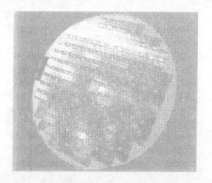

图 4 　杜邦公司生产的纳米聚晶金刚石在 IBM 公司芯片加工中的应用

Fig. 4 　The DuPont Company's products of nanometer-poly-crystalline diamond applied in IBM Co. chip processing

图 5 所示为中科院力学所生产的类球状纳米聚晶金刚石扫描电镜下的形貌。

图 5　中科院力学所生产的类球状纳米聚晶金刚石扫描电镜下的形貌图

Fig. 5　Morphology of nanometer-polycrystalline diamond produced by Chinese Academy of Sciences

图 6 所示为中科院力学所生产的类球状纳米聚晶金刚石（quasi spherical nanometer polycrystalline diamond, QSNPD）与杜邦公司的 Mypolex®品牌的纳米聚晶金刚石（nanometer polycrystalline diamond, NPD）加工铁氧体磁头磨削率比较。

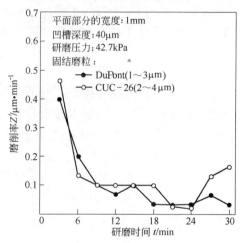

图 6　QSNPD 与 NPD 加工铁氧体磁头磨削率比较

Fig. 6　QSNPD compared with the DuPont Co.produced NPD in remove-rate at machining ferrite magnetic heads

图 7 所示为 QSNPD 和 NPD 在磨粒相同(1~3μm)条件下加工的铁氧体磁头表面的粗糙度的比较，不难看到中科院生产的 QSNPD 有较高的表面平整度。

日本三菱公司内部报告指出，使用粒径为 0.5μm 的 QSNPD 磨削样品时，15s 后样品粗糙度 $Ra = 1.3 \sim 1.4\,nm$。日本微涂料公司（NMC）内部报告指出，使用粒径为 0.125μm 的 QSNPD 时，样品粗糙度达到 $Ra = 0.1\,nm$。

中科院力学所生产的金刚石产品虽无需经过破碎和"浑圆化"两道工序处理，即可生产出类球状纳米聚晶金刚石。但产率和转化率还需继续提高，生产的噪声污染严重，无法实现全天候车间生产。更重要的是企业经营不善，远未做大、做强。

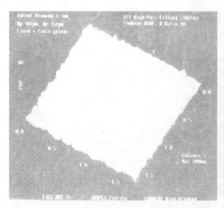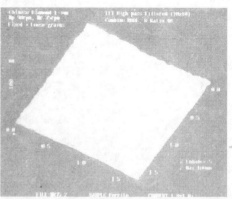

图 7　QSNPD 和 NPD 在磨粒相同(1~3μm)条件下加工的铁氧体磁头表面的粗糙度的比较

Fig. 7　Different morphology of ferrite magnetic head surface roughness, under QSNPD and the NPD processing respectively in the same granule condition(1~3μm)

因此 20 世纪 90 年代，在国际上尚无一家成熟的金刚石企业能迎接超精细加工巨大需求的挑战。

这期间，爆轰法合成的纳米金刚石兴起，其纳米粒度可不划伤工件表面，适宜于超精细加工。但因其晶体生长时间过短（为几十纳秒），晶核之间通过生长，形成具有高结合强度的化学键的时间不够。其聚晶体的结合主要依靠范特瓦尔的分子间引力和表面张力而不是化学键结合。因此在微米或亚微米粒度上，这种纳米金刚石聚晶体的强度过低，难以挑起重担，独立使用。

在这背景下，国际上半导体产业界在寻找替代单晶金刚石的抛光颗粒时，采用了 IBM 公司于 1988 年提出化学机械抛光(CMP)工艺。该工艺的特点是由柔软的二氧化硅胶体作为抛光颗粒，以代替以往的单晶金刚石。二氧化硅颗粒不会划伤硅片表面，因此不产生新的表面划伤层。而碱性抛光液（pH 为 8～11）的化学腐蚀作用，可将上道工序残留的损伤层全部除去。在这 20 多年间，CMP 工艺迅速取代了单晶金刚石，占领了半导体产业的超精细加工的国际市场，21 世纪初，仅美国市场 CMP 年产值就约达 50 亿美元。

但由于 CMP 在化学腐蚀硅表面的同时，形成新的化学腐蚀损伤层，因此化学机械抛光总的加工量，通常可达上一道工序留下的表面损伤层深度的 50 倍以上，大大增加了加工工作量。其次化学腐蚀毕竟是一种缓慢过程，效率较低。更重要的是，在化学机械抛光的过程中缺乏保证工件表面高平整度的机制。它随硅片表面局部的材质、成分、微观缺陷等因素的影响而不一致。可能导致有些部位过度抛光，形成碟形凹陷，而有些部位因坚硬耐腐而凸起。特别对于布线后的芯片表面，因各区材质不同，腐蚀程度的差异更大。目前 CMP 工艺已成为阻碍半导体超精细加工进一步发展瓶颈，在我国这一现象尤为突出[6]。

当机遇再一次出现在聚晶金刚石业者面前时，需要抓住时机，合成出优质纳米聚晶金刚石产品来迎接挑战。

为了迎接巨大半导体超精细加工的需求，1998~2010 年已从中科院力学所退休的邵丙璜、张晓堤等人继续深入开展了激波合成金刚石深入和系统的试验和理论工作，包括：

(1) 建立石墨在微秒瞬间相变成金刚石的微观机理；

(2) 提供实现相变所需的激波条件；

（3）在制备 12kgTNT 当量和百万次使用寿命的爆炸设备时，采用了先进的激波冲量设计理论，为规模化生产提供了所必须设备。

此外，强激波噪声的消除和爆炸振动消除的结构设计，使噪声从 150dB 降至 76dB（即降至 $\frac{1}{10^7}$），进入地面的能量降到仅 3%，从而使爆炸操作可在车间生产线上全天候进行；在加工耐内高压的模具时，采用了弹-塑性理论设计，保证了压制的石墨试样在相变时达到所需的高密度。上述工作为进一步的现代化规模生产，提供了必要的技术准备。

2010~2013 年，在中科院老专家中心的协助下，在太原建成了激波合成金刚石的公司，具有高效率、低噪声、低振动、可全天候生产的激波合成车间以及物理-化学提纯车间。2012 年实现了每公斤炸药的金刚石产率 160ct（为杜邦公司专利的 16 倍以上）。日产（以 8 小时计）可达 48000ct,年产能力可达 1000 万克拉以上。

公司所生产的纳米聚晶金刚石的粒径范围约为 10~0.05μm，恰好适合了当今具有年产值达数百亿美元的半导体晶片的超精细加工需要。为了提高抛光效率和减少表面划伤，金刚石微粉共分为 18 个级别，重要的是该金刚石综合性能达到了近乎理想程度，即：

（1）能自动形成锋利微观切削刃口，但又不划伤工件表面；

（2）超精细加工时其形貌应呈类球形状，各向同性，无解离面；

（3）粒度以微米、亚微米为主；

（4）以很低的切削力就能将晶片突出部分除去，而不带来机械损伤和化学腐蚀损伤；

（5）其加工效率不仅远高于 CMP 工艺，还高于单晶金刚石的加工效率；

（6）生产能力可满足国内大规模应用的需求，年供应量为千万克拉，使用户无后顾之忧；

（7）价格合理，能为使用单位所接受；

（8）这种纳米聚晶金刚石还具有一种异常的特性，寿命长，并随着磨削过程的进行切削刃口变钝剥落同时，会自动露出内部新鲜锋利的微观切削刃口，因此这种磨粒只是变小，但不会报废，可回收后连续使用，从而降低了成本。而 CMP 的磨粒只一次性使用，磨钝快，报废快，因而消耗量大，实际成本并不低。

由于目前在国内外市场上，并无一家成熟的企业能提供此类理想的金刚石产品，广大国内外用户不得不仍在 CMP 工艺上继续寻找出路。

1.2　项目技术可开发性

该项目产品主要用于半导体产业的超精细加工，因此对其粒度分布、颗粒形貌、产品的结构特性均有极高的要求。

1.2.1　粒径范围

激波合成后的本产品粒径范围为 10~0.05μm，恰好适合了当今国际上具有年产值达数百亿美元的半导体晶片的超精细加工需要，如图 8 所示。

1.2.2　分级技术

微米或亚微米颗粒的分级技术本身含有较大技术难度，因此是本技术的重要组成。分级愈细，粒度愈一致，则其加工质量愈高。为了提高加工效率和减少表面划伤，本产品金刚石微粉共分为 18 个级别，即>6.4μm、6.4μm、4.3μm、3.2μm、2.6μm、2.1μm、1.8μm、1.6μm、1.4μm、1.3μm、1.0μm、0.8μm、0.7μm、0.5μm、0.2μm、0.12μm、0.1μm、<0.1μm（0.05μm）。

这一分级细度达到并超过国际上的 Swiss 标准，保证被加工晶片表面具有极高精度。

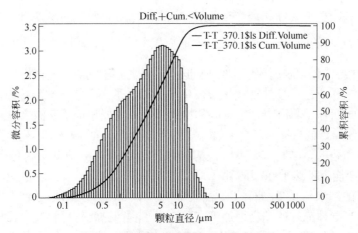

图 8   纳米聚晶金刚石产品的粒度分布

Fig.8   Particle size distribution of nanometer-polycrystalline diamond products

1.2.3   产品性能

(1) 本产品金刚石的粗颗粒部分具有"Carbonado"(国际著名的天然黑金刚石名)特征，形貌类似国际上经破碎、整形处理后的金刚石，如图 9 所示。

图 9   粒径 d_{50} 约为 6.4μm 的纳米聚晶金刚石形貌

Fig.9   Morphology of particle-diameter $d_{50} \sim 6.4$μm polycrystalline diamond

　　该金刚石为高致密度的块状结构，具有坚硬的棱边，无解理面。加工坚硬材料时可获得很高的加工效率，通常为静压法单晶金刚石的 2~4 倍。

　　(2) 本金刚石产品随着颗粒由粗变细，其功能由侧重加工效率转变为侧重超精细加工时，其形貌也由多棱边体形逐渐圆钝化，至亚微米粒度时，呈类球状。

　　(3) 本产品金刚石的最细颗粒部分(<0.1μm)具有如图 10 所示的类球状的形貌。其平均粒径在 50nm 左右，该产品所制成的悬浮液，在半导体晶片的超精细加工中，使晶片的表面质

量达到极致。50nm 粒度的金刚石在 20 世纪 90 年代杜邦公司售价曾高达 13 美元/ct。

图 10　粒径约 50nm 的类球状纳米金刚石的堆积时的形貌

Fig.10　Morphology of particle-diameter d_{50}~50nm quasi-spherical diamond

(4) 本产品金刚石具有微观的切削刃口，图 11 所示为该金刚石在 40 万倍透射电镜下的形貌，黑色团球状为纳米晶粒，白色的网状结构为其晶界，当纳米晶粒剥落后，新的晶粒和晶界成了新的锋利的微观刃口，这种自锐性保证了高磨削率和低切削力，适合于各类晶片的超精细加工。

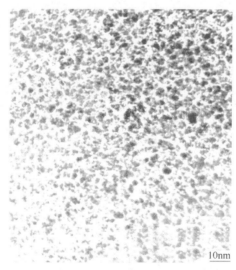

图 11　纳晶聚晶金刚石在 40 万倍透射电镜下的形貌

Fig. 11　Morphology of nanometer-polycrystalline diamond under 400000 times
transmission electron microscopy TEM

(5) 不同粒度金刚石的衔接使用，在粗加工时可表现为极高的加工效率，在晶片的超精细加工时，其精度又可达到极致。可望实现如下指标的国际前沿水平，即最终粗糙度(Ra)达到不大于 0.1nm 量级；晶片的平整度达到纳米量级；表面损伤层厚度为亚纳米量级。

1.3　项目技术实现

碳化硅（SiC）晶片由于能制造高功率密度、高击穿电压和耐高温辐射的半导体器件，在高温、高压、高频、大功率、光电、抗辐射等航天、军工、核能等极端环境应用中有着不可替代的优势，而受到广泛重视，被认为是新一代半导体材料的璀璨明星。

但碳化硅的硬度是单晶硅的 3.5 倍，且断裂韧性较低，加工难度远高于硅片的超精细加工。当前国内外均采用国际上主流工艺 CMP 加工碳化硅晶片，效率极低，其去除率（removal rate）仅为 0.1~1.0μm/h，且有环境污染。美国 Engis 公司采用纳米聚晶金刚石抛光液加工碳化硅晶片时，其去除率可高达 1μm/min，效率较 CMP 工艺提高了 60 倍以上，且无环境污染。

采用本产品粒径 6.4μm 的纳米聚晶金刚石抛光液，2013 年，在中国电子科技集团公司 46 所进行加工 SiC 晶片时，其去除率可达 2.26μm/min，显示了更高的去除率。

用 0.1μm 粒径产品对碳化硅晶片超精细加工，在典型区域内其粗糙度 Ra=0.173nm。国际 CMP 工艺最高水平为美国著名的 Cree 公司，它的 Ra=0.2nm。国内最高水平的 Ra=0.5nm。由于碳化硅晶片加工难度大，Cree 公司直径 2in 的碳化硅晶片售价约 500 美元/片（2006 年价），高于黄金价格。

用我们金刚石产品加工碳化硅晶片显示了高效率、高精度、无污染、易操作的完美性能。为降低生产成本和扩大开发应用，提供了有力的条件。

图 12 和图 13 所示为抛光后的碳化硅晶片在中科院过程所的原子力显微镜下测定的晶片表面的三维立体图。

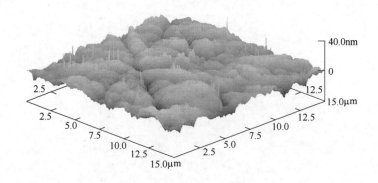

图 12　抛光液金刚石粒径 1.8μm 时晶片表面的三维高度变化(Ra=3.83nm)

Fig.12　Morphology of silicon carbide wafer surface, diamond polishing-liquid, particle-size d_{50}=1.8μm, roughness Ra=3.83nm

图 13 所示为抛光液的金刚石粒径为 0.1μm 时碳化硅晶片表面的三维高度变化图（中心高起的尖峰为未清除掉的蜡污渍痕迹，其平均粗糙度为 0.245nm），典型区域的粗糙度 Ra = 0.173nm，展现了极高的表面精度。

上述试验还仅仅是初步，改进和提高的空间还很大，前景非常看好。碳化硅晶片的超精细加工被认为是半导体超精细加工的制高点，谁能拿下这个制高点，谁就摘得了半导体晶片的超精加工技术桂冠。

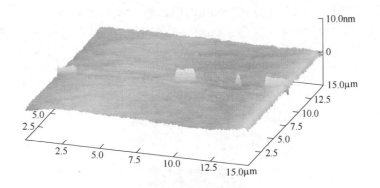

图 13　抛光液金刚石粒径 0.1μm 时碳化硅晶片表面的三维高度变化

Fig.13　Morphology of silicon carbide wafer surface, diamond particle diameter d_{50}=0.1μm

2　市场概述

2.1　潜在市场板块

2.1.1　IC 产业硅晶圆片超精细加工的潜在市场

碳化硅目前应用量还比较少，而硅片无疑是一个成熟的大市场，据 2007 年统计，全国年产硅片的面积可达 $3.6 \times 10^8 in^2$，若以 $36in^2$ 消耗 1ct 计，则每年需金刚石 $1 \times 10^7 ct$。相应约需要 10 亿元以上的抛光液市场，用这些抛光液对晶片进行超精细加工后，其经济、社会效益可达百亿元。当然这仅是乐观估计，还有许多深入的工作要做。

2006 年全球 IC 产业硅圆片产量约 $8.0 \times 10^9 in^2$，对本产品而言，无疑是一个更大的潜在市场。

2.1.2　IC 产业布线后芯片超精细加工的潜在市场

硅片的超精细加工还仅仅是 IC 产业超精细加工的第一步，最大困难或称为"重台戏"的还在于集成电路布线后每层芯片表面的超精细加工，以便在该表面上继续外延生成和布线。据国际半导体技术发展规划，2009 年将采用直径 16in 硅片，芯片线宽将缩小到 0.065μm，布线结构将达到 10 层以上，要求每层的平整度小于 0.043μm。这表明硅圆片不仅作为 IC 的基底需要极高的平整度，而且在经过光刻、布线后外延生长的不甚平整的每层表面上，也需要加工到同样高的平整度，对 CMP 工艺而言近乎致命的。

此时芯片表面包含有硅材、铜线材、氧化硅、高介电常数材料等。因材质不同，耐化学腐蚀程度差异很大，简单的 CMP 工艺将使该表面平整度严重下降，在铜布线上出现了腐蚀坑，如图 14 所示。

为此对不同材料需采用不同的化学腐蚀剂和保护剂，并用计算机控制，大大增加了技术复杂性以及辅助材料的消耗和资金的支出，成为芯片公司超精细加工中的一大难题。

但这些材料之间的硬度差异，对于超硬材料金刚石加工而言，是可以忽略不计的。经过金刚石的抛光后，不同材质的表面具有均匀一致的表面平整度，已为大量实践所证明。

外延生长的布线层厚度约在 1~2μm，需要加工的去除量在亚微米量级，采用纳米聚晶金刚石抛光液（或抛光膜），只要几分钟的加工时间，即可将 CMP 工艺带来的难题一扫而光，其表面粗糙度 Ra 就可以达到纳米量级，大大提高了布线后芯片超精细加工的效率。

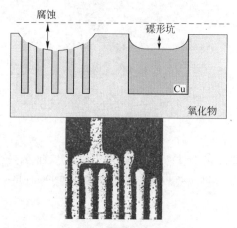

图14　芯片表面出现的腐蚀坑

Fig. 14　Wiring chip surface after corrosion phenomena In chemical mechanical polishing process

2.1.3　LED 产业中半导体晶片超精细加工的潜在市场

LED (发光二极管)灯因具有体积小、耗电低、寿命长、响应快、污染小等优点，深受市场青睐，被誉为新世纪的光源。LED 的心脏是一个半导体的晶片，当电流通过导线作用于这个晶片时，电子和空穴就会被推向量子阱，在量子阱内电子跟空穴复合，然后就会以光子的形式发出能量。由于以蓝宝石（三氧化二铝）为基底的 LED 发光强度高，国内大多以此晶片加工 LED。采用碳化硅晶片后，能将原先 LED 灯的光学元件使用数量降低三分之一，成本降低近 50%，而亮度却提高两倍，导热性能提高 10 倍以上。但目前碳化硅晶片超精细加工的难度大，生产成本较高。无论蓝宝石或碳化硅的 LED 芯片，若采用纳米聚晶金刚石进行超精细加工，都有可能大幅度提高生产效率和产品质量，并降低生产成本。

2.1.4　PV（太阳能电池）产业硅晶圆片超精细加工的潜在市场

采用类球状纳米聚晶金刚石进行超精细加工后，硅单晶太阳能电池晶片表面可接近无损伤(机械磨削损伤和化学腐蚀损伤)的程度，可望大幅度提升太阳能的光电转换率。

根据普朗克的光量子说，光量子的能量 E 与光的频率成正比，即 $E=h\nu$，h 为普朗克常数，ν 为光子的频率，频率越高能量越大。

我们又知道高纯半导体材料中，存在一个能隙 E_g，它是导带的最低点和价带的最高点的能量之差。在室温（300K）的条件下，硅的能隙 E_g 为 1.14eV（电子伏）。

对硅半导体材料而言，当其电子获得的太阳光子的能量 E 超过能隙 E_g(1.14eV 或 1.826×10^{-19}J•s)时，电子才能被跃迁到导带。也即只有太阳光子的波长 λ 满足能量公式

$$E=h\nu=h\frac{c}{\lambda}\geq E_g \text{ 或 } \lambda\leq\frac{hc}{E_g} \text{ 时}$$

其光子的能量才能使半导体价带中的电子跃迁至导带，并产生

一个电子和一个空穴的载流子的光电效应。这里 c 是光速，$\lambda\leq\frac{hc}{E_g}\approx1.1\mu m$。由此可知产生

光电转换的太阳光的光波段范围约为 0.4~1.1μm。

　　在掺杂的硅片中，杂质能级在带隙之中，跃迁到导带的所需能量可大大低于 1.14eV 值，但由于掺杂的技术参数各异，迄今未能给出一个掺杂后硅片确切的 E_g 值，若其值下降为 0.9eV，则相应波段范围可扩大到 0.4~1.38μm

　　图 16 所示为地面上太阳辐射光谱图。从图 15 中看到连续变化的太阳光谱曲线在进入大气层后，受到大气中水汽、二氧化碳、氧气等的吸收而使辐射到地面的能量密度大幅下降，并在相应的波长处形成深度不同的能量谷。太阳光谱中的能量分布中，紫外光谱区(<300nm)已减少到几乎绝迹，可见光区(400~770nm)约为 40%，红外光区(>770nm)所占比例为 55%。其中波长 0.4~1.38μm 波段的能量约占总太阳能的 80%。

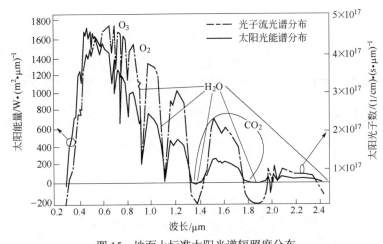

图 15　地面上标准太阳光谱辐照度分布

Fig. 15　Standard solar spectral irradiance distribution on the ground

　　但事实上，当太阳光入射到硅片表面时也存在光吸收，使实际进入硅片的能量下降。令入射到硅片内部的能量密度为 I，它随离表面距离 x 增大而下降，I_0 为入射光强度，则 $I=I_0\exp(-\alpha x)$，其中光吸收系数 α 与光子能量有关。硅的 α 值与光子能量的关系如图 16 所示。

　　如图 17 中所示，当光子能量为 3.5eV(或波长为 0.36μm)时，$\alpha=10^6\text{cm}^{-1}$，则入射光进入表层 1μm 后，光强度被吸收下降至 $\dfrac{I}{I_0}=e^{-1}$。也即随着光子能量的上升，被硅片吸收掉的光能量也上升，因此短波段的阳光进入硅片内部的能量迅速下降，而长波段的阳光则可得到较充分的利用，由于短波段阳光较快地被吸收，实际可能利用能量要低于上述的 80%。这意味着太阳能的光电转换率就太阳能本身而言理论上存在接近 80% 的可能性。

　　但事实上远没有这么理想，由于电池中的光生载流子——电子和空穴处于高能态，会自发复合并发射光子后，又分别回落到导带底和价带顶，从而大大降低了实际的光电转换率。

　　1960 年 Shockley 等人发表了理想太阳电池极限转换率文章计算了单结电池转换率的极限值为 31%，相对于如此丰富的太阳光照射这结果又显然偏低。原因是在该理论模型的光电转换过程中，低能量光子和高能量光子的能量转换都不充分。因此人们期待有更高光电转换率电池新模型、新概念出现以指导工作，进一步降低电池成本。

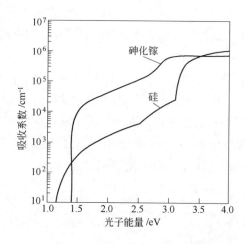

图 16　半导体材料的本征吸收光谱的比较

Fig. 16　Comparison of intrinsic spectral absorption of semiconductor materials

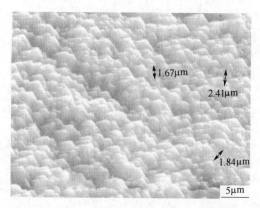

图 17　腐蚀所形成的微米尺度的硅片表面的绒面形貌

Fig. 17　Suede morphology of silicon chip surface by erosion

　　若认为太阳能电池所吸收的波长以 400~1100nm 计，并认为这一部分占太阳能量比例应在 50%以上。因此硅片光电转换率上限应该可达 40%。但目前单晶硅太阳能电池的一般转化率仍在 20%以下徘徊，它的一大部分能量到哪儿去了呢？这是全世界太阳能工作者关心的问题。

　　应该说太阳能电池的科技人员为提高光电转换率从理论到实践做出了深入的、大量的、不懈努力，使光电转换率由 1941 年的 1%提高到 1994 年的 24%。2008 年我国尚德公司更把实验室光电转换率提高到 25%，这也是当时世界单晶硅电池最高纪录，其 Pluto（冥王星）电池生产线最高转换率也达 19.2%，从而把太阳能电池的电学损失和光学损失降到了极致。但疏忽了硅片 CMP 加工化学腐蚀损伤带来的损失，这正是纳米聚晶金刚石可发挥作用之处。

　　在讨论非平衡载流子的复合和寿命时，我们知道非平衡载流子自发地发生所谓"复合"现象，即导带电子回落到价带，使"电子-空穴对"消失。现用 τ 表示非平衡载流子平均存在的寿命。令 Δn_0 表示光照下的载流子浓度，Δn 表示光照撤去后至时间 t 时刻的载流子浓度，则在光照撤去后，载流子随时间的变化可用"指数衰减"形式表示，即 $\Delta n=\Delta n_0\exp\left(-\dfrac{t}{\tau}\right)$ 来表示。显然 τ 值越大，则复合率愈低，光电导的效应愈强烈。实践表明 τ 值的大小与材料杂质、缺陷有关。同一种材料可由于制备、加工工艺的不同，τ 值可以有很大的差别。实践和理论表明，这是由于电子由导带回落到价带时，往往主要通过"深能级杂质"，然后再落入价带中的空穴。这种杂质在促进复合作用上特别有效，使载流子的寿命大大降低，成为主要决定寿命的因素，被称为"复合中心"。

由于硅片在切割和研磨加工过程中存在机械损伤层，在 CMP 加工后，虽然机械损伤大幅度减少了，但其表面出现了由于腐蚀所引起的腐蚀损伤层，即腐蚀引起表层的缺陷以及微裂纹向晶体内部发展和延伸所造成亚表面的损伤层。当太阳光线照射到电池的顶面时，在晶体的亚表面内产生光生载流子和亚表面中的损伤层相遇时，将发生复合现象，从而降低了太阳能电池的光电转换效率。

太阳能电池的业内人士普遍认为硅片的表面入射光的反射率较高(取硅片的折射率为 3.9，则其反射率为 35%)，通过硅片表面的强碱腐蚀（NaOH 的含量达 1%，pH 达 13~14），制成"绒面"的工序很重要。这样入射光在绒面表面的多次反射和折射，可增加光的吸收，提高光电的转换效率。故绒面电池也称"黑电池"或无反射电池，图 17 所示为 NaOH 溶液在硅片表面腐蚀形成微米尺度的正金字塔形的粗糙绒面。

但"绒面"制备中，存在着严重的化学腐蚀损伤和大量的复合中心的可能性，也可以导致载流子寿命的大大降低。下面试验结果(如图 18 所示)，可作为支持这一判断的依据。

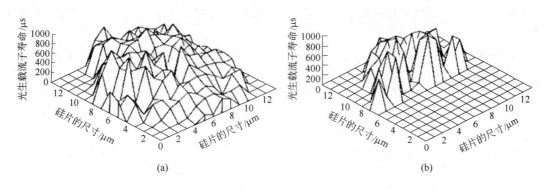

图 18　IBM 公司 G. H. Schwuttle(1982)所做的硅片的光生载流子寿命分布试验图
Fig. 18　Distribution of photo-generated carrier lifetime in slice by G. H. Schwuttle(1982) in IBM

图 18(a)所示为标准硅片光生载流子寿命分布图，其平均寿命约为 300μs。图 18(b)所示左半边为标准的硅片，右半边的硅片是经过化学腐蚀，除去 10μm 后的表层。腐蚀损伤层的表面光生载流子平均寿命降为 0.07μs，和左半边的平均寿命为 300μs 相比，光生载流子寿命因化学腐蚀而下降了近 4 个数量级。说明化学机械抛光（CMP）工艺中的化学腐蚀损伤可使复合中心增多，载流子寿命缩短，转换率下降。

还应该指出一个优质硅片的少数载流子寿命可达毫秒量级，估计图 19 中的"标准硅片"为化学机械抛光(CMP)后还带有表面损伤层的硅片，致使寿命为 300μs。

另一组实验也支持这一判断,通过钝化处理,以 TiO_2 为减反射膜(此时电池表面呈紫色)的紫电池,其转换率为 16.8%,而叠加"制绒"技术制成黑体电池后,转换率提高至 17.2%,后者的最大优点可使占 35%的反射光进入电池而不反射掉,则此措施应提高转换率 1.35 倍,而结果只增加 0.4%,说明"制绒"过程存在严重的化学腐蚀损伤,产生了大量复合中心,使载流子寿命缩短,起了削弱了"制绒"带来的高反射率的正作用。

参考文献[15]中指出,在制备 P 型高效太阳能电池时,若使用价格昂贵、高质量的区熔(FZ)单晶硅,其电池转换率达 24.8%,而改用直拉(CZ)单晶硅,转换率为 21.5%,下降了 13.3%。直拉硅单晶工艺是成熟技术,为广大业者所使用。而区熔法生长的硅单晶,由于硅熔融区呈悬浮状态,硅熔体不接触其他任何物体,因而不被污染,生长出纯度高的硅单晶。前者氧的含量为 $(10\sim20)\times10^{-6}$,后者不大于 0.2×10^{-6},碳的含量,前者不大于 0.4×10^{-6},后者不大于 0.1×10^{-6},其含量均在 10^{-6} 量级。但其微小差别引起"复合中心"数量重大改变,并使转换率下降了 13.3%。这说明硅材料中的缺陷、加工损伤、杂质对转换率的影响同样非常重要,不容忽视。

若采用纳米聚晶金刚石产品对太阳能电池硅片进行超精细加工,可望基本实现硅片表面无机械损伤和化学腐蚀损伤。有望使其转化率大幅提高,存在超过 30%的可能性。

至于经超精细加工后,高平整度的硅片表面所产生的阳光反射问题,可采用多层镀膜方法解决。

光学镜头的镀膜是根据光学的干涉原理,在镜头表面镀上一层厚度为四分之一光波长的物质,使镜头对这一波长的色光的反射降至最低。显然一层镀膜只对应一种波长 λ 的光线,而多层镀膜则可对多种波长的光线起到将反射降至最低的作用。因此多层镀膜可大大降低入射太阳光的反射。例如未经镀膜的光学镜头表面反射率为 5%,单层镀膜可降到 2%,多层镀膜则可降至 0.2%。

因此硅晶片采用多层镀膜,可望基本实现阳光全部为硅片所吸收,常用的三层增透膜,其光学厚度分别为 $\frac{\lambda}{4},\frac{\lambda}{2},\frac{\lambda}{4}$,三层的折射率分别为 n_1, n_2, n_3,并选择 n_1, n_3 使之满足 $n_3^2 = n_1^2 n_4$,此处 n_4 为硅折射率。n_2 可根据情况适当选择。可以在整个可见光范围内有比较好的增透效果,以代替目前的制绒工艺。

硅片总产量约 30%用于 IC 产业,而总产量 70%用于光-伏电池硅片。若也采用纳米聚晶金刚石进行超精细加工,则仅此两项,我国的潜在纳米聚晶金刚石的年需求量将达 3000 万克拉。金刚石超精细加工潜在市场所开发出来的国家社会经济效益将以百亿元计。

实现上述目标还有大量的研究工作要做。

2.2　竞争优势分析

一般来说年产一千万克拉纳米聚晶金刚石的产值约为 1 亿元人民币。经过分级处理、制成抛光液的产值增加到 10 倍以上,达到 10 亿元以上。用这些抛光液对晶片进行超精细加工后,其半导体产品可增值到百亿元。

从长远角度看,为了能把项目做大做强和对国家做出积极的贡献,期望具有高科技背景和有组织和管理现代企业经验和实力的合作方参加,以共同应对面临的各种挑战。

3　启动所需条件和实现的目标

（1）目标：希望启动后经半年时间的磨合，使硅片的表面质量（平整度和粗糙度)达到国际前沿水平（线宽约为28nm）为国家提供具有高平整度的硅晶片以用于IT产业。在这基础上，与太阳能制备厂家协作，在上述的硅片上进行掺杂、镀膜和加工后，实现大幅度提高硅单晶太阳能电池的光电转换率(例如争取达到或超过30%)的目标。

（2）目的：为国家IT产业、PV产业的技术创新和发展做贡献。

（3）资金：所需100万人民币拟向国家部委或科技园区等方面申请，与Intel公司在大连建立线宽90nm的硅片厂投资25亿美元比较，此项目初期投资不多，但技术密集，社会经济效益巨大。

（4）主要设备：分级用离心机2台，单片抛光机2~3台（各约2~3万元/台）；
高精度密度仪 1 台，其他化学实验小型仪器设备等若干（可求助院校等有关单位）。

（5）主要原材料：纳米聚晶金刚石若干（约1~10kg，制成抛光液）。

（6）实验室条件：无尘实验室两间（各不小于30m^2，分别为分级室和精加工室)。

（7）人员：5~6 人(含掌控分级技术和抛光技术人员各 1 人)。

参 考 文 献

[1]　Fallon D B. International Conferences of Characteristics of Silicon Materials and Its Wafer Machining,硅材特性和硅片加工的国际会议，1984.

[2]　Balchan A S，Cowan G R. Method of Treating Solids with High Dynamic Pressure, Du Pont Co. US Patent：3677911，1972.

[3]　MYPLEX^R The Ultimate Superabrasive, DuPont Industrial diamond.

[4]　 Test Conducted by Komamoto University and Nippon Oil & Fats(NOF). (合作单位：日本熊本大学和日本油脂公司 1994~1997).

[5]　张厥宗. 硅单晶抛光片的加工技术[M]. 北京：化学工业出版社，2005.

[6]　邵丙璜. 类球状纳米聚晶金刚石与半导体晶片产业的超精细加工[J]. 电子信息材料，2013:45.

[7]　邵丙璜，张晓堤. 动高压法合成金刚石的相变动力学[J]. 工业金刚石，2007, 5:9.

[8]　邵丙璜，张晓堤. 激波合成超硬材料过程中的爆炸力学（待发表），2008.

[9]　邵丙璜. 侧向稀疏波对整体爆炸载荷的影响（待发表）， 2010.

[10]　邵丙璜. 封闭式爆炸容器的冲量设计理论（待发表）， 2005~2007.

[11]　邵丙璜，张晓堤. 高压模具的强度设计（内部技术资料），2010.

[12]　邵丙璜. 纳米聚晶金刚石悬浮液的分级技术及其应用（内部技术资料），2013.

[13]　西安交通大学. GB/T 6495.3—1996 光伏器件第 3 部分：地面用光伏器件的测量原理及标准光谱辐照度数据[S]. 北京：中国标准出版社，2004.

[14]　朱美芳，熊绍珍. 光伏电池与应用基础[M]. 北京：科学出版社，2009：58~62.

[15]　施正荣. 光伏电池与应用基础 [M]. 北京：科学出版社，2009.

[16]　Schwuttke G H. IBM East-fishkill Laboratories, Silicon Material Preparation and Economical Wafering Methods, Part Ⅱ，1984: 562~576.

[17]　王力衡，黄运添，郑海涛. 薄膜技术[M]. 北京：清华大学出版社，1991.

[18]　Shockley W, Queisser H J, J. Appl. Phys., 1961, 32, 510.

[19]　朱美芳. 太阳能电池基础与应用[M]. 北京：科学出版社，2009.

爆炸纳米多晶金刚石的技术进展

张　凯　张路青

（大连凯峰超硬材料公司，辽宁大连，116025）

摘　要：文中简要地叙述了爆炸多晶金刚石的发展历史，并根据作者本人的实验结果，阐明圆管收缩爆炸在技术上存在某种"限制"，影响转化率的提高；文中大致地叙述了作者在 23 年中从事爆炸多晶金刚石的研究历程，并从实验与理论的实践中总结出影响爆炸多晶金刚石产出率的众多极其"敏感"而"难啃"的众多技术关键。文中提出，计算压力的"均相分布理论"力学模型不被实验所证实；作者在实验中首先发现了粉体中气体的绝热压缩现象，并发现飞片下气体不能向侧向排出，最终产生绝热压缩，形成巨大速度气流。

关键词：爆炸多晶金刚石；技术关键；绝热压缩

The Technological Advance of Explosive Nanometer Polystalline Diamond

Zhang Kai　Zhang Luqing

(Dalian Kaifeng Super-hard Material Co., Ltd., Liaoning Dalian, 116025)

Abstract: In this paper, it summarizes the history of development of explosion nanometer polycrystalline diamond and indicates that a certain "restriction" in shrinkage explosion of cylindrical tube, which limits the conversion rate, based on the author's experiments. This paper also describes the author's research career on explosion polycrystalline diamond during 23 years, and summarized some sensitive and difficult key-points that affecting the productivity of explosion polycrystalline diamond. This paper is mainly emphasized on pointing out that the "theory of homogeneous phase distribution" mechanical model used for pressure calculation can not be proved by experiments; two significant technology phenomena are discovered by the author: the adiabatic compression of air existed in the powder; the air under flyer plate cannot get out from lateral and leads to the gaseous adiabatic compression which forms a hyper-speed-airflow.

Keywords: explosion nanometer polycrystalline diamond; key technology; adiabatic compression

1　爆炸多晶金刚石的发展历史

1961 年美国的 Decarli[1] 在受冲击后的石墨中发现有金刚石的证据，他虽然发现了金刚石，但实验中恰没有回收到金刚石，说明他同时也发现了金刚石有逆变现象存在，即石墨在一定压力和温度下可转变为金刚石，但在压力卸载后，在一定的高残余卸载温度下又可

作者信息：张凯，教授，kzh5@163.com。

逆变为石墨；同年，B.J.Alder[2]也发表了爆炸产生冲击波压缩天然石墨获得金刚石的报告。Decarli 是材料领域爆炸合成超硬材料的奠基人。石墨转变为金刚石是物质相变现象，通常的相变在常压下由于温度变化引起，而石墨相变为金刚石是由于压力达到临界值引起的。随着技术的发展，先出现了静高压技术，静压法金刚石合成就是静高压技术的成果，而Decarli 与 Alder 等所做的用高速飞片撞击或直接爆炸法在物质中产生击波，冲击波导致物质在瞬态高压、高温下发生的相变为冲击相变，这种技术亦称为高动压技术。现在采用高动压技术可以做出许多属于超硬材料领域的氧化物或炭化物，如 C-BN 和 W-BN，Ce_2O，C_3N_4 等，以及各类碳纳米材料，如其中含金属的碳纳米管。动高压技术现已成为新材料制造领域中的一项重要技术。

在 20 世纪的六七十年代有很多学者对石墨—金刚石的相变点进行了深入研究。McGueen[3]在 1968 年指出金刚石的转变压力（动态）为 40GPa；D.J.Erskine[4]认为在 2000K 以下形成六方金刚石，属马氏体相变，当温度在 3000~4000K 时，只有立方金刚石，当温度介于两者之间时，产生两种金刚石的混合物。1980 年瑞士的 D.G.Morris 在 J.Appl.phys 上发表论文[5]，做了两部分试验：（1）用气枪推动钽板以不同速度打击纯石墨片；（2）以不同速度钽板打击石墨与钴混合粉试验。Morris 在观察实验现象后对先期某些见解提出了修正，先期的见解认为，石墨向金刚石转变是一种"扩散的重结构过程"。Decarli 曾提出，击波导致高度破碎的具有金刚石坐标位置的玻璃态的形成，这些玻璃态随之在高压期间重新结晶；随后又提出是被冲击的石墨中局部"热点"使得试样中的大部分快速地转变为金刚石，而留下的较冷的材料就不能转化。Morris认为金刚石转变必须是大量成核和快速生长的概念，产生粒度为 10nm 的金刚石，其生长在0.1μs 内就发生了，说明生长率超过 0.1m/s。Morris 的实验指出，加金属粉可提高压力，增加转化率。

1968 年杜邦公司提出第一个生产金刚石的专利[6]（U.S patent3608014），首先提出圆管爆炸技术。专利中的示例：装粉管子长 305mm，内径 11.23mm，装药长度 457mm，炸药厚度14mm，炸药爆速 4710m/s，说明 20 世纪 70 年代杜邦公司已进入生产爆炸金刚石的时代。这种圆管爆炸技术在日本、中国、瑞典许多国家都在应用，爆炸药量都很大，达到 1t 多，圆管收缩爆炸装置如图 1 所示。圆管爆炸有两个问题要解决：（1）因为圆管收缩爆炸，当轴向爆轰速度过高时，在装粉管中心产生马赫波；（2）由炸药推动外管去撞击内管，希望外管飞行距离越大越好。这样飞行速度会增加，有利于增大压力，但圆管若飞行距离过大，会产生动态失稳，圆周方向产生鼓浪形鼓包，如图 2 所示。为避免产生过度失稳，飞行距离不能取得过大。另外，圆管中的压力沿径向各点是不同的，越接近中心，压力越大。在压力的计算模型上可用轴对称一维程序计算。圆管收缩爆炸，其转化率不是很高，在工艺上受制约因素太多。虽然如此，圆管收缩爆炸技术在金刚石的生产历史发展上也不愧是个"名篇"。笔者在研究初期（1991 年）和在 1997 年用圆管爆炸技术做了一年多的实验,所用炸药是 2 号岩石炸药，RDX 粉、盐的混合粉状炸药，爆速为 4286~4620m/s，打击速度约在 2046~2200m/s，装粉 90/10=铜/石墨，其 V_{00}/V_0=1.1236~1.2346，转化率都很低，没有超过 3%~4%的。但笔者在实验中发现，管内很难抽真空，粉末中的空气在轴向冲击波（实际上是斜冲击波）驱动下被赶向中心，并在中心铁棒（见图 1）表面处受到一定程度的绝热压缩，每次爆炸后，总见铁棒表面有被烧焦粉末粘在上面，说明该处有很大的附加温升。

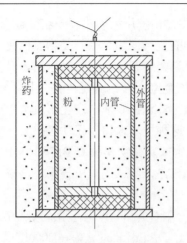

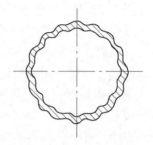

图 1　圆管收缩爆炸装置
Fig. 1　The unit of cylindrical shrinkage
explosive experiment

图 2　圆管动态失稳外形
Fig. 2　The dynamic unstable contour
of cylindrical tube

　　国内中科院力学所邵丙璜教授在 1977 年发表《强击波作用下石墨转变为金刚石的相变动力学》[7]一文，根据相变是自动进行的不可逆过程，以及在相变中发生成核与生长概念，转变过程强烈地依赖于温度，自然要从热力学的角度来研究金刚石的转变，于是吉布斯自由能临界晶核这样的概念就出现了，由于金刚石是粉末，设计的颗粒数在 $1cm^3$ 体积中达到 10^{12} 量级，所以只能用统计理论，于是就要用玻尔兹曼统计理论，这样，击波作用下石墨相变为金刚石的动力学过程就是相变动力学理论。邵氏的这篇论文是国内最早并较完整地论述金刚石相变动力学的著作，对我国开拓爆炸纳米多晶金刚石的理论工作起了重要的启蒙先导工作，当年邵氏的研究在本领域也是起着一定的奠基作用的。

2　从爆炸加工走向爆炸多晶金刚石新材料研究

　　1980 年笔者在农村度过了 9 年的农业劳动生涯之后，重新返回大连理工大学，1981 年正式开始爆炸加工（爆炸焊接）的研究工作，1991 年夏开始爆炸金刚石的研究，当时认定爆炸金刚石、C–BN 以及用爆炸方法生产新材料的课题都应该是爆炸加工的研究内容，是笔者应该追求的课题。显然笔者的研究动机是兴趣，没有委托机构，没有任何基金支持就上路了，从 1991 年至今已 23 年，说的上是风霜雨雪，坎坷不顺的历程，但终于坚持下来了。

　　从爆炸力学出发进行研究，首先关心的是用什么样的炸药、什么样的布药方式能产生什么样的击波压力。最初试验，石墨试样采用电炉用的大石墨电极棒，锯成厚度为 13~14mm 厚的石墨板。炸药用做 863 课题时留下来的 TΓ 炸药，在炸药上方还安置了一个鼠笼式平面波发生器，炸药推动 3mm 飞板去打击石墨块，没有任何爆炸容器，到野外一泥地上爆炸。爆后，爆点出现一个爆坑，飞片残片与打碎的石墨颗粒都钻到爆坑里边去了，只好将爆坑中的泥土逐一挖出，寻找那些 1.0~5.0mm 粗细的石墨颗粒，每次大约能回收 1/3~1/2 的石墨重量，然后回来清洗烘干碾碎成粉进行后处理。在后处理中会用 $HClO_4$ 以去除残余石墨，但 $HClO_4$ 在大于 83℃时，会发生爆炸性反应，我们曾多次发生过这种爆炸反应，很可怕。3000cc 的烧瓶最多不足 1000cc 液体，爆炸反应时产生气体会冲上 30 多米高的天空。通过自己推导的计算方法，算出飞片速度 2592m/s，并计算出石墨块中的击波压力 p=1.7282X10^4MPa，用德拜理论计算得到的温度为 1403K，同时计算石墨卸载后的卸载温度 974℃（1247K），原石墨块重 1200g，回收回来的 747g，拿出 100g 进行后处理，其转化率不足 1%，这种爆炸方法确定获得了金刚石，虽然转化率极低，但为什么卸载温度如此高还有金刚石存在呢?在当年还无法回答。后来不断改变石墨片来源，如采用高纯石墨制作的石墨片；不断改变炸药块厚度，改变飞片厚度来改变打击速度以及不断改进、变换后处理方法等，前后放了数十炮，做了一年多试验，但并没有获得好的预期结果。

在打击石墨片之后，改用金属铜粉+石墨粉的混合粉做试样。这种试验又做了三年多，直至笔者 1995 年退休，采用过不同的混合粉的配比，不同的石墨粉，其中有 99.99%纯度的人造石墨粉和天然石墨粉，也采用过 99%纯度的天然石墨粉，再经自己用 HF 浸泡去除各种杂质使其纯度达到或接近 99.99%的；因为试样是粉末，因此设计过多种多样的装粉盒形状，飞片的厚度从 3mm 到 13mm，飞片打击速度 v_p 从 2331m/s 到 2887m/s，先后爆了百炮左右，但结果令人非常沮丧，其中有数十炮都是 0 转化率，大多数都为 1%~2%。其中有三次试验，都发生在 1993 年，其中的一次在当时看来属于高转化率水平，这三次试验都令笔者极度振奋。这次试验后，笔者多次 "复制" 这个试验，虽然炸药、装粉都一样，但结果没有重现，"黄鹤西去不再还"。这三个试验的方法与结果至今记忆犹新。不妨详细描述如下。

实验 1（1993 年 7 月 27 日）

对粉盒（如图 3 所示）进行爆炸初压缩，体积收缩率大致是 0.566。爆炸时，在这个粉盒四周再用 4 块 25mm 的方铁块焊到粉盒四周，炸药为 ТГ 炸药，爆速为 7500m/s，飞片 2mm。爆炸后回收 170 g 粉，去杂质后得石墨 12.3 g，经去石墨提纯后，得金刚石 0.5 g，转化率为 4.07%。

实验 2（1993 年 8 月 15 日）

粉盒形状同实验 1。粉配比铜/石墨=92/8，且石墨粉经过膨胀，装粉的密度约 80%以上稍超一点，然后将粉盒送到铸铁厂，在扁盒外浇注上铸铁，如图 4 所示。爆炸时用砖块把炸药块围起来，减少稀疏，爆后，回收 118.5 g 粉，经去杂质后，得石墨 6.5 g。最后二次提纯去石墨，经 X 衍射证明得纯金刚石 1.75 g，转化率=1.75/6.5=26.9%。

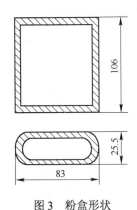

图 3　粉盒形状

Fig. 3　The shape of powder case

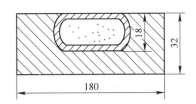

图 4　浇铸铁后形状

Fig. 4　The shape of after casting iron

实验 3（1993 年 8 月 15 日）

粉盒形状与爆炸装置同实验 1 及实验 2,但石墨未经膨胀,混合粉配比 90/10=铜/石墨,铸铁加固,初装密度大约 85%,爆炸后回收粉末 199.5 g,去杂质后,得石墨 15.6 g,去残余石墨后得到金刚石 2.25 g,转化率=2.25/15.6=14.4%。

以上三个试验,其爆炸装置与装粉条件基本上都是一样的,当时最大差异是实验 2 中所用石墨是自制的膨胀石墨,而其他两个都是用非膨胀的石墨,为什么其转化率彼此间接近 10%的等差,更惊奇的是不管重复多少次实验,反复调整参数。就"永远"得不到"复制"的结果。这个问题笔者苦思了 15 年,直至 2008 年笔者真正在金刚石技术上获得初期的全面突破,得到高转化率时,才想清楚了其中的奥秘:"金刚石转化率的高低取决于击波在粉体中的压力与温度,压力、温度两个参数在平面是二维窗口,但金刚石转变还有逆变问题,即卸载温度,亦是影响转化率的另一重要因素,这样影响金刚石转化率的是一个三维窗口,且这个窗口很窄,至少不宽。从力学的角度上说,飞片的打击速度、粉体的配比、粉体中空隙率的作用、空隙度的大小,都极其敏感地影响着击波在粉体中的传播规律,而击波的传播规律又极其敏感地影响着压力与温度;在粉体的空隙中存在的空气的作用,击波对这些空气的压缩理论、特别是它的绝热压缩理论和附加温度理论、飞片下的气体不能向侧向排出的理论,和飞片下气体的绝热压缩理论、稀疏波在粉体中对击波的追赶理论、装粉厚度如何决定的理论、如何降低卸载问题的理论与技术、如此众多的问题,粗看起来,是研究者无法下手解决的问题,都极其敏感地影响着粉体中每一颗石墨粒子的压力与温度"。难怪爆炸多晶金刚石在 1961 年被 Decarli 发现以来经过漫长的半个世纪,很少有人做出高转化率来,2013 年 1 月有报道称,科腾公司用 2400~3000 t 炸药,产出金刚石产品 1350 ~1800 万克拉,这就是说,每公斤炸药的产出率只有 5.625~6 克拉。这个公司用的技术就是前面说的原杜邦公司的圆管爆炸技术,这个报导说明,圆管爆炸技术自提出至今已历时 45 年了,可其转化率还是增长不多。笔者所创造的产出率是该产出率的 43 倍之多。大家都觉得爆炸金刚石项目很好,但想登上其转化率的技术高地,不仅是技术高低、理论修养深浅的问题,也有一个随遇"机缘"的问题,发现某些自然规律又能提出解决办法,幸运的"机缘"是存在的。

2.1 计算压力的"均相分布理论"力学模型不被实验所证实

我从 1991 年 7 月开始研究直到 2003 年 6 月,辗转 12 年,大约做了 200 余炮掺金属混合粉的爆炸实验,依据的理论有一半学自国内外公开发表的论文,而另一半是自己创立或经过自己改造的。其中最关键的计算压力的力学模型"均相分布理论"是从邵丙璜教授发表的《平面飞片作用下石墨相变为金刚石的热力学参量计算》[8]一文中学得的,所谓"均相分布理论"是指不管金属粉与石墨粉的颗粒度大小,一概都认为石墨与金属粉是无限细的,是理想均匀分布的,似乎在理论上构成一个单相组织,然后用热力学来推导这种均相分布粉末的莫乃汉方程(本构方程)。

可提出一个实际算例。对某一混合比例的铜/石墨粉,推出的均相分布理论下的莫乃汉状态方程为:

$$p = 4.302 \times 10^4 \left[\left(\frac{V}{V_0} \right)^{-1.738} - 1 \right] \tag{1}$$

粉末的初装密度 $\dfrac{V_{00}}{V_0}$ =1.2578616,用飞片打击此混合粉末。根据均相分布理论求出的压力和温度是：p 均布=4.320959×10⁴MPa，T 均布=2406K，卸载温度 T^* 均布=1687.9K(1414.7℃)。而按笔者本人创立的力学模型计算得到的压力 p=7.91303×10⁴MPa，温度 T=2016.9K，卸载温度 T^*=1174.7K（901.5℃）。"均相分布理论"算出的压力太低，仅比石墨能转变为金刚石起始点 p_{eg}=4.3118×10⁴MPa 略大一点。如果计算正确的话，基本上就不会有太多的金刚石产生；而温度又太高，特别是卸载温度居然达到1414.7℃。如果真是这样，早就全部逆变。所以均相分布理论不被实验所证实。正是这样一个计算理论，将我引入了 15 年的理论迷茫之路，但世事总是正反相依，正是这个迷途又将我带入创新之路。

2.2 发现了粉体中的气体的绝热压缩现象

1997 年秋冬之交在吉林烟筒山石墨矿做金刚石爆炸试验。粉盒装置和炸药装置如图 5 和图 6 所示，粉盒中装 90/10=铜/石墨粉 299.4 g，初装密度 86.3%，飞片厚度 5.5mm，药柱沿轴向由上端引爆，侧向有水泥套，药柱由两种炸药组成，下部塑性炸药 716 g，ρ_0=1.6g/cm³，爆速 v_d=7600m/s，上部自制 85/15=RDX/环氧炸药 1210 g，ρ_0=1.328 g/cm³，v_d=6898m/s。飞片速度 v_p=2652m/s（估算，未实测）。爆后，盒外部丝毫未破，按理可 100%回收，即应回收 29.9 g 石墨粉，可打开一看，有一半多粉末完全烧焦，仅回收未烧焦石墨粉 11.5 g，只占总量的 40%，烧焦粉全在底部，铜粉已完全达到融化状态，铁盒底板表面亦呈有熔化表象，铜的烧焦程度异常，无法从铁板上铲下，与铁完全熔化在一起了，铜在常压下的熔点是 1083℃。可铜在高压(52 万个标准大气压)下，熔点将达到 2880℃左右，这样，铜的融化是在压力卸载后在常压下熔化的吗？还是在高压下已经开始熔化了的呢？还不好早下定论。但据铁板表面已熔化的迹象看，该处温度至少在 1600℃以上。这个试验是 1997 年入冬时做的，一直到 2006年，在笔者自己已创立计算压力模型后，用自己的计算模型作了重新计算，计算结果是：

$$p_{石max}=6.67155×10^4MPa，T_石=1469.8K，u=1.4314mm/μs \qquad (2)$$

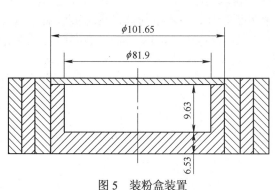

图 5 装粉盒装置
Fig.5 The unit of powder case

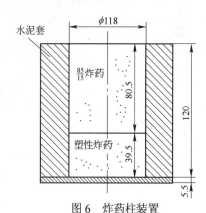

图 6 炸药柱装置
Fig.6 The unit of explosive post

按笔者现在对金刚石理论的知识，可以明确地说，6.67155×10⁴MPa 的压力是非常好的，但温度太低，1469.8K 的温度不会有任何金刚石产生的，在一定的压力窗口下，如至少大于 p_{eg}=4.3118×10⁴MPa 下，产生金刚石的温度窗口大致为 1800~2200K，低于 1800K，一般不会产生金刚石，但这次试验从爆炸回收的 11.5g 石墨中用 HClO₄ 处理后，但未经 HF 提纯处理，有 0.7g 毛金刚石，毛转化率有 6.08%，可以肯定有金刚石产生了。这说明，除了冲击压缩外，一定还有另外的附加温度产生，这个附加温度在装粉装置的上部有 400℃还多，也即这个试验中的粉盒上部由于附加温度使压缩的温度上升到 1800K 以上，产生了金刚石。而在粉盒下部由于更大的附加温度又可能使粉末的温度达到 2600K 甚至更高（即 $T>2300℃$），从而使钢板表面熔化，石墨带着铜粉烧焦，这附加温度的来源就是粉体原空隙中存在的空气，实际上，粉末空隙中的空气在 1cm³ 体积中只有 0.1368cm³。全部装粉体积 50.724cm³，所有空隙体积只有 6.939cm³，空气量只有 6.939×0.001225=0.008500327 g。这些气体虽然量很小，在冲击波的驱赶下全部被赶到装粉盒的底部，在冲击压力 $p = 6.67155×10^4$MPa 的压缩下，产生绝热压缩。众所熟知，对理想气体，热容与温度无关，在冲击绝热压缩时的著名的压力与比容的关系式为：

$$\frac{\rho}{\rho_0} = \frac{\frac{k+1}{k-1}\frac{p}{p_0}+1}{\frac{k+1}{k-1}+\frac{p}{p_0}} \tag{3}$$

式中，k 为等熵指数，$k=C_p/C_v$；$C_v=R/k-1$。当 $p/p_0 \to \infty$ 时，$\rho/\rho_0=(k+1)/(k-1)$；当 $k=1.4$ 时，$\rho/\rho_0=6$，所以 $\rho_{max}=6\rho_0$，即理想气体受冲击绝热压缩时，气体密度最多只能增加 6 倍。另外，根据击波关系式，也可以导出气体的质点速度公式：

$$u = \frac{a_0\left(\frac{p}{p_0}-1\right)}{k\sqrt{\frac{k+1}{2k}\frac{p}{p_0}+\frac{k-1}{2k}}}, \quad a_0 = \sqrt{\frac{kp_0}{\rho_0}} \tag{4}$$

从式（4）可算出，当 $p/p_0=100$ 时，$u=1800.3$m/s，这个速度实际已经超过粉末的质速（1431.4m/s）了。我们知道，在粉末中产生的击波前面有前导弹性波（压力比击波低很多，差几个量级），这个前导弹性波就能把气体推向自己前方，其图景好似压力波头身前顶着一层气囊往前推进，至此笔者用理想气体模型解释清楚了存在于粉末空隙中的空气，为被击波全部推向粉盒底部的道理。全部气体到了粉盒底部以后，被铁板挡住，出不了粉盒，自然被压缩，其压力会达到击波同等量级吗？应注意到，理想气体模型与实验气体相差甚远，主要是实际空气热容会随温度而改变，按文献[9]，空气热容随温度改变的公式：

$$C_v=a+bT=0.166+0.0156×10^{-3}\text{cal}/(\text{g·K}) \tag{5}$$

气体击波中的内能增量：

$$E-E_0 = \int_{T_0}^{T} C_V \mathrm{d}T = a(T-T_0)+\frac{b}{2}(T^2-T_0^2) \tag{6}$$

与冲击波能量方程：

$$\frac{1}{2}(p+p_0)\left(\frac{1}{\rho_0}-\frac{1}{\rho}\right) = \frac{1}{2}\frac{p_0}{\rho_0}\left(\frac{p}{p_0}+1\right)\left(1-\frac{\rho_0}{\rho}\right) \tag{7}$$

相等，再利用气体的状态方程 $p/\rho=RT$，可以解得热容随温度改变时，击波中的气体质点速度：

$$\frac{\rho}{\rho_0} = \frac{\left[\left(\frac{2a}{R}+1\right)\frac{p}{p_0}+1\right]+\sqrt{\left[\left(\frac{2a}{R}+1\right)\frac{p}{p_0}+1\right]^2+4\left[\frac{2a}{R}+1+\frac{bT_0}{R}+\frac{p}{p_0}\right]\frac{b}{R}T_0\left(\frac{p}{p_0}\right)^2}}{2\left[\frac{2a}{R}+1+\frac{bT_0}{R}+\frac{p}{p_0}\right]} \tag{8}$$

$$u = \sqrt{(p - p_0)\left(\frac{1}{\rho_0} - \frac{1}{\rho}\right)} = \sqrt{RT_0\left(\frac{p}{p_0} - 1\right)\left(1 - \frac{1}{\rho/\rho_0}\right)} \tag{9}$$

将 p=6.67155×10⁴MPa，R=0.0685cal/(g·K)，T_0=288K 代入，可求得 $\dfrac{\rho}{\rho_0}$=212.1047，也就是说，在装粉面积 52.68cm³ 下，压力 p_0=0.1MPa 时，粉末内部气体在此面积下的高度为：

$h_0 = \dfrac{0.1368 \times 50.73}{52.68}$ =0.131736cm=1.3174mm。把它压缩到 $\dfrac{\rho}{\rho_0}$ = 212.1047 时，这层空气的高度

只有 $h = \dfrac{1.31697}{212.1047}$ =0.00621mm=6.21μm。仅剩微米级的薄膜了！此时全部气体的压缩能为：

$$\frac{1}{2}\frac{p}{\rho_0}\left(\frac{p}{p_0} + 1\right)\left(1 - \frac{1}{\rho/\rho_0}\right) \times 0.008500327 = 55675 \text{ cal} \tag{10}$$

式(10)的压缩能全部转化为被压缩气体的内能；或用气体的状态方程 $T=p/(\rho R)$，可求得被压缩气体的温度 T=894614.16K，这样高的温度当然是个虚拟的温度。实际上，热量迅速传给与气体接触的粉体和钢底板表面，如做一个假定，设这些热量全部传给了被烧焦的60%粉末（包括铜与石墨）和 0.953mm 厚的铁底板层上（按导热率确定此值），则可计算得其附加温度 T=1622℃（1895K）。

粉末中存在的气体会产生可怕的绝热压缩，会产生很高的附加温升，从而会对金刚石转化率起很大影响，发现了这个问题，是金刚石理论发展中的一次重大进展。

2.3 发现飞片下的气体不能向侧向排出，最终产生绝热压缩，形成巨大速度气流刀[10]

在爆炸合成和爆炸压实研究中，大多采用平面飞片打击方法来进行压力加载，且大多数试验都是在常压空气下进行，即飞片飞行路程中是常压下的空气而不是真空的。迄今几乎从事爆炸力学的学者大都认定，平面飞片下的空气随着飞片向下飞行，空气会向飞片四周自然排出，不会对飞片飞行构成大的阻力，且一般飞片飞行距离很短，飞片下体积内的常压气体量是个很小的量，怎么可能造成聚能效应呢？笔者在以下两个试验中，发现了非常典型的高速飞片，特别是飞片速度超过 3000m/s 时，飞片下空气很难全部向四周排出，大部分气体被飞片压向被打击表面，造成绝热压缩，而绝热压缩气体的比热 C_V 不是常数，随温度增高而增高，少量的气体经过绝热压缩，不仅温度很高，且压力也达到与打击压力同量级，这极高温高压的气体会以极高速气流通过压缩缝隙中喷出，造成能量巨大的聚能效应。

2003年夏在大连做了一次试验，试验装置如图7所示。这次试验与过往不同的是有0.4mm厚薄铁皮放在粉末的上表面，目的是让飞片下方气体不让进入粉体内。爆完后，用夹子把散在地上包括埋在土中的粉末颗粒捡起来，忽然发现粉盒表面有被严重冲刷现象，初以为是粉盒底面与沙地接触的地方，由于爆炸力影响，与泥沙摩擦造成的，随手就把它埋进土中不予理会，后来又把埋在土下的破损装粉盒挖了出来。仔细一看，大吃一惊，被冲刷处是上表面，而不是下表面，即迎着飞片打击的一面有被严重冲刷现象，如图8所示。图8所示的部分正好是此粉盒 ϕ68~138mm 的盒边缘上，粉盒的图示上方已有一个缺损口，内孔已经胀大；图8中的中心圆块是飞片的整个残片上，飞片原直径 ϕ 66mm，残片直径 ϕ 55mm，已呈拱形，更不可思议的是飞片中间被气流冲开了一个通道，中间出了个孔洞。但冲开方向是向上方的，

即飞片飞行的反方向，填补这个孔洞是一个小圆形块，它是从离爆点不到 1m 的地方捡回来的，这个小圆形块呈拱形的"小帽"状，把 0.4mm 厚的盖片紧贴在其内侧，无法将其分开，盖片下方还有些许粉末紧紧地黏附着，无法将其抠下，如图 9 所示。在照片图中已经将"小帽"放到飞片残片的中心孔中了，仔细观察，可分辨出飞片残片与"小帽"不是长在一起的。

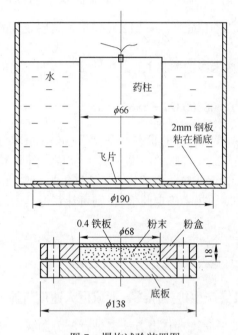

图 7　爆炸试验装置图
Fig.7　The unit of explosive experiment

图 8　爆炸后粉盒上表面的照相图
Fig.8　The photograph of uppersurface of powder case 1after explosion

从捡回来的粉盒（见图 8）的裂口一边仔细观察，在距上端口往下约 5mm 地方有一明显印痕，似乎是原飞片在这个位置停留了一下，无疑是飞片的角边在此留下的印痕，是气流从此处向外喷出的痕迹，如图 10 所示。

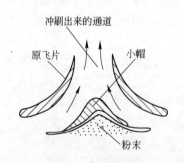

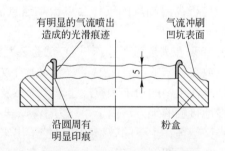

图 9　小帽形成图
Fig.9　The forming drawing of Small hat

图 10　气流开始喷出的位置图
Fig.10　The place sketch of airflow beginning to spurt

根据以上观察，可做出以下的分析解释：

（1）当飞片尚未压破 0.4mm 铁片时，空气从它存在的空隙中侧向喷出成为气流，如图 11 所示。

（2）飞片压破 0.4mm 厚的铁盖片，有小部分气体进入粉体内。部分飞片已进入粉盒槽内，但尚未全部进入，侧向喷出的气体在 2mm 厚的铁板压缩下（此铁板受药柱四周水的压力作用，基本上与飞片同步飞下）开始冲击粉盒体的上表面，如图 12 所示。

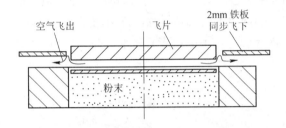 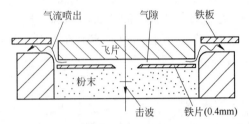

图 11　侧边铁板未压下时的气流图
Fig.11　The airflow sketch at time which the stell plate is not pressed down yet

图 12　气流开始冲击粉盒的上表面图
Fig.12　The sketch when airflow begin to shock upper surface of powder box

（3）飞片基本上全部进入粉盒槽内，侧向气流加强喷出，在 2mm 铁板的强力压制下，喷向粉盒边缘表面，形成冲击洼坑，由于未经压缩的空气密度为 $0.001225g/cm^3$，本试验飞片下的空间所含的全部空气量只有 0.2305g，量不大，绝热压缩后喷出的高速气体只能使粉盒表面形成极深洼坑而已，并未能将18mm 厚的盒边缘全部切去。同时，飞片后面的稀疏波已达到飞片的下界面处，此时，飞片向下的前进速度突然减少，从而飞片压缩空气隙中气体的力也会迅速减少，从而使得气隙中的气体开始得以膨胀，同时也由于飞片周边气体是在高速地流动着，从而该处气体上的压力也相对较低，而飞片中间的膨胀力过大，最后使飞片开始从中间向上突起，如图 13 所示。

（4）稀疏波开始进入粉末，追赶前面击波；飞片中间明显拱起，这是因为飞片上面的压力消失，但飞片仍以其某个速度惯性向下飞行，飞片下面中心区的气体压力高，边缘压力低，造成向上拱起，且在其离中心线一定距离处，即"小帽"的半径 $B—B$ 处，飞片厚度急剧减薄，0.4mm 铁片上的压力就是飞片下中心区的气体压力，如图 14 所示。

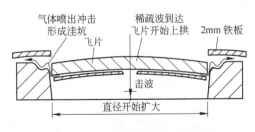 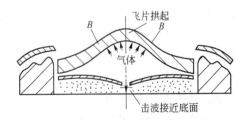

图 13　冲击洼坑形成示意图
Fig.13　The forming sketch of pit by shooking

图 14　飞片开始隆起示意图
Fig.14　The sketh of flying plate beginning protuberant

（5）上部飞片越拱越高，在图 14B 处的厚度越来越薄，最后飞片在该处拉断，形成"小帽"状小块脱离飞片,向外飞出;飞片下留下一个孔洞,内部气体冲出孔洞,被绝热压缩的气体消失。同时粉末中的冲击波已经到达下部底边上,原装粉末空隙中的空气此时已全部被冲击波赶到底部,而冲击波立即被下部底板反射,形成比入射波更强一点的反射冲击波,反过来向上传,如图15所示。

(6)B 处裂开,底板的反射波向上传,同时被冲击波赶向底面的气体的压力强度有与反射波同等强度,无疑也处于极高压力的绝热压缩状态,迅速膨胀,扩张体积,将已被压缩的粉末层以及粉末层上面的0.4mm铁片向上推,撞向上部的飞片残片,特别是撞向"小帽"的内表面,于是0.4mm铁片紧贴在"小帽"的内表面上,下面还带有粉末,并飞离1m远处,如图16所示。

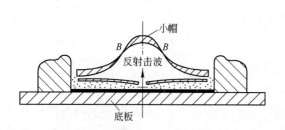

图15 飞片在 B 处拉断示意图
Fig.15 The sketch of flying plate
beginning break at point B

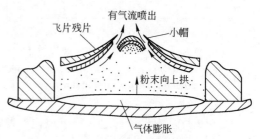

图16 飞片中心小帽形成示意图
Fig.16 The forming sketch of small hat
at the center of flying plate

仔细观察捡回来的铁片,其呈现的颜色表明,是铁表面被熔化后的冷却状态的颜色,说明温度很高。

2006 年在阜新矿务局 12 厂,在他们的一个直径 ϕ1800mm×2000mm 的壁厚为 20mm 的旧罐中试爆一次试验,药柱与飞片直径增大到使得飞片下的空间的空气量(大气状态下)为 0.8876g,是前一实验的 3.851 倍,如产生气流,气流必大大增加。同时改变引爆方法,药柱上端的引爆药柱中间有惰性块,雷管引爆后,先将主装药柱的周边上部引爆,这样在主装药柱内造成的爆轰波面在中心区域是一个汇聚的球面波,迫使爆轰波面呈图 17 右侧图形状,从而使得飞片的飞行姿态也呈同样形态,当飞片以这样的形态打击到粉盒盒盖时,原飞片下的大部分气体都集聚在 ACD 这个凹形区域内,而不从侧向流出,当飞片最终强行压向粉盒表面时,飞片下的向内凹形总会逐渐消失,而被压缩在凹形内的气体被绝热压缩到与飞片打击粉盒铁盖时的压力相等,凹坑内气体会被强迫从其四周侧向冲开一道细缝排出,速度会达到 $5×10^4$m/s 以上,高速气体喷出正好遇上同步飞下的 3mm 塑料板,塑料板自然将喷来气体挡住,由于飞片下冲出的气流方向一定偏向上方一个角度,是绝不可能沿水平方向喷出,从而塑料板在锋利的气流冲刷下会瞬态地被弯曲成图 18 下面那个图的形状,在塑料板还未被冲破以前,已将气流折转成近 180°方向,向下冲去,气流成为一个"气刀",将粉盒边缘 10mm 厚的铁边缘切去,切口光滑,无丝毫凹凸粗糙不平的冲刷痕迹,犹如"快刀断发"之利,足见"气刀"能量之巨。

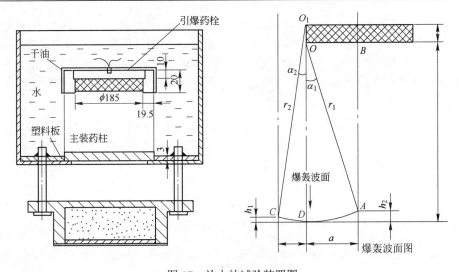

图17　放大的试验装置图
Fig.17　The enlarged unit of explosive experiment

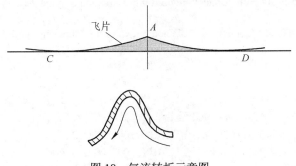

图18　气流转折示意图
Fig.18　The sketch of airflow to turn

爆炸是在一个 ϕ1800mm×2000mm 的由 20mm 厚锅炉钢板制作的埋在地下的旧罐中进行的，口与地表平，离罐口周围 1m 远处围有网眼约 30mm 大小的铁细网，高约 3m，图17的爆炸装置采用悬挂式挂在离罐口约 0.8m 的半空中，在罐底正中放一个高 0.6m 内装 200mm 高湿锯末的半截子油桶，来承接回收。爆炸后，罐壁完好，无任何裂缝，罐底有一个裂缝，但没有发现粉盒残片，而在罐口地面发现 2 块粉盒碎块，每个碎块大约是盒圈的 1/4 样子大。这两碎块定是粉盒高速砸向罐底，碎成 4 块后，两块落在铁丝网内，而另两块飞越网高飞到网外去了，碎块飞越高度会超过 5m。查看捡回来的两个碎块，看出粉盒外缘从 ϕ150mm 到 ϕ184mm 厚度 10mm 的边缘部分完全被气流切去，切口处气流流动痕迹非常清晰。取回那个装有湿锯末的半高油桶，虽已变形，但仍保持一个整体，并未破碎，粉盒内的粉末大都还在，且都呈未被冲击压缩的情况，还是装粉前状态；粉末未被飞片打击压实，是因粉盒已具有了相当大速度，甚至可能与飞片速度同一水平，从而飞片就达不到冲击粉末的结果。阜新的这次试验，是一次非常重大的科学发现："飞片速度达到一定速度后，飞片下的气体大部分无法从飞片下排出，当飞片打击靶板时，气体会形成绝热压缩，产生极高速气流，形成气流刀"，这件事足以让搞这一学科的科学家们惊讶莫名！笔者把这两个实验结果写成一篇论文《论平面飞片下气体绝热压缩后的聚能效应》于 2010 年投到了刊物上。但一年之后，接到了稿件 "退稿" 的处理意见；审稿者的意见大致是："从来没有见到过飞片压缩空气会有如此巨大喷射这样的现象"。后来经过多位科学家的争论，论文还是在 2011 年发表了。这件事说明笔者在实验中的新科学发现，是国际上的首先发现者与解决者，只是目前难于被多数专家所理解而已。

　　爆炸多晶金刚石的研究尚有很多工作可做，从笔者个人角度说，还可再申请 3~4 个专利（目前已申请了 7 个专利）[11~16]，以及通过爆炸固结做出大颗粒的研究，期望能做出 3~5mm 粗细的大颗粒多晶等。

参 考 文 献

[1]　Decarli P S, Jamieson J C. 1961. Formation of diamond by explosive shock[J]. Science, 133: 1821~1822.

[2]　Alder B J, Christian, phy, Review Letter, 1961, 7(10): 366.

[3]　McQueen R G, Marsh S P. Behavior of dense media under dynamic pressures[M]. New York: Gordon & Breach, 1968: 207.

[4]　Erskine D J, Nellis W J. Shock-induced martensitic phase transformation of oriented graphite to diamond[M]. Nature, 1991, 349: 317~319.

[5]　Morris D G. An investigation of the shock-induced transformation of graphite to diamond. Jappl. phys., 1980, 51(4).

[6]　Anthony S B, George R C, Woodbury N J. Method of explosively shocking solid materials, 1971. U. S. patent 3608014.

[7]　邵丙璜, 汪全通. 强击波作用下石墨转化金刚石的相变动力学. 中科院力学所内部资料, 1977.

[8]　邵丙璜, 汪全通. 平面飞片作用下石墨相变为金刚石的热力学参量计算. 中科院力学所内部资料, 1977.

[9]　Сунцов Н Н. 水中及空中爆炸理论基础[M]. 王华, 林时干, 译. 北京: 国防工业出版社, 1956: 59~61.

[10]　张凯, 张路青. 论平面飞片下气体绝热压缩后的聚能效应[J]. 爆炸与冲击, 2011, 31 (4): 444~448.

[11]　张凯. 爆炸合成纳米聚晶金刚石的方法. 中国: 2007100122583[P].

[12]　张凯. 可消除附加温度影响的爆炸压实方法. 中国: 2007100122579[P].

[13]　张路青, 张凯. 可消除侧向高速气流影响的爆炸压实方法. 中国: 200810010547.4[P].

[14]　张路青, 张凯. 可提高飞片速度的平板爆炸装置. 中国: 200810010546.X[P].

[15]　张路青, 张凯. 竖向敞开口且罐体与底可分离的爆炸罐. 中国: 201210249956.6[P].

[16]　张凯, 敞口式爆炸罐. 中国: 200720013510.8[P].

纳米 Al_2O_3/金刚石复合颗粒的爆轰制备法探讨

李晓杰　王小红　闫鸿浩　王立成

（大连理工大学力学系，工业装备结构分析国家重点实验室，辽宁大连，116024）

摘　要：本文通过爆轰法制备得到了纳米 Al_2O_3/金刚石复合颗粒，初步探讨了采用不同前驱体（即特种炸药前驱体制备方法）、炸药含量及微量添加剂等因素对爆轰合成纳米 Al_2O_3/金刚石复合颗粒的影响。实验结果表明，提高炸药含量和添加微量添加剂均有利于保护金刚石不被氧化（或石墨化），爆轰产物中除了含有 Al_2O_3 颗粒和金刚石颗粒之外，还含有少量的中间态物质，如 Al_2OC 和无定形碳等物质，爆轰产物中含有表面包覆颗粒，复合颗粒的平均尺寸约为 50nm，包覆层厚度约为 1~2nm。

关键词：爆轰法；氧化铝；金刚石；纳米复合颗粒

Discussion of Nano-Al_2O_3/Diamond Composite Powders Preparation by Detonation Method

Li Xiaojie　Wang Xiaohong　Yan Honghao　Wang Licheng

(State Key Laboratory of Structural Analysis for Industrial Equipment, Department of Engineering Mechanics, Dalian University of Technology, Liaoning Dalian, 116024)

Abstract: Nano-Al_2O_3/Diamond composite powders were prepared by detonation in the present experiment. The effects of different precursors, mass content of RDX and other additives on detonation products were considered. Results indicated that the improving mass content of RDX and additives could both prevent diamond powders from graphitization or oxidization. There are some other impurities such as Al_2OC and Amorphous carbon besides of the Al_2O_3 and diamond powders in the detonation products. That there were some coated particles in the detonation products and　the average particle size of the coating powders was about 50nm and the thickness of coating layer was about 1~2nm.

Keywords: detonation method; Al_2O_3; diamond powders; nano composite powders

1　引言

随着如今科技的高度发展，单一的功能材料越来越不能满足生产和工作的要求，研发和制备新的复合功能材料，扬长避短，延长使用寿命的理念已经越来越被大多数研究者们接受，如氧化铝（Al_2O_3）陶瓷具有高熔点（约 2015℃）、较高的室温和高温机械强度，高的化学稳定性和接点介电性能，电绝缘性好，硬度高，耐磨性好，抗氧化性好和电阻率高，

基金项目：国家自然科学基金项目（10972051，11272081）。

作者信息：李晓杰，教授，wangxh_yy@sina.com。

且成本低廉，被广泛用于制造高速切削工具、高温热电耦套管、化工高压机械泵零件、内燃机火花塞、人工关节、航空磁流体发电材料及常用的集成电路基板等多种陶瓷器件[1,2]。但同时它的韧性低，脆性大，热导率小，介电系数较大等弱点大大限制了其应用领域。纳米金刚石由于具有良好的热传导性，低热膨胀系数和介电系数，高硬度、良好的机械特性、化学稳定性、频率稳定性及优异的低温度稳定性等注定了它是一种很有应用前景的耐磨材料[3,4]。然而，研究表明[5]，金刚石的抗氧化能力随着温度升高而急剧降低，丧失硬度特性，而且由于铁与碳具有互溶性，在高温摩擦时会加速损耗金刚石研磨工具，降低使用寿命，限制了金刚石的应用。

纳米 Al_2O_3/金刚石复合材料的研究引起了越来越多的研究者的兴趣，如文献[6]等研究了金刚石膜/氧化铝陶瓷复合材料作为超高速、大功率集成电路封装基板材料的可行性，杨展等[7]在金刚石钻头中添加了氧化铝空心球，并因此申请了一项国家专利，比普通金刚石钻头时效提高 90%，使用寿命提高 80%。文献[8]和文献[9]分别开展了氧化铝薄膜沉积金刚石表面的研究，发现氧化铝颗粒沉积于金刚石表面适合作为栅极绝缘层，并且其磨削比和研磨硬度都有所提高。

爆轰法制备纳米复合材料是新近发展起来的一种方法，早期的研究中主要用来制备纳米金刚石，近年来，逐步发展外制备纳米 Fe_2O_3[10]、TiO_2[11]等。在我们早期的工作中，我们也通过爆轰法制备得到了碳包覆铜颗粒[12]，碳包覆铁颗粒[13]等。在本实验中，我们通过爆轰法制备得到了纳米 Al_2O_3/金刚石复合颗粒，考虑了不同前驱体（即特种炸药前驱体制备方法）、炸药含量及微量添加剂等因素对爆轰产物的影响。

2　前驱体制备与实验表征

表 1 列出了本实验前驱体样品的制备方法及各成分含量。

表 1　前驱体样品的制备方法及各成分含量
Table1　Preparation method and content of each ingredient of the precursors

前驱体	制备方法	质量比	RDX 质量含量/%	其他添加剂	保护气氛
1	方法一	5:18	75	无硼酸	N_2
2		5:18	75		N_2
3	方法二	5:18	70	硼酸	N_2
4		9:18	70		N_2
5		9:18	75		N_2

注：方法一：将硝酸铝和尿素在蒸馏水中发生络合反应后与金刚石颗粒共沉淀。
　　方法二：借助于超声波，将纳米金刚石分散于硝酸铝溶液中，然后加入足量氨水使之沉淀。

将得到的沉淀物分别用盐酸和清水洗涤，干燥后造粉，制备得到了前驱体。将得到的前驱体样品在如图 1 所示的爆炸容器中起爆，收集得到的爆轰产物经酒精洗涤数次后干燥。然后分别采用 X 射线衍射(XRD–6000，CuK_α, λ=1.54060Å, 40kV, 30.0mA)实验表征样品的相结构和物质成分，透射电镜(TEM, JEM2100CX)实验观察爆轰产物的形貌和分布。

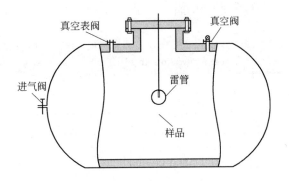

图 1　爆炸容器及实验装置示意图
Fig. 1　Explosion vessel for detonation experiments

3　结果与讨论

3.1　复合沉淀法制备前驱体

图 2 和图 3 所示分别为复合沉淀法得到的两个爆轰产物样品的衍射图谱，其主要成分见表 2。

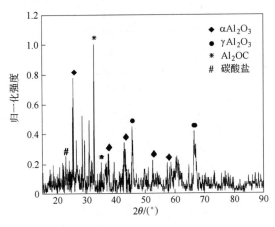

图 2　样品 1 的 XRD 衍射图谱
Fig. 2　XRD pattern of sample 1

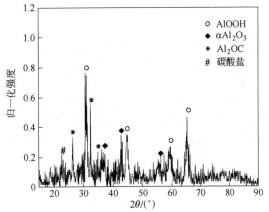

图 3　样品 2 的 XRD 衍射图谱
Fig. 3　XRD pattern of sample 2

从衍射结果看来，两种爆轰产物中除了含有不同晶型的 Al_2O_3 之外，还含有大量的中间态产物如 Al_2OC 和 $AlOOH$，而且样品 2 的成分相对于样品 1 的成分要干净得多，如图 3 所示。

如文献[14]所述，爆轰产物的组成在一定程度上反映了爆轰状态结构，以上衍射实验表明，两种炸药的爆轰反应结构并不均匀，而且，硼酸似乎有利于形成相对较均匀的爆轰反应结构。

在两个爆轰产物中，均未发现金刚石的衍射峰，这表明，前驱体中的金刚石粉体在爆轰反应过程中已经石墨化或者被氧化。

表 2   两个样品的主要成分及其晶粒尺寸和衍射峰强度
Table 2   Ingredients, granule dimension and Diffraction intensity of the two samples

样 品	主 要 成 分	晶粒尺寸/nm	衍射强度(金刚石)/%
样品 1	$Al_2OC, \alpha\text{-}Al_2O_3, \gamma\text{-}Al_2O_3, AlOOH, C$	—	—
样品 2	$Al_2OC, AlOOH, C$	56.6	—

两个前驱体样品得到的爆轰产物的 TEM 图片如图 4 和图 5 所示。

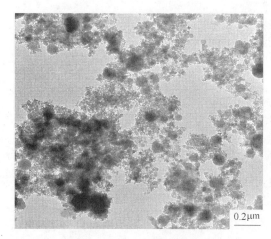
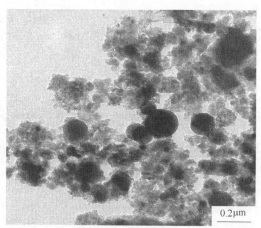

图 4   样品 1 的 TEM 图片   图 5   样品 2 的 TEM 图片
Fig. 4   TEM photo of sample 1   Fig. 5   TEM photo of sample 2

TEM 图片表明，爆轰产物颗粒呈球形，大部分颗粒尺寸约为 200nm，分散性和均匀性均较差，如图 5 所示，在爆轰产物中发现了复合颗粒，这意味着，前驱体中加入硼酸有利于使一种纳米晶粒沉积于另一种晶粒表面。

3.2   氨水共沉淀法制备前驱体

图 6~图 8 所示分别为样品 3~样品 5 分别通过氨水共沉淀法制备得到爆轰产物的样品的衍射图谱，主要成分表列于表 3。

衍射图谱表明，爆轰产物的主要成分为 $\alpha\text{-}Al_2O_3$，还有其他的杂质成分如 Al_2OC 和 $AlOOH$ 等，见表 3。

如果相对衍射峰强度在一定程度上代表了它们的相对质量含量，则提高金刚石在前驱体中的含量有利于减少它在爆轰过程中的石墨化或被氧化，从而最终提高了金刚石在爆轰产物中的含量。如图 6、图 7 和表 3 所示，除了样品 4 的衍射峰强度稍高于样品 3 的衍射峰之外，样品 3 和样品 4 的成分基本相同。由于前驱体中过量的金刚石粉体含量同时充当了惰性物质，降低了炸药的爆轰速度，这也就是说，降低了炸药的爆轰压强和温度，严重地影响了炸药的爆轰反应结构，最终导致了本应该是在低温和低压状态下存在的物质 $\gamma\text{-}Al_2O_3$ 的生成。

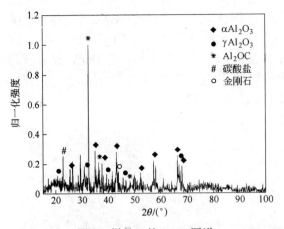

图 6 样品 3 的 XRD 图谱
Fig. 6 XRD pattern of sample 3

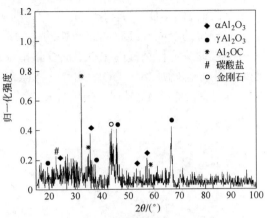

图 7 样品 4 的 XRD 图谱
Fig. 7 XRD pattern of sample 4

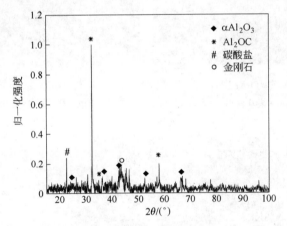

图 8 样品 5 的 XRD 图谱
Fig. 8 XRD pattern of sample 5

表 3 3 样品的成分、晶粒尺寸和衍射强度
Table 3 Ingredients, granule dimension and diffraction intensity of the three samples

样 品	主 要 成 分	晶粒尺寸(Al₂O₃)/nm	衍射强度/%	
			金刚石	γ-Al₂O₃
样品 3	α-Al₂O₃,γ-Al₂O₃, Al₂OC,AlOOH,C, 金刚石	61.9	12.2	13.0
样品 4	α-Al₂O₃, γ-Al₂O₃, Al₂OC,AlOOH,C, 金刚石	56.5	28.2	16.9
样品 5	α-Al₂O₃, Al₂OC,C, 金刚石	49.7	14.8	2.58

如图 7 所示，过量的金刚石粉末同时也产生了过多的碳，使金刚石颗粒表面的包覆层增厚，严重地影响了爆轰产物颗粒的分散性。

如图 8 所示，样品 5 的爆轰产物的组成有所改善，仅含有少量的 AlOOH 和 γ-Al₂O₃ 成分，金刚石的相对衍射峰强度提高，这说明在前驱体中提高 RDX 的含量后，有利于获得相对纯净的爆轰产物和减少金刚石的石墨化或被氧化。

　　一般而言，RDX 的含量决定了炸药的爆速，爆压和温度，较高的 RDX 含量通常意味着含有较短的反应持续时间和较快的化学反应，也意味着具有较完善的爆轰反应结构，这也就不难理解为什么提高 RDX 的含量能够减小晶粒尺寸，降低金刚石石墨化，而且有利于减少中间态物质如 AlOOH 或者 γ-Al$_2$O$_3$ 生成。

　　样品 3、样品 4 和样品 5 的 TEM 图片分别如图 9~图 12 所示。

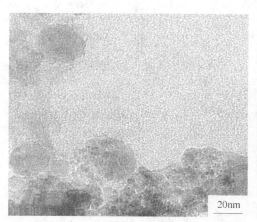

图 9　样品 3 的 TEM 图片
Fig.9　TEM photo of sample 3

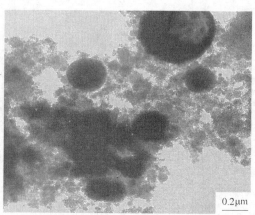

图 10　样品 4 的 TEM 图片
Fig. 10　TEM photo of sample 4

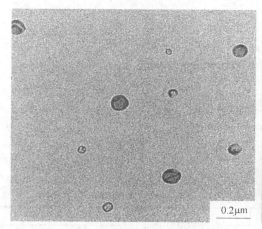

图 11　样品 5 的 TEM 图片(1)
Fig.11　TEM photo of sample 5(1)

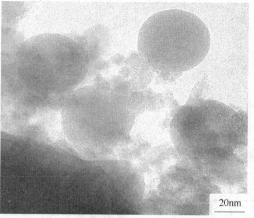

图 12　样品 5 的 TEM 图片(2)
Fig.12　TEM photo of sample 5(2)

　　从图 9~图 12 看来，相对于样品 1 和样品 2，这些颗粒的分散性较好，尺寸有所下降，而且，得到了部分包覆颗粒，从图 11 和图 12 看来，尽管存在一定的团聚现象，颗粒的平均颗粒尺寸约为 50nm，包覆层厚度约为 1~2nm。

3.3　讨论

　　由于氧化铝与金刚石的热膨胀系数相差较大，在晶粒表面之间容易产生很大的热应力，引起附着力的不平衡，使得晶粒之间的结合力大大降低。相对于其他制备方法，爆轰是一种理想的能量提供方式，它不仅仅能快速分解前驱体，也能够让分解产物在极短的时间内完成二次反应，并迅速沉积和晶粒生长。这种快速的反应能够充分激活反应物之间的活性，从而可能加大金刚石与氧化铝之间的晶粒黏合。

实验中，硝酸铝和金刚石混合作为前驱体，爆轰反应可分解为两个过程，首先是硝酸铝或者氢氧化铝分解，即

$$Al(NO_3)_3 \cdot 9H_2O \longrightarrow Al_2O_3Al(OH)_3 \longrightarrow Al_2O_3$$

尽管金刚石相在高温和高压下为稳定相，但是当爆轰压强和温度未达到稳定区域相图时，在爆轰反应过程中瞬间产生的大量热量提供了反应所需活化能[15]，金刚石已经充分活化，仍然有部分金刚石会转化成石墨或者被氧化，因此，便会发生如下反应：

$$C + Al_2O_3 \longrightarrow Al_2OC + CO$$

第二步过程即晶粒在另一个晶粒表面吸附和沉积的过程。在有限的爆轰反应区持续时间内，由于沉积晶粒没有择优生长倾向，一般不会生成不规则颗粒。

金刚石适当的相转变成石墨或者无定形碳是必需的，但是金刚石的被氧化过程应该尽量避免，这样，在以后的实验中，应该尽量将炸药配置成负氧平衡，并且调节爆炸容器的气氛，减少氧气含量，这些将是未来进一步的研究方向。

4 结论

（1）氨水共沉淀法更有利于得到 Al_2O_3/金刚石复合颗粒，而且具有较好的分散性；颗粒的平均尺寸约 50 nm，包覆层厚度约为 1~2nm。

（2）提高 RDX 和金刚石的含量有利于减少金刚石的石墨化和氧化，但同时会影响颗粒分散性及包覆层厚度。

（3）硼酸添加剂有利于形成相对较好的爆轰反应结构，并使其中一种晶粒更容易沉积于另一种晶粒表面。

参 考 文 献

[1] 谢冰, 章少华. 纳米氧化铝的制备与应用[J]. 江西化工, 2004(1): 21~25.

[2] 许并社. 纳米材料及应用技术[M]. 北京: 化学工业出版社, 2003.

[3] Hay R A. The New Diamond Technology and its Application to Cutting Tools, Ceramic Cutting Tools[M]. William Andrew Publishing/Noyes, Norwich, NY, 1994, 11: 305~327.

[4] Dearnley P A, Trent E M. Wear mechanism of coated carbide tools[J]. Metals Technology. 1982(9): 60~75.

[5] Klauser F, Ghodbane S, Boukherroub R, et al.Comparison of different oxidation techniques on single-crystal and nanocrystalline diamond surfaces[J]. Diamond & Related Materials. 2010 (19) : 474~478.

[6] 王林军, 方志军, 张明龙, 等. 金刚石膜/氧化铝陶瓷复合材料的介电特性和热学性能研究[J]. 无机材料学报, 2004, 19(4): 902~906.

[7] 杨展, 朱恒银, 王强, 等. 添加氧化铝空心球的热压金刚石钻头: 中国, 201220651088.X[P].

[8] Nobuyuki Kawakami, Yoshihiro Yokota, Takeshi Tachibana, et al. Atomic layer deposition of Al_2O_3 thin films on diamond[J]. Diamond & Related Materials, 2005 (14): 2015~2018.

[9] Hu W D, Wan L, Liu X P, et al. Effect of TiO_2/Al_2O_3 film coated diamond abrasive particles by sol–gel technique[J]. Applied Surface Science, 2011 (257): 5777~5783.

[10] Zhen M, Wang Z S. Synthesis of α-Fe_2O_3 Nanopowder by Detonation Method[J]. Journal of Chinese Ceramic Society, 2005, 33(8): 930~933.

[11] Qu Y D, Li X J, Wang X H, et al. Detonation synthesis of nanosizedtitaniumdioxidepowders[J]. Nanotechnology, 2007,18: 20.

[12] 李晓杰, 张晓军, 罗宁, 王小红. 爆轰法合成碳包覆纳米铜颗粒[J]. 爆炸与冲击, 2012, 32(2): 174~178.

[13] Luo N, Li X J, Wang X H, et al. Synthesis and characterization of carbon-encapsulated iron/iron carbide nanoparticles by a detonation method[J]. Carbon, 2010, 3858 (48): 38~63.

[14] 王小红, 李晓杰, 闫鸿浩, 等. 一类爆轰合成用乳化炸药的爆轰反应特征[J]. 爆炸与冲击, 2012, 32(5): 523~527.

[15] Wang X H, Li X J, Yan H H, Yo Yin, Zh Yu Liu. Numerical method to discuss the mechanism of nano-Mn ferrite powder preparation by detonation of emulsion explosives[J]. Combustion, Explosion, and Shock Waves, 2013, 49(3): 353~358.

冲击波法制备 N 掺杂纳米 TiO₂ 光催化剂

徐春晓[1]　陈鹏万[1]　刘建军[2]　崔乃夫[1]

（1.北京理工大学爆炸科学与技术国家重点实验室，北京，100081；
2.北京化工大学化工资源有效利用国家重点实验室，北京，100029）

摘 要：冲击相变及冲击诱导化学反应可导致材料的物理化学性能发生显著改变。采用炸药爆轰驱动飞片高速碰撞产生冲击波的方法，对富氮掺杂源双氰胺($C_2N_4H_4$)与偏钛酸(H_2TiO_3)的粉末混合物进行冲击加载，对回收产物进行 X 射线粉末衍射、透射电子显微镜、X 射线光电子能谱、比表面积及紫外–可见漫反射光谱表征，通过模拟污染物亚甲基蓝和罗丹明 B 评价了回收样品的可见光催化降解活性。结果表明，偏钛酸生成锐钛矿相纳米 TiO₂，且由于其独特的冲击脱水膨胀机理，样品比表面积剧增。冲击氮掺杂浓度为 3%~4%，能带宽度变化较小。冲击氮掺杂样品对亚甲基蓝和罗丹明 B 染料有较好的吸附和可见光催化降解作用，其中高飞片速度处理的样品具有更高的光催化降解活性。

关键词：二氧化钛；冲击波；氮掺杂；光催化

Synthesis of N-Doped TiO₂ Photocatalysts Induced by Shock Wave

Xu Chunxiao[1]　Chen Pengwan[1]　Liu Jianjun[2]　Cui Naifu[1]

(1. National Key Laboratory of Explosion Science and Technology, Beijing Institute of Technology, Beijing, 100081; 2. State Key Laboratory of Chemical Resource Engineering, Beijing University of Chemical Technology, Beijing, 100029)

Abstract: Shock transformation and shock-induced chemical reaction in materials can lead to their obvious changes of physical and chemical properties. In this paper, the powder mixtures of nitrogen-rich $C_2N_4H_4$ and metatitanic acid (H_2TiO_3) were shocked by the impact of flyer plates driven by explosive detonation. The recovered samples were characterized by X-ray powder diffraction (XRD), transmission electron microscopy (TEM), X-ray photoelectron spectroscopy (XPS), Brunauer-Emmett-Teller (BET) surface area analysis and UV-visible diffuse reflectance spectroscopy (UV-Vis DRS) and the photocatalytic activities of the samples were evaluated for the degradation of methylene blue and Rhodamine B under simulated sunlight irradiation. The results indicated the metatitanic acid transformed to pure anatase phase by shock wave and the specific surface area of the samples increase dramatically due to the unique shock dehydration-expansion mechanism. The doping level is 3%~4%(atom fraction) corresponding to the small variation of the small energy gap. The nitrogen-doped TiO₂ samples have better adsorption capability and photocatalytic degradation activities under visible light irradiation for the degradation of methylene bule and Rhodamine B, among which treated at higher impact velocity

基金项目：国家自然科学基金资助项目（10972039）；博士点基金项目（200800070033）。
作者信息：徐春晓，工学硕士，2220120456@bit.edu.cn。

shows the higher photocatalytic activity.

Keywords: titanium dioxide; shock wave; N-doped; photocatalysis

1　引言

固体物质在冲击波的高压、高温及高应变速率作用下会发生一系列诸如晶粒破碎，颗粒压实，孔隙塌陷，冲击波诱导相变、活化、分解和化合等物理及化学变化[1]。利用冲击加载方法合成新材料已成为目前非常活跃的研究领域，例如，利用冲击诱导相变，合成金刚石、立方氮化硼等功能材料；冲击诱导活化和改性，提高催化剂的催化活性和陶瓷的烧结性能；冲击诱导化学反应，形成复合金属氧化物、金属间化合物等[2~4]。

TiO_2 半导体因具有强氧化性、稳定的化学性质、低廉的价格等优点，在太阳能转换和环境净化领域具有巨大的应用价值。但是，TiO_2 的禁带宽度较大，对应的本征光吸收在紫外区（波长 $\lambda < 420nm$），极大地限制了 TiO_2 对太阳光能的有效利用[5]。因此，研制具有可见光活性的改性 TiO_2 光催化剂，对于充分利用太阳光降解多种环境污染物、廉价高效地分解水制氢等，具有重要的应用价值。元素掺杂是实现 TiO_2 光吸收性能改性的主要方式，包括金属掺杂、非金属掺杂等多种掺杂方式，其中非金属掺杂是目前提高 TiO_2 可见光响应能力的主要研究方向[6]。目前常规掺杂方法的工艺较为复杂，元素掺入量较低，难以大范围拓展其对可见光的吸收。

本研究采用炸药爆轰驱动飞片高速碰撞产生冲击波的方法对双氰胺与偏钛酸的粉末混合物进行冲击加载，以实现冲击诱导氮元素的高浓度掺杂及对可见光的宽谱吸收。通过亚甲基蓝和罗丹明 B 染料分析该掺杂催化剂的可见光催化降解活性。

2　实验

2.1　样品的冲击加载

实验采用偏钛酸(北京化工厂成产)为 TiO_2 前体，掺杂氮源采用富氮的双氰胺($C_2N_4H_4$)，质量分数为 10%。实验前，将偏钛酸与 $C_2N_4H_4$ 混合，充分研磨后压装到样品盒中。冲击波掺杂改性装置如图 1 所示。实验条件列于表 1，其中 ρ_{00} 和 ρ_0 分别为前体的压装密度和理论密度。

表 1　冲击波法制备 N 掺杂 TiO₂ 的实验条件
Table 1　Preparation conditions of N-doped TiO₂ catalysts induced by shock wave

样品编号	反应前体	压装密度 ρ_{00}/g·cm⁻³	压装密度或理论密度/%	飞片速度 /km·s⁻¹	峰值压力 /GPa	冲击温度 /K
98	$H_2TiO_3+ C_2N_4H_4$	1.68	0.51	2.74	16.2	2020
99	$H_2TiO_3+ C_2N_4H_4$	1.73	0.52	2.25	14.0	1980

实验主装药为硝基甲烷(CH_3NO_2)液体炸药，密度为 1.18 g/cm³，爆速为 6.3 km/s。传爆药柱采用 8701 炸药，压装密度为 1.673 g/cm³，直径为 20 mm，高度为 15 mm，爆压为 28.7 GPa，爆速为 8.24 km/s。起爆雷管(8 号工业雷管)通过 8701 传爆药柱引爆主装药硝基甲烷液体炸药，爆轰驱动钢飞片，通过控制装药高度及飞片厚度，使飞片以 2.0~3.0 km/s 的速度对样品腔体

进行高速撞击，产生瞬时高温高压，从而对 TiO₂ 的能带宽度进行调节[7,8]。

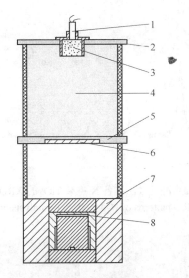

图 1   冲击波加载装置

1—雷管; 2—顶盖; 3—传爆药柱; 4—硝基甲烷; 5—底盖; 6—飞片; 7—钢保护套; 8—样品

Fig. 1   Scheme of shock-loading apparatus

1—detonator; 2—upper cover; 3—booster charge; 4—nitromethane; 5—bottom cover; 6—flyer;

7—steel protectiontube; 8—sample

2.2   回收样品表征

分别采用德国 Bruker D8 Advance 型 X 射线衍射仪、Hitachi-800 型透射电子显微镜、美国康塔公司的 Quadrasorb SI-MP 表面积与孔隙度分析仪、Shimadzu UV-Vis 250 IPC 型紫外-可见光谱仪及 Thermo ESCA LAB 250 型 X 射线光电子能谱仪，对回收样品的物相结构、颗粒度及形貌、比表面积、紫外-可见漫反射光谱及氮元素掺杂进行分析，其中氮掺杂浓度以 N1s 结合能对应的氮原子浓度确定。使用 500W 的氙灯模拟日光光源，以亚甲基蓝 (Methylene Blue)和罗丹明 B(Rhodamine B)为目标降解物，对冲击掺杂 TiO₂ 的光催化活性进行评价。

3   结果与讨论

3.1   相组成及形貌分析

图 2 所示为飞片速度分别为 2.74km/s、2.25km/s 冲击波法合成的 N 掺杂 TiO₂ 催化剂的 XRD 图谱。图中所有峰位与锐钛矿相 TiO₂ 的衍射峰完全相符(JCPDF 21-1272)，没有其他相的 TiO₂ 或杂质衍射峰的出现。可以说明偏钛酸转变成单一锐钛矿相 TiO₂ 纳米晶体，同步伴随着掺杂源双氰胺的完全分解，并且 N 元素的掺杂未改变 TiO₂ 的晶体结构。

图 3 所示为回收样品的 TEM 图像。由图 3 可知，冲击回收产物基本呈球形或类球形，粒径在 3~5nm 左右，呈现明显的团聚现象。

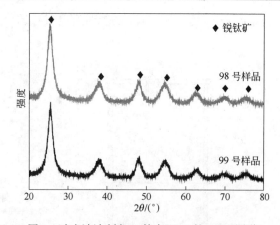

图 2　冲击波法制备 N 掺杂 TiO$_2$ 的 XRD 图谱
Fig.2　XRD patterns of N-doped TiO$_2$ catalystsby shock wave

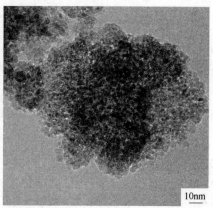

图 3　回收样品的 TEM 图像
Fig.3　TEM photos of the recovered samples

　　表 2 列出了冲击氮掺杂 TiO$_2$ 的实验结果。其中，X_N 为 N 的原子分数；S_{BET} 为比表面积；$A_{MB,ads}$ 和 $A_{MB,photocata}$ 分别为冲击氮掺杂 TiO$_2$ 对 MB 溶液的吸附活性和光催化降解活性。从表 2 中回收样品的比表面积 S_{BET} 可以看出，99 号样品因适度冲击脱水，晶粒非常细小，有很高的比表面积；而 98 号样品因冲击温升，晶粒局部长大，致使比表面积有所降低。

表 2　冲击波法制备 N 掺杂 TiO$_2$ 的结果
Table 2　Results of N-doped TiO$_2$ induced by shock wave

样品编号	反应前体	原子分数 X_N/%	比表面积/m^2·g^{-1}	吸附活性 $A_{MB,ads}$	光降解活性 $A_{MB,photocata}$	光降解活性 $A_{RB,photocata}$
98	H$_2$TiO$_3$+ C$_2$N$_4$H$_4$	2.72	98.96	0.76	0.71	0.82
99	H$_2$TiO$_3$+ C$_2$N$_4$H$_4$	3.93	352.42	0.59	0.81	0.91

3.2　氮掺杂及光吸收性能研究

　　图 4 为不同飞片速度冲击波方法合成的 N-doped TiO$_2$ 的 UV-Vis 谱图。由图 4 可知，参

照材料 P25TiO₂ 显示出其本征的紫外光吸收，无可见光吸收特性，而 98 号样品出现一定程度的红移，并表现出 400~800nm 的宽谱吸收，该吸收可归结于冲击诱导致使 TiO₂ 晶格中产生氧空位缺陷及 Ti^{3+} 等新的光吸收中心[8]。X 射线光电子能谱仪测定的样品 98 及 99 的氮元素浓度 X_N 分别为 2.72% 和 3.93%（见表 2）。

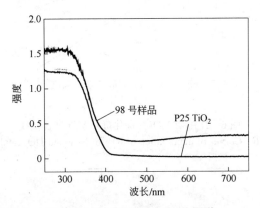

图 4　N 掺杂 TiO₂ 的 UV-Vis 图谱
Fig.4　UV-Vis spectra of N-doped TiO₂

3.3　可见光催化活性评价

对 N 掺杂 TiO₂ 样品进行了可见光催化降解 MB 及 RB 的效果评价，结果如图 5、图 6 及表 2 所示。冲击掺杂样品对 MB 的催化降解表现出明显的两段式降解，即前 15min 的吸附(adsorption)及其后的光催化降解(photocatalytic degradation)。根据吸附后的吸光度与初始吸光度的比值（A/A_0）计算得到吸附活性为 $A_{MB,ads}$(99 号)>$A_{MB,ads}$(98 号)，与比表面积有较好对应；但随后的光催化降解活性为 $A_{MB,photocata}$(98 号)>$A_{MB,photocata}$(99 号)。对于 RB 的降解，回收样品没有表现出明显的吸附效应，而是满足较典型的一级反应动力学关系，降解活性为 $A_{RB,photocata}$(98 号)>$A_{RB,photocata}$(99 号)。可见，98 号样品对两种染料都有最优的可见光降解作用。结合表 2 数据可知，样品 98 的比表面积适中，氮元素掺杂浓度较低，但飞片速度最高，冲击压力和温度最高，因此其较高的光催化活性可能与冲击诱导产生的缺陷浓度有关，对此还需进行更深入的研究。

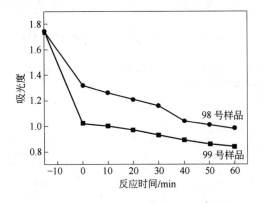

图 5　N 掺杂 TiO₂ 光催化降解亚甲基蓝曲线
Fig.5　Curves of degradation of MB for N-doped TiO₂ catalysts

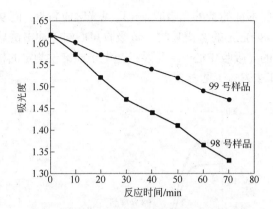

图 6　N 掺杂 TiO_2 光催化降解罗丹明 B 曲线

Fig.6　Curves of degradation of RB for N-doped TiO_2 catalysts

4　结论

本文利用冲击波方法得到具有高比表面积的纳米锐钛矿相 TiO_2，并以双氰胺为掺杂源同步实现了 N 元素的原位掺杂。冲击氮掺杂浓度为 3%~4%，能带宽度变化较小。冲击氮掺杂样品对亚甲基蓝和罗丹明 B 染料有较好的吸附和可见光催化降解作用，其中高飞片速度处理的样品具有更高的光催化降解活性。

参 考 文 献

[1]　Graham R A. 固体的冲击波压缩: 力学、物理和化学[M]. 贺红亮,译. 北京: 科学出版社, 2010: 179.

[2]　Thadhani N N. Shock-induced chemical reactions and synthesis of materials[J]. Prog.Mater. Sci., 1993, 37: 117~226.

[3]　杨世源, 金孝刚, 王军霞, 等. 冲击波加载技术及其在材料研究中的应用[J]. 材料研究学报, 2008, 22(2): 120~124.

[4]　Thadhani N N. Shock-induced and shock-assisted solid-state chemical reactions in powder mixtures [J]. J ApplPhys, 1994, 76(4): 2129~2138.

[5]　Asahi R, Morikawa T, Ohwaki T, et al. Visible-Light Photocatalysis in Nitrogen-Doped Titanium Oxides[J]. Science, 2001, 293(13): 269~271.

[6]　方晓明,张正国,陈清林. 具可见光活性的氮掺杂二氧化钛光催化剂[J]. 化学进展, 2007, 19 (9): 1282~1290.

[7]　Gao X, Liu J J, Chen P W. Nitrogen-doped titaniaphotocatalysts induced by shock wave[J]. Mater. Res. Bull., 2009, 44: 1842~1845.

[8]　Gao X, Chen P W, Liu J J. Enhanced visible-light absorption of nitrogen-doped titania induced by shock wave[J]. Mater. Lett., 2011, 65: 685~687.

激波合成纳米聚晶立方氮化硼
——立方氮化硼磨刃具是加工黑色金属及其合金之王

邵丙璜　　张晓堤

（中国科学院力学研究所，北京，100190）

摘　要： 立方氮化硼（cBN）具有仅次于金刚石的高硬度，耐高温性能好于金刚石。它与黑色金属不发生化学反应。由于这些特性，用它加工黑色金属及其合金成为最佳选择。但单晶立方氮化硼冲击韧性差，用它烧结的刃具容易崩落，影响了它的应用。

国内外采用的柱面收缩爆炸法只能合成出 wBN，其硬度低于 cBN，但韧性比 cBN 好。日本将单晶 cBN 与 wBN 以 4/6 混合比烧结成刃具，获极佳的切削效果并已投放市场。

本文作者用激波法合成的高压相氮化硼，每公斤炸药的产率为国内外其他方法的 3～5 倍。其组分为 cBN/wBN=38/62，接近理想的比值 4/6。由于激波合成的 cBN 和 wBN 均为纳米聚晶，所以有更高的冲击韧性，其烧结的刃具可望广泛用于汽车、造船、航空发动机等传统支柱产业。

关键词： 立方氮化硼；刃具；激波法

Shock Wave Synthesis of Nanometer Polycrystalline Cubic Boron Nitride
—Cubic Boron Nitride Cutting Tools is the King of Machining Ferrous Metals and Its Alloys

Shao Binghuang　　Zhang Xiaodi

(Institute of Mechanics, Chinese Academy of Sciences, Beijing, 100190)

Abstract: The hardness of Cubic Boron Nitride (cBN) is only lower than diamond. Its heat-resistant property is better than diamond. There is no chemical reaction between it and ferrous metals. So it is the best choice for machining of ferrous metals and its alloys. But the impact toughness of single crystal cBN is poor.

Its sintered cutting tools are easy to crack. So its applications are restricted. Currently using cylindrical contraction explosive method can only synthesize wBN, its hardness is less but toughness is better than cBN.

When the mixing ratio of single crystal cBN and above wBN equals to 4/6 , the sintered cutting tools obtained very good cutting effect in Japan and have been put in market. The authors synthesized high-pressure phase Boron Nitride by shock wave method. The yield rate per kg explosive is 3-5 times of other methods. Its component of cBN/wBN is 38/62 near the ideal 4/6 and both cBN and wBN are polycrystalline. So they have higher impact toughness. It can be expected that the sintered cutting tools

作者信息：邵丙璜，研究员，zxt@imech.ac.cn。

by above cBN/wBN are widely used in machining of automobile, shipbuilding, aero-engine and other traditional pillar industries.

Keywords: cubic BN; cutting tools; shock wave synthesis

1　概况

氮化硼（BN）与碳类似，有三种同素异构体，其低密度相与石墨一样为六方层状结构，称为 graphete BN 或 hexagonal BN，简称 gBN 或 hBN；其致密相与金刚石一样，与立方金刚石（cubic diamond）对应的为闪锌矿型氮化硼（zinc blend BN），简称 cBN 或 zBN，与六方金刚石（hexagonal diamond）对应的为纤锌矿型氮化硼(wurtzite BN)，简称 wBN。致密相氮化硼的人工合成是继人造金刚石试制成功以来超硬材料发展史中的又一重大突破。虽然其硬度较金刚石略低，但它具有优于金刚石的耐高温性能以及不与铁族金属及其合金发生反应的特性。它在机械加工领域显示了比金刚石更优越的综合性能。尤其在加工黑色金属及其合金等硬而韧的材料时，不仅加工精度高，光洁度好，而且加工效率高，其金属的除去率是金刚石的 10 倍，且被加工的工件表面无裂纹，无烧伤，提高了工件的疲劳强度，耐用度也相应提高了几倍乃至十几倍，经济效益显著，综合加工成本可降低百分之几至十分之几，这些优点是其他材料难以达到的。因而其应用范围日益广泛。金刚石与致密相氮化硼性能比较见表1。在发达国家，cBN 与金刚石应用的比例为 1:8，而我国目前仅为 1:40。以美国为例，20世纪 90 年代前期其磨料市场变化趋势是陶瓷类磨料逐年减少，而金刚石和立方氮化硼磨料则分别以每年 8% 和 17.3% 的速度增长，cBN 是所有磨料中市场份额增长速度最快的一种。在我国，随着先进生产线的大量引进，特别是在作为支柱产业的汽车工业和航空工业发展的带动下，今后 20 年内对 cBN 的需求量必将增加。但与此同时，对 cBN 产品质量也将提出更高的需求。这些都为发展爆炸合成立方氮化硼提供了良好的外部环境。

表 1　金刚石与致密相氮化硼性能比较
Table 1　Performance comparison between diamonds and dense form BNs

材料性能	静压法 立方金刚石	静压法 六方金刚石	静压法 cBN	静压法 wBN	激波法 wBN
晶格常数/Å	3.567	a=2.52 c=4.12	3.615	a=2.55 c=4.20	a=2.55 c=4.20
密度/g·cm^{-3}	3.515	3.515	3.48	3.43	3.10~3.38
显微硬度/GPa	100	100	80~90	70~80	70~80
最小原子间距/Å	1.54	1.54	1.56	1.56	1.56
空气中热稳定性/℃	700~800	500~600	1300~1400	800~900	650~780
晶型	闪锌矿型	纤锌矿型	闪锌矿型	纤锌矿型	纤锌矿型
与铁族的化学惰性	小	大	大	大	大

自然界有碳的致密相，即天然金刚石。但却不存在致密相氮化硼。致密相氮化硼全部依靠人造。1955 年美国 GE 公司的 Wentorf 在静高压及高温条件下首先合成出 cBN。1967 年，苏联科学院化学物理研究所用激波方法合成出 wBN。但 wBN 是亚稳相，其硬度和热稳定性均低于 cBN。20 世纪 70 年代苏联和日本相继实现了激波法合成 wBN 的工业化生产。80 年代，以致密相氮化硼为基体烧结成的超硬刀具进入了商品市场。其中以日本油脂公司的

Wurzin 和前苏联的 Гексанит-P 等品牌最为著名。直径 20mm 的氮化硼刀片，每片售价高达 200 美元。在日本致密相氮化硼产品的销售量每年递增约 20%。据悉，日本油脂公司每年从美国进口约 150 万克拉 cBN 微粉，价格为 3 美元/ct。wBN 微粉国际市场价格约为 1 美元/ct。

　　静压法合成致密相氮化硼的方法与合成金刚石相似。以叶蜡石为传压介质，以石墨管为加热器。在压力为 11GPa，温度 1200℃ 条件下，高度结晶的三维有序结构的 gBN 约 95% 转变为 wBN。因为 11GPa 的压力已接近静压法能力的上限，顶锤的损坏率很高。为得到稳定相的 cBN 则必须加入金属触媒。在 600×6t 的压机上，cBN 的单产为 4~5ct，约需 10min。在大吨位大腔体压机上单产可达 40~50ct。静压法 cBN 的粒度通常在几十微米左右，国内售价约 3 元/ct。

　　由于静压法合成 cBN 是在相平衡线附近，通过缓慢生长过程形成单晶，因而与静压法合成的金刚石一样存在解理面，在冲击载荷下极易沿解理面断裂。70/80 目粒度的优质静压法金刚石，其抗压强度为 4~12kg，相应粒度的静压法 cBN 抗压强度仅为 2~2.8kg。这对于要承受高速断续切削的刀具来讲是一个很大的缺陷，它大大地妨碍了静压法合成 cBN 单晶的开发应用。

　　激波法合成的 wBN 虽然硬度和热稳定性均不如 cBN，但由于它是在远高于相平衡线压力的条件下（20~60 GPa，1000~2000℃）生成，因而成核率极高。在 1~2μs 时间内已形成大量纳米晶粒（粒径 5~10nm），这些纳米晶粒聚集形成平均粒径为 0.1~0.3μm 的聚晶微粉。用这种纳米晶构成的微粉烧结的刀具各向同性无解理面，因而冲击韧性极好。

　　20 多年来，实现用激波法合成 cBN 一直是人们的努力方向。但由于激波载荷作用时间极其短暂，相变只能以结构直接转变方式进行，因此目前国内外尚未找到可规模化生产的激波合成 cBN 的方法。

　　我国 20 世纪 70 年代曾进行过激波合成致密相氮化硼的实验研究。80 年代北京理工大学、四川工程物理研究院流体物理研究所等单位开展了许多研究工作，其产物也均为 wBN。目前国内外激波合成 wBN 的方法大致相似，均为柱面收缩或驱动管法。表 2 概括了他们的研究结果。

表 2　国内外激波合成 wBN 结果对比
Table 2　Comparison of wBN synthesized by shock home and abroad

国家或单位	单次炸药用量/kg	wBN 的单次产量/g	转化率/%	每 1kg 炸药 wBN 的产量/g
前苏联	25	300	90	12
日本油脂	2.6	24~30	64	10
四川流物所	2.1	30~35	99	15~17
北京理工大学	0.25	4	40	16

2　静压法 cBN+激波法 wBN 制成的复合刀具

　　由于静压法合成的 cBN 容易沿解理面断裂，因而以它为主要成分烧结成的刀具，包括一些著名品牌如 Compact(美)、Amborite(英)、SBN（日）、Злъбора（俄）、LDP-J-CFⅡ（中国）都普遍存在抗冲击强度低的问题，且抗挠曲、抗断裂强度也不理想，这成了静压法合成的 cBN 刀具大规模应用的障碍。而以 wBN 为主要成分制成的刀具具有较好的冲击韧性，但硬度又达不到大于 30 GPa 的要求。因此从 20 世纪 80 年代开始，日本油脂公司和前苏联研制了以爆炸合成的 wBN 和静压法合成的 cBN 混合制成的刀具，其品牌分别为 Wurzin 和 Гексанит-Р，取得良好效果，并且申请了专利，如图 1 所示。

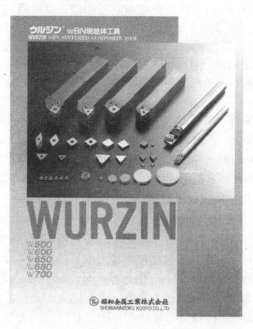

图 1　日本专利信息
Fig.1　Japan patent information

以烧结金刚石制品性能为参照，上述制品的性能数据见表 3。

表 3　氮化硼及其制品的性能对比
Table 3　Performance comparison of cBN and its products

材料或品牌	密度/ $g \cdot cm^{-3}$	维氏硬度/GPa	弹性模量/GPa	抗压强度极限/GPa	抗挠曲强度极限/GPa
金刚石	3.52	100	1160	8.7	0.29
cBN	3.45~3.47	80	720	5.2	—
Злъбора	3.31~3.39	70	665~885	1.9~2.1	—
Гексанит-Р	3.41~3.44	80	720~820	3.0~4.0	1.20
Amborite	3.12	40	680	—	0.57
Wurzin	3.48	43	—	—	0.81
LDP-J-CFⅡ	3.46	80	—	—	0.45~0.53

其中以乌克兰材料科学研究所生产的 Гексанит-Р 综合性能最好。它是由粒度为 0.1～0.3μm 的 wBN 和 cBN 组成的。配比为 wBN /cBN=40/60 时性能综合性能最好。这类刀具可在无冷却润滑剂的干燥状态下高速切削硬度为 R_c=60～63 的淬火钢。连续切削 60min 后刀具磨损仅为 0.2mm 左右。这种持续切削的性能保证了长时间的连续生产而不必停机更换刀具，对现代化生产线具有重要意义。有关测试结果表明，提高 wBN 的含量可提高刀具的抗冲击性能，但降低了硬度和耐磨性。反之，提高 cBN 的含量可提高其硬度和耐磨性，但抗冲击性

能下降。

3 激波合成 cBN 的研究工作

2000 年作者开展了激波合成致密相氮化硼的理论分析和实验研究工作，并取得了令人鼓舞的结果。从试验的结果看，其致密相氮化硼的组合，接近由理想的 cBN/wBN=60/40 所组成，且每公斤炸药的氮化硼产量约 150ct，远高于国内外激波法合成 wBN 的先进水平。更重要的是我们的技术路线有别于国内外各家所使用的路线，十分便于规模化生产。在产品性能上除耐高温外，有望实现既具有高硬度又具有良好的抗冲击性。日本油脂公司曾表示如果我们能用激波法合成 cBN 或 cBN 与 wBN 的混合物，而且技术路线是可以规模化生产的，他们愿投资合作。图 2 和图 3 所示分别为作者合成的立方氮化硼的扫描电镜和透射电镜照片。

图 2　激波合成立方氮化硼扫描电镜照片
Fig.2　The scanning electron micrograph image of cBN by shock

由图 2 可见，颗粒呈团球状，平均尺寸在 0.3μm 左右。图 3 所示透射电镜图显示了亚微米颗粒的聚晶结构，黑色是纳米晶粒，白色为晶界。

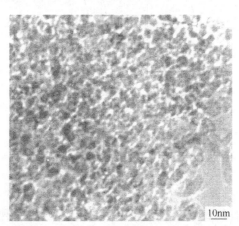

图 3　激波合成 cBN 的透射电镜图(800000×)
Fig.3　The transmission electron microscope image of cBN by shock (800000×)

图 4 所示为激波合成致密相氮化硼的 X 射线衍射峰图。其中 1 号峰对应 wBN 的（100）

面，2 号、3 号、4 号峰分别对应 cBN 的（111）、（220）和（311）面。根据 1 号、2 号峰的高度可估算出 cBN 与 wBN 的重量比约为 62:38。如前所述，采用这样的混合比烧结的刀具综合性能接近最佳。根据 X 射线衍射峰的半高宽，利用 Scherrer 公式计算出的晶粒尺寸约为 8nm。这表明，激波合成的 cBN 和 wBN 微粉是由数以千计的纳米晶通过不饱和键结合而成的。这使它具有很高的硬度和热稳定性，同时又具有纳米材料超常的强度和韧性，从而赋予了它独一无二的物理性能，使它从性能上优于静压法的 cBN。

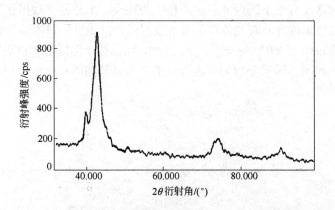

图 4　cBN（含 wBN）的 X 射线衍射峰图（最高峰为 cBN 主峰，其左侧小峰为 wBN 主峰）
Fig. 4　X-ray diffraction peak figure of cBN with wBN (The highest point is cBN's main peak, and the lower one on its left is wBN's main peak)

图 5 所示为粒度分布曲线，D_5=135nm，D_{95}=599nm，平均粒径为 284nm。

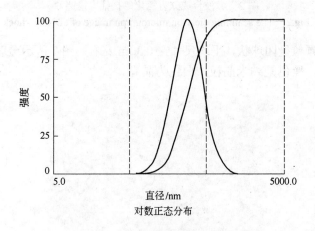

图 5　粒度分布曲线
Fig. 5　Grain size distribution curve

众所周知，立方金刚石和 cBN 具有相似的晶体结构，只是金刚石的层间距更小，因而密度更大硬度更高。表 4 列出了由 X 射线衍射测定的立方金刚石、激波合成的 cBN 和静压法 cBN 的层间距。不难看出，激波合成的 cBN 的层间距小于静压法 cBN 而更接近立方金刚石。这可能预示激波合成的 cBN 具有不同于静压法 cBN 更好的物理性质。

表4　立方金刚石、激波合成的 cBN 和静压法 cBN 的层间距
Table 4　Interlayer spacing of cubic diamond, cBN by shock and cBN by static pressure　(Å)

晶面（h k l） 材 料	立方金刚石	激波合成的 cBN	静压法 cBN
111	2.0600	2.0652	2.0872
220	1.2610	1.2650	1.2786
311	1.0754	1.0788	1.0999

4　致密相氮化硼的应用

目前在我国尚未见到用静压法 cBN+激波法 wBN 制备复合磨具、刃具的报道。1997 年西南流体物理研究所报道了他们用激波法 wBN 经高温高压制成烧结体，并以此为原料压制成树脂结合剂的砂轮。据称其磨削强度和效率均达到日本进口同类产品的技术指标，而砂轮磨耗仅为日本的 1/2 到 1/3，价格仅为日本的 1/5 左右。

在静压法 cBN 的开发中，由于材料性质的原因，用在刀具方面尚少且主要用于砂轮。日本生产的 cBN 砂轮有树脂结合剂、陶瓷结合剂以及金属结合剂等种类。其中陶瓷结合剂砂轮其金属磨除率为普通陶瓷砂轮的 300~600 倍，表面加工精度可达 $Ra0.03\mu m$。cBN 砂轮的初始成本虽然很高，但 DeBeers 公司制造的一片 cBN 砂轮可刃磨 8000 个端面铣刀，而采用刚玉砂轮则需 200~400 片。这样，用刚玉砂轮的费用反而是 cBN 砂轮的 25~50 倍。据 1998 年的统计，国外汽车工业中用超硬材料的磨具、刃具加工的零部件达 100 多种，其中 cBN 磨具用于关键的汽车零部件如曲轴、活塞环、耐磨轴承等，已融入其大生产流水线。

各国 cBN 刀具的规格品种虽然很多，使用效果也各异，但制作工艺大体相同。对于 cBN 刀具的开发，国外著名大公司如美国的 GE、英国的 DeBeers 以及日本的住友、东芝等一直在进行不断的改进。我国原北京冶金工业局超硬材料研究所在 cBN 刀具的研制方面也取得了可喜的结果。cBN 刀具虽有诸多优越性，但使用量占整个刀具的比例尚小。以美国 1996 年统计资料为例，金属切削刀具总耗费为 600 亿美元，而 cBN 刀具仅为 6 亿美元左右。这主要是由于静压法得到的单晶 cBN 的脆性造成的。由纳米晶构成的激波法 cBN，其良好的韧性有可能根本上改变这种状况。此外，激波法单次产量为静压法的十几倍到几十倍，后处理工艺简单，这些优点可使激波法 cBN 的成本较低廉。如果今后我们的产品能在美国刀具市场占据 1% 的份额，其产值可达 6 亿美元。这是一个相当诱人的前景。

目前我们看到的是激波合成 cBN 纳米晶的潜在优势，要变成现实优势还要通过许多艰苦的工作。必须看到我们的竞争对手是传统 cBN 产业的巨人，我们不仅要有科研技术的升级，还要包括卓有成效的经营管理和市场营销。

5　开展激波合成研发工作所需的条件

发展高科技产业既有非常诱人的前景又比传统产业有更多的未定因素和风险。由于激波合成致密相氮化硼所需要的主要设备条件和激波合成金刚石十分相似，因此在规模化生产纳米聚晶金刚石的厂家，都具有研发激波合成致密相氮化硼的有利条件。生产纳米聚晶金刚石的公司可考虑将激波合成致密相氮化硼作为下一步的研发项目，纳入规划，在条件成熟时，

进行规模化生产。为此在规划时，需适当扩大现有厂区，以便建立相应的提纯车间、制品车间和附属建筑。其规模化后的经济效益大致与纳米聚晶金刚石相当。

参 考 文 献

[1] Colebure N L, Forbes J W, The Journal of Chemical Physics, 1968, 48(2): 15.

[2] Gust W H, Young D A. Physical Review, 1977, 15(10):15.

[3] Gust W H. Physical Review B,1980, 22(10):4744.

[4] 贺红亮，金孝刚，何家清，王龙书. 爆轰波与冲击波，1992(3):22.

[5] 沈金华. 爆轰波与冲击波，1992(3): 28.

[6] Akashi T, Araki M. 切削工具用的高密度氮化硼烧结体及其制造方法[J]. 爆轰波与冲击波，1992(4):35.

[7] 谭华，韩钧万，贺红亮，王小江. 高压物理学报，1995, 9(1): 53.

[8] 牟瑛琳，恽寿榕，任业军. 爆炸与冲击，1993, 13(3): 205.

[9] 李晓杰，李永池，董守华. 金刚石与磨料磨具工程，1995, 6(90):2.

[10] WURZIN. wBN 烧结体工具产品说明书，日本油脂公司-昭和金属工业公司.

纳米金刚石的化学改性及其摩擦学性能研究

柯　刚[1]　浣　石[1,2]

(1. 广州大学减震控制与结构安全国家重点实验室，广东广州，510405;
2. 广州大学军事技术研究院，广东广州，510006)

摘　要：分散性差是严重制约纳米金刚石应用的重要原因。通过多步化学反应对纳米金刚石进行改性，得到表面带有氨基官能团、纳米金刚石含量(质量分数)为 29.9%的改性纳米金刚石。激光粒度和 TEM 分析表明，改性纳米金刚石的分散性得到显著改善，能稳定分散于无机或有机酸溶液以及丙酮、CH_2Cl_2、NMP、DMF、DMAc、DMSO 等常见有机溶剂中。采用 MMW-1 型立式万能摩擦磨损试验机考察了该改性纳米金刚石作为新型油基极压润滑添加剂的摩擦学行为，结果表明，改性纳米金刚石能改善摩擦副的微观磨损状态，显著增强基础油的抗磨性能，基础油中纳米金刚石含量(质量分数)为 0.6%时，其极压值可提高 42%，摩擦因数降低 19.0%，磨斑直径降低 15.4%，且磨斑较难分辨。进一步开发出一种含 5%的改性纳米金刚石的水基润滑液。该水基润滑液的 P_B 达到 121 kg，$P_D \geqslant 800$ kg，且对铁铜的腐蚀性和防锈性达到水基润滑液的国家标准，能满足切削、磨削、攻丝、精密深孔加工等水基润滑领域的要求。

关键词：纳米金刚石；化学改性；分散性；摩擦学性能；水基润滑液

Study on Chemical Modification and Tribology Properties of Nanodiamond

Ke Gang[1]　Huan Shi[1,2]

(1. State Key Laboratory for Seismic Reduction/Control and Structural Safety,
Guangzhou University, Guangdong Guangzhou, 510405;
2. Military Technology Research Institute, Guangzhou University,
Guangdong Guangzhou, 510006)

Abstract: Bad dispersibility is a major cause that hinders the application of nanodiamond (ND) severely. In this paper nanodiamond with amino functional groups was obtained through multi-step chemical reactions, and content of the nanodiamond in the modified nanodiamond is about 29.9 wt%. Laser Granularity and TEM results indicated the dispersibility of the nanodiamond was much improved. The modified nanodiamond can disperse stably in inorganic or organic acidic aqueous solution, as well as common organic solvents such as acetone, CH_2Cl_2, NMP, DMF, DMAc and DMSO. Therefore, as a novel oil-based load-carrying lubricant additive, tribology behavior of the modified nanodiamond was further studied on the MMW-1 mode universal friction wear testing machine. Results showed that the modified nanodiamond could improve the microcosmic abrasion condition of friction pairs obviously, and enhance the wear resistant performance of base oil remarkably. While content of the modified

作者信息：柯刚，博士，kegang@gzhu.edu.cn。

nanodiamond amounted to 0.6 wt%, the load-carrying value of the base oil increased by 42%, the friction factor decreased by 19.0%, and the wear spot diameter reduced by 15.4%. In addition, it was difficult to identify the wear spot. A water-based lubricant with 5wt% content of the modified nanodiamond was further developed. P_B of the lubricant is 121 kg, and P_D is above 800 kg. Iron copper corrosion and rust resistance of the lubricant measure up to national standard of water-based lubricant. The lubricant can meet the requirements of water-based lubrication, such as cutting, grinding, tapping, precision deep hole processing, and etc.

Keywords: nanodiamond; chemical modification; dispersion; tribology properties; water-based lubricant

1　引言

　　由于纳米金刚石(nanodiamond, ND)比表面大，比表面能高，处于热力学不稳定状态，容易发生团聚为微米级，最终形成较大的块状聚集体而在润滑介质中沉淀下来，从而丧失其作为纳米粒子所具有的独特功能，严重影响了纳米金刚石的应用。这是纳米金刚石诞生 20 多年来一直未能大量应用的重要原因。因此如何有效改善纳米金刚石在介质中的分散性，并增强其稳定性是一个急待解决的关键性问题。

　　目前，国内外对纳米金刚石的分散技术主要有物理分散(如超声分散等)及化学分散(如表面活性剂分散等)两类[1]。由于巨大的比表面吸附是纳米金刚石易于团聚的内在因素，超声分散及表面活性剂分散方法并没有从本质上改变其比表面能，因此只能形成亚稳态的分散体系，需尽快使用从而避免纳米金刚石的重新团聚[2]。而且，大量表面活性剂的使用还会带来成本大幅上升、电化学腐蚀和环保等问题。为了从根本上改善纳米金刚石在介质中的分散效果，得到具有可溶性、分散性好、长期稳定、粒径小、粒径分布窄的纳米粒子，必须采取化学改性的方法，在分子水平上对纳米金刚石进行修饰，削弱纳米粒子的表面吸附作用，使纳米粒子间的排斥作用能显著增强，有效阻止纳米粒子的重新聚集，从而实现纳米金刚石在介质中的溶解和稳定分散[3]。着眼于纳米金刚石在油基和水基润滑领域的应用，本文采用多步化学反应对纳米金刚石进行表面改性，并研究改性纳米金刚石的摩擦学性能。

2　纳米金刚石的化学改性

　　如图 1 所示，为减小纳米金刚石的团聚程度，首先在 261r/min 的转速下将原始纳米金刚石球磨 24 h，以增强其分散性，随后对其进行纯化处理，以除去样品中的杂质，如纳米石墨、

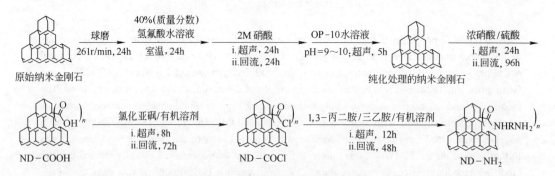

图 1　纳米金刚石的化学改性过程

Fig.1　Scheme of chemical modification of the ND

无定形碳、金属碎屑等[4]。为有效增强纳米金刚石与有机二元胺化合物的化学反应活性，实验中进一步采取了强酸氧化，使纳米金刚石表面带上—COOH 官能团，再将—COOH 转变为活性更强的—COCl 基团。在此基础上，选择活性较强的有机二元胺化合物 1,3-丙二胺，通过亲核取代反应，在纳米金刚石表面引入活泼的氨基，得到化学改性的纳米金刚石($ND-NH_2$)。根据 TG 测试数据(如图 2 所示)推算，$ND-NH_2$ 中纳米金刚石的含量(质量分数)约为 29.9%。

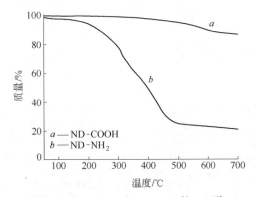

图 2　$ND-COOH$ 和 $ND-NH_2$ 的 TG 谱
Fig.2　TG thermograms of ND-COOH and ND-NH$_2$

3　改性纳米金刚石的分散性

原始纳米金刚石和 ND-COOH 无法在溶剂中溶解，只能在超声等条件下不稳定分散。纳米金刚石经化学修饰在表面引入氨基官能团后，其分散性得到显著改善。测试结果表明，改性纳米金刚石能稳定分散于醋酸、稀盐酸、稀硫酸等酸溶液以及丙酮、CH_2Cl_2、NMP、DMF、DMAc、DMSO 等常见有机溶剂中。

将改性纳米金刚石在 2%(质量分数)的稀硫酸水溶液中溶解，配置成浓度为 4.5 mg/mL 的溶液，同时配置相同浓度的原始纳米金刚石的稀硫酸悬浮液作对比，在相同条件下采用激光粒度分析仪进行测试，结果表明，原始纳米金刚石的平均粒径达 3.301 μm (如图 3(a)所示)，而改性纳米金刚石的分散性显著改善，其平均粒径降低至 0.166 μm (如图 3(b)所示)。

原始纳米金刚石与改性纳米金刚石的 TEM 照片(分散剂均为乙醇)如图 4 所示，可见，原始纳米金刚石无法分散，团聚严重；经化学改性后，纳米金刚石能方便地分散，其团聚现象得到显著改善。在相同放大倍数下比较，以图 4 (a)与图 4(b)作比较，改性纳米金刚石形成的典型团聚体的最长粒径为 100~200 nm，远小于原始纳米金刚石团聚体的粒径。该 TEM 结果与激光粒度分析一致，表明经化学改性后，纳米金刚石粒子的表面吸附作用逐步被削弱，使纳米粒子间的排斥作用能逐步增强，有效阻止了纳米粒子的重新聚集，从而显著改善了纳米金刚石的分散性。这为其在润滑领域的应用提供了良好的基础。

4　改性纳米金刚石的摩擦学性能

选取市售的长城金吉星润滑油为基础油,采用立式万能摩擦磨损试验机(MMW-1 型)来评价改性纳米金刚石在基础油中的摩擦学性能。图 5(a)所示为 $ND-NH_2$ 的浓度与基础油的承载能力(P_B 值)的关系：基础油中添加 0.1%(质量分数)的 $ND-NH_2$ 后，其 P_B 值由 647 N 跃升至

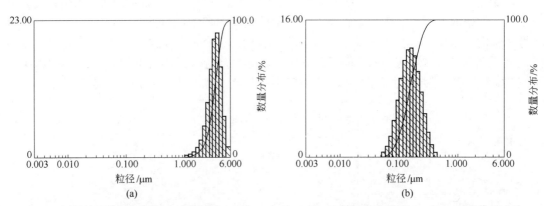

图3　原始纳米金刚石的稀硫酸悬浮液(4.5 mg/mL)及 ND-NH$_2$ 的稀硫酸溶液(4.5 mg/mL)的粒度分布
(a) 原始纳米金刚石的稀硫酸悬浮液的粒度分布; (b) ND-NH$_2$ 的稀硫酸溶液的悬浮液粒度分布
Fig.3　Granularity distributions of suspension of raw ND in diluent sulfuric acid (4.5 mg/mL) and
solution of the ND-NH$_2$ in diluent sulfuric (4.5 mg/mL)
(a) granularity distributions of suspension of raw ND in diluent sulfuricaid; (b) granularity distributions of solution of the
ND-NH$_2$ indiluent sulfuric

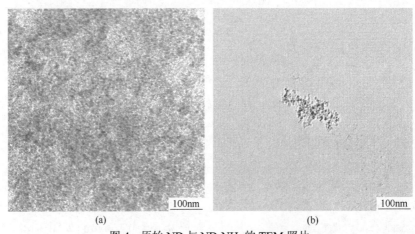

图4　原始 ND 与 ND-NH$_2$ 的 TEM 照片
(a) 原始 ND 的 TEM 照片; (b) ND-NH$_2$ 的 TEM 照片
Fig.4　TEM images of raw ND and the ND-NH$_2$
(a) TEM images of raw ND; (b) TEM images of the ND-NH$_2$

803 N，表明油品的承载能力大幅度提高；而且，ND-NH$_2$ 的浓度与 P_B 值之间基本表现为线性关系，随纳米金刚石衍生物浓度增加，P_B 值稳定上升，含 0.35%(质量分数)ND-NH$_2$ 的基础油 P_B 值为 862 N，含 0.6 %(质量分数)时 P_B 值达最高值 921 N，说明改性纳米金刚石的加入可显著提高基础油的承载能力。

　　在相同条件下，ND-NH$_2$ 的浓度与基础油摩擦系数的关系如图 5(b)所示，可见浓度较低时，基础油的摩擦系数值虽然下降，但变化并不显著：如在基础油中添加 0.1%(质量分数)的 ND-NH$_2$，其摩擦系数的降低幅度为 3.8%；含 0.35%(质量分数)的 ND-NH$_2$ 的摩擦系数较基础油的降低 6.4%。而当浓度达到 0.6 %(质量分数)时，摩擦系数显著降低至 0.0661，降低幅度达 19.0%。

图 5(c)所示为在相同条件下，ND-NH$_2$ 的浓度与基础油磨斑直径(D 补偿系数 = 1.05)的关系，可见随浓度增加，其磨斑直径逐步降低：如在基础油中添加 0.1 %(质量分数)的 ND-NH$_2$，其磨斑直径的降低幅度为 5.1%；含 0.35%(质量分数)的 ND-NH$_2$ 时磨斑直径为 0.375 mm，较基础油的降低 8.5%。而当浓度达到 0.6 %(质量分数)时，磨斑直径显著降低至 0.347 mm，降低幅度达 15.4%。

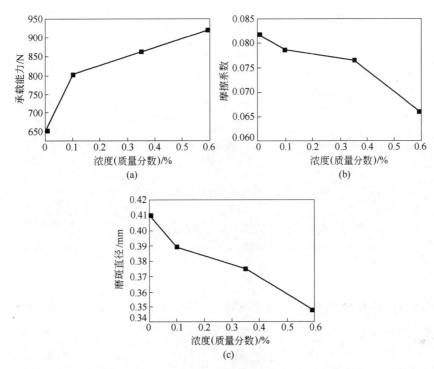

图 5   ND-NH$_2$ 的浓度与基础油承载能力、摩擦系数和钢球磨斑直径(载荷 647N；时间 10s)的关系
(a) ND-NH$_2$ 的浓度与基础油承载能力的关系；(b) ND-NH$_2$ 的浓度与摩擦系数的关系；(c) ND-NH$_2$ 的浓度与钢球磨斑直径的关系
Fig.5   Relationships of concentration of the ND-NH$_2$ with load-carrying performance of base oil, friction factor and wear spot diameter of steel balls (load: 647 N; period: 10s)
(a) relationships of concentration of the ND-NH$_2$ with load-carrying performance of base oil; (b) relationships of concentration of the ND-NH$_2$ with friction factor; (c) relationships of concentration of the ND-NH$_2$ with wear spot diameter of steel balls

上述讨论结果说明，基础油中添加 0.6%(质量分数)的 ND-NH$_2$ 后具有较好的润滑性能。进一步考察该浓度下，改性纳米金刚石用作润滑添加剂的磨斑直径与载荷的关系。如图 6 所示，在载荷低于 862 N 时，随着载荷的升高，磨斑直径近似于线性增加；而载荷高于 862 N 后，磨斑直径的增加幅度变大。

进一步采用 SEM 对改性纳米金刚石作为基础油润滑添加剂在长磨试验(647N，30min)中钢球的磨损表面进行了分析。同等条件下，用基础油作为对比。图 7 所示分别为基础油以及添加了 0.1 %、0.35 %和 0.6 % (质量分数)的 ND-NH$_2$ 的基础油的磨斑形貌。可见，基础油的磨斑明显较大，且磨斑上有深的划痕，从其磨斑区局部放大图上可见，磨痕旁边还有许多细小划痕，表明在基础油润滑下，出现了较严重的滑动磨损。添加 0.1 %(质量分数)的 ND-NH$_2$ 后，基础油的磨斑减小，磨痕也减少；添加 0.35%(质量分数)的 ND-NH$_2$ 后，基础油的磨斑继续变小，磨痕显著变细变浅，且较均匀，说明摩擦处于正常磨损状态；最为特别的是，当

ND-NH$_2$ 的浓度达到 0.6%(质量分数)后，基础油的磨斑在 SEM 下难以直接分辨(图 7(d)左上角黑色物质即为在光学放大镜下查找磨斑所作标记)，磨痕很浅、细微且均匀，说明改性纳米金刚石的存在能明显改善摩擦副的微观磨损状态，显著提高基础油的抗磨性能。

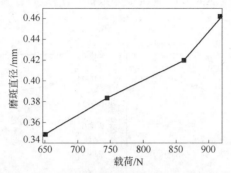

图 6　含 0.6%(质量分数) ND-NH$_2$ 的基础油的磨斑直径与载荷的关系
Fig.6　Relationship of load with wear spot diameter of base oil containing 0.6 wt% ND-NH$_2$

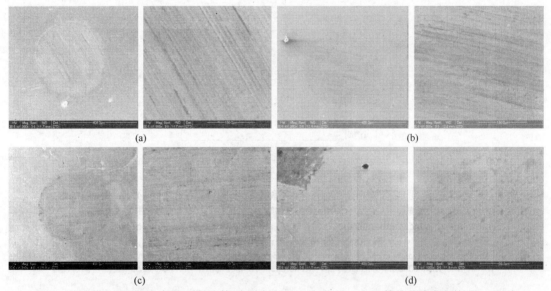

图 7　基础油及 ND-NH$_2$ 含量(质量分数)分别为 0.1 %、0.35 %、0.6 %的基础油磨斑的 SEM 照片
Fig.7　SEM photographs of wear spots of base oil, and base oil containing
0.1 wt%, 0.35 wt%, 0.6 wt% of ND-NH$_2$

　　上述摩擦学研究结果说明，表面带有活泼氨基的改性纳米金刚石能明显改善摩擦副的微观磨损状态，显著增强基础油的抗磨性能。含 0.6% (质量分数)ND-NH$_2$ 的润滑油，其极压值为基础油的 1.42 倍，摩擦系数降低 19.0%，磨斑直径降低 15.4 %；磨斑较难分辨，磨痕很浅、细微且均匀。

　　纳米金刚石衍生物在油基条件下的摩擦学性能评估表明，改性纳米金刚石 ND-NH$_2$ 是一种性能优良的新型极压润滑添加剂。课题组进一步在自主研制的水基基础液配方基础上，以改性纳米金刚石为极压润滑添加剂，并引入聚合酯惰性润滑防锈添加剂，研发水基润滑液。课题组的水基基础液主要配方包含三乙醇胺、聚醚改性聚二甲基硅氧烷、氯化锌和

P103(BASF 公司产品)；聚合酯功能添加剂采用十八烷基聚氧乙烯醚膦酸酯钠。按 GB/T 3142—1982(2004)测试该水基基础液的烧结负荷 P_D 为 2380N。

进一步按 GB/T 3142—1982[2004]测试添加改性纳米金刚石的水基润滑液的 P_B 与 P_D，结果列于表 1。添加 3%(质量分数)的改性纳米金刚石后，水基润滑液的 P_B 达到 94 kg，P_D 为 500 kg，继续增加改性纳米金刚石的添加量，水基润滑液的 P_B 和 P_D 值也相应提高，当添加 5%(质量分数)的改性纳米金刚石后，水基润滑液的 P_B 达到 121 kg，$P_D \geqslant 800$ kg。同时，按 GB6144 对水基润滑液的测试结果表明，该水基润滑液对铁铜的腐蚀性和防锈性达到水基润滑液的国家标准(见表 2)。

表 1　含改性纳米金刚石的水基润滑液的 P_B 与 P_D 测试结果
Table 1　P_B and P_D of water based lubricant containing the modified ND

改性纳米金刚石的添加量(质量分数)/%	P_B/kg	P_D/ kg
3	94	500
4	107	620
5	128	$\geqslant 800$

表 2　含改性纳米金刚石的水基润滑液的腐蚀和防锈性测试结果
Table 2　Corrosion and rust resistance test results of the water based lubricant containing the modified ND

项　目	含 3%(质量分数)纳米金刚石	含 4%(质量分数)纳米金刚石	含 5%(质量分数)纳米金刚石
腐蚀（Cu Au, 3h 100℃）	合格	合格	合格
铸铁、钢片	单片 24h 无锈，叠片 16h 无锈	单片 24h 无锈，叠片 16h 无锈	单片 24h 无锈，叠片 16h 无锈

上述试验结果说明改性纳米金刚石与其他各组分的协同增效效应能显著提高水基润滑液的 P_B 与 P_D。目前，国内水基润滑液主流产品的 P_D 值一般不高于 250 kg，P_B 值为 70~100 kg，该水基润滑液的相关指标性能显著高于这些产品，能满足切削、磨削、攻丝、精密深孔加工等水基润滑领域的要求。

5　结论

(1) 通过多步化学反应对纳米金刚石进行表面改性，得到表面带有氨基官能团、纳米金刚石含量为 29.9%(质量分数)的改性纳米金刚石。经化学改性后，纳米金刚石的团聚现象得到显著改善，能稳定分散于醋酸、稀盐酸、稀硫酸等酸溶液以及丙酮、CH_2Cl_2、NMP、DMF、DMAc、DMSO 等常见有机溶剂中。为纳米金刚石在润滑领域的进一步研究和应用提供了良好基础。

(2) 表面带有活泼氨基的改性纳米金刚石能明显改善摩擦副的微观磨损状态，显著增强基础油的抗磨性能。含 0.6 %(质量分数)改性纳米金刚石的润滑油，其极压值为基础油的 1.42 倍，摩擦系数降低 19.0%，磨斑直径降低 15.4 %；磨斑较难分辨，磨痕很浅、细微且均匀。这些结果说明改性纳米金刚石是一种性能优良的新型极压润滑添加剂。

(3) 开发出一种含 5%(质量分数)的改性纳米金刚石的水基润滑液。该水基润滑液的 P_B 达到 121 kg，$P_D \geqslant 800$ kg，且对铁铜的腐蚀性和防锈性达到水基润滑液的国家标准，能满足切削、磨削、攻丝、精密深孔加工等水基润滑领域的要求。

参 考 文 献

[1]　马文有, 田秋, 曹茂盛, 等. 纳米颗粒分散技术研究进展[J]. 中国粉体技术, 2002, 3: 28~31.

[2]　Voznyakovskii A P, Dolmatov V Y, Klyubin V V, et al. Sverkhtv. Mater., 2000, 2: 64~71.

[3]　Nakamura T, Ohana T, Hasegawa M, et al. Chemical modification of diamond surfaces with fluorine-containing functionalities [J]. New Diamond and Frontier Carbon Technology, 2005, 15(6): 313~324.

[4]　柯刚, 浣石, 黄风雷, 等. 一种环糊精–纳米金刚石衍生物及其制备方法和用途：中国, ZL200710032858.6 [P].

爆轰技术制备纳米铜球颗粒研究

孙贵磊[1]　李晓杰[2]　闫鸿浩[2]　杨诚和[3]　方　宁[3]

（1. 中国劳动关系学院安全工程系，北京，100048;

2. 大连理工大学工程力学系，辽宁大连，116024;

3. 大连经济技术开发区金源爆破工程有限公司，辽宁大连，116600）

摘　要：以 $Cu(CH_3COO)_2$ 为前驱体，按比例将其与液状石蜡混合，并加入黑索金炸药，均匀搅拌后制成固体混合物，插入雷管并放入柱形反应釜中引爆。通过 XRD 图谱对爆轰产物的组分进行研究，利用 TEM 及 HRTEM 图片分析产物的形貌，使用拉曼光谱对产物中碳的结构进行分析。结果表明，产物中的纳米铜颗粒呈现规则的球形，直径大致分布于 100~200nm 之间，爆轰过程中有大量非晶炭产生。

关键词：爆轰技术；超细铜球颗粒；纳米铜球；拉曼光谱

Research on Preparation of Spherical Nanometer Copper Particles by Detonation Technique

Sun Guilei[1]　Li Xiaojie[2]　Yan Honghao[2]　Yang Chenghe[3]　Fang Ning[3]

(1. Department of Safety Engineering, China Institute of Industrial Relations, Beijing, 100048;

2. Department of Engineering Mechanics, Dalian University of Technology, Liaoning Dalian, 116024;

3. Dalian Economic and Technological Development Zone Jinyuan Blasting Engineering Co., Ltd., Liaoning Dalian, 116600)

Abstract: $Cu(CH_3COO)_2$, which is mixed with liquid paraffin in certain proportion, is used as precursor for superfine spherical copper particles. RDX is also mixed in the mixture uniformly. A detonator is inserted the mixture and placed in a cylindrical reactor to be ignited. After detonation, the components of the detonation soot are analyzed according to XRD pattern. The morphology of the soot is recognized by TEM images. Raman spectroscopy is used to analyze carbon structure of the soot. Results show that the spherical copper particles in the detonation soot appear sphere and the diameters are between 100 nm and 200 nm. A large number of amorphous carbon generate in the detonation process.

Keywords: detonation technique; superfine spherical copper particles; nano copper sphere; Raman spectroscopy

1　引言

纳米铜粉具有的很多特殊性能使其具有广泛的应用前景，如小尺寸效应、表面效应等使

基金项目：北京高等学校青年英才计划项目；中国劳动关系学院一般项目（13YY009）；国家自然科学基金资助项目（11272081）。

作者信息：孙贵磊，副教授，sunguilei@126.com。

纳米铜粉具有很高的表面活性，可应用于催化领域[1]；纳米铜粉可以作为一种添加剂被广泛应用于各种润滑油中[2]；利用铜的导电性，还可以将纳米铜粉制成导电涂料[3]；在抗菌性方面，虽然银抗菌剂性能优异，但银是贵金属，其成本较高，而纳米铜粉具有较强的抗菌性能[4]。但由于纳米铜极易被氧化，且存在稳定性和分散性差等问题，因此，制备分散性和稳定性良好、形貌和尺寸可控的超细铜或纳米铜已成为纳米材料领域的研究热点。

目前纳米铜粉的制备方法有很多种，大致分为物理方法与化学方法两大类。物理方法主要包括高能球磨法[5]、物理气相沉积法[6]等；化学方法主要包括化学沉淀法[7]、电解法[8]、等离子体法[9]、机械化学法[10]、γ射线法[11]等。

研究中采用的爆轰制备技术最早应用于纳米金刚石的制备合成，目前已广泛应用于纳米石墨[12]、纳米氧化铝[13]、纳米氧化钛[14]、纳米氧化铁[15]、纳米碳包金属[16-18]、纳米锰酸锂[19]以及锰铁氧体（尖晶石）[20]的研究。爆轰制备技术具有工艺简单、效率高等特点，其发展前景广阔。

2　实验部分

称取 30g $Cu(CH_3COO)_2$、12.6g 液状石蜡（$C_{10}H_{18}$）及 44.4g 黑索金（RDX，$C_3H_6N_6O_6$），将三者均匀混合后装入包装袋，插入雷管后悬挂于柱状爆炸反应釜（如图 1 所示）的中心位置。将反应釜密封后使用 32L/min 的真空泵抽真空，15min 后真空表指示为–0.01 时，关闭真空泵，并将混合物在真空状态下用起爆器引爆，待爆轰产物沉积后打开卸压口，释放爆炸容器内的压力后，打开爆炸容器并收集爆轰产物。采用 XRD-6000 型 X 射线衍射仪分析爆轰产物的成分，使用 TEM（Tecnai 20）对爆轰产物的外观形貌进行分析，利用 Raman 光谱仪（inVia）分析产物中碳的存在形态。

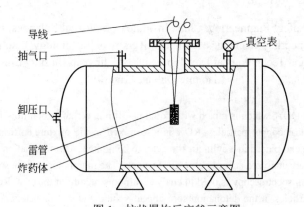

图 1　柱状爆炸反应釜示意图

Fig.1　Schematic of the explosion vessel

3　产物表征及分析

3.1　XRD 分析

图 2 所示为爆轰产物的 XRD 衍射谱，该图谱中大量的衍射峰说明产物是由多种物质组成。与标准图谱进行比对分析后发现，图谱中含有 C_{60}、石墨、Cu、$CCuO_3$ 等晶体的特征峰，

其对应的标准衍射卡片编号在图 2 中标出。衍射图谱中，在 2θ 位于 26.0°处显示石墨（002）晶面的衍射峰为驼峰状，说明产物中含有无定形碳[21]。此外，由于使用的原材料为 $Cu(CH_3COO)_2$ 及 $C_{10}H_{18}$，爆轰过程中产生大量的 C 和 H 组成的还原性气氛，过量的 C 在爆轰后产生大量的无定形碳，使衍射峰的强度低，噪声高。另有无法识别的峰，在图 2 中以"π"标出。

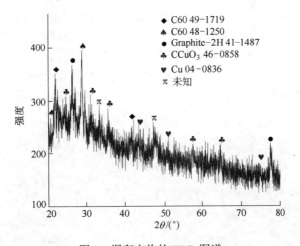

图2　爆轰产物的 XRD 图谱

Fig.2　XRD pattern of the detonation soot

3.2　Raman 光谱分析

采用 Raman 光谱分析对产物中碳的结构进行分析，如图 3 所示。图 3 中显示出的碳具有类似于活性碳结构的有 G-band 峰和 D-band 峰两个峰。G-band 峰主要是因为石墨平面内碳环或长链中 sp^2 原子对的拉伸运动引起，且会伴随层数的增加而增强[22]，图中位于 $1598cm^{-1}$ 处；而 D-band 峰是粒子尺寸效应、晶格畸变等原因形成的，图中位于 $1328cm^{-1}$ 处。用 D-band

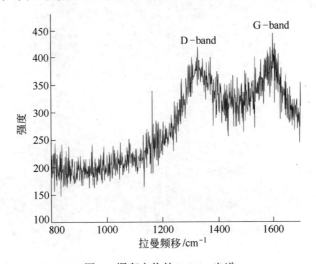

图3　爆轰产物的 Raman 光谱

Fig.3　Raman spectrum of the detonation soot

峰与 G-band 峰的强度比为 0.94，若用此值来衡量碳材料的无序度，则说明产物中含有大量的无定型碳，这与从 XRD 中得到的结果一致。

3.3　TEM 及 HRTEM 分析

图 4（a）和图 4（b）所示为爆轰产物的 TEM 图，图中可以看出，爆轰产物形状为规则的球形，颗粒分散性好，粒径大致分布于 100~200nm 之间，同时，除了大量规则球体外，还有一些形状不规则的组分。采用 HRTEM 照片对产物的微观结构进行分析，如图 4（c）和图 4（d）所示，其中图 4（c）所示为球形铜的高倍透射电镜图片，可以看出，铜球表面均匀无缺陷，图 4（d）所示为对易产生团聚的爆轰产物进行高倍透射分析，从图中可以看出，产物结构呈现 2H 型石墨的层状结构，但图中显示其排列非常不规则，层间距大致在 0.344~0.370nm 之间，属于非晶态碳。

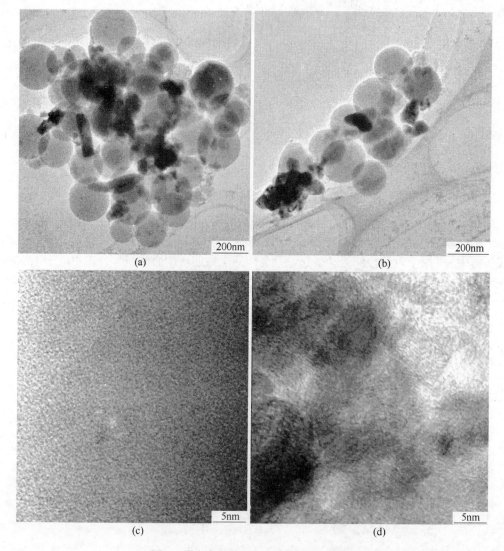

图 4　爆轰产物的 TEM 和 HRTEM 图片

Fig.4　TEM images and HRTEM images of the detonation soot

4 结论及展望

（1）利用有机铜分解时产生的铜，加入液状石蜡，利用液状石蜡分解时产生还原性气氛，保护有机铜分解形成的纳米球状铜颗粒，可以防止纳米铜的氧化，但同时也生成多种杂质成分；

（2）制备出的纳米球状铜颗粒形状规则，且具有良好的分散性，其直径大致分布于100~200nm之间；

（3）爆轰所使用的原材料中含有大量碳，因此生成产物中的杂质成分中含有大量非晶碳、富勒烯、石墨等不同结构的碳。

试验中为保证还原性气氛，使产物中生成了大量的杂质碳，后续工作应调整原材料的配比，降低碳含量，控制爆轰参数，减少杂质组分的生成。

参 考 文 献

[1] 任军, 郭长江, 杨雷雷, 等. 淀粉基炭负载纳米铜催化合成碳酸二甲酯[J]. 催化学报, 2013, 34(9): 1741~1744.

[2] 黄琳, 汪万强, 徐想娥, 等. 纳米铜润滑油添加剂的制备及其摩擦学性能[J]. 材料保护, 2013, 46(1): 22~24.

[3] 陈明伟, 吕春雷, 印仁和, 等. 纳米铜导电墨水的制备及研究[J]. 材料导报, 2009, 23(20): 93~97.

[4] Ren Guogang, Hu Dawei, Cheng Eileen WC, et al. Characterisation of copper oxide nanoparticles for antimicrobial applications[J]. International journal of antimicrobial agents, 2009, 33(6): 587~590.

[5] Baláž P, Godočíková E, Kril'ová L, et al. Preparation of nanocrystalline materials by high-energy milling [J]. Materials Science and Engineering: A, 2004, 386(1–2): 442~446.

[6] Ahmadi E, Malekzadeh M Sadrnezhaad S K. An investigation on the milling and hydrogen reduction behavior of nanostructured W-Cu oxide power[C]// Proceedings of the International Conference on Nanotechnology: Fundamental and Applications. Ontario, 2010.

[7] Sun L, Zhao Y, Guo W, et al. Microemulsion-based synthesis of copper nanodisk superlattices[J]. Applied Physics A, 2011, 103(4): 983~988.

[8] 何峰, 张正义. 制备超细金属粉末的新型电解法[J]. 金属学报, 2000, 36(6): 659~661.

[9] 张燕红, 邱向东. 超细颗粒材料的制备（一）[J]. 稀有金属, 1997, 21(6): 451~457.

[10] Liu Y, Qian Y, Zhang M, et al. Preparation of nano-sized amorphous molybdenum dioxide powders by use of γ-ray radiation method[J]. Materials research bulletin, 1996, 31(8): 1029~1033.

[11] Zyryanov V V. Mechanism of mechanochemical synthesis of complex oxides and the peculiarities of their nano-structurization determining sintering[J]. Science of Sintering, 2005, 37(2): 77~92.

[12] Sun Guilei, Li Xiaojie, Yan honghao. Detonation of expandable graphite to make micron powder [J]. New Carbon Material, 2007, 22(3): 242~246.

[13] 李瑞勇, 李晓杰, 赵峥, 等. 爆轰合成纳米 γ-氧化铝粉体的实验研究[J]. 材料与冶金学报, 2005, 4(1): 27~30.

[14] 曲艳东, 李晓杰, 张越举, 等. 硫酸亚钛爆轰制备纳米 TiO_2 粒子[J]. 功能材料, 2006, 11(37): 1838~1840.

[15] 孙贵磊, 闫鸿浩, 李晓杰. 爆轰制备球形纳米 γ-Fe_2O_3 粉末[J]. 材料开发与应用, 2006, 21(5): 5~7.

[16] Sun Guilei, Li Xiaojie, Wang Qiquan, et al. Synthesis of carbon-coated iron nanoparticles by detonation technique[J]. Materials Research Bulletin, 2010, 45 (5): 519~522.

[17] Sun Guilei, Li Xiaojie, Yan Honghao, et al. A simple detonation method to synthesize carbon-coated cobalt[J]. Journal of Alloys and Compounds, 2009, 473 (1-2): 212~214.

[18] Luo Ning, Li Xiaojie, Wang Xiaohong, et al. Synthesis and characterization of carbon-encapsulated iron/iron carbide nanoparticles by a detonation method[J]. Carbon, 2010, 48(13): 3858~3863.

[19] Xie Xinghua, Li Xiaojie, Zhao Zheng, et al. Growth and morphology of nanometer $LiMn_2O_4$ powder[J]. Powder Technology, 2006, 169 (3): 143~146.

[20] 王小红, 李晓杰, 张越举, 等. 爆轰法制备纳米 $MnFe_2O_4$ 的实验研究[J]. 高压物理学报, 2007, 2(21): 173~177.

[21] 邱介山, 孙玉峰, 周颖, 等. 淀粉基碳包覆铁纳米胶囊的合成及其磁学性能[J]. 新型炭材料, 2006, 21(3): 202~205.

[22] Ferrari A C, Meyer J C, Scardaci V, et al. Raman spectrum of graphene and graphene layers[J]. Physical review letters, 2006, 97(18): 187401.

多元素掺杂锰铁氧体爆轰制备方法

李晓杰[1]　王小红[1]　王　军[2]　闫鸿浩[1]　方　宁[3]　杨诚和[3]

（1.大连理工大学力学系，工业装备结构分析国家重点实验室，辽宁大连，116024；
2.大连船舶重工集团爆炸加工研究所有限公司，辽宁大连，116024；
3.大连经济技术开发区金源爆破工程有限公司，辽宁大连，116600）

摘　要：将硝酸铁和硝酸锰溶液作为主氧化剂，复合油作为可燃剂，制备得到了一类特殊的乳化炸药。向该乳化炸药中添加硝酸镁和硝酸锌后，通过爆轰法实现了 Mg 和 Zn 元素的锰铁氧体晶格掺杂，并与气相爆轰法（氢氧爆轰）得到的实验结果进行了比较。衍射实验结果表明，两种方法得到的爆轰产物的主要成分均具有同 $MnFe_2O_4$ 相同的尖晶石晶体结构[$(Zn，Mg)(Mn，Fe)_2O_4$]，这说明 Mg 和 Zn 元素已经实现了向 $MnFe_2O_4$ 晶胞中掺杂。TEM 实验表明，爆轰产物颗粒呈球形状，尺寸约为 20~30nm。气相爆轰法合成 Mg 锰铁氧体实验表明，爆轰产物颗粒分散性虽然优于乳化炸药爆轰法得到的物质的分散性，但是其爆轰反应结构不如乳化炸药爆轰反应结构均匀。Zn 元素及较高含量 Mg 元素对炸药的稳定性和爆轰性能影响较大，得到的爆轰产物相对不纯净。

关键词：爆轰法；锰铁氧体；掺杂

Multi-elements Doped in Mn-Ferrite by Detonation Method

Li Xiaojie[1]　Wang Xiaohong[1]　Wang Jun[2]　Yan Honghao[1]
Fang Ning[3]　Yang Chenghe[3]

(1. State Key Laboratory of Structural Analysis for Industrial Equipment, Department of
Engineering Mechanics, Dalian University of Technology, Liaoning Dalian, 116024;
2. Dalian Shippbuilding Industry Explosion Processing Research Co., Ltd., Liaoning Dalian, 116024;
3. Dalian Economic and Technological Development Zone Jinyuan Blasting Engineering Co., Ltd.,
Liaoning Dalian, 116600)

Abstract: In the present research, a kind of special emulsions explosive was prepared with taking Ferric nitrate and Manganese nitrate as main oxidants and composite oil as reducing agent, in which the Magnesium and zinc elements were added and were doped in Mn ferrite. The results of which were compared by that of detonation of gas (Hydrogen and oxygen). Results indicated that the detonation products were the same structure, i.e. Jacobsite structure. That is to say, Magnesium and zinc elements were successfully doped in $MnFe_2O_4$ crystals. TEM indicated that the powders were spherical and average size was about 20~30nm. The products obtained by gas detonation was better dispersed and worse uniform than that by explosive. Zn and high content Mg both had great effect on the stability and detonation properties of the explosive, which could produce impure detonation products.

基金项目：国家自然科学基金资助项目（11272081，10972051）。
作者信息：李晓杰，教授，wangxh_yy@sina.com。

Keywords: detonation method; Mn ferrite; dop

1　引言

MnFe$_2$O$_4$是一种具有尖晶石结构的单组分铁氧体，它是一种性能优良的重要的工业软磁材料,广泛应用于电感元件、微波器件和磁记录[1,2]、石墨电极[3]等方面。为了满足不断发展的工业要求，迫切需要改善和提高软磁材料的磁性能。目前这方面的研究除了改进制备方法之外，还有一个重要的方面就是向其中添加其他元素如 Zn 和 Mg 等，以改善其磁性能，使其满足不同方面的使用要求。

例如，MnZn 铁氧体就是向 MnFe$_2$O$_4$ 中添加一定量 Zn 元素以满足不同用途而形成的具有（Mn，Zn）$_{(1-\alpha)}$Fe$_{(2+\alpha)}$O$_4$（$0<\alpha<1$）形式的化合物，而 MnMg 铁氧体就是向 MnFe$_2$O$_4$中添加一定量 Mg 元素形成的铁氧体，这种铁氧体可以作为旋磁或者矩磁材料应用于微波领域[4,5]。这种含有多种组分的铁氧体通常称为多组分铁氧体。

早期的研究[5]已经实现了用乳化炸药爆轰法合成纳米 MnFe$_2$O$_4$ 粉体，该法已作为一种新的方法制备纳米粉体。为了实现元素掺杂功能，本试验分别采用乳化炸药爆轰法和氢氧气相爆轰法合成纳米 MnZn 和 MnMg 铁氧体粉体，并对其物相成分、形貌进行了比较，检测和表征。

2　试验与表征

2.1　爆轰合成试验

（1）乳化炸药爆轰：将硝酸铁（Fe(NO$_3$)$_3$·9H$_2$O，分析纯）、硝酸锰溶液（Mn(NO$_3$)$_2$·6H$_2$O，50%）、硝酸铵（NH$_4$NO$_3$，分析纯，简写为 AN）作为主氧化剂，硝酸锌（Zn(NO$_3$)$_2$·6H$_2$O，分析纯）、硝酸镁（Mg(NO$_3$)$_2$·6H$_2$O，分析纯）作为掺杂元素添加剂，油相（石蜡，凡士林，机油按照一定比例调和）、乳化剂等成分按照一定的化学计量混合，借鉴含 Fe、Mn 元素乳化炸药基质的制备工艺[6]，制备出乳化炸药基质，添加一定含量的 RDX 后，在爆炸容器中起爆。

（2）气相爆轰：将硝酸铁（Fe(NO$_3$)$_3$·9H$_2$O，分析纯）、硝酸锰溶液（Mn(NO$_3$)$_2$·6H$_2$O，50%）、硝酸镁（Mg(NO$_3$)$_2$·6H$_2$O，分析纯）以一定的质量比例溶于无水乙醇；在爆炸容器中充入体积比为 1:1 的氢气和氧气；向爆炸容器中喷雾，形成气相爆轰。

表 1 列出了各个炸药试样中各金属元素的含量比例。

表 1　各样品中 Fe，Mn，Zn 和 Mg 元素含量
Table 1　Content of Fe, Mn, Zn and Mg in each sample　　　　　　　　　　　（%）

爆轰方法	试样	各元素物质的量比例				理论合成目标
		Fe	Mn	Zn	Mg	
炸药爆轰	1 号	1.0850	0.3798	0.1627	0	Zn$_{0.3}$Mn$_{0.7}$Fe$_2$O$_4$ (α=0.3)
	2 号	1.0918	0.5186	0	0.02730	Mg$_{0.05}$Mn$_{0.95}$Fe$_2$O$_4$ (α=0.05)
	3 号	1.0918	0.4367	0	0.1092	Mg$_{0.2}$Mn$_{0.8}$Fe$_2$O$_4$ (α=0.2)
气相爆轰	4 号	1.0918	0.3532	0	0.06814	Mg$_{0.125}$Mn$_{0.875}$Fe$_2$O$_4$ (α=0.125)

2.2　爆轰产物的处理与表征

收集到爆轰产物后，用无水乙醇洗涤数次，放入烘箱在 60℃下烘干。产物的物相用 XRD

鉴定（XRD-6000 型，CuK_{α}，λ=1.54060Å，40kV，30.0mA）。晶粒形貌用 TEM（JEM2100CX 型）观察。

3 结果与讨论

从收集到的爆轰产物的样品的外观来看，含 Zn 元素乳化炸药的爆轰产物（1 号）和较高 Mg 元素含量的乳化炸药的爆轰产物（3 号）容易吸潮，并且含有少量白色物质，结合文献[7] 判断爆轰合成纳米 MnFe$_2$O$_4$ 颗粒的分析，可以判断其中含有部分未爆轰的 AN，而含有较低 Mg 元素乳化炸药得到的爆轰产物（2 号）却均没有发现这种情况。造成这种情况的原因可能 是过高金属离子浓度使炸药的爆轰感度降低，不利于促进炸药发生稳定爆轰。

图 1 所示为含 Zn 乳化炸药爆轰得到的爆轰产物的 XRD 图谱，而图 2 和图 3 所示则为含 Mg 元素乳化炸药爆轰得到的爆轰产物的 XRD 图谱，图 4 所示为气相爆轰法得到的爆轰产物 的 XRD 图谱。

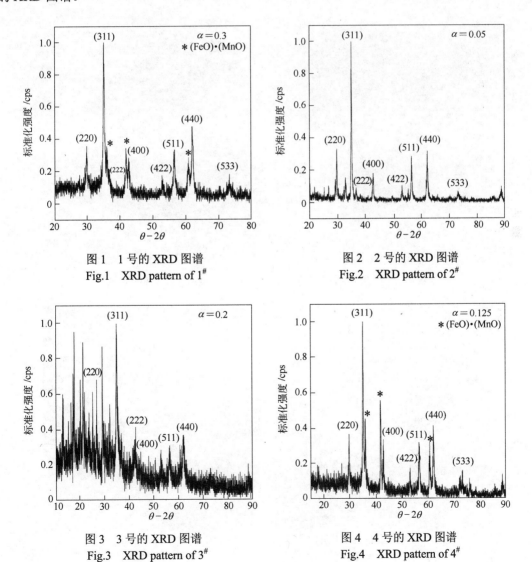

图 1　1 号的 XRD 图谱
Fig.1　XRD pattern of 1$^{\#}$

图 2　2 号的 XRD 图谱
Fig.2　XRD pattern of 2$^{\#}$

图 3　3 号的 XRD 图谱
Fig.3　XRD pattern of 3$^{\#}$

图 4　4 号的 XRD 图谱
Fig.4　XRD pattern of 4$^{\#}$

　　从衍射结果来看，4个爆轰产物成分均具有与$MnFe_2O_4$同样的尖晶石结构（Jacobsite），而没有发现Zn元素和Mg元素的氧化物（ZnO，MgO）的衍射峰存在。这说明，爆轰反应已经实现了Zn元素和Mg元素的掺杂，Zn和Mg已经进入了$MnFe_2O_4$晶胞中相应的位置，故而表现出尖晶石结构（Jacobsite）的衍射峰。

　　1号和4号样品中爆轰产物除了具有Jacobsite结构之外，还发现含有FeO·MnO系列氧化物，如图1和图4所示，而2号样品则未发现此类现象，如图2所示。正如文献[7]所述，爆轰产物的成分也决定了爆轰反应结构的均匀性，这说明含有Zn元素的乳化炸药的爆轰反应结构不如含Mg元素乳化炸药均匀，而气相爆轰反应结构均匀性也不如乳化炸药的爆轰反应结构。

　　如图3所示，爆轰产物衍射峰谱凌乱，除了具有Jacobsite结构之外，还有其他杂质，如前所述，因为较高的金属离子含量严重影响了炸药的稳定性，导致了炸药发生不稳定爆轰。

　　图5~图8所示分别为1号、2号、3号和4号样品的TEM图片。

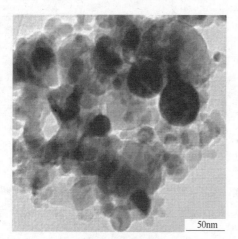 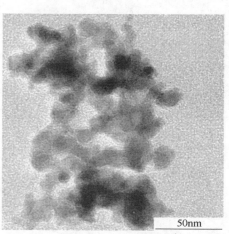

图5　1号样品的TEM图片　　　　　　　图6　2号样品的TEM图片
Fig.5　TEM image of 1#　　　　　　　　Fig.6　TEM image of 2#

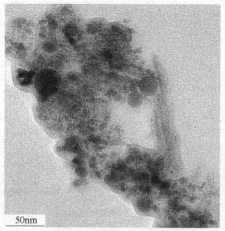 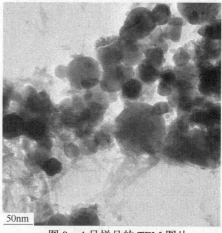

图7　3号样品的TEM图片　　　　　　　图8　4号样品的TEM图片
Fig.7　TEM image of 3#　　　　　　　　Fig.8　TEM image of 4#

从 TEM 图片来看，爆轰产物大部分表现为相对均匀单一的球形晶体，其中 2 号样品和 4 号样品的颗粒分散性较好，绝大多数颗粒的直径处于 20~30nm 之间。

4 结论

（1）爆轰产物的主要成分均具有同 $MnFe_2O_4$ 相同的尖晶石晶体结构[（Zn，Mg）（Mn，Fe）$_2O_4$]，这说明 Mg 和 Zn 元素已经实现了向 $MnFe_2O_4$ 晶胞中掺杂，爆轰产物颗粒呈球形状，尺寸约 20~30nm。

（2）气相爆轰法合成，爆轰产物颗粒分散性虽然优于乳化炸药爆轰法得到的物质的分散性，但同时其爆轰反应结构均匀性不如乳化炸药爆轰反应结构。

（3）Zn 元素及较高含量 Mg 元素对炸药的稳定性和爆轰性能影响较大，得到的爆轰产物相对不纯净。

参 考 文 献

[1] von Aulock W H. Handbook of Microwave Ferrite Materials[M]. New York: Academic Press, 1965: 303.

[2] Torii Y, Kato K, Uwamino Y, et al. Chemical Processing and Characterization of Spinel-type Thermistor Powder in the Mn-Ni-Fe Oxide System[J]. Journal of Material Science, 1996, 31 (10): 2603~2607.

[3] Kuo Shin-Liang, Wu Nae-Lih. Electrochemical characterization on $MnFe_2O_4$/carbon black composite aqueous super capacitors[J]. Journal of Power Sources, 2006, 162: 1437~1443.

[4] 周志刚. 铁氧体磁性材料[M]. 北京: 科学出版社, 1981.

[5] Rezlescu N, Rezlescu E, Popa P D, et al. A model of humidity sensor with a Mg-based ferrite [J]. Journal of Optoelectronics and Advanced Materials, 2005, 7(2): 907~910.

[6] 李晓杰, 王小红, 谢兴华, 等. 乳化炸药在爆轰合成纳米氧化物颗粒中的应用[J]. 含能材料, 2007, 15 (5): 468~470.

[7] 王小红, 李晓杰, 闫鸿浩, 等. 一类爆轰合成用乳化炸药的爆轰反应特征[J]. 爆炸与冲击, 2012, 32(5): 523~527.

超级奥氏体不锈钢 N08367 爆炸复合板开发应用

王　斌　邓宁嘉　赵瑞晋　刘　飞

（南京宝泰特种材料股份有限公司，江苏南京，211100）

摘　要：通过试验和检测，对 N08367 合金的力学性能、焊接性能、爆炸焊接性能以及所采用的热处理工艺对消除爆炸焊接应力和复层 N08367 耐腐蚀性能的影响进行了分析。结果表明，N08367合金具有良好的焊接、爆炸焊接和耐腐蚀性能，能广泛应用于各种酸性、碱性等腐蚀环境中。

关键词：N08367 合金；焊接；爆炸焊接；热处理

Development and Application of Super Austanic Stainless Steel N08367 Cladding Plate

Wang Bin　Deng Ningjia　Zhao Ruijin　Liu Fei

(Nanjing Baotai Special Materials Co., Ltd., Jiangsu Nanjing ,211100)

Abstract: This essay studies the mechanical, welding and cladding property of alloy N08367. Meanwhile, the effects of hear treatment method on stress relief and corrosion-resistance of N08367 were also analyzed. The results show that alloy N08367 has better welding, explosion welding and anti-corrosion properties. The alloy can be widely used in acid, alkaline and other corrosion environment.

Keywords: N08367；welding；explosive welding；heat treatment

随着能源市场的需求量激增，石油化工、电厂电站等行业的发展十分迅猛，而石油化工中的油罐和管道，电厂电站中的烟气脱硫等腐蚀环境均需要大量的耐腐蚀金属材料。随着装置设备的大型化，用户对设备的耐腐蚀要求和使用寿命都提出了更高的要求，制造设备用的普通奥氏体不锈钢已经远远无法达到用户的要求，而采用 Cr、Mo、Ni 含量更高的超级奥氏体不锈钢 N08367[1] 制造设备，因为具有更高的合金含量所以适合各种酸性、碱性等耐腐蚀环境。但 N08367 合金属于贵金属材料，若直接使用其制造设备，成本太高。随着国内工业科技的进步，金属爆炸焊接复合材料技术得到了快速的发展，将 N08367 作为复层与某种基层材料爆炸复合制成复合材料成为最佳选择。对于以 N08367 为复层的复合材料，复层材料N08367 可以耐腐蚀，基层材料可以承受压力。

本文介绍超级奥氏体不锈钢 N08367 与 Q345R 爆炸焊接复合材料的试验情况及各项性能。

作者信息：王斌，助理工程师，dabin504@sina.com。

1 超级奥氏体不锈钢 N08367 合金介绍

N08367 合金是低碳、高纯氮系超级奥氏体不锈钢，较高水平的 Cr、Mo、Ni，其中 Mo 的含量达到 6% ~ 7%，使得它对氯离子的点蚀、缝隙腐蚀和应力腐蚀有优异的抵抗力，它本身的属性使其在酸或碱性环境下都表现出良好的性能。它主要的应用场合如下：

(1) 化工储罐和管道；

(2) 海洋油气田平台；

(3) 海水冷凝器、热交换器和管道，原油管道；

(4) 纸浆漂白过程中的洗滤器、桶和压力辊；

(5) 电站烟气冲刷环境；

(6) 脱盐设备和泵；

(7) 核电站给水管道系统；

(8) 海洋环境下的变压器外壳；

(9) 高纯药品生产设备。

N08367 合金的化学成分、力学性能分别见表 1 和表 2。

表 1 N08367 超级奥氏体不锈钢合金的化学成分
Table 1 Chemical composition of N08367 (%)

元　素	C	Mn	P	S	Si	Cr	Ni	Mo	N	Cu	Fe
ASME SB688 标准值	≤0.030	≤2.0	≤0.040	≤0.030	≤1.0	20.0 ~ 22.0	23.5 ~ 25.5	6.0 ~ 7.0	0.18 ~ 0.25	≤0.75	余量
质证书值	0.03	2.0	0.005	0.007	0.05	20.8	24.2	6.3	0.20	0.10	余量
复验值	0.028	1.8	0.007	0.012	0.08	20.5	24.0	6.2	0.21	0.05	余量

表 2 N08367 超级奥氏体不锈钢合金力学性能
Table 2 Mechanical properties of N08367

项　目	抗拉强度 R_m/MPa	下屈服强度 R_{eL}/MPa	延伸率 A/%
ASME SB688 标准值	≥717	≥317	≥30
质证书值	750	380	40
复验值	790	395	38

2 N08367 合金焊接试验

2.1 焊接试验的目的

通常所有的腐蚀都是从最薄弱的焊缝处开始发生的，这是由于焊接区域的金属相当于一个铸体结构，抗腐蚀能力不如变形体的母材好，尤其是在腐蚀较强的地方，这种差距就更为明显了，所以，焊接质量也是设备使用性能的关键。N08367 合金含有较高的 Cr、Mo、Ni 等合金元素且受温度变化腐蚀敏感性极强，所以焊接过程中应严格控制焊接线能量以避免过热造成腐蚀性能下降。

焊接试验的焊接试板材质为 N08367 合金，2 件 400mm×150mm×6mm 试板，拼接成 1 件 400mm×300mm×6mm 试板。焊接试验模拟产品正常焊接过程，在保证工艺参数正确的情况下，通过焊接试板检验焊接接头的力学性能和耐腐蚀性能，为产品正常焊接提供正确的工艺参数。

2.2 焊接试验和焊接参数

N08367 合金的焊接采用钨极惰性气体保护焊，选用 625 焊丝作为填充材料。N08367 合金对铜污染开裂敏感。为避免这一点焊接坡口及邻近区域应避免接触高铜合金或者黄铜夹具等工具。为了保证 N08367 合金的焊接接头的力学性能和耐腐蚀性能除了认真做好焊接前的清理工作，尽量避免铁、铜离子污染外，还要严格控制焊接过程的热输入量。

焊接试验前打磨抛光焊缝两边 50mm 范围内的正反两面，并用丙酮擦洗。填充焊丝为 625，焊丝直径 ϕ2.0mm，采用 GTAW 手工焊接，焊接电流 120～150A，焊接电压 12～18V，99.99%氩气正反面保护。

2.3 焊缝检验

(1) 射线(RT)检测。按照《承压设备无损检测》(JB/T 4730.2—2005)规定[3]，Ⅰ级合格。
(2) 渗透(PT)检测。按照《承压设备无损检测》(JB/T 4730.5—2005)规定，Ⅰ级合格。
(3) 力学性能检测。按《金属材料拉伸试验》(GB/T 228—2002)标准试验，结果见表3。从表3的检查结果来看，各项指标均满足标准要求。

表3　N08367 超级奥氏体不锈钢焊缝力学性能检测结果
Table 3　Mechanical properties of welds of N08367

项 目	抗拉强度 R_m/MPa	下屈服强度 R_{eL}/MPa	延伸率 A / %	冷 弯
标准值	≥717	≥317	≥30	不要求
实测值	780	350	35	180°,无裂纹
	760	345	38	180°,无裂纹

(4) 耐腐蚀试验检测。对焊缝区域和母材区域分别取样做耐腐蚀试验检测，检测结果见表4。

焊缝区域各种耐腐蚀检测方法、结果与母材相当，故以上焊接试验能够满足要求。

表4　N08367 超级奥氏体不锈钢焊缝区域与母材区域晶间腐蚀检测结果对比
Table 4　Intergranular corrosion results contrast between welding area and raw material of N08367

试 验 方 法	母材材料	焊接试样
ASTM A262A (电解刻蚀溶液)	通过	通过
ASTM A262B(G28A) [2] (Fe₂(SO₄)₃-50%H₂SO₄)	0.29mm/a	0.272mm/a
ASTM A262E (Cu-CuSO₄-16%H₂SO₄)	没有裂纹，通过	没有裂纹，通过
ASTM A262F (Cu-CuSO₄-50%H₂SO₄)	0.577mm/a	0.599mm/a

3 Q345R+N08367 合金爆炸焊接试验

3.1 爆炸焊接方案

N08367 合金爆炸焊接试验基材选用 Q345R,试样尺寸为 500mm×350mm×50mm。复层材料为 N08367，试样尺寸为 550mm×400mm×6mm。

爆炸焊接前，基层、复层待结合面进行打磨抛光去除氧化皮处理，要求粗糙度不大于 1.0μm。

爆炸焊接后分别进行贴合率检测、力学性能检测及热处理试验。

由于 N08367 合金材料强度较高，塑性也较好，从理论上分析爆炸焊接参数窗口较宽，为避免复合板在校平、卷制、冲压等后续加工工序出现问题，故宜采用较小的爆炸复合参数配比，结合面状态为细波纹结合[5,6]。

3.2 结合率检测

爆炸焊接后现场观察表面良好，四周切边均匀。按照《承压设备无损检测》(JB/T 4730.3—2005)UT 规定进行超声波贴合率检测，检测结果除引爆点 ϕ20mm 外 100%贴合。贴合率符合《压力容器用爆炸焊接复合板》(NB/T 47002.1—2009)[4]标准规定。

3.3 宏观金相分析

为了检测材料在爆炸焊接后结合区附近是否受到破坏，对爆炸后的复合板取样进行了宏观金相分析（如图1所示），结果显示基层、复层以后结合区材料均未收到任何破坏。

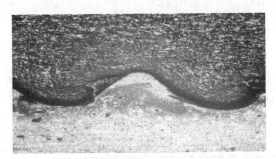

图 1　N08367+Q345R 爆炸焊接复合板结合面金相(50×)
Fig.1　Interface metallography of N08367+Q345R explosion cladding plate (50×)

3.4 热处理试验

N08367 合金的热处理温度为 1107～1232℃，加热后快速冷却。ASME 中规定"用于 ASME 锅炉压力容器结构的 N08367 合金，最终热处理温度不得低于 1100℃。"N08367 合金在 540～1040℃之间加热有中间相析出，合金中很高的含钼量（6.5%Mo），显著影响该钢 σ 相析出的速度和数量。σ 相属脆性相，微量(2%～3%Mo)存在便显著影响钢的力学性能，特别是韧性和耐腐蚀性能。

N08367+Q345R 复合板的热处理，要考虑复板 N08367 合金的耐腐蚀性能，还要考虑基板 Q345R 承受高压或高温下的力学性能。N08367 合金在 980℃以上仍有二次相缓慢析出，超过 980℃，Q345R 将产生过热或过烧的魏氏组织，晶粒长大、性能变坏，高温显然不行。故在低温区，根据不同资料介绍析出中间相的温度选择了 520℃、600℃和析出高峰 920℃及不做热处理作评价基准，按 ASTM.G28-A 法(25gFe$_2$(SO$_4$)$_3$+50%H$_2$SO$_4$，沸腾 24h)进行了晶间腐蚀检查，用 ASTM.G48-A 法(6%FeCl$_3$72h)检查点腐蚀性能。不同热处理温度的复层 N08367

合金晶间腐蚀和点腐蚀结果见表5。

表5　N08367合金不同热处理工艺晶间腐蚀、点腐蚀结果
Table 5　Intergranular corrosion and pitting results under different heat treatment process

方案编号	热处理方案	晶间腐蚀 ASTM G28-A	点腐蚀 ASTM G48-A
1	原始态（未做热处理）	0.2476 g/(m²·h)	0.003 g/(m²·h)
2	520℃×4h（出炉空冷）	0.2623 g/(m²·h)	0.003 g/(m²·h)
3	600℃×4h（出炉空冷）	43.9852 g/(m²·h)	0.004 g/(m²·h)
4	920℃×2h（出炉空冷）	338.5940 g/(m²·h)	0.006 g/(m²·h)

从表5中可见N08367合金晶间腐蚀的腐蚀率对热处理温度异常的敏感，920℃×2 h析出了大量中间相，使晶间腐蚀性能下降到24h完全溶解掉的地步，600℃×4h的低温晶间腐蚀的腐蚀率达44g/(m²·h)的水平。520℃×4h方案，晶间腐蚀的腐蚀率与未热处理的原材料所差无几，是可以接受的。点腐蚀的腐蚀率与热处理温度不敏感，试验结果符合N08367合金ASTM G48-A法小于0.01mm/a的要求。

为满足复层的耐腐蚀性能选用方案2作为此次Q345R+N08367复合板热处理试验最终热处理制度，表6中各项力学性能数据显示：复合板抗拉强度(R_m)、屈服强度(R_{eL})、延伸率(A)和基层冲击功(A_{KV})均符合《压力容器用爆炸焊接复合板》(NB/T 47002.1—2009)规定。同时复层N08367合金金相组织也基本恢复到与母材一致(如图2所示)。

表6　N08367+Q345R复合板力学性能
Table 6　Mechanical properties of N08367+Q345R cladding plate

项目	R_m/MPa	R_{eL}/MPa	A/%	τ_b/MPa	内弯曲 $d=2a$, 180°	冲击功(基层区, 0°) A_{KV}/J		
标准值	≥540	≥345	≥21	≥210	合格	≥34	≥34	≥34
试验值	610	425	22	350	合格	76	86	80

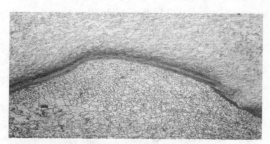

图2　N08367与Q345R结合区(100×)
Fig.2　Bonding area of N08367 and Q345R (100×)

3.5　力学性能检测

热处理后各项复合板力学性能见表6，且热处理后按照《承压设备无损检测》(JB/T 4730.3—2005)UT规定进行超声波贴合率复检，未见有脱层缺陷，贴合率符合《压力容器用爆炸焊接复合板》(NB/T 47002.1—2009)规定。

　　通过试验后对试板各项性能（包括贴合率、抗拉强度、屈服强度、贴合强度、冲击功和弯曲性能）的综合检测，均能满足《压力容器用爆炸焊接复合板》(NB/T 47002.1—2009)规定，因此可以认定 N08367 合金与 Q345R 可以实现良好的爆炸焊接。

4　结论

　　N08367 合金的焊接、N08367 合金+Q345R 爆炸焊接及热处理试验的各项性能指标表明，N08367 合金和 Q345R 爆炸焊接复合板性能优越，能够达到标准要求。根据本文所述的各项试验结果能够制定完整的 N08367 爆炸焊接复合板的制作工艺规范。

　　N08367 合金爆炸焊接复合板开发至今，我公司按照此工艺规范已经批量生产千余平方米的复合板供客户使用。根据客户用 N08367 合金爆炸焊接复合板制作的设备（反应器，塔器，热交换器等）在苛刻的工况下较长时间运行后的情况反馈表明，此种复合钢板各项性能均能满足标准及用户的要求。N08367 合金爆炸焊接复合材料的使用避免了其他材料使用时发生的诸多问题，可大量降低成本，提高性价比。

参 考 文 献

[1]　ASME 锅炉及压力容器委员会材料分委员会. ASME SB688 铬-镍-钼-铁合金板材、薄板和带材[S]. ASME 锅炉及压力容器规范国际性规范 Ⅱ 材料 B篇，2014.

[2]　美国材料实验协会. ASTM G28—2002 锻件、富镍以及含铬合金的晶间腐蚀敏感检测[S]. ASTM 美国材料实验协会标准，2002.

[3]　合肥通用机械研究所. JB/T 4730—2005 承压设备无损检测[S]. 北京: 机械工业出版社，2005.

[4]　中国通用机械工程总公司，等. NB/T 47002—2009 压力容器用爆炸焊接复合板[S]. 北京: 新华出版社，2005.

[5]　郑远谋. 爆炸焊接和爆炸复合材料的原理及应用[M]. 长沙: 中南大学出版社，2007.

[6]　史长根，王耀华，李子全，等. 爆炸焊接界面成波机理[J]. 爆破器材，2004，33(5): 25~28.

纳米金刚石粉水溶胶制备与表征

李晓杰[1]　王小红[1]　易彩虹[2]　闫鸿浩[1]　王　俊[1]

（1.大连理工大学工程力学系,工业装备结构分析国家重点实验室, 辽宁大连,116024;
2.南京德邦金属装备工程股份有限公司, 江苏南京, 211153）

摘　要:本研究中, 将金刚石粉末与分散剂共磨, 考察了金刚石粉末与分散剂比例、研磨转速、研磨时间和分散介质种类的影响。粒度分析和 TEM 实验表明, 当金刚石与吐温 80 的质量比为 1:1, 以 2000r/min 的转速共磨 1.5h 后, 平均尺寸减小到大约 120nm。TEM 试验表明, 金刚石悬浮中颗粒呈单颗粒状分布,尺寸约为 5nm。红外光谱实验表明, 与分散剂研磨后, 金刚石颗粒表面更容易吸附某些亲油性化学基团, 如—C═O, —C—O—等, 这些基团使金刚石颗粒更容易分散于水溶液中。

关键词:纳米金刚石；表面改性；粒度分布；研磨

Preparation and Characterization of Water Gel of Nano-Diamond Powders

Li Xiaojie[1]　Wang Xiaohong[1]　Yi Caihong[2]　Yan Honghao[1]　Wang Jun[1]

(1. The Department of Engineering Mechanics of State Key Laboratory of Structural Analysis for Industrial Equipment of Dalian University of Science, Liaoning Dalian, 116024;
2. Nanjing Duble Metal Equipment Engineering Co., Ltd., Jiangsu Nanjing, 211153)

Abstract: In the present research, diamond powders and dispersant were co-pulvered together in which the mass ratio of diamond and dispersant and medium, grinding speed and time were studied. Results indicated that the average size of diamond powders were reduced to 20nm when the mass ratio of diamond and dispersant (Tween-8) was 1:1 with the grinding speed 2000r/min and grinding time 1.5h.TEM experimental indicated that the average size of diamond powders in water based gel was about 5nm with good mono dispersity and IR experimental indicated that the lipophilic functional groups such as —C═O, —C—O— were more easily attached onto the surface of the powders which made the powders more easily dispersed in water.

Keywords: nano-diamond; surface modification; size distribution; grind

1　引言

纳米颗粒具有很多独特的物理及化学性能, 包括表面效应、体积效应、量子尺寸效应、宏观量子隧道效应和一些奇异的光、电、磁性质[1]。纳米金刚石颗粒可在润滑油、油基和水基抛光液、复合电镀、超精密仪器的抛光、场发射材料和 CVD 成膜等领域得到应用[2~4]。水

基金项目: 国家自然科学基金资助项目（11272081，10972051）。
作者信息: 李晓杰，教授，wangxh_yy@sina.com。

基金刚石抛光液可用于电子、光学、机械等元器件的精密抛光[5,6]。

由于爆轰纳米金刚石颗粒在高温高压下形成、纳米粒度小、具有很大的比表面积和较高的比表面能，大量的官能团使得金刚石颗粒极易形成团聚体[7~10]。如果纳米粉体的团聚问题得不到解决，在实际使用过程中往往会导致其失去作为纳米粉体的许多优越性，良好的性能不能得到充分发挥[11]。

粉体的团聚形式分为软团聚和硬团聚。对于软团聚体，可以采用包覆处理改性、沉淀反应改性、表面化学改性、超声波处理等方法，增强表面的相互排斥，从而增加颗粒的悬浮分散稳定性[12~14]。解开硬团聚，常常需要采用比较强的机械作用，破坏颗粒间的键合，并在此基础上进行分散和稳定。机械能作用下可以粉碎团聚体，但如果不加以进一步的稳定作用，体系中的颗粒很容易重新形成新的团聚形式。因此，对于硬团聚，可以采用机械化学改性、机械微乳化改性形成稳定悬浮体系[15,16]。因此，要真正实现纳米粉体的分散，解决硬团聚问题是一个技术关键。

本文采用机械化学改性的方法实现爆轰纳米金刚石在水中稳定分散。通过实验确定超细研磨的最佳研磨转速、研磨时间、分散介质种类、分散剂种类和用量等生产工艺参数，提高研磨效率，获得了小尺寸的纳米金刚石颗粒。

2 实验方法及表征

将爆轰纳米金刚石与不同的表面活性剂以不同比例混合后，选择不同的介质、转速、研磨时间在研磨机（MiNiZETA 研磨机 MZ08）中研磨。采用透射电镜（Tecnai 20）观察研磨试样的颗粒形貌；采用激光粒度仪（DTS510）表征研磨试样的粒度分布；采用红外光谱仪（EQUINOX55, IR, KBr, 500~4000 cm^{-1}）研究研磨颗粒表面基团吸附。

3 结果与讨论

3.1 研磨转速对纳米金刚石粒度的影响

图 1 和图 2 所示分别为不同的研磨转速下，纳米金刚石颗粒粒度分布及平均尺寸与转速的关系图，其中，表面活性剂为吐温 80，与金刚石的质量比为 1:1，研磨介质为酒精，研磨时间为 1 h。

由图 1 和图 2 可知，随着研磨转速的提高，研磨效率提高，金刚石平均粒度逐渐减小，当达到 2000 r/min 左右时，金刚石平均粒度达到最小，随后随着研磨转速的增加，平均粒度逐渐增加。

3.2 研磨时间对纳米金刚石粒度的影响

图 3 所示为不同的研磨时间下各个样品的粒度分布。其中，表面活性剂为吐温 80，与金刚石的质量比为 1:1，研磨介质为酒精，研磨转速为 2000r/min。图 4 所示为纳米金刚石颗粒的平均尺寸与研磨时间的关系。

由图 4 可知，随着研磨时间的延长，金刚石平均粒径逐渐变小，研磨效率提高。研磨 1.5h 效率最高，超过 1.5h 后，随着时间的延长，金刚石平均粒径逐渐增大，增大速率较研磨 1.5h 前减小的速率有所减小。由图 3 可知，1.5 h 前，随着研磨时间的增加，粒子分布范围逐渐变窄，分布率最大的粒子的粒径逐渐减小，粒子分布随研磨时间的增加，逐渐向小粒子方向移动。当研磨时间超过 1.5h 时，随着时间的增加，粒子分布范围逐渐变宽，分布率最大的粒子的粒径逐渐减大，粒子分布随研磨时间的增加，逐渐向大粒子方向移动。

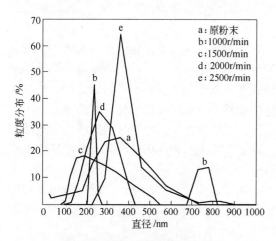

图 1　研磨转速对颗粒粒度分布
Fig.1　Particle size distribution curves
of powders and rotation speed

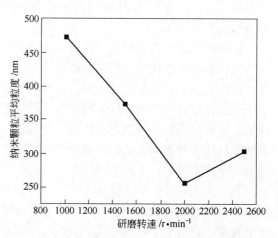

图 2　研磨转速对颗粒平均粒度的影响
Fig.2　Relationship between average particle size
of the powders at various rotation speed

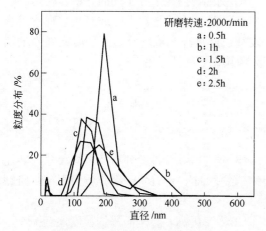

图 3　不同研磨时间下样品的粒度分布
Fig.3　Particle size distribution curves
of the powders at various grinding time

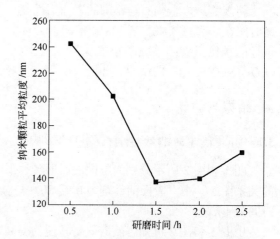

图 4　研磨时间对爆轰纳米金刚石平均粒度影响
Fig.4　Relationship between average particles size
of the powders and grinding time

3.3　分散介质、分散剂种类对纳米金刚石粒度的影响

表 1 列出了不同表面分散剂和分散介质，研磨转速为 2000r/min，研磨时间为 1.5h 时样品的平均粒度。

由表 1 可知，在研磨转速和研磨时间相同的条件下，不同改性剂和分散介质的加入使得研磨后金刚石粒子粒径不相同。分散介质对纳米金刚石的平均颗粒尺寸无明显影响，而添加表面活性剂后，平均颗粒尺寸明显有所改善，离子性表面活性剂与中性表面活性剂的影响不甚明显。

表 1 分散剂、分散介质种类对金刚石颗粒粒径的影响
Table 1 Influence of dispersant and dispersion medium on the average size of diamond powders

试样编号	分散介质	分散表面活性	研磨后平均粒度/nm
1	酒精	无	282
2	酒精	吐温 80	136.9
3	水	吐温 80	130
4	水	CTAB	141.5

3.4 分散剂量对金刚石粒度的影响

图 5 和图 6 所示分别为不同的表面活性剂比例下，各个样品的粒度分布图及平均尺寸与表面活性剂比例的关系。其中，表面活性剂为吐温 80，与金刚石的质量比为 1:1，研磨介质为酒精，研磨转速为 2000r/min，研磨时间 1.5h。金刚石与吐温 80 的质量比（q）分别为 4:1，2:1，4:3，1:1，4:5，2:3，4:7。

由图 6 可知，当 q 大于 1 时，随着 q 的减小，颗粒的平均粒度明显减小。当 q 小于 1 时，随着 q 的减小，颗粒的平均粒度逐渐增加，但是增大的趋势不是很明显。

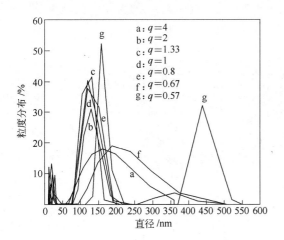
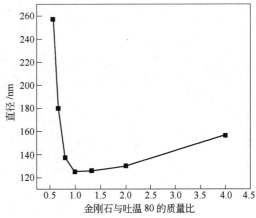

图 5 不同配比下颗粒的尺寸分布
Fig. 5 Size distribution curves of the particles at various q value

图 6 颗粒的平均尺寸与不同配比的关系
Fig. 6 Relationship between average particle size of the powders and q value

3.5 金刚石悬浮液粒度

吐温为分散剂，固定研磨转速 2000r/min，研磨时间 1.5h，$q=1$。将纳米金刚石经过研磨后烘干，添加一定比例的蒸馏水、表面活性剂、助表面活性剂、油相制成悬浮液乳液。其粒度分布如图 7 所示。

由图 7 可知，研磨后金刚石颗粒的粒度分布范围较窄，主要集中在 131nm 以内，其中 26nm 以内的比例约占 20%，83~131nm 范围内约占 80%。

由图 8 可知，金刚石稳定分散于水中，其粒径大约为 5nm，呈球形颗粒状。

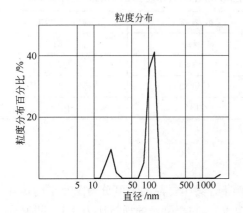

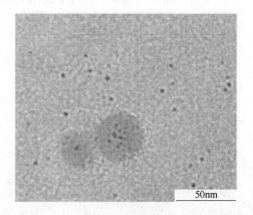

图 7　金刚石悬浮液粒度分布
Fig.7　Particle size distribution of surface modified
diamond powders

图 8　金刚石悬浮液静置透射电镜图
Fig.8　TEM photo of surface modified diamond
powders

3.6　红外光谱分析

图 9 所示为金刚石研磨前后的红外光谱图。

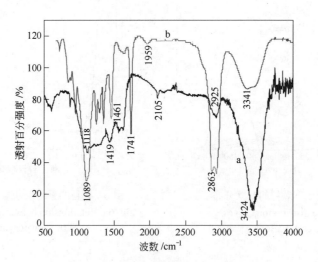

图 9　纳米金刚石颗粒的红外光谱图
a—研磨之前；b—研磨之后
Fig.9　Infrared Spectrum of nano diamond powders
a—before grinding; b—after grinding

从红外光谱结果来看，研磨后，有一个明显的变化就是在 1741cm^{-1} 处出现了═C═O 伸缩振动峰，这说明在研磨改性过程中，由于机械力和分散剂吐温的共同作用，吐温在颗粒表面发生了吸附或与其表面官能团发生了化学反应，从而改变了金刚石的表面官能团，得到

=C=O 官能团。从图中另一个明显变化就是：与研磨之前相比，位于 3424 cm^{-1} 官能团羟基—OH 伸缩振动峰向短波方向发生红移，而位于 1089 cm^{-1} 的官能团—COOH 伸缩振动峰向高波方向发生蓝移。上述分析说明研磨之后，金刚石颗粒表面的官能团羧基—COOH 增多，而—OH 有所减少。位于 2863 cm^{-1}、1419 cm^{-1} 的 C—H 伸缩振动峰和弯曲振动峰向高波方向发生蓝移，说明研磨改性后，颗粒表面吸附了大量亲油性官能团烃基。

4　结论

(1) 通过系列研磨试验，纳米金刚石的研磨改性最佳工艺条件为：分散介质为水，分散剂为吐温，$q=1$，研磨转速为 2000r/min，研磨时间为 1.5h。

（2）按上述工艺研磨后的吐温在纳米金刚石表面吸附基团，平均颗粒粒径约为 120nm 左右。

参 考 文 献

[1]　孙加林. 纳米金刚石粉微粒在镀铬液中的分散与稳定[J]. 经济技术协作中心, 2007, 934(23): 62.

[2]　金增寿, 徐康. 炸药爆轰法制备纳米金刚石[J]. 含能材料, 1999, 7(1): 38~44.

[3]　邵乐喜, 谢二庆, 公维宾, 等.纳米金刚石颗粒涂层的场电子发射[J]. 兰州大学学报(自然科学版), 1999, 35(1): 160~162.

[4]　高宏刚, 王建明. 应用纳米级金刚石抛光亚纳米级光滑表面[J]. 光学精密工程, 1999 (5): 80~84.

[5]　徐康, 薛群基. 炸药爆炸法合成的纳米金刚石粉[J]. 化学进展, 1997, 9(2): 201~208.

[6]　恽寿榕, 黄风雷, 马峰, 等. 超微金刚石——二十一世纪新材料[J]. 世界科技研究与发展, 2000, 22(1): 39~46.

[7]　许向阳, 朱永伟, 等. 纳米金刚石水基悬浮液——制备与性能[C]//2003 年纳微粉体制备与技术应用研讨会, 2003: 71~76.

[8]　王大志, 徐康, 等. 纳米金刚石及其稳定性[J]. 无机材料学报, 1995, 10(3): 281~287.

[9]　Chen P W, Ding Y S, Chen Q, et al. Sphercial nanometer-sized diamond obtained from detonation[J]. Diamond and Related Materials, 2000, 9: 1722~1725.

[10]　Mironov E, Koretz A, Petrov E. Detonation synthesis ultradispersed diamond structural properties investigation by infrared adsorpion[J]. Diamond Related Material, 2002, 11: 872~876.

[11]　许向阳. 纳米金刚石解团聚与稳定分散[D]. 长沙: 中南大学, 2007.

[12]　徐国财, 张立德。纳米复合材料[M]. 北京：化学工业出版社, 2002.

[13]　刘伯元. 粉体表面改性[J]. 塑料加工, 2002(4): 13~20.

[14]　张立德, 牟季美. 纳米材料和纳米结构[M]. 北京：科学出版社, 2002.

[15]　李凤生. 超细粉末技术[M]. 北京：国防工业出版社, 2000：306~307.

[16]　余双平, 邓淑华, 等. 超细粉末的表面改性技术进展[J]. 广东工业大学学报，2003(2): 70~76.

爆炸合成法制取超细氧化铝

李瑞勇[1]　闫鸿浩[2]　王小红[2]　张越举[3]　赵　奇[4]

（1.中国石油大学（华东）储运与建筑工程学院工程力学系，山东青岛，266580；
2.大连理工大学工程力学系，辽宁大连，116024；3.大连船舶重工集团爆炸加工
研究所有限公司，辽宁大连，116021；4. 大连船用柴油机有限公司，辽宁大连，116000）

摘　要：为进一步研究利用爆炸合成方法制取的氧化铝尺寸和晶型与混合炸药的爆炸参数之间的
联系，用氢氧化铝和黑索金为原料，按 1:3 质量比将两者均匀混合，并在爆炸罐内进行爆炸实验。
对收集到的实验样品分别进行了扫描电镜分析、高分辨率透射电镜分析、衍射分析和热分析。检
测分析结果表明实验所得到的氧化铝颗粒呈球状，大部分颗粒的尺寸在几百纳米范围，晶型为α
型。

关键词：氢氧化铝；黑索金；爆炸合成；超细氧化铝；α晶型

Ultrafine Aluminum Oxide Synthesized by Explosion

Li Ruiyong[1]　Yan Honghao[2]　Wang Xiaohong[2]　Zhang Yueju[3]　Zhao Qi[4]

(1. Department of Engineering Mechanics, College of Pipeline and Civil Engineering, China
University of Petroleum (East China), Shandong Qingdao, 266580; 2.Department of Engineering
Mechanics, Dalian University of Technology, Liaoning Dalian,116024; 3. Dalian Shipbuilding
Industry Explosive Processing Research Co., Ltd., Liaoning Dalian, 116021;
4. Dalian Marine Diesel Co., Ltd., Liaoning Dalian, 116000)

Abstract: In order to research the relations between the explosion parameters of mixed explosive and
the phases, dimensions of alumina synthesized by explosion. The experiment of explosion synthesis has
been operated in an explosive container with the mixed explosive which was made of aluminum
hydroxide and RDX with a mass ratio 1/3 (in grams). The experimental product is respectively analyzed
by SEM、TEM、XRD and DTA/TGA. The detection results prove that the detonation product is spherical
granule, the most sizes are several hundred nanometers. The aluminum oxide is α aluminum oxide.

Keywords: aluminum hydroxide; RDX; explosion synthesis; ultrafine aluminum; α phase

1　引言

纳米级 $\alpha\text{-}Al_2O_3$ 是重要的结构陶瓷、功能陶瓷和生物陶瓷材料，应用范围广[1]。氧化铝陶
瓷是最重要的陶瓷材料之一，由于具有高的耐磨性、高的化学稳定性、高的尺寸稳定性（形

基金项目：国家自然科学基金（10902126，11272081）、山东省自然科学基金（ZR2010EL016）和中央高校基本科研业务费专项资
　　　金（247201313CX02088A）资助项目。
作者信息：李瑞勇，副教授，li-rui-yong@163.com。

稳性）、强的抗热震能力和高的高温力学强度而广泛应用于机械、化工等领域[2]。文献[3]采用粒子尺寸为 8nm 的纳米α型 Al_2O_3 作为掺杂改性剂，通过选择合适粒径和配比的导电相、玻璃相及烧结工艺，得到了一种 GF 为 13、电阻温度系数小、稳定性良好的钌基厚膜应变电阻。文献[4]研究了采用 α 型高纯度、超细氧化铝粉末经等静压成型和低温烧结工艺制作的部分烧结的氧化铝瓷块，具有良好的强度和断裂韧性，能够满足牙科 CAM 的加工需要。

随着纳米氧化铝应用领域的不断拓展，其制备技术方法的研究也在发展[5,6]。本文提出利用氢氧化铝与炸药混合爆炸的方法来制取超细氧化铝。由于爆炸的瞬时、高压、高温和高能量特点，因此爆炸合成具备生产成本低、效率高等技术优点。本文工作就是在前述研究的基础上[7~11]利用氢氧化铝和黑索金按 1:3 的质量比混合爆炸制取氧化铝，为更好地利用爆炸合成方法来制取氧化铝提供一定的帮助。

2 实验

2.1 爆炸合成氧化铝

实验所用原材料是氢氧化铝和黑索金。把两种粉末均匀混合后放入专用爆炸容器中，利用电雷管引爆，爆炸反应结束后收集爆炸产物粉末。

2.2 样品检测

用扫描电镜和透射电镜分析氧化铝颗粒的形貌和尺寸。用 X 射线衍射仪分析氧化铝的晶型，测定条件为：Cu 靶(K_α，λ=0.15406nm)，管电压 40kV，管电流 30A 扫描速度 4℃/min，扫描范围 20º~75º。用热重分析仪对样品进行了差热和热失重分析，升温速率为 20℃/min，保护气体为氩气，温度区间为 50~1300℃，实验样品质量为 27.6376mg。

3 结果与讨论

图 1 所示为爆炸产物的电子扫描电镜图片。从图片中可以看到产物颗粒均为球形，并且分布比较均匀。图 1 中显示产物中还含有少量的非球形颗粒，并且颗粒构成上具有片状褶皱特征。

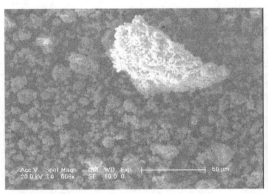

图 1　氧化铝的扫描图片

Fig.1　SEM pictures of aluminum oxide

图 2 所示为爆炸产物的电子透射电镜图片。从图 2 中可见氧化铝颗粒呈完整的球形，绝大部分的颗粒尺寸在几百纳米范围内。

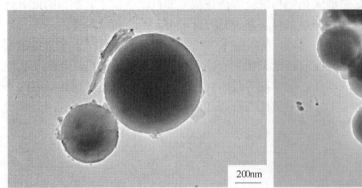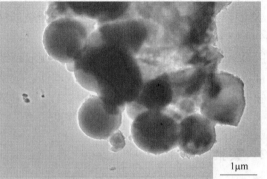

图 2 氧化铝的透射图片

Fig.2   TEM pictures of aluminum oxide

图 3 所示为氧化铝的 X 射线衍射图谱。根据该图谱可知爆炸合成产物是 α 型氧化铝，图 3 中四个强衍射峰的 2θ 角度 25.6200°、35.1793°、43.3793° 和 57.5202° 分别对应的 d 值为 3.479、2.552、2.085 和 1.601，与 ASTM 卡片中 α 型氧化铝的卡片数据吻合。其他四个较强衍射峰的 2θ 角度 37.7993°、52.5696°、66.5566° 和 68.2282° 所对应的 d 值为 2.37848、1.73948、1.40385 和 1.37347，也和 α 型氧化铝的卡片一致。

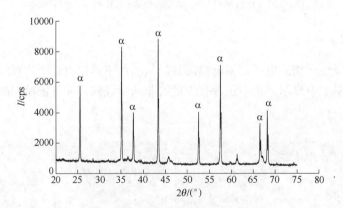

图 3 氧化铝片的 X 射线衍射图谱

Fig.3   XRD pattern of aluminum oxide

另外，氧化铝颗粒的平均晶粒尺寸可利用 Scherrer 公式求得。计算公式如下：

$$D = \frac{k\lambda}{B\cos\theta} \qquad (1)$$

式中，k 取 0.89；λ 为 Cu 靶的波长，取 0.154060nm；θ 为图 3 中衍射曲线上最强峰值所对应横坐标角度值的一半，值约为 21.67°；B 为是劳厄积分宽度，对应取 0.0816。把以上数据带入式（1），计算得 $D=103.6$nm，此值大于 100nm。

图4所示为氧化铝粉末的热失重和差热分析曲线。图中"实线"代表氧化铝的差热分析（DTA）曲线，"虚线"代表热失重分析（TG）曲线。DTA曲线上，50~1300℃之间没有明显的放热和吸热峰出现，说明氧化铝没有发生晶型转变，这也证明了α型氧化铝是所有晶型中结晶温度最高、最稳定的。TG曲线上，50~230℃的温度区间内有5%的重量损失，此重量损失是因为氧化铝粉体里面的吸附水或结晶水蒸发。之后一直到1300℃范围内，TG曲线表明有7%的重量损失，该段的重量损失是由于氧化铝中的深层结晶水随着温度的升高进一步蒸发从而使粉体重量减少。

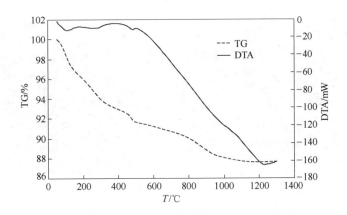

图4 氧化铝的热失重和差热曲线
Fig.4 TG and DTA curves of aluminum oxide

4 结论

以氢氧化铝和黑索金为原料，利用爆炸合成方法制备了超细氧化铝。对收集到的实验样品分别进行了扫描电镜分析、高分辨率透射电镜分析、衍射分析和热分析。结果表明实验所得到的氧化铝颗粒呈球状，大部分颗粒的尺寸在几百纳米范围内，晶型为α型。

参 考 文 献

[1] 翟秀静, 符岩, 暴永生, 等. 燃烧合成技术制备 α-Al₂O₃ 纳米粉[J]. 东北大学学报(自然科学版)，2002, 23(9): 851.

[2] 廖树帜, 徐仲榆, 等. 氧化镁和氧化钇掺杂对纳米氧化铝粉末的影响[J]. 湖南教育学院学报, 2003: 34~37.

[3] 马以武, 宋箭, 常慧敏, 等. 纳米 Al₂O₃ 掺杂对厚膜应变电阻性能的影响[J]. 功能材料, 1998, 29(4): 386.

[4] 骆小平, 赵云风, 田杰谟, 等. 纳米氧化铝玻璃复合体强度及断裂韧性的研究[J]. 华西医大学报, 1998, 29(4): 383~385.

[5] 李岩, 宋美慧. 纳米氧化铝的制备及其改性研究[J]. 黑龙江科学, 2012, 3(2): 38~41.

[6] Bukaemskiil A A, Beloshapkol A G. Explosive Synthesis of Ultra disperse Aluminum Oxide in an Oxygen-Containing Medium[J]. Combustion, Explosion and Shock Waves, 2001, 37(5): 594~599.

[7] 李瑞勇, 李晓杰, 文继明, 等. 温度对爆轰法合成纳米氧化铝的晶型及晶粒度的影响[J]. 材料开发与应用, 2005, 20(5): 5~7.

[8]　李瑞勇, 李晓杰, 曲艳东, 等. 纳米 α-Al_2O_3 的爆轰合成实验及烧结特性研究[J]. 功能材料与器件学报, 2006, 12(3): 241~243.

[9]　Li Ruiyong, Li Xiaojie, Xie Xinghua. Explosive synthesis of ultrafine Al_2O_3 and effect of temperature of explosion[J]. Combustion, Explosion and Shock Waves, 2006, 42 (5): 607~610.

[10]　李瑞勇, 李晓杰, 闫鸿浩. 爆温控制合成 γ 型纳米氧化铝[J]. 纳米技术与精密工程, 2011, 9(2): 113~116

[11]　Li R Y, Li X J, Yan H H, Peng J. Experimental Investingations of the Controlled Explosive Synthesis of Ultrafine Al_2O_3 [J]. Combustion, Explosion and Shock Waves, 2013, 49（1）: 105~108.

沉积能量对电爆炸法制备纳米粉体的影响

彭楚才　王金相　刘琳琳

（南京理工大学瞬态物理重点实验室，江苏南京，210094）

摘　要：自行设计了高压脉冲放电设备，并以铜丝为材料，采用电爆炸方法进行了纳米粉体的制备。结合实验实测了电爆炸过程中的电压和电流波形图，分析了电爆炸过程中能量沉积的特点。通过分析铜丝的热力学及材料特性，验证了电爆炸过程的基本原理。运用 X 射线衍射（XRD）和透射电子显微镜（TEM）对爆炸产物进行了成分和粒度分析，研究了沉积能量对所制备的纳米粉体尺寸的影响。

关键词：电爆炸；纳米粉体；沉积能量

Effect of Deposited Energy on Nanopowder Prepared by Electrical Wire Explosion Method

Peng Chucai　Wang Jinxiang　Liu Linlin

(Science and Technology on Transient Physics Laboratory, Nanjing University of Science and Technology, Jiangsu Nanjing, 210094)

Abstract: A high-voltage pulse discharge device was designed. Nano-power was prepared by electrical explosion of copper wire. The characteristics of the deposition in electrical explosion was analysed combining with the voltage current waveform measured in the experiment. The basic principles of electrical explosion were verified by analysing thermodynamics and material characteristics of copper wire. The composition and particle size of product was analysed by X-ray diffraction(XRD) and transmission electron microscopy(TEM). The impact of deposited energy on the size of nanopowder was studied.

Keywords: electrical explosion; Nano-power; deposited energy

1　引言

纳米金属粉体材料具有量子效应、小尺寸效应以及表面效应等普通金属材料没有的性质，使得其在生物医药、传感器、催化材料和环境治理[1]等方面有很好的应用前景。目前，制备纳米金属粉体的常用方法有溶胶凝胶法、沉淀法、水热法、激光蒸凝法及喷雾热解法等[2,3]。电爆炸法是一种新兴的制备纳米粉体材料的技术，其具有能量转换效率高；产品粒度分布均匀，纯度高；工艺参数调整方便；方法的通用性强等特点[4,5]。但是作为一项工业

基金项目：国家自然科学基金资助项目（11272158）。
作者信息：彭楚才，博士生，pengchucai@sina.com。

生产技术，在电爆炸的机理认识上依然不够全面，这样将制约生产技术进一步向高产型、高质型、节约型发展。

在电爆炸研究的过程中，沉积能量起着一个相当重要的作用，而沉积能量的大小由电容器的初始储能决定。沉积能量过低，达不到电爆的效果，能量沉积过高，造成能量浪费，并且在生产中更高的储能一般需要更高的初始电压，这样将使得电爆炸的过程中产生更高的电压峰值，同时造成更长时间的等离子体放电过程，会缩短设备的使用寿命。因此，本文将通过研究电爆炸过程中能量沉积的特点，以及能量对纳米粉体尺寸的影响机理，为进一步完善纳米粉体制备技术提供参考，同时也有利于对电爆炸技术的进一步开发和应用。

2   实验设备

图 1 所示为电爆炸实验设备的原理图，首先利用交直流转换器和高压变压器通过充电回路将电网中的电能充到电容器中。充电完成后断开充电回路，接通放电回路开关，形成一个 RLC 脉冲放电回路。电容器中的能量通过脉冲电流迅速沉积到爆炸腔体中的金属丝中，使得其在短时间内经过固态、液态、气态、等离子体四个状态的转变，最终发生爆炸。本实验所选用的充电电容 C 为 $10\mu F$，充电电压 U_0 为 $0{\sim}50kV$ 可调，爆炸箱体中的环境气体为空气。

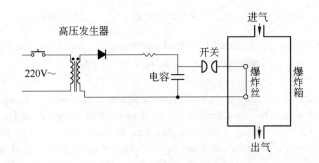

图 1   电爆炸电路示意图
Fig.1   Circuit schematic diagram of electrical explosive

3   实验结果及分析

3.1   成分分析

图 2 所示为铜丝电爆炸产物的 XRD 衍射谱。可以发现铜丝在空气中电爆炸产物的衍射峰角度包括（$2\theta=43.368°$，$50.530°$，$74.206°$）与 Cu 晶体的衍射峰角相对应，（$2\theta=29.617°$，$36.472°$，$42.427°$，$61.498°$，$73.612°$）与 Cu_2O 晶体的衍射峰角相对应，（$2\theta=35.551°$，$38.805°$，$48.709°$，$66.164°$，$68.107°$）与 CuO 晶体的衍射峰角相对应。产物中同时存在 Cu，Cu_2O 和 CuO 三种物质，由于电爆炸过程十分迅速，爆炸产物迅速冷凝，铜的蒸汽或液滴来不及完全氧化，因此产物中存在大量的 Cu_2O 和 Cu 纳米粉体。

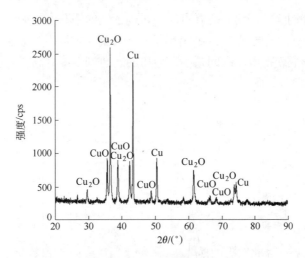

图 2　铜丝电爆炸产物 XRD 图
Fig. 2　XRD diagram of nanopower produced by electrical explosion of copper wire

3.2　电爆炸过程与能量沉积特征分析

3.2.1　电爆炸过程分析

在铜丝的电爆炸过程中，能量沉积起到一个非常重要的作用。实验中铜丝沉积的能量通过式（1）来计算，而理论上铜丝熔化及汽化所需要的能量可由简化公式（2）和式（3）得到。

$$W_R(t) = \int_0^t U_R(t) \cdot I_R(t) \mathrm{d}t \tag{1}$$

$$w_s = c_s \Delta T_m + h_m + c_f \Delta T + h_f \tag{2}$$

铜丝消耗的总能量为：

$$W_s = \pi r^2 l \rho w_s \tag{3}$$

式中，U_R 和 I_R 分别为实验测得铜丝两端的电压和电流；r 为铜丝半径；l 为铜丝长度；c_s 为固态铜的平均比热容；h_m 为熔化热；c_f 为液态铜的平均比热容；h_f 为汽化热。

以 l=80mm，r = 0.075mm 的铜丝为例，在 U_0=5kV，C_0=10μF 的条件下实验的电流、电压及能量图如图 3 所示。根据式（2）和式（3）计算得达到熔点时所需要的能量为 5.7J，对应的电压和能量为图 3 中的 a 和 a_1 点。a—b 阶段铜丝从固态熔化为液态，物态的转变过程中，电阻明显迅速上升，随之电压迅速上升，对应的理论计算的完全液化所需总能量为 8.3J。b—c 阶段为液态加热阶段，加热到沸点所需能量为 23J，与图中 c_1 相对应。根据能量以及电压的变化关系可以看到，在汽化开始前，整根丝从内到外其状态变化是近似同步的。c 点之后铜丝从液态转化为气态，由于电流的趋肤效应[6]，沉积的能量趋向于铜丝的外层，使得蒸发是由外向内进行。气态金属的电阻远大于液态金属，而随着汽化的进行，内部液态金属的直径在减小，所以此阶段电阻急剧上升，电压随之瞬时急剧上升，同时电流迅速减小。当达到 d 点的时候，沉积的能量为 56.2J，还达不到使得铜丝完全汽化所需要的能量 82.5J，说明此时只有外层的部分铜丝被汽化。而 d 点之后，高密度的铜蒸汽在铜丝两端强电场作用下被击穿，形成电弧放电，此时电流在 d_1 处出现了一个转折，电流下降的速率减缓下来，同时表面等离子体通道的形成使得电阻瞬间减小，电压随之急剧下降，高温高压的铜蒸汽及铜等离子体混合向外喷发。

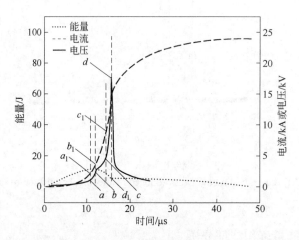

图 3　铜丝电爆炸的电压、电流和能量图（U_0=5kV，C_0=10μF）

Fig. 3　Voltage current and energy waveforms of electrical explosion of copper wire(U_0=5kV，C_0=10μF)

3.2.2　电爆炸能量沉积特征分析

通过实验，我们发现当初始储能稍低于铜丝完全蒸发所需能量时，电压波形已经开始具有了电爆炸的特征。理论计算 r = 0.075mm 的铜丝完全蒸发所需的能量为 82.5J，分别以初始电压 6kV，5kV，4kV 进行电爆炸实验，其对应的初始储能为 80J，125J，180J。

当初始电压较高时，脉冲电流上升得更快，使得能量沉积速率更快，导体丝达到爆炸点的时间更早，如图 4（a）所示。同时，能量沉积的时间越短，在爆炸开始时，铜蒸汽的扩散半径越小。这样在同等沉积能量下，扩散半径小的铜丝，其铜蒸汽的压强更大，温度更高，汽化的铜丝更多。由于趋肤效应的影响，导体横截面上的能量密度从外向内递减，外层局部能量过高，部分铜蒸汽进一步转变为铜的等离子体。产生的等离子体量越多，瞬时电压击穿时产生的电流越大，如图 4（b）所示。从图 4（c）可以看到，能量沉积速率越快，到起爆点时所沉积下的总能量越多，沉积在等离子体中的能量也越多。同时，更大的击穿电流使得后续沉积在等离子体中的能量越高，温度和压强也随着增高。因此，爆炸产生的冲击波速度越大，铜蒸汽及铜等离子体的冷凝速度越快，形成的铜粉尺寸越小。

3.3　粉体的透射电镜分析

利用透射电子显微镜（TEM）观察爆炸产物可以发现，电爆炸法制备的纳米粉体大部分呈球体或多面体，其尺寸基本上分布于 40~100nm 之间，如图 5 所示。其中图 5(a)和图 5(b)对应的初始电压分别为 6kV 和 5kV。可以发现初始储能高的粒子的平均尺寸要稍小些，与通过能量分析的结果基本相符合。

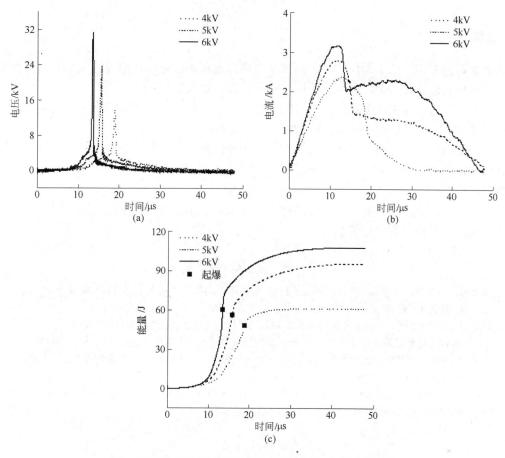

图4 不同初始电压下铜丝电爆炸的电压、电流及能量图

Fig. 4 Voltage, current and energy waveforms of electrical explosion
of copper wire under the different initial voltage

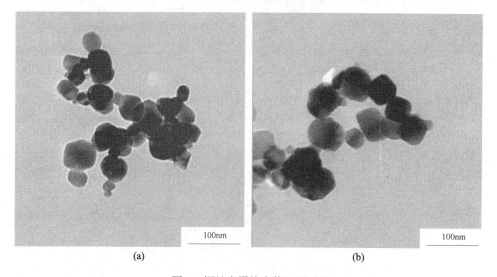

图5 铜丝电爆炸产物 TEM 图

Fig.5 TEM diagram of nanopower produced by electrical explosion of copper wire

4　总结

本文通过对铜丝的电爆炸实验，测试了电爆炸过程中的电压、电流等电学参量，并结合对沉积能量的计算分析了电爆炸各阶段的变化特性。研究发现：

（1）铜丝在空气中电爆炸的主要产物为 Cu、Cu_2O 和 CuO 三种物质，并且 Cu_2O 的量要高于 CuO 的含量。爆炸产物的尺寸基本上分布于 40~100nm 之间。

（2）电爆炸开始之前，铜丝中总的沉积能量变化不大。沉积能量对于铜丝电爆炸的影响主要体现在能量沉积速率上。初始储能越高，能量的沉积速率越快，制备的粉体越均匀，尺寸越小。

（3）在生产中，为了既生产优质的产品，又节约成本，电容器中的储能应以理论计算为参考，稍高于理论计算的储能。

参 考 文 献

[1]　曹茂盛，关长斌，徐甲强. 纳米材料导论[M]. 哈尔滨：哈尔滨工业大学出版社，2001: 5~14.

[2]　王世敏，许祖勋，傅晶. 纳米材料制备技术[M]. 北京：化学工业出版社，2001: 1~5.

[3]　解迎芳，李晓东，等. 几种主要的纳米粉末制备技术[J]. 上海金属，2004, 1(1): 45~49.

[4]　周亮. 导线电爆炸法制备纳米粉末工艺及电爆炸设备的结构优化[D]. 长春：吉林大学，2009: 1~3.

[5]　伍友成，邓建军，郝世荣，王敏华，韩文辉，张南川，杨宇. 电爆炸丝法制备纳米粉末[J]. 强激光与粒子束，2005, 17(11): 1753~1756.

[6]　Wall D P, Allen J E, Molokov S. Influence of the skin effect and current risetime on the fragmentation of wires by pulsed currents[J]. Applied Physics, 2005, 98 (2): 023304.

纳米氧化物气相爆轰合成及表征

闫鸿浩[1]　吴林松[1]　李晓杰[1,2]　王小红[1]　杨诚和[3]　方　宁[3]

（1.大连理工大学工程力学系，辽宁大连，116024;

2.工业装备结构分析国家重点实验室，辽宁大连，116024;

3.大连经济开发区金源爆破工程有限公司，辽宁大连，116600）

摘　要: 气相爆轰法是直接利用气体或通过其他方法将纳米材料前驱体变成气体，并与可燃气体混合后引爆合成纳米材料的新方法。本文以氧气和氢气的混合气体为爆源，通过气相爆轰法合成纳米氧化钛、纳米氧化硅和纳米氧化锡，并使用 XRD 和 TEM 的测量手段对产物进行表征及分析，发现气相爆轰法所得产物均具有产物纯度高，分散性好，粒径较小且分布均匀等特点。

关键词: 纳米颗粒；气相爆轰法；XRD；TEM

Gaseous Detonation Synthesis and Characterization of Nano-Oxide

Yan Honghao[1]　Wu Linsong[1]　Li Xiaojie[1,2]　Wang Xiaohong[1]

Yang Chenghe[3]　Fang Ning[3]

(1. Department of Engineering Mechanics, Dalian University of Technology, Liaoning Dalian,116024;

2. State Key Laboratory of Structural Analysis for Industrial Equipment, Liaoning Dalian,116024;

3. Dalian Economic and Technological Development Zone Jinyuan Blasting Engineering Co., Ltd.,

Liaoning Dalian, 116600)

Abstract: Gaseous Detonation is a new method of heating the precursor of nanomaterials into gas, and combining it with combustible gas as mixture to be detonated for the synthesis of nanomaterials. In this paper, the mixed gas of oxygen and hydrogen is used as source for the detonation, to synthesize nano TiO_2, nano SiO_2 and nano SnO_2 through gaseous detonation method, characterization and analysis of the products, it was found that the products from gaseous detonation method were of high purity, good dispersion, smaller particle size, even distribution and other characteristics. It also shows that for the synthesis of nano-oxides, gaseous detonation is universal.

Keywords: nanoparticles; gaseous detonation method; X-ray techniques; TEM

1　引言

纳米材料的概念最初是由德国的 Gleiter 在 20 世纪 80 年代提出并首次获得由人工制备的纳米晶体[1]。当一种材料的结构进入纳米尺度特征范围时，材料晶体表面的电子结构和晶体结构都发生了比较大的变化，如小尺寸效应、表面效应、宏观量子隧道效应、量子尺寸效应

基金项目：国家自然科学基金资助项目（11272081，10972051），工业装备结构分析国家重点实验室自主研究课题（S2107）。

作者信息：闫鸿浩，博士，副教授，博士生导师，honghaoyan@vip.sina.com。

和介电限域效应,使其在宇航、化工、医学、生物、电子等领域展现了广阔的应用前景[2~4]。

爆轰合成是利用爆轰时产生的瞬间高温、高压和高爆速等特点使前驱体发生分解、裂解、相变或和爆炸后的产物发生化学反应,破坏原来物质的结构,所有分子或部分原子进行重新排列,生成新物质的反应过程[5,6]。爆轰法最先运用于爆轰合成纳米金刚石[7]开发的过程中,随后由于其易操作、生成产物纯度高等优异的特点被推广在多种纳米材料的应用当中,包括纳米氧化钛、纳米氧化铝、碳包覆金属等[8~10]。气相爆轰法是直接利用气体或通过等离子体、激光蒸发、电子束加热等方法将前驱体变为气体,并在气体状态与可燃气体爆炸源点火引爆,最后在产物膨胀冷却过程中凝聚长大形成超细微粉,其优点是只要合理地选择爆轰系统,调节反应气体种类,改变初始气体的压力、温度、密度,选择强起爆方式等可以得到纯度高、分散性好、粒径分布均匀、团聚小的纳米粉体。本文以 H_2 和 O_2 为爆源系统,通过制备纳米氧化硅、氧化钛、氧化锡,并使用 XRD 和 TEM 对产物进行表征及分析来系统介绍气相爆轰法及其优点。

2　实验

2.1　实验设备

图 1 所示为气相爆轰法制备纳米颗粒的主要实验设备——温控气相爆轰管。它是由内径为 100mm 的钛管和钛法兰盘组成的圆筒形密闭容器,同时装备有起爆点、进料口、空气阀和温控系统等。

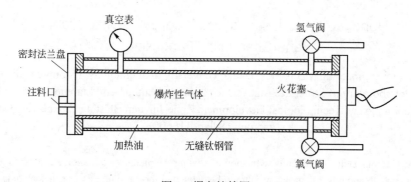

真空表

氢气阀

密封法兰盘

注料口

爆炸性气体

火花塞

加热油　　无缝钛钢管

氧气阀

图 1　爆轰管简图

Fig.1　Schematic of explosion tube

2.2　实验过程

首先通过温控系统将气相爆轰管加热至 423.15K（$TiCl_4$ 的沸点为 406.55K）,用真空泵将管内抽成真空,之后注入一定量的 $TiCl_4$ 溶液,观察爆轰管上真空表的指针变化,直到溶液完全气化。然后再通入氢气和氧气,根据道尔顿分压和理想气体状态方程,注入的氢气和氧气的量可以通过压力表上的数值计算出来。静置 3~5 min,等待气体完全混合均匀,用起爆器引爆混合气体,15~20min 后,收集产物。制备其他纳米氧化物的试验过程与此基本相同。

对于收集到的粉体颗粒的晶体结构采用 XRD-6000 型 X 射线衍射仪进行晶型分析;通过 Tecnai $G^2$20 S-Twin 透射电镜观察粉体的形貌和尺寸。

3 结果与讨论

3.1 制备纳米氧化硅

以氢气与空气为爆源，以四氯化硅为前驱体，混合后通过加热到 393.15K，在爆轰管内引爆，生成二氧化硅纳米颗粒。其反应方程式为：

$$SiCl_4(g)+O_2(g)+2H_2(g) \longrightarrow SiO_2(s)+4HCl(g)$$

反应物物质的量之比为 1:1:2，使用 XRD 对爆轰产物进行分析，测定的参数为：Cu 靶(K_α，λ =0.15406 nm)，扫描速度 5°/min，扫描范围 2θ 为 10°~90°。

图 2 中 a 为纳米 SiO_2 粉末的 X 射线衍射曲线图谱，产物图谱在衍射角为 22° 附近出现了弥散峰，为典型的不定形结构，所以产物均非晶态颗粒。

从图 3 可以看出，产物晶体呈球形，粒径大小大多在 100nm 左右，分散性良好。

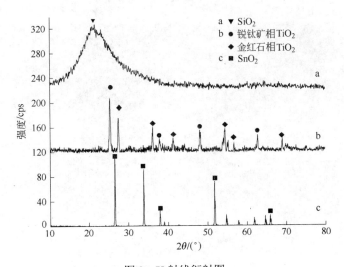

图 2 X 射线衍射图
Fig.2 X-ray diffraction diagrams

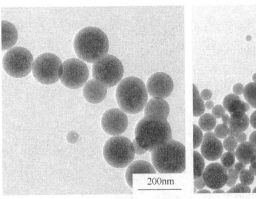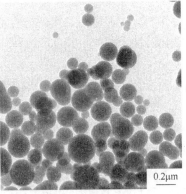

图 3 纳米 SiO_2 的 TEM 图
Fig.3 TEM images of nano SiO_2

3.2 制备纳米氧化钛

以氢气与空气为爆源，以四氯化钛为前驱体，混合后通过加热到 423.15K，在爆轰管内引爆，生成二氧化钛纳米颗粒。其反应方程式为：

$$TiCl_4(g)+O_2(g)+2H_2(g) \longrightarrow TiO_2(s)+4HCl(g)$$

反应物物质的量之比为 1:1:2，使用 XRD 对爆轰产物进行分析，测定的参数为：Cu 靶(K_α，λ=0.15406 nm)，扫描速度 10°/min，扫描范围 2θ 为 10°~80°。

图 2 中 b 为纳米 TiO_2 粉末的 X 射线衍射曲线图谱，通过对照 ASTM 卡片，可以判断所制备的产物是锐钛矿相和金红石相的混合晶的 TiO_2 粉末，质量比为 45.8(锐钛矿相):54.2(金红石相)。通过 Scherrer 公式计算得到的颗粒直径为锐钛矿相 26.24nm、金红石相 36.77nm。

从图 4 可以看出，产物晶体呈球形，粒径大小大多为 80~100nm 左右，但也有 150nm 左右的颗粒存在，产物分散性良好。

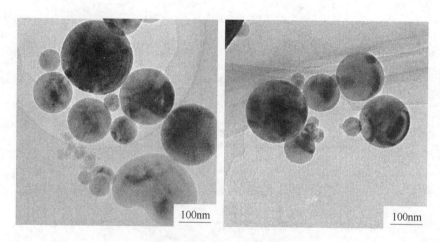

图 4　纳米 TiO_2 的 TEM 图
Fig.4　TEM images of nano TiO_2

3.3 制备纳米氧化锡

以氢气与空气为爆源，以四氯化锡为前驱体，混合后通过加热到 393.15K，在爆轰管内引爆，生成二氧化硅纳米颗粒。其反应方程式为：

$$SnCl_4(g)+O_2(g)+2H_2(g) \longrightarrow SnO_2(s)+4HCl(g)$$

反应物物质的量之比为 1:1:2，使用 XRD 对爆轰产物进行分析，测定的参数为：Cu 靶(K_α，λ=0.15406 nm)，扫描速度 5°/min，扫描范围 2θ 为 10°~70°。

图 2 中 c 是所收集产物的 XRD 衍射图，所有 SnO_2 的衍射峰在图 2 中的 c 上都能找到，可知产物的主要成分是 SnO_2，图中同样发现 Cl 的弱衍射峰，可能是一部分 $SnCl_4$ 原料液化没有反应完全。平均粒径可以通过 Scherrer 公式计算得到爆轰产物的平均粒径为 8.2nm。

图 5 为爆破产物 TEM 形貌图，可以看出产物颗粒为球形，尺寸均匀，粒径在 1~10nm 之间，与 XRD 分析结果一致。晶粒的晶格清晰可辨，没有明显的团聚现象，产物颗粒分散性良好。

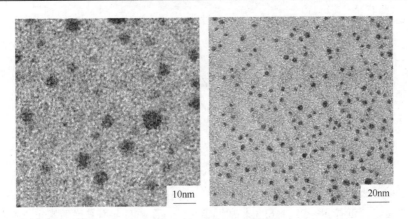

图 5　纳米 SnO$_2$ 的 TEM 图

Fig.5　TEM images of nano SnO$_2$

4　结论

本文使用气相爆轰法制备纳米氧化硅、纳米氧化钛、纳米氧化锡并对其产物进行表征。使用气相爆轰法合成纳米氧化物是具有可行性和普适性的新方法，有如下优点：

（1）高温、相对高压、高速、反应时间短等特征，能保证纳米氧化物粒度更加细化；

（2）恰当的选择爆源能解决纳米粉末碳污染的问题，制备出纯净的纳米氧化物粉末；

（3）改变初始条件如调节反应气体种类，改变初始气体的压力、温度、密度，选择强起爆方式等可以得到不同粒径的纳米粉体。

参 考 文 献

[1]　Birringer R, Gleiter H, Klein H-P, et al. Nanocrystalline materials an approach to a novel solid structure with gas-like disorder[J]. Phys. Lett. A, 1984, 102 (8): 365~369.

[2]　Stockle R, Fokas L, Deckert V, et al. High-quality near-field optical by tube etching[J]. Appl Phys Lett, 1999, 75: 160~162.

[3]　Bui J D, Zelles T, Lou H J. Probing intracellular dynamics with near-field optics[J]. J Neurosci Methods. 1999, 89: 9~15.

[4]　Almeida P De, Deelen J Van, Catry C, et al. Microstructure characterization of titanium dioxide nanodispersions and thin films for dye-sensitized solar cell devices [J]. Applied Physics A, 2003, 26(4): 1007~1012.

[5]　Staver A M, Gubareva N A et al. Ultrafine powder manufactured with the use of explosive energy. Fizika Goreniia I Vzryva, 1984, 20(5): 100~107.

[6]　Beloshapk A G，Bukaemskii A A, Staver A M. Formation of ultradispersed compounds upon shock wave loading of porous aluminum[J]. Combust. Explo. Shock Waves. 1990，26(4): 457~461.

[7]　Graham R A, Morosin B, Venturini E L, et al. Materials modification and synthesis under high pressure shock compression[J]. Ann. Rev. Mater. Sci., 1986, 16: 315~341.

[8]　Li X J, Ouyang X, Yan H H. Detonation Synthesis of TiO$_2$ Nanoparticles in Gas Phase [J]. Advanced Materials Research. 2008, 32: 13~16.

[9]　Li R Y, Li X J, Xie X H. Explosive synthesis of ultrafine Al$_2$O$_3$ and effect of temperature of detonation Combust[J]. Explo. Shock waves, 2006, 42(5): 607~610.

[10]　Yan H H, Wu L S，Li X J. Detonation synthesis of SnO$_2$ nanoparticles in gas phase[J]. Rare Metal Materials and Engineering, 2013, 42(7): 1325~1327.

核壳结构碳包覆磁性金属纳米材料
爆轰合成的实验研究

罗　宁[1,2,3]　李晓杰[4]　巫静波[1]

（1.中国矿业大学工程力学系，江苏徐州，221116；2.深部岩土力学与地下工程国家
重点实验室，江苏徐州，221116；3.北京理工大学，爆炸科学与技术国家重点实验室，
北京，100081；4.工业装备结构分析国家重点实验室，辽宁大连，116024）

摘　要：核壳结构碳包覆金属纳米颗粒（carbon-coated metal nanoparticles, CCMNs）以来，已成为继发现富勒烯、纳米金刚石、碳纳米管之后的又一研究热点。爆轰法以速度快、产率高、能耗低及操作工艺简单等优势在合成纳米金刚石、纳米氮化物、纳米氧化物、纳米碳材料等方面独树一帜。本文开展了混合炸药爆轰合成碳包覆磁性金属（Fe、Co、Ni）纳米颗粒的研究，并对其进行了表征。结果表明，通过调整前驱体中元素摩尔比例，在密闭容器惰性气体保护下成功制备出了碳包覆磁性金属纳米材料。

关键词：核壳结构；碳包覆金属；磁性纳米颗粒；性能表征

Experimental Research on Detonation Synthesis of Core-shell Structure Carbon Coated Magnetic Metal Nanomaterials

Luo Ning[1,2,3]　Li Xiaojie[4]　Wu Jingbo[1]

(1. Department of Mechanics and Engineering Science, China University of Mining and Technology, Jiangsu Xuzhou, 221116; 2.State Key Laboratory for Geomechanics and Deep Underground Engineering, China University of Mining and Technology, Jiangsu Xuzhou, 221116; 3. State Key Laboratory of Explosion Science and Technology, Beijing Institute of Technology, Beijing, 100081; 4. State Key Laboratory of Structural Analysis for Industrial Equipment, Liaoning Dalian, 116024)

Abstract: Due to unique structure and physical and chemical properties of CCMNs have aroused wide attention and research from domestic and foreign scholars in recent years. Based on a large body of evidence on detonation synthesis of nonmaterials, the OB, explosion characterization and composition of explosive precursors were preliminary conceived and designed, so that the carbon-encapsulated metal (Fe, Co, Ni) nanoparticles were successfully synthesized. The results showed that the explosive precursors with a certain mole ratio of nitrate and complexing agent for metallic source materials, which mixed carbon source materials such as organic matter were ignited by detonator under nitrogen in closed detonation vessel.

基金项目：中国矿业大学"启航计划"基金、人才引进启动基金及青年科技项目（2014111）和爆炸科学与技术国家重点实验室开放课题（KFJJ13-5M）；中国博士后科学基金项目（2014M551700）；国家自然科学基金资助项目（11028206, 11272081）
作者信息：罗宁，副教授，nluo@cumt.edu.cn。

Keywords: core-shell structure; carbon coated metal; magnetic metal nanomaterials; performance characterization

1　引言

核壳结构纳米复合材料是一种构造新型、由一种纳米材料通过化学键或者其他相互作用将另一种纳米材料包覆起来形成的纳米尺度的有序组装结构，这种结构可以产生单一纳米粒子无法得到的许多新性能，比单一纳米粒子更具广阔的应用前景。由于核壳结构纳米复合材料兼有外壳层和内核材料的性能，而且其结构和组成能够在纳米尺度上进行设计和剪裁，因而核/壳结构纳米功能材料因其独特的结构而呈现出诸多新奇的物理、化学特性，在催化、生物、医学、光、电、磁以及高性能机械材料等领域具有广阔的应用前景[1~4]。磁性纳米粒子的种类很多，分为天然磁性纳米粒子和人工合成的磁性纳米粒子。目前研究最多的合成磁性纳米材料主要有：（1）各种氧化物和铁氧体（Fe_3O_4、$CoFe_2O_4$、γ-Fe_2O_3、Mn_3O_4、Co_3O_4）等[5~7]；（2）Fe、Co、Ni 等金属磁性纳米粒子[8~10]；（3）Fe-Pt、Fe-Ni 等合金磁性纳米粒子[11,12]。对于包覆材料而言，石墨碳作为一种理想的包覆材料与其他材料（SiO_2、无机物、聚合物分子等）相比具有多种优势：(1)良好的稳定性，即使在空气和酸性或碱性溶液中，也可以有效地保护封装材料免受恶劣环境侵蚀和阻碍临近颗粒聚合；(2)石墨作为一种电的良导体，能够克服绝缘涂层的限制，应用于燃料电池和生物传感器[13,14]；(3)可利用石墨碳壳上的官能团进一步涂覆获得多元化混合结构，应用于生物、医学领域；(4)通过工艺处理可以在石墨材料表面获得大量的官能团（如—OH，—COOH，—C≡C—等），可以极大改善复合纳米颗粒在极性溶液中的分散性；(5)由于石墨包覆层的存在，有望提高核心粒子与生物体之间的相容性，因而在使用安全性、医药领域具有很好的应用前景；(6)可通过改变粒子的表面电荷实现官能化或进行表面反应等途径同时赋予中心粒子以光、电、磁、机械和催化等性能。鉴于爆炸技术以速度快、产率高、能耗低、操作简单、绿色环保等优势在合成纳米功能材料方面独树一帜，本文在采用爆炸技术合成纳米碳材料、氧化物、硫化物等基础上，通过调整前驱体混合炸药的组成以期达到高效控制合成目标产物石墨包覆磁性金属纳米功能材料。

2　实验部分

首先选择溶碳量较高的金属（以镍、钴、铁为代表），以硝酸盐作为金属源和炸药的氧化剂，用爆轰法进行了碳包覆金属（镍、钴、铁）纳米颗粒的合成研究。用廉价的硝酸盐与尿素配置成络合物；然后用乙醇或丙酮等有机溶剂作为碳调节剂；以猛炸药（太安（PETN）、黑索金（RDX）或者其混合物）为炸药敏化成分，提供部分碳源，设计与配制成爆轰合成炸药。在氮气保护下的密闭容器中进行爆炸实验，用爆轰化学反应成功地合成出了碳包覆金属纳米颗粒，并对所合成的纳米材料形貌特征、晶形结构、物态成分、磁性特征进行表征。第Ⅰ组：将硝酸镍与尿素按照摩尔比1:4混合形成配合物后（金属源），控制温度在65~75℃范围内，边搅拌边缓缓加入季戊四醇四硝酸酯（太安（PETN）），然后加入一定量的无水乙醇溶液（后两者为碳源材料）。本组炸药混合物制作中 PETN 和乙醇质量百分比例增加 50%、60%、70%，装药密度分别为 1.65 g/cm³、1.62 g/cm³、1.60 g/cm³。第Ⅱ组：将硝酸钴与尿素按照摩尔比 1:4 混合形成配合物后（金属源），控制温度在 70~75℃范围内边搅拌边徐徐加入季戊四醇四硝酸酯（太安（PETN））粉末，然后加入无水乙醇溶液（碳源材料）。本组炸药混合物中碳源材料质量比例增加 55%、65%、75%，装药密度分别为 1.64 g/cm³、1.61 g/cm³、

1.57 g/cm^3。第 III 组：将硝酸铁与尿素按照 1:6 混合形成配合物后（金属源），控制温度在 70~80℃范围内边搅拌边加入一定质量比例的三次甲基三硝基胺（黑索金（RDX））粉末，然后加入丙酮溶液（碳源材料）中与之均匀混合后。本组炸药混合物中碳源材料 55%、60%、70%，装药密度分别为 1.66 g/cm^3、1.62 g/cm^3、1.55 g/cm^3。

3　实验结果

3.1　形貌特征

图 1(a)所示为 1 号产物的 TEM 照片，其中颗粒尺寸不均匀，粒径主要分布在 20~60nm 之间，其中可以看到少量核壳结构的碳包覆镍的球形纳米颗粒和未被包覆球形氧化镍纳米颗粒。图 1(b)所示为被无定形碳包覆镍纳米晶单个颗粒的形貌图，球形纳米颗粒（深灰色）直径 20nm 左右，无定形碳包覆层厚度与粒径相当。图 1(c)中可以看出颗粒尺寸主要分布在 20~50nm 之间，颗粒大小比较均匀。图 1(d)中显示出核壳结构的复合纳米颗粒，有较大的球形晶核（黑色），颗粒尺寸为 30nm 左右，包覆壳层（灰色层）厚度为 5~8nm 左右，大约 15 层石墨层层状结构，估算出间距大约 0.34nm，与石墨层间距大致相当[15]。图 1(e)中可以看出颗粒尺寸主要分布在 5~25nm 之间，从图中能够更清楚地看出核壳结构的纳米颗粒的形貌，较大的球形晶核被灰色透明的壳层所环绕包覆，且均匀分散。图 1(f)中能够更清楚地看出核壳结构的纳米颗粒，选取一个晶核，大小约 10nm，包覆石墨层厚度 2~5nm。

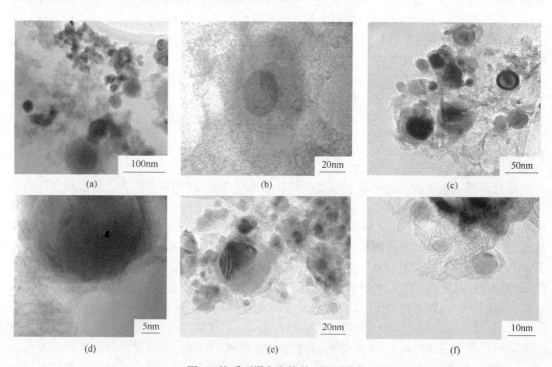

图 1　镍系列爆轰产物的 TEM 图片
(a), (b)1 号产物; (c), (d)2 号产物; (e), (f)3 号产物
Fig.1　TEM images of nickel-series detonation products
(a), (b) No.1 products; (c), (d) No.2 products; (e), (f) No.3 products

图 2(a)所示的球形碳包覆钴纳米颗粒与图 1 中所示镍基纳米颗粒形态上类似，复合颗粒尺寸比较均匀，颗粒尺寸分布在 30~60nm 之间，同时未发现少量较大的氧化物颗粒；图 2(b) 所示为核壳包覆结构的单个颗粒形貌，类球形深色部分为金属，粒径约 40nm，外壳为半透明包覆，外壳厚度大约为 5~8nm。图 2(c)所示为均匀分散于石墨中的颗粒直径 10~30nm 类球形的碳包覆钴纳米颗粒，图 2(d)所示为单个球形核壳结构的纳米颗粒形貌，颗粒直径约为 20nm，包覆石墨层厚度比较均匀，约为 5nm。图 2(e)中可以观察到深色的钴粒子均匀分散于碳基质中被碳壳所包覆，球形钴纳米颗粒直径分布在 5~20nm 之间。图 2(f)中可看到比较完整的球形颗粒由较薄外壳和内核组成，内核直径大约为 15nm 左右，碳壳层厚度为 1~3nm。采用透射电镜对上述所制备的碳包覆铁基的纳米复合颗粒的具体形貌结构进行分析。图 3(a) 为 7 号爆轰产物的 TEM 图片，主要包括一些球形、分散性较好的纳米颗粒，直径在 20~50nm 之间。这些灰色的纳米金属晶被包覆在碳基壳层中，可以清晰地看出球形的核壳结构。图 3(b) 为一典型纳米颗粒局部高倍透射电镜图片，可以看出石墨碳壳层厚度为 5~8nm，包覆着一个较大的铁纳米晶核，能够清楚地看出核壳交界面没有空隙且清晰地分辨出石墨层间距 （0.34nm）。图 3(c)中可以清晰地看出 8 号产物 Fe@C 的核壳结构形貌的纳米颗粒。

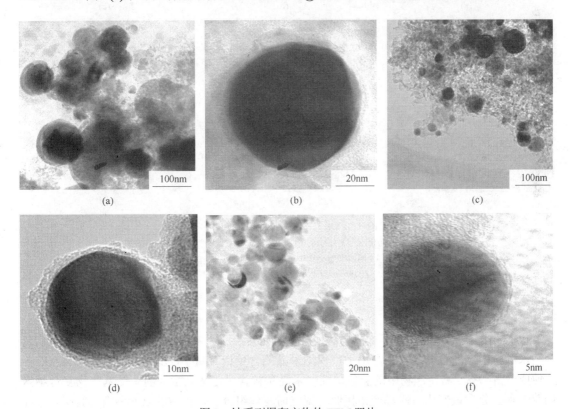

图 2　钴系列爆轰产物的 TEM 照片

(a), (b) 4 号产物；(c), (d) 5 号产物；(e), (f) 6 号产物

Fig.2　TEM images of cobalt-series detonation products

(a), (b) No.4 products; (c), (d) No.5 products; (e), (f) No.6 products

图 3(c)中显示出具有较好分散特征的球形的纳米铁晶粒，其颗粒尺寸主要分布在 10~25nm 之间。图 3(d)为单个碳包覆铁（Fe@C）纳米晶局部高倍透射电镜图片，从图中可以看出该复

合纳米颗粒透明的石墨包覆层厚度比较均匀，厚度约为 2~4nm。图 3(e)为 9 号产物 Fe$_3$C@C 纳米颗粒的形貌特征图片，核壳结构边界与以上三种爆轰产物相比却显得不是那么明显，其颗粒尺寸分布较大，主要在 10~50nm 之间。图 3(f)显示粒径大约 30nm 左右的颗粒的形貌特征，主要由一个较大的黑色球体和具有非晶态的不均匀无定型碳包覆结构构成，即以 30nm 的 Fe$_3$C 晶核包覆在 3~5nm 厚的无定型碳中。

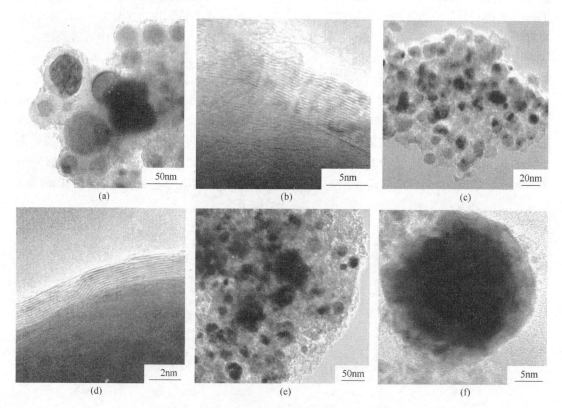

图 3　铁系列爆轰产物的 TEM 照片

(a), (b) 7 号产物; (c), (d) 8 号产物; (e), (f) 9 号产物

Fig.3　TEM images of iron-series detonation products

(a), (b) No.7 products; (c), (d) No.8 products; (e), (f) No.9 products

3.2　成分分析

由 X 衍射荧光光谱仪测得复合纳米颗粒主要元素组成，见表 1。可以看出，镍基产物复合纳米颗粒中碳的百分含量逐渐增加，镍纳米晶的含量相对减小，其中氧元素占 8%左右，其他成分占 7%左右，产物中的碳包覆镍纳米晶颗粒含量是逐渐增加的。钴基产物复合纳米颗粒中碳百分含量变化与镍基产物相似，调整前驱体组分后，生成的氧元素占 5%左右，即氧化钴含量相对减少。铁基产物复合纳米颗粒中合成碳包覆铁纳米晶的碳和铁的摩尔比相对镍、钴较高，且当碳与铁摩尔比较高时产物中碳化铁的产量又会逐渐增加。

鉴于 Raman 光谱对物体的结构不具有破坏性[16]，因此从 Raman 光谱来获取爆轰产物中碳的详细结构信息。根据文献[17]中对碳的 D 峰和 G 峰两个峰的分析可知：D-band 是由于无序碳、晶格缺陷或无定形碳(1360cm^{-1})的存在引起的；G-band 则与石墨（1585cm^{-1}）基平面

内 E_{2g} 伸缩振动模式有关，一般情况下利用 D 峰和 G 峰之间的相对强度 I_D/I_G 的大小来表征材料的完整性或有序度。从图 4 可以看出镍基复合纳米颗粒(1~3 号)的拉曼光谱 D-band 和 G-band 峰变化比较显著，随着碳包覆镍纳米颗粒的减小，包覆层石墨衍射峰逐渐增强。结合表 1 可知，D/G-band 衍射峰向右偏移，且 G-band 峰强度相对于 D-band 在增加，即 I_D/I_G 之比在减小，说明在爆轰过程中 1~3 号产物中无定形碳结构向有利于合成有序度高的石墨碳结构方向变化，这一点从 TEM 图片可以得到证明。

表1　由 X 衍射荧光光谱仪测得复合纳米颗粒主要元素组成
Table 1　The main element contents of the composite explosives by XRF　　　(%)

爆轰产物	CK_α	NiK_α	CoK_α	FeK_α	其他元素 K_α
1	29.76	55.67	—	—	$OK_\alpha\,8$
2	36.67	52.02	—	—	11.31
3	43.91	45.52	—	—	10.57
4	33.43	—	50.32	—	$OK_\alpha\,5$
5	40.90	—	48.03	—	11.07
6	49.25	—	39.67	—	11.08
7	42.60	—	—	45.92	10.88
8	49.89	—	—	40.76	9.35
9	55.43	—	—	35.08	8.94

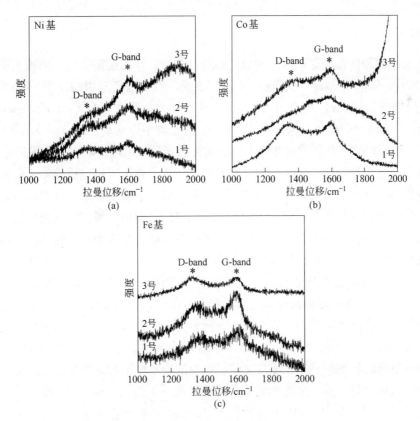

图4　碳包覆金属（Ni、Co、Fe）纳米颗粒的拉曼衍射峰
Fig.4　Raman spectrum of these composite nanoparticles

钴基复合纳米颗粒（4~6 号产物）与镍基复合纳米颗粒有着类似的变化趋势，只是在不同测试条件下，其拉曼图谱曲线与镍基碳基复合材料衍射曲线有一定的差异。从表 2 中可以看出镍基和钴基复合纳米材料的 I_D/I_G 的值是逐渐减小的，说明产物中石墨完整性程度越来越好，产物中生成包覆层主要以石墨态存在。铁基复合纳米颗粒（7~9 号产物）的拉曼峰显示，随着碳和铁摩尔比例的增加，7 号和 8 号产物中主要以碳包覆铁纳米颗粒为主，9 号产物中主要含有碳化铁纳米颗粒且同时存在大量的无定形碳，这一点可以从表 2 中相对强度比（I_D/I_G）呈现先减小后增加的变化得到证明。

表 2　碳包覆金属基纳米颗粒的碳拉曼衍射峰数据
Table 2　Raman spectroscopy data for carbon-encapsulated metal-based nanoparticles

爆轰产物	D 带峰值	G 带峰值	I_D/I_G	爆轰产物	D 带峰值	G 带峰值	I_D/I_G
1	1350	1597	0.98	6	1361	1578	0.90
2	1351	1581	0.90	7	1368	1608	0.93
3	1365	1589	0.86	8	1352	1596	0.86
4	1345	1623	1.12	9	1344	1628	1.08
5	1354	1598	0.96	—	—	—	—

3.3　磁性分析

对以上三组实验所得爆轰产物分别进行磁性能表征，所得磁滞回线，如图 5 所示。爆轰产物在外加磁场 –9000Oe ≤ H ≤ +9000Oe 条件下表征，测试温度为 300K。图 5(a)所示为镍基复合纳米材料的磁滞回线，结合表 3 可知，其饱和磁化强度（M_s）由 4.57emu/g 增加到 17.70emu/g，矫顽磁力（H_c）由 84Oe 减小至 0Oe，且产物中镍基复合纳米颗粒的剩磁比 M_r/M_s 从 0.36 减小至 0.08。都有为等[18]从理论上计算出镍纳米颗粒出现超顺磁的临界尺寸为 6.7nm。所得的镍基复合纳米颗粒中 1 号产物呈铁磁性特征，2 号和 3 号碳包覆镍纳米颗粒产物的平均粒径均分别大于该临界尺寸，在较强磁场下，根据磁性能表征数据可以看出所得产物中颗粒较小且均匀的碳包覆镍纳米，剩磁比值较小（<0.25），说明所得到的碳包覆镍纳米颗粒在室温下呈现超顺磁特征，其主要表现是该产物的磁滞回线都呈现细而窄的形状，即所得爆轰产物的饱磁强度逐渐下降，剩磁强度逐渐增强，矫顽力较大。图 3(b)所示为钴基复合纳米颗粒的磁滞回线，其饱和磁化强度（M_s）由 8.51emu/g 增加到 21.82emu/g，矫顽磁力（H_c）由 83Oe 减小至 131Oe，变化趋势与镍基复合纳米颗粒相似，其剩磁比由 0.31 减小至 0.02，其磁性特征与镍基复合纳米颗粒相类似。图 3(c)所示为铁基复合纳米颗粒的磁滞回线，其饱和磁化强度（M_s）由 57.90emu/g 减小到 20.23 emu/g，其剩磁比却是增加的，从 0.03 增加至 0.33。所得纳米铁基复合颗粒饱和磁化强度与文献已报道的块状铁饱和磁化强度（217emu/g）[19]有一定的差异，根据理论计算出来的铁纳米晶的临界尺寸大约为 15nm[20]，根据表 3 可知，1 号和 2 号碳包覆铁纳米颗粒产物呈超顺磁性特征，3 号产物碳化三铁纳米颗粒表现出良好的铁磁性特征。

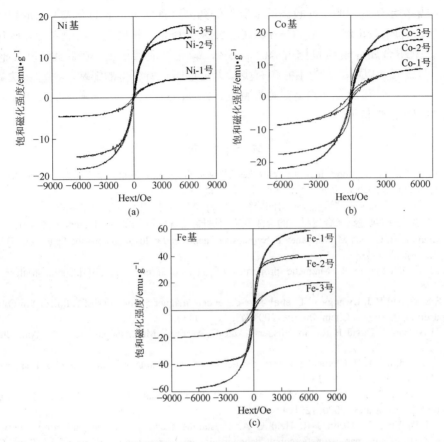

图5 室温下不同的碳包覆金属基纳米颗粒磁滞回线

Fig.5 The magnetic hysteresis loops recorded for the different metal-based composite nanoparticles

表3 碳包覆金属基纳米颗粒饱和磁性、剩磁比、矫顽磁力的对比

Table 3 Comparison of saturation magnetization (M_s), remanent magnetization (M_r), coercivity (H_c) for carbon encapsulated metal-based nanoparticles

爆轰产物	饱和磁性 M_r/emu·g^{-1}	剩磁比 M_s/emu·g^{-1}	M_r/M_s	矫顽磁力 H_c/Oe	爆轰产物	饱和磁性 M_r /emu·g^{-1}	剩磁比 M_s /emu·g^{-1}	M_r/M_s	矫顽磁力 H_c/Oe
1	1.67	4.57	0.36	84	6	0.47	21.82	0.02	0
2	1.50	14.71	0.10	12	Co-bulk[19]	—	160.7	—	10
3	1.47	17.70	0.08	0	7	1.45	57.90	0.03	0
Ni-bulk[17]	—	55.1	—	0.7	8	1.98	49.19	0.04	15
4	2.66	8.51	0.31	83	9	6.70	20.23	0.33	127
5	2.73	17.50	0.15	17	Fe-bulk[19]	—	217.2	—	1

4 结论

通过由硝酸盐、尿素形成尿素硝酸盐络合物，然后与猛炸药等均匀混合形成尿素硝酸盐络合物炸药，通过合理设计前驱体炸药中混合物的摩尔组成，爆轰合成碳包覆金属纳米颗粒。

以上实验结果初步研究表明，在较高的前驱体炸药密度条件下，能够合成不同形貌、结构和组成的碳包覆金属（Ni@C、Co@C、Fe@C）纳米颗粒。三种爆轰产物中主要含碳包覆金属纳米颗粒，其中金属元素质量比占 40%~55%，碳元素质量比占 30%~50%，其他元素占 8%~12%，且碳元素以石墨态为主并含有少量无定形碳。所获得的镍基、钴基和铁基复合纳米颗粒中 1 号、4 号和 9 号产物呈铁磁性特征；2 号、3 号、5 号、6 号、7 号和 8 号产物呈现出良好的超顺磁性特征。

参 考 文 献

[1] Rajib G C, Santanu P. Core/Shell Nanoparticles:Classes, Properties, Synthesis Mechanisms, Charaterization and Applications[J]. Chem. Rev. Chem. Rev. 2012, 112: 2373~2433.

[2] 李晓杰, 罗宁. 合成碳包纳米金属材料的研究现状[J]. 材料导报, 2009, 7(23): 33~37.

[3] 罗宁, 李晓杰. 碳包覆纳米金属材料的合成及应用进展[J]. 材料开发及应用. 2009, 6: 66~71.

[4] Liz-Marzan L M, Giersig M, Mulvaney P. Synthesis of nanosized gold-silica core-shell particles [J].Langmuir, 1996, 12(18): 4329~4335.

[5] Diandra L, Reuben D R. Magnetic properties of nanostructured materials[J].Chem. Mater., 1996, 8: 1770~1783.

[6] Won S S, Hyong H J, Kwangyeol L, et al. Size-dependent magnetic properties of colloidal Mn_3O_4 and MnO nanoparticles[J]. Angew. Chem. Int. Ed., 2004, 43: 1115~1117.

[7] Shou H S, Hao Z, David B R. Monodisperse MFe_2O_4(M=Fe,Co,Mn) nanoparticles[J]. J. Am. Chem. Soc., 2004, 126: 273~279.

[8] Sophie C, Cedric B L N, Clement S. Controlled design of size-tunable monodisperse nickel nanoparticles[J]. Chem. Mater., 2010, 22: 1340~1349.

[9] Wang Z L, Dai Z R, Sun S H. Polyhedral shapes of cobalt nanocrystals and their effect on ordered nanocrystal assembly[J]. Adv. Mater., 2000, 12: 1944~1946.

[10] Diehl M R, Yu J Y, Heath J R, Held G A. Crystalline shape and surface anisotropy in two crystal morphologies of superparamagnetic cobalt nanoparticles by ferromagnetic resonance[J].J. Phys. Chem. B., 2001, 105: 7913~7919.

[11] Zhang X B, Yan J M, Han S. Magnetically recyclable Fe@Pt core-shell nanoparticles and their use as electrocatalysts for ammonia borane oxidation: the role of crystallinity of the core[J]. J.Am.Chem.Soc., 2009, 131: 2778~2779.

[12] Wen M, Wang Y F, Zhang F, Wu Q S. Nanostructures of Ni and Ni-Co amorphous alloys synthesized by a double composite template approach[J]. J.Phys.Chem.C., 2009, 113: 5960~5966.

[13] Dravid V P, Host J J, Teng M H, et al. Controlled-size nanocapsules[J]. Nature,1995,374: 602~603.

[14] Pasqualini E, Adelfang P, Regueiro M N. Carbon nano encapsulation of uranium dicarbide[J]. J. Nuclear Mater., 1996, 231: 173~177.

[15] Ferrari A C. Raman dpectroscopy in carbons:from nanotubes diamond[M]. London: The Royal Society, 2006.

[16] Luo Ning, Li Xiaojie, Wang Xiaohong. Preparation and magnetic behavior of carbon- encapsulated iron nanoparticles by detonation method[J].Composites science and technology. 2009, 69(15-16): 2554~2558.

[17] Piscanec S, Lazzeri M, Mauri F, et al. First- and Second-order Raman scattering from finite-size crystals of graphite[J]. Phys. Rev. Lett., 2004, 91: 087402~087409.

[18] Luo Ning, Liu Kaixin, Li Xiaojie, et al. Systematic study of detonation synthesis of Ni-based nanoparticles[J]. Chemical Engineering Journal. 2012(210): 114~119.

[19] Luo Ning, Liu Kaixin, Liu Zhiyuan, et al. Controllable synthesis of carbon coated iron-based composite Nanoparticles[J]. Nanotechnology, 2012,23: 475603.

[20] 戴道生, 钱昆明. 铁磁学[M]. 北京:科学出版社,1987.

利用液体炸药爆轰制备石墨烯的研究

孙贵磊[1]　李晓杰[2]　闫鸿浩[2]　杨诚和[3]　方　宁[3]

（1.中国劳动关系学院安全工程系，北京，100048；
2.大连理工大学工程力学系，辽宁大连，116024；
3.大连经济技术开发区金源爆破工程有限公司，辽宁大连，116600）

摘　要：利用石墨在强氧化性酸环境下易形成石墨层间化合物（GICs）的特性，将天然石墨置于发烟硝酸中，并加入硝基甲烷，配制成液体炸药，使用塑料容器盛装后放入爆轰反应釜中引爆。收集爆轰产物，并利用 XRD、EDX、SEM、TEM、Raman 光谱、比表面积与孔隙度分析仪进行分析。结果显示，制备出的石墨烯具有良好的晶体特性并呈现极薄的片状结构，其比表面积达到天然石墨的 9 倍多，厚度在 10nm 左右。

关键词：液体炸药；石墨烯薄片；爆轰裂解；比表面积

Research on Preparation of Grapheme Using Liquid Explosive by Detonation Technique

Sun Guilei[1]　Li Xiaojie[2]　Yan Honghao[2]　Yang Chenghe[3]　Fang Ning[3]

(1. Department of Safety Engineering, China Institute of Industrial Relations, Beijing, 100048;
2. Department of Engineering Mechanics, Dalian University of Technology, Liaoning Dalian, 116024;
3.Dalian Economic and Technological Development Zone Jinyuan Blasting Engineering Co., Ltd.,
Liaoning Dalian, 116600)

Abstract: Graphite intercalation compounds (GICs) can be obtained when graphite is placed in strong oxidizing acids. According to this characteristic, natural graphite is put into strong HNO_3, and CH_3NO_2 is mixed to prepare liquid explosive. Then the mixture is poured into a plastic container and the container is placed in the center of a detonation reactor to ignite the explosive mixture. After detonation, the soot is collected and analyzed by XRD, EDX, SEM, TEM, Raman spectroscopy, the specific surface area and porosity analyzer. Results indicate that the prepared grapheme owns perfect crystal properties and presents very thin sheet structure. The specific surface area of grapheme is more than 9 times of nature graphite's. The thickness of grapheme is about 10 nm.

Keywords: liquid explosive; grapheme flakes; detonation split; BET surface area

1　引言

自 2004 年石墨烯首次被制备，其独特的二维结构和优异的电学、光学、热学及力学性

基金项目：北京高等学校青年英才计划项目；中国劳动关系学院一般项目（13YY009）；国家自然科学基金资助项目（11272081）。
作者信息：孙贵磊，副教授，sunguilei@126.com。

能使其迅速成为材料、化学、物理和工程领域的研究热点。大量研究表明，石墨烯及其衍生物在生物传感器、半导体材料、纳米器件、储氢材料和太阳能电池等领域具有潜在的重要应用价值[1]。

目前，关于石墨烯的制备方法有很多种，从材料来源上大致可以分为两类，一类利用了石墨层间作用力相对层内原子间作用力较小的特点，将石墨层片进行剥离获取，如利用石墨为原料的机械剥离法[2]，利用膨胀石墨为原料的液相或气相剥离法及爆轰裂解法[3~5]，该类方法所得产物的纯度高，缺陷少，且制备工艺简便快捷；另一类是通过化学方法合成，即通过将碳原子重新排列组合合成石墨烯，如碳化硅表面外延生长、氧化–还原法、化学气相沉积法等[6~8]。

爆轰制备技术最早应用于金刚石的制备合成，目前已广泛应用于石墨[5]、纳米氧化铝[9]、纳米氧化钛[10]、纳米氧化铁[11]、纳米碳包金属[12~14]、纳米球状铜[15]、纳米锰酸锂[16]以及锰铁氧体（尖晶石）[17]的研究。爆轰制备技术具有工艺简单、效率高等特点，因而具有广阔的研究及应用前景。

2　实验材料与设备

实验材料：天然石墨、发烟硝酸（87%）、硝基甲烷。

实验设备：热处理炉、球形爆炸反应釜、起爆装置。

表征设备：XRD-6000、TEM（Tecnai 20）、SEM（FEI Quanta 200）、Raman 光谱仪（inVia）、SEM/EDX（JSM-5600LV）、NOVA-4000 比表面积与孔隙度分析仪（77 K，氮吸附）。

3　实验过程与产物表征

3.1　实验过程

先将石墨与发烟 HNO_3 混合，静置冷却后加入 CH_3NO_2，混合时温度应保持为 273~293K，石墨、发烟硝酸、硝基甲烷的摩尔比为 3:3:4。混合完成后，将混合液体倒入塑料容器中，并放置于球形爆炸反应釜的中心，封闭反应釜并用雷管引爆。静置沉积后，从反应釜内壁收集爆轰产物。利用 XRD、EDX、SEM 及 TEM 等表征方法对爆轰前后的材料成分、形貌及微观结构进行表征，通过 Raman 光谱分析爆轰产物中碳的结构，并利用孔吸附的方式测量其比表面积变化。

3.2　产物表征

收集到的爆轰产物呈现黑色粉末状，粒径极为细小，通过表征设备分析如下。

3.2.1　XRD 及 EDX 分析

天然石墨与爆轰产物的 XRD 图谱如图 1 所示，与标准衍射图谱对比分析可得，该图谱与 JCPDS 41-1487（2h 型石墨）一致。石墨的 XRD 中，特征峰（002）峰和（004）峰表示垂直石墨层片方向（c 轴方向）的衍射强度，从衍射强度数据可以看出，爆轰后这两个峰的强度都大大削弱，而（100）峰、（102）峰和（103）峰的强度却增强；此外，图 1 中，当 2θ 在 35°~40°处时，数字（1）下方的天然石墨并未出现明显的峰，但（2）、（3）中却非常明显。将四个 XRD 图谱中 2θ 位于 34°~39°之间的衍射图谱置于图 1 右侧，并将天然石墨在此位置处的衍射强度放大 3 倍，此时可以显示出隐藏于 1 中的峰。利用 EDX 分析表明，爆轰产物中含有微量 Si 元素和 Fe 元素，若此衍射峰为该二元素所致，则经王水或氢氟酸处理后，应会消失，但从图 1 中可以看出，处理后的爆轰产物该峰并未消失，因此可以确定峰值的变化不是物质组分有变化，而是与衍射强度有关。爆轰后，天然石墨在 a 轴和 c 轴方向上的尺寸同时减小，各衍射峰的相对强度也会变化。以（002）特征峰为例，对爆轰前后衍射强度的数值对比后可以看出，爆轰产物（002）峰的衍射强度为天然石墨衍射强度的 1/72。

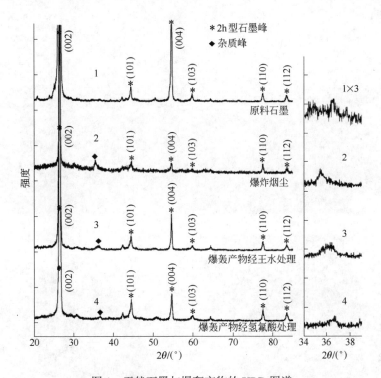

图 1　天然石墨与爆轰产物的 XRD 图谱

Fig. 1　XRD patterns of natural graphite and detonation soot

根据 Scherrer 公式 $D = k\lambda / B\cos\theta$，$k$ 取 0.89；λ 为 Cu 靶的波长 1.5406Å；θ 为衍射曲线上最强峰值所对应的角度；B 为劳厄积分宽度。粒径减小，衍射强度降低，B 值增大并使峰值严重宽化。同样的原因，（100）峰、（102）峰以及（103）峰在爆轰产物中的强度都非常弱。

3.2.2　SEM 与 TEM 分析

图 2 中，图 2（a）显示了天然石墨的厚度及粒径较大，直径在肉眼可识别的范围；从图 2（b）与图 2（c）可看出，产物呈现层片状，且厚度极薄，结合 XRD 的分析可以确定产物为纯度较高的石墨烯；图 2（d）显示石墨烯极薄的厚度，这与 SEM 图谱中给出的信息是相同的，同时也表明石墨片具有非常大的表面积，这一特性使石墨烯可用于导电添加剂。

3.2.3　Raman 光谱分析

产物中碳的结构可以通过 Raman 光谱给出，如图 3 所示。Raman 光谱中有两个明显的峰，分别为位于 1577cm^{-1} 处的 G-band 和位于 1335cm^{-1} 处的 D-band。其中，G-band 主要是由石墨基平面所有 sp^2 原子对的拉伸运动引起的，而 D-band 是粒子尺寸效应、晶格畸变等缺陷及无序等原因引起的[18]。Raman 光谱中，高强度的 G-band 和低强度的 D-band 都表明了石墨烯具有较好的晶体结构，也说明在用含有强氧化性酸的液体炸药对石墨进行爆轰裂解时，产物中没有增加无序碳的量。

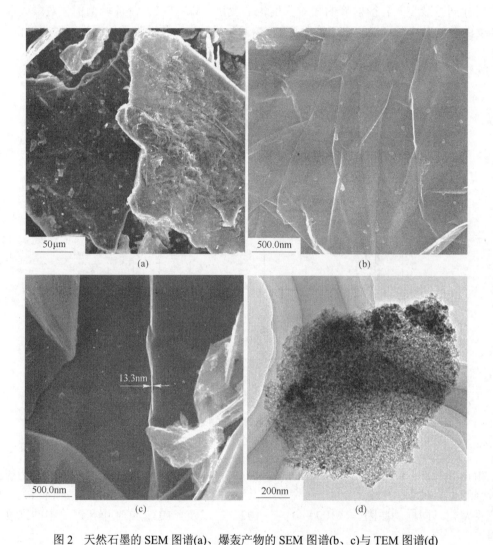

图 2　天然石墨的 SEM 图谱(a)、爆轰产物的 SEM 图谱(b、c)与 TEM 图谱(d)
Fig. 2　SEM image (a) of the natural graphite，SEM images (b and c) and TEM image (d) of the detonation soot

3.2.4　吸附及比表面分析

通过吸附脱附及比表面分析仪对天然石墨和石墨烯进行分析，如表 1 中的数据显示。脱附时，石墨烯的脱附量达到天然石墨的 9.16 倍，说明相同条件下，石墨烯具有更强的吸附脱附能力。图 4 给出了天然石墨与石墨烯进行脱附时孔径与脱附量的关系，可以看出，对脱附量影响最大的是孔径为 4 nm 左右的孔，而 2~3nm 的孔径对天然石墨的脱附影响最大，对石墨烯的影响相对较小。

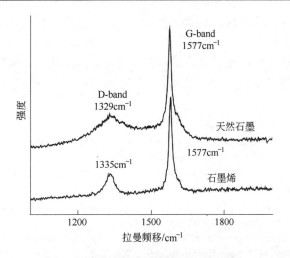

图 3　天然石墨和石墨烯的 Raman 光谱

Fig. 3　Raman spectra of the natural graphite and the grapheme

表 1　天然石墨与石墨烯的比表面积

Table 1　BET surface area of nature graphite and grapheme　　　　(m²/g)

石墨来源	比表面积
天然石墨	8.92
石墨烯	81.74

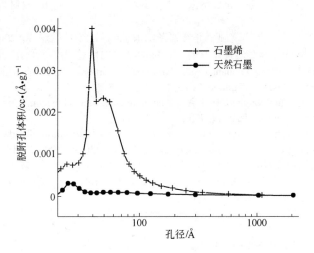

图 4　孔径与脱附量的关系

Fig. 4　Relationship between pore diameter and desorption

4　结论

（1）利用石墨在强氧化性酸的环境中可获得低阶插层的特点，以发烟硝酸与硝基甲烷为液体炸药组分，可以制备出具有完整的片状结构的石墨烯薄片；

（2）利用强酸性液体炸药制备出的石墨烯薄片具有良好的晶体结构，液体炸药爆轰过程未增加无序碳的量，且石墨烯的比表面积增大至天然石墨的 9.16 倍，其比表面积的增加主要源于 4nm 孔的大量增加；

（3）利用液体炸药制备石墨烯薄片，制备工艺简单，能耗低，速度快，效率高，产物纯度高，但需要专用爆轰设备。

参 考 文 献

[1] Basua S, Bhattacharyyab P. Recent developments on graphene and graphene oxide based solid state gas sensors[J]. Sensors and Actuators B: Chemical, 2012, 173:1~21.

[2] 江莞,范宇驰,刘霞,等.机械剥离法制备石墨烯及其在石墨烯/陶瓷复合材料制备中的应用[J].中国材料进展,2011,30(1):12~20.

[3] Hernandez Y, Nicolosi V, Lotya M, et al.High-yield production of graphene by liquid-phase exfoliation of graphite[J]. Nature Nanotechnology,2008,3(9):563~568.

[4] Qian Wen, Hao Rui, Hou Yanglong, et al.Solvothermal-assisted exfoliation process to produce graphene with high yield and high quality[J]. Nano Research,2009, 2:706~712.

[5] Sun Guilei, Li Xiaojie, Yan honghao. Detonation of expandable graphite to make micron powder[J]. New Carbon Material,2007,22(3):242~246.

[6] Walt A de Heer, Claire Berger, Xiaosong Wu, et al. Epitaxial graphene[J].Solid State Communications, 2007, 143(1-2): 92~100.

[7] Wang Zhijuan, Zhou Xiaozhu, Zhang Juan, et al. Direct electrochemical reduction of single-layer graphene oxide and subsequent functionalization with glucose oxidase[J].The Journal of Physical Chemistry C, 2009, 113(32): 14071~14075.

[8] Keun Soo Kim, Zhao Yue, Jang Houk, et al. Large-scale pattern growth of graphene films for stretchable transparent electrodes[J]. Nature, 2009, 457: 706~710.

[9] 李瑞勇, 李晓杰, 赵峥, 等. 爆轰合成纳米 γ -氧化铝粉体的实验研究[J]. 材料与冶金学报, 2005, 4(1): 27~30.

[10] 曲艳东, 李晓杰, 张越举, 等. 硫酸亚钛爆轰制备纳米 TiO_2 粒子[J].功能材料, 2006, 11(37): 1838 ~1840.

[11] 孙贵磊, 闫鸿浩, 李晓杰. 爆轰制备球形纳米 γ -Fe_2O_3 粉末[J].材料开发与应用, 2006, 21(5):5~7.

[12] Sun Guilei, Li Xiaojie, Wang Qiquan, et al. Synthesis of carbon-coated iron nanoparticles by detonation technique[J]. Materials Research Bulletin, 2010, 45 (5): 519~522.

[13] Sun Guilei, Li Xiaojie, Yan Honghao, et al. A simple detonation method to synthesize carbon-coated cobalt[J]. Journal of Alloys and Compounds, 2009, 473 (1-2): 212~214.

[14] Luo Ning, Li Xiaojie, Wang Xiaohong, et al. Synthesis and characterization of carbon-encapsulated iron/iron carbide nanoparticles by a detonation method[J]. Carbon, 2010, 48(13): 3858~3863.

[15] 孙贵磊. 球状纳米铜颗粒的爆轰法制备[J]. 爆炸与冲击, 2012, 32(3): 273~277.

[16] Xie Xinghua, Li Xiaojie, Zhao Zheng, et al. Growth and morphology of nanometer $LiMn_2O_4$ powder[J]. Powder Technology, 2006, 169 (3): 143~146.

[17] 王小红，李晓杰，张越举,等.爆轰法制备纳米 $MnFe_2O_4$ 的实验研究[J]. 高压物理学报, 2007, 2(21): 173~177.

[18] He Chunnian, Zhao Naiqin, Shi Chunsheng, et al. A practical method for the production of hollow carbon onion particles[J]. Journal of Alloys and Compounds, 2006, 425 (1):329~333.

3

爆炸复合新技术

碰撞速度对爆炸压涂铜涂层性能
影响研究

赵　铮[1]　杜长星[1]　王金相[2]

（1. 南京理工大学能源与动力工程学院，江苏南京，210094;
2. 南京理工大学瞬态物理重点实验室，江苏南京，210094）

摘　要：本文研究了碰撞速度对爆炸压涂铜涂层性能的影响。首先利用 SPH 无网格法模拟了爆轰驱动飞板的加速过程，计算出了飞板碰撞速度-炸高曲线。然后，在三种碰撞速度下进行了铜粉-铜板爆炸压涂实验，碰撞速度分别为 700m/s、900m/s 和 1100m/s。通过对试样进行宏观观察、光学显微观察和显微硬度测试，得出碰撞速度为 900m/s 时，铜涂层的厚度最大，显微硬度最高，其铜涂层由 8 层颗粒组成，厚度达到 300μm，显微硬度为 114HV，接近冷轧铜板的显微硬度。结果表明，爆炸压涂能够制备性能优良的铜涂层，对于铜粉-铜板爆炸压涂，碰撞速度为 900m/s时，涂层质量最佳。

关键词：爆炸压涂；铜涂层；碰撞速度；数值模拟

Influence of Impact Velocity on the Properties of Copper Coating
Prepared by Explosive Compaction-Coating

Zhao Zheng[1]　Du Changxing[1]　Wang Jinxiang[2]

(1. School of Energy and Power Engineering, Nanjing University of Science and Technology,
Jiangsu Nanjing, 210094;
2. State Key Laboratory of Transient Physics, Nanjing University of Science and Technology,
Jiangsu Nanjing, 210094)

Abstract: The large area copper coating was prepared by explosive compaction-coating in this paper and the influence of impact velocity of copper coating was researched. Firstly, the process of detonation driving flyer plates was numerical simulated using SPH method, and the impact velocity-height of burst was obtained. Secondly, under different impact velocity, such as 700m/s, 900m/s and 1100m/s, copper coating were obtained. The surface morphology and thickness of the copper coating were investigated by means of optical microscope. The results indicated that when impact velocity was 900m/s, the properties of copper coating was the best. The thickness of coating is 300μm and the micro hardness is about 114HV.

Keywords:　explosive compaction-coating; copper coating; impact velocity; numerical simulation

基金项目：国家自然科学基金资助项目（10802038，11272158）；中国博士后基金项目（2011M500929）。
作者信息：赵铮，副教授，zhaozheng@126.com。

1　引言

涂层制备技术是表面工程领域的研究重点，目前各种耐磨、耐高温、耐烧蚀、光敏、氧敏、绝缘涂层广泛应用于航空、航天、石油、化工、机械、电子、船舶、汽车、建筑等领域。现有涂层制备技术主要为热喷涂[1, 2]、冷喷涂[3]、激光熔覆[4]、化学沉积[5]等，这些方法均需要专用设备且喷涂效率较低，致使大面积涂层制备成本高昂，限制了材料的进一步应用。爆炸压涂是一种全新的爆炸加工技术，它是利用炸药爆轰产生的高压驱动金属板高速撞击粉末，使粉末在得到压实的同时牢固地附着在金属板表面形成涂层的加工技术[6,7]。

铜具有良好的导电和导热性能，在电气和制冷工业中有着广泛的应用。另外，铜具有很好的延展性，是典型的韧性金属。因此本文对铜涂层进行爆炸压涂研究，介绍了爆炸压涂技术的具体实施工艺，利用爆炸压涂技术在铜基板上制备了铜涂层，测量了涂层的孔隙率、硬度和氧化程度。

2　爆炸压涂技术

爆炸压涂与现有的爆炸加工技术，如爆炸焊接[8]、爆炸喷涂和爆炸压实[9]有着本质上的不同：爆炸焊接是实现金属板之间的结合，而爆炸压涂是实现粉末与板之间的结合；爆炸喷涂需要喷枪等专用设备，而爆炸压涂不需专用设备；爆炸压实是将粉末制成块体材料，而爆炸压涂是将粉末制成涂层。

爆炸压涂的实验装置非常简单，如图1所示。粉末装在铁槽内，放置在坚实的地面上，利用支架将金属板支撑在粉末上方，使金属板与粉末平行，两者之间的间隙称为炸高。炸药平铺在金属板上表面，雷管安装在炸药左端中心位置。起爆后爆轰波向右侧传播，金属板在爆轰产物驱动下向下方飞行，与粉末高速撞击后，将粉末压实，同时粉末涂覆在金属板下表面，形成涂层。

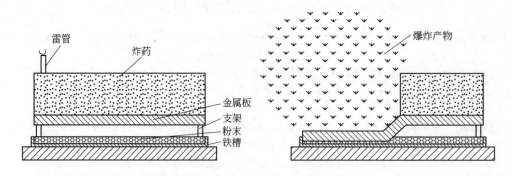

图1　爆炸压涂装置示意图
Fig.1　Facility of explosive compaction-coating

爆炸压涂属于冷喷涂，不需要对金属板和粉末进行预加热。这不仅简化了工艺，而且避免了热喷涂技术预加热粉末造成的晶粒长大或氧化，所以爆炸压涂不但可以制备常规的金属或非金属涂层，还适合制备纳米、非晶和氧敏涂层。爆炸压涂利用炸药爆轰驱动金属板飞行，撞击速度可达每秒几千米，而其他冷喷涂技术利用高压气体驱动粉末飞行，撞击速度不超过

1km/s，因此爆炸压涂在制备难结合的高硬度涂层时比现有冷喷涂技术更具优势。

3 爆炸压涂实验设计

爆炸压涂时，金属板与粉末的碰撞速度是决定涂层质量的最关键因素，速度太小粉末不能涂覆，速度太大粉末会过熔或烧蚀，因此选取的碰撞速度一般略大于冷喷涂的临界速度。碰撞速度的大小是由炸药爆速、多方指数、药板比（炸药质量与金属板质量的比值）和炸高决定的，其中炸药多方指数、爆速和药板比决定了金属板的加速度，而炸高决定金属板的加速时间。

现有的冷喷涂技术，在使用高压气体驱动时会将铜粉加热到 100~500℃，铜粉的涂覆临界速度为 600m/s。而爆炸压涂不加热粉末，铜粉温度只有 20℃，粉末的温度越低，涂覆的临界速度就越高。所以，对铜板-铜粉的爆炸压涂设计三种碰撞速度，分别为 700 m/s、900 m/s 和 1100m/s。三组实验选择相同的炸药多方指数、爆速和药板比，通过改变炸高来实现不同的碰撞速度，炸高的计算需要求解爆轰驱动金属板的加速过程。

在现有爆轰驱动金属板的理论方法中，Gurney 公式的计算结果与实验符合较好，应用较为普遍，但 Gurney 公式只能计算金属板的最终速度，不能计算加速过程。本文采用数值模拟方法来计算爆轰驱动金属板的加速过程。

炸药爆轰属于大变形问题，利用有限元 Lagrange 方法求解时，会发生网格畸变，造成计算困难。利用无网格方法求解大变形问题能够避免网格畸变，SPH 法是目前最为成熟的一种无网格方法，它将物质离散为一系列带有质量的质点，不需要划分网格，非常适合计算爆轰问题。本文采用 SPH 方法计算铵油炸药爆轰驱动铜板，将起爆方式近似为线起爆，问题就可简化为平面应变问题，建立二维 SPH 模型，如图 2 所示。起爆点位于炸药左上角，炸药尺寸为 40cm×2.5cm，金属板尺寸为 40cm×0.2cm。

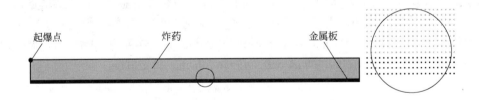

图 2 爆轰驱动金属板 SPH 模型
Fig.2 SPH model of the detonation driving metal plate

图 3 所示为 t=80μs 时刻的压力云图，深色区域压力高，浅色区域压力低。爆轰波向右传播，波阵面处的压力约为爆压 3.4GPa，爆轰产物膨胀时驱动铜板向下飞行。

在金属板下表面选取 A、B 和 C 三个点，距离起爆端分别为 10cm、20cm 和 30cm，绘制出这三点的速度-时间曲线，如图 4 所示。可以看出，在前 10μs，铜板的速度增加迅速，此后速度增加缓慢，根据曲线趋势，可以判断出铜板的最终速度约为 1150m/s，Gurney 公式计算出的金属板最终速度为 1200m/s。由于数值模拟考虑了起爆端的稀疏效应，所以最终速度比计算速度小 4%是合理的，结果表明 SPH 方法数值模拟具有较好的精度。

图 3   爆轰驱动压力云图
Fig.3   Pressure nephogram of detonation driving

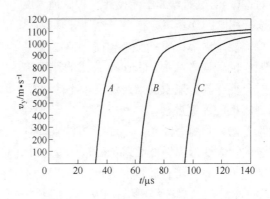

图 4   碰撞速度-时间曲线
Fig.4   Impact velocity-time curves

图 5 所示为金属板下表面 *A* 点的速度-位移曲线，曲线表明随着飞行距离的增加，碰撞速度逐渐增加，在前 10mm，碰撞速度增加迅速，此后速度增加缓慢。当炸高为 3mm 时，碰撞速度约为 700m/s；炸高为 10mm 时，碰撞速度为 900m/s；炸高为 20mm 时，碰撞速度为 1100m/s。因此我们将三组实验的炸高设定为 3mm、10mm 和 20mm。

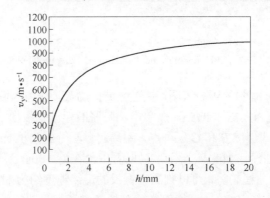

图 5   碰撞速度-炸高曲线
Fig.5   Impact velocity- separation curves

4　爆炸压涂实验

实验采用膨化硝铵炸药，密度为 1.0g/cm³，爆速为 3200m/s，装药厚度为 25mm。铜板为工业 T2 紫铜板，尺寸为 400mm×200mm×2mm。铜粉为雾化法制取的球状铜粉，粒度为 100~150μm，厚度为 2mm。

4.1　实验结果

图 6 所示为碰撞速度为 700m/s、900 m/s 和 1100 m/s 时的爆炸压涂试样，各图左侧为飞板，右侧为基板。

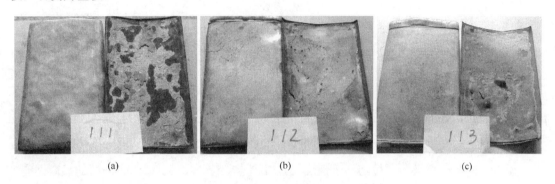

(a)　　　　　　　　　　(b)　　　　　　　　　　(c)

图6　不同碰撞速度的涂层宏观形貌
Fig.6　Macrostructure of coating under different impact velocity
(a) v_y=700 m/s; (b) v_y=900 m/s; (c) v_y=1100 m/s

碰撞速度为 700 m/s 时基板的涂层较薄，容易剥落，说明结合强度不高；碰撞速度为 900 m/s 时基板的涂层厚度均匀，涂层和基体结合良好；碰撞速度为 1100 m/s 时基板的涂层发生了烧蚀。所以可以初步判断碰撞速度为 900 m/s 时的铜涂层质量较好。

4.2　试样检测与分析

对碰撞速度 700 m/s 和 900 m/s 的基板进行校平与切割，对截面进行显微观察，如图 7

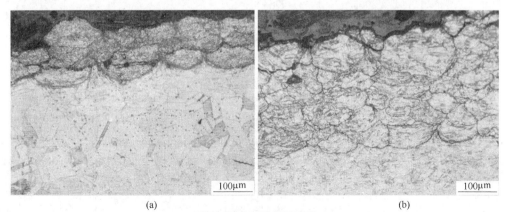

(a)　　　　　　　　　　　　　　　　(b)

图7　铜涂层的显微形貌
Fig.7　Microstructure of copper coating
(a) v_y=700 m/s; (b) v_y=900 m/s

所示。可见，碰撞速度为 700 m/s 时，铜涂层由 3 层颗粒构成，涂层厚度约为 100μm。碰撞速度为 900 m/s 时，铜涂层由 7 层颗粒构成，涂层厚度约为 300μm，各颗粒堆垛十分紧密，颗粒之间无明显的孔洞。

涂层的硬度也是衡量涂层质量和性能的重要参数。在两个试样的涂层截面上，沿厚度方向选取 4 点进行测量，取其平均值作为显微硬度。测量载荷为 50g，加载时间 15s，观察的放大倍数为 500 倍。对于铜基板的硬度也用相同的方法进行了测试，两者的测试结果对比见表 1。

表 1   涂层硬度与铜板硬度对比结果
Table 1   Micro hardness of coating and copper plate

点 号	涂层硬度		铜板硬度(HV)
	700m/s	900m/s	
1	95	117	114
2	99	107	121
3	103	114	118
4	92	119	114
平均	97	114	117

结果显示，碰撞速度为 700m/s 时，铜涂层的显微硬度为 97HV，小于铜板的显微硬度，表明该涂层的孔隙率大，颗粒间结合强度低。碰撞速度为 900m/s 时，铜涂层的显微硬度为 114HV，与铜板的显微硬度近似相同，表明该涂层的孔隙率小，颗粒间结合强度高。

5   结论

本文通过对爆炸压涂制备的铜涂层进行测试分析，得出的结论为：铜粉-铜板爆炸压涂时，碰撞速度为 900m/s 时，得到的铜涂层质量最佳，涂层厚度约为 300μm，由 7 层颗粒构成。涂层厚度均匀，致密度高，显微硬度与铜板基本相同。

参 考 文 献

[1]   Kim J H, Yang H S, Baik K H, et al. Development and properties of nanostructured thermal spray coatings[J]. Current Applied Physics, 2006, 6(6): 1002~1006.

[2]   Matthews S, James B, Hyland M. The role of microstructure in the mechanism of high velocity erosion of Cr_3C_2–NiCr thermal spray coatings: Part 1 — As-sprayed coatings[J]. Surface and Coatings Technology, 2009, 203(8): 1086~1093.

[3]   Klinkov S V, Kosarev V F, Sova A A, Smurov I. Deposition of multicomponent coatings by Cold Spray[J]. Surface and Coatings Technology, 2008, 202(4): 5858~5862.

[4]   Yue T M, Huang K J, Man H C. Laser cladding of Al_2O_3 coating on aluminium alloy by thermite reactions[J]. Surface and Coatings Technology, 2005, 194(2-3): 232~237.

[5]   Izumi H, Machida K, Iguchi M, et al. Zinc coatings on $Sm_2Fe_{17}N_x$ powder by photoinduced chemical vapour deposition method[J]. Journal of Alloys and Compounds, 1997, 261(1-2): 304~307.

[6]   赵铮, 陶钢. 双金属复合板的新制备工艺——爆炸压涂[J]. 材料开发与应用, 2008, 23(5): 48~51.

[7]   赵铮, 杜长星, 陶钢, 等. 板-粉双层复合材料的爆炸压涂制备技术[J]. 材料导报, 2009, 23(7): 95~97.

[8]   李晓杰, 莫非, 闫鸿浩, 等. 爆炸焊接斜碰撞过程的数值模拟[J]. 高压物理学报, 2011, 25(2): 173~176.

[9]   张越举, 李晓杰, 赵铮, 等. 纳米γ-Al_2O_3 陶瓷粉末的预热爆炸压实实验研究[J]. 爆炸与冲击, 2008, 28(3): 220~223.

不同热处理制度对爆炸复合板界面硬度影响分析

李平仓　赵　惠　朱　磊　李媛媛　李　莹　李选明

（1. 西安天力金属复合材料有限公司，陕西西安，710201;
2. 陕西省层状金属复合材料工程研究中心，陕西西安，710201）

摘　要：本文通过分析不同热处理状态下复合板界面硬度分布情况及复合板强度变化规律，得出结论：复层厚度为 5mm 的不锈钢+钢复合板热处理工艺为 640℃保温 1~4h，炉冷，300℃以下出炉空冷时，复合板界面硬度梯度最小，且复合板结合强度满足 ASME 264—2011 标准要求。

关键词：热处理工艺；不锈钢复合板；界面硬度

Analysis on Interface Hardness of the Clad Plate

Li Pingcang　Zhao Hui　Zhu Lei　Li Yuanyuan　Li Ying　Li Xuanming

(1. Xi'an Tianli Clad Metal Materials Co., Ltd., Shaanxi Xi'an, 710201;
2. Shaanxi Engineering Research Center of Metal Clad Plate, Shaanxi Xi'an, 710201)

Abstract: In this paper, the hardness and shearing strengh of the clad plate with different heat treatment process were investigated. Base on the test data, the minimum hardness gradient in the stainless steel with 5mm flying layer was obtained, when the heat treatment process (640℃, 1~4h,furnace cooling, air cooling under 300℃) was carried out.And at this heat treatment process, the shearing strength of the clad plate meet the requirement of ASME 264—2011.

Keywords: heat treatment process; stainless steel clad plate; interface hardness

1　引言

采用爆炸复合法制备的不锈钢复合板既有不锈钢复层特殊的理化性质，又有普通钢基层高强度和低成本的特点，是石油化工、冶金和能源领域所用设备不可缺少的结构材料，如管板、筒体板和封头板等。但是，近年来用户反馈，复合板管板在后续加工钻孔过程中，局部区域出现界面硬度过高，钻孔困难的现象，例如在该区域钻孔要花费 3 倍正常区域所需的时间，而钻头利用率只有正常区域处的四分之一左右，对于工作效率、生产成本存在一定程度的影响[1~3]。本着提升产品质量，提高客户满意度的原则，我公司组织开展复合板界面硬度相关研究。本文通过测定爆炸态复合板硬度分布情况与复合板强度，以及不同热处理制度处理后，硬度和结合强度发生的变化，经对比分析，得出结论：复层厚度为 5mm 的不锈钢+钢复合板热处理工艺为 640℃保温 1~4h，炉冷，300℃以下出炉空冷时，复合板界面硬度梯度最小，且复合板结合强度满足标准要求。

作者信息：李平仓，教授级高级工程师，jsb@c-tlc.com。

2　实验方法

2.1　实验材料

实验所用复合板的复层为不锈钢 304L，化学成分见表 1。所用复合板的基层为 Gr70 碳素钢，化学成分见表 2。

表 1　304L 不锈钢的化学成分

Table 1　Components of the 304L　　　　　　　　　(%)

元素	Ni	Cr	Mn	P	C	N	Si	S	Mo	Fe
标准值	8.0~12.0	18.0~20.0	≤2.00	≤0.045	≤0.030	≤0.10	≤0.75	≤0.030	2.00~3.00	
实测值	10.2	17.2	1.05	0.018	0.029	0.09	0.71	<0.005	—	Bal.

表 2　碳钢板 Gr70 的化学成分

Table 2　Components of the Gr70　　　　　　　　　(%)

元素	C	Mn	Si	S	P
标准值	≤0.30	0.7~1.3	0.13~0.45	≤0.035	≤0.035
实测值	0.15	1.13	0.25	0.0009	0.083

2.2　实验设备及方法

利用 OLYMPUS BX60 光学显微镜观察试样微观组织形貌。采用 MODEL55100 型电子万能试验机进行晶间腐蚀试验、剪切试验和拉伸试验。试验采用不同热处理工艺对材料进行热处理，见表 3。热处理后，对复合板不同位置进行取样检验（如图 1 所示），其中显微硬度试验仅在 G（800mm）和 K（1400mm）处实施。

表 3　热处理工艺制度

Table 3　Heat treatment process

名　称	编　号	热处理制度
不锈钢/钢试板	13ZX-4-1	B 态
	13ZX-4-2	(600±15)℃/4h
	13ZX-4-3	(640±15)℃/4h
	13ZX-4-4	(680±15)℃/4h

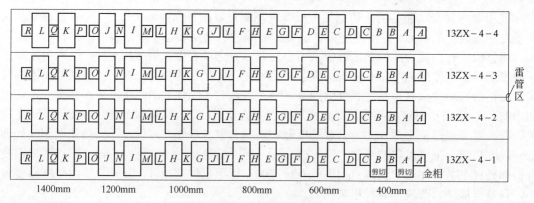

图 1　试板取样简图

Fig.1　Sketch of sampling

3 结果与分析

复合后试板如图 2 所示。从图中可以看出，复合板外观结合良好，无裂纹、分层等缺陷。对复合板进行 UT 检验，从检验结果来看，复合板结合良好，达到 ASME 264—2011 标准中 1 级要求。

图 2 复合板试板外观
Fig.2 The test sample after explosion

按照图 1 对试板进行取样，并对距离起爆点 800mm（G 点）和 1400mm（Q 点）处进行硬度检验，检验结果见表 4。从表 4 中可以看出，钢基体的硬度约 170HV，而不锈钢基体的硬度为 220HV。图 3 和图 4 所示分别为 G 点和 Q 点不同热处理工艺条件下的硬度曲线。从图 3 中可以看出，爆炸态条件下，钢板界面硬度为 316HV，比钢基体硬度提高了 85.8%，随着远离界面的距离的增加，钢板硬度逐渐降低，但均高于钢基体硬度；不锈钢界面为 454HV，比不锈钢基体高 106.3%。当保温温度为 600℃时，钢侧区域已降至母材硬度；不锈钢侧界面硬度为 389HV，比母材高 76.8%，比爆炸态降低 14.3%，远离界面区域有降低趋势，但仍远高于母材硬度。当温度升高至 640℃时，不锈钢界面硬度为 205HV，与母材接近，与爆炸态相比降低 54.8%，而远离界面区域的硬度虽然高于界面，但是低于 600℃处理时的硬度；当温度加热到 680℃时，不锈钢界面硬度突然升高，接近于爆炸态，而远离界面后，区域硬度与 640℃热处理后相似。图 4 显示 Q 点的硬度变化趋势与 G 点相同，爆炸态钢侧和不锈钢侧界面硬度最高，分别为 351HV 和 341HV，分别高于基体 106.4%和 55%；当温度升高至 640℃时，钢侧区域硬度降至钢基体硬度，而不锈钢钢侧硬度变化趋势与 G 点相似，当温度升高至 680℃时，不锈钢侧界面硬度突然升高，与爆炸态接近。从上述实验结果可以看出，保温温度为 640℃时，不锈钢侧区域硬度已降至最低，当温度升高到 680℃时，不锈钢侧界面硬度突然升高，这可能是由于高温条件下，碳元素向不锈钢界面扩散，使不锈钢界面产生碳化物，导致界面硬度升高。

保温温度不仅影响复合板界面硬度，还影响复合板的剪切强度，因此制定热处理工艺前，还应分析热处理工艺对复合板结合性能的影响。不锈钢复合板检验结果如表 5 和图 5 所示。从图 5 中可以看出，每种工艺条件下，不锈钢复合板的剪切强度波动不大。从表 5 中可以看出随着热处理温度的提高，复合板剪切强度平均值有所下降，但是均高于标准要求（SA 264 —2011，≥140MPa）155%以上，满足使用要求。

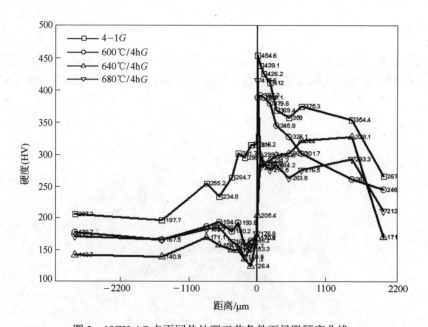

图 3　13ZX-4G 点不同热处理工艺条件下显微硬度曲线

Fig.3　Hardness curves of the 13ZX-4G sample with different heat treatment process

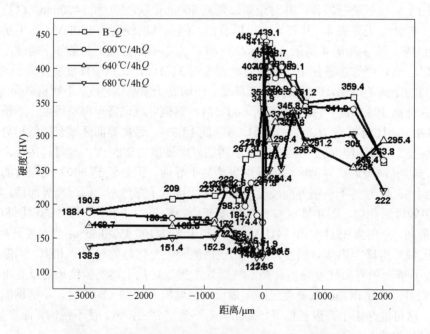

图 4　13ZX-4Q 点不同热处理工艺条件下显微硬度曲线

Fig.4　Hardness curves of the 13ZX-4Q sample with different heat treatment process

当保温温度超过 640℃时，复合板的不锈钢界面硬度发生突变，接近于爆炸态不锈钢侧界面硬度。而从复合板的结合强度来看，随着热处理温度的提高，复合板剪切强度平均值有所下降，但是均高于标准要求 155% 以上。

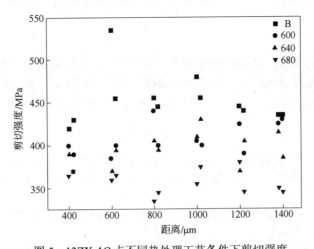

图 5　13ZX-4*Q* 点不同热处理工艺条件下剪切强度

Fig.5　Shearing strength of the 13ZX-4*Q* sample with different heat treatment process

表 4　13ZX-4 显微硬度检验结果

Table 4　Hardness of the 13ZX-4 sample with different heat treatment process

距离/μm	B-*G*	B-*Q*	600℃-*G*	600℃-*Q*	640℃-*G*	640℃-*Q*	680℃-*G*	680℃-*Q*
钢基体	207.2	190.5	178.7	188.4	143.7	169.7	172.5	138.9
−1500	197.7	209	167.5	180.2	140.9	168.8	167.5	151.4
−800	255.2	214.1	187.9	177.2	171.1	172	183.7	152.9
−600	234.8	222	194.9	223.4	158.9	156.1	186.3	172.5
−400	264.7	206.6	180.2	230.4	151.8	146.6	164.4	146.6
−300	301.7	267.3	193.8	198.3	151	129.3	158.5	148.4
−200	295.4	274.7	157.7	232.6	137.2	141.9	140.9	140.9
−100	315.1	276.5	166.2	184.7	126.4	132.4	153.3	123.5
钢界面	316.2	351.2	170.6	174.4	170.2	130.5	176.8	124.6
不锈钢界面	454.6	341.9	389.1	448.7	205.4	366.5	415.6	437.3
50	439.1	412.1	392.3	441	299.6	334.2	280.3	247.8
100	426.2	439.1	389.1	403.7	285.2	296.4	286.2	251.9
200	412	408.7	379.8	387.5	291.2	322	276.5	287.2
300	369.4	392.3	345.8	403.7	298.5	331.7	284.2	254.4
500	358	389.1	328.1	370.9	301.7	338	263.8	336.8
700	375.3	351.2	301.7	345.8	322	291.2	276.5	295.4
1500	354.4	359.4	262	341.9	328.1	256	293.3	305
不锈钢基体	267.2	263.8	246.2	266.4	171.6	295.4	212.8	222

表 5　13ZX-4 号板试样剪切试验结果

Table 5　Shearing strength of the 13ZX-4# sample with different heat treatment process　(MPa)

试样号	*A*	*B*	*C*	*D*	*E*	*F*	*G*	*H*	*I*	*J*	*K*	*L*	平均值
13ZX-4-1	420	430	535	455	455	445	480	455	445	440	435	435	453
13ZX-4-2	400	390	385	400	440	400	405	400	425	390	425	430	408
13ZX-4-3	390	370	370	395	405	395	410	430	370	405	415	385	395
13ZX-4-4	365	370	360	365	335	345	355	375	380	345	350	345	358

4　结论

从硬度检验结果来看，当保温温度高于 600℃时，钢侧区域降低至母材硬度。但是不锈钢侧只有当保温温度为 640℃时，硬度降为最低，高于或低于这个温度，不锈钢界面硬度均会升高。另外，从剪切试验结果来看，同种工艺条件下，不锈钢复合板的剪切强度波动不大。

参 考 文 献

[1]　杨碧芸. 复合板界面的维氏硬度试验方法[J]. 机械工程与自动化, 2014, 1：109~111.
[2]　路王珂, 谢敬佩, 王爱琴, 等. 退火温度对铜铝铸轧复合板界面组织和力学性能的影响[J]. 机械工程材料, 2014, 3:14~17.
[3]　白允强, 邓家爱, 王章忠, 等. 热处理对 2205-Q345 爆炸复合板界面组织和性能的影响[J]. 金属热处理,2011,11:60~62.

3A21/TA2/L907A 过渡接头的爆炸焊接试验研究

崔卫超　徐宇皓　邓光平　刘金涛　庞　磊

（1. 中国船舶重工集团公司第七二五研究所，河南洛阳，471039；

2. 洛阳双瑞金属复合材料有限公司，河南洛阳，471822）

摘　要：本文开展了 3A21/TA2/L907A 铝-钢过渡接头爆炸焊接试验，选取了合理的爆炸焊接工艺参数，得到了性能满足要求的 3A21/TA2/L907A 铝-钢过渡接头，其中铝钛界面剪切强度达到了 97MPa，钛钢界面的剪切强度达到 270MPa，沿厚度方向的拉脱强度达到 180MPa。与连接板焊接后，力学性能仍能满足相关标准要求。

关键词：爆炸焊接；铝-钢；过渡接头

Explosive Welding Experiment Study of 3A21/TA2/L907A Transition Joints

Cui Weichao　Xu Yuhao　Deng Guangping　Liu Jintao　Pang Lei

(1 . China Shipbuilding Industry Corporation Luoyang Ship Material Research Institute, Henan Luoyang, 471039;

2. Luoyang Sunrui Clad Metal Materials Co., Ltd., Henan Luoyang, 471822)

Abstract: This paper carried out 3A21/TA2/L907A aluminum-steel transition joints explosive welding experiments, used reasonable explosion welding parameters to obtain 3A21/TA2/L907A aluminum-steel transition joint meeting using requirements, the interface shear strength of aluminum and titanium reached 97MPa, the interface shear strength of titanium and steel reached 270MPa, tensile strength along the thickness direction is up to 180MPa. By welding with the connecting plate, the mechanical properties can meet the requirements of related standards.

Keywords: explosive welding; aluminum-steel; transition joints

1　引言

铝-钢过渡接头通过焊接方法实现铝合金上层建筑与钢质船体之间的连接，以取代传统的铆接或螺栓连接，实现了免维护、成本低、使用寿命长的效果，已为越来越多的设计单位及用户所接受。洛阳双瑞金属复合材料有限公司典型铝-钢结构及应用形式如图 1 所示[1]。

本文的研究对象新型铝钛钢过渡接头材质组合为 3A21/TA2/L907A，L907A 是一种常用的高强度船用钢，屈服强度达到 442MPa，拉伸强度高达 538MPa，延伸率为 29%。由于钢和铝的传热系数和热膨胀系数不同，焊接高温会对材料界面产生一定的影响，需要经过焊接试

作者信息：崔卫超，工程师，weichao621@163.com。

验来验证产品的焊接性能。美国动力材料公司典型的铝-钢接头结构及焊接形式如图2所示。

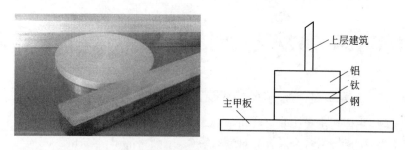

图 1　铝-钢过渡接头应用形式

Fig.1　The using shape of Al-steel transition joints

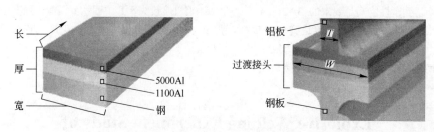

图 2　铝-钢接头结构及焊接形式

Fig.2　The structure and welding shape of Al-steel joints

2　实验方案

铝-钢过渡接头由三层材料（铝合金-钛-钢）爆炸复合而成，总厚度为 24mm，其中铝合金（3A21）厚度为 8mm，过渡层钛（TA2）为 2mm，基层钢（L907A）为 14mm，材质组合详见表 1，采用的 L907A 材料的化学成分见表 2。

表 1　复合板材质组合

Table1　The materials of clad plate

组成材料		厚度/mm	验收标准
复层	3A21	8	GB/T3190、GB/T3880
中间层	TA2	2	GB/T3621、GB/T3620
基层	L907A	14	GJB 5347—2004

表 2　L907A 化学成分(质量分数)

Table2　The chemical constituent of L907A (mass fraction)　　　　　　　(%)

材料	C	Si	Mn	P	S	Cr	Ni	Cu
L907A	0.078	0.6	0.95	0.012	0.003	0.687	0.654	0.416

爆炸焊接实验试板尺寸为(8+2+14)mm×500mm×700mm。首先进行 TA2/L907A 爆炸焊接，第一次爆炸焊接 TA1/L907A 复合板经过探伤、热处理、校平，切掉边界残渣，然后与打磨好的复板 3A21 进行第二次爆炸焊接实验，得到 3A21/TA2/L907A 复合板，经过探伤、校平、

取样分析性能合格后，锯切为特定宽度的 3A21/TA2/L907A 过渡接头产品。

炸药参数计算公式[2]：

$$v_{\mathrm{T}} = \left[\frac{2Re(H_{v_f} + H_{v_j})}{\rho_f + \rho_j} \right]^{\frac{1}{2}} \tag{1}$$

式中，界面雷诺数 Re 为 10.3；H_{v_f} =1274 N/m³（TA1）；H_{v_j} =1761 N/m³；ρ_f=4510 kg/m³；ρ_j=7850 kg/m³。得到 v_{T} =2249 m/s，则炸药爆速 $v_{\mathrm{s}} = v_{\mathrm{T}} +100$=2349m/s。选用此爆速的硝铵比例炸药，长边中点起爆。

3　实验结果

按照《复合板超声波探伤方法》（GB/T 7734—2004），结果起爆点有小区域未复合，其余均 100%复合，复合质量良好。按照《承压设备无损检测、渗透检测》（JB/T 4730.5—2005）进行着色，界面完好，如图 3 所示。

图 3　复合板界面着色结果
Fig.3　The coloring detection result of clad plate interface

3.1　力学性能试验

按照《复合钢板力学及工艺性能试验方法》（GB/T 6396—2008）要求进行剪切、拉脱力学试验，剪切试验结果见表 3，拉脱试验结果见表 4，拉脱试验均在铝层断裂失效。按照标准要求做两个侧弯试验，弯曲表面无裂纹，全部合格。

表 3　剪切试验结果
Table3　The shearing strength results　　　　　　　　　　　　　　（MPa）

名　称	第一组试验	平均值	第二组试验	平均值
钛钢界面	291/252/314	286	284/259/268	270
铝钛界面	101/104/86	97	100/108/98	102

表 4　拉脱试验结果
Table4　The tensile strength results　　　　　　　　　　　　　　（MPa）

名　称	第一组试验	第二组试验
试验结果	191/188/183	181/173/187
平均	187	180

3.2　金相实验

按照《金属显微组织检验方法》（GB/T 13298—1991）对铝钛、钛钢界面进行金相分析，发现铝钛界面呈正弦波形，如图 4 所示，波长 $\lambda=2mm$，波高 $h=250\mu m$，旋涡内少量气孔；钛钢界面呈正弦波形，如图 5 所示，波长 $\lambda=1mm$，波高 $h=240\mu m$，旋涡内少量气孔、微裂纹，还存在少量的界面化合物。

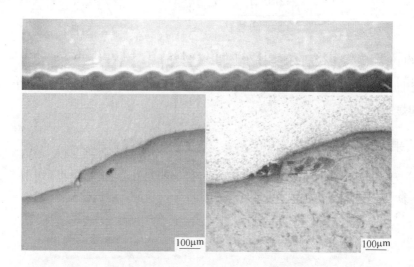

图 4　铝-钛界面及抛光、侵蚀放大图
Fig.4　The polishing and eroding image of aluminum-titanium interface

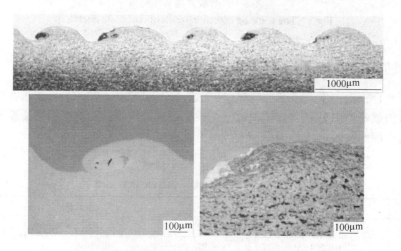

图 5　钛-钢界面及抛光、侵蚀放大图
Fig.5　The polishing and eroding image of titanium-steel interface

3.3　焊接实验

采用高效半自动焊机对 3A21/TA2/L907A 过渡接头与铝、钢连接板进行焊接实验，铝铝焊接采用半自动 MIG 焊，保护气体为氩气（纯度大于 99.99%），钢钢焊接采用半自动 MAG 焊，保护气体为混合气体（18%CO_2+82%氩气）。焊接形式如图 6 所示[3]，焊接过程中严格控制界面温度，对焊接后的 3A21/TA2/L907A 过渡接头取样进行力学性能实验，发现铝钛界面的剪切强度为 83.5MPa，拉脱强度为 186MPa。

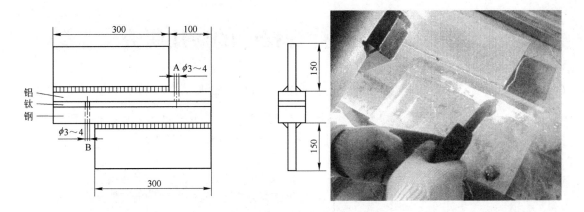

图 6　铝-钢过渡接头焊接形式

Fig.6　The welding shape of Al-steel transition joints

4　结论

由力学实验结果可以看出，两组铝钛试样的剪切强度分别为 97MPa 和 102MPa，两组钛钢试样的剪切强度分别为 286MPa 和 270MPa，两组沿着厚度方向的拉脱强度分别为 187MPa 和 180MPa，全部满足《铝合金–铝–钢（不锈钢）复合过渡接头规范》（CB 20091—2012）的要求：铝钛界面剪切强度大于 80MPa，钛钢界面的剪切强度大于 140MPa，沿着厚度方向的拉脱强度大于 140MPa。由金相实验结果可以看出，铝钛和钛钢焊接界面均呈明显准正弦波纹，波纹均匀且界面缺陷较少。

3A21/TA2/L907A 过渡接头经过与铝、钢连接板的焊接实验，受焊接界面温度影响较大的铝钛界面剪切强度依然大于 80MPa，铝-钢过渡接头拉脱强度也没有降低。可见本文爆炸焊接实验选用了合适的爆炸焊接工艺，得到的 3A21/TA2/L907A 过渡接头性能优良，可以满足实际使用要求。

参 考 文 献

[1]　张钧, 姜元军, 陈涛. 铝合金-钛-钢复合过渡接头在造船中的应用[J]. 交通节能与环保, 2008, 3: 7~9.

[2]　郑远谋. 爆炸焊接和爆炸复合材料的原理及应用[M]. 长沙：中南大学出版社, 2007.

[3]　中船重工七院第七二五研究所, 等. CB/T 3953. 铝-钛-钢过渡接头焊接技术条件[S]. 2002.

聚能效应在爆炸焊接中的应用研究

周景蓉[1]　刘自军[2]　陈寿军[1]

（1. 南京三邦金属复合材料有限公司，江苏南京，211155;

2. 黄山三邦金属复合材料有限公司，安徽黄山，245200）

摘　要： 为满足爆炸焊接复合板要求，阐述了利用聚能效应的机理达到控制爆炸焊接中雷管区不结合的面积。多次试验研究表明，采用合理的聚能起爆方式能够控制缩小爆炸焊接雷管区不结合面积。

关键词： 爆炸焊接；雷管区；聚能穴；聚能效应

The Application Research on Shaped-Charge Effect in Explosive Welding

Zhou Jingrong[1]　Liu Zijun[2]　Chen Shoujun[1]

(1. Nanjing Sanbom Metal Clad Material Co., Ltd., Jiangsu Nanjing, 211155;

2. Huangshan Sanbom Metal Clad Material Co., Ltd., Anhui Huangshan, 245200)

Abstract: This paper, to meet the requirements of explosive welding of combined plate, describes the mechanism of shaped-charge effect to control the uncombined areas of detonator zone in Explosive welding. The experiments prove that the reasonable shaped detonation can reduce the area of uncombined areas of detonator zone in explosive welding.

Keywords: explosive welding; detonator zone; shaped hole; shaped-charge effect

1　引言

　　1792 年工程师 Franz Von Baader 在假设中提到聚能现象，并在 1799 年观察到了爆炸刻蚀现象。1888 年美国人 Munroe 用两种不同形状的药柱做试验证实了聚能效应，但当时没有引起足够的重视。国外聚能效应真正得到系列研究始于第一次世界大战和第二次世界大战期间。国内对聚能效应的研究始于 20 世纪 50 年代。20 世纪 80 年代后，由于实验手段和计算机技术的发展，聚能效应的研究也愈加丰富。

　　20 世纪 40 年代，民用工程上也开始采用聚能炸药技术。40 年代末期，苏联用压铸铰梯炸药支撑聚能药包，在矿山用来破碎不合格的大块和把它装于炮孔底用以提高炮孔率，均取得了较好的效果。此后，聚能爆破在民用工程中的应用范围越来越广。

　　爆炸焊接复合板在雷管区（起爆点）附近有不结合区域是一个必然的规律，至今为止，

作者信息：周景蓉，高级工程师，jr_zhou@duble.cn。

任何方法都不能完全消除雷管区；但是特殊的起爆方式可以有效地控制、缩小雷管区（不结合区域）在 ϕ30mm 以下，这样不仅节省了补焊的焊接成本，而且保证了有色金属的焊接质量。

2 爆炸焊接聚能效应原理及设计方案

2.1 设计要求

形成雷管区的主要原因是复板初始下落与基板发生垂直碰撞，碰撞角为 0°，而实现复合的碰撞角应在 8°~ 10°以上，从 0°发展到 10°需经过一定的距离，该距离即为雷管区[1~3]。为缩小雷管区，就必须设法使复板下落点面积足够小，速度足够大，这样才能使碰撞角在很短距离内达到爆炸焊接所必需的数值。对于复板厚度为 3mm 以下复板直接起爆即可，而复板厚度为 4mm 以上的复板必须通过辅助药包进行起爆。复板厚度在 8mm 的复板，采用黑索金(RDX)作为引爆的辅助药包，其雷管区通常在 60mm 以上，有色金属的雷管区还会更大一些，并且随着复层厚度的增加而雷管区也相应地增大。通过聚能方式引爆，可以快速使复板与基板达到倾斜碰撞，从而使雷管区的面积减小，尤其是无黑索金的作业区将会起到很大作用。

2.2 设计原理

利用药包一端的孔穴(也叫聚能穴)使得炸药爆轰的能量在孔穴方向集中起来以提高炸药局部破坏作用的效应，称为聚能效应，这种现象也称聚能现象。

聚能现象的产生是由于锥孔部分的爆轰产物飞散时，先向轴线集中，汇聚成一股速度和压力都很高的聚能气流[4, 5]。任何物质的运动都是在一定的时间和空间内进行的，因而存在着力学和能量问题。爆炸焊接中的力学和能量问题有过程的瞬时性和载荷的巨大性两个显著的特点。使用聚能穴正好能解决这一问题，通过改变聚能穴的形状和装药密度等，使聚能效应控制在一定范围内，即使聚能穴下的复板形成突起，在与基板控制过程中形成"点"接触，从而形成倾斜碰撞角，如图 1 所示。

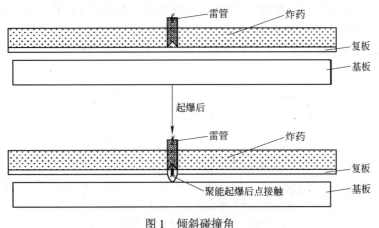

图 1 倾斜碰撞角
Fig.1   Tilt angle of impact

聚能装药的爆炸聚能效果如图 2 和表 1 所示。

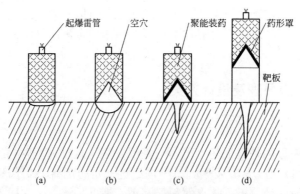

图 2　聚能效应实验

Fig.2　The shaped-charge effect experiment

表 1　不同底部形状的药包对靶板的穿透效果

Table 1　The penetration effect for cartridge bag with different bottom shape to target

试验号	药柱形状	药柱底与靶面距离/mm	穿透深度/mm
(a)	圆柱、平底	0	浅坑
(b)	圆柱、下有锥孔	0	6~7
(c)	圆柱、下有锥孔、有金属罩	0	80
(d)	圆柱、下有锥孔、有金属罩	70	110

上述清楚地表明，当药柱带有凹槽时，对钢板的穿透能力，较无凹槽实心药柱的穿透能力有所提高；当凹槽内放入金属罩时，对钢板的穿透能力，比无金属罩的凹槽装药对钢板的穿透能力有很大的提高；而当凹槽内放置金属罩的药柱距钢板一定距离进行爆炸时，其对钢板的穿透能力就有更大的提高。

2.3　实施方案

工艺参数有如下几个：

(1) 炸药方面包括品种、密度、药量及炸药直径。本实验采用粉状乳化炸药，爆速为 3500m/s，猛度为 12mm，殉爆距离为 6cm，做功能力为 350mL。

(2) 聚能方面包括聚能角度、聚能材质及厚度。聚能的装药外部形状主要有图 3 所示的几种。

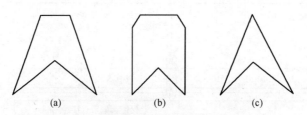

图 3　几种聚能装药外壳形状（剖面图）

Fig.3　The several shaped charge

通过不同厚度的复板实验，得到聚能穴最佳装药参数，其中图 3(b)所示的聚能效果最好，不会造成能量的损失，易于控制射流能量及射流长度。

3　试验结果及分析

通过对不同厚度复板实验效果进行分析，找出最佳的聚能穴最佳装药参数，以及聚能效果随外界条件变化的一般规律。确定轴对称型聚能装药结构及装药参数。试验数据见表2。

表2　不同复板厚度聚能装药
Table 2　Different thickness of plate for shaped charge

序　号	材　质	规格、尺寸/mm×mm	起爆方式
1	304L/Q345R	4/300×300	聚能
2	304L/Q345R	6/300×300	聚能
3	304L/Q345R	8/300×300	聚能
4	304L/Q345R	10/300×300	聚能
5	TA2/Q345R	4/300×300	聚能
6	TA2/Q345R	6/300×300	聚能
7	TA2/Q345R	8/300×300	聚能
8	TA2/Q345R	10/300×300	聚能

试验收到了很好的效果，进行无损超探，结果见表3。

表3　无损超探结果
Table 3　The results of non-destructive testing

序　号	UT 检测 I （灵敏度：B180%）	UT 检测 II （灵敏度：B180%-4dB）	UT 检测III （灵敏度：B180%-8dB）	测厚仪检测
1	$\phi 20$	$\phi 20$	$\phi 20$	$\phi 30$
2	$\phi 25$	$\phi 25$	$\phi 25$	$\phi 20$
3	$\phi 30$	$\phi 30$	$\phi 30$	$\phi 30$
4	$\phi 25$	$\phi 25$	$\phi 25$	$\phi 20$
5	$\phi 25$	$\phi 25$	$\phi 25$	$\phi 25$
6	$\phi 30$	$\phi 30$	$\phi 30$	$\phi 30$
7	$\phi 30$	$\phi 30$	$\phi 30$	$\phi 30$
8	$\phi 30$	$\phi 30$	$\phi 30$	$\phi 30$

在超探和测厚的基础上，将8号板锯开，利用着色的方法对8号板雷管区的大小进行测量，测出结果为28.63mm，如图4所示。

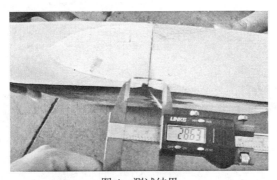

图4　测试结果
Fig. 4　Test result

4　结论

(1) 采用聚能起爆对缩小雷管区有很好效果,工艺参数合适可使复层 10mm 爆炸焊接复合板雷管区不大于 ϕ30mm。

(2) 通过聚能装药方式起爆,起爆中心的压力比四周高,在基复板碰撞前预先形成倾斜角,从而缩小了起爆点附近(雷管区)的不结合区;也解决了传统使用黑索金作为辅助药包的起爆方式。

(3) 本方法可以通过适当地调整聚能装药参数应用于今后复板较厚的爆炸复合大规模生产中。

(4) 在实际生产操作中要防止复板被穿孔,为防止这种现象出现,可以在聚能穴下部安放小型圆板。

参 考 文 献

[1] 郑哲敏, 杨振声, 等. 爆炸加工[M] . 北京: 国防工业出版社, 1985: 419~420.

[2] BERNARD CROSSLAND. Explosive welding of metal sand its applications[M] . Oxford Clarendon, 1982.

[3] BLAZYNSKI T Z. Explosive welding , forming and compaction[M] . London and New York : Applied Science Publishers, 1983.

[4] 费鸿禄, 付天光,李德志, 等.线型聚能切割器及其应用[J].爆破,2003.

[5] 张凯,李晓杰.聚能线型切割器最佳张开角的理论分析[J].爆炸与冲击, 1988.8(4): 316~322.

[6] 汪旭光. 爆破手册[M]. 北京: 冶金工业出版社, 2010.

超纯铁素体不锈钢爆炸复合板退火工艺研究

王强达　　杨国俊

（太原钢铁（集团）有限公司复合材料厂，山西忻州，035500）

摘　要： 超纯铁素体不锈钢有较低的碳、氮含量，且含有稳定化学元素铌、钛，其特殊的成分特点使碳、氮及杂质元素带来的不利影响得到改善。但铁素体不锈钢固有的特性却依然存在，在一定温度下会出现韧性降低、力学性能恶化、耐蚀性降低的风险，因此超纯铁素体不锈钢爆炸复合板需慎重制定退火工艺。本文以超纯铁素体不锈钢复合板 SUS445J2+Q245R 为例，通过实验和分析，确定最佳的退火工艺。退火温度过高会导致 SUS445J2 不锈钢晶粒长大、组织不均匀，温度过低或者冷却速度过慢，则会产生 σ 脆性和 475℃脆性。实验证明，SUS445J2+Q245R 复合板最佳的退火温度为 870℃，保温后快速冷却。

关键词： 爆炸复合；超纯铁素体不锈钢；退火

Study on Annealing Process of Ultra-Pure Ferritic Stainless Explosive Steel Clad Plate

Wang Qiangda　　Yang Guojun

(Taiyuan Iron and Steel(Group) Co., Ltd.Composite Material Factory, Shanxi Xinzhou, 035500)

Abstract: Ultra-pure ferritic stainless steel contains lower carbon,nitrogen, and contains the stabilizing elements, such as niobium, titanium, its special features make the adverse effects which carbon, nitrogen and impurity elements bring improved. But the inherent characteristics of ferritic stainless still exist, it will reduce toughness, mechanical properties and corrosion resistance under certain temperature, therefore σ ultra-pure ferrite stainless steel explosive clad plate should formulation annealing process cautiously. In this paper, set ultra-pure ferritic stainless steel clad plate SUS445J2 + Q245R as an example, determine the optimal annealing process according to experiments and analysis.Too high temperature will make the grain of SUS445J2 stainless steel coarse and uneven, If the temperature is too low or cooling rate is too slow, it will produce σ embrittlement and 475 ℃ embrittlement. Experimental results show that optimal annealing temperature of SUS445J2+Q245R clad plate is 870℃, fast cooling after thermal insulation.

Keywords: explosive compound; ultra-pure ferritic stainless steel; annealing

1　引言

铁素体不锈钢是钢中 Cr 含量为 11%~30%，且使用状态以铁素体为主的 Fe-Cr 或者 Fe-Cr-Mo 合金[1]。与常见的奥氏体不锈钢相比，铁素体不锈钢有以下特点：

作者信息：王强达，工程师，363730098@qq.com。

（1）节镍，镍价格昂贵，铁素体不锈钢仅含少量的镍甚至不含镍，冶炼成本更低。

（2）有较好的强度和良好的导热性能。

（3）耐多种应力腐蚀，且在高温下耐氧化性强。铁素体不锈钢常被用来制作设备换热器管板和汽车尾气装置。

传统的铁素体不锈钢韧脆转变温度高、韧性差、加工和焊接性能差，这些缺点极大地限制了其发展使用。当铁素体不锈钢中 C 和 N 含量降低时（C+N≤150×10⁻⁶），C、N 带来的不利影响大大减弱，不锈钢的诸多缺点会显著改善，这就是超纯铁素体不锈钢。同时为提高耐蚀性，超纯铁素体不锈钢中还含有 Ti、Nb 等稳定化元素[2]。

爆炸复合板的热处理主要有两方面作用：一是消除瞬间爆炸焊接产生的结合界面应力；二是消除爆炸焊接加工硬化，恢复复合板塑性，使其满足加工和使用要求。由于基复层两种材料的特性不同，因此复合板的热处理必须两者兼顾。

2　热处理工艺

2.1　SUS445J2 的特点及热处理工艺

铁素体不锈钢在不同温度可能产生三种不利影响：一是 σ 脆性，高铬铁素体在 700~800℃极易出现 σ 相，降低材料耐蚀性和塑性；二是 475℃脆性，即在 400~500℃长时间停留铁素体内铬原子重新排列形成许多富铬的小区域，与母相共格，引起点阵畸变和内应力，降低韧性；三是高温脆性，铁素体不锈钢中含有一定量的 C、N 间隙元素，加热到 950℃以上冷却下来，会使钢的室温塑性和韧性降低。此外温度过高还可能导致铁素体晶粒粗大，钢的机械性能下降[3]。

超纯铁素体不锈钢 C、N 含量低，而且硅、锰、磷、硫等杂质元素控制含量也低于一般不锈钢，这些成分特点使 C、N 及杂质元素带来的不利影响得到减弱，高温脆性倾向减弱。超纯铁素体不锈钢的退火温度高于一般铁素体不锈钢，保温后需快冷。

2.2　容器板 Q245R 热处理特点

Q245R 为低碳钢，含有 0.5%~1.0%的锰来保证强度，稳定性能。使用状态为控轧或者正火，要求具有良好的强度塑韧性配合。实践证明，爆炸加工硬化后的 Q245R 复合板既可采用低温再结晶退火，也可以重新正火处理，在 600~920℃范围内都可达到恢复性能的处理。但温度过高，不仅会导致组织中产生魏氏组织，而且晶粒会粗大。屈服强度与晶粒度服从 Hall-Petch 关系，即 $\sigma_s = \sigma_0 + kd^{-1/2}$（$\sigma_0$ 为铁素体单晶体屈服强度；d 为晶粒直径；k 为常数）[4]，可见温度过高会降低 Q245R 的强度和韧性。

3　退火实验及结果讨论

3.1　实验材料

实验材料为未经热处理的爆炸复合板 SUS445J2+Q245R，厚度为（4+56）mm，SUS445J2 由太钢生产，执行标准为 JIS G 4304，状态为热轧退火酸洗；Q245R 为武钢生产，使用状态热轧正火。SUS445J2 化学成分及力学性能见表 1 和表 2。

表1　SUS445J2 化学成分

Table 1　Chemical composition of experimental steel SUS445J2

成分	C	Si	Mn	P	S	Cr	Ni	Cu	Mo	N	Ti	Nb
含量/%	0.007	0.29	0.07	0.015	0.001	22.2	—	0.38	1.8	0.012	0.22	0.26

表2　SUS445J2 力学性能

Table 2　Mechanical properties of experimental steel SUS445J2

性能	σ_s/MPa	σ_b/MPa	δ_5/%	冷弯($d=a$, 180°)
数值	444	586	33	合格

3.2　实验方案及结果

结合两种材料的特性，以消除爆炸焊接应力，恢复性能为目的，在不同退火制度下进行实验，检验试样的力学性能和显微组织。退火工艺方案及力学性能见表3。

表3　退火工艺方案及力学性能

Table 3　Annealing process solutions and mechanical properties

试样编号	退火工艺	σ_s/MPa	σ_b/MPa	δ_5/%	内弯 $d=2a$	外弯 $d=4a$
0	爆炸态	530	639	17	合格	合格
1	650℃×4h，快冷	380	500	28	合格	合格
2	800℃×0.5h，快冷	360	480	29	合格	合格
3	870℃×0.5h，快冷	315	455	34.5	合格	合格
4	920℃×1h，快冷	295	451	23	合格	裂
5	950℃×0.5h，快冷	295	448	23.5	合格	裂
6	1000℃×0.5h，快冷	285	438	14	合格	裂

注：为检验复层不锈钢性能，拉伸实验带复层 SUS445J2 进行，外弯实验复层 SUS445J2 为受拉面。

3.3　结果讨论

3.3.1　力学性能

（1）爆炸态的复合板由于炸药的高温高压作用形成焊接复合，同时基复层的相互作用也导致了加工硬化现象。复合板强度高和屈强比高，塑性变差，但内外弯实验均未发生开裂，说明基复层均无有害相析出。1 号试样采用消应力退火的方案，通过长时间的保温来消除爆炸应力。实验结果与爆炸复合态对比发现，加工硬化现象消除明显，材料塑性得到恢复，但强度仍偏高，且保温后的冷却需特别注意防止 475℃脆性的产生。

（2）800℃和 870℃为铁素体不锈钢常用的退火温度区间，2号 3号试样对比可知，870℃退火强度和塑性匹配更好，更适合超纯铁素体不锈钢 SUS445J2 复合板的热处理，800℃下的试样拉伸实验断口颈缩不明显，不锈钢断口平直，即使外弯曲实验合格，但在产品后续加工中仍有发生断裂的风险。4 号试样对基层 Q245R 为 920℃的正火，基层晶粒可以得到细化，改善性能。但实验结果显示，试样伸长率低，外弯实验开裂，从拉伸试样断口形貌可知试样复层发生了脆断，裂纹延伸至基材，导致伸长率较低。

（3）由于超纯铁素体不锈钢特殊的成分特点，使其高温脆性倾向得到减小，因此其退火温度较一般铁素体不锈钢高，标准中推荐850~1050℃。在950℃和1000℃的高温试验中，试验结果却不尽如人意，不仅伸长率低，外弯实验发生了开裂。6 号试样拉断后断口无颈缩，无延伸，属于脆性断裂。且去掉复层检验基层的拉伸性能，屈服强度已降至 230MPa。这是因为高温下基层和复层都发生了不同程度的晶粒长大现象。

3.3.2　显微组织

结合力学性能检验结果，选取不同制度退火后的试样，制作金相试样，抛光腐蚀后观察复层 SUS445J2 显微组织，如图1~图 4 所示。

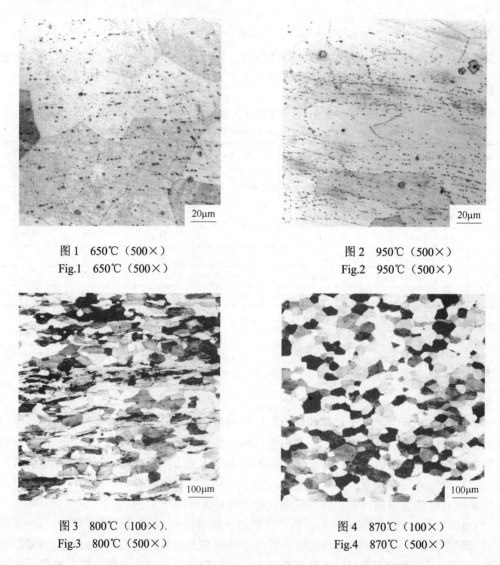

图1　650℃（500×）
Fig.1　650℃（500×）

图2　950℃（500×）
Fig.2　950℃（500×）

图3　800℃（100×）.
Fig.3　800℃（500×）

图4　870℃（100×）
Fig.4　870℃（500×）

650℃退火后的复层显微组织，组织为铁素体+少量碳化物，由于 Ti、Nb 作为稳定化元素加入了 SUS445J2 中，它们与 C 的结合能力强于 Cr，形成了 TiC、NbC，减少了 $(FeCr_{23})C_6$

析出。950℃退火后组织同样为铁素体+碳化物，但晶粒已开始变形长大，且碳化物开始大量析出，导致不锈钢塑韧性降低。图3和图4中所示组织均为铁素体+碳化物，仅有少量 TiC、NbC 析出，但870℃退火后复层组织更加均匀，得到了理想的组织状态。

4 结论

（1）超纯铁素体不锈钢较低的 C、N 含量和稳定化元素的添加使其工艺性能更加优良，高温脆性倾向得到减弱。但复合板的退火温度仍不宜过高，否则晶粒容易被粗化。

（2）实验表明，SUS445J2+Q245R 爆炸复合板最佳的退火温度为870℃，保温约0.5倍板厚，快速冷却。

（3）不锈钢的热处理要求快速冷却，本文实验中的快冷为风冷，实际应用中需要根据钢板厚度和装炉情况进行调整，在实践生产中采用雾+风的冷却方式获得了理想的结果。

参 考 文 献

[1] 陆世英，张廷凯，杨长强，等. 不锈钢[M]. 北京：原子能出版社，1995:24~26.

[2] 游香米，姜周华，李花兵. 超纯铁素体不锈钢品种和精炼技术的进展[J]. 特殊钢，2006，27(5):40~42.

[3] 张文华. 不锈钢及其热处理[M]. 沈阳：辽宁科学技术出版社，2010:35~37.

[4] 王一德，李国平，王立新，等. (00Cr22Ni5Mo3N+Q345C)不锈钢复合板热处理工艺研究[J]. 压力容器，2001，18(4):30~32.

爆炸焊接理论计算与数值模拟

王宇新[1] 李晓杰[1] 赵　奇[2] 王小红[1] 闫鸿浩[1] 孙　明[1]

（1. 大连理工大学工程力学系，辽宁大连，116024;
2. 大连船用柴油机有限公司，辽宁大连，116000）

摘　要：爆炸焊接是生产金属复合板、管、棒等复合材料的一种技术。随着计算机软硬件技术的高速发展，近几年对爆炸焊接的理论计算与数值模拟研究有很多进展，除了应用数值模拟爆炸焊接复板飞行姿态和焊接窗口问题外，在爆炸焊接宏观和微观方面也已开展了大量的计算工作，像爆炸滑移爆轰、爆炸界面波形成和金属射流等问题采用无网格法三维模拟，数值模拟与实验结果比较吻合。本文根据国内外爆炸焊接技术与本单位的研究成果，在理论计算和数值模拟方面进行综述，并对未来的发展趋势做简要的介绍。

关键词：爆炸焊接；无网格法；数值模拟

Theory Calculation and Numerical Simulation of Explosive Welding

Wang Yuxin[1] Li Xiaojie[1] Zhao Qi[2] Wang Xiaohong[1]
Yan Honghao[1] Sun Ming[1]

(1. Department of Engineering Mechanics, Dalian University of Technology, Liaoning Dalian, 116024;
2. Dalian Marine Diesel Co., Ltd., Liaoning Dalian, 116000)

Abstract: Explosive welding is a kind of technology to produce composite plate, tube, bar and other composites. With development of computer technology, some progresses are attained on theory and numerical simulation of explosive welding. Besides deformation of the flyer plate and window of the explosive welding is studied, numerical simulation of explosive welding which is used by meshless method is carried out in macroscopic and microscopic characters for slippage detonation, formation of interface wave and metal jet. The simulation results are coincident by comparison with experiments. In this paper, theory, numerical algorithm and future development of the explosive welding are introduced based on current research.

Keywords: explosive welding; meshless method; numerical simulation

1 引言

爆炸焊接方法是 Carl 于 1944 年首先提出的，其最大的优点是能把其他焊接方法难以焊接的金属组合焊在一起[1]。20 世纪 60 年代，爆炸焊接技术就已经实现工业产业化。如今，利用爆炸焊接技术生产出来的复合板材、棒材、丝材以及其他特殊构件已经广泛地应用到航

基金项目：国家自然科学基金资助项目（10972051，11272081）。
作者信息：王宇新，讲师，wyxphd@dlut.edu.cn。

空航天、石油化工、制药、造船、军事工业等领域。金属爆炸焊接指的是利用炸药爆炸所释放出来的能量作为驱动力，在需要焊接的金属板表面上通过焊接方法包覆不同性能金属板的方法。爆炸焊接理论是 20 世纪 40 年代以后逐渐形成和发展起来的，1958 年之后，美国的许多组织和大公司都进行了爆炸焊接的研究。从 20 世纪 60 年代开始，我国开始从事爆炸焊接方面的实验研究，同时在爆炸焊接理论上进行了探索，如大连造船厂陈火金在 1968 年研制成功了国内第一块爆炸焊接复合板。随着在工业领域中不断的研究应用，爆炸焊接在理论和技术方面获得了大量突飞猛进的研究成果。尤其是到了 20 世纪 80 年代以后，爆炸焊接理论研究和计算机数值模拟技术取得了长足的发展和很多创新成果。国内外许多科学工作者对金属爆炸焊接的机理、复板飞行姿态、焊接窗口理论、滑移爆轰过程、爆炸复合界面波机理等方面进行了进一步深入的探索，各种计算方法和计算机三维数值模拟对爆炸焊接理论和技术的推动起到了重要的作用。本文将对爆炸焊接理论计算和数值模拟的各种方法进行阐述，并对未来的数值模拟的发展趋势进行简要介绍。

2　列契特公式计算复板飞行姿态

在爆炸焊接理论中，研究复板二维运动飞行姿态对于改善爆炸复合板焊接质量，提高复合率具有重要意义。要准确地描述复板加速运动过程较为困难，为了能够定量描述在爆轰载荷作用下的复板飞行姿态，理论计算通常应用二维列契特公式求解[2]。

$$y = \delta(1+\gamma)\frac{\theta_{\max}}{R}\int_0^\theta \frac{\sin\theta}{(\theta_{\max}-\theta)}\mathrm{d}\theta \tag{1}$$

$$x = \delta(1+\gamma)\frac{\theta_{\max}}{R}\int_0^\theta \frac{\cos\theta}{(\theta_{\max}-\theta)}\mathrm{d}\theta \tag{2}$$

式中，y 为复板在垂直方向上的位移；x 为水平方向坐标；θ 为复板弯折角；$\theta_{\max}$ 为复板最大弯折角；R 为质量比；γ 为炸药多方指数；δ 为布药厚度。把弯折角 θ 作为中间变量，从而推出复板空间姿态曲线 $y(\theta)$，同时复板上任一点的速度 v_p、弯折角 θ 与爆轰波速度 v_d 存在如下关系：

$$v_p = 2v_d\sin\left(\frac{\theta}{2}\right) \tag{3}$$

与列契特公式联立可以求得 $y(v_p)$ 曲线。到此为止已经建立了复板空间飞行姿态的三条曲线模型。但是在这里有两个需要解决的难点：一是如何确定列契特公式中的多方指数 γ 和最大弯折角 $\theta_{\max}$；二是求解列契特公式中的积分式。我们课题组采用复化辛普生公式来迭代计算列契特积分公式，然后应用 Vsiual Basic6.0 编写爆炸焊接计算机辅助设计程序，对复板二维运动飞行姿态进行数值计算，并输出复板运动加速段和等速段的各点运动参量(复板飞行速度 v_p、弯折角 θ、垂直方向的位移 y、水平方向位移 x)，并在屏幕窗口内可以分别输出 y-x、y-v_p、y-θ 复板飞行姿态曲线图和相应的各点计算结果以及由程序拟合计算绘制输出的曲线，如图 1~图 4 所示。

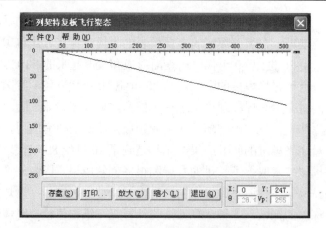

图 1　复板飞行姿态 y-x 曲线

Fig.1　y-x curve of the flyer plate

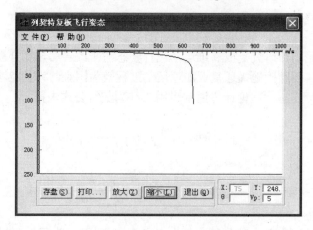

图 2　复板飞行姿态 y-v_p 曲线

Fig.2　y-v_p curve of the flyer plate

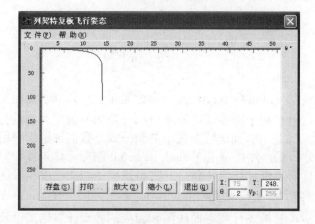

图 3　复板飞行姿态 y-θ 曲线

Fig.3　y-θ curve of the flyer plate

图 4　复板飞行姿态数值计算结果

Fig.4　Computational results of the flyer plate

3　金属爆炸焊接窗口模拟

在金属爆炸焊接实际应用中，为了获得较好焊接质量，通常是在其焊接窗口内寻找一组最佳的焊接工艺参数[3]。一般情况下，对于基复板平行布置的焊接，调整可焊工艺参数包括炸药品种、密度、爆速、装药厚度、质量比以及基复板间距。尽管调整的参数很多，但最终是调整复板飞行速度 v_p、来流速度 v_f（在平行布置中，v_f 等于炸药爆速 v_d）和复板弯折角 θ 三个参数。三个参数中的 v_p-v_f、θ-v_f 组合将构成两个不同的坐标平面，在该坐标平面中将包含一个爆炸焊接的可焊接区域，称为"爆炸焊接窗口"，该窗口是由四条曲线共同封闭组成类似于窗口形状的区域[4]。双金属爆炸焊接窗口对于爆炸焊接复合板的质量优劣非常重要，通常是利用实验的方法来拟合爆炸焊接窗口曲线。目前，大多采用变参数实验法，为了减少实验次数，在此基础上又发展了小倾角法、台阶法和半圆柱法等一系列行之有效的实验方法，但是利用实验方式每次只能确定一对双金属的焊接窗口，要作出所有可焊双金属的爆炸焊接窗口曲线需要耗费大量的人力物力和时间。为了提高工作效率和经济效益，可应用 Visual Basic 金属爆炸焊接窗口模拟程序,如图 5 所示。

通过计算机编程来确定双金属爆炸焊接上下限。应用该程序可以实现对多种金属的焊接窗口进行模拟验证，并且该程序提供了两种不同坐标系下的双金属焊接窗口，用户可以使用计算机模拟的焊接窗口曲线去指导实验和工程实际。同时，在程序输入模块上预留了修正金属焊接上下限的实验系数，因此，通过实验方法可以修正双金属爆炸焊接上下限的理论计算公式，从而使得双金属爆炸焊接窗口理论能够很好地满足工程实际要求。

4　爆炸焊接三维数值模拟

在爆炸焊接过程中会发生一系列复杂的物理现象，如炸药滑移爆轰过程、不同金属板之间的高速碰撞、金属射流的产生、在高温高压下金属塑性变形以及碰撞界面金属波纹等[5]。过去很多学者对爆炸焊接做了大量的理论计算和实验研究，采用格尼公式、列契

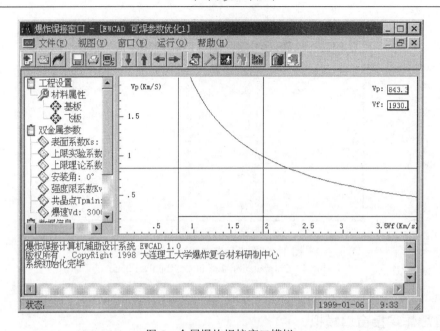

图 5 金属爆炸焊接窗口模拟

Fig.5 Numerical simulation of the metal explosive weld window

特公式或者特征线法计算飞板的飞行姿态和碰撞点速度[1]。但是格尼公式只能计算飞板在爆轰载荷作用下的终点速度，不能描述从开始到最后阶段中间的加速过程。尽管列契特公式和特征线法可以计算飞板加速过程和二维的飞行姿态，但是飞板与基板的碰撞过程和金属板动态塑性变形不能被模拟和描述。应用有限元法进行爆炸焊接计算时，网格重新划分和不同介质之间的相互作用是需要解决的难题，计算精度和运算速度严重下降，甚至无法得到正确结果。物质点法 MPM（material point method），作为无网格法之一，被广泛应用于计算模拟各种工程力学问题，它是在质点网格法 PIC（particle-in-cell）基础上发展而来的[6, 7]。MPM 法的主要特征是利用了欧拉法和拉格朗日法二者的优点，在处理大变形和随时间变化的不连续性问题、材料破损以及断裂等问题时，避免了因有限元网格畸变而无法重新划分网格以及导致数值计算无法继续的矛盾。在此，应用 MPM 法对铜-钢金属爆炸焊接进行三维数值模拟，与其他计算方法获得的理论解进行比较，证实了 MPM 法对处理爆炸冲击和滑移爆轰问题是一种非常有效的数值方法。

以化工电解槽阴极铜-钢复合板爆炸焊接为计算实例，应用前处理程序 SPM2.0 划分背景网格单元长度为 5，每个立方体单元内质点数量为 8 个，起爆点位置在左侧中间位置。前处理结果如图 6 所示。

选择铵油炸药（柴油含量为 6%），炸药厚度为 70mm。紫铜板作为飞板，其厚度为 20mm，长度为 500mm，宽度为 350mm。基板是普通钢板，厚度为 40mm，长度为 500mm，宽度为 350mm。为了保证铜板和钢板完全焊接并具有一定的结合强度，要求基板和飞板之间在爆炸焊接前需要保持一定间隙，两者之间距离为 15mm，这样使飞板获得足够的碰撞速度。

图 7 所示为两金属板之间的碰撞点速度计算的数值模拟结果，飞板的三维变形过程与爆炸焊接实验观察的现象完全一致。

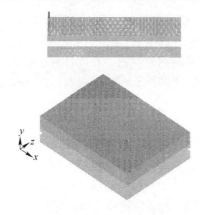

图 6　爆炸焊接三维前处理
Fig. 6　Preprocess of the explosive welding

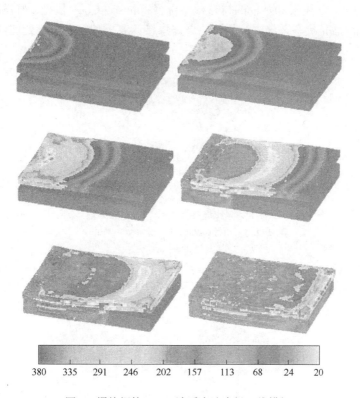

| 380 | 335 | 291 | 246 | 202 | 157 | 113 | 68 | 24 | 20 |

图 7　爆炸焊接 MPM 法质点速度场三维模拟
Fig. 7　Simulation of the explosive welding for particles velocity

5　爆炸焊接界面波与金属射流的数值模拟

爆炸焊接复合材料的界面区域通常呈波纹状，这是由于在飞板高速碰撞基板时，在碰撞界面存在着剧烈的塑性变形，并伴随产生绝热剪切带、纳米晶和非晶组织[8]。界面波纹形成与金相组织状态不但关系到复合材料的焊接质量，而且在爆炸焊接与冲击动力学理论方面仍然是研究热点。迄今为止，爆炸焊接界面上由高压塑性剪切作用引起的一些问题尚无统一理论解释。例如，界面波的成波机理、爆炸焊接结合机理以及绝热剪切带的衍生发展过程等。这些问题所关注的区域都集中在界面附近，与材料在高压、高应变率以及大塑性流动变形的作用息息相关，是典型塑性变形的耦合问题。在爆炸焊接理论的基础上，运用冲击动力学和物质点 MPM 法和光滑粒子 SPH 法两种无网格法可对爆炸焊接界面波的现象进行三维数值模拟。

5.1　爆炸焊接界面波 MPM 法模拟

应用无网格 MPM 法对设计的爆炸焊接计算模型进行三维数值模拟，在数值计算之前，需要应用程序做前处理，爆炸焊接计算模型的尺寸板 X 方向板长度为 100mm，Y 方向板厚度为 20mm，Z 方向板宽度为 16mm，划分背景网格和炸药的质点单元，在 Z 方向的板两侧面施加固定约束条件。三维背景网格单元为六面体立方体单元，背景网格单元大小为 2mm，在 X、Y、Z 三个方向的划分背景网格单元数量分别为 100、100 和 50，每个背景网格单元内的质点数量划分为 8 个，飞板和基板的材料模型选择 Johnson-Cook 模型，材料高压下的力学行为选用 Mie-Grüneisen 状态方程进行描述。爆炸焊接计算模型的三维前处理结果如图 8 所示。

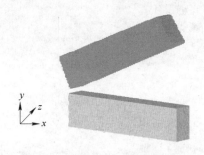

图 8　爆炸焊接数值计算模型前处理

Fig. 8　Preprocess of explosive welding

爆炸焊接数值模拟程序 SPS2.0 是应用 C++ 程序编制完成的，并且在程序内也开发了基本的后处理功能，图 9 所示为爆炸焊接三维变形图，图 10 所示为爆炸焊接中间剖面变形图。

图 9　爆炸焊接复合界面波形成

Fig. 9　Interface wave formation of explosive welding

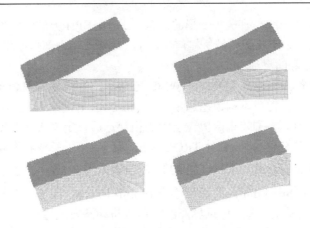

图 10   爆炸焊接复合界面波 $x\text{–}y$ 中间剖面

Fig. 10   Interface wave formation of explosive welding at $x\text{–}y$ section

根据爆炸焊接复合界面中间剖面压力场分布，可以了解两层金属板的碰撞压力最高点处于飞板与基板碰撞后初始冲击接触位置，即存在着最高的驻点压力，高速冲击载荷使得该处界面材料发生塑性变形和温度急剧升高后熔化。应用无网格 MPM 法三维数值模拟程序计算界面中间剖面压力分布的后处理云图如图 11 所示。

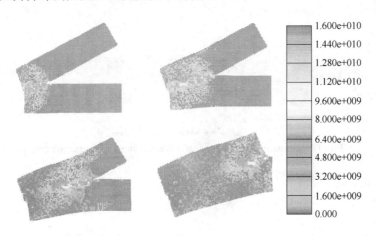

图 11   爆炸焊接 $x\text{–}y$ 中间剖面压力

Fig. 11   Pressure of explosive welding at $x\text{–}y$ section

5.2   爆炸焊接界面波 SPH 法模拟

光滑粒子流体动力学(smoothed particle hydrodynamics，简称 SPH 法)是一种拉格朗日坐标描述下的无网格粒子方法，目前已经得到了广泛的应用。SPH 方法使用粒子离散介质区域，基于粒子体系估算和近似介质运动控制方程[9]。SPH 方法最早应用于天体物理学领域，随后推广到考虑材料强度的动态响应问题和具有大变形的流体动力学问题。光滑粒子流体动力学方法有两个突出的优点。一是 SPH 方法有良好的自适应性。在每一时间步中，在对当前时刻的任意分布粒子进行场变量的近似时，SPH 方法的公式构造并不受粒子分布的随意性影响，因此可以很自然地处理一些具有极大变形的问题。二是在 SPH 方法中拉格朗日公式与粒子近似法之间的良好结合。SPH 粒子携带材料信息，可以在外力和内部粒子相互作用下产生运动，使得 SPH 粒子具有较好的灵活性。

在此，采用 ANSYS/LSDYNA 11.0 中的 SPH 方法和绝热模型对双金属爆炸焊机界面波的形成过程进行数值模拟。材料本构模型选用 Johnson-Cook 模型，状态方程选用 Gruneisen 状态方程。在碰撞过程中，为了防止两板粒子间的相互穿透，定义人工黏度，相应参数用默认值。值得注意的是，在 K 文件中*CONTROL_SPH 关键字下的算法控制项 FORM 设定为 5，其对应的算法适用于流体计算。材料选用 4340 钢，碰撞角 β=16°，爆速 v_d=3600 m/s。飞板和基板的尺寸均为 10 mm×3 mm，粒子尺寸为 10 μm×10 μm。图 12 和图 13 所示为爆炸焊接斜碰撞过程的模拟结果，图 13 中可见界面波的形成与动态发展过程。

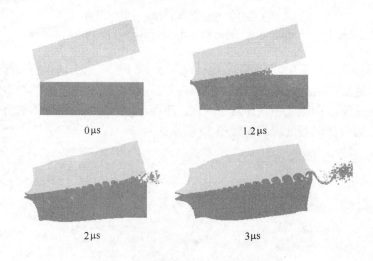

图 12　爆炸焊接斜碰撞过程模拟结果

Fig. 12　Simulated results of explosive welding oblique collision

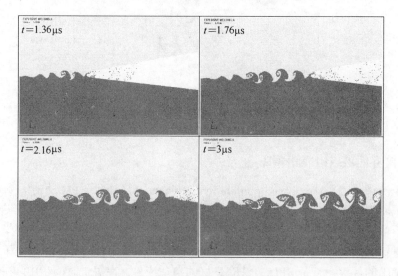

图 13　界面波形成过程模拟结果

Fig. 13　The simulated process of interface wave formation

在界面波形成的过程中，可以清楚地看到在碰撞点处有金属粒子喷射出来，图 14 所示为 t=3 μs 时刻喷射出的金属射流形态[10]。在软件后处理中可以通过时间回放功能追溯这些金属射流粒子的来源。通过对以上模拟结果进行分析，金属射流粒子均来源于两板结合层内侧的界面薄层，间断且不连续，最厚处的厚度约为板厚的 1%，这一情况与文献[1]中射流厚度相关描述一致。图 14 中显示的是形成喷射射流的界面表层粒子，这些粒子随着碰撞过程的推进被阻隔驻留在焊接界面中。由此可知，爆炸焊接复合界面只有在碰撞点附近形成金属射流才能产生界面波纹。否则，如果没有金属射流形成，两块金属板复合界面不会形成相互侵入的波纹界面，也不可能焊接在一起形成复合板。

图 14　爆炸焊接金属射流形貌

Fig. 14　The simulated of metal jet in explosive welding

6　结论

随着计算机软件技术和各种新的数值算法的快速发展，金属爆炸焊接理论计算和数值模拟方法的研究也不断更新完善，一维计算模型格尼（Gurney）公式和阿述兹（Aziz）公式对飞板的终点速度进行了计算；二维列契特（Richter）计算模型和二维特征线法可以获得飞板加速段和匀速段的速度以及作用在飞板上的爆轰压力，以此获得近似的解析解；随着三维无网格法数值模拟技术的开发，应用无网格 MPM 法可以模拟三维爆炸焊接炸药滑移爆轰、飞板变形和与基板碰撞的过程，还有应用光滑粒子流体动力学 SPH 实现爆炸焊接复合界面波和金属射流喷射过程的模拟，模拟结果与实验测试比较接近，由此说明了无网格法在求解爆炸焊接问题具有其他计算方法所不具备的优势。在未来对爆炸焊接三维数值计算的研究中，重点应用高性能的数值模拟计算方法对复合界面波形成机理、温度场变化、非晶带形成等进行更深入的探索，为推动爆炸焊接理论的微观力学机理研究开发更新的算法和数值模拟程序。

参 考 文 献

[1]　邵丙璜, 张凯. 爆炸焊接原理及其工程应用[M]. 大连: 大连工学院出版社, 1987: 1~5.

[2]　王宇新, 杨文彬, 李晓杰. 爆炸焊接二维复板飞行姿态计算机仿真[J]. 爆破器材, 1999, 10: 1~4.

[3]　李晓杰, 双金属爆炸焊接上限[J]. 爆炸与冲击, 1991, 11(2): 134~138.

[4]　赵铮, 王金相, 杭逸夫. 双金属复合板爆炸焊接窗口研究[J]. 科学技术与工程, 2009, 9(5): 1126~1130.

[5]　Grignon F, Benson D, Vecchio K S. Explosive welding of aluminum to aluminum analysis, computations and experiments. Int J Impact Engng 2004, 30: 1333~1351.

[6]　Sulsky D, Chen Z, Schreyer H L. A particle method for history-dependent materials. Comput Meth Appl Mech Engng 1994, 118: 179~186.

[7]　Hu W, Chen Z. Model-based simulation of the synergistic effects of blast and fragmentation on a concrete wall using the MPM. Int J Impact Engng. 2006, 32: 2066~2096.

[8]　闫鸿浩, 李晓杰. 爆炸焊接界面产生非晶相的理论解释[J]. 稀有金属材料与工程, 2003, 32(3): 176~178.

[9]　刘谋斌, 宗智, 常建忠. 光滑粒子动力学方法的发展与应用[J]. 力学进展, 2011, 41(2): 217~234.

[10]　李晓杰, 莫非, 闫鸿浩. 爆炸焊接界面波的数值模拟[J]. 爆炸与冲击, 2011, 6(31): 653~657.

双立爆炸焊接复合板防护数值模拟和试验

史长根　赵林升　侯鸿宝　汪　育

（中国人民解放军理工大学，江苏南京，210007）

摘　要：为了解决双立爆炸焊接复合板焊后运动防护问题，通过设计一种防护结构，建立了双立爆炸焊接以及防护装置三维数值模型，从而模拟了双立爆炸法两对复合板的焊接和运动过程以及与防护装置的碰撞过程，获得了爆炸焊接复合板压力场、速度场的分布。所建立的爆炸焊接三维数值模型可计算复板运动最大速度与碰撞点的压力，为防护装置的设计优化提供理论基础和依据。采用此防护装置及双立爆炸方法，装药量仅为现行平行爆炸焊接方法的 1/3，而且获得的复合板没有产生明显的变形，易于后续加工。

关键词：爆炸焊接；双立法；防护结构；复合板

Numerical Simulation and Experiment Research of Double Vertical Explosive Welding and Safeguard

Shi Changgen　Zhao Linsheng　Hou Hongbao　Wang Yu

(PLA University of Science and Technology, Jiangsu Nanjing, 210007)

Abstract: To solve the safeguard problem of the cladding plate of double vertical explosive welding, three-dimensional numerical model are set up about the installation of double vertical explosive welding and safeguard according to a kind of safeguard installation. The course of the welding and movement are simulated about two pairs cladding plates of double vertical explosive welding, and the collision course are simulated between the two pairs cladding plates and safeguard installation either. The field of the pressure and velocity are obtained about the cladding plate of explosive welding. The maximum velocity of the cladding plate and collision pressure can be figured out, and the safeguard installation can be optimal devised on the base of the numerical model. At least half of the explosive charge is saved, and there are hardly any deformation for the cladding plate of the double vertical explosive welding.

Keywords: explosive welding; double vertical; safeguard installation; cladding plate

1　引言

　　双立式爆炸焊接新方法不仅节约了至少2/3装药量,而且削减了大部分冲击波对周围环境的不利影响[1,2]。虽然双立爆炸方法具有上述明显的优越性，但此方法要取代现有的方法进入工业化和规模化应用，复合板两侧的防护是必须要解决的关键问题。由于爆炸焊接后复合板

基金项目：江苏省科技成果转化基金项目。

作者信息：史长根，副教授，xiru168@163.com。

尚具有相当大的飞行速度，如对两侧的防护工艺装置不进行精确的计算模拟设计，则不仅将破坏已经成功复合的复合板，而且很可能使爆炸焊接生产具有很大的危险性。如果最终设计一种可多次使用的两侧永久防护工艺装置，必须首先研究炸药爆轰波在两块板之间的传播规律，从而探求双立式爆炸焊接焊后复合板的运动和变形规律。

目前，平行式爆炸焊接复合板的运动和变形规律，已有很多学者进行了深入的计算和研究[3~6]，而双立式爆炸焊接是一种新方法，它涉及爆轰波在两刚性壁之间的传播规律。本文通过数值模拟研究双立爆炸焊接方法复合板的运动以及和防护装置之间的碰撞变形规律，从而为两侧永久防护装置的优化设计提供理论基础和依据。

2　双立爆炸焊接防护计算模型

2.1　模型结构与尺寸

通过多次双立爆炸焊接防护试验和计算，初步确定双立爆炸焊接防护模型，如图1所示。

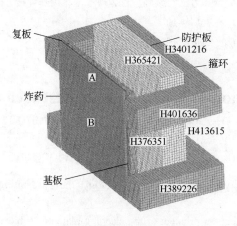

图1　1/2 实体模型
Fig.1　1/2 entity model

如图1所示，实体模型由左右两块防护板和上下两个箍环构成。由于炸药、复板、基板、防护板和箍环的模型为轴对称，因此为简化计算，仅对其1/2进行建模分析。第1部分为炸药（硝酸铵乳化炸药），第2部分为复板（304不锈钢），第3部分为基板和防护板（Q235B钢），第4部分为箍环（Q235B钢）。炸药尺寸为5mm×220mm×250mm，复板尺寸为2mm×220mm×250mm，基板尺寸为14mm×210mm×250mm，防护板尺寸为50mm×230mm×260mm，箍环截面尺寸为50mm×50mm。其中，复板与基板间隙5mm，基板与防护板间隙50mm。炸药、复板、基板、防护板和箍环均采用8节点solid164实体单元。在有限元模型中，将炸药和空气定义成流体，采用8节点的Euler单元描述，复板、基板、防护板和箍环采用8结点的Lagrang单元描述，采用ALE算法对两种单元进行流固耦合[7, 8]。

2.2　材料模型

2.2.1　炸药

炸药选用JWL方程，其压力 p：

$$p = A\left(1 - \frac{\omega}{R_1 V}\right)\mathrm{e}^{-R_1 V} + B\left(1 - \frac{\omega}{R_2 V}\right)\mathrm{e}^{-R_2 V} + \frac{\omega E}{V} \tag{1}$$

式中，p 为爆轰压力；V 为炸药的相对体积，$V = V/V_0$；E 为单位体积材料的初始内能；A，B，R_1，R_2，ω 为无量纲参数。乳化炸药的 JWL 模型参数见表 1。

表 1　炸药的 JWL 模型参数
Table 1　JWL model parameters of explosive

常数 A/GPa	常数 B/GPa	常数 R_1	常数 R_2	常数 ω	初始内能 E/kJ·cm^{-3}
202.75	4.39	5.3	1.2	0.21	2.5331

2.2.2　空气

空气爆轰压力采用空材料（Null）模型和线性多项式（Linear_Polinominal）状态方程描述。线性多项式状态方程表示单位初始体积内能的线性关系，压力值由下式给定：

$$p = C_0 + C_1\mu + C_2\mu^2 + C_3\mu^3 + (C_4 + C_5\mu + C_6\mu^2)E \tag{2}$$

$$\mu = \frac{\gamma}{V} - 1$$

式中，$C_0, \cdots, C_6$ 为常数，如果式中 $\mu < 0$，则 $C_2\mu^2$ 和 $C_6\mu^2$ 两项为零；V 为相对体积；γ 为单位热值率。则压力：

$$p = (\gamma - 1)\frac{\rho}{\rho_0}E \tag{3}$$

2.2.3　复板

复板采用 Johnson-Cook 材料模型，即

$$\sigma_y = (A + B\varepsilon_\mathrm{p}^n)(1 + C\ln\frac{\dot{\varepsilon}}{\dot{\varepsilon}_0})(1 - T^m) \tag{4}$$

$$T^m = \frac{T - T_\mathrm{r}}{T_\mathrm{m} - T_\mathrm{r}} \tag{5}$$

式中，ε_p 为实际塑性应变；$\dot{\varepsilon}$ 为实际应变率；$\dot{\varepsilon}_0$ 为参考应变率；T 为温度；T_m 为材料熔点；T_r 为室温；A，B，n，C，m 为材料常数。复板为 304 不锈钢，其 JC 模型参数见表 2。

表 2　复管的 JC 模型参数
Table 2　Johnson-Cook model parameters of flying plate

材　料	屈服强度 A/MPa	强化系数 B/MPa	强化指数 n	应变率系数 C	热软化指数 m
304	792	510	0.26	0.014	1.03

2.2.4　基板、防护板和箍环

基板、防护板和箍环采用随动强化模型。材料的动态力学性能均采用带应变率影响的 Cowper-Symonds 方式来描述，流动应力为：

$$\sigma_y = \left[1 + \left(\frac{\dot{\varepsilon}}{CC}\right)^{\frac{1}{PP}}\right](\sigma_0 + \beta E_p \varepsilon_{\text{eff}}^p) \tag{6}$$

基板、防护板和箍环采用的是 Q235B，其密度 $\rho = 782\text{kg} \cdot \text{m}^{-3}$，弹性模量 $E = 210\text{GPa}$，σ_0，E_p 分别为 235MPa 和 2.0GPa，CC 和 PP 分别取 0.0001 和 20，$\beta = 1.0$。

3 计算结果与分析

图 2 所示为爆炸焊接过程的动压力云图。由图 2 可见，计算结果较好地模拟了双立爆炸焊接的整个过程，炸药起爆约 13μs 后，复板与基板发生碰撞，完成爆炸焊接，焊合后的复合板继续做加速运动，在约 37μs 时与防护板发生撞击，其后应力波在复合板与防护板、箍环之间发生多次反射并逐渐衰减。整个过程中，复板与基板复合的边缘部分发生剪切破坏，箍环位于两防护板之间段的内侧也发生了拉伸破坏，而防护板未见破坏现象。为了得到结构动态响应时程曲线，取八个观测点进行具体分析，防护板和箍环观测节点的六个观测点位置见图 1，观测点 A、B 分别取在复板边部区域和中部区域。

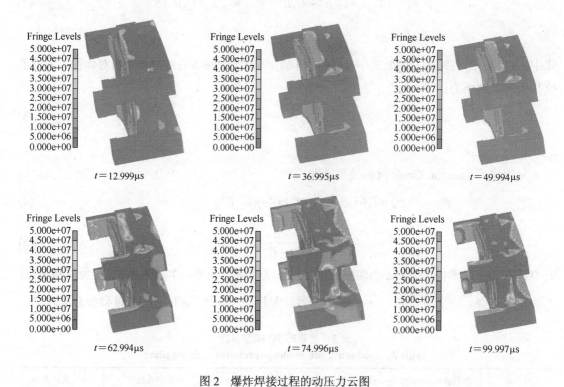

图 2　爆炸焊接过程的动压力云图

Fig.2　Dynamic distribution of pressure at different moments of explosive welding

3.1 复合板运动速度

图 3 所示为复合板上 A、B 两观测节点运动速度随时间变化曲线。从图 3 中可以看出，焊接后复合板运动的最大速度约为 205 m·s⁻¹，且复合板中部运动速度稍高于四周速度。复合

板速度经历了一个从加速到稳定，然后下降的过程，复板与基板焊接后仍做加速运动，从开始运动加速到最大速度大约经历了 170μs 的时间；当复合板受到防护板约束后，速度锐减至 30 m·s^{-1} 左右，整个结构（复合板、防护板和箍环）做整体运动，焊接全过程大约为 1000μs。

3.2　复合板动应力

图 4 所示为复板上 A、B 两个观测节点的动应力时程曲线。由图 4 可以看出，爆炸焊接后复合后复合板有效应力迅速增大到 5.0×10^8 Pa 左右。由于受到防护板反射冲击波的影响，复合板有效应力发生微小波动，当复合板撞击到防护板后，有效应力迅速增加到 9.2×10^8 Pa。由于复合板变形后呈拱形壳状，其中部向远离装药中心方向外凸，受到来回反射冲击波影响，复合板中部和四周的有效应力差别较大，随着爆炸压力衰减，复合板有效应力趋于一致，爆炸焊接结束时的残余有效应力大约为 3.0×10^8 Pa。

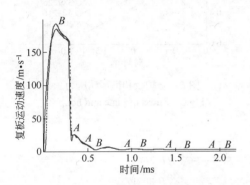

图 3　复板运动速度时程曲线
Fig.3　Curve of flyer plate velocity

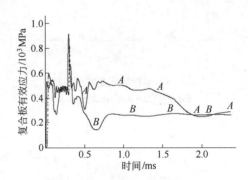

图 4　复板动应力时程曲线
Fig.4　Curve of flyer plate stress

3.3　复合板动应变

图 5 所示为复板上 A、B 两个观测节点的动应变时程曲线。由图 5 可见，复合板边缘处的有效应变接近 0，而中部有效应变在爆炸后迅速增大到 0.25 左右，当复合板中部撞击到防护板后，有效应变锐减到 0.025，然后逐渐减少到 0。由图 2 模拟结果可见，爆炸焊接过程中，复板四周受到基板的剪切作用，其有效应变非常大，已经超出了其极限拉应变 0.4，出现四周被剪断破坏现象。

3.4　防护板和箍环动压力

防护板和箍环的六个观测点动压力时程曲线如图 6 所示。由图 6 可见，在复合板撞击防护板之前，防护板上的压力很小，而箍环位于复合板与防护板之间段的内侧压力很大；在复合板撞击防护板后，防护板中部压力迅速增大，箍环拐角处和位于两防护板之间段的内侧的压力也迅速增大；随着时间的推移，压力逐渐减小。整个过程中，爆炸冲击波在复合板与防护板、箍环之间发生多次反射，冲击波压力峰值发生叠加，防护板和箍环的动压力发生明显波动，防护板由于受到复合板的冲击作用，其中部的压力峰值最大达到 5.3×10^8 N，最后结构压力随爆炸冲击波压力衰减而减小至零。

3.5　防护板和箍环塑性应变

图 7 所示为防护板和箍环的六个观测点的动应变时程曲线。由图 7 可见，在防护板受冲击之前，结构塑性应变普遍较小，箍环位于两防护板之间段内侧的塑性应变很大，且部分箍环表面发生了破坏，主要是受爆炸冲击波反射汇聚的影响；在防护板受冲击之后，结构各部分的塑性应变迅速增大，其中，防护板后面箍环的中段的塑性应变达到了 0.011，防护板后面的箍环中段外侧也发生了较明显的塑性应变。

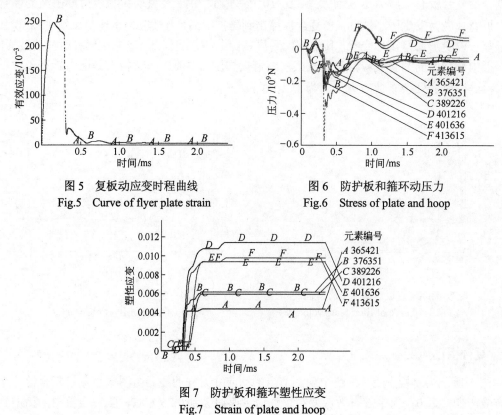

图 5　复板动应变时程曲线　　　　　图 6　防护板和箍环动压力
Fig.5　Curve of flyer plate strain　　　Fig.6　Stress of plate and hoop

图 7　防护板和箍环塑性应变
Fig.7　Strain of plate and hoop

4　实爆试验结果

为了对此防护装置进行优化设计，根据此双立爆炸焊接及防护装置的初始结构参数进行了实爆试验。图 8（a）和图 8（b）所示分别为双立爆炸焊接防护装置及其装药示意图，装药

(a)　　　　　　　　　　　　(b)

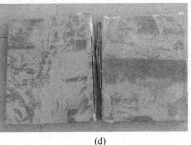

(c)　　　　　　　　　　　　　　(d)

图 8　双立爆炸法

(a) 防护装置;　(b) 试验装药;　(c) 爆后箍环变形图;　(d) 爆后的两块复合板

Fig.8　Double vertical explosive welding

(a)　safeguard installation; (b) explosive charge; (c) hoop deformation; (d) two cladding plates

量是平行爆炸焊接的 2/3。图 8（c）所示为实爆后箍环变形示意图，箍环整体变形一般，中部变形稍大，与计算模拟结果基本吻合。图 8（d）所示为双立爆炸后获得的两块复合板，经超探检测 100%复合，且各项性能指标符合国家标准要求。

5　结论

（1）数值模拟和实爆试验均表明，复板与基板复合的边缘部分发生剪切破坏，箍环位于两防护板之间段的内侧也发生了微小拉伸破坏，而防护板未见破坏现象；防护结构（防护板和箍环）在复合板冲击之前只有箍环位于两防护板之间段的内侧发生破坏，在复合板冲击后，主要是防护板中部和防护板后面箍环中段发生很大的塑性变形，但未见破坏现象。总之，防护结构主要是箍环位于两防护板之间段的内侧发生破坏，在复合板冲击后，主要是防护板中部和防护板后面箍环中段发生明显塑性变形。此防护结构通过对相应部分进行改进，可以对双立爆炸焊接装置起到防护作用。

（2）双立爆炸装药量仅为现行平行法的 1/3，而且通过此防护结构的保护，获得的复合板没有产生明显的变形，易于后续加工。

参 考 文 献

[1]　史长根. 双立式爆炸焊接装置及其方法: 中国, 200610096800.3[P]. 2007-4.

[2]　史长根. 双立式爆炸焊接新方法[J]. 爆破器材, 2008, 37(3): 28~30.

[3]　邵炳璜, 张凯. 爆炸焊接原理及其工程应用[M]. 大连: 大连理工大学出版社, 1987: 286~296.

[4]　王宇新, 等. 双金属爆炸焊接窗口计算机仿真[J]. 爆破器材, 2002, 31(5): 29~31.

[5]　Blazynski T Z. Explosive welding forming and compaction[M], London Applied Science, 1983.

[6]　史长根, 王耀华, 等. 爆炸焊接下限的确定[J]. 爆破器材, 2001, 30(3): 33~36.

[7]　马贝, 李宏伟, 等. 间隙对次层圆管爆炸焊接影响的数值模拟[J]. 焊接学报, 2009, 30(9): 33~40.

[8]　时党勇, 李裕春. 基于 ANSYS/LS-DYNA 8.1 进行显式动力分析[M]. 北京: 清华大学出版社, 2005.

ASME SA-533 B Cl.1+SA-240 304L
核电用复合板的研究开发

刘建伟　　范述宁　　王强达

（太原钢铁（集团）有限公司复合材料厂，山西忻州，035407）

摘　要：本文介绍了太钢通过对 ASME SA-533 B Cl.1+SA-240 304L 复合板爆炸焊接参数、热处理、焊接工艺等工艺方案的研究确定，核电复合板的力学性能、晶间腐蚀原始热处理态及模拟焊后热处理的条件各项性能指标达到设计要求，尤其复合板的剪切强度达到 420MPa，超设计要求 35%以上，并通过金相检验分析复合板的微观特点。通过 ASME SA-533 B Cl.1+SA-240 304L 的开发，改变了我国核电安注箱用复合板依赖进口的局面。

关键词：核电；复合板；工艺

ASME SA-533 B Cl.1+SA-240 304L Research and Development of Composite Plate for Nuclear Power

Liu Jianwei　　Fan Shuning　　Wang Qiangda

(Taiyuan Iron and Steel(Group) Co., Ltd.Composite Material Factory, Shanxi Xinzhou, 035407)

Abstract: Through the research of the ASME SA-533 B Cl.1+SA-240 304L composite plate explosive welding parameters, heat treatment, and welding process design etc., The TISCO has confirmed that the mechanical properties, crystal nuclear power composite plate corrosion original heat treatment conditions of each performance index of state and simulated post weld heat treatment can all meet the design requirements, and especially the shear strength of composite plate to 420Mpa is 35% more than design requirements, and we have examined and annalylise the composite plate through metallographic of microcharacteristics. Through the development of ASME SA-533 B Cl.1+SA-240 304L,we have changed our country's relying on the imports of nuclear power safety injection tank with composite board .

Keywords: nuclear power; composite plate; technology

1　引言

目前，我国正在加快推进核电的开发建设，截至 2009 年年底，我国现有核电装机容量 908 万千瓦，到 2020 年，我国核电规模至少要达到 7500 万千瓦。经市场调研，SA-240 304L +SA-533 B Cl.1 不锈钢复合板是一种耐腐蚀的高强度金属复合材料，是比纯不锈钢 SA-240 304L 更具综合性能的复合产品，应用于核电机组的安注箱上，与单纯使用 SA-240 304L 相比，该复合板产品不仅有 SA-240 304L 的耐蚀性能，还有更高更强的拉伸、耐压等力学性能。此

作者信息：刘建伟，高级工程师，13835089732@163.com。

前，我国使用该材料全部进口，每吨价格高达 10 多万元。

核电用复合钢板的技术要求不仅比一般行业检验的项目多，而且有些指标远超国家标准，比如，剪切强度超国家标准 50%，达到 310Mpa，单个未结合面积的规定比标准严 20%，复层厚度及板幅都超一般行业的要求。此前太钢复合材料厂未生产过该品种的复合板。如此高技术要求的核电复合板的开发，不仅可以提高我厂的技术能力，更可以解决我国长期依靠进口该品种复合钢板局面，缩短交货周期，提高我国核电工程项目的竞争力。所以，我厂与国核联系交流，成立团队，开发国内核电用复合钢板。

太钢复合材料厂于 2012 年 9~11 月完成了样品板的生产和检验。各项性能指标满足规范要求，国核、海陆重工及设计院对试验板见证鉴定后，同太钢签订了 230t 核电用复合钢板合同。目前已经开始交货。

2 开发过程

2.1 试验材料规格及要求

SA533 BCl.1 为 53mm×800mm×1600mm，SA240 304L 为 7.5mm×850mm×165mm，成分见表 1~表 3。

表 1　304L 化学成分

Table 1　Chemical composition of experimental steel 304L （%）

成分	C	Mn	P	S	Si	Ni	Co	Cr	N
标准	0.035	2.04	0.035	0.01	0.8	7.90~12.15	0.05	17.80~20.2	0.11
实物	0.018	1.55	0.029	0.001	0.75	8.01		18.15	0.018

表 2　SA533 化学成分

Table 2　Chemical composition of experimental steel SA533 （%）

成分	C	Mn	P	S	Si	Mo	Ni
标准	0.25	1.07~1.62	0.015	0.015	0.13~0.45	0.41~0.46	0.37~0.73
实物	0.16	1.45	0.006	0.001	0.23	0.46	0.62
成分	Cu	V	Co	Al	Cr	Nb	Ti
标准	0.12	0.06	0.25	0.04	0.25	0.02	0.03
实物	0.07	0.002		0.03	0.06	0.001	0.002

表 3　原料力学性能

Table 3　Mechanical properties of experimental steel

材料	σ_s/MPa	σ_b/MPa	δ/%	硬度(HB)	10℃冲击/J	150℃高拉/MPa	$NDTT$/℃
304L	304	574	50	175	—	—	—
SA533	540	645	28	—	272/273/258	500	−85

2.2　制定生产工艺及质量计划

2.2.1　生产工艺

原料检验→结合层除锈→爆炸焊接→无损检测→热处理（淬火、回火）→挖补(局部消应力)→性能检验（模拟焊后热处理）→矫平抛光→标识→包装

2.2.2　质量计划（略）

2.3　爆炸参数的确定

为取得较佳的爆炸焊接参数，采取倾斜布置的方式，分析结合面波形，检测剪切强度，最后确定爆炸焊接参数。

2.3.1　炸药爆速的确定

多年来，爆炸焊接不锈钢复合钢板通常采用铵油类粉状炸药，该炸药添加一些钝化剂可以得到不同的爆速，价格低廉，操作方便。爆炸焊接不锈钢复合板，爆速稳定在2300~2700m/s.

2.3.2　最低碰撞速度的确定

最小临界碰撞速度的估计，按照经验，理论冲击压力 10 倍的屈服强度时，最小的冲击速度可产生再入射流，由经验公式估算最小临界碰撞速度为292m/s。

由　　　　　　　　　　　$R=27/32\{[(1.2v_d+v_p)/(1.2v_d-v_p)]^2-1\}$[1]

可得　　　　　　　　　　$R= 0.42$

2.3.3　最小间隙的确定

根据经验，我们选取小的间隔，取 1.2 倍的板厚。

根据以上估算,爆炸试验间隙从 8mm 到 20mm 的倾斜布置,炸药质量比 R 由 0.64 到 0.94,从中间部分药量逐步加大，主要验证加大炸药质量比及间隙对波形及 PT 效果的影响程度，如图 1 所示。

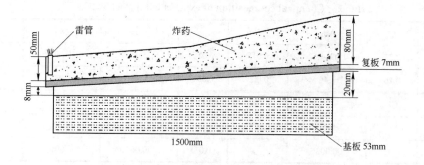

图 1　爆炸焊接试验示意图

Fig.1　Explosive welding test schematic diagram

通过试验，做 UT 检测，结合率达到 100%。对不同部位检测剪切强度，间距从小到大，对应剪切强度也越来越大，最大值达到 660MPa(热处理前),不同部位观察结合波形，波形由平直小波形逐步变为大波形，如图 2 所示，波高曲线图如图 3 和图 4 所示，侧边 PT 检验全部合格，如图 5 所示。

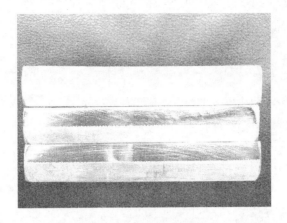

图2　不同部位的波形图

Fig.2　Waveforms

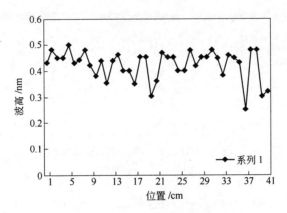

图3　中间部位波高曲线图

Fig.3　The middle of the wave height graph

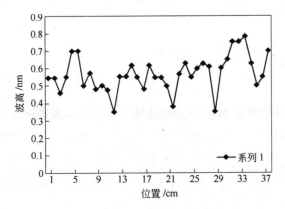

图4　边部部位波高曲线图

Fig.4　The side of the wave height graph

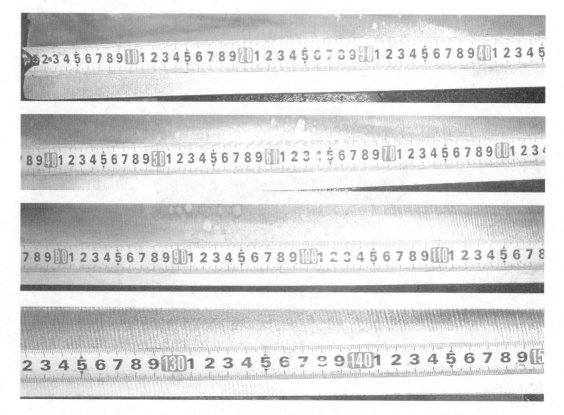

图 5　侧面 UT 检测(下部为结合层)

Fig.5　UT detection

从试验转入实际生产中，还需要考虑在实际生产中板幅大、传爆距离远的特点，所以大面积爆炸焊接采用平行布置的方式（如图 6 所示）。综合分析，确定小波纹即图 3 中波高小于 0.5 对应的参数为最佳的爆炸焊接参数。在实际生产中，根据板的大小，可以中心或边部起爆。即小于 6m 的可边部起爆，否则中心起爆较好。

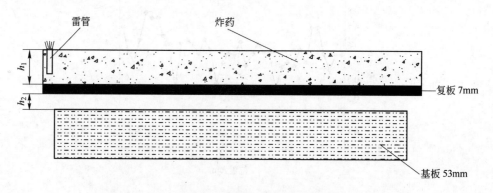

图 6　实际生产中爆炸焊接平行布置图

Fig.6　Explosive welding schematic diagram of actual production

2.4　热处理工艺制定

制定复合板的热处理工艺，要兼顾两种材料的特点，304L 是超低碳不锈钢板，固溶态交货，只要 C 成分控制好，耐敏化，有较宽的热处理范围，SA533 BCl.1 是锰钼镍合金钢板，淬火加回火交货。所以，复合板热处理工艺主要考虑 SA533 BCl.1，关键是热处理的炉温均匀性能否达到要求，其次是如何结合生产厂的条件实现复合板淬火的目的。通过试验，淬火冷却速率达到 5℃/s，即能满足要求。

2.4.1　炉温均匀性的检定

测试依据：本次炉温均匀性测量按照 TG/TP/A08/0《热处理炉校准程序》进行，采用空载试验。检测点位分布图:按照文件 TG/TP/A08/0 要求，采用 11 点测温，按照工艺保温要求进行升温、保温、测量，检测点数及位置如图 7 所示，b=3000mm，L=8500mm，h=500mm。2、4、6、8 四点距台车高度 150mm。

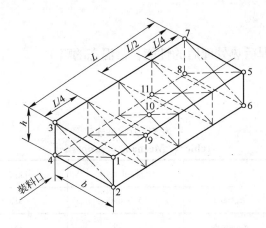

图 7　热电偶的布置图

Fig.7　Schematic diagram of thermocouple layout

测试结果：测试数据处理及温度曲线(略)。炉温均匀性测试结果见表 4。

表 4　炉温均匀性测试结果

Table 4　The test results of temperature uniformity　　　　　　　　（℃）

项目	偏离度 ΔT_{1max}	波动度 ΔT_{2max}	保温精度 ΔB_{max}	均温度 ΔJ_{max}	工艺最大保温允差
690	9.5	10.5	8.6	11.3	±10
910	11.7	5.6	8.7	13.4	±10

测试结论：经测试，3 号单台车式电阻炉有效加热区内保温精度为±10。

2.4.2　热处理工艺确定

淬火：保温温度为（910±10）℃；保温时间为 120min；冷却方式为出炉快速水淬。

回火：保温温度为（690±10）℃；保温时间为 210min；冷却方式为出炉空冷。

注意要点：

（1）热处理时须有一支热电偶与板面紧密接触，测量板温。

（2）热处理过程要留下温度记录，包括手写记录和电子记录。

3　检验结果分析

3.1　取样及检验

（1）试料切取：在复合钢板两端轴线两侧宽度 1/4 处各取一块试料。

（2）复合板的力学性能、金相检验和晶间腐蚀试料应进行模拟焊后热处理。

（3）模拟焊后热处理制度：保温温度为（600±10）℃；保温时间不小于 24h；试料进炉时，炉温不高于 425℃，且 425℃以上的升温和冷却速度不超过 55℃/h。

3.2　成品化学成分分析

符合技术要求。

3.3　力学性能（模拟焊后热处理后的性能，常温态的略）

力学性能见表 5。

表 5　力学性能

Table 5　Mechanical properties

检验项目		标准值	实测值 1	实测值 2
常温拉伸	R_m/MPa	550~690	610	640
	$R_{p0.2}$/MPa	≥345	487	515
	A/%	≥18	30	30
150℃高温拉伸	R_m/MPa	≥550	565	555
	$R_{p0.2}$/MPa	≥315	451	464
	A/%	提供数据	24	33
10℃冲击 A_{KV}/J		≥68	260/253/239	267/250/260
剪切强度/MPa		≥310	460	415
内弯（d=3.5a）180°		合格	合格	合格
外弯（d=3.5a）180°		合格	合格	合格
侧弯（d=4a）180°		合格	合格	合格
落锤试验		$NDTT$≤21℃	−45℃ 裂	−51℃ 未裂

3.4 显微硬度

以结合面为界，向上下两侧测量显微硬度，结果见表6和表7。

表6　显微硬度（1）
Table 6　Microhardness(1)

HV1	1	2	3	4	5	6	7
复层	209	238	223	223	234	238	
结合层	218						
基层	238	234	255	220	238	242	230
HV5	1	2	3	4	5	6	7
复层	189	207	196	197	207	205	
结合层	256						
基层	207	204	208	204	208	208	205

表7　显微硬度（2）
Table 7　Microhardness(2)

HV1	1	2	3	4	5	6	7
复层	209	200	227	227	234	234	
结合层	242						
基层	209	255	230	234	238	213	246
HV5	1	2	3	4	5	6	7
复层	196	201	208	213	213	219	
结合层	257						
基层	211	227	222	217	222	220	211

3.5 晶间腐蚀

试样1和试样2的晶间腐蚀情况见表8。

表8　试样1和试样2的晶间腐蚀情况
Table 8　Intergranular corrosion results of sample 1 and sample 2

项目	检测标准	敏化处理	弯曲结果	
试样1	ASME A262 E 法	(675±5)℃，1h	完好	完好
试样2			完好	完好

3.6 金相检验

显微观察结果如图8所示。

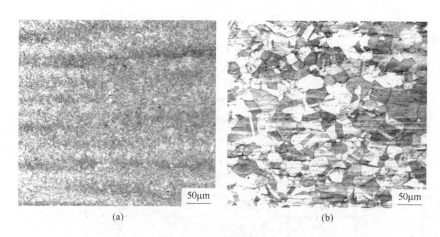

图 8　显微组织

(a) 基层 1/2 处；(b) 复层 1/2 处

Fig.8　Microstructure

(a)half of the base plate；(b)half of the cladding plate

3.7　非金属夹杂物及晶粒度

试样 1 和试样 2 的非金属夹杂物及晶粒度见表 9。

表 9　试样 1 和试样 2 的非金属夹杂物及晶粒度

Table 9　Nonmetallic inclusion and grain size of sample 1 and sample 2

项　目		非金属夹杂物								晶粒度
		A 级		B 级		C 级		D 级		
		粗	细	粗	细	粗	细	粗	细	
试样 1	复板	0	0	0	0	0	0	0	0.5	7
	基板	0	0	0	0	0	0	0	1	7.5
试样 2	复板	0	0	0	0	0	1	0	0.5	7
	基板	0	0	0	0	0	0	0	1	7.5

3.8　结果分析

核电用复合板对爆炸焊接质量要求极高，要求剪切强度不小于 310MPa（国家标准为不小于 210MPa），通过实验确定合理的爆炸复合参数，结合率达 99.99%，结合强度达到了 420MPa。

爆炸复合后的热处理主要目的为消除爆炸复合产生的加工硬化，恢复性能。为了使基材获得最佳的力学性能，采取了淬火+回火的热处理。选择合适的淬火温度和适当的冷却速度，热处理后基层强度和低温韧性配合良好，基层 $NDTT$ 温度达–40℃以下，观察基层显微组织（如图 8 所示），组织为均匀细小的粒状贝氏体组织，为理想的调质组织。此外，考虑到高温回火温度正好在复层 304L 碳化物析出温度区间内，回火会导致 304L 晶界析出碳化物和 σ 相，增加晶间腐蚀敏感性，实验发现，适当控制 304L 中 C 元素含量能够解决高温回火和晶间腐蚀敏感性的矛盾。图 8 所示复层 304L 的金相照片，组织为奥氏体+少许碳化物，无 σ 相析出。

4 结论

（1）爆炸焊接参数从理论分析到采用倾斜布置试验，较好地确定了爆炸的焊接参数。复合板剪切强度高于标准 50%，平均达到 420MPa。热处理工艺适合复合板生产厂的条件，各项性能满足设计技术要求。

（2）通过不断改进，太钢不仅可以生产超宽不锈钢板 304L 和 SA533 B Cl.1 锰钼镍合金钢板，还能做到在本公司内完成从基复材到成品的 ASME SA-533 B Cl.1+SA-240 304L 核电用复合板的开发生产,性能稳定，可以批量生产核电复合板。

参 考 文 献

[1] 王耀华. 金属板爆炸焊接研究与实践[M]. 北京：国防工业出版社, 2007.
[2] 邵丙璜，张凯，等. 爆炸焊接原理及其工程应用[M]. 大连：大连工学院出版社, 1987:4~5, 87.
[3] 英布拉齐恩斯基. 爆炸焊接、成形与压制[M]. 李富等译. 北京：机械工业出版社, 1988:3.
[4] 卢书媛，顾伟，王卫忠，等. 核电设备用 SA533B 钢板的组织和性能[J]. 理化检验-物理分册，2011，47(2):78~80.
[5] 莫德敏，张俊凯，赵燕青，等. 核反应堆压力容器用宽厚钢板调质工艺研究[J]. 钢铁研究学报，2011，23(1):35~48.

超声波显示波形判断铝合金-纯铝-钢复合板内部缺陷研究

刘洋　阎钧　王军　孙庚杰　孙月波　林乐明

（大连船舶重工集团爆炸加工研究所有限公司，辽宁大连，116021）

摘　要：本文介绍了利用超声波显示波形及采用回波高度对比法确定 5083/1060/CCSB 复合板中未结合缺陷及缺陷边界的判定方法。探伤方法选择单直探头直接接触法。可应用于铝合金-纯铝-钢复合板内部质量的检测，操作方法简便易读，可准确快速判断出结合质量及缺陷的范围。

关键词：爆炸焊接；铝合金-纯铝-钢复合板；超声波探伤；回波高度；剪切强度

Analysis Inner Defect of Aluminum Alloy-Pure Aluminum-Carbon Steel Cladding Plate Through Ultrasonic Wave-Formation

Liu Yang　Yan Jun　Wang Jun　Sun Gengjie　Sun Yuebo　Lin Leming

(Dalian Shipbuilding Industry Explosive Processing Research Co., Ltd., Liaoning Dalian, 116021)

Abstract: In this thesis, a new method for 5083/1060/CCS-B clad plate is put forward, with which one can find the unbounded area in clad plate, and the boundary of defect to be limited through ultrasonic wave form and the echo intensity. The testing is using single straight probe with direct contact. This method can be used in aluminum alloy-pure aluminum-carbon steel clad plate for unbounded area validating. This method is easy to operate and judge. The quality and the defect range can be concluded through the method.

Keywords: explosive welding; aluminum alloy and carbon steel clad plate; ultrasonic testing; echo height; shear strength

1　引言

　　铝-钢复合板是一种具有特殊使用性能的新型结构材料。由于钢具有高强度、高韧性、高熔点等特点，而铝及其合金具有优良的导电性和导热性、良好的耐蚀性、密度小等特点，两者复合后能够充分发挥两种金属的优良特性，因此，它的用途越来越受到人们的重视。

　　纯铝/钢的爆炸焊接复合材料已经广泛应用于冶金工业的生产线上，大大降低了生产过程中的电力能源消耗。由于结合强度高，目前爆炸加工企业提供的纯铝/钢过渡接头能够维持 2~3 个炭块消耗周期，因此提高了冶金工业的生产效率。然而，在大量的试验研究与生产实践中发现，含镁量较高的铝-镁合金与钢爆炸焊接与纯铝与钢的焊接相比要困难得多。实践证

作者信息：刘洋，工程师，ly_19820508@126.com。

明，为了获得良好的焊接质量，对于含镁量较高的 5083 防锈铝与钢的爆炸复合，应加中间过渡层。过渡层材料通常选用 1060 纯铝。复合板爆炸焊接复合质量的如何，一般可以通过无损检测和力学性能两种途径评价。本文以 5083/1060/CCSB 爆炸复合板为研究对象，探讨了利用超声波显示波形及采用回波高度对比法确定铝合金-纯铝-钢复合板中未结合缺陷及缺陷边界的超声波探伤方法 [1~3]。

2　超声波探伤方案

2.1　试验用料

2.1.1　材料的化学元素及力学性能

材料的化学元素及力学性能见表 1 和表 2。

表 1　原材料的化学元素
Table 1　The chemical elements of material

牌号	化学成分/%													
	Si	Fe	Cu	Mn	Mg	Cr	Zn	Ti	Al					
5083	0.06	0.14	0.05	0.48	4.63	0.14	0.005	0.013	余量					
1060	0.03	0.26	0.002	—	—	—	0.010	0.020	余量					
	C	Si	Mn	P	S	Als	Cr	Ni	Cu	Mo	V	Ti	As	Ceq
CCSB	0.17	0.22	0.69	0.012	0.006	0.029	0.092	0.061	0.011	0.001	0.005	0.009	0.002	0.30

表 2　材料的力学性能
Table 2　The mechanical property of material

牌号	力　学　性　能						
	抗拉强度/MPa	屈服强度/MPa	延伸率/%	规定非比例伸长应力/MPa	冲击 A_{KV}/J（尺寸 10mm×10 mm，温度 0℃）		
5083	278	—	20	129	—	—	—
1060	100	—	36	—	—	—	—
CCSB	444	304	30.0	—	116	139	113

2.1.2　规格

5083/1060/CCSB 规格为（8+6+22）mm× 600 mm× 600 mm。

2.2　试验方案

采用频率为 2.5MHz，探头直径为 ϕ20mm 的单直探头对爆炸复合后的材料进行探伤检测，由于 5083 和 1060 的声阻抗差异极小，利用超声波探伤时，结合界面几乎没有反射波，而铝和钢两介质的声阻抗差异大，超声波在传播过程中遇两介质界面时，在完全结合的情况下，1060 和 CCSB 界面也产生反射，所以根据观察超声波显示波形并根据回波高度对比判断结合状态，如图 1 所示。同时采用渗透和剪切强度试验的方法加以确认。

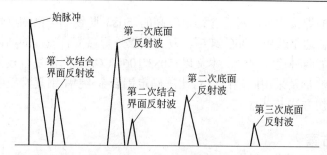

图1　5083/1060/CCSB 复合板探伤示波屏调至幅度 80%底波与界面回波的示意图

Fig.1　The schematic of ultrasonic testing wave formation of 5083/1060/CCSB clad plate, which is regulated to 80 percent of the back wave and interface echo wave

3　测试结果

3.1　探伤及取样位置示意图

探伤及取样位置示意图如图 2 所示。

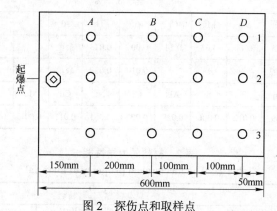

图2　探伤点和取样点

Fig.2　The schematic of the ultrasonic testing point and sample cut position

3.2　超声波探伤

对图 2 所示的各点位置进行超声波探伤，得到四种基本图形，如图 3 所示。

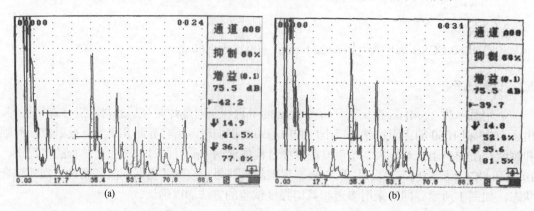

(a)　　　　　　　　　　　　　　　　　　(b)

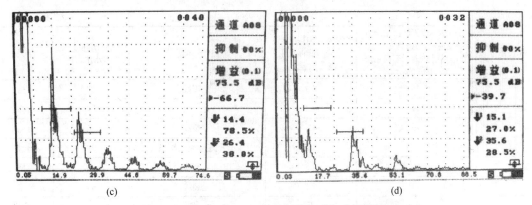

(c)　　　　　　　　　　　　　　　　(d)

图3　5083/1060/CCSB 复合板的四种超声探伤波形

(a) 完全结合; (b) 1060/CCSB 未完全结合; (c) 1060/CCSB 未结合; (d) 未结合边界

Fig.3　Four wave formation of ultrasonic of 5083/1060/CCSB clad plate

(a) completely combined; (b) 1060/CCSB incompletely combined; (c) 1060/CCSB uncombined; (d) uncombined boundry

3.3　渗透检测和剪切试验

对图 2 所示的各点位置进行渗透检测和剪切试验，渗透检测结果如图 4 所示。

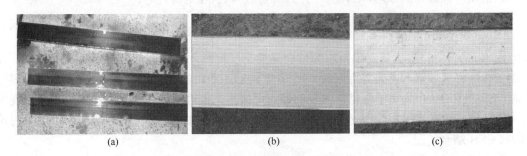

(a)　　　　　　　　　　　(b)　　　　　　　　　　　(c)

图4　渗透结果

(a) 渗透过程; (b) Δ_{dB}=5.0 渗透结果; (c) Δ_{dB}=3.9 渗透结果

Fig.4　The results of the penetration testing

(a) penetrating process; (b) penetration result when Δ_{dB}=5.0; (c) penetration result when Δ_{dB}=3.9

3.4　回波高度与渗透结果及剪切强度的关系

根据各探伤位置的不同，探伤界面的回波高度与渗透结果及剪切强度的关系，如表 3 所示。

表3　回波高度与渗透结果及剪切强度的关系

Table 3　The connection with echo height, penetration testing and shear strength

探伤部位		1060/CCSB 第一次结合界面反射波高度(将第一次底面反射波调节至显示屏的 80%)	1060/CCSB 结合界面波与底面反射波分贝差 Δ_{dB}	渗透试验	剪切强度 /MPa	结果
A	1	48	4.4	无裂纹	69	合格
	2	46	4.8	无裂纹	65	合格
	3	47	4.6	无裂纹	72	合格

探伤部位		1060/CCSB 第一次结合界面反射波高度(将第一次底面反射波调节至显示屏的 80%)	1060/CCSB 结合界面波与底面反射波分贝差Δ_{dB}	渗透试验	剪切强度/MPa	结果
B	1	45	4.9	无裂纹	88	合格
	2	49	4.3	无裂纹	74	合格
	3	46	4.8	无裂纹	76	合格
C	1	55	3.2	有不连续裂纹缺陷	29	不合格
	2	46	4.8	无裂纹	86	合格
	3	44	5.1	无裂纹	94	合格
D	1	无	无	开裂	无	不合格
	2	76	0.4	结合界面有红色裂纹	16	不合格
	3	51	3.9	有微裂纹和点状缺陷	41	不合格

3.5　分析讨论

3.5.1　复合材料声阻抗相近时界面波情况分析

根据超声波探伤的原理,当复合的两种材料声阻抗相近时,有:

$$r = \frac{Z_2 - Z_1}{Z_2 + Z_1} \approx 0 \tag{1}$$

式中,r 为结合材料界面反射率;Z_1 为结合界面上层材料;Z_2 为结合界面上层材料。

复合良好区域基本上无界面回波,所以当 5083/1060 结合良好时,不会有界面波出现。同时,5083 和 1060 均属于铝材,常规的爆炸焊接工艺很容易就结合上,基本上不会出现未结合的现象,在本实验实际探伤过程中也未发现 5083 和 1060 出现界面波,所以可以只讨论 1060/CCSB 结合情况。

3.5.2　复合材料声阻抗相差较大时界面波情况分析

当复合的两种材料的声阻抗相差较大时,即使复合良好也会出现界面回波,此时,可根据第一次底面反射波与 1060/CCSB 第一次界面反射波判断结合界面的情况,当 5083/1060/CCSB 复合板完全结合时,其超声波显示如图 3(a)所示。

根据式(1)可以计算出 1060/CCSB 界面反射率为 $r=0.445$,这时底波 B_1 与复合界面回波 S_1 的 dB 差为:

$$\Delta_{BS} = 20\lg\left|\frac{B_1}{S_1}\right| = 20\lg\left|\frac{1 - r^2}{r}\right| \tag{2}$$

$$= 20\lg\left|\frac{1 - 0.445^2}{0.445}\right| = 5.1\text{dB}$$

式中,r 为结合材料界面反射率;B_1 为第一次底面反射波;S_1 为第一次结合界面反射波。

当复合板完全结合时,结合界面反射波波高比底面反射波波高始终低 5.1 dB。因此,探头扫查过程中,超声波波形显示结合界面反射波比底面反射波波高相差为 5.1dB 时,即可认为钢板完全结合。

图 3(b)所示为 1060/CCSB 未完全结合时超声波反射波形,当出现结合界面反射波与

底面反射波的波高差值小于 5.1 dB 时，可认为会存在未完全结合缺陷，由渗透检测和剪切试验可以看出，当 Δ_{BS} 小于 4dB 时，渗透界面出现缺陷，该部位的剪切值也小于标准要求。

图 3（c）所示为探伤检测到未结合时超声波反射波形，特征为底面反射波消失，出现多次未结合缺陷反射波。

图 3（d）所示为测定未结合缺陷边界时的超声波反射波形图。移动探头观察波形变化，当结合界面和底面反射波高相差 0 dB 时，探头中心点即为未结合缺陷边界点。

4　结论

（1）用单直探头检测铝合金-纯铝-钢复合板时，显示屏出现第一次界面反射波，同时底面反射波有规律地逐渐递减时，可判断该部位已结合上，结合界面反射波高比底面反射波高相差 Δ_{BS}=5.1dB 可认为钢板完全结合；Δ_{BS} 介于 4~5.1dB 时，界面结合较好，剪切满足标准要求，结合界面完全结合；Δ_{BS} 小于 4dB 时，剪切无法满足标准要求，存在未完全结合缺陷。

（2）显示屏底面反射波完全消失，全部为界面反射波并且波形呈规律地逐渐递减时，可判断该部位出现未结合。

（3）利用结合界面反射波和底面反射波波高比较的方法可准确确定未结合缺陷边界，两个波波高相差 0dB 时，探头中心点即为未结合缺陷边界点。

（4）该研究可对于三层材料爆炸复合板探伤检测建立一定的基础，同时其他不同材料复合的声阻抗差异较大时也可采用此方法进行研究。

参 考 文 献

[1] 郑晖, 林树青. NDT 全国特种设备无损检测人员资格考核统编教材[M]. 北京: 中国劳动社会保障出版社, 2008: 225~229.

[2] 王建民, 朱锡, 刘润泉. 爆炸焊接工艺对铝-钢复合板界面性能的影响[J]. 武汉理工大学学报, 2007, 29(7): 103~105.

[3] 许芝芳, 于长亮. 铝-钢过渡接头在船舶结构焊接中的应用[J]. 中国水运, 2008, 08(6): 156~157.

复合板结合界面粗糙度与结合强度的研究

关尚哲　张杭永　郭新虎　郭龙创　王　航

（宝钛集团有限公司，陕西宝鸡，721014）

摘　要：本文研究了爆炸钛/钢复合板，基复板结合表面不同的粗糙粒度研磨处理，用同等厚度基复材和同等药量、爆速爆炸复合工艺条件下爆炸复合，对结合强度、结合界面形貌、结合界面波纹、结合层显微结构检测分析对比，结果显示：采用结合表面不同粗糙粒度研磨条件，爆炸结合质量发生较大差异，探索出了随着基复材表面处理粗糙粒度的变化即光洁度提高，基复板结合表面粗糙度降低结合强度是提高的，同时界面波纹形貌、脆性化合物沉积对结合强度产生不同的影响，为爆炸钛钢复合板爆炸质量提高提供了实际和理论方面的基本论证。

关键词：钛/钢复合板；粗糙度；剪切强度

Study on Clad Plate Interface Roughness and Bonding Strength

Guan Shangzhe　Zhang Hangyong　Guo Xinhu　Guo Longchuang　Wang Hang

(Baoti Group Co., Ltd., Shaanxi Baoji, 721014)

Abstract: This paper chose four groups of explosion titanium clad steel plates on the same processing technology which have the same thickness base and cladding material, the thickness of explosive and detonation velocity but with the different grinding surface roughness. Then, after detecting and contrasting the bonding strength, interface morphology, interface wave, and bonding microstructure, the results shows that as different surface grinding conditions, the explosive bonding quality are difference. Exactly, with the base and cladding material surface treatment changed, to be clearer, the surface finish improved, the binding strength is improved, at the same time, interface wave morphology, brittle compound deposition have different effects on the bonding strength. Therefore, the paper provides practical and theoretical basis on how to improve the quality of explosive welding titanium clad steel plate.

Keywords: titanium clad steel plate; roughness; shear strength

1　引言

钛/钢复合板是一种具有特殊物理和化学性能的材料，是在石化、冷凝器、电力等行业具有广泛用途的复合结构材料。为了获得优质的钛/钢复合材料，确保这种材料使用质量，在爆炸加工方面，绝大多数是爆炸工艺对结合质量的影响研究，忽略了爆炸前工艺控制，而它同样影响爆炸结合质量，结合表面粗糙度对界面波纹、脆性化合物、结合强度等爆炸结合质量

作者信息：关尚哲，高级工程师，zhy1893@163.com。

的影响也是很关键的因素。在爆炸焊接工艺技术条件下研究表面处理对结合强度和界面形貌的影响非常必要，这种研究对于探讨爆炸焊接机理也有意义。

本文从钛/钢爆炸焊接复合相同工艺出发，研究表面粗糙度爆炸焊接复合板的界面形貌、结合波纹和结合强度，从而清晰掌握了表面粗糙度与爆炸焊接质量的关系，由这种关系讨论一些理论，解决实践中的问题。

2 试验方法

2.1 表面处理研磨粒度选择

依据常规生产用 60 号粒度的研磨片进一步减小粒度，选择用 60 号、80 号、100 号、120 号粒度研磨试验进行对比。

2.2 试验用料

牌号为 TA1/Q235B，规格为 TA1 5mm×500mm×800mm，Q235B 30mm×450mm×750mm。材料化学成分及性能见表 1、表 2。

表 1　钛和钢材料化学成分
Table 1　Chemical composition of titanium and steel

元素 / 牌号	化学成分/%										
	C	Si	Mn	P	S	Ti	Fe	N	H	O	其他
TA₁	0.02	—	—	—	—	余	0.10	0.01	0.002	0.10	<0.3
Q235B	0.20	0.30	0.56	0.016	0.025	—	—	—	—	—	—

表 2　钛和钢材料力学性能
Table 2　Mechanical composition of titanium and steel

性能 / 牌号	σ_b/MPa	σ_s/MPa	δ/%	ψ/%	硬度(HV)	备　　注
TA₁	390	300	32	57	176	表中列出的材料性能，主要是控制材料性能和硬度适中
Q235B	420	270	30	—	194	

2.3 试验方法

爆炸焊接工艺参数列于表 3。

表 3　钛/钢复合板爆炸焊接工艺过程及参数
Table 3　Explosive welding technical process and dates of titanium clad steel plates

工序类别	过　程　参　数	工序类别	过　程　参　数
基板规格	钢板：30mm×450mm×750mm	炸　药	40mm 为测定结果，爆速为 2318m/s
复板规格	钛板：5mm×500mm×800mm	药量高度	38kg/m²
表面处理	去净氧化皮，确保平整光洁	地基基础	砂土地基
间隙高度	10mm	起爆方法	中心起爆

注：取材和爆炸复合工艺，严格保持一致。取样同一部位观察形貌及波纹，检测金相、脆性化合物。

　　表面处理依据选择的粒度，用 60 号研磨片对基复材研磨 3 遍，先用 60 号研磨 2 遍再用各对应粒度 80 号、100 号、120 号研磨片研磨 2 遍，进而用山峰牌型号为 2210 粗糙度仪检测粗糙度，检测结果：60 号为纵向 6.5μm，80 号为纵向 4.7μm，100 号为纵向 3.2μm，120 号为纵向 2.1μm。又用粗糙度对比试块进行对比，其结果基本符合爆炸焊接试验条件。

　　检测项目有界面波纹分离形貌、金相、金属间化合物含量分析、剪切性能对比。

3　试验结果

　　四种研磨处理结合界面波纹分离形貌如图 1~图 4 所示。

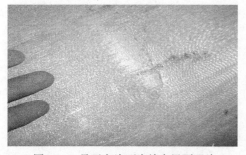

图 1　60 号研磨片研磨结合界面照片

Fig. 1　Interface photo of 60# grinding

图 2　80 号研磨片研磨结合界面照片

Fig. 2　Interface photo of 80# grinding

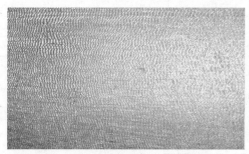

图 3　100 号研磨片研磨结合界面照片

Fig. 3　Interface photo of 100# grinding

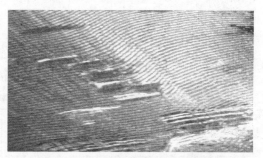

图 4　120 号研磨片研磨结合界面照片

Fig. 4　Interface photo of 120# grinding

　　四种研磨处理结合界面金相如图 5~图 8 所示。

图 5　60 号研磨片研磨结合界面金相

Fig. 5　Interface phase of 60# grinding

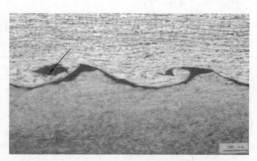

图 6　80 号研磨片研磨结合界面金相

Fig. 6　Interface phase of 80# grinding

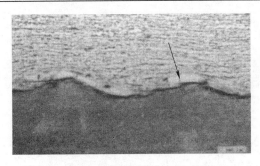 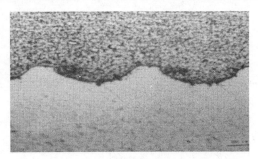

图 7   100 号研磨片研磨结合界面金相
Fig. 7   Interface phase of 100# grinding

图 8   120 号研磨片研磨结合界面金相
Fig. 8   Interface phase of 120# grinding

界面波纹检测尺寸见表 4。

表 4   10mm 长波形数量、波形宽度、高度和金属间化合物检测
Table 4   Testing results of 10mm wave quantity, width, hight and metal compound

研磨片 粒度	波纹 个数	波纹宽 λ/mm	波纹高 A/mm	结合层脆性化合物 （含量）	检测结果说明
60 号	8	0.8	0.67	少量 TiC，FeTi	由于设备限制，无法测定脆性化合物的含量多少，依据扫描电镜曲线高低判定含量大小，但可以体现出不同的研磨粒度，通过结合层显示 Fe、Ti、C 原子曲线高低来判定其含量
80 号	9	0.73	0.65	少量 TiC，微量 FeTi	
100 号	7	0.9	0.72	微量 FeTi，TiC	
120 号	8	0.8	0.7	微量 FeTi，TiC 几乎没有	

钛/钢复合板剪切性能见表 5。

表 5   钛/钢（TA$_1$/Q235B）复合板剪切性能
Table 5   Shear strength of titanium clad steel plates（TA$_1$/Q235B）

（TA$_1$/Q235B） 研磨片粒度	序号	结合强度 τ_b/MPa						平均 HV	备 注
		1	2	3	4	5	平 均		
60 号	剪切强度	193	182	180	169	151	175	200	4 种粒度样板取样位置尺寸基本保证一致，即每一个样板距离雷管区 50mm 处纵横向各取 1 组，其他相邻间距 15mm 共 10 个样，每 2 个样平均值的结果
80 号		235	221	197	201	215	214	198	
100 号		301	267	258	283	234	268.6	186	
120 号		354	332	310	298	300	318.8	175	

粗糙度与结合强度关系曲线如图 9 和图 10 所示。采用 60 号、80 号、100 号、120 号粒度研磨片，对基复板研磨检测的粗糙度：

60 号为纵向 6.5μm，横向 11.3μm，平均 8.9μm；80 号为纵向 4.7μm，横向 9.2μm，平均 6.95μm；100 号为纵向 3.2μm，横向 6.5μm，平均 4.85μm；120 号为纵向 2.1μm，横向 4.5μm，平均 3.3μm。

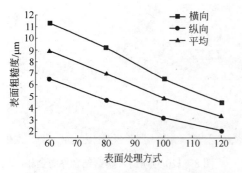

图 9   不同粒度处理后的表面粗糙度

Fig.9   Surface roughness of different grain treatment

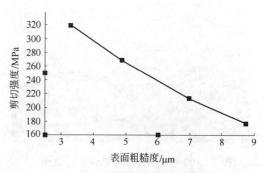

图 10   表面粗糙度与剪切强度的关系

Fig.10   Relationship between surface roughness of shear strength

4   讨论分析

4.1   四种研磨处理结合界面波纹分离形貌现象分析

四种研磨处理结合界面分离波纹显示，图 1 分离复层界面呈灰白色且波纹比较清晰略微有金属光泽，表面存在大量的脆性金属沫如细砂状，对金属化学分析含有 Fe、C、Ti 元素，显示出 60 号研磨片粒度粗糙度对结合质量影响很大。图 2 分离复层界面呈深暗色波纹清晰程度比图 1 好，但无金属光泽，表面存在脆性金属沫比图 1 少了很多，金属化学分析含有 Fe、C、Ti 元素。图 3 分离复层界面呈银白色波纹清晰程度比图 2 更好，波纹依稀呈现出金属光泽，表面还存在着极少数金属沫，无法检测化学元素。图 4 分离复层界面呈乌亮色波纹清晰程度非常明显，金属光泽清晰可见表面无金属粉末。由上述 4 种粒度的研磨片处理的界面分离现象结果，说明对基复板结合表面抛光的粗糙度对结合表面脆性化合物存在数量有一定的影响，粗糙度越小脆性化合物存在数量越少对结合质量就能相对提高，这仅是爆炸焊接工艺控制比较关键因素的一个方面。

4.2   四种研磨处理结合界面金相分析

60 号、80 号研磨处理金相看箭头指向都存在漩涡中心空孔，而外围组织由于放大倍数不够，不能体现出来，但在《爆炸焊接原理及其工程应用》一书中有所阐述，这是一种热塑失稳造成漩涡空孔外围组织应是隐晶马氏体组织夹持灰色本体组织和黑色的铸态组织，它的显微硬度远高于附近的铁素体和钛的 α 组织，是一种微晶组织。100 号研磨处理金相箭头指向白色带应是隐晶马氏体组织，结合界面未出现 60 号、80 号研磨处理金相现象，这不能代表没有 60 号、80 号研磨处理金相出现的问题，说明粗糙度减少可以减少界面脆性化合物存在量多少。120 号研磨处理金相显示没有前三种问题，但也不能说明没有，只是进一步印证了粗糙度大小对结合界面脆性化合物存在量的概念。

4.3   四种研磨处理结合界面脆性化合物分析

表 4 中四种研磨处理生产工艺相同条件下，结合层界面采用 SEM 照片和 Fe、Ti、C 元素线分析，60 号粒度到 120 号粒度研磨处理后，随着粗糙度的减小界面化学元素 Fe、Ti、C 也随之减少即与形貌照片结果相同。爆炸焊接机理阐述高压、高温、瞬时，形成一定的碰撞

角产生射流自清理过程，达到冶金结合。在爆炸焊接原理及其工程应用阐述碰撞点处的界面倾角是周期变化的，表明碰撞点处界面以相当大的幅度在上下游波动，即在波状界面的前后表面射流产生自清理效果不同，也就是结合界面粗糙度对射流自清理影响大小，总之认为射流自清理不是完全使金属表面露出清洁金属表面，而爆炸焊接前期表面光洁度是非常关键因素之一。

4.4 四种研磨处理结合界面结合强度分析

表 5 中四种研磨处理生产工艺相同条件下，其结合强度平均值是随着研磨粒度减少而增加的且结合界面韦氏硬度检测也是减少的，图 9 和图 10 曲线也明显显示出表面粗糙度与结合强度对应结果。说明爆炸焊接质量控制不单是工艺参数本身，必须保证材料平直、处理结合面的光洁和干净，爆炸机理中阐述两金属在高压、高温、瞬时作用下，基复板以一定的碰撞角依次碰撞形成射流，结合界面产生强烈塑性变形，达到冶金结合。生产实践证明爆炸焊接使两种金属固相冶金结合获得良好的结合质量，必须具备三个要素：（1）新鲜的没有氧化杂质和灰尘光洁污染焊接表面；（2）具有一定的外载即爆轰压力使结合界面接触非常紧密；（3）具有使结合界面热软化的温度以活化界面原子形成金属键结合力。

4.5 讨论

上述 4 种结果分析，说明产品爆炸焊接质量不单单是爆炸焊接工艺本身，结合界面粗糙度（光洁度）也是一个关键的因素，资料介绍爆炸焊接金属材料是用炸药为能源，产生瞬时间高温高压使金属原子间形成金属键紧密结合，同时伴随着结合界面金属塑性变形形成周期性的结合波纹，这时结合界面原子在外力作用下达到金属键结合力，又在热软化温度影响下原子间相互扩散稳定平衡结合力，如果结合界面氧化杂质和灰尘污染程度多，直接影响原子之间结合即结合界面结合强度大小，例经对 120 号研磨表面进行放大倍数观察，如图 11 和图 12 所示。

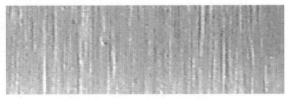

图 11　120 号研磨表面照片　　　　　　　　　图 12　120 号研磨表面放大照片
Fig. 11　Photo of 120# grinding surface　　　Fig. 12　Photo of 120# grinding enlarged surface

从图 12 中表面放大倍数照片看：存在高低不平凸凹沟条，这更能说明粒度大的研磨片更是使结合表面存在肉眼看不到的氧化杂质和灰尘，爆炸焊接自清理射流过程不可能达到对金属结合表面"完全清理"而暴露出新鲜表面，那么这些存在的无法看到的氧化和尘灰对原子之间结合存在着阻碍，对原子之间结合力存在着一定的影响，同时这些表面脏物对射流排除也有多少阻碍，造成高温射流喷射相对滞缓，由于高温射流瞬间排除受阻致使界面易产生 Fe、C、Ti 相互扩散形成金属化合物甚至熔化，当产生的界面高温射流喷射受阻滞留微长时，极有可能对结合界面造成脆性化合物增多甚至熔化造成结合强度低或非结合，当产生界面高温射流喷射滞留微短时金属原子在高温作用下相互扩散形成脆性化合物少时，造成结合强度高低不均匀性增大，从而降低了爆炸复合过程的均匀性和连续性，要获得良好的爆炸复合质量，既要保证爆炸前的三个要素又要保证爆炸工艺参数合理性。这是对没有互焊性金属爆炸焊接最基本的要求。

5　结论

（1）金属爆炸焊接的结合界面表面粗糙度对产品结合质量影响是关键因素之一。

（2）试验结果显示用120号研磨片进行结合表面处理，基本保证了钛/钢复合板爆炸质量的要求。

参 考 文 献

[1]　王耀华. 金属板爆炸焊接研究与实践[M]. 北京：国防工业出版社, 2007.

[2]　浩谦译. 金属爆炸加工理论和应用[M]. 北京：中国建筑工业出版社, 1983.

[3]　郑远谋. 爆炸焊接和金属复合材料及其工程应用[M]. 长沙：中南大学出版社, 2002.

[4]　杨扬. 金属爆炸复合技术与物理冶金[M]. 北京：化学工业出版社, 2006.

[5]　马东康，周金波. 钛/钢爆炸焊接界面区形变特征研究[J]. 稀有金属材料与工程. 1999，1(28): 27~30.

[6]　张保奇. 异种金属爆炸焊接结合界面的研究[D]. 大连：大连理工大学，2005.

[7]　邵丙磺，张凯. 爆炸焊接原理及其工程应用[M]. 大连：大连工学院出版社，1987.

[8]　郑哲敏，杨振声. 爆炸加工[M]. 北京：国防工业出版社，1981.

C10100+316LN 复合板爆炸焊接工艺研究

李玉平

(太原钢铁(集团)有限公司复合材料厂, 山西忻州, 035500)

摘　要：以 20mm 厚的 C10100 铜和 90mm 厚的 316LN 不锈钢为材料, 通过爆炸焊接试验, 对超厚铜+钢复合板爆炸焊接工艺参数进行了研究, 结合复合板结合界面特征、无损超声波检测, 探讨了爆炸焊接工艺参数对爆炸焊接效果(结合界面和复合率)的影响, 得出了最佳爆炸焊接界面和性能参数下的工艺参数。

关键词：爆炸焊接；复合板；结合界面；复合率

Research on Welding Process of C10100+316LN Composite Plate Explosion

Li Yuping

(Taiyuan Iron and Steel (Group) Co.,Ltd. Composite Material Factory,
Shanxi Xinzhou,035500)

Abstract: With 20mm thick C10100 copper and 90mm thick 316LN stainless steel as the material, through explosive welding test, process parameters of ultra thick copper and steel composite plate explosive welding is studied, combined with the composite plate with interface features, nondestructive ultrasonic detection of welding parameters, the effect of the explosive welding (interface and composite the effect of rate), the welding process parameters and performance parameters of the interface under the best explosion.

Keywords: explesive welding; clad plate; interfacial junction; recombination rate

"国际热核聚变实验反应堆计划"(简称 ITER 计划)是目前全球规模最大、影响最深远的国际大科学合作项目之一, 该计划将集成当今国际上受控磁约束核聚变的主要科学和技术成果, 首次建造可实现大规模聚变反应的实验堆, 是人类受控核聚变研究走向实用的关键一步。该项目中的导电接头采用材质为 C10100+316LN、厚度为(20+90)mm 的铜-不锈钢复合板制作, 并且要求复合板不允许存在大于 $\phi 2mm$ 的未结合区。但作为爆炸焊接法生产的复合板当复层厚度超过 16mm 时爆炸焊接困难, 爆炸结合率急剧降低, 成为爆炸焊接的瓶颈, 尤其对于不大于 $\phi 2mm$ 的未结合区要求国际上目前无人能生产。

作者信息：李玉平, 工程师, liyuping660201@163.com。

1 炸药选择

1.1 炸药爆速理论计算

根据流体力学理论再入射流从层流过渡到紊流时的黏流流速即最小碰撞点运动速度：

$$v_t=[2\times10^6\times R_e(h_f+h_j)/(\rho_f+\rho_j)]^{1/2}$$
$$=[2\times10^6\times10.6\times(68+220)/(8.96+7.93)]^{1/2}$$

计算得 $\qquad\qquad\qquad v_t=1901.29m/s$

为了得到理想的微波形结合界面，碰撞点移动速度 v_c 由 Stivers 理论得出 $v_c=v_t+400=2301.29 \ m/s$。

爆炸焊接试验采用平行安装法，选用炸药爆速 $v_d=v_c=2301.29 \ m/s$，试验取 2300m/s。

1.2 炸药性能要求

适合爆炸焊接的炸药爆速应严格控制为 2300 m/s，偏差±2%，否则会出现结合不良、大面积熔化、复合板表面质量差等现象，为此，试验选定爆炸焊接用炸药的主要性能指标见表1。

表1 爆炸焊接用炸药主要性能指标
Table 1   Key performance indicators of explosive welding with explosives

炸药名称	爆速/m·s⁻¹	水分/%	爆力/mL	殉爆距离/mm	密度/g·cm⁻³
粉状铵油炸药	2300±50	<0.3	>200	>70	0.55

2 基、复材匹配

基材与复材进行匹配，要求复材比基材宽300mm，长500mm。

基、复板结合表面抛光处理，抛光后钢板表面达到平、光、净要求，钢板表面的光洁度不小于3μm。

复材表面涂黄油，厚度1mm，黄油涂抹厚度均匀。

3 爆炸复合

通过理论计算和模拟试验，适合爆炸焊接的炸药爆速应严格控制为2300m/s，偏差±5%，否则会出现结合不良或复合板表面质量差的现象，为此，选定爆炸焊接用炸药的主要性能指标见表2。

表2 爆炸焊接用炸药主要性能指标
Table 2   Explosive welding with explosives key performance indicators

炸药名称	爆速/m·s⁻¹	水分/%	爆力/mL	殉爆距离/mm	密度/g·cm⁻³
爆炸焊接用铵油炸药	2300±100	<0.3	>200	>70	0.55

炸药采用江阳化工厂生产的专用炸药。根据炸药的性能指标进行爆炸焊接试验，参照爆炸焊接经验公式计算爆炸焊接铝+钢复合板的工艺参数如下：

由 Chandwick 经验公式 $V_t = (0.612R/2 + R) \times V_d$

得 $R = 0.63$

根据装药质量比 $R = \rho_1 \delta_1 / \rho_f \delta_f$

得 $\delta_1 = 205mm$

基、复材之间的间隙 h_0 根据经验公式求得：

$$h_0 = 0.2(\delta_1 + \delta_f) = 45mm$$

基、复板之间的间隙由经验公式确定：

$$S = 1.2\delta_1$$

式中，S 为间隙；δ_1 为复板厚度。

经计算又根据钢板不平度等，取 $S = 24$。

经过采用此工艺参数爆炸焊接试验，爆炸焊接后复合板的性能都符合用户合同要求，并经过实验分析比较，此工艺参数为最优参数。

起爆采用板外边部起爆法。

4   效果分析

4.1   无损超声波检测

利用超声波探伤仪进行探伤。首先参照 JB 4730—2005 要求制作 $\phi1.6mm$、$\phi2mm$、$\phi5mm$、$\phi8mm$ 检测试块，通过试块调试灵敏度，然后在复合板上检测，经过与试块对比得出检测结论。界面回波如图 1 所示，平底孔的回波如图 2 所示。

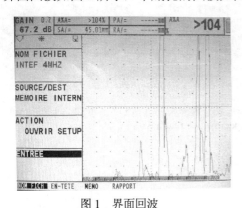 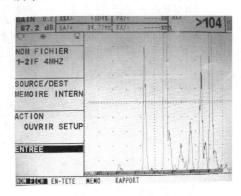

图 1   界面回波　　　　　　　　　　　图 2   平底孔的回波

Fig.1   Interface echo　　　　　　　　Fig. 2   Flat bottom hole echo

4.2   结合界面微观组织分析

对爆炸焊接复合板复合界面进行金相分析，金相照片(如图 3 所示)显示了爆炸复合板的情况，界面结合良好，属冶金结合，并呈波形特征，结合层或漩涡中分布熔融物。与不锈钢-钢爆炸复合板相比，界面结合区的波形不规则，波长较长。

4.3   拉伸试验

拉伸试验试样提取如图 4 所示。C10100 复合 316 LRT@应力-应变曲线如图 5 所示。C10100 和 C10200 典型机械性能见表 3。

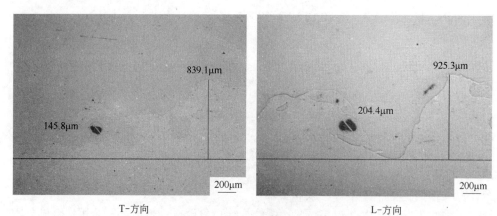

图 3　金相照片

Fig.3　Metallograph

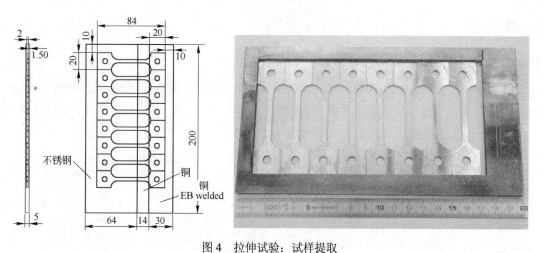

图 4　拉伸试验：试样提取

Fig. 4　Tensile test: specimen extraction

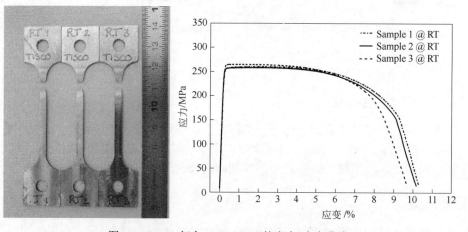

图 5　C10100 复合 316L @ RT 的应力-应变曲线

Fig. 5　Stress-strain curve C10100 bonded to 316L @ RT

表3 C10100 和 C10200 典型机械性能

Table 3 Typical mechanical properties of C10100 and C10200

试样标号	抗拉强度		屈服强度		伸长率/%	洛氏硬度			剪切强度		疲劳强度	
	MPa	ksi	MPa	ksi		HRF	HRB	HR30T	MPa	ksi	MPa	ksi
Flat Products, 1-mm (0.04-in.) Thick												
M20	235	34	69	10	45	45	—	—	160	23	—	—
OS025	235	34	76	11	45	45	—	—	160	23	76	11
OS050	220	32	69	10	45	40	—	—	150	22	—	—
H00	250	36	195	28	30	60	10	25	170	25	—	—
H01	260	38	205	30	25	70	25	36	170	25	—	—
H02	240	42	250	36	14	84	40	50	180	26	90	13
H04	345	50	310	45	6	90	50	57	195	28	90	13
H08	380	55	345	50	4	94	60	63	200	29	95	14
H10	395	57	360	53	4	95	62	64	200	29	—	—

4.4 剪切试验:初步结果

C10100 复合 316L RT@的剪应力-位移曲线如图6所示。标本剪切实验表见表4。

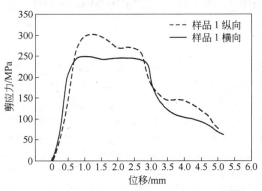 

图6 C10100 复合 316L @ RT 的剪应力-位移曲线

Fig.6 Shear stress - displacement curve C10100 - 316L @ RT

表4 标本剪切实验表

Table 4 Experiment results of samples

标　本	最大激振力/kN	抗剪强度/MPa	位移/mm
标本 D(T-direction)	35.48	302.20	5.00
标本 A(L-direction)	29.16	249.55	5.16

参 考 文 献

[1] 郑远谋. 爆炸焊接和金属复合材料及其工程应用[M]. 长沙：中南大学出版社, 2002.

[2] 王耀华. 金属板材爆炸焊接研究与实践[M]. 北京：国防工业出版社, 2007.

[3] [英] B.克劳思兰. 爆炸焊接法[M]. 建谟译, 北京：中国建筑工业出版社, 1979.

爆炸焊接过程的数值模拟

陈鹏万　　冯建锐　　周　强

（北京理工大学爆炸科学与技术国家重点实验室，北京，100081）

摘　要：光滑粒子流体动力学法（SPH）适合对有较大塑性变形的过程进行数值模拟，本文通过使用 SPH 法对爆炸焊接过程进行数值模拟，包括炸药爆炸、金属板加速和碰撞、射流现象及波纹状界面形成等。焊接结合面为带有涡流的波纹结合面，并对焊接过程中的压力分布、温度分布以及速度分布进行研究。复板不同位置运动速度不同，原因是由于焊接过程中碰撞点的影响。该模拟结果与实验结果较一致，说明数值模拟可以有效地模拟爆炸焊接过程，并用于指导焊接实验。

关键词：爆炸焊接；数值模拟；光滑粒子流体动力学法；结合面

Numerical Simulation about the Process of Explosive Welding

Chen Pengwan　　Feng Jianrui　　Zhou Qiang

(National Key Laboratory of Explosion Science and Technology, Beijing Institute of Technology, Beijing, 100081)

Abstract: Smoothed Particle Hydrodynamics (SPH) method is ideal to calculate the phenomenon with large plastic deformation. In this paper, the process of explosive welding which includes explosive detonation, plate collision and jet phenomenon was simulated using SPH method. Wavy with vortex interface was acquired. The pressure distribution, temperature distribution and velocity distribution were investigated in this simulation. The velocities of bonding interface were not the same due to the movement of collision point during explosive welding. The simulated result is in good agreement with experiments which indicates that numerical simulation is an effective tool for modeling the process of explosive welding and can be used to design experiments.

Keywords: explosive welding; numerical simulation; smoothed particle hydrodynamics method; bonding interface

1　引言

爆炸焊接是一种有效的金属板焊接法，使用该方法可以将两块金属板焊接到一起从而获得拥有特殊性质（比如抗腐蚀、高硬度、耐高温等）的焊接板。对比常规焊接法，爆炸焊接有其独特的优势，可以有效降低经济成本。因此，爆炸焊接在世界范围内已经得到了广泛的应用。图 1 所示为爆炸焊接过程的示意图：炸药爆轰驱动复板获得较高速度碰撞基板。两金属板之间的间隙为复板的加速提供了一定的空间，并可以在焊接过程中有效地排除金属板之

作者信息：陈鹏万，教授，pwchen@bit.edu.cn。

间的空气。在焊接参数合适的情况下，碰撞点前方会有射流出现。当碰撞点运动到金属板右侧时，两金属板焊接到一起[1~4]。

本文通过使用 AUTODYN 软件对铝镁两金属板的爆炸焊接的全过程进行数值模拟研究[5]。炸药爆轰、金属板碰撞以及射流现象可以在此模拟中观察到，通过模拟可以得到典型的带有涡流的波纹结合面。焊接过程中的压力分布、温度分布以及速度分布结果通过模拟可以清楚呈现。

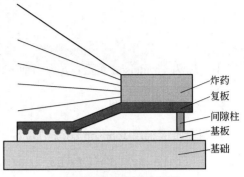

图 1 爆炸焊接示意图
Fig.1 Schematic illustration of explosive welding

2 计算模型

炸药和两金属板都采用 SPH 方法建模[6, 7]。炸药尺寸为 80mm×13.5mm，两金属板尺寸均为 80 mm×2mm，两金属板间间隙距离为 2mm。以 5mm 作为等间距在复板焊接面布置量计，一共选择 10 个量计点。模型示意图如图 2 所示。

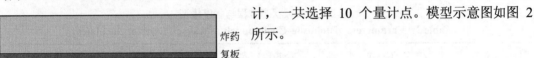

图 2 爆炸焊接计算模型
Fig.2 The model of explosive welding

3 状态方程

炸药选用 JWL 方程的 ANFO 炸药。两金属板采用 Shock 状态方程与 Johnson-cook 强度模型。

3.1 炸药状态方程

ANFO 炸药采用 JWL 状态方程，该状态方程为：

$$p = A\left(1 - \frac{\omega}{R_1 V}\right)e^{-R_1 V} + B\left(1 - \frac{\omega}{R_2 V}\right)e^{-R_2 V} + \frac{\omega E}{V} \tag{1}$$

式中，p 为压力；V 为初始相对体积；A, B, R_1, R_2 和 ω 为常数。炸药的状态方程参数见表1。

表 1 ANFO 炸药 JWL 状态方程
Table 1 JWL equation of ANFO explosive

ρ/g·cm^{-3}	A/kPa	B/kPa	R_1	R_2	ω	$v_{C\text{-}J}$/m·s^{-1}	$p_{C\text{-}J}$/kPa
0.931	4.946×10^7	1.891×10^6	3.907	1.118	0.333333	4.16×10^3	5.15×10^6

3.2 金属板状态方程模型

两金属板采用 Shock 状态方程：

$$p = p_{\text{H}} + \Gamma\rho(e - e_{\text{H}}) \tag{2}$$

$$\Gamma\rho = \Gamma_0\rho_0 = \text{const}$$

$$p_{\text{H}} = \frac{\rho_0 c_0^2 \mu(1+\mu)}{[1-(s-1)\mu]^2} \tag{3}$$

$$e_H = \frac{1}{2}\frac{p_H}{\rho_0}\left(\frac{\mu}{1+\mu}\right)$$

$$u = (\rho/\rho_0)-1$$

式中，Γ_0 为 Gruneisen 系数；ρ 为当前密度；ρ_0 为初始密度；c_0 为体积声速。

3.3　金属板强度模型

两金属板采用 Johnson-cook 强度模型：

$$Y = (A + B\varepsilon_p^n)(1 + C\log\varepsilon_p^*)(1 - T_H^m) \tag{4}$$

$$T_H = (T - T_{room})/(T_{melt} - T_{room})$$

式中，ε_p 为有效塑性应变；ε_p^* 为归一化等效塑性应变率；A, B, C, n 和 m 为材料常数。金属板的状态方程和强度模型见表 2。

表 2　金属板状态方程与强度模型

Table 2　Parameters of Johnson-Cook models and shock EOS for the plates

材料	ρ/g·cm^{-3}	Γ	$C_1/\times10^3$	S_1	$A/\times10^5$	$B/\times10^5$	n	C	m	T_m/K	c_v /J·(kg·K)$^{-1}$
铝	2.77	2.00	5.328	1.338	3.37	3.43	0.41	0.01	1.00	933	875
镁	1.78	1.54	4.520	1.242	1.90	1.10	0.12	0.015	1.60	923	999

4　结果

4.1　爆炸焊接过程

图 3 所示为爆炸焊接过程的数值模拟。炸药爆炸驱动复板发生弯曲变形，并以较高速度去碰撞基板，如图 3（a）所示。复板与基板间碰撞点的运动方向与炸药爆轰方向一致。随着碰撞点间能量的积累，碰撞点前方开始有射流出现，射流来自铝板和镁板。随着炸药爆轰继续向前运动，如图 3（b）所示，波纹结合面开始出现。波纹结合面的出现可以使得两金属板紧密地结合在一起。

4.2　结合面

图 4 所示为爆炸焊接过程某一时刻波纹放大图。爆炸焊接结合面一般呈光滑界面、波纹界面以及带有涡流的波纹界面三种形状。图 4 所示为典型的带有涡流的波纹界面，射流从碰撞点处喷出。在波峰端部的涡流呈卷曲形状，其形成是受射流的影响。

4.3　压力分布

图 5 所示为焊接过程的压力分布图。碰撞点处压力高于 20GPa，此处压力为两金属板屈服应力的 10 倍以上。高压使得碰撞点位置发生较高的局部塑性变形，碰撞点处的金属处于流体状态，金属板表面原子在高压作用下结合到一起。因此，碰撞点处的高压是形成焊接的必要条件。碰撞点处的压力最高，距碰撞点位置增加，压力呈下降趋势。

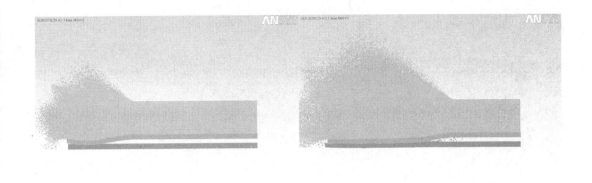

(a) (b)

图 3 爆炸焊接过程数值模拟
Fig.3 Numerical simulation about the process of explosive welding
(a) t=6.60μs; (b) t=12.30μs

图 4 爆炸焊接结合面　　　　　　　图 5 爆炸焊接压力分布图
Fig.4 The bonding interface　　　　Fig.5 Pressure distribution

4.4 温度分布

图 6 所示为焊接过程的温度分布。在结合面的位置温度较高，且其温度明显高于两金属板的熔化温度。因此焊接过程中结合面附近通常有熔化出现。射流也以熔化状态喷出。波纹结合面的高温区域主要集中在涡流区域，使得该处容易发生相变。

4.5 速度分布

图 7 所示为焊接过程某一时刻的速度分布图。碰撞点前喷出的射流速度为 5000~9000m/s。碰撞点速度约为 4000m/s，碰撞点的速度与炸药爆速相近。速度分布与压力分布较类似，随着距碰撞点位置的增加，速度呈下降趋势。

图 8 所示为复板表面所布量计在爆炸焊接过程的速度运动轨迹。当速度加速到最大值后开始急剧降低，但是每一点速度的最大值并不相同，且差异较大。原因是焊接过程中碰撞点运动方向及碰撞点位置在每一时刻均发生变化。

图 6   爆炸焊接温度分布图   图 7   爆炸焊接速度分布图
Fig.6   Temperature distribution   Fig.7   Velocity distribution

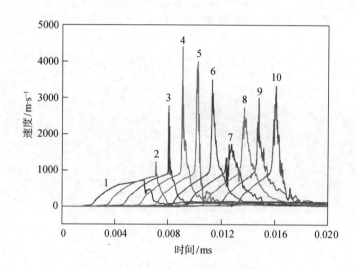

图 8   复板表面点速度运动轨迹
Fig.8   Velocity profiles of flyer plate

5   结论

使用 SPH 方法可以对爆炸焊接过程进行数值模拟。焊接过程喷出的射流来自复板和基板。通过该模拟可以得到典型的带有涡流的波纹结合面，说明该方法可以准确模拟焊接过程。碰撞点处压力最高，距碰撞点位置增加，压力呈下降趋势。焊接过程产生较高的温度，使得结合面呈熔化状态。射流速度为 5000~9000m/s，而碰撞点向前运动的速度与炸药爆速接近，约为 4000m/s。复板结合面不同位置速度不同，原因是受碰撞点的移动方向和碰撞点位置的影响。该模拟与实验结果基本一致，因此使用该方法对实验有较好的指导作用。

参 考 文 献

[1]   郑哲敏, 杨振声, 等. 爆炸加工[M]. 北京: 国防工业出版社, 1981: 402~403.
[2]   郑远谋. 爆炸焊接和金属复合材料及其工程应用[M]. 长沙: 中南大学出版社, 2002: 113~119.

[3] 王耀华. 金属板材爆炸焊接研究与实践[M]. 北京: 国防工业出版社,2007:114~123, 124~128.

[4] 邵丙璜, 张凯. 爆炸焊接原理及其工程应用[M]. 大连: 大连工学院出版社, 1987: 346~347.

[5] AUTODYN Manuals. Century Dynamics Incorporated. USA. 2001.

[6] SPH User Manual & Tutorial. Century Dynamic Incorporated. USA. 2005.

[7] 李晓杰, 莫非, 闫鸿浩, 王海涛. 爆炸焊接界面波的数值模拟[J]. 爆炸与冲击, 2011, 31 (6) : 653~657.

不锈钢复合板波纹状缺陷产生原因分析

杨国俊　白志伟

(太钢矿业分公司太钢复合材料厂，山西忻州，035407)

摘　要：本文对不锈钢复合板爆炸复合后，在复层表面及结合面产生波纹状缺陷的机理和原因进行研究。通过改变炸药厚度、基复层间距等因素进行试验，利用 UT 和 RT 等无损检测手段，测定是否产生波纹状缺陷，从而得出波纹状缺陷产生的具体原因，为防止和减少波纹状缺陷的产生提供依据。

关键词：不锈钢复合板；波纹状；缺陷

Corrugated Stainless Steel Clad Plate Defects Cause Analysis

Yang Guojun　Bai Zhiwei

(Taiyuan Iron and Steel (Group) Co., Ltd.Composite Material Factory,
Shanxi Xinzhou, 035407)

Abstract: In this paper, the mechanism and causes of the explosion of complex stainless steel clad plate, the surface layer in the complex and combined to produce corrugated surface defects were studied. Performed by changing the thickness of explosives, based composite layer spacing factor test, utilization of UT and RT NDT methods, determination of whether to produce corrugated defects, so as to arrive corrugated defects specific reasons, in order to prevent and reduce the generation of corrugated defects provide evidence.

Keywords: stainless steel clad plate; corrugated; defects

爆炸焊接是利用炸药爆炸时产生的能量使两块金属板相互高速碰撞，在界面产生金属射流，从而使基板、复板金属结合在一起。以不锈钢板为复板，碳钢为基板的不锈钢复合板多用来制造耐腐蚀的压力容器，对于这类复合板国内主要用爆炸焊接法生产[1]。

采用爆炸焊接法生产的不锈钢复合板，有时复板表面会产生肉眼可见的波纹，利用射线检测时，局部会产生波纹状阴影，表明钢材有微裂纹产生，我们称之为波纹状缺陷。但爆炸复合过程中，这些波纹状缺陷并不是每次都会产生，我们利用 4 组基复板，通过爆炸复合，对粗波纹的产生机理进行了研究。

1　试验思路

爆炸焊接是利用炸药爆炸时产生的能量使两块金属板相互高速碰撞，在界面产生金属射

作者信息：杨国俊，工程师，1003758849@qq.com。

流，从而使基板、复板金属结合在一起。良好的爆炸结合与射流的形成直接相关，射流的形成取决于两板间的碰撞角、碰撞速度、复板速度、碰撞点压强以及被焊两板的物理和力学性能等。

试验证明，低于某一碰撞速度时，不能产生结合；为了产生射流和随后的结合，碰撞速度须低于两板材的声速。碰撞角存在一个最小值，低于此值，不管碰撞速度如何，都不产生射流，而平行法复合的碰撞角决定于两板间的间距。所以我们通过改变复板厚度、基复板间距、炸药厚度（碰撞点速度）等试验，对复合板产生波纹状缺陷进行分析研究，以求寻找出波纹状缺陷产生的规律。

2　试验方法及试验结果检验

2.1　复板厚度 2mm，改变炸药厚度进行试验

试验参数：板号 2-1，材质为 304+Q345R，规格为（2+14）mm×580 mm×1700 mm，间距为 8mm。

炸药厚度改变：铺药高度递减 60~20mm。

具体情况如图 1 所示。

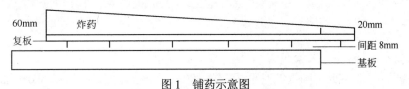

图 1　铺药示意图
Fig. 1　Schematic put explosives

爆炸后目测：复板表面短边部产生波纹状，其余部位正常，如图 2 所示。

图 2　波纹示意图
Fig.2　Schematic diagram of corrugated

渗透情况：经渗透（PT）检测，整块板未发现缺陷显示，如图 3 和图 4 所示。

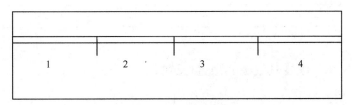

图 3　PT 检测部位示意图
Fig.3　Schematic PT test site

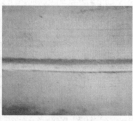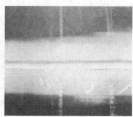

图 4　PT 检测实物图

Fig. 4　PT detect physical schematic

射线取样：共拍片五张，未发现粗波纹阴影，如图 5 所示。

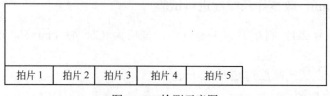

图 5　RT 检测示意图

Fig.5　RT detection schematic

超声波检验：

直探：仪器 HS610e，探头 5P20FG10，在完好部位调节第一次底波高度 80%作为探伤灵敏度进行检测，发现钢板中间底波高度为 70%~80%，为结合良好。检测 50 mm 范围内有粗波纹部位，底波高度下降为 20%~40%，未发现缺陷波，仍为结合状态。

斜探：仪器 HS610e，探头 5P13*13K2，利用距离-波幅曲线作为检测灵敏度，进行检测，未发现缺陷波显示。

检验情况汇总见表 1。

表 1　UT 检验汇总

Table 1　UT test summary

复板厚度/mm	参数变化 铺药高度/mm	表面目测	渗透检测	射线检测	超声检测
2	20	无波纹产生	合格	合格	底波高度 80%
	30	无波纹产生	合格	合格	底波高度 80%
	40	无波纹产生	合格	合格	底波高度 80%
	50	无波纹产生	合格	合格	底波高度 80%
	60	无波纹产生	合格	合格	底波高度 80%

2.2　复板厚度 2mm，改变基复板间距进行试验

板号 2-2，材质为 304+Q345R，规格为（2+14）mm×580 mm×1700 mm，铺药高度为 20mm 参数变化：支点高度递减 40~8mm。具体情况如图 6 所示。

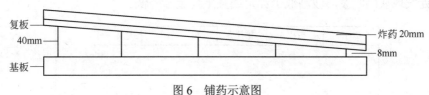

图 6　铺药示意图

Fig. 6　Schematic put explosives

爆炸后目测：整块板表面存在波纹状，如图 7 所示。

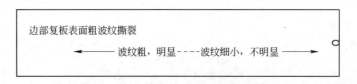

图 7　波纹示意图

Fig. 7　Schematic diagram of corrugated

渗透情况：1 号、2 号部位有明显缺陷显示，3 号部位有轻微缺陷显示，4 号部位无缺陷显示，如图 8 和图 9 所示。

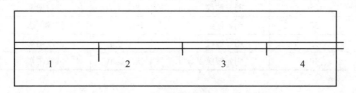

图 8　PT 检测部位示意图

Fig.8　Schematic PT test site

图 9　PT 检测实物图

Fig.9　PT detect physical schematic

射线检验：5 号、4 号片有明显粗波纹阴影，3 号片有块状、点状黑斑，2 号、1 号片无阴影显示，如图 10 所示。

超声波检验：

直探：仪器 HS610e，探头 5P20FG10，在完好部位调节第一次底波高度 80% 作为探伤灵敏度进行检测，发现钢板在细波纹部位的底波高度为 60%~80%，粗波纹部位的底波高度为 30%~40%，但未发现缺陷波。

斜探：仪器 HS610e，探头 5P13*13K2，利用距离-波幅曲线作为检测灵敏度，进行检测，在粗波纹处发现缺陷回波，波高低于评定线且 1~4 逐渐降低。

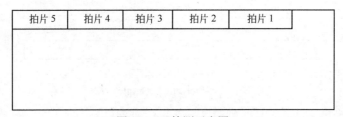

图 10　RT 检测示意图

Fig.10　RT detection schematic diagram

检测情况汇总见表 2。

表 2　UT 检验汇总

Table 2　UT test summary

复板厚度/mm	参数变化 基复板间距/mm	表面目测	渗透检测	射线检测	超声检测
2	8	无波纹	合格	合格	底波高度 80%
	10	轻微波纹	合格	合格	底波高度 75%
	15	轻微波纹	点状缺陷显示	合格	底波高度 75%
	20	明显波纹	点状缺陷显示	合格	底波高度 70%
	25	明显波纹	明显缺陷显示	波纹阴影	底波高度 65%
	30	明显波纹	明显缺陷显示	波纹阴影	底波高度 50%
	35	明显波纹	明显缺陷显示	波纹阴影	底波高度 40%
	40	明显波纹	明显缺陷显示	波纹阴影	底波高度 30%

2.3　复板采用 3mm，改变基复板间距进行试验

板号 3-1，材质为 304+Q345R，规格为（3+14）mm×580 mm×1700 mm。

铺药高度参数变化：支点高度 40~10mm 递减，具体情况如图 11 所示。

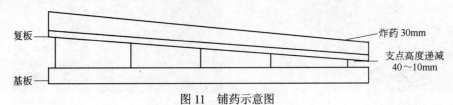

图 11　铺药示意图

Fig. 11　Schematic put explosives

爆炸后目测：如图 12 所示。

图 12　波纹示意图

Fig. 12　Schematic diagram of corrugated

渗透情况：1 号、2 号、3 号部位有明显缺陷显示，4 号部位有轻微缺陷显示，如图 13 和图 14 所示。

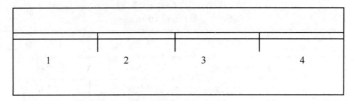

图 13　PT 检测部位示意图
Fig. 13　Schematic PT test site

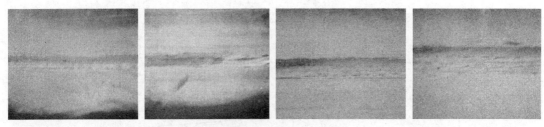

图 14　PT 检测实物图
Fig. 14　PT detect physical schematic

射线检验：拍片 4 有明显粗波纹阴影，旋涡间隙达到 1~1.5mm，拍片 3 有轻微粗波纹阴影，拍片 2、1 未发现波纹阴影，如图 15 所示。

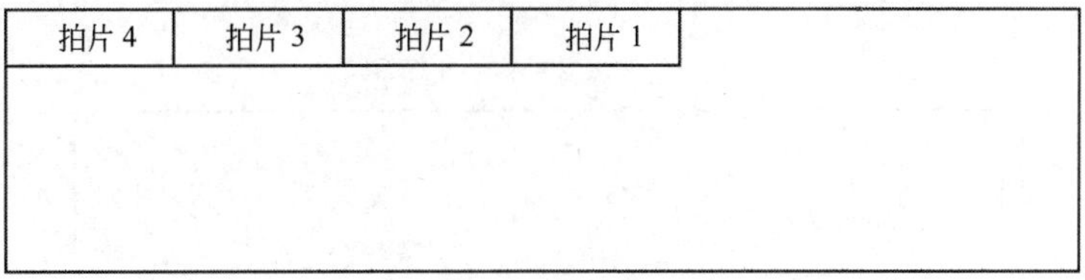

拍片 4	拍片 3	拍片 2	拍片 1

图 15　RT 检测示意图
Fig. 15　RT detection schematic diagram

超声波检验：

直探：仪器 HS610e，探头 5P20FG10，在完好部位调节第一次底波高度 80% 作为探伤灵敏度进行检测，发现在表面完好部位底波高度为 70%~80%，细波纹部位的底波高度为 50%~60%，粗波纹部位底波高度为 40%~50%，粗波纹部位缺陷波高度 5%。

斜探：仪器 HS610e，探头 5P13*13K2，利用距离-波幅曲线作为检测灵敏度，进行检测，发现缺陷波高度低于评定线。

检验情况汇总见表 3。

2.4　复板厚度 3mm，改变铺药厚度进行试验

板号 3-2，材质为 304+Q345R，规格为（3+14）mm×580 mm×1700 mm，支点间距为 10mm。

参数变化：炸药高度递减 60~30mm，具体情况如图 16 所示。

表 3　UT 检验汇总

Table 3　UT test summary

复板厚度/mm	参数变化 基复板间距/mm	表面目测	渗透检测	射线检测	超声检测
3	10	无波纹	合格	合格	底波高度 80%
	15	无波纹	点状缺陷显示	合格	底波高度 80%
	20	轻微波纹	点状缺陷显示	合格	底波高度 75%
	25	轻微波纹	明显缺陷显示	合格	底波高度 65%
	30	明显波纹	明显缺陷显示	合格	底波高度 60%
	35	明显波纹	明显缺陷显示	波纹阴影	底波高度 50%
	40	明显波纹	明显缺陷显示	波纹阴影	底波高度 40% 缺陷波高 5%

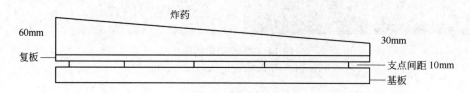

图 16　铺药示意图

Fig. 16　Schematic put explosives

爆炸后目测：如图 17 所示。

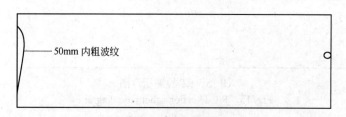

图 17　波纹示意图

Fig. 17　Corrugated schematic diagram

渗透情况：经渗透检测，整块板未发现缺陷显示，如图 18 和图 19 所示。

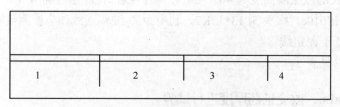

图 18　PT 检测部位示意图

Fig. 18　Schematic PT test site

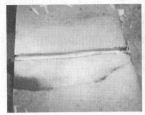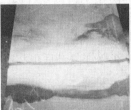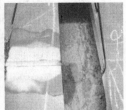

图 19　PT 检测实物图
Fig. 19　PT detect physical schematic

射线检验：5 张照片未发现粗波纹，如图 20 所示。

| 拍片 1 | 拍片 2 | 拍片 3 | 拍片 4 | 拍片 5 |

图 20　RT 检测示意图
Fig. 20　RT detection schematic

直探：仪器 HS610e，探头 5P20FG10，在完好部位调节第一次底波高度 80% 作为探伤灵敏度进行检测，底波高度 70%~80%，未发现缺陷波显示。

斜探：仪器 HS610e，探头 5P13*13K2，利用距离-波幅曲线作为检测灵敏度，进行检测，未发现缺陷回波。

检验情况汇总见表 4。

表 4　UT 检验汇总
Table 4　UT test summary

复板厚度/mm	参数变化 炸药高度/mm	表面目测	渗透检测	射线检测	超声波检测
3	30	无波纹	合格	合格	底波高度 80%
	40	无波纹	合格	合格	底波高度 80%
	50	无波纹	合格	合格	底波高度 80%
	60	无波纹	合格	合格	底波高度 80%

3　结论

根据以上试验，我们得出以下结论：

(1) 炸药的铺设厚度变化对不锈钢复合板波纹状缺陷的产生几乎没有影响。

(2) 基-复板间距过大是造成不锈钢复合板波纹状缺陷的主要原因，等结合面间距超过一定值时，就会产生波纹状缺陷，而且间距越大，产生波纹状缺陷越严重。

(3) 复板厚度越小，受间距变化的影响越大，也应越易产生波纹状缺陷。

(4) 复合板边部较中间部位更容易产生波纹状缺陷。

　　针对上述结论，为防止不锈钢复合板波纹状缺陷产生，我们要严格控制基-复板的间距在一个合适的范围之内，2mm 厚的复板间距不超过 8mm，3mm 厚复板间距不超过 10mm。同时对复板的平整度也提出要求，如果存在边部翘曲等现象，使复板离基板的间距超出以上数字范围，则翘曲部分在爆炸复合后也将产生波纹状缺陷。

参 考 文 献

[1]　杨扬.金属爆炸复合技术与物理冶金[M]．北京：化学工业出版社，2005.

锆-钢复合板及压力容器制造焊接工艺研究

周景蓉[1]　易彩虹[2]　吴小玲[1]　黄雪[1]

(1. 南京三邦金属复合材料有限公司, 江苏南京, 211155;

2. 南京德邦金属装备工程股份有限公司, 江苏南京, 211153)

摘　要: 采用爆炸焊接技术确定了锆-钢复合板爆炸焊接下限并复合锆-钢复合板, 根据锆-钢复合板焊接特殊性, 提出了互不熔合的间接接头及特殊的焊接工艺, 生产出的锆-钢复合板压力容器不仅具备锆和钢的优良特性, 满足锆的耐腐蚀性能, 而且还大大降低了生产制造成本。

关键词: 锆-钢复合板; 爆炸焊接; 压力容器; 焊接

Study of Pressure Vessel Manufacture and Explosion Welding of Zirconium Clad Steel Cladding Plate

Zhou Jingrong[1]　Yi Caihong[2]　Wu Xiaoling[1]　Huang Xue[1]

(1. Nanjing Sanbom Metal Clad Material Co., Ltd., Jiangsu Nanjing, 211155;

2. Nanjing Duble Metal Equipment Engineering Co., Ltd., Jiangsu Nanjing, 211153)

Abstract: The lower limit of explosive welding parameters and explosion cladding of zirconium clad steel plate were got with explosion welding. According to welding characteristics of zirconium clad steel plate, the paper has presented a Special welding technology to fuse the welded- joints with great differences among the physical properties. The zirconium-steel clad plate pressure vessels, manufactured by above process, have the excellent characteristics of zirconium-steel and the corrosion resistance of zirconium, meanwhile,save the cost markedly.

Keywords: zirconium-steel cladding plate; explosive welding; pressure vessel; welding

1　引言

　　锆属于稀有金属, 其耐蚀性能优于不锈钢、钛、镍合金[1]。由于锆非常活泼, 室温下在空气或水溶液中就能很容易发生氧化反应, 形成一层致密的氧化膜, 使锆具有优异的抗酸、抗腐蚀的能力, 再加上石油、化工等行业对设备的耐蚀性提出了更高的要求, 因此, 锆材在醋酸、硝酸、盐酸、尿素、过氧化氢及氯化聚乙烯等石油化工生产装置中得到了越来越多的应用[2]。采用纯锆材制造压力容器, 不仅耗资大, 而且造成资源浪费。采用爆炸焊接方法将锆板和钢板制成锆-钢复合板, 不仅充分利用了材料的特性——锆作为接触腐蚀介质的复层, 钢作为承受载荷的基层, 而且还大大降低了设备的造价, 平均成本仅为纯锆材的 1/5~1/6[3],

作者信息: 周景蓉, 高级工程师, jr_zhou@duble.cn。

这为节约资源提供了一条实用、可靠的途径。目前国内压力容器所用的锆-钢复合板大多是依靠美国进口，不但价格昂贵，而且交货周期很长，这样不利于国内锆-钢复合板设备的推广应用，不利于民族工业的发展。由于锆-钢复合板的焊接特殊性，也给锆-钢复合板设备制造带来了些困难。因此研发锆-钢复合板并解决其焊接问题，这对节约稀贵金属，降低设备制造成本，缩短设备制造周期将起到重要作用。

2 锆-钢复合板爆炸焊接

爆炸焊接是利用炸药瞬间产生巨大能量作为能源使金属产生塑性变形、熔化并达到原子间结合的一种连接技术。焊接时不需要两种材料界面熔化，而且所连接金属或合金结合处只有少量甚至没有扩散，这使熔点相差很大的材料也可能结合，甚至可以结合不相容材料。

本文选用 R60702 板及 Q345R 钢板进行爆炸焊接，由于 R60702 材料含氧量太高，大于0.1%，典型数据约为 0.15%，从而导致材料抗拉强度高、延伸率低，不可能实现与钢的直接复合。再加上锆的熔点为 1852℃，钢的熔点为 1515℃，两者相差很大，故爆炸焊接是在两者之间加一过渡层钛板。由于锆和钛属于同族元素，在 850℃ 以下时，晶格结构均是密排六方晶格的 α 锆和 α 钛，其互熔性较好，爆炸过程不会产生脆性的金属间化合物，可获得高的结合强度和好的延展性，而钛和钢之间的复合技术国内已经非常成熟，并已得到广泛应用，且钛的熔点为 1678℃，因此，通过过渡层钛板承上启下的作用，变向地实现了锆和钢之间的直接复合。锆-钢复合板爆炸焊接安装如图 1 所示。爆炸复合的方法是一次完成的方法，把锆板作为接触腐蚀介质的第一层，钢板作为承载的第三层，把钛板放在第二层以起过渡的作用。为避免第一层锆板爆炸过程弯折角过大，锆板与钛板的支撑间距要比钛板与钢板之间的支撑间距稍小。

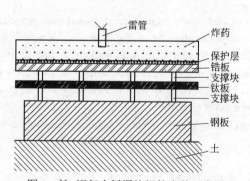

图 1   锆-钢复合板爆炸焊接安装示意图
Fig.1   The installation diagram for explosion welding of zirconium clad steel plate

3 锆-钢复合板可焊下限确定

各种金属爆炸焊接组合的可焊下限，得到广泛使用的是 Deribas 等提出的计算公式[4]，该公式与射流穿甲公式很相似，经改写后为：

$$v_{p\min} = K\sqrt{HV/\rho} \tag{1}$$

式中   HV——材料维氏硬度；

K——常数，取值为 0.6～1.2。

由式(1)可知，该式只包括一种金属性能参数，因此只能计算单一金属的可焊下限，可以反映单一金属焊接的物理力学内涵。如对单一金属用 v_{pmin} 计算出焊接碰撞压力，该压力为该金属本身的最小可焊碰撞压力，所以当两种金属发生射流时才可能发生焊接，那么碰撞压力必须达到两种金属中较高的可焊碰撞压力，才能产生焊接。因此，双金属焊接的最小可焊压力就是该金属对中较大的单金属可焊接压力，由此计算出的碰撞速度为双金属的最小可焊速度，也就是双金属的可焊下限。根据式(1)计算出的单金属最小可焊速度 v_{pmin}，再以 v_{pmin} 计算该金属的最小可焊压力 p_{min}。

$$D = c_0 + \lambda \frac{v_{pmin}}{2}; \quad p_{min} = \rho D \frac{v_{pmin}}{2} \tag{2}$$

式中　D——材料中冲击波速度；

　　　c_0——声速；

　　　λ——线性系数。

表 1 是根据式(1)和式(2)计算出的单一 R60702 和碳钢的爆炸焊接下限结果。

表 1　计算结果
Table 1　Computing result

材质	密度 ρ/g·cm^{-3}	硬度/MPa	c_0/km·s^{-1}	λ	v_{pmin}/km·s^{-1}	p_{min}/GPa
R60702	6.52	245	5.855	0.583	0.54	1.058
Q345R	7.85	1010	4.595	0.454	0.215	3.923

根据文献[5]，双金属对的 p_{min} 值计算出最小可焊速度 v_{pmin}。

$$p_{min} = \mathrm{Min}(p_{min1}, p_{min2})$$
$$u_1 = \frac{\sqrt{1 + 4\lambda_1 p_{min}/(\rho_1 c_{01}^2)} - 1}{2\lambda_1}$$
$$u_2 = \frac{\sqrt{1 + 4\lambda_2 P_{min}/(\rho_2 c_{02}^2)} - 1}{2\lambda_2} \tag{3}$$
$$v_{pmin} = u_1 + u_2$$

根据式(3)得出 R60702 及 Q345R 号钢金属对的 v_{pmin} 为 472m/s。

4　锆–钢复合板在压力容器制造中的焊接接头形式

笔者所在的企业研发的锆-钢三层复合板已成功应用于制造压力容器。国外学者研究[6,7]，锆与钢焊接的熔化区域会形成 $ZrFe_2$，$ZrFe_3$，$ZrFe_4$ 等脆性化合物，这些金属间化合物和低熔点共晶体会急剧提高材料的强度，降低材料的塑性，直接影响焊接的力学性能，另外，由于锆与钢热物理特性的差异，造成焊缝冷却过程中的收缩不均匀，形成很大的内应力，还会导致焊缝的开裂。所以，锆与钢采用熔化焊的方法不可能形成连续的焊接接头。笔者所在企业采用互不熔合的间接接头形式，其焊接接头形式如图2所示。

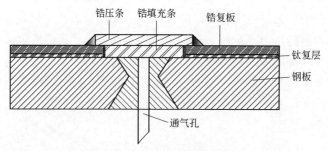

图2　锆-钢复合板焊接接头形式

Fig.2　The welded- joint for cladding plate of zirconium-steel

5　锆-钢复合板焊接工艺

由于锆的特殊化学特性，锆的焊接工艺是影响整个焊接接头质量的关键因素，所以锆-钢复合板焊接接头的焊接次序是先采用 TIG 焊接焊基层钢，再焊锆，为避免锆复层因温度过热发生氧化及复合板界面结合强度下降和界面剥离等问题，基层钢焊接时线能量不宜太大。基层钢焊接时第一道焊缝应用单面焊，双面成形以避免电弧焊的飞溅造成锆复层污染。待钢焊缝的外观符合要求，并且 X 射线拍片质量检验合格后，才开始焊接锆复层。锆复层一般选用惰性气体保护焊(GTMA)焊接，R60702 锆材通常选用 ERR60702 焊丝，在洁净厂房中进行焊接，焊接过程中严格控制焊接电流和层间温度。用高纯 99.99％氩气进行保护，焊枪后面需要采用专用拖罩保护，并且背面要求通氩气进行保护。锆压条焊接结束，等完全冷却下来后进行 100 ％ 渗透检验，随后再进行气密性检验、氨检漏或氦检漏。焊接完成后，可通过观察焊缝区域的颜色来确定焊接接头质量是否合格。银白色表示保护良好；浅黄色、深黄色、淡蓝色表明焊缝已被氧化，需要用不锈钢丝刷清除表面；深蓝色、蓝灰色、灰色、白色表示焊缝被强烈氧化，需打磨并修补。

由于锆-钢复合板在焊后的残余应力较大，为防止其在特定介质中发生应力腐蚀，锆-钢复合板容器通常在锆压条焊接完毕后要进行热处理。锆-钢复合板容器的热处理工艺及温度的选择依据基层钢板热处理工艺进行就可以。由于锆的线膨胀系数远远低于钢，热处理过程中锆和钢的变形不一致容易产生裂纹，所以大型锆-钢复合板设备可在热处理后再进行锆压条焊接来防止产生裂纹。

参 考 文 献

[1]　葛新生，吴磊，段成君，等. 锆冷却器焊接技术[J]. 制造与安装，2003，120(11)：33～35.

[2]　余存烨. 锆与钛耐蚀性比较及应用互补性[J]. 腐蚀与防护，2007，28(5):223～226.

[3]　郑世平. 压力容器用锆及锆复合板的特性与应用[J]. 技术与装备，2004，32(5)：50～53.

[4]　邵丙璜，张凯. 爆炸焊接原理及其工业应用[M]. 大连：大连工学院出版社，1987: 190～197.

[5]　李晓杰，杨文彬，奚进一，等.双金属爆炸焊接下限[J].爆破器材，1996,28(3):22～25.

[6]　Kale G B.Solid state bonding of zircaloy22 with stainless steel Joural of nuclear materials,1986(138):73～80.

[7]　蒋蔚翔，潘厚宏，喻应华. 锆合金与不锈钢的连接技术[J]. 新技术新工艺，2006(2)：37～40.

热处理制度对 316L+15CrMoR(H)复合板低温冲击功的影响

郭励武

(太原钢铁集团有限公司复合材料厂，山西忻州，035407)

摘　要：316L+15CrMoR(H)不锈钢复合钢板具备了不锈钢的耐腐蚀和基板 15CrMoR 耐高温的双重优点，特别是在临氢环境中运行时，其服役条件恶劣，因此要求材料具有较高的强度和良好的韧性等指标。复合板主要以爆炸焊接的方式生产，因此复合板的热处理是过程控制的关键环节之一。根据复合板的生产特点以及复板、基板各自的性能要求来制定合理的热处理制度尤为重要。按 NB/T47002.1—2009 要求 316L+15CrMoR(H)不锈钢钢板只需满足 20℃冲击功指标，但设备设计要求需要加作–20℃冲击功。此种钢板为中温压力容器钢板，为满足低温性能指标，需要进行特殊热处理，为研究不同热处理方式对 316L+15CrMoR(H)复合板–20℃冲击功的影响，经模拟实验并分析组织结构和力学性能，最终确定了热处理方式为淬火+回火处理，满足了各项性能指标。

关键词：复合板；15CrMoR(H)；低温冲击功；热处理

Influence of Heat Treatment on 316L+15CrMoR(H) Composite Plate Low Temperature Impact Work

Guo Liwu

(Taiyuan Iron and Steel (Group) Co., Ltd.Composite Material Factory,
Shanxi Xinzhou, 035407)

Abstract: 316L+15CrMoR (H) composite plate has the advantages of stainless steel corrosion resistance and high temperature resistance of the substrate 15CrMoR, especially running in the hydrogen environment, the service condition is bad, so the requirements of the material has high strength and good toughness index. Production of composite plate mainly in explosive welding, the heat treatment of composite plate is one of the key links in the process control. According to the requirements of the production characteristics of composite plate and double plate, substrate performance, to formulate a reasonable heat treatment system is particularly important. According to the requirements of NB/T47002.1-2009 316L+15CrMoR (H) stainless steel need to meet only 20 ℃ impact work index, but the equipment design requirements need to add –20℃ impact work. This kind of steel for medium temperature pressure vessel steel plate, in order to meet the low temperature performance, the need for a

作者信息：郭励武，工程师，94081064@qq.com。

special heat treatment, to study the effect of different heat treatments on 316L+15CrMoR (H) composites –20℃ impact energy, the simulation analysis of the structure and the mechanical properties of the experiment and the final heat treatment, quenching and tempering treatment, the final meet the performance indicators.

Keywords: composite plate; 15CrMoR(H); –20℃ impact energy; heat treatment

1　引言

以 15CrMoR 为基的不锈钢复合板因其具备了复板不锈钢的耐腐蚀和基板 15CrMoR 耐高温的双重优点，在石油化工行业已经得到广泛应用。复合板主要以爆炸焊接的方式生产，因此复合板的热处理是过程控制的关键环节之一。根据复合板的生产特点以及复板、基板各自的性能要求来制定合理的热处理制度尤为重要。

在复合板爆破焊接的过程中，在使得二者达到理想的结合状态的同时，由于瞬间的高温冷却导致钢板产生加工硬化，其区域主要是复板及结合区附近，即复合板爆破复合后的强度较高，塑性低，不利于随后用户的加工制作。因此复合板热处理的主要作用是消除爆破应力，提高复合板的加工性。

15CrMoR 钢是石油化工设备常用的一个中温压力容器用钢号，特别是在临氢环境中运行时，由于在较高的温度和压力下工作，其服役条件恶劣，因此要求材料具有较高的强度特别是高温强度、良好的韧性及焊接性能。

一般基板 15CrMoR 在复合前的状态为"920℃正火+690℃回火"；复层不锈钢是超低碳的奥氏体不锈钢，此类复板正常的固溶温度为 980~1050℃，超出了 15CrMoR 的正火温度，但在 690℃附近具有良好的耐晶界腐蚀能力。

确定复合板最终热处理制度的原则：由于复合板热处理主要是消除爆炸应力，同时需保持基板、复板的原始状态，因此综合两类复层的情况，我们认为采取回火温度进行消除应力退火的热处理制度是可行的。这在以往多次生产过程中得到了验证。

2013 年我单位供应山东华通复合板进行热处理，工艺为：930℃正火、风冷；680℃回火、空冷。经检验–20℃冲击性能不达标，其他指标合格。为此，本文介绍不同热处理制度对以15CrMoR 为基板的复合板低温冲击性能的影响。

2　试验材料及检验

15CrMoR 基板为江西新余钢厂生产的钢板，其化学成分复检后指标见表 1，试样 1 和试样 2 分别取自钢板两个端头。

表 1　15CrMoR 化学成分
Table 1　15CrMoR chemical composition　　　　　　　　　　　　　　　　(%)

化学成分	C	Si	Mn	P	S	Cr	Ni	Mo	Cu	N
标准要求	0.05~0.17	0.15~0.40	0.40~0.65	≤0.010	≤0.010	0.8~1.20	≤0.020	0.45~0.60	≤0.020	
样品 1	0.15	0.21	0.44	0.007	0.001	0.98	0.02	0.50	0.02	0.0057
样品 2	0.15	0.20	0.44	0.007	0.001	0.98	0.02	0.50	0.02	0.0053

基板金相组织检验为回火贝氏体组织(如图 1 所示)，处理状态应为淬火+回火组织金相；正常组织应为铁素体+珠光体的组织，热处理状态为正火+回火处理。

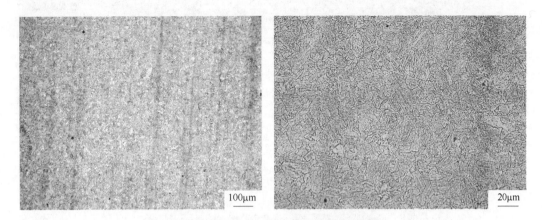

图 1　15CrMoR 不同放大倍数基板金相组织
Fig. 1　15CrMoR different magnifications substrate microstructure

3　复合板热处理实验及冲击功性能、金相组织

针对复合板热处理后–20℃冲击性能不合格，不均匀的特点。进行了多次热处理实验。热处理实验数据见表 2。

表 2　热处理实验数据
Table 2　Heat treatment of experimental data

编　号	实 验 条 件	冲击功性能（–20℃）/J	组 织 状 态
试样 1	945℃正火×50min+680℃回火×120min 空冷	20-16-13	铁素体+贝氏体组织，如图 2 所示
试样 2	945℃正火×50min+730℃回火×120min 空冷	11-12-16	铁素体+贝氏体组织
试样 3	870℃正火×50min+730℃回火×80min 空冷	29-131-86	珠光体+铁素体，如图 3 所示
试样 4	870℃正火×45min 炉冷至 650℃	14-10-19	珠光体+铁素体
试样 5	930℃淬火+690℃×2h 空冷	290-290-290	铁素体+贝氏体组织，如图 4 所示

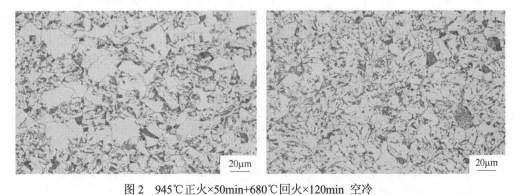

图 2　945℃正火×50min+680℃回火×120min 空冷
Fig. 2　945℃ normalizing ×50min +680℃ tempering ×120min air cooling

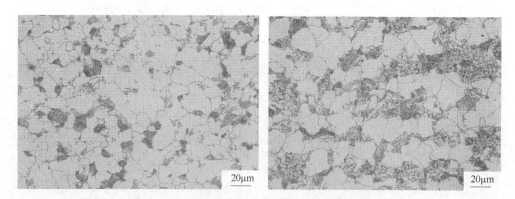

图 3　870℃正火×50min+730℃回火×80min 空冷
Fig. 3　870℃ normalizing× 50min +730℃ tempering × 80min air cooling

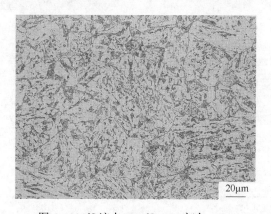

图 4　930℃淬火+690℃×2h 空冷
Fig. 4　930℃ +690℃×2h air-cooled quenching

4 讨论

　　由表 2 的实验结果可以看出，实验材料经过不同的热处理工艺，–20℃韧性指标和组织成分变化很大。采用正火回火工艺时，正火工艺越高其韧性指标越低。采用 870℃正火×50min+730℃回火×80min 空冷工艺时，冲击韧性不稳定，低于标准值的指标。当采用调质处理后，–20℃韧性指标得到了很大提高。因此，过快冷却速度是造成钢板低温冲击韧性急剧提高的原因，从组织结构中可以看出调质后组织是铁素体+贝氏体组织，此组织是否满足产品设计要求，需通过检验钢板高温拉伸性能。此工艺提高–20℃韧性指标的机理有待进一步研究分析。

参 考 文 献

[1] 张一任. 焊后热处理对 15CrMoR 钢板性能的影响[J]. 压力容器, 2001(04):27~29.
[2] 苏志敏. 容器用钢板 15CrMoR 热轧及热处理工艺[D]. 沈阳：东北大学, 2008.
[3] 梁宜花. 热处理工艺对 15CrMoR 钢板性能影响[J]. 山西冶金, 2012(02)：3~5.

钢桥用 321-Q370q 爆炸复合钢板焊接性能试验研究

王小华　　侯发臣

(中国船舶重工集团公司第七二五研究所，河南洛阳，471039)

摘　要：桥梁结构复杂，构件制作时需大量采用焊接，焊接的方法主要是埋弧自动焊，为了验证 321-Q370q 复合板能否满足桥梁用钢的焊接要求，对复合板埋弧焊接头进行了一系列性能试验。试验结果表明，焊接接头各项性能均能满足相关标准要求。

关键词：321-Q370q 复合板；埋弧自动焊；性能试验

Investigation on Welding Properties of 321-Q370q Explosion Clad Steel Plate Used in Bridge

Wang Xiaohua　　Hou Fachen

(No.725 Institute of China Shipbuilding Industry Corporation, Henan Luoyang, 471039)

Abstract: The bridge structure is complicate, welding is used in component manufactures massively .The most welding method is the manual welding and submerged arc auto welding. In order to confirm the　321-Q370q clad plates to satisfy welding request which is used in the bridge, the welded joint which by use of manual welding and the submerged arc welding has been carried on the performance test. The test result indicated that，each kind of weld performance can satisfy the index of correlation request.

Keywords: 321-Q370q clad plates；submerged arc auto welding；the performance test

1　引言

随着对钢桥安全可靠、长寿命等要求的不断提高，钢桥结构的防锈防腐问题越来越显得突出。在桥梁钢表面覆上一层耐腐蚀的保护材料，用它来代替单一的桥梁钢板，可实现喷涂工艺无法达到的永久性防腐保护的目标，复合板因此有了新的运用途径。复合钢板能使材料在性能和尺寸方面达到较好的匹配，充分发挥不同材料的优点，使其既有复层材料的良好耐蚀性，又有基层材料的高强度和韧性，同时它又必须有较好的加工适应性和可焊性。复合钢板可采用爆炸焊接技术生产。桥梁结构复杂，构件制作时需大量采用焊接。随着钢桥设计和制造中焊接工艺更广泛的应用，对桥梁钢的焊接性能提出了更严格的要求，为改善钢板疲劳抗力和抗脆性断裂能力，对板材、焊缝和热影响区的韧性和塑性提出了更高要求[1]。为了有效保证桥梁焊接质量，我们对 321-Q370q 复合板进行了一系列的焊接试验研究工作，选择了

作者信息：王小华，高级工程师，wxh725@com。

合适的焊接材料，优化了焊接工艺，为 321-Q370q 复合板的焊接做好了技术准备。

2　试验过程

2.1　焊接试板

试验所采用的试板是(3＋16)mm 的 321-Q370q 复合板，其力学性能见表 1，各项性能均符合相关标准要求。

表 1　321-Q370q 复合板力学性能
Table1　Mechanical behavior of 321-Q370q clad plates

性能\\牌号	拉伸试验			冲击试验 $(-40℃)A_{KV}/J$	界面剪切强度 /MPa	内、外弯曲性能 $(d=2a,180°)$
	屈服强度 /MPa	抗拉强度 /MPa	伸长率/%			
321-Q370q (标准值)	≥370	≥530	≥21	≥41	≥210	合格
321-Q370q (实测值)	390	555	33.5	228　228　172 209	355　345 350	合格

2.2　焊接方法

目前，桥梁钢焊接方法的应用与早期有很大不同，已经不再仅仅是焊条电弧焊定位、埋弧自动焊完成焊接任务的情况。在公路斜拉桥和悬索桥钢箱梁制造中，高效率焊接方法的应用受到重视，应用最多的是 CO_2 自动焊和单面焊双面成型技术。而对于桁梁结构形式的铁路桥或公路铁路两用桥，主要方法仍是埋弧焊。这是由于埋弧焊熔深大，生产效率高，机械化程度高，劳动强度低，焊缝质量优良，容易实现生产过程的机械化和自动化，因此是工厂钢结构大规模制作的主要焊接方法。由于埋弧焊焊接时电弧不可见，不能直接观察电弧与坡口的相对位置，不容易控制熔合比[2]，而且第一道焊缝不容易脱渣；而 CO_2 气体保护焊属于明弧焊，电弧可见性好，焊接变形小，操作简单，容易掌握，为了便于控制装配质量，在埋弧焊之前，先用 CO_2 气体保护焊打底两道，然后采用埋弧焊工艺焊接基层(Q370q)其余各焊道。当采用结构钢焊条焊接基层时，可能熔化复层，使合金元素渗入焊缝，使焊缝硬度增大，塑性降低，甚至产生裂纹[3]，因此在基层和盖面层之间增加过渡层。由于埋弧焊所用线能量较大，过渡层的埋弧自动焊工艺不易控制，而且国内外尚无成熟工艺可以借鉴，而焊条电弧焊具有热影响区小，易于保证质量，适应各种焊接位置与不同板厚工艺要求的优点[4]。为了保证过渡层焊接质量，过渡层采用焊条电弧焊的方法进行焊接，而盖面层采用埋弧焊焊接时又容易将过渡层焊穿，为了保证复层焊缝的腐蚀性能，盖面层也采用焊条电弧焊的方法进行焊接。

2.3　焊接试验

321-Q370q 复合板焊接试板装配时以复层表面为基准。一般情况复合板常采用先从基层一侧开始焊接的方案，待复层部分焊接时，可以采用铲根方式，也可以预加工方式来处理[5]。我们焊接时采用先焊基层缝，然后焊过渡层焊缝，最后焊复层焊缝的焊接顺序，过渡层焊缝同时熔合基层焊缝、基层母材和复层母材，且盖满基层焊缝和基层母材。321-Q370q 复合板焊接试板较薄，对较薄的钢板和双面施焊有困难时，必须将焊缝根部完全焊透，以保证焊缝的强度和疲劳强度[6]。我们以保证焊接质量，容易焊透、熔合比小和便于操作为原则来设计坡口形式。321-Q370q 复合板埋弧焊坡口形式和焊道图分别如图 1 和图 2 所示，为了防止烧穿，坡口下方加陶瓷衬垫。

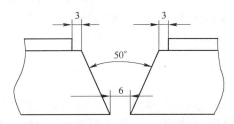

图 1　321-Q370q 复合板埋弧焊坡口
Fig.1　The SAW bevel of 321-Q370q clad plates

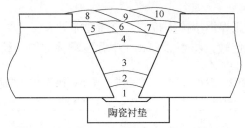

图 2　321-Q370q 复合板埋弧焊焊道
Fig.2　The SAW bead of 321-Q370q clad plates

采用埋弧焊、CO_2 气体保护焊及低氢型焊条手工焊方法焊接的接头，组装前必须彻底清除待焊区域的铁锈、氧化皮、油污、水分等有害物，使其表面露出金属光泽[7]。在埋弧焊中，为了提高生产效率，焊接工一般选择较大的焊接规范，但是 Q370q 钢对热敏感，焊接线能量增大时，接头韧性急剧降低。焊接基材时，其焊道不得触及和熔化复材[8]。根据焊接工艺评定试验结果，采用埋弧自动焊焊接对接焊缝和棱(坡口)角焊缝时，严格控制线能量，所确定的焊接电流、电弧电压、焊速间的关系以线能量不大于 37kJ/cm 为限[9]。为了避免焊接热影响区的晶粒粗化，形成粗大的铁素体，甚至出现魏氏组织，对提高韧性不利，在采用埋弧自动焊进行焊接时，将焊接线能量控制在 35kJ/cm 以下，焊道间温度控制为 140~160℃。同时由于 Q370q 钢中含 Nb 元素，有一定的热裂纹敏感性，在焊接时严格控制焊接电流和电弧电压，避免过大的熔合比和焊缝系数，以防止产生焊缝结晶裂纹。焊接电压控制在 34V 以下，以降低埋弧焊焊缝的含 N 量，防止焊缝低温韧性的下降。

焊缝可以通过化学成分的调整再配合适当的焊接工艺来保证性能的要求，而热影响区性能不可能进行成分上的调整，它是在焊接热循环作用下才产生的不均匀性问题。对于一般焊接结构来讲，主要考虑热影响区的硬化、脆化、软化以及综合的力学性能、抗腐蚀性能和疲劳性能等，这要根据焊接结构的具体使用要求来决定[10]。我们根据桥梁钢的实际使用环境和使用要求对焊接接头进行了外观检查、无损探伤检测、力学性能试验、系列温度下冲击试验、疲劳试验、复层焊缝晶间腐蚀试验和间浸腐蚀试验、硬度试验。

3　试验结果与分析

3.1　外观检查

　　焊后对 321-Q370q 复合板焊缝外形尺寸及表面质量进行检查，检查率为 100％。焊缝表面光滑致密，并均匀、平滑地向母材过渡。焊缝及热影响区表面无裂纹、未焊透、未熔合、气孔、焊瘤、凹陷及咬边等缺陷，焊缝外观质量良好。

3.2　无损探伤检测

　　对 321-Q370q 复合板焊缝进行着色渗透检测、超声波 100％检测，结果均满足 JB/T 4730－2005 中Ⅰ级的要求，X 射线探伤结果满足 JB/T4730－2005 中Ⅱ级的要求。321-Q370q 复合板焊缝内部质量良好。

3.3　力学性能试验

　　321-Q370q 复合板埋弧焊焊接接头拉伸、弯曲性能见表 2。表 3 为 321-Q370q 复合板的拉伸试验结果，为了便于比较，将表 2 和表 3 中强度塑性的结果绘制在图 3 中。

表 2　321-Q370q 复合板埋弧焊对接接头力学性能
Table2　Mechanical behavior of 321-Q370q clad plates welding joint by SAW

横向拉伸		侧弯 180°		全焊缝拉伸		
R_m/MPa	断裂部位	$D=4a$, $a=10mm$		$R_{p0.2}$/MPa	R_m/MPa	A/%
		带复层	不带复层			
575　575 575	母材断裂	合格		455　460 457.5	560　570 565	24.5　25.0 24.75

表 3　321-Q370q 复合板拉伸试验结果
Table3　Tension test result of 321-Q370q clad plates

$R_{p0.2}$/MPa	R_m/MPa	A/%
390	555	33.5

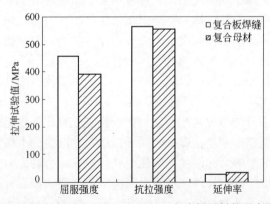

图 3　埋弧焊对接焊缝金属与 321-Q370q 复合板母材的强度塑性对比
Fig.3　Comparison of strength & plasticity for SAW welding joint and base metal of 321-Q370q clad plates

　　埋弧焊两个对接接头横向拉伸试样均在母材断裂。由表 2 和表 3 可以看出，对接焊缝屈服强度、抗拉强度不低于复合板母材，并且不超过复合板母材标准的 100MPa。焊缝金属屈强比为 0.809，与复合板屈强比大致相同(复合板屈强比实测值为 0.702)。埋弧焊对接焊缝延伸率为 24.5%，埋弧焊对接焊缝金属强度与 321-Q370q 复合板母材理想匹配。冷弯性能优良，冷弯试样照片如图 4 所示，拉伸面完好，无任何缺陷。

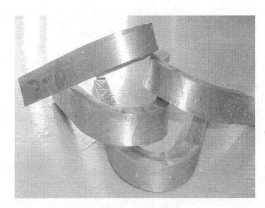

图 4　埋弧焊对接焊缝金属冷弯试样照片

Fig.4　The cold bending specimen photograph of SAW welding joint

　　以上试验结果表明：321-Q370q 复合板埋弧焊对接接头拉伸、弯曲性能均满足《不锈钢复合钢板焊接技术条件》(GB/T 13148－1991)和《桥梁用结构钢》(GB/T 714—2000)的指标要求。

3.4　系列温度冲击试验

　　夏比 V 型缺口冲击试验是评价焊接接头冲击韧性的最基本方法。目前，世界各国均采用夏比 V 型缺口冲击试验的结果作为材料韧性的重要指标。在国内，由于复合板尚无在桥梁上的应用实例，我们按《夏比 V 型缺口冲击试验方法》(GB/T 229－1994)和《复合钢板焊接接头力学性能试验方法》(GB/T 16957)的规定进行了 321-Q370q 复合板埋弧焊焊接接头(带复层与不带复层)和 Q370q 钢的系列温度(–40℃，–20℃，0℃，+20℃，+40℃)冲击试验，以便比较两者的冲击韧性。

　　321-Q370q 复合板埋弧焊焊接接头系列温度冲击试验结果见表 4(每个温度点试验三个试样)。为了便于分析，将表 4 中的试验数据绘制在了图 5 中。

表 4　321-Q370q 复合板埋弧焊接头冲击试验结果

Table4　The impact test results of 321-Q370q clad plates' SAW welding joint

试验温度 /℃	冲击功 A_{KV}/J					
	不带复层			带复层		
	焊缝	熔合线	热影响区 (1.0mm)	焊缝	熔合线	热影响区(1.0mm)
–40	72　58　40 57	143　160　60 121	203　216　228 216	58　54　54 55	164　132　50 115	120　118　110 116
–20	44　42　46 44	176　110　57 114	206　250　198 218	71　62　58 64	118　72　76 89	136　118　90 115

续表 4

试验温度 /℃	冲击功 A_{KV}/J					
	不带复层			带复层		
	焊缝	熔合线	热影响区 (1.0mm)	焊缝	熔合线	热影响区(1.0mm)
0	<u>110　92　110</u> 104	<u>130　138　34</u> 101	<u>264　226　252</u> 247	<u>76　98　80</u> 85	<u>120　130　96</u> 115	<u>116　116　152</u> 128
+20	<u>164　114　156</u> 145	<u>148　184　204</u> 179	<u>258　293　254</u> 268	<u>118　94　125</u> 112	<u>124　140　122</u> 129	<u>164　150　164</u> 159
+40	<u>170　166　172</u> 169	<u>196　194　210</u> 200	<u>288　288　266</u> 281	<u>130　124　150</u> 135	<u>156　152　146</u> 151	<u>160　156　162</u> 159

由图 5 可以看出，在焊接接头的三个区域中，热影响区和熔合线的平均冲击功高于焊缝的冲击功。系列温度下埋弧焊对接接头带复层与不带复层的热影响区(1.0mm)、熔合线和焊缝三区的平均冲击功 A_{KV} 均满足标准《桥梁用结构钢》(GB/T 714—2000)的指标要求，并有较大的裕量，达到了较高的水平。

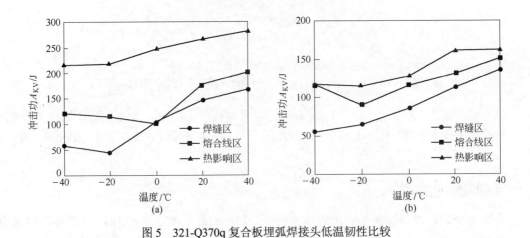

图 5　321-Q370q 复合板埋弧焊接头低温韧性比较

(a)不带复层; (b)带复层(7mm +3mm)

Fig.5　Comparison of low-temperature flexibility for 321-Q370q clad plates' SAW welding joint

(a) The joint without compound plate; (b) The joint with compound plate(7+3)mm

3.5　疲劳试验

焊接接头疲劳试验采用轴向脉动拉伸疲劳试验方法，试样尺寸按照《焊接接头脉动拉伸疲劳试验方法》(GB/T 13816－1992)第 5.2 条不去除余高的对接接头试样，如图 6 所示。试验设备为 MTS810-100kN 电液伺服材料试验机和 PWS-50 型电液伺服材料试验机。环境温度为 24~26℃，环境湿度为 42%~50%。

埋弧焊焊接接头先进行 4 个指定循环寿命为 2×10^6 次的脉动拉伸疲劳试验，试验频率为 15Hz，应力范围为 0~140MPa。

然后再按 20MPa 的增幅逐级提高应力幅，每个应力水平做一个试样，完成了 6 个试件的疲劳破坏有效试验，试验频率为 15Hz，试样编号分别为 W-9(0~140MPa)、W-10(0~160MPa)、W-8(0~180MPa)、W-7(0~200MPa)、W-6(0~220MPa)、W-5(0~240MPa)。试验结果见表 5。

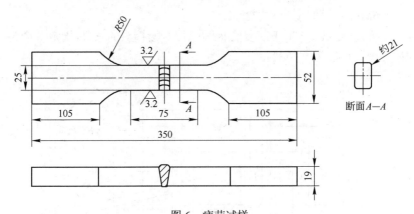

图 6 疲劳试样

Fig.6 Fatigue testing specimen

表 5 轴向脉动拉伸疲劳试验结果

Table 5 Results of axial pulsating tensile fatigue test

试样编号	厚度 /mm	宽度 /mm	面积 /mm²	应力范围 /MPa	最大载荷 /kN	循环次数	结 果	备注
W-5	18.82	25.26	475.39	0～240	114.1	740275	断在 Q370q 焊趾处	
W-6	18.50	25.04	463.24	0～220	101.9	1047116	断在 321 焊趾处	
W-7	18.64	24.82	462.64	0～200	92.5	569311	断在 Q370q 焊趾处	
W-8	18.84	24.68	464.97	0～180	83.7	1353490	断在 Q370q 焊趾处	
W-9	18.46	24.64	454.85	0～140	63.7	1×10^7	未 断	
W-10	18.74	25.14	471.12	0～160	75.4	4811199	断在试验机下夹头夹持处	无效
W-11	18.46	24.64	454.85	0～140	63.7	1×10^7	未 断	
W-12	18.84	25.00	471.00	0～140	65.9	2×10^6	未 断	
W-13	18.70	25.00	467.50	0～140	65.4	2×10^6	未 断	
W-14	18.64	25.16	468.98	0～140	65.7	2×10^6	未 断	

从表 5 中的试验数据进行 S-N 曲线的拟合,分别得到 S-N 曲线图(如图 7 所示)及如下方程。置信度为 50%时:

$S = 3199.59N^{-0.1976}$(相关系数 $r = 0.9013$,对应常用对数最大应力标准离差 $s = 0.04699$)

置信度为 97.73%时,下分散带方程:

$S = 2577.02N^{-0.1976}$(相关系数 $r = 0.9013$)

从表 5 中的疲劳试验数据可见,埋弧焊对接接头试样在最大应力为 140MPa 作用下,达到 2×10^6 均未发生断裂,根据 GB/T 13816—1992 中第 8.5.2 条款的规定可知,试验材料在指定寿命为 2×10^6 条件下的疲劳极限不低于 140MPa。

根据以上 S-N 曲线方程及常用对数最大应力的标准离差 s 值计算可知,试验材料的条件(指定寿命 $N=2\times10^6$)疲劳极限如下:

(1) S_{max}=182.0MPa,置信度为 50%。

(2) S_{max}=146.6MPa，置信度为 97.73%。

综合(1)、(2)可知，321-Q370qED 复合板埋弧焊对接接头的条件(指定寿命为 $2×10^6$)疲劳极限为 146.6MPa，置信度为 97.73%。

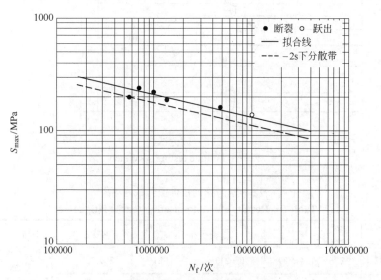

图 7　接头 S-N 曲线图

Fig.7　The S-N curve graph of welding joint

从表 5 的试验数据可见，试样 W-5、W-6、W-7、W-8 断在了工作区(焊趾处)，为有效试样。试样 W-10 断在了试验机夹头夹持处，保守估计，可将该试样作为断在了焊趾处处理，试样 W-9 在循环寿命为 $1×10^7$ 次仍没有发生断裂(跃出)。

从表 5 可见，试样 W-11、W-12、W-13 和 W-14 在最大应力为 140 MPa 作用下，达到 $2×10^6$ 均未发生断裂，根据 GB/T13816—1992 中第 8.5.2 条款的规定可知，试验材料在指定寿命为 $2×10^6$ 条件下的疲劳极限不低于 140MPa。

JSM-35C 扫描电子显微镜对编号为 W-5 的疲劳试样(应力范围为 0~240MPa，循环次数为 740275 次)进行断口形貌观察，如图 8 所示，为典型的疲劳断口形貌，从图 8 中可以看出，疲

图 8　宏观形貌(试样编号为 W-5)

Fig.8　The macro morphology(sample number is W-5)

劳裂纹起始于试样表面,即图 7 断口下部边缘部位为碳钢焊缝表面,并经过疲劳扩展,最后完全断裂。疲劳扩展区断口较平坦,而最后断裂区相对粗糙,断裂特征为典型的疲劳断裂特征。

3.6 复层焊缝晶间腐蚀试验

焊接接头复层焊缝的晶间腐蚀试验按《不锈钢硫酸-硫酸铜腐蚀试验方法》(GB/T 4334.5－2000)检测,试验仪器为 ZL 磨口-锥形回流冷凝器及稳控加热器和 NEOPHOT-21 金相显微镜。试样共两件。焊接接头经过沿熔合线弯曲 180°后,未发现有因晶间腐蚀而产生的裂纹,晶间腐蚀试样照片如图 9 所示。两件试样在硫酸-硫酸铜溶液腐蚀(煮沸 16h)试验后,未发现有晶间腐蚀现象,试验结果符合《不锈钢热轧钢板和钢带》(GB/T 4237－2007)的规定。

图 9　复层焊缝晶间腐蚀试样照片
Fig.9　Intergranular corrosion sample photo for 321 cladding welding joint

3.7 复层焊接接头间浸腐蚀试验

模拟复合板 321-Q370q 在高速铁路大桥上的使用环境,在复层焊缝处取试样进行间浸腐蚀试验,比较复层焊接接头基体和焊缝区的腐蚀速率。

试样:1 组复层焊接接头试样焊缝位于中间,平行试样为 3 件,编号为 1 号~3 号试样,试样尺寸约为 160mm×30mm×2mm。

试验介质:腐蚀试验用溶液含有 0.1%NaCl,加入少量 H_2SO_4,pH 为 5。

试验温度:腐蚀试验的介质温度控制在(35±1)℃,空气温度控制在(38±3)℃。

腐蚀试验是在 JJ-1 型间浸试验机上进行的,试样运动速度为 1r/h,试验干湿比为 5:1。经过 74 天的间浸腐蚀试验,复层焊接接头 1 号试样腐蚀试验后(去除腐蚀产物前,反面)的形貌如图 10 所示,1 组 3 件复层焊接接头试样(正面)经过试验去除腐蚀产物后的形貌如图 11 所示。可以看出,该组焊接接头试样为比较均匀的全面腐蚀,腐蚀较轻微,没有发现腐蚀坑,只有 1 号试样表面(如图 10 所示)有很少量的锈迹产生,试样基体和焊缝区的腐蚀情况没有看到差异。经过重量损失测量,1 组复层焊接接头试样的平均腐蚀速度为 $1.47×10^{-4}$mm/a。

腐蚀试验表明:1 组复层焊接接头试样腐蚀形貌为比较均匀的全面腐蚀,腐蚀较轻微,没有发现腐蚀坑,基体和焊缝区腐蚀情况没有看到差异。经过重量损失测量,该组复层焊接接头试样的平均腐蚀速度为 $1.47×10^{-4}$mm/a。

图 10　复层焊接接头试样腐蚀试验后形貌(未去除产物)
Fig.10　Corrosion morphology of 321 cladding welded joint specimen(the corrosion product is not removed)

图 11　复层焊接接头试样腐蚀试验后形貌(已去除产物)
Fig.11　Corrosion morphology of 321 cladding welded joint specimen(the corrosion product is removed)

3.8　硬度试验

　　焊接接头的硬度试验焊缝、热影响区、基体每个区各测三点，试验使用维氏硬度计，型号规格为 HV-120，硬度试验结果见表 6。

表 6　埋弧焊对接接头硬度试验结果
Table 6　The hardness test results of SAW welding joint

硬度测试点及硬度值　HV_{10}		
基体	热影响区	焊缝
148　143　140	170　133　161	187　174　143
143	154	168

　　焊接接头基体、热影响区、焊缝区的硬度值比较如图 12 所示，对 321-Q370q 复合板进行埋弧焊对接接头硬度试验，结果表明，焊接接头三区全断面维氏硬度均小于 $200HV_{10}$，远低于国际焊接学会(IIW)标准的规定($\leqslant 350HV_0$)，焊接接头三区均未出现硬化现象，焊接时可防止冷裂纹产生。

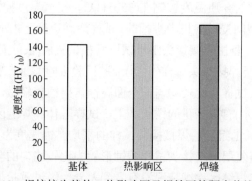

图 12　焊接接头基体、热影响区及焊缝区的硬度值比较
Fig.12　Comparison of hardness between welding joint parent material , the heat-affected zone and the weld metal

4　结论

对厚度组合为(3＋16)mm 的 321-Q370q 复合板焊接接头进行了一系列性能试验，试验结果表明：焊接材料匹配恰当，焊接工艺合适，焊接接头综合性能优良，塑韧性值有较高的储备，具有较高的韧性，满足桥梁用钢的技术要求。

参 考 文 献

[1]　周孟波，秦顺全，等. 芜湖长江大桥大跨度低塔斜拉桥板桁组合结构建造技术[M]. 北京：中国铁道出版社，2004：331.

[2]　中国机械工程学会焊接学会.焊接方法及设备[M]. 北京：机械工业出版社，1992：65.

[3]　焊接手册编写小组. 焊接手册(手工焊接与切割)[M]. 北京：机械工业出版社，1985：268.

[4]　中国机械工程学会焊接学会. 焊接材料[M]. 北京：机械工业出版社，1992：129.

[5]　周振丰，等. 焊接冶金学(金属焊接性)[M]. 北京：机械工业出版社，1999：94.

[6]　中铁大桥勘测设院有限公司. TB10002.2—2005. 铁路桥梁钢结构设计规范[S]. 北京：中国铁道出版社，2005.

[7]　中铁山桥集团有限公司. TB10212—2009, 铁路钢桥制造规范[S]. 北京：中国铁道出版社，2009.

[8]　中国船舶重工集团公司第七二五研究所. GB/T13148—2008, 不锈钢复合钢板焊接技术条件[S]. 北京：中国标准出版社，2009.

[9]　周孟波，秦顺全，等. 芜湖长江大桥大跨度低塔斜拉桥板桁组合结构建造技术[M]. 北京：中国铁道出版社，2004：187.

[10]　张文钺，等. 焊接冶金学(基本原理)[M]. 北京：机械工业出版社，1999：190.

爆炸复合棒的超声检验方法分析

王礼营　李　莹　朱　磊

（1. 西安天力金属复合材料有限公司，陕西西安，710201；

2. 陕西省层状金属复合材料工程研究中心，陕西西安，710201）

摘　要：爆炸复合棒结合界面的有效检测，通常采用超声水浸点聚焦的方法。爆炸复合棒的超声检测，类似于普通单一材质棒材的超声检测，但又在很多方面存在不同。本文对复合棒检测所出现的超声波形进行分析。

关键词：爆炸；复合棒；超声检测

Explosive Clad Bar Analysis of the Ultrasonic Testing

Wang Liying　Li Ying　Zhu Lei

(1. Xi'an Tianli Clad Metal Materials Co.,Ltd., Shaanxi Xi'an, 710201;

2. Shaanxi Engineering Research Center of Metal Clad Plate, Shaanxi Xi'an, 710201)

Abstract: Focusing immersion method was used to inspect the bonded interface of small diameter explosive clad bars. There are more differences in the inspection method for explosive clad bars compared with the single material. In this paper, The shapes of common detection waves in UT process ,were investigated.

Keywords: explosive; clad bar; ultrasonic test

1　引言

　　爆炸复合棒采用爆炸焊接的方式制作而成，以其良好的结合性能广泛应用于航天、航空等领域。爆炸复合棒常用材质为钛和不锈钢，本文以钛/不锈钢复合棒为例，对爆炸复合棒的超声检验方法进行分析。对于钛/不锈钢复合棒结合面积的检测，通常采用超声波的方法检测。钛/不锈钢复合棒的超声检测，基本类似于普通单一材质棒材的超声检测方法。例如，在对复合棒的超声波检测中，如采用直接接触法，由于复合棒直径较小，探头与复合棒间的耦合不好，且棒圆周曲面的曲率较大，声束发散严重，产生较多杂波，影响检测的正确判断；另一方面，需要不断涂抹耦合剂，检测效率低。针对以上原因，选用水浸法进行检测。又由于水浸法声束指向性差，对检测不利，为使入射声束恒定和避免出现许多其他的干扰波形，因此采取水浸点聚焦的方法，从而有效避免上述不利因素的干扰。由于复合棒在检测结合界面的结合情况，波形显示上会有很多界面反射回波出现，如何准确判断不同的波形，反映出复合

作者信息：王礼营，工程师，wang020811@163.com。

棒不同的结合状态,确保复合棒检测的准确可靠是至关重要的。因此,本文对钛/不锈钢复合棒超声检测中出现的几种常见波形进行分析。

2 检测原理

2.1 聚焦探头的聚焦

设透镜是球面的,曲率半径为 R,水浸点聚焦探头的平晶片直径为 D,声波在水中和在透镜中的纵波速度分别为 $C_水$ 和 $C_透$,则水浸点聚焦探头的焦距 F 通常以下式计算出:

$$F = \frac{R}{1-(C_水 / C_透)}$$

实际上声束并不是聚焦成一点,在轴线上由于焦点附近存在干涉现象,不能简单地套用几何光学公式,所谓焦点仍具有一定尺寸,如图1所示,其中 L 和 ϕ 分别表示在焦点附近声压降至比焦点处低 6dB 的一段距离,可以给出为:

$$L = L_{-6dB} \approx 4\lambda \left(\frac{F}{D}\right)^2$$

$$\phi = \phi_{-6dB} \approx \lambda \frac{F}{D}$$

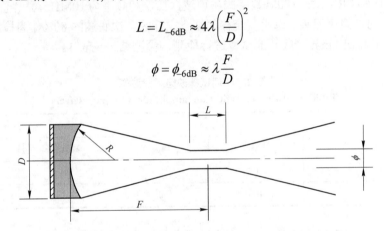

图 1 水浸点聚焦探头焦距长度（L）及直径（ϕ）示意图

Fig. 1 Water immersion focusing probe focus length and diameter

2.2 水浸聚焦原理

超声检测中,将复合棒放入特定的水槽中,探头固定不动,复合棒轴向旋转纵向前进。聚焦声速经过水程,进入复合棒,调整好合适的水程、焦距和检测灵敏度就可以检测复合棒的结合情况,具体如图2所示。

3 参数选择

3.1 检测灵敏度的选择

一般确定检测灵敏度,根据相应的

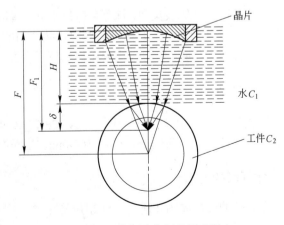

图 2 水浸聚焦探伤原理图

Fig. 2 Water immersion focusing detection principle diagram

检测要求制作相应的试块，制作了 ϕ1.5mm 和 ϕ1.2mm 的平底孔试棒，如图 3 所示。

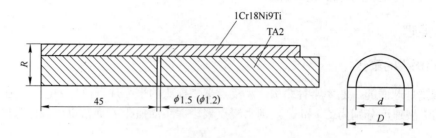

图 3　平底孔试棒图

Fig. 3　Flat bottom hole test bar graph

就将 ϕ2mm 和 ϕ1.5mm 的平底孔的反射回波调至 80%作为检测灵敏度。检测时选用英国声呐公司产 MASTERSACN 380M 数字式超声波探伤仪和频率为 10MHz、晶片直径为 ϕ10mm、焦距为 38mm 的点聚焦探头。选用复合棒的结合完好区一次底波的 80%作为检测灵敏度，对制作有 ϕ1.5mm 和 ϕ1.2mm 平底孔的试棒进行检测，检测结果见表 1。

表 1　不同试棒缺陷反射波幅

Table 1　Different reflection amplitude test bar defects　　　(%)

平底孔 孔直径/mm	ϕ1.5mm		ϕ1.2mm	
	缺陷波	底波	缺陷波	底波
ϕ30	100	0	80	0
ϕ25	100	0	95	0

实验表明，在没有试块的时候，采用底波法也可以检测出不结合缺陷，但不能准确定量。

3.2　焦柱区位置的选择

在焦柱区声能比较集中，探测灵敏度较高，通常将焦柱区控制在被检件的重点检测部位。对于钛/不锈钢复合棒，主要检测爆炸焊接结合面的结合情况，因此将焦柱区控制在钛与不锈钢的上结合面处。如果要同时检测棒材基体是否存在缺陷，也可以将焦柱区置于下结合面处。

4　波形分析

现依旧采用英国声呐公司产 MASTERSACN 380M 数字式超声波探伤仪和频率为 10MHz、晶片直径为 ϕ10mm、焦距为 38mm 的点聚焦探头，就常见波形做如下分析。

4.1　完好区的波形

完好区的波形如图 4 所示，在超声检测中，单一材质的棒材只有水界面波、棒材底波，但由于钛/不锈钢复合棒是金属层状结构，且钛和不锈钢声速有较大的差别，因此在上下结合界面处均会出现界面回波，在了解了声速传播路径之后，不至于因将界面波与缺陷波混淆而出现误判现象。

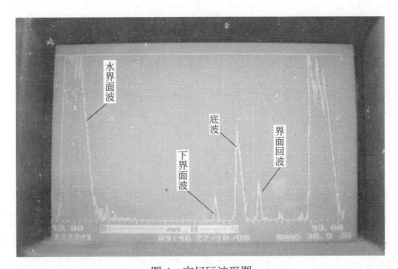

图 4　完好区波形图
Fig. 4　Intact area waveform figure

4.2　结合面缺陷波形

上下两个结合界面出现不结合时的波形图如图 5 和图 6 所示。

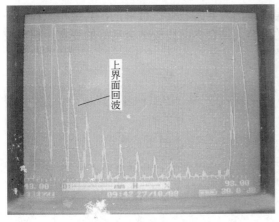
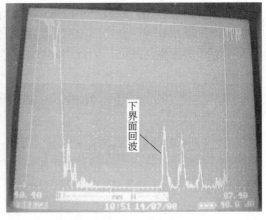

图 5　上界面不结合波形图　　　　　　　　图 6　下界面不结合波形图
Fig. 5　On the interface combination waveform　　　Fig. 6　Interface not combination waveform

由于钛/不锈钢复合棒是金属层状圆形结构,所以上结合界面不结合时,波形如图 5 所示,上界面的界面波多次反射。但当下结合界面不结合时,波形如图 6 所示,下界面的界面波升高,且底波明显降低。

4.3　表面粗糙的波形

爆炸复合棒当部分棒材表面比较粗糙时,就容易造成水界面波变宽,从而影响真正缺陷的判断，具体波形如图7所示。

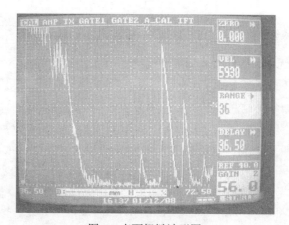

图7　表面粗糙波形图

Fig. 7　Rough surface wave

出现这种波形显示时，可以将棒材进行表面磨光处理，如果水界面波变宽现象消失，就可以认定是由表面粗糙所造成的。

4.4　弱结合的波形

对钛/不锈钢爆炸复合棒存在弱的结合界面，超声检测也会出现异常波形，如图8所示。

由图8可以看出，底波严重降低，甚至消失。后对异常波处进行解剖，其金相照片如图9所示，发现此处因两金属间没有达到良好的结合，结合界面线较结合良好的变宽，超声波不易于穿透界面到达底面，因此引起底波的降低。

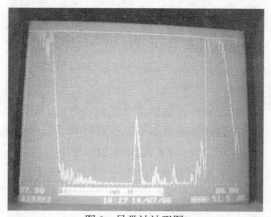

图8　异常波波形图

Fig. 8　Abnormal wave charts

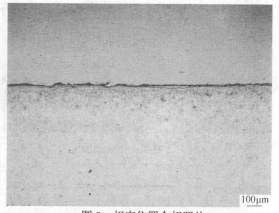

图9　相应位置金相照片

Fig. 9　Position metallograph accordingly

5　结束语

对于钛/不锈钢复合棒结合界面的有效检测，采用水浸聚焦的方法对钛/不锈钢复合棒进行超声波探伤，可以较准确地检测出结合界面处的不结合缺陷，但在检测过程需要注意以下几点：

（1）在超声检测中，由于钛/不锈钢复合棒是金属层状结构，且钛和不锈钢声速有较大的差别，所以上下结合面均会出现界面回波，但单一材质的棒材只有水界面波、棒材底波，因此正确认定复合界面回波，才不致造成误判。

（2）对于钛/不锈钢复合棒，我们主要检测爆炸焊接结合面的结合情况，因此通常将焦柱区控制在钛与不锈钢的上结合面处。

（3）一般确定检测灵敏度，根据相应的检测要求制作相应的试块，但在特殊情况下，如果没有试块，采用底波法也可以检测出不结合缺陷，但对微小不结合缺陷不能准确定量。

参 考 文 献

[1] 中国机械工程学会无损检测分会. 超声波检测 [M]. 北京：机械工业出版社，2005：106~108.

爆炸焊接布药工艺的研究

刘自军[1]　周景蓉[2]　陈寿军[2]　苏海保[2]

（1. 黄山三邦金属复合材料有限公司，安徽黄山，245200；
2. 南京三邦金属复合材料有限公司，江苏南京，211155）

摘　要：在以往爆炸焊接系统的安装工艺中，均采用传统的均匀布药方式，所得爆炸焊接复合板的界面结合波，沿着爆轰方向由小波状到大波状，且当到达稳定爆轰后，界面波波形仍在缓慢增大，其结果会造成部分结合强度不高和边缘不结合或覆板撕裂。本文以钛板与大面积碳钢板的爆炸焊接实验为例，提出分段布药的新工艺，实验结果表明，通过改变布药方式，对改变复合板的整体结合强度、变形和对解决爆炸焊接中的覆板撕裂等问题十分有利，从很大程度上优化了焊接工艺，具有较高的实际应用价值。

关键词：爆炸焊接；分段布药；焊接工艺

Study of the Technology of Arranging Explosive in Explosive Welding

Liu Zijun[1]　Zhou Jingrong[2]　Chen Shoujun[2]　Su Haibao[2]

(1. Huangshan Sanbom Metal Clad Material Co., Ltd., Anhui Huangshan, 245200;
2. Nanjing Sanbom Metal Clad Material Co., Ltd., Jiangsu Nanjing, 211155)

Abstract: The interfacial wave-like bone of explosive welding combined plate, adopted the traditional average arranging explosive to install the explosion welding system, go along with the direction of the detonation wave from small to big wave shape, then reach a steady detonation and keep slow growth. Insufficient bond strength, uncombined edge and plate tearing turn out the negative effect. This paper, taking the Titanium plate and the large area carbon steel explosive welding for example, propose a new method of sectional arranging explosive. Experimental results show that it will help to promote the overall bond strength, control the deformation and solve the tearing of explosive welding combined plate, meanwhile optimize the welding process and improve the practical value.

Keywords: explosion welding; sectional arranging explosive; welding process

1　引言

力学性能测试和检验表明，大波状结合界面中由于存在空洞、间隙等大量微观缺陷，致使复合板的结合质量有所下降，而微小波状结合界面具有较高的结合强度，是最佳的结合界面[1]。在爆炸焊接过程中，炸药的爆速在一定装药范围内随着厚度的增加而增加，而爆速的大小决

作者信息：刘自军，助理工程师，zj_liu@sanbom.com。

定了复板的运动速度，以及复板和基板的高速碰撞而引起的基板、复板表面的压力大小的分布。针对大面积钛板爆炸焊，采用不同爆速分段布药，是寻求一个适当的布药方式,改变爆速大小，使复板各点处的爆炸荷载基本保持在一定范围内，避免因爆速过大引起金属熔化而产生含有间隙、空洞等缺陷的大波状结合,从而控制基、复板之间的碰撞速度，提高复合板的结合强度和边缘结合质量,实现复合板整个界面都呈现微小波状结合的理想目标[2]。

2 实验材料和方法

2.1 实验材料

本实验采用的复板为 TA10，规格为 2500mm×6000mm×4mm，基板为 Q345R，规格为 2460mm×5960mm×20mm，炸药为掺有稀释剂的粉状乳化炸药。

2.2 实验方法

2.2.1 同一爆速布药

采用爆速为 2100m/s 的混药一，药高为 35mm，如图 1 所示。

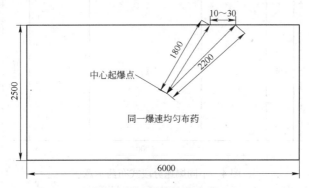

图 1 同一爆速均匀布药

Fig.1 Average arranging explosive with the same detonation velocity

在图 1 中，采用中心起爆，由多次试验得出：据中心起爆点 1800～2200mm 的位置经常会发生不结合或复板撕裂现象，长度在 10～30mm，同时在板材两端也会出现类似现象（边界效应），爆炸复合后如图 2 和图 3 所示。

图 2 钛钢复合板爆炸边缘撕裂

Fig.2 The edge tear of the explosive welding of titanium steel clad plate

图 3 钛钢复合板端部撕裂

Fig.3 The end tearing of titanium steel clad plate

2.2.2 不同爆速的分段式布药

如采用图 4 方式布药，则会避免图 2 和图 3 所示的质量问题，有效地保证了爆炸复合后的质量，如图 4 所示。

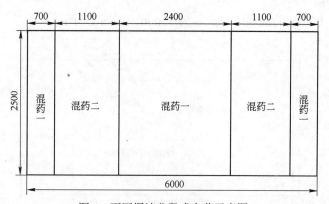

图 4 不同爆速分段式布药示意图

Fig.4 The sectional arranging explosive anddifferent detonation velocity

图 4 中，混药一爆速为 2100m/s，混药二爆速为 1850 m/s，药高 35mm。采用图 4 所示的不同爆速分段式布药很好地避免了板材两边和端部的边界效应，保证了外爆产品的质量。实际操作布药如图 5 所示。

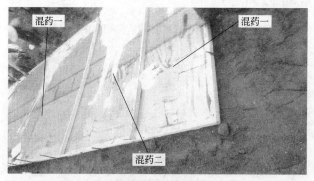

图 5 不同爆速分段式布药实际操作图

Fig.5 The operation chart of sectional arranging explosive and different detonation velocity

钛钢复合板采用不同爆速分段式布药爆炸复合后钛板质量情况完好，未出现边缘或端部不结合和撕裂现象，如图6所示。

图6　不同爆速分段式布药爆炸复合后的钛钢复合板

Fig.6　The titanium steel clad plate by sectional arranging explosive and different detonation velocity

3　界面测试结果

3.1　测试分析

为了比较两种布药方式对结合界面波的影响，对相同尺寸的不同布药方式的复合板取样做测试分析，以起爆点为中心，在同一位置选取试样，同一爆速和不同爆速布药所得复合板界面如图7和图8所示。

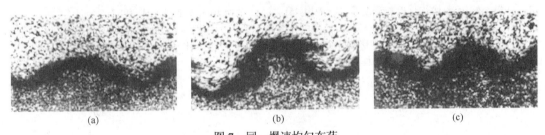

(a)　　　　　　　　　　　(b)　　　　　　　　　　　(c)

图7　同一爆速均匀布药

(a)2600mm 位置；(b)2000mm 位置；(c)1000mm 位置

Fig.7　Average arranging explosive with the same detonation velocity

(a)2600mm site; (b)2000mm site; (c)1000mm site

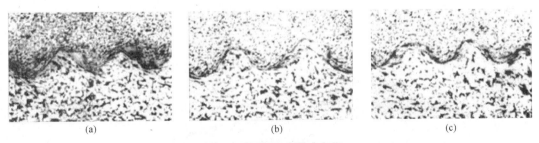

(a)　　　　　　　　　　　(b)　　　　　　　　　　　(c)

图8　不同爆速分段式布药

(a)2600mm 位置；(b)2000mm 位置；(c)1000mm 位置

Fig.8　Sectional arranging explosive and different detonation velocity

(a)2600mm site; (b)2000mm site; (c)1000mm site

3.2　实验结果分析

由以上的测试结果可以看出不同布药工艺下复合板波长和波幅的变化规律: 在同一爆速均匀布药工艺下所得爆炸焊接界面波明显地分为微波状、小波状和大波状 ,并且从金相照片图观察到大波状结合界面上有大量的因金属熔化而产生的间隙、空洞等缺陷[3]; 在不同爆速分段布药工艺下所得复合板的界面波基本上为微波状和小波状 ,有效地避免了大波状结合界面的产生, 进一步提高了复合板的结合质量[4]。

4　结论

通过对实验结果的分析, 我们得出如下结论:

(1) 采用不同爆速分段布药法获取最佳爆炸焊接方法, 是一种简便快捷的实验方法。 通过钛- 钢平板爆炸焊接实验与应用, 已证实了这一实验方法的可靠性和实用性。

(2) 不同爆速分段布药法尤其适合尺寸较大金属爆炸焊接, 可以有效地调整炸药的传爆速度 v_d, 以保证良好的焊接效果, 从而避免了采用均匀布药时出现的大波状结合, 提高了复合板结合质量。

(3) 采用不同爆速分段布药法很好地减小了边界效应造成的破坏, 很大程度上控制了边界效应的产生, 保证了复合板边部和端部的质量。

参 考 文 献

[1]　张凯, 邵丙璜. 爆炸焊接理论及其工程应用[M]. 大连: 大连理工大学出版社, 1987.

[2]　郑远谋. 爆炸焊接和金属复合材料及其工程应用[M]. 长沙: 中南大学出版社, 2002.

[3]　孙承纬, 卫玉章, 周之奎.应用爆轰物理[M]. 北京: 国防工业出版社, 2000.

[4]　孙锦山, 朱建士. 理论爆轰物理[M]. 北京: 国防工业出版社, 1995.

大面积钛/钢复合板的爆炸焊接工艺、
组织与性能研究

张杭永　　郭龙创　　郭新虎　　王　军

（宝钛集团有限公司，陕西宝鸡，721014）

摘　要： 采用不同工艺方案进行了大面积钛/钢复合板的爆炸焊接试验。对制备的 ASME SB 265 Gr1/ SA516 Gr70 爆炸复合材料结合界面的微观组织特征和力学性能进行了分析，结果表明采用分段装药工艺所制备的钛/钢复合板界面无分层、夹杂等缺陷，力学性能符合 ASTM B 898—2005 标准，能够满足装备使用需求。

关键词： 爆炸焊接；压力分布；均匀变形；界面组织

Study of Technology and Microstructure Property on Large Area Titanium/Steel Clad Plate of Explosive Welding

Zhang Hangyong　　Guo Longchuang　　Guo Xinhu　　Wang Jun

(Baoti Group Co., Ltd., Shaanxi Baoji, 721014)

Abstract: Adopting serial different technology schemes, the paper carried out experiments of explosive welding on large area titanium/steel clad plate. With what, the interface microstructure features and technical property has been analysis of the manufactured Gr1/Gr70 explosive welding plate. Accordingly, the paper finds out that no layering, slag inclusion and any other defects appeared on the interface of produced titanium/steel clad as unequal thickness dynamite arrangement. Moreover, the mechanical property fulfils the standard ASTM B 898—2005 and satisfied the usage condition of vessel.

Keywords: explosive welding;stress distribution; even deformation; interface microstructure

1　引言

随着化工、电力等行业装备的大型化，对大面积高结合质量钛/钢复合板的需求不断增加，而国内大面积钛钢复合板制备技术和生产工艺仍存在一定问题，尤其在结合率和复合板性能上仍达不到这些领域的特殊要求。本文采用不同工艺方案进行了大面积钛/钢复合板的爆炸焊接试验，对比了不同布药方式的爆炸焊接结果，并对金属复合板爆炸焊接过程中的爆炸压力、复层金属变形规律、界面进行了分析，成功制备了面积大于 $20m^2$ 的钛/钢复合板。对制备的 ASME SB 265Gr1/ SA516 Gr70 爆炸复合材料结合界面的微观组织特征和力学性能进行分析，结果表明采用分段布药工艺所制备的钛/钢复合板界面无分层、夹杂等缺陷，力学性能符

作者信息：张杭永，工程师，zhy1893@163.com。

合 ASTM B 898 标准，能够满足装备使用需求。

2　试验材料及方案

试验采用不同爆速炸药分段装药与同爆速等厚度装药两种爆炸复合工艺，如图 1 所示。

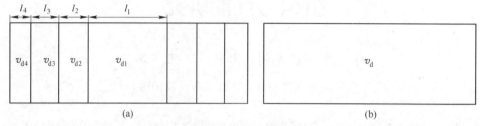

图 1　布药示意图

（a）分段装药；（b）等厚度装药

Fig.1　Dynamite charge sketch map

(a) dynamite arrangement with unequal thickness; (b) dynamite arrangement with same thickness

图 1(a)中，炸药爆速 $v_{d1}>v_{d2}>v_{d3}>v_{d4}$，图 1(b)中，采用爆速为 v_d 的炸药。

牌号：ASME SB 265Gr1/ASME SA516 Gr70。

规格：3mm/60×3500mm×5900mm，2 块。

3　试验结果

爆炸焊接后，方案(a)不同爆速炸药分段装药外观检查良好，表面质量良好，无边界效应现象，UT 检测结合率达到 99%；同一炸药等厚度装药边部界面有较严重界面熔化现象发生，边部有较严重复层撕裂现象，UT 检测结合率达到 94%。之后进行了力学性能、金相、弯曲等方面的检测。

对爆炸后的复合板进行力学性能检测，取样位置分别为起爆区域、距起爆点 1500mm 处、2000mm 处、2900mm 处的横截面上，结果见表 1。

表 1　力学性能检测结果

Table1　Mechanical properties testing result

方案	牌号	力学性能					
		σ_b/MPa	σ_s/MPa	δ/%	T_b/MPa	内弯（180°）	取样位置（与起爆点的距离）/mm
(a)	SB 265Gr1/ SA516 Gr70	550	305	32	240	无裂纹	500
		565	300	31	225	无裂纹	°1500
		572	320	28	190	无裂纹	2000
		560	310	33	200	无裂纹	2900
(b)	SB 265Gr1/ SA516 Gr70	510	295	34	235	无裂纹	500
		540	320	33	219	无裂纹	1500
		570	380	27	60	界面分层	2000
		590	315	33	112	界面分层	2900
ASTM B 898 标准值		485~620	≥260	≥21	≥140	无裂纹	任意位置

如表 1 所示，方案(a)复合板的力学性能均达到了 ASTM B898 的要求，此爆炸焊接工艺取得了较好的效果；方案(b)复合板端部的力学性能低于 ASTM B898 标准的要求。

4 讨论与分析

4.1 爆炸焊接过程中的压力分布与装药方式的关系分析

爆炸焊接的装药特点是面布药点起爆，从起爆开始到爆轰过程结束压力分布是不均匀的，复合板的面积越大，长度越长，爆炸压力差异越大，进而造成界面焊接质量差异大。爆炸焊接过程中，爆炸压力的均匀与否，直接决定着爆炸焊接的质量。不同装药方式下爆轰过程中爆炸压力的变化规律如图 2 所示。

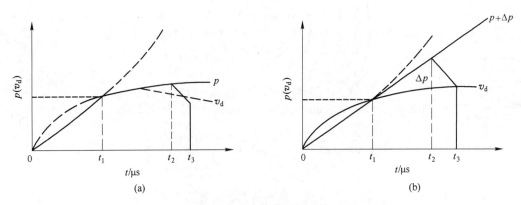

图 2　爆炸压力的分布规律
（a）分段装药；（b）等厚度装药
Fig.2　Explosion pressing distributions
(a) dynamite arrangement with unequal thickness; (b) dynamite arrangement with same thickness

从图 2(b)中可以看出，等厚度装药时，从 0 到 t_1，v_d 是增长的，压力 p 也是增长的(是爆速的二次函数)；从 t_1 到 t_2，v_d 相对稳定，爆炸压力 p 以 Δp 的速度累积，基、复材碰撞能量 E 逐渐增加，界面到某一程度即会出现界面熔化、复层撕裂及钢板断裂。从图 2(a)中可以看出，压力分布比较均匀。

基于不同装药方式下爆炸压力的分布特点，为保证爆炸界面结合质量的均匀性，就必须使爆炸压力分布均匀。在研制过程中，针对同种性能参数等厚度装药的爆炸压力分布特点，采用分段降速的装药方式并不断优化分段工艺的相关工艺参数（爆速差、装药厚度、分段区宽度等），使爆炸压力分布尽可能均匀，从而保证焊接界面的均匀性。

4.2 爆轰波阵面曲率与复层金属变形的关系

同种性能参数等厚度装药，起爆后爆轰波以球形阵面向外推进，如图 3 所示。首先，钛材具有很好的延展性，在爆轰荷载作用下，沿爆轰波的传递方向，钛板发生塑性延伸变形。其次，中心起爆后，复板的延伸变形以起爆点为中心，向不同方向逐渐发展，使得复板在同一截面处产生不同步的纵向变形，这种延伸的不均匀性必然引起内应力，为边界区复层钛板产生褶皱提供了条件。第三，复板鼓棱的出现是不均匀变形累积的结果，面积越大这种边界区鼓棱现象越明显。图4和图5所示为爆炸焊接过程中产生的鼓棱及界面形貌。鼓棱出现后必然导致爆炸焊接动态参数的失稳，鼓棱区必然出现熔化、钛板撕裂、不贴合等缺陷。基于以上原因，为避免爆炸焊接过程中边界区钛板鼓棱的出现，就是要改变爆轰方向，使复层金属在同一横截面上沿纵向的变形趋于均匀。通过装药方式的改变即可使材料的变形在同一截面上趋于均匀，采用分段降速后的爆轰波传播示意图如图6所示。通过使爆轰波阵面曲率变小，使在同一截面上钛板不均匀变形程度减小，避免或者推迟了不均匀变形累积产生的鼓棱现象，进一步增大了爆炸复合的面积。

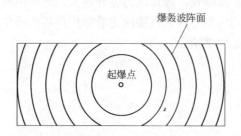

图3　等厚度装药爆轰波阵面示意图
Fig.3　Detonation wave distributions when dynamite arrangement with same thickness

图4　边界区的钛板鼓棱
Fig.4　Drums on the sides of titanium plate

图5　鼓棱区界面形貌
Fig.5　Interface microstructure on drums

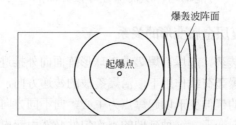

图6　分段装药爆轰波阵面示意图
Fig.6　Detonation wave distributions when dynamite arrangement with unequal thickness

4.3 界面微观分析

对采用方案(a)制备的复合板在端部取样进行 SEM 分析，如图 7 所示，界面比较均匀，界面附近晶粒细小，未有大的熔化块及孔洞等微观缺陷，界面结合质量良好，界面附近存在着 Ti 、Fe 元素的扩散情况。爆炸焊接是集压力焊、熔化焊、扩散焊为一体的焊接过程，熔化焊、扩散焊是爆炸焊接产生的结果而非实现焊接的原因，压力焊才是实现爆炸焊接的根本原因，要实现优质的爆炸焊接质量尤其是钛与钢等可焊性差金属之间的高质量焊接，就是要控制焊接工艺参数，尽量避免熔化及脆性化合物的产生。

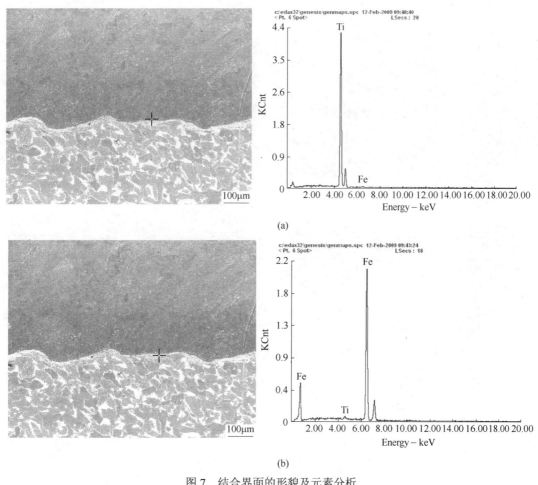

图 7   结合界面的形貌及元素分析

（a）钛侧；（b）钢侧

Fig.7   The bonding interface microstructure and chemical element analysis

(a) titanium side; (b) steel side

5   结论

（1）采用分段降速的装药方式，可使爆炸压力分布尽可能均匀，从而保证焊接界面的均匀性。

（2）分段降速的装药方式可使爆轰波阵面曲率逐渐变小，使在同一横截面上钛板不均匀变形程度减小，避免或者推迟鼓棱现象的发生，进一步增大了爆炸复合的面积。

参 考 文 献

[1]　郑哲敏，杨振声. 爆炸加工[M]. 北京：国防工业出版社，1981.

[2]　郑远谋. 爆炸焊接和金属复合材料及其工程应用[M]. 长沙：中南大学出版社，2001.

[3]　王耀华. 金属板材爆炸实践与研究[M]. 北京：国防工业出版社，2007.

[4]　宋秀娟，浩谦.金属爆炸加工的理论和应用[M]. 北京：中国建筑工业出版社，1983.

T 型剥离法在薄复层双金属复合板
结合强度检验中的应用

赵 峰 马东康 张鹏辉 张宝军

（西安天力金属复合材料有限公司，陕西西安，710201）

摘 要： 爆炸+轧制复合是用于制作复层厚度不大于 2mm，总厚度在 4~30mm 的双金属复合板技术，如今已经广泛应用于化工及火电厂烟囱等领域。因复层较薄，传统用于检验复合板结合强度的方法，均无法稳定准确地检验此类复合板的结合强度。为此，本文设计了 T 型剥离装置，用以检验此类复合板的结合强度。试样通过 T 型剥离卡具安放在拉伸试验机上进行拉伸，并获得剥离曲线（拉伸曲线），通过此方法，分别研究了试样宽度和剥离角对剥离曲线的影响。最终得出，试样越宽，获得的剥离曲线稳定阶段更趋稳定，更有利于准确判定复合板的结合强度；剥离角越小越有利于获得稳定的剥离曲线。采用 T 型剥离法，当试样宽度和剥离角设计适当时，能够获得稳定的剥离曲线，因而可以较好地表征复合板基复层的界面结合强度，适用于薄复层复合板结合强度的检验。

关键词： 双金属复合板；剥离曲线；结合强度

Application of the T Peel Means in the Test of the
Cladding Strength in Double Metals Cladding Plate

Zhao Feng Ma Dongkang Zhang Penghui Zhang Baojun

(Xi'an Tianli Clad Metal Materials Co., Ltd., Shaanxi Xi'an, 710201)

Abstract: Now the cladding plate with the thickness of the clad plate less than 2mm, and the total thickness between 4 and 30mm is proverbially used in chemical industry and chimney in thermal power station area. Because of the thin clad plate, traditional method can not test the binding strength accurately and stably. In this article, the T peel device is designed to test the binding strength. By this way ,it obtained that the more width of the sample, the more stably of the peel curve, the more small of the peel angle, the more easy to obtain the stably curve. The stably peel curve can better express the binding strength of the plate, so it is seemly used to test the binding strength of the cladding plate with thin clad plate.

Keywords: double metal cladding plate; peel curve; binding strength

爆炸+轧制复合制作双金属复合板技术如今已经广泛应用于化工及火电厂烟囱等领域。爆炸+轧制法通常用于制作总厚度在 7~30mm 的双金属复合板，复层厚度通常不大于 2mm，

作者信息：赵峰，工程师，zf863@163.com。

因复层较薄，传统用于检验复合板结合强度的方法，如剪切强度检验、拉剪强度检验和分离检验等方式由于试验制备困难，或由于检验结果的离散性偏大等原因，不能准确反映此类复合板的结合性能，而弯折检验由于缺乏相应的标准和无法定量等原因，也无法用于此类复合板结合强度的检验[1~7]。因而本文尝试了采用 T 型剥离法检验此类薄复层复合板结合强度的方法。以便为复层厚度不大于 2mm 的复合板的结合强度的检验提供依据。

1　实验方法及设备

采用 T 型剥离法检验复合板的结合强度，试样制备是实验的第一步，也是关键的一步。采用机械加工的方式使试样两边平直，然后采用人工或线切割的方式在试样一端沿界面剥开约 50mm 的一段，并将复层弯折成与基层垂直的角度呈"T"型，如图 1 所示。然后通过特制的卡具（如图 2 所示），将试样和卡具安装在 WAW-1000 型万能拉伸试验机上进行拉伸，如图 3 所示。为了研究试样宽度和剥离角对实验结果的影响，本文分别设计了相同剥离角、不同试样宽度条件下和相同试样宽度、不同剥离角两种条件下的实验。

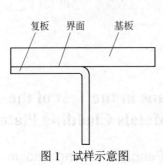

图 1　试样示意图
Fig. 1　Diagrammatic sketch of the sample

图 2　卡具
Fig. 2　Clamping apparatus

图 3　安装示意图
Fig. 3　Sketch map of installation

2　T 型剥离曲线

典型的剥离曲线如图 4 所示。

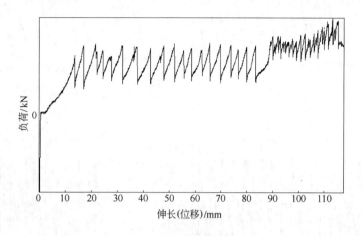

图 4　T 型剥离曲线
Fig. 4　T peeling curve

一个完整的剥离曲线包含三个区域（即三个阶段），第一区仍然是预备阶段，是剥离过程必不可少的前期准备阶段。第二区是用于评定界面结合性能的测试阶段，试样越长该稳定剥离区就越长。试验表明试样的稳定段长度在 15～35mm 之间，因而试样测试部分的长度有 20～30mm 长就能满足测试需要，过短时可靠性不足，过长时可能没有太大必要性。第三区是尾段，初始点发生在距试样尾端约 20mm 处，即在稳定区之后剥离曲线上出现明显波动，并在剥离曲线上形成一个新的台阶。尾段主要受到检验装置的设计尺寸的影响，还受到试样边界条件的影响，不能作为表征性能的判据，正常检验中可不必进行。

3　试样宽度对 T 型剥离曲线的影响

为了找出不同试样宽度对剥离曲线的影响，本文在同一块基、复层厚度分别为 3mm 和 1mm 的爆炸轧制钛钢复合板上截取了宽度为 10mm、15mm、20mm、25mm 的四组长度为 300mm 的试样，机加去除剪切影响区后进行 T 型剥离试验，剥离曲线如图 5 所示，其共同特征是：在加载过程中，曲线沿一定的斜率上升，当载荷加载到一定程度之后，曲线会突然垂直下降至某一值，然后又以一定的斜率上升，之后再次突然垂直下降，如此反复，呈现锯齿状（如图 5 所示）。查看试样表明，锯齿状的曲线在试样上表现为连续折痕状（如图 6 所示），两个锯齿之间的距离即为折痕的宽度。

通过对不同宽度试样 T 型剥离曲线稳定阶段锯齿状的波幅变化情况的对比可以看出，试样宽度为 10mm 和 15mm 时，波幅的高低变化较大，而宽度为 20mm 和 25mm 时的波幅相对振荡较小，说明试样宽度为 20mm 和 25mm 时的 T 型曲线更为稳定。

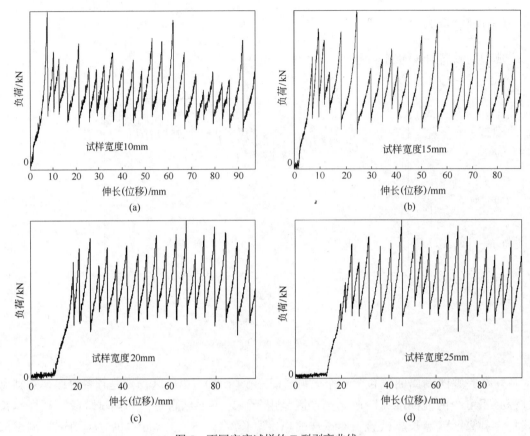

图 5　不同宽度试样的 T 型剥离曲线

Fig. 5　T peeling curve in different width condition

图 6　试样剥离后复层上的折痕

Fig. 6　Crease on the cladding plate of the peeling sample

对不同宽的试样的 T 型剥离曲线稳定阶段位移 40~80mm 之间的折痕数据统计见表 1。

表 1　不同宽度试样在剥离位移在 40~80mm 之间时的折痕数

Table 1　Quantity of the crease in the different width of the sample between 40mm and 80mm peeling distance

试样宽度/mm	10			15			20		25	
试样编号	10-1	10-2	10-3	15-1	15-2	15-3	20-1	20-2	25-1	25-2
折痕数量	9	8	10	8	9	10	10	10	10	10

通过对不同宽度试样的 T 型剥离曲线稳定阶段相同位移折痕数的分析，可以看出，试样宽度为 10mm 和 15mm 时的折痕数变化较大，而当试样宽度为 20mm 和 25mm 时折痕数相对较为稳定，说明宽度大的试样的 T 型曲线越稳定。

由上述分析可以得出，试样宽度为 20mm 和 25mm 时，得到的剥离曲线较为稳定，因而为了试样加工的便利性和通用性，本文采用与拉剪强度试样相同的宽度，即 25mm。

4　剥离角对 T 型剥离曲线的影响

剥离角的位置示意图如图 7 所示。

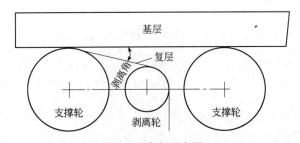

图 7　剥离角示意图
Fig. 7　Peel angle sketch map

由图 8 可知，剥离角将随着剥离轮的直径的增大而逐渐减小，当增大至和支撑轮直径相同时，剥离角减小为零，为了研究剥离角大小对剥离曲线的影响，本文设计了两个相同直径的支撑轮和 4 个不同直径的剥离轮，具体规格见表 2。

表 2　设计的支撑轮和剥离轮的直径
Table 2　Diameter of the support wheel and peel wheel

名　称	支撑轮	剥离轮 1	剥离轮 2	剥离轮 3	剥离轮 4
数量	2	1	1	1	1
直径/mm	28	28	24	20	16

采用规格为 1.2mm/8mm×25 mm×300mm 的爆炸轧制钛钢复合板分别在安装不同直径剥离轮的卡具上进行剥离试验，得到的剥离曲线如图 8 所示。

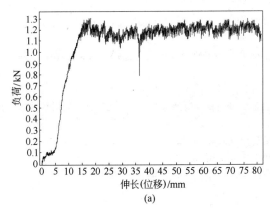

(a)

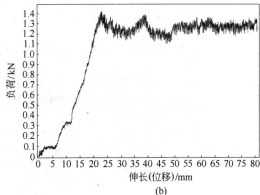

(b)

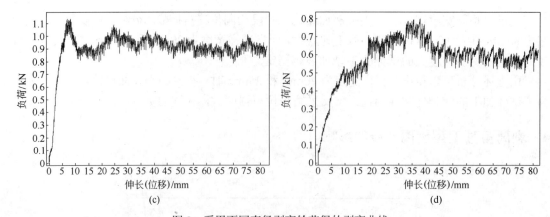

图 8　采用不同直径剥离轮获得的剥离曲线

(a) 剥离轮 1(ϕ28mm); (b) 剥离轮 1(ϕ24mm); (c) 剥离轮 1(ϕ20mm); (d) 剥离轮 1(ϕ16mm)

Fig. 8　Peel curve with different diameter of the peel wheel

(a) peel wheel 1(ϕ28mm); (b) peel wheel 1(ϕ24mm); (c) peel wheel 1(ϕ20mm); (d) peel wheel 1(ϕ16mm)

由图 8 可以看出，随着剥离轮直径与支撑轮直径大小差距的增加，即随着剥离角的增大，剥离曲线在稳定段的表现越来越不稳定，说明 T 型剥离法不适宜采用大的剥离角进行检验，因而为获得稳定的剥离曲线，应采用小的剥离角，为方便卡具的制作，应使剥离轮和支撑轮直径相同。

5　结论

通过对 T 型剥离曲线及其影响因素的试验和分析，本文最终得出以下结论：

（1）随着试样宽度的增加，剥离曲线在稳定段的震荡更趋向于平稳，且试验的重复性好，表现为稳定段一定距离复层的折痕数相同，为了便于试样的加工以及拉剪强度的通用性，可将试样宽度设计为与拉剪试样宽度一致即 25mm。

（2）剥离角对曲线在稳定段的表现影响较大，剥离角越小，剥离曲线在稳定段的表现越平稳，为使剥离角最小，应使剥离轮和支撑轮的直径相同。

（3）T 型剥离法当试样宽度和卡具设计适当时，能够获得稳定的剥离曲线，因而可以较好地表征复合板基复层的界面结合强度，适用于薄复层复合板结合强度的检验。

参 考 文 献

[1]　田雅琴,秦建平, 李小红. 金属复合板的工艺研究现状与发展[J]. 材料开发与应用，2006，2（1）：41～43.

[2]　马志新, 胡捷, 李德富, 李彦利. 层状金属复合板的研究和生产现状[J]. 稀有金属，2003，11(6)：799～803.

[3]　季晓鹏，庞玉华，袁家伟.浅析层状复合板轧制新工艺[J]. 甘肃冶金，2008,2(1)：41～43.

[4]　王耀华，尤峻，史长根. 爆炸焊接轧制复合板的结合界面研究[J]. 解放军理工大学学报（自然科学版），2002,1(6)：43～45.

[5]　李正华.生产复合板的主要方法及其基本特点[J]. 稀有金属材料与工程，1990（1）：71～74.

[6]　杨扬. 金属爆炸复合技术与物理冶金[M]. 北京：化学工业出版社，2005.

[7]　郑远谋. 爆炸焊接和金属复合材料及其工程应用[M]. 长沙：中南大学出版社，2002.

超长超厚 S30403/14Cr1MoR 复合板的热处理研究

张 迪 刘 昕 赵恩军 李子健 任 虎

（大连船舶重工集团爆炸加工研究所有限公司，辽宁大连，116023）

摘 要：本文对长度大于 10m、基板厚度超过 100mm 的 S30403/14Cr1MoR 爆炸加工复合板，分别采用退火和正火+回火对其进行消应力处理，并对两种热处理工艺后超长超厚 S30403/14Cr1MoR 复合板的检验数据进行分析和研究，得出正火+回火优于退火热处理工艺的结论。

关键词：爆炸加工；超长超厚复合板；S30403/14Cr1MoR；热处理

Research on the Heat Treatment of Super-Size S30403/14Cr1MoR Clad Plate

Zhang Di Liu Xin Zhao Enjun Li Zijian Ren Hu

(Dalian Shipbuilding Industry Explosive Processing Research Co., Ltd., Liaoning Dalian, 116023)

Abstract: In the paper, the length of the super-size S30403/14Cr1MoR explosion processing clad plate was more than 10m, and the thickness of the base plate was more than 100mm. Annealing and normalizing + tempering were used respectively to eliminate the explosion stress of the super-size S30403/14Cr1MoR clad plate. The test data of the clad plate after the two kinds of heat treatment were analyzed and researched. The conclusion was that normalizing + tempering is better than annealing for the super-size S30403/14Cr1MoR clad plate.

Keywords: explosion processing; the super-size clad plate; S30403/14Cr1MoR; heat treatment

1 引言

近年来，随着石油化工设备的不断大型化，压力容器设备的直径越来越大，壁厚越来越厚，导致市场对长度大于 10m、基板厚度超过 100mm 的超长超厚 Cr-Mo 钢爆炸加工复合板需求旺盛[1,2]。由于超长超厚 Cr-Mo 钢复合板在消除爆炸焊接应力的热处理过程中，不仅要保持复层不锈钢的抗晶间腐蚀能力，而且要恢复基层 Cr-Mo 钢各部位的综合力学性能，尤其是板材中部的力学性能，同时还要考虑复合板在后续制造容器过程中的加工和受热情况，其难度系数很大[3]。因此，本文对厚（5+130）mm、宽 1980mm、长 12150mm 的超长超厚 S30403/14Cr1MoR 爆炸加工复合板，根据产品技术要求进行了热处理试验研究，为今后超长超厚 Cr-Mo 钢复合板的大量生产积累数据。

作者信息：张迪，工程师，38132609@qq.com。

2　试验材料与方法

2.1　试验材料

试验所用复板为 S30403，符合《承压设备用不锈钢钢板及钢带》（GB 24511—2009）中的相关规定。基板为 14Cr1MoR，符合《锅炉和压力容器用钢板》（GB 713—2008）及《固定式压力容器安全技术监察规程》（TSG R0004—2009）附件 1"相关技术措施"中的相关要求。基、复板的化学成分见表 1，基板的力学性能见表 2。

表 1　基、复板化学成分
Table 1　Chemical composition of the clad and base plates　　　　(%)

化学元素	C	Si	Mn	P	S	Cr	Ni	Al	Mo	Cu	N	Fe
复板(S30403)	0.022	0.469	1.702	0.029	0.001	18.218	8.045	—	—	0.231	0.057	71.226
基板(14Cr1MoR)	0.130	0.530	0.500	0.007	0.002	1.230	0.080	0.055	0.500	0.050	—	96.916

表 2　基板的力学性能
Table 2　Mechanical properties of the base plate

取样位置	试样状态	室温拉伸			300℃拉伸 $R_{p0.2}$/ MPa	−10℃冲击 A_{KV2}/J		
		R_{eL}/ MPa	R_m/ MPa	A/%				
		≥300	510~670	≥19	≥230	均值≥54		
头部	A+Min. PWHT	485	600	20.5	400	240	501	184
	A+Max. PWHT	430	550	24.0	310	208	210	155
尾部	A+Min. PWHT	480	595	23.0	380	180	186	214
	A+Max. PWHT	405	540	25.5	295	166	158	185

2.2　试验方法

将同批号的 S30403 复板和 14Cr1MoR 基板，采用爆炸焊接的方法复合成厚（5+130）mm、宽 1980mm、长 12150mm 的超长超厚复合板，共两张。使用大型台式高温炉，分别进行了（680±15）℃退火、（910±15）℃正火（加速冷却）+（680±15）℃回火热处理实验，400℃以下装卸炉，升、降温速度控制为 50~100℃/h；再分别在 SXZ-12-10 型箱式炉中进行最大和最小模拟焊后热处理试验，在 WDW-100 型液压万能试验机上进行常温拉伸、高温拉伸、剪切、弯曲试验，在 JBNS-300 型冲击试验机上进行冲击试验。

3　结果与分析

3.1　技术要求

为对超长超厚 S30403/14Cr1MoR 复合板性能的均匀性有全面了解，分别在头部、尾部取样。样坯切取位置均垂直于最终轧制方向，且距板边缘大于一个板厚。室温拉伸和 300℃中温拉伸样坯取自板厚 T/4 处，−10℃冲击样坯取自板厚 T/2 处。拉伸、冲击样坯需做最大和最小模拟焊后热处理，晶腐试样热处理状态为最大模拟焊后态，剪切、弯曲试样为供货态。最小模拟焊后热处理（Min. PWHT）为（680±20）℃×3h，最大模拟焊后热处理（Max. PWHT）为（680±20）℃×12h，400℃以下装炉，升温速度不得大于50℃/h，降温速度不得大于60℃/h，400℃以下出炉在静止的空气中冷却。

3.2 退火后超长超厚 S30403/14Cr1MoR 复合板的性能

超长超厚 S30403/14Cr1MoR 复合板经（680±15）℃退火后的检验结果列于表3和表4。由表3、表4的数据可知，超长超厚 S30403/14Cr1MoR 复合板头部和尾部的常温拉伸、中温拉伸、低温冲击、剪切、弯曲和晶腐试验结果符合技术要求的规定，但是复合板的屈强比大于 0.8，且延伸率靠近合格线，冲击功略高于平均值，没有恢复到基板爆炸复合前的性能。这样的复合板在后续的设备制造过程中存在很大的质量隐患。

表3 退火后超长超厚 S30403/14Cr1MoR 复合板检验结果（1）
Table 3 Test date of the super-size S30403/14Cr1MoR clad plate after annealing (1)

取样位置	试样状态	室温拉伸			300℃拉伸 $R_{p0.2}$ / MPa	−10℃冲击 A_{KV2}/J		
		R_{eL}/ MPa	R_m/ MPa	A/%				
		≥300	510~670	≥19	≥230	均值≥54		
头部	A+Min. PWHT	540	660	20.0	395	102	90	88
	A+Max. PWHT	515	640	21.5	335	86	78	84
尾部	A+Min. PWHT	530	655	20.5	390	98	92	84
	A+Max. PWHT	505	625	22.5	320	66	78	68

表4 退火后超长超厚 S30403/14Cr1MoR 复合板检验结果（2）
Table 4 Test date of the super-size S30403/14Cr1MoR clad plate after annealing (2)

取样位置	试样状态	剪切 τ_b/ MPa	弯曲		晶腐 GB4334.E
			2.5a 内弯	4a 外弯	
		≥210	180°外侧无裂纹，界面无分层		10倍放大镜下无裂纹
头部	A	355	合格	合格	—
	A+Max. PWHT	—	—	—	合格
尾部	A	330	合格	合格	—
	A+Max. PWHT	—	—	—	合格

3.3 正火+回火后超长超厚 S30403/14Cr1MoR 复合板的性能

超长超厚 S30403/14Cr1MoR 复合板，经（910±15）℃正火（加速冷却）+（680±15）℃回火后，各项试验结果列于表5和表6。分析表5与表6中的数据可知，正火+回火后的超长超厚 S30403/14Cr1MoR 复合板，头部和尾部试样在经历最大和最小模拟焊后热处理后，均具有良好的室温拉伸性能，屈服强度比标准值高出 125~175MPa，抗拉强度在合格范围的中间段，延伸率也达到21.5%以上；复合板具有优良的中温性能，$R_{p0.2}$高出标准值50MPa以上；复合板也具有优越的冲击韧性，−10℃冲击韧性 A_{KV2} 约为150J，韧性储备充足；界面剪切强度达到300MPa以上；内外弯曲试验和复层的晶间腐蚀试验也合格。由此可见，经正火+回火热处理试验的超长超厚 S30403/14Cr1MoR 复合板具有合适的常温及中温强度,较高的塑性和韧性,良好的耐蚀性能,且头尾性能波动小,与技术要求相比有较大的富余量。

表5　正火+回火后超长超厚 S30403/14Cr1MoR 复合板检验结果(1)

Table 5　Test date of the super-size S30403/14Cr1MoR clad plate after normalizing and tempering (1)

取样位置	试样状态	室温拉伸			300℃拉伸 $R_{p0.2}$/ MPa	−10℃冲击 A_{KV2}/J		
		R_{eL}/ MPa	R_m/ MPa	A/%				
		≥300	510~670	≥19	≥230	均值≥54		
头部	A+Min. PWHT	470	625	21.5	375	152	162	176
	A+Max. PWHT	435	580	23.0	285	150	160	154
尾部	A+Min. PWHT	480	605	22.0	355	174	168	156
	A+Max. PWHT	425	570	23.5	270	140	142	146

表6　正火+回火后超长超厚 S30403/14Cr1MoR 复合板检验结果(2)

Table 6　Test date of the super-size S30403/14Cr1MoR clad plate after normalizing and tempering (2)

取样位置	试样状态	剪切 τ_b/ MPa	弯曲		晶腐 GB4334.E
			2.5a 内弯	4a 外弯	
		≥210	180° 外侧无裂纹,界面无分层		10 倍放大镜下无裂纹
头部	A	310	合格	合格	—
	A+Max. PWHT	—	—	—	合格
尾部	A	305	合格	合格	—
	A+Max. PWHT	—	—	—	合格

图 1 所示为经正火+回火热处理后的超长超厚 S30403 /14Cr1MoR 复合板基层的金相照片。照片显示基层 14Cr1MoR 钢板为均匀的下贝氏体。由于正火组织继承了形变奥氏体的位错及亚结构,所以试验材料有较高的强度和塑韧性[4,5]。回火时,马氏体中碳原子充分析出,在马氏体内和晶界上形成渗碳体颗粒并不断长大,α相再结晶为等轴状,位错密度降低,组织逐渐完全转变为均匀的下贝氏体,其塑性和韧性有很大提高,组织稳定性也相应提高,综合力学性能较好。

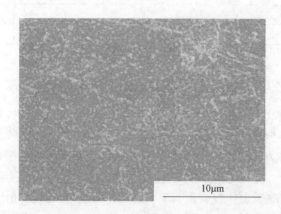

图 1　复合板经正火+回火热处理后基层的金相照片

Fig.1　Metallograph of the base plate after normalizing and tempering

4 结论

（1）采用退火工艺对超长超厚 S30403 /14Cr1MoR 复合板的爆炸焊接应力消除不够全面，无法完全恢复基板各项力学性能，因此退火工艺不适用于超长超厚 Cr-Mo 钢复合板的热处理。

（2）采用正火+回火工艺后，超长超厚 S30403/14Cr1MoR 复合板的各项力学性能优良，与技术要求相比有较大的富余量，因此超长超厚 S30403/14Cr1MoR 复合板最佳热处理工艺为（910±15）℃正火（加速冷却）＋（680±15）℃回火。

参 考 文 献

[1] 仇恩沦. 石油化工设备的大型化——压力容器行业的机遇和挑战[J].石油化工设备技术,2004,1:6～11.

[2] 宋文轩. 再论大型煤化工装置压力容器选材、设计和制造[J].化工设备与管道,2012,26(2):8～14.

[3] 薛巍,党兆凯. 国产 14Cr1MoR+SUS321 复合钢板性能研究[J].压力容器,2001,18:81～83.

[4] 杨海林,杨秀芹. 82mm 14Cr1MoR 钢板工艺性热处理工艺试验[J].特殊钢,2005,26(3):48～50.

[5] 杨海林,杨秀芹. 热处理工艺对 14Cr1MoR 钢的组织和性能的影响[J].金属热处理,2003,28(11):35～37.

膨胀波、激波在爆炸复合中的行为分析

郭新虎　张杭永　郭龙创　关尚哲　王　军

（宝钛集团有限公司，陕西宝鸡，721014）

摘　要：通过对超声速气流在变截面及自由界面的动力学行为分析，及超声速气流流过楔形障碍后的动力学行为分析，得到在爆炸焊接过程中，超声速气流在传播过程中形成膨胀波及激波的条件，以及超声速气流在流过膨胀波、激波后的行为特征。实验证明：强激波所形成的强间断面会使超声速气流状态发生突变，进而导致界面熔化现象和波形紊乱现象；超声速气流通过变截面时，可通过激波等形式来完成自调，形成新的、稳定的超声速气流；截面变化较快时，则形成紊乱。

关键词：超声速气流；膨胀波；激波；摩擦壅塞

Analysis on Behaviour of Dilatational and Shock Wave in Explosive Welding

Guo Xinhu　Zhang Hangyong　Guo Longchuang　Guan Shangzhe　Wang Jun

(Baoti Group Co., Ltd., Shaanxi Baoji, 721014)

Abstract: Through the dynamic behavior analysis of supersonic air flow in variable cross-section and the free interface surface, and the dynamic behavior analysi of supersonic air flow through the wedge obstacles, In the course of explosive welding, the conditions of Dilatational wave and shock waves formed, and the behavioral characteristics of supersonic flow flowing through the expansion wave, shock wave were found out. Experiments show that: The strong inter-state formed by strong shock wave make supersonic speed airflow changed much, which lead to interface melting and disorders, Supersonic flow through the variable cross-section, which can be self-adjusting, formed a new, stable supersonic airflow; When cross-section changes rapidly, formed disorder.

Keywords: supersonic speed airflow; dilatational wave; shock wave; friction choking

1　引言

　　金属复合材料由于良好的综合性能、高的性价比被广泛应用于石油、电力、化工、冶金、航空航天等领域。随着时代的发展，对金属复合板的需求越来越大，同时，要求也越来越严格。一方面，需要金属复合板有较大的面积，可以实现大型装备的制造；另一方面，需要金属复合板具有良好的剪切强度，避免复合板打孔时分层；同时，要求金属复合板有较好的均匀性。

作者信息：郭新虎，工程师，916622539@qq.com。

2 试验材料及方法

2.1 试验材料

试验的板材选用 SB 265Gr1/SA516Gr60，其化学成分和材料性能满足 ASME 标准范围的规定，试验规格为 3mm/30mm×2450mm×6150mm 两张。板材的力学性能见表 1。

表 1 基复材材质及元素含量
Table 1 Base compound material and chemical composition

	R_m/MPa	$R_{p0.2}$/MPa	A/%	$A_{KV}(0℃)$/J	$w(Fe)$/%	$w(O)$/%
复层 Gr1	355	211	38		0.04	0.05
基层 Gr60	495	334	30	147、155、134	余量	

2.2 试验方法

将材料 SB 265Gr1 作为复层、SA516Gr60 作为基层进行爆炸焊接，1 号复合板基复板间隙距离为 8mm，2 号复合板间隙距离为 10mm，其余参数不变。通过宏观的剥离界面分析及金相组织分析研究爆炸焊接时超声速气流的动力学行为。

3 爆炸焊接过程空气动力学分析

3.1 膨胀波和激波

超声速气流流经变截面时，将产生一道马赫波，若变截面增大，则形成膨胀波；若变界面减小，则形成激波。

3.2 膨胀波的形成机理

膨胀波是一种弱扰动波，超声速气流流过转折角为无限小的外钝角，如图 1 所示。超声速气流先是沿着与壁面 AO 平行的方向流动，由于在壁面 O 点向外转折了一个无限小的角度 $d\delta$，沿壁面流动的气流也就随着向外转折了一个相同的角度，继续沿壁面流动，超声速气流转折后，其压力、密度和温度等参数随着发生微小的变化，即受到微弱的扰动。因此在壁面转折处 O（即扰动源）必定产生一道马赫波 OL。马赫波 OL 与波前来流方向的夹角 $\mu = \arcsin\dfrac{1}{Ma}$。由于壁面转折所产生的扰动，只能传播到波 OL 以后的区域，而不能传播到波 OL 以前的区域。因此，在波前气流参数不变，而在气流波流过波 OL 后，气流参数值发生一个微小的变化。根据气体动力学气动方程

$$A = OD\sin\mu \tag{1}$$

经过马赫波 OL 后，截面积变为：

$$A + dA = OD\sin(\mu + d\delta) \tag{2}$$

$$\sin(\mu + d\delta) > \sin\mu \tag{3}$$

$$A + DA > A \tag{4}$$

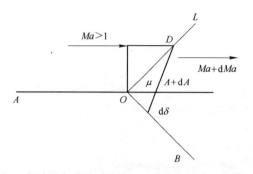

图 1　超声速气流流过外钝角（或外凸折壁）的情形
Fig. 1　The case of supersonic airflow flowing
through obtuse

假设气流经过壁面 *AOB* 是等熵的，超声速气流流过的面积增大时，气流速度增大，压力、温度和密度相应地降低，产生膨胀波。

3.3　激波的形成机理

激波是一种强压缩波，可以看成是无数多道微弱压缩波在条件下叠加而成的。只有超声速气体才能产生稳定的激波，假设起初激波的传播速度大于物体的运动速度，物体与激波间的距离也将增大，激波强度及其传播速度也将逐渐减小。但是，由于气体是以超声速运动的，当激波传播到一定程度的时候，其传播速度等于物体的运动速度，物体与激波的距离不发生变化，激波强度也不发生变化，这时则形成一道稳定的激波。

超声速气流沿内凹（折）壁流动、流向尖楔、或低压区流向高压区时就会产生激波，如图 2~图 4 所示。

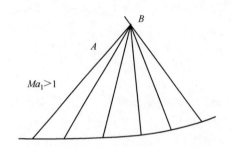

图 2　超声速气流流过内凹（折）壁产生激波
Fig. 2　Shock wave formed supersonic airflow
flow concave wall

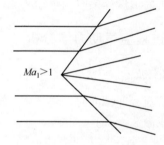

图 3　超声速气流通过尖楔产生的激波
Fig. 3　Shock wave formed supersonic
airflow flow sharp wedge

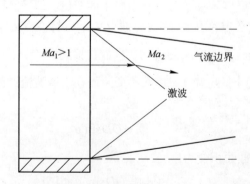

图 4　超声速气流由低压区流向高压区产生的激波
Fig. 4　Shock wave formed supersonic airflow low pressure to high pressure

3.4　流过楔形障碍后激波的形式

超声速气流流过楔形障碍后，形成附体激波和脱体激波（即强间断面），分为以下两种形式：第一，当气流的马赫数一定时，存在一个最大半顶角，当楔形障碍半顶角远大于最大半顶角时，激波由附体激波变为脱体激波；第二，当楔形障碍的半顶角一定时，存在一个最小气流马赫数，当当前的气流马赫数小于最小气流马赫数时，激波由附体激波变为脱体激波。如图 5 和图 6 所示。

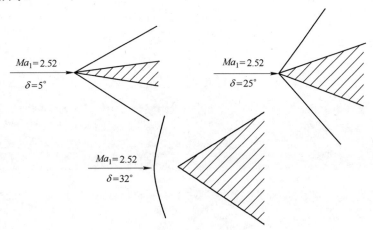

图 5　波前气流马赫数为定值时，激波形式的变化

Fig. 5　The changes of shock waves when Flow Maher number as a constant

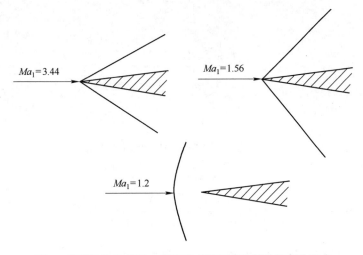

图 6　半顶角为定值时，激波形式随气流马赫数的变化形式

Fig. 6　The changes of shock waves as flow Maher number when the ha-angle as a constant

4　分析和讨论

爆炸复合后对两块复合板进行 UT 无损检测，结果表明：（1）1 号、2 号复合板整体贴合性均良好；（2）1 号复合板界面波不均匀，且界面波偏低（均在 12dB 以下），二次底波、三

次底波衰减较快（一次底波80，二次底波在25~60之间，三次底波在0~20之间），说明界面有夹杂、熔化等缺陷，2号复合板界面波较均匀，二次底波、三次底波衰减较慢，（一次底波80，二次底波在45~60之间，三次底波在30~40之间），说明界面结合较为良好均匀。对复合板不同区域进行界面剥离，如图7所示。

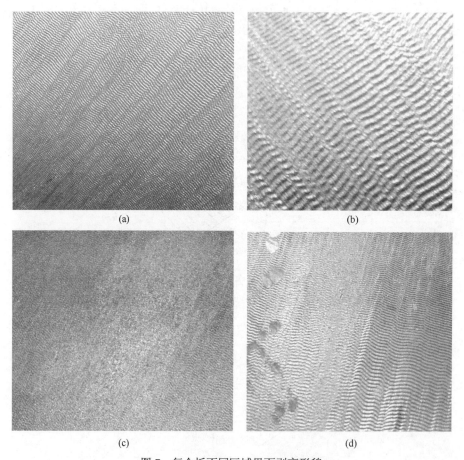

图7　复合板不同区域界面剥离形貌

（a）1号样品近中心区域界面剥离形貌；（b）2号样品近中心剥离形貌；

（c）1号样品近端部区域界面剥离形貌；（d）2号样品近端部界面剥离形貌

Fig. 7　Views of titanium/steel(Gr1/Gr60) interface separated

(a) separated interface view of the central part of Sample 1; (b) separated interface view of the central part of Sample 2;

(c) separated interface view of the edge part of Sample 1; (d) separated interface view of the edge part of Sample 2

爆炸复合时，炸药的爆速在2000m/s以上，远大于声音在空气中的传播速度，即认为在整个爆炸复合过程中，气流均为超声速气流。由图可以看出：（1）1号复合板复合界面波纹比较细密，在近中心区域波形较为整齐，在近端部区域有波形紊乱区域，且面积较大；2号复合板波纹粗大且呈金属光泽，在近端部区域波形依然规律，说明2号复合板爆炸复合时气流通道大，超声速气流不易堆积、堵塞、残留在界面形成缺陷。（2）图7(d)左侧的熔化紊乱区域，呈彗星状，很明显为超声速气流流过楔形障碍时形成的脱体激波，即高温高压的强间端面导致的。（3）两块复合板剥离形貌均呈现为长程有序，短程无序，说明超声速气流形成的膨胀波、激波可以根据复板板形的微变化自我调节，最终达到同步，这也很好地解释了在爆炸复合过程中小波浪群比大波浪弯更容易产生熔化、撕裂等缺陷。

5　结论

（1）随着气流通道的增大，气体容易排出，复合界面熔化、紊乱等缺陷较少。

（2）气流通过间隙柱障碍时，在波前形成强间断面，在强间断面处形成高温、高压，造成界面波形紊乱、熔化。

（3）膨胀波、激波流过凸凹折面时可进行自我调节，达到动态的稳定。

参 考 文 献

[1]　何立明，赵罡，程邦勤.气体动力学[M]. 北京：国防工业出版社，2009.

[2]　王耀华. 金属板爆炸焊接研究与实践[M]. 北京：国防工业出版社，2007.

[3]　郑远谋.爆炸焊接和金属复合材料及其工程应用[M]. 长沙：中南大学出版社，2002.

[4]　Blazynskits. Explosive welding forming and compaction applied science publishers Ltd., 1983.

[5]　许越.化学反应动力学[M]. 北京：化学工业出版社，2008.

[6]　姜宗林. 触摸高温气体动力学[J]. 力学与实践，2006, 5: 3~9.

[7]　杨亚郑. 高超声速飞行器热防护材料与结构的研究进展[J]. 应用数学和力学，2008, 1: 51~60.

爆炸–轧制 BFe30-1-1/CCSB 复合板的组织和性能研究

侯发臣　　邓光平

(1. 中国船舶重工集团公司第七二五研究所，河南洛阳，471039;

2. 洛阳双瑞金属复合材料有限公司，河南洛阳，471822)

摘　要：研究了爆炸焊接-轧制工艺制造的 BFe30-1-1/CCSB 复合板的组织和性能，经过爆炸复合、轧制后，BFe30-1-1-CCSB 复合界面组织良好，结合强度高；既具有良好的耐海水腐蚀性能，又有较高的强度、塑性和抗疲劳性能，可经受各种冷热加工，用于制作船舶耐压通海管道及主循环水系统是安全可靠的。

关键词：爆炸焊接；轧制；复合板；BFe30-1-1

Study on Microstructure and Property of BFe30-1-1/CCSB by Explosive Welding and Rolling

Hou Fachen　　Deng Guangping

(1. No. 725 Institute of China Shipbuilding Industry Corporation, Henan Luoyang, 471039;

2. Luoyang Sunrui Clad Metal Materials Co.,Ltd., Henan Luoyang, 471822)

Abstract: Microstructure and property of explosive welding and rolling BFe30-1-1/CCSB composite plate is studied. The result shows that after explosive welding and rolling, in the BFe30-1-1/CCSB bonding interface, better microstructure and higher bonding strength is got. With good resistance to sea water corrosion, higher strength, plasticity, fatigue resistance, and property of various cold and hot working, it is safe and reliable to use these composite plates to manufacture shipping anti-press under-seawater pipe and main-recycling-water system.

Keywords: explosive welding; rolling; cladding plate; BFe30-1-1

1　引言

采用爆炸焊接-轧制联合工艺制造金属复合板，既发挥了爆炸焊接工艺对材料的适用性广、界面贴合好、结合强度高的优点，又综合了轧制工艺生产效率高、可任意延伸展宽得到大幅面板材的长处，已成为国内外生产大面积金属复合板的研究热点和发展方向[1~4]。BFe30-1-1 为加入少量 Fe 的铜镍合金，也称为铁白铜，它具有很好的抗海水腐蚀性能和综合

作者信息：侯发臣，高级工程师，hfc_ly725@163.com。

力学性能，常被用于海洋工程，如海水冷却的换热工程[5]。CCSB 属优质的船体结构钢，与 BFe30-1-1 爆炸+轧制成复合板，充分发挥两种材料的物理力学性能，降低了设备的制造成本，具有广泛的应用前景，但两种本体材料性能差异悬殊，复合板制造难度较大，相关刊物鲜有报道。中船重工七二五研究所在国内首次采用该方法研制了 BFe30-1-1/CCSB 复合板，对其组织和性能进行了全面的试验研究和评价，这些试验结果对于工程设计人员了解轧制该种复合材料的工艺、组织和性能以及指导其应用具有重要的意义和参考价值。

2 复合板的界面组织

BFe30-1-1 与 CCSB 爆炸复合后和轧制后的界面形貌如图 1 所示。

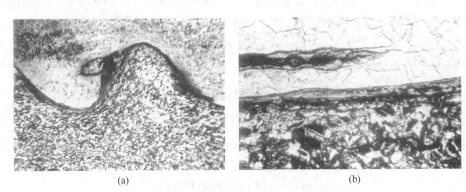

(a)   (b)

图 1 B30/CCSB 复合板的界面形貌
(a) 爆炸复合后(35×)；(b) 爆炸复合-轧制后(110×)
Fig.1 The interface morphology of B30/CCSB clad
(a) after explosive welding (35×); (b) after rolling(110×)

从图 1(a)可以看出，BFe30-1-1/CCSB 复合板具有爆炸复合特有的正弦波界面，并兼有前后漩涡。在界面处，BFe30-1-1 和 CCSB 经受了剧烈的塑性变形，由原来的等轴晶粒经过变形被拉长。显微硬度测试表明，在 BFe30-1-1 一侧远离界面的地方，显微硬度值为 1548，而界面处为 2200；在 CCSB 一侧，在距离界面约一倍波高处的显微硬度值为 1532，而界面处为 2120，可见在复合界面处，基材和复材均发生了明显的加工硬化。从图 1(b)看出，经过轧制以后，爆炸焊接的界面被碾平，前后漩涡熔化并变成了条带，由于加热作用，界面处的 BFe30-1-1 和 CCSB 均发生了再结晶，成为等轴晶粒，BFe30-1-1 的组织为 α 相，CCSB 的组织为珠光体和铁素体，其显微硬度测试值 CCSB 为 1520，复层 BFe30-1-1 为 1280，明显低于爆炸焊接态的测试值，这表明，不论是复层 BFe30-1-1，还是基层 CCSB，经过热轧后复合界面两侧的加工硬化均得到了消除。

3 复合板性能测试

3.1 界面结合强度

表 1 为按 GB/T 6396—2008 规定的试样尺寸及试验方法进行的 BFe30-1-1/CCSB 复合板的界面剪切强度、黏结强度试验结果。

表1　BFe30-1-1/CCSB 复合板界面结合强度

Table 1　The bonding strength in interface of BFe30-1-1/CCSB　　　　(MPa)

状　态	剪切强度		黏结强度	
	试验数据	平均值	试验数据	平均值
爆炸态	285, 290, 322, 276, 304	295	485, 545, 474, 470, 506	496
爆炸-轧制态	246, 258, 248, 277, 262	258	319, 331, 326, 338, 351	333

通常国内外均用界面剪切强度作为衡量复合板界面结合性能好坏的主要指标，而界面黏结强度仅供参考。从表1可以看出，无论是剪切强度还是黏结强度都有一个共同的特点，即爆炸态的数值均高于爆炸-轧制态。分析认为，这主要是因为轧制过程的加热作用软化了复合界面及两侧母材，这由前面的显微硬度试验结果得到了证明。同时可能还与界面两侧碳原子扩散导致基层钢侧铁素体带的形成有关。尽管如此，两种状态的剪切强度值仍远远高于GB13238—1991 和世界主要发达国家标准(ASTM A264、JISG 3604)的规定指标(国标为不小于 100MPa，美国和日本标准为不小于 98MPa)。可见，B30/CCSB 复合板无论是爆炸态还是爆炸-轧制态，其界面结合强度是可靠的。

3.2　拉伸性能

试样为板状带复层的全厚度拉伸试样，复合板的厚度为(2+14)mm，试验结果见表2。

表2　BFe30-1-1/CCSB 复合板的拉伸性能

Table2　The tensile properties of BFe30-1-1/CCSB

状　态	σ_s/MPa	σ_b/MPa	δ_5/%
爆炸-轧制态	264, 283, 276, 271, 257	430, 452, 421, 407, 445	30, 31, 36, 34,31
爆炸态	375, 381, 369, 390, 387	506, 497, 520, 512, 517	18, 17, 17, 15, 11

拉伸性能是压力容器等结构用材最主要的要求指标。GB13238 和 JISG 3604 规定，铜及铜合金复合钢板的抗拉强度值 σ_b 应不小于下式的计算值：

$$\sigma_b = \frac{t_1\sigma_{b1} + t_2\sigma_{b2}}{t_1 + t_2}$$

式中，σ_{b1}，σ_{b2} 分别为基材复材抗拉强度标准下限值，MPa；t_1，t_2 分别为基材复材的厚度，mm。延伸率分别要求不低于基材和应大于基材或复材标准值中低的一方，两个标准均未对屈服强度作出规定。美国 ASTM A264 标准规定复合板的屈服强度、抗拉强度、延伸率均不得低于基材。

对于 BFe30-1-1/CCSB 复合板，按上式计算的抗拉强度值为 σ_b=375 MPa。从表2看出，爆炸-轧制态的实测值均大于此值，且都在基材标准规定的 375~460 MPa 的范围之内。延伸率也均高于国标和美、日等国家标准的规定值(国标为不小于 26%、美国标准为不小于 26%、日本标准为不小于 23%)。

另外，在整个拉伸试样上，包括缩颈区和断口处，复合界面均完好，未发现界面分层开裂现象，说明 BFe30-1-1/CCSB 爆炸-轧制复合板可以经受大的塑性变形。

按照设计，船舶耐压通海管道等使用 BFe30-1-1/CCSB 复合板的部位，压力最高为

P=18.15MPa，筒体的环向应力值为 25.47MPa，轴向应力为 12.74MPa。同时，随着温度的升高，筒体还存在因 BFe30-1-1 和 CCSB 的线膨胀系数不同而产生的热应力，经粗略估算，运行温度为 100℃时存在于 CCSB 钢上的热应力为 7.85MPa。若把介质压力和热应力一起考虑，筒体 CCSB 钢上的环向应力约为 33.32MPa，轴向应力约为 20.59MPa。而对于压力容器设计来说，材料的许用应力，当以室温的抗拉强度为基准，其安全系数最大可取 4(美国、日本标准规定)。如果以试验测得的 BFe30-1-1/CCSB 复合板的抗拉强度值除以安全系数，所得到的许用应力远高于筒体的最大应力值，可见筒体在实际运行中是安全可靠的。

3.3 冲击性能

试样是从爆炸-轧制 BFe30-1-1/CCSB 复合板上截取的带复层和不带复层的标准夏比 V 型缺口试样，缺口垂直于板面，试验结果列于表 3。

表 3　BFe30-1-1/CCSB 复合板的冲击性能
Table 3　The impact properties of BFe30-1-1/CCSB

材　质	试验温度/℃	A_{KV}/J		复合界面情况
		试验数据	平均值	
带复层 BFe30-1-1/CCSB 试样	20	106, 116, 108, 110, 106	109	完好
	0	90, 86, 95, 89, 75	87	完好
不带复层试样	20	121, 115, 98, 109, 95	108	完好
	0	65, 90, 75, 70, 70	74	完好

冲击韧性是压力容器用材的重要技术指标，对于铜及铜合金复合钢板来说，尽管国标和大多数国外标准未规定，但要用于制造压力容器等设备就必须确保冲击韧性。从表 3 中看出，不管是带复层还是不带复层，0℃和 20℃时的数据均远高于 CCSB 钢板的标准值(0℃，不小于 27J)，复合界面也没有分层。可见，BFe30-1-1/CCSB 爆炸-轧制复合板具有良好的冲击韧性。另外，还可以看出，在 20℃时，BFe30-1-1/CCSB 复合板的 A_{KV} 值与去除复层的 A_{KV} 值差不多，但在 0℃时，带复层要比不带复层的 A_{KV} 值明显高，这可能是因为 BFe30-1-1 没有低温脆性的缘故，所以 BFe30-1-1/CCSB 复合板的冲击韧性要优于单一的 CCSB 钢板。

3.4 冷弯性能

爆炸-轧制 BFe30-1-1/CCSB 复合板的冷弯试验结果列于表 4。图 2 和图 3 所示为冷弯试验后试样的外观照片。

表 4　BFe30-1-1/CCSB 复合板的冷弯试验结果
Table 4　The cold bending properties of BFe30-1-1/CCSB

弯曲形式	试样数量	弯曲结果
内弯(BFe30-1-1 在内)	5	d=1.5a, 180°，完好
外弯(BFe30-1-1 在外)	5	d=2a, 180°，完好
侧弯	5	d=2a, 180°，完好

图 2　内、外弯试样的外观

Fig.2　Test samples of bending

图 3　侧弯试样的外观

Fig.3　Test samples of lateral bending

冷弯试验是考核材料承受冷变形的能力。国标和美、日等国标准都规定只做内弯和外弯试验，只有德国标准规定，需方要求时可以做侧弯试验。所有的标准中，弯曲角均为 180°，而弯心直径各不相同，国标和美国标准规定按基层钢的要求进行，而日本标准规定，内弯时按基层钢标准要求，外弯时按复材标准要求，若复材标准无冷弯规定，外弯可不做，并且无论是内弯还是外弯，当复材、基材标准规定的弯心直径 d 小于 $2a$ 时，均取 d 等于 $2a$。从表 4 可以看出，对爆炸-轧制 BFe30-1-1/CCSB 复合板不仅按最严的规定做了内弯、外弯试验，同时还做了侧弯试验，结果均完好。同时从冷弯试验后试样的外观也可以看到，复合界面即使经过大的弯曲变形仍未发生分层，证明其界面结合是牢固的。

3.5　疲劳性能

对爆炸-轧制 BFe30-1-1/CCSB 复合板进行了板状拉压疲劳试验，在试验过程中均保持恒定载荷，载荷按计算的名义应力 σ 等于 ± 257.5MPa 施加，结果列于表 5。

表 5　BFe30-1-1/CCSB 复合板的疲劳寿命

Table 5　The fatigue life of BFe30-1-1/CCSB

试样编号	应力/MPa	疲劳寿命/次		裂纹源位置
		单个试样值	平均值	
1	± 257.5	208956		1 处，在 CCSB 的外表面
2	± 257.5	235682		1 处，在 CCSB 的棱角上
3	± 257.5	226465	223874	2 处，在 CCSB 的外表面
4	± 257.5	230584		2 处，分别在 CCSB 的外表面和棱角上
5	± 257.5	217683		1 处，在 CCSB 的棱角上

对于复合板的疲劳性能，国内、外标准均未做规定，但从复合板制设备使用角度来说，设备每运行和停车一次，可以认为应力经过了一次循环，但其次数不会很高，估计不会超过 104 次。表 5 的试验结果表明，BFe30-1-1/CCSB 复合板的疲劳性能很好，即使在很高的应力振幅下仍有很高的疲劳寿命；在拉压疲劳的条件下，疲劳裂纹源首先在试样的外表面和棱角上产生，而不是在内部界面上，这表明在复合板的内部界面上，尚无可以成为微裂纹源的明显缺陷，因为明显的缺陷对于疲劳来说是敏感的，疲劳裂纹源首先在此处产生。试验结果也说明，当应力方向平行于板面时，疲劳不会引起复合板界面分层。可见筒体在运行过程中是安全可靠的。

3.6 扭转性能

扭转试样的尺寸为(2+14)mm×16mm×240mm，扭转部分的长度为 170mm，试验结果列于表 6，扭转后试样的外观如图 4 所示。

表 6 BFe30-1-1/CCSB 复合板的扭转性能
Table 6 The torsional properties of BFe30-1-1/CCSB

扭转形式	试样编号	扭转角度/(°)	结 果
单方向扭转	1	940	界面完好
	2	1080	界面完好
	3	1120	界面完好
往复扭转	4	0~360~0	界面完好
	5	0~540~0	在一端夹头处扭断，界面完好
	6	0~360~0	界面完好

图 4 扭转试验后试样的外观
Fig.4 Test samples of torsional properties

从试验结果可以看出爆炸–轧制 BFe30-1-1/CCSB 复合板经过大角度扭转和往复扭转这样苛刻的冷变形之后，复合界面依然能够保持完好不分层。这进一步说明了 BFe30-1-1 与 CCSB 结合界面是牢固的。

3.7 腐蚀性能

BFe30-1-1 具有良好的耐海水腐蚀性能，这是设计选用 BFe30-1-1 作为复层材料的原因和依据。在爆炸复合过程中，BFe30-1-1 复层材料除了在表面和界面的薄层受到瞬时高温作用外，其余部位没有受到强烈而持久的外部加热，因此 BFe30-1-1 的成分不可能产生明显的扩散，更不可能产生偏析，自然也就不会影响 BFe30-1-1 复层的腐蚀性能。

为了考察在随后的加热轧制过程中 BFe30-1-1 复层的成分扩散情况，利用扫描电镜对 BFe30-1-1/CCSB 爆炸–轧制复合板复层 BFe30-1-1 的主要组成元素(Cu、Ni、Fe、Mn、Mg)

进行了定性、定量分析，分析结果列于表 7。

表 7   BFe30-1-1 成分的扫描电镜分析结果
Table7   The scanning electron microscopy analysis results of BFe30-1-1

状 态	测试点距界面的距离/μm	化学成分(质量分数)/%				
		Cu	Ni	Fe	Mn	Mg
BFe30-1-1 原始板材		67.34	30.51	0.78	0.91	0.008
爆炸-轧制	25	66.89	30.48	0.92	0.90	0.005
	50	66.78	30.75	0.85	0.90	0.005
	100	66.59	30.91	0.76	0.90	0.005
	200	66.32	31.64	0.68	0.92	0.005
	300	65.97	31.75	0.62	0.92	0.005
	外表面	66.74	31.31	0.65	0.92	0.005

从表 7 的分析结果可以看出，复层 BFe30-1-1 在加热轧制过程中，元素扩散不明显，从界面 25μm 处一直到外表面，各元素含量几乎没有什么变化，且都符合 BFe30-1-1 的化学成分指标要求，由此可见，加热轧制也不会影响 BFe30-1-1 的腐蚀性能。

4   结论

(1) 采用爆炸焊接-轧制工艺制造的 BFe30-1-1/CCSB 复合板界面组织良好，界面结合强度高。

(2) 爆炸-轧制 BFe30-1-1/CCSB 复合板具有良好的综合性能，既具有 BFe30-1-1 的耐海水腐蚀性能，又具有较高的强度、塑性，也有较好的疲劳性能和较高的冲击韧性。

(3) 爆炸-轧制 BFe30-1-1/CCSB 复合板用于制作船舶耐压通海管道等结构件是安全可靠的。

参 考 文 献

[1] 马志新, 胡捷, 李德富, 等. 层状金属复合板的研究和生产现状[J]. 稀有金属,2003,27(6): 799~803.

[2] 李庆安, 王廷溥, 等. 爆炸焊接-热轧不锈钢复合钢板生产试验[J]. 钢铁, 1986, 21(3): 20~24.

[3] 李正华. 复合板的发展方向[J]. 稀有金属材料与工程, 1989, 4: 56~59.

[4] 郑远谋, 张胜军, 等. 不锈钢-碳钢大厚复合板坯的爆炸焊接和轧制[J]. 钢铁研究学报, 1996, 8(4): 14~19.

[5] 曹志明, 顾福明, 等. 海水换热器 BF30-1-1 的焊接工艺试验[J]. 焊接技术, 2003, 32(4): 16~18.

钛合金-不锈钢爆炸复合管接头研究

李　莹　朱　磊　庞国庆　王礼营　赵　惠

(1. 西安天力金属复合材料有限公司, 陕西西安, 710201;
2. 陕西省层状金属复合材料工程研究中心, 陕西西安, 710201)

摘　要： 爆炸复合法研制钛合金-不锈钢管接头解决了异种材料的焊接问题。通过调整炸药的密度，基、复材料的配比等参数，采用管棒爆炸复合的方法制备出该产品。本文通过对结合界面的 UT 探伤、金相观察、拉剪强度等方法来检验复合管接头的结合情况。结果表明：该产品的结合强度达到低强度母材的性能，且金相组织控制在小波纹无熔化的结合形态，达到了高水平的爆炸复合质量。过程控制实现了可焊性窗口下限焊接，试验结果与国外研究成果相一致。

关键词： 爆炸焊接；复合管；过渡连接

Research of Titanium Alloy-Stainless Steel Clad Tube by Explosive Welding

Li Ying　Zhu Lei　Pang Guoqing　Wang Liying　Zhao Hui

(1. Xi'an Tianli Clad Metal Materials Co.,Ltd., Shaanxi Xi'an, 710201;
2. Shaanxi Engineering Research Center of Metal Clad Plate, Shaanxi Xi'an, 710201)

Abstract: Explosive bonding development of titanium alloy and stainless steel clad tube can solve the problem of welding of different materials. By adjusting the density of the explosives, base and clad material ratio and other parameters, produced titanium alloy-stainless steel Clad Tube. The bonding strength was proofed by UT test, metallographic examination, the shear strength and other methods. The results show that: the bond strength reached the low strength of the base material of the products. Microstructure control in small ripple without fusion. To achieve a high level of quality of explosive cladding. The welding process is controlled to the lower weldability window, the test result is consistent with the latest research achievements abroad.

Keywords: explosive welding; clad tube; transition connection

1　引言

随着科学技术的不断进步，高科技产业相继崛起，对材料提出了新的更高的要求，单种金属材料在许多情况下很难满足各种工况的需求，因此新型双金属或多金属复合材料孕育而生，成为科技发展的方向，它兼有两种金属的优良性能，又可以解决许多单金属材料无法满足的工况条件。

作者信息：李莹，工程师，ly36342615@126.com。

钛合金与不锈钢本身无法通过熔化焊的方式进行焊接，因此我们研制钛合金-不锈钢爆炸复合过渡接头，使不可采用熔化焊的两种金属的连接变成同种金属间的焊接，从而为更多的民用及军用工程技术中异种金属的焊接问题提供了很好的解决方法和手段，另外过渡接头在作为结构材料使用时，可承受机械力、冷热作用应力，因此在具有较高的结合强度的同时，也有着优良的热循环性能，另外其密封性和作为结构材料使用的结合性能均要求很高，爆炸复合方法制备的管接头的密封性能优于其他加工方法，结合强度也比其他方法制备的管接头性能优良，可以达到低强度母材的性能，因此爆炸复合管接头的使用性能非常卓越。

本文介绍了钛合金外径ϕ89mm，不锈钢外径ϕ99mm，壁厚 5mm 的钛合金-不锈钢管接头的爆炸焊接过程控制，复合接头需要实现等强结合，其爆炸焊接过程控制首先是确定好所用的静态参数如炸药、间隙、表面质量等，其次应分析静态参数产生的动态参数在可焊性窗口所处位置是否恰当，由此完成过程的有效控制。

2 实验方法

2.1 原材料的准备

产品研制使用的基材为直径ϕ89mm，长度 300mm 的钛合金棒，复材为直径ϕ120mm，长度 300mm 的奥氏体不锈钢棒，基、复材成分及性能见表 1 和表 2。首先根据成品尺寸及爆炸复合工艺确定基复材的尺寸，然后通过机加工的方式得到爆炸前基、复材坯料，加工完成后对钛合金棒和不锈钢管内表面进行表面处理，清洗后进行安装组配待爆炸复合。

表 1 奥氏体不锈钢化学成分和力学性能
Table1 Austenitic stainless steel chemical composition and mechanical properties

检验项目	Si/%	P/%	Mn/%	C/%	S/%	Cr/%	Ni/%	R_m/MPa	A/%
			≤						
标准值	1.00	0.045	2.00	0.030	0.030	18~20	8~12	≥480	≥40
复验值	0.31	0.043	1.15	0.017	<0.005	18.03	8.44	691	244

表 2 钛合金化学成分和力学性能
Table2 Titanium alloy chemical composition and mechanical properties

检验项目	Ti/%	Ta/%	Fe/%	C/%	N/%	H/%	O/%	R_m/MPa	$R_{p0.2}$/MPa	A/%
					杂质元素≤					
标准值	基	5.5~6.5	0.15	0.08	0.03	0.10	0.15	350~500	250~400	≥25
复验值	余量	5.99	0.02	0.012	0.007	0.003	0.09	422	300	34.0

2.2 爆炸复合装置及工艺

爆炸复合使用外爆法，爆炸复合装置如图 1 所示。

按图 1 进行静态安装，制取长度 300mm 的复合棒，所用炸药为铵油混合炸药，炮场实测 R 值符合设计使用值。试验做到炸药使用量与使用条件保持相同。用探针法测得爆速 V_d 为 2300m/s。

复合棒试样用 UT 检验评定结合情况，金相观察结合界面形态，用压剪强度评定结合强度。

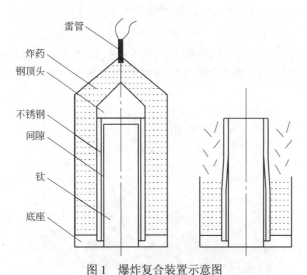

图1 爆炸复合装置示意图

Fig.1 Schematic diagram of explosive welding facility

3 结果及分析

3.1 试样制备

按照设计的爆炸复合工艺进行三次试验，得到爆炸复合样品 10 支，如图 2 所示。

图2 钛合金–不锈钢复合棒

Fig.2 Titanium alloy-stainless steel clad bar

3.2 UT 检验

采用英国声纳公司产 MASTERSACN 380M 数字式超声波探伤仪对上述复合棒试样进行超声波 UT 检验，结果显示，除两端 20mm 长左右为边界效应不结合区域外，其余中间部分为 100%结合。

3.3 金相检验分析

爆炸焊接时两金属倾斜碰撞，形成向外逸出的射流，带走表面脏污，清洁了金属表面，碰撞产生了高压，使干净的新露出的表面瞬间紧密接触，原子间的引力斥力发生并达到平衡，固态下两金属形成冶金结合。从图 3 结合界面照片可以看出，爆炸复合产品试样界面没有明显的熔化层，界面波形均匀，两金属形成小波纹的波纹状结合，不存在明显的缺陷，固态下两金属形成了冶金结合，达到了爆炸复合原理高水平的体现。

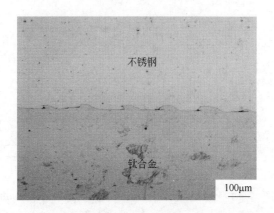

图 3   结合界面金相照片 100×
Fig.3   Bonding interface photos 100×

3.4   结合界面剪切强度

对于复合板，一般采用剪切试验来测试结合界面的强度，但是对于复合棒，国家没有相对应的标准来规定如何进行，对于小规格的复合棒我们可以参照 GJB3797 进行拉剪强度的测试，但是受试验设备的限制，对于直径大于 $\phi50mm$ 的复合棒按照上述方法无法进行，针对该产品，我们在不改变试样结构的基础上把原先施加的拉力变为压力，这样就可以弥补拉伸试验机夹持直径小的不足，进行该项试验。

剪切试样示意图如图 4 所示，把该试样置于试验机上，在钛合金一端施加一个向下的压

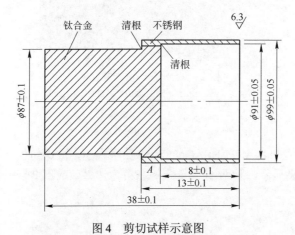

图 4   剪切试样示意图
Fig.4   Schematic diagram of the shear samples

力，直至将界面破坏为止，得到一个压力值 G，根据公式(1)计算可以得到该试样结合界面的强度。

$$\sigma_{br}=\frac{G}{A\pi L}\qquad(1)$$

试中：σ_{br} 为结合界面强度，MPa；G 为破断力，N；L 为测试长度，mm；A 为结合区长度，mm。

试验结果见表 3，断裂形貌如图 5 所示。试样完全断裂在界面位置，所得的试验数据应为真实的结合界面的强度。从结合界面强度值来看，完全可以满足产品订货要求 $\sigma_{br}\geqslant$ 240MPa。

表 3　钛合金–不锈钢复合棒结合界面剪切强度
Table 3　The shear strength of Titanium-stainless steel joint bars　　　(MPa)

组别	试验号	拉剪强度/MPa	平均值/MPa	$\dfrac{最大值-最小值}{最大值}$ /%	备　注
I	1-1	390			投料为同批不同根供货钛材
	1-2	375	377	6.4	
	1-3	365			
II	2-1	385		5.2	(1) 投料为同批、同根供货资料；
	2-2	365	376		
	3-1	380		1.3	(2) 调节 R 值
	3-2	375			

由表 3 可以看出，复合棒结合界面剪切强度高于钛合金的剪切强度 300MPa(钛合金的剪切强度=(0.6~0.7)×钛合金抗拉强度)，爆炸复合过程控制已实现了钛合金的等强结合，另一方面强度值会随过程控制的程度不同而变化。严格的过程控制条件下结合强度相对波动较小。

图 5　剪切试样断裂形貌图
Fig.5　The fracture morphology of the shear samples

满足上述检验要求的爆炸复合产品坯料，通过机加工的方法得到成品钛合金-不锈钢管接头，如图 6 所示。

图 6   钛合金–不锈钢管接头
Fig.6   Titanium alloy- stainless steel clad tube by explosive welding

4   过程控制的窗口位置

可焊性窗口是分析金属爆炸焊接的有效手段。两金属爆炸焊接时如果仅以达到结合不分层，不以结合强度评价过程控制参数，这样的结合容易实现，工艺参数范围较大，换句话讲，这样的可焊性窗口是较大的，如果有结合强度要求，比如说要求结合强度满足一般的工业标准，其实施的工艺参数就限于一个较小的最佳范围。随着爆炸焊接的高科技应用，许多"好焊件"要求具有最高的结合强度——等于母材的强度。这时的过程控制需要将工艺参数定位于可焊性窗口下限位置的较小范围。此时爆炸焊接原理得以充分体现，金属结合形态、结合强度达到了过程控制的最好状态。许多研究者着眼于可焊性窗口最佳焊接工作点位置研究，取得理论和实践两方面的进展。有研究者[4]获得的钛–不锈钢爆炸焊接窗口如图7所示。

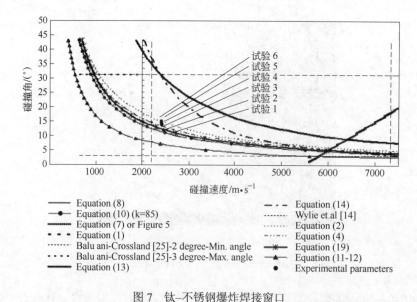

图 7   钛–不锈钢爆炸焊接窗口
Fig. 7   Explosive welding window of titanium-stainless steel

K.Raghukandan[5]和 mousavi[6]等研究钛–不锈钢爆炸复合得到了如图 8 和图 9 所示的结合区金相，他们的工作点在焊接窗口的位置如图 10 所示。图中上方的两个点与图 8 的研究对应，下方的四个点位置与图 9 研究对应。

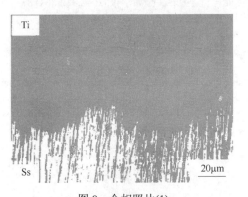

图 8　金相照片(1)
Fig.8　Bonding interface photo (1)

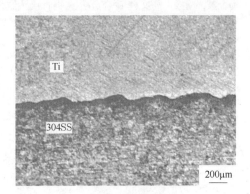

图 9　金相照片(2)
Fig.9　Bonding interface photo (2)

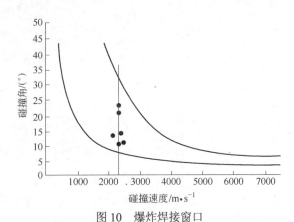

图 10　爆炸焊接窗口
Fig. 10　Explosive welding window

本项试验，如前所述测得炸药爆速为 2300m/s，相应于图 10 窗口横坐标垂直线位置，垂线穿过六个位置点附近区域，试验没有测量 β 角，但据图 3、图 8、图 9 金相分析比较， β 角大小和参考文献[6]所示接近。这样试验过程控制是更加接近窗口下限的区域，与国外同行的最新研究完全一致。

5　结论

(1) 确定合适的爆炸复合工艺及参数制备出小波纹、高强度的大直径钛合金-不锈钢管接头，解决了钛合金与不锈钢的过渡连接问题，节约了设备制造成本。

(2) 大直径复合棒的结合界面剪切强度可以在 GJB 3797 试样形式的基础上，选择压剪方式进行，断裂位置发生在两金属的结合界面，更真实地反应出界面的剪切强度。

(3) 等强结合的过程控制实现了可焊接性窗口爆速 2300m/s 左右的下限焊接。过程控制的窗口位置与国外同行研究成果一致，较好地符合了爆炸焊接的基本原理。

参 考 文 献

[1]　裴大荣, 郭悦霞, 等. 钛-不锈钢复合棒结合强度评价[J]. 稀有金属材料与工程, 1997, 26(5): 51~53.

[2]　周金波, 周廉, 高文柱.钛合金/不锈钢管接头结合性能评价方法[J]. 金属学报, 2002,38:586~587.

[3]　郑远谋, 黄荣光, 陈世红.锆合金与不锈钢过渡管接头的爆炸焊接[J]. 原子能科学技术, 2000, 34(1): 49~52.

[4]　Pezhman Farhad Sartang. Experimental Investigations on explosive cladding of cp-titanium AISI 304 Stainless Stell[J]. Materials Science Forum. 2008(580-582): 629~632.

[5]　Raghukandan K. A Study of the weld zones on Explosive cladded titan 12/ss304L plates[J]. Materials Science Forum. 2008(566): 285~290.

[6]　Akbari S A A. Mousavi. Effect of post-weld heat treatment on the interface microstructure of explosively welded titanium-Stainless steel composite clad[J]. Materials science and Engineering A.494(2008): 329~336.

1050A/T2/Q235B 过渡接头制造
工艺的研究

郭龙创　郭新虎　王　军

（宝钛集团有限公司，陕西宝鸡，721014）

摘　要：为了满足电解铝行业过渡接头的需求，采用两次爆炸复合的工艺路线制备 1050A/T2/Q235B 过渡接头，通过对其力学性能、复合率、界面组织及电阻值的检测分析，并与铝/钢过渡接头进行对比分析，结果表明 1050A/T2/Q235B 过渡接头的界面波形均匀，无明显微观缺陷，力学性能、电阻值全面优于铝/钢过渡接头，可以满足电解铝行业的使用要求。

关键词：过渡接头；爆炸复合；电阻值

Research on Manufacture Technology of Transition Joint of 1050A/T2/Q235B

Guo Longchuang　Guo Xinhu　Wang Jun

(Baoti Group Co., Ltd., Shaanxi Baoji, 721014)

Abstract: Based on the analysis of the mechanical properties, recombination rate, interface microstructure and resistance, also compared with aluminum/ steel transition joints, two explosion cladding technology were adopted for preparation of 1050A/T2/Q235B transition joints. The result show that 1050A/T2/Q235B transition joint has uniform interface wave, no obvious microscopic defects, its mechanical properties and resistance is better than that of aluminum/ steel transition joint, and can satisfy the using demand of the electrolytic aluminum industry.

Keywords: transition joint; explosive welding; resistance valve

1　概述

近年来，由于工业生产技术的发展，电解铝行业对于其所使用的设备要求越来越高，对其所使用的材料提出了更高的要求。现时情况下以爆炸焊接方式生产铝/钢等复合材料是生产电解铝设备过渡接头的主要方式，而单纯的铝/钢过渡接头已经渐渐难以满足设备不断提高的强度、导电性能等要求，并且其应用场合受到了限制。随着爆炸焊接技术的不断发展，采用两次爆炸复合的工艺路线制备的铝/铜/钢过渡接头和单纯的铝/钢过渡接头相比，具有强度高、导电性好的优点，是现在电解铝设备可以采用的理想材料。

作者信息：郭龙创，技术员，glch0527@163.com。

2 过渡接头爆炸焊接试验

2.1 试验材料

目前电解铝设备所使用的过渡接头一般为 12mm 厚的工业纯铝和 40mm 厚的低碳钢复合材料。为了提高过渡接头自身导电性及其力学性能，我们尝试选择使用 T2 作为过渡层，此次试验我们选择使用的材料规格为：

牌号 1050A/T2/Q235B，尺寸 11mm/2mm/42mm×1200mm×1500mm，2 块，分别编号为 1 号和 2 号。其中铝板、铜板以及钢板分别满足 GB/T 3190、GB/T 2040、GB 712 的要求。

对于过渡接头的力学性能，铝/钢过渡接头按行业要求一般应满足界面结合率 100%，界面剪切强度不小于 60MPa。

2.2 试验方案

由于铝、铜、钢是几种热物理性能相差较大的材料，其熔点、热导率、膨胀系数以及热导率差异较大，若采用常规熔化焊进行焊接，铝和铜容易氧化，使得焊后接头容易产生低熔点共晶体，产生热裂纹，产品结合强度不高，产品性能差。爆炸焊接会在界面上形成原子间的冶金结合，采用爆炸焊接的方式生产铝/铜/钢复合板再经过机加成为过渡接头成为现时情况下一种较为理想的制备方式。

制备方式采用分两次爆炸焊接的方式进行。

首先进行 T2/Q235B 的爆炸焊接，剔去有缺陷部位，对表面以 80 号、120 号千叶轮进行抛光处理之后再以 1050A 作为复板进行爆炸焊接。

3 测试结果及分析

第一次爆炸焊接后，目测复合板表面质量整体良好，边部 5~10mm 区域有少量撕裂现象，边部无熔化现象产生，剔去边部撕裂区域后经 UT 检测结合率为 100%。第二次爆炸焊接后，复合板靠近边部 50mm 表面有少量波纹状扭曲出现，边部切边不整齐，边缘 15mm 区域有部分不贴合现象，复合板经剔边后根据《复合钢板超声波探伤方法》（GB/T7734—1987）UT 检测结合率为 98%，根据接头要求尺寸，可以保证交货状态做到结合率 100%。

3.1 UT 检测

经 UT 检测结果整板结合良好，UT 检测图形如图 1 所示。

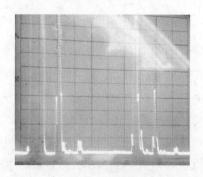

图 1 复合板探伤波形图

Fig.1 The ultrasonic inspection waveform of the cladding plate

UT 检测波形稳定有序，无明显杂波，可以看出此次复合板结合良好。

3.2　金相检测

界面金相检测结果如图 2 所示。

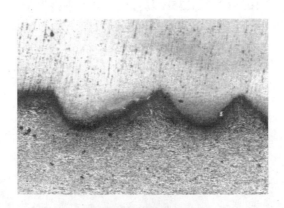

图 2　复合板界面金相图

Fig.2　The metallographic phase diagram of the interface

从图 2 可以看出，复合板界面为波状结合，波形基本稳定，未出现界面熔化现象。

3.3　界面剪切强度

界面剪切强度（参考 GB 13238—1991）及弯曲性能测试数据如图 3 所示。

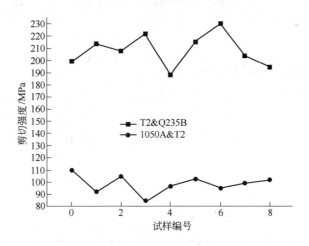

图 3　复合板界面剪切强度

Fig.3　The interfacial shear strength of clad plates

通过对试样做力学性能测试，发现铝铜一侧剪切强度最低 84MPa，主要集中在 90~110MPa 之间，铜钢一侧最低 188MPa，主要集中在 190~210MPa。此外我们又进行了其弯曲试样的检验，发现内弯及侧弯均未发现分层现象。这样的数据首先超过了铝/钢复合板剪切强度不小于 60MPa 的要求，若在后期对工艺进行调整，定会有更好的发展。

3.4 电阻率

铜的电阻率是 $1.75×10^{-8}\Omega·m$，铝的电阻率是 $2.83×10^{-8}\Omega·m$，钢的电阻率是 $9.78×10^{-8}\Omega·m$，厚度 13mm/42mm 的 1050A/Q235B 复合板测试电阻率是 $8.53×10^{-8}\Omega·m$。

此次爆炸焊接生产的 1050A/T2/Q235B 复合板，厚度规格为 11mm/2mm/42mm，在成品远离边部 100mm 区域取样做电阻率测试，试样规格为直径为 ϕ50mm 的圆柱，经测试其电阻率为 $8.12×10^{-8}\Omega·m$，低于 1050A/Q235 复合板电阻。

所用试样的规格为直径 ϕ50 的圆柱（如图 4 所示），1050A/T2/Q235B 厚度为 11mm/2mm/42mm。

图 4 复合板试样
Fig.4 The sample of clad plates

4 分析与讨论

4.1 复板厚度大，造成焊接难度增大

由于进行本次试验所使用的铝板厚度为 12mm，复板位移与时间的关系以及冲压力的持续时间都取决于复板的厚度，此类厚复层复合材料进行爆炸焊接时，复板从其上表面反射出来的冲击波到达焊接界面的时间较长，为了防止已焊界面没有得到足够的冷却而破裂，选择使用低爆速炸药进行。

4.2 铝板熔点低，焊接窗口小

铝本身熔点较低，焊接窗口小，焊接参数的选择难度较大。若选择参数较大，则容易在界面处出现熔化，在界面的熔化区产生较多的脆性金属间化合物，这样的复合板结合强度低，可加工性能差，难以满足使用需求。若选择参数较小，则容易出现由于产生的金属射流少，难以起到清理结合表面的作用，造成局部不贴合，或者强度不够的问题，因此必须严格控制焊接参数。

对于焊接参数的确定，我们采用最小碰撞速度下限经验公式：

$$v_{pmin} = K\sqrt{\frac{H_v}{\rho_f}} \tag{1}$$

式中，K 为常数，一般取 0.6~1.2（表面质量越好，则取值越小）；H_v 为金属材料的维氏硬度；ρ_f 为金属材料密度。计算出其最小碰撞速度，再根据最小质量比公式：

$$R_{\min} = K_1 \frac{v_d v_{p\min}}{(1.2v_d - v_{p\min})^2} \tag{2}$$

式中，v_d 为炸药爆速。之后再根据理论计算数值来确定单位面积下限装药量：

$$C_{\min} = R\min(m_f) \tag{3}$$

式中，m_f 为单位面积复板质量。

通过对炸药爆炸速度的测定，结合以上理论计算公式，我们确定其装药量，寻找焊接参数下限进行爆炸焊接。

4.3 边界效应

进行爆炸焊接时，装药边界产生的稀疏波使得复板边界处爆轰产物的压力衰减比中央快，复板边缘质点的运动速度达不到设计值，从而造成边部局部不贴合的现象，复层越厚其边界效应更明显。试验中采用了复板尺寸大于基板尺寸 30mm 的措施，将边界效应延伸至基板之外，经试验后，效果良好，大大减少了边界效应对主体材料的影响。

4.4 加工硬化

在进行 1050A/T2/Q235B 制备的第二次爆炸焊接前，T2 本身已经经历了一次爆炸焊接，T2 表面由于爆炸时产生的冲击波而得到了一定程度的加工硬化，对于再爆炸焊接是不利的，为了尽可能减少爆炸加工硬化带来的负面效应造成的二次爆炸界面分层现象，我们选择在二次爆炸之前对 T2 的表面使用 80 号、120 号千叶轮进行抛光处理，以去除表面硬化层，消除由于加工硬化造成的影响。

5 结论

铝/铜/钢爆炸复合材料复合率及力学性能完全满足电解铝行业过渡接头的要求，和单纯的铝/钢复合材料相比，具有更高的电导率、更优秀的力学性能，而且和铝/钢复合材料相比，铝/铜/钢爆炸复合材料的应用范围更加广泛，在电解铝以及其他行业有着广阔的前景和未来。

参 考 文 献

[1] 王耀华. 金属板材爆炸焊接研究与实践[M]. 北京：国防工业出版社. 2007.
[2] 邵炳煌. 张凯，爆炸焊接原理及其应用[M]. 大连：大连工学院出版社. 1987.
[3] 布拉齐恩斯基 T Z. 爆炸焊接、成型与压制[M]. 北京：机械工业出版社. 1988.
[4] 郑远谋. 爆炸焊接和爆炸复合材料的原理及应用[M]. 长沙：中南大学出版社. 2007.
[5] 史亦韦. 超声检测[M]. 北京：机械工业出版社. 2005.
[6] 韩顺昌. 爆炸焊接面相变与断口组织[M]. 北京：国防工业出版社. 2011.

大面积钛/钢复合板复层撕裂问题研究

夏小院　方　雨　刘　东　夏克瑞　张　剑　杭逸夫

（安徽弘雷金属复合材料科技有限公司，安徽宣城，242000）

摘　要：本文综述了大面积、薄复层钛/钢复合板爆炸焊接的缺陷状态及工艺改进。通过大量的工程试验发现，其在爆轰波传播到特定位置时在边缘区域容易出现复层褶皱，甚至撕裂的现象，从而影响了该类复合板的成材率。为减少此类缺陷的产生，从爆炸工艺上提出了改进的措施。

关键词：大面积；钛/钢复合板；支撑；撕裂

Study of the Tearing on Cladding Layer of Large Area Titanium/Steel Cladding Plate

Xia Xiaoyuan　Fang yu　Liu Dong　Xia Kerui　Zhang Jian　Hang Yifu

(Anhui Honlly Clad Metal Materials Technology Co., Ltd., Anhui Xuancheng, 242000)

Abstract: This paper summarizes the explosive welding defect situation and process improvement of Large area、thin cladding layer titanium/steel explosive bonding clad plate. Through a lot of engineering tests we found that when the detonation wave spread to a specific location, cladding fold even tear phenomenon could be found on the edge of the area, which affect the yield rate of this clad plate. Some explosion process improvement measures have been made to reduce such defects.

Keywords: large area; titanium/steel cladding plate; support; tear

1　引言

随着科学技术的不断发展，人们对材料的需求日益多元化。双金属复合材料以其集两种不同金属的物理、化学、机械性能与一体的性能优势，受到化工、电力制药、航空等领域的追捧。随着爆炸焊接技术的应用和发展，已经形成一个爆炸加工领域使用炸药最多、产值最大、应用最广、前景最好最活跃的一个分支，是炸药破坏性性能的一种创新。爆炸焊接的过程就是利用炸药爆炸产生的能量，推动复层金属沿爆轰传播方向依次向基层金属高速倾斜碰撞，在碰撞点附近产生高温、高压，最终实现异种金属包括压力焊、熔化焊、扩散焊于一体的冶金焊接。在实际生产过程中，对于相溶性好的异种金属，爆炸焊接出现不贴合的问题，可以采取熔化焊进行补救，但对于钛/钢爆炸焊接复合材料，采用熔化焊时，界面上形成 TiFe、Ti_2Fe 等脆性金属间化合物，在熔池冷却过程中就出现开裂，无法补救。因此人们在大面积钛/钢复合板雷管区不焊、边界效应、鼓包、过熔、基体裂纹、复层撕裂

作者信息：夏小院，工程师，24292238@qq.com。

等问题上进行了大量的研究。本文针对大面积、薄复层钛/钢复合板（复层厚度不大于2mm）复层特定位置褶皱及撕裂问题进行了大量的实验和研究。

2 缺陷状态

大量工程实验发现，对于复合板长度大于4000mm、复层厚度为2mm的矩形大面积、薄复层钛/钢复合板，在爆轰波传播方向与边缘呈30°~45°夹角的区域，复层钛板易褶皱及撕裂（如图1所示AB段），从褶皱或撕裂缺陷开始向远离起爆点的方向同时会伴有一定面积的不贴合。图2所示为复层褶皱现象和复层撕裂的实例照片，剔除褶皱或撕裂区域的复层，发现结合面存在严重的过熔现象（如图3所示）。

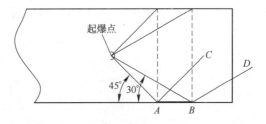

图1 AB段易出现边缘褶皱、裂纹等缺陷的位置示意图
Fig.1 A to B part is easily to reveal edge fold,crack and other defects

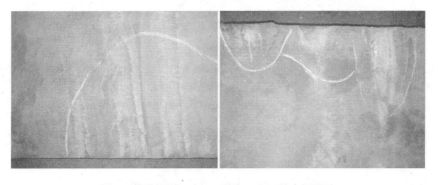

图2 边缘褶皱（左）、裂纹（右）的实例照片
Fig.2 Photograph of edge fold (left) and cracks (right)

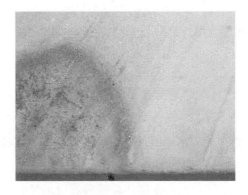

图3 褶皱区域去除复层基板缺陷
Fig.3 After removing the clad layer of folding area, the defects on base layer

3　缺陷形成原因分析

如图 4 所示，v_d 为炸药爆轰传播速度，v_c 为碰撞点的移动速度，v_p 为复层碰撞基层的速度，β 为碰撞角，h 为复层与基层的支撑高度。结合大量实践和相关文献，对于钛/钢爆炸焊接复合板安装完毕后，在理论上基材、复材的各项力学性能、物理性能、炸药爆轰传播速度 v_d、复层与基层的支撑高度 h 等静态参数已经确定，其动态参数碰撞角 β、碰撞速度 v_p 等也可以确定。但在实际生产过程中，炸药的性能（包括爆速、猛度等）、材料的力学性能和物理性能都存在一定的不均匀性和不稳定性（不均匀性表现在炸药或材料内部成分、组织的不均匀，不稳定性表现在炸药受天气等各类因素的影响），装药高度、支撑间隙的高度也因材料的不平、人为操作的原因都存在变动，这就造成碰撞角 β 和碰撞速度 v_p 等动态参数的波动。

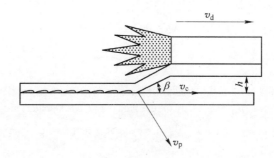

图4　平行安装爆炸焊接瞬态参数示意图
Fig.4　Diagrammatic sketh of explosion welding dinamic parameter provided parallel mounting

由图 4 分析，碰撞速度 v_p 为碰撞点移动速度 v_c 在碰撞角垂直方向上的一个分量，因此有：

$$\sin \beta = v_p/v_c = v_p/v_d \tag{1}$$

$$\beta = \arcsin v_p/v_d \tag{2}$$

同时引用式(3)[1]：

$$v_p = \sqrt{2E}\left(\frac{3}{1+5R_1+4R_1}\right)^{1/2} \tag{3}$$

式中，E 为单位质量的炸药能量爆炸后转化为动能的一部分；R_1 为单位面积上炸药的质量和复板的质量比。

根据式(2)和式(3)[2]，结合复层边缘褶皱、裂纹出现的情况，装药高度、炸药爆轰速度、材料的力学和物理性能、R_1 等静态参数基本固定。支撑间隙 h 越大，加速的时间越长，炸药的能量转化为复板动能的占比越大，碰撞速度 v_p 也就越大，碰撞角 β 也就越大。

当碰撞速度 v_p 小于一定值时，在碰撞点产生的压力不超过材料的强度极限，在材料表面只能形成弹性变形加塑性变形，无法形成射流和结合面的波形，也就无法实现焊接；反之当碰撞速度 v_p 或碰撞角 β 大于一定值时，在爆炸焊接后表现出来的就是焊接波纹粗大，严重的就是结合面过熔、褶皱、甚至撕裂。因此分析认为在这个特定位置出现的褶皱和复层撕裂是因为复层钛板与基层钢板在爆炸焊接的瞬间，其间距或碰撞速度 v_p 超出了"焊接窗口"[3]，不考虑复层平整度的问题下，平行安装过程中的间距 h 也是固定不变的。最终将原因锁定为 v_p 过大。

根据式(3)，平行安装后在炸药稳定爆轰阶段，v_p 是一个定值，这与实践结果不相符。在这里，引用应力波进行分析，如图1所示，爆轰波传播到 A 点时，其产生的应力波因边界反射，按 AC 方向反射，与此同时，在 AC 的起始端 A 点，爆轰波传播到此处，在 A 点附近就形成一个反射的应力波与爆轰波的叠加，使得复层金属在这个合力的作用下，以更高的加速度向基层金属运动，使得碰撞点碰撞速度显著提升。同时参考边界效应，在 A 点区域，爆轰波停止，使得 A 点的能量分布变得集中。采用边缘能量聚集也能很好地解释这一问题，当爆轰波传播到 B 点后，反射的应力波与爆轰波的相位将不一致（复层钛材其应力波传播的速度为爆轰波传播速度的三倍左右），反射的应力波不再因相互干涉出现最大程度的叠加，v_p 较 A 点出现了很大的降幅，复层褶皱和撕裂的现象消失。

4 改进措施

（1）通过上述分析可以知道，碰撞能过大是造成 AB 段易出现褶皱、撕裂现象的原因之一，通过实验，采取阶梯装药的方式，可有效缓解此问题。

（2）在复合板长度轴线方向布置爆速较高的炸药，通过高爆速炸药沿长轴方向的爆轰而先引爆主体炸药，这样既使得主体炸药传爆距离缩短，又改变了爆轰波传播方向，从而改变爆轰波与边缘易撕裂区域的夹角，将易撕裂区域引到复合板爆炸焊接尺寸之外。经过大量的实验发现，上述措施基板能避免复层褶皱和撕裂问题的发生。

5 结语

大面积、薄复层钛/钢复合板爆炸焊接在距离引爆点 1.5~2m 的位置，边缘复层易产生褶皱和撕裂的缺陷，应通过阶梯装药和在复合板长度轴线方向加高爆速引爆线方式来避免此类缺陷的产生。

参 考 文 献

[1] 郑哲敏, 杨振声. 爆炸加工[M]. 北京: 国防工业出版社, 1981.
[2] 杨扬. 金属爆炸复合技术与物理冶金[M]. 北京: 化学工业出版社, 2006.
[3] 王礼立. 应力波基础[M]. 北京: 国防工业出版社, 2005.
[4] (美)埃兹拉. 金属爆炸加工的原理与实践[M]. 张铁生, 梁宜强, 谭渤, 译. 北京: 国防工业出版社, 1981.
[5] 郑远谋. 爆炸焊接和金属复合材料及其工程应用[M]. 长沙: 中南大学出版社, 2002.
[6] 王耀华. 金属板材爆炸焊接研究与实践[M]. 北京: 国防工业出版社, 2007.

控制爆炸焊接空气冲击波有害效应的几点思考

张越举　孟繁和　姚　政　王　勇　赵恩军

（大连船舶重工集团爆炸加工研究所有限公司，辽宁大连，116021）

摘　要：本文陈述了爆炸加工企业目前面临的困境，主要是被动地接受面积越来越大的复合材料加工订单，导致单次爆炸药量越来越大，造成爆炸有害效应对周围环境的影响越来越明显，以及随着爆炸场地周围居民的环境意识的提高，对爆破冲击振动和爆炸噪声的感受越来越敏感，从而给爆炸加工企业提出了更高的要求。本文分析了爆炸有害效应产生的工艺性根源，在综述各企业目前对危害的防范措施和一些工艺改进措施的基础上，展望了爆炸焊接复合材料工艺的发展方向，提出了应发展和研究最大化利用和消耗能量的新工艺方法。

关键词：爆炸焊接；复合材料；爆炸冲击波；噪声；能量利用与消耗

Several Thoughts on Controlling Explosive Welding Air Shock Wave Harmful Effects

Zhang Yueju　Meng Fanhe　Yao Zheng　Wang Yong　Zhao Enjun

(Dalian Shipbuilding Industry Explosive Processing Research Co., Ltd., Liaoning Dalian, 116021)

Abstract: This paper states the problems of the explosive welding metal cladding manufactories have been faced to at present. The problems mainly is that the manufactories must receive larger and larger area processing order of cladding materials, which induced the mass of explosives for once ignition becoming more and more, therefore the explosive hazard to surroundings becoming more and more remarkable. In other hand, with inhabitant around raising themselves awareness of environmental protection, they become more and more sensitive to the explosive hazard, especially to the explosive shock wave and the blasting noise. All this put forward explosive welding manufactories higher request. In this paper, we analyzed the explosive hazard source in process technology aspect, and on the base of reviewing some manufactories preventive measures to the hazard and some changes to the explosive welding process, the explosive welding cladding materials industry development direction have been viewed. An idea which maximize the use and exhaustion of the explosives energy should be as a new process technology proposed and researched.

Keywords: explosive welding; cladding materials; explosive-produced air Shock; blasting noise; energy using and exhausting

1　引言

爆炸焊接加工技术工业化应用最早的文献记载时间是 1957 年，当时美国杜邦公司成功

作者信息：张越举，高级工程师，zhangyueju2002@sina.com。

地将铝与钢板爆炸焊接在一起，并应用在工业设备中。之后前苏联、日本、英国、德国和中国相继进行爆炸焊接的研究与应用。1967年，我国第一块大面积爆炸焊接复合板在大连诞生，标志着中国已经研究获得了初步的爆炸焊接层状金属复合材料的技术。在这之后，爆炸焊接技术突飞猛进，研究者们在各种金属之间进行了大量试验研究，获得了上百种组合的金属层状复合材料加工控制的精细参数。半个多世纪以来，爆炸焊接层状复合材料已经发展为一种高效加工技术，生产出了大量的双层和多层金属复合材料，已在包括石油、化工、食品、机械、航空、航天等领域大量应用，为世界经济发展做出了重要贡献。

　　尽管人们在爆炸焊接技术研究方面获得了巨大的成功，并爆炸焊接了巨量的异种金属层状复合板，为世界经济的发展做出了重要的贡献，但随着时间的推移，爆炸焊接复合材料企业却面临着越来越多的复杂困境。

2　爆炸焊接复合材料行业面临的困境

2.1　爆炸复合板面积越来越大

　　随着爆炸复合板在工业装备中的应用越来越广泛和设备的大型化，设备设计者们逐渐地从设备的结构、制造和工艺等方面进行优化，设计中将复合板的尺寸放大。这给材料加工企业带来非常大的困难。众所周知，爆炸焊接加工层状金属复合板的质量，主要依赖于炸药的爆炸性能。爆炸焊接技术需要的炸药属于工业低爆速炸药，并且炸药处于亚稳定爆轰状态。也就是说，炸药的爆速不能太高，一般在2000~3000m/s的范围内。在这种爆轰速度范围内，炸药稳定爆轰性能决定了爆炸复合板的复合质量。然而，爆炸焊接专用炸药的研究并没有因此而受到各爆炸加工企业和研究者的重视。这主要是因为，爆炸焊接技术尽管对炸药的爆轰性能要求较为苛刻，但目前在爆炸焊接领域广泛使用的工业炸药经过一定的调整，还是可以在一定程度上满足层状金属复合板加工的需求[1,2]。在尺寸较长的大面积金属复合板的爆炸焊接方面，由于存在着炸药长距离爆轰的不稳定性，经常出现焊接的质量缺陷问题。虽然对于大多数异种金属组合，可以通过直接的堆焊修复或者对于少部分异种金属组合通过二次爆炸焊接修复，但这无疑会大大增加材料加工的成本和降低材料加工的效率，给行业的发展造成非常大的压力。

2.2　爆炸焊接的冲击波和噪声问题越来越受到重视

　　目前通用的爆炸焊接加工工艺为炸药平铺在复板表面，炸药爆炸加速复板经一定距离达到一定速度后，高速倾斜碰撞放置在基础之上的基板。炸药属于裸露爆炸。炸药裸露爆炸，直接作用在空气介质上，在距离较近的区域形成空气冲击波，随着距离的增加，空气冲击波的强度逐渐衰减。当空气冲击波超压随着距离衰减至0.02MPa以下后，爆炸空气冲击波转变为噪声。目前，我国的爆炸焊接企业面临的最大问题就是爆炸噪声对周围居民的影响问题。噪声对人的影响是一个复杂的研究课题，爆炸产生的强烈噪声，对作业人员容易导致头痛、耳鸣、失眠多梦、记忆力衰退、疲劳、迟钝、烦躁易怒等现象，导致生产效率低下，甚至发生工伤事故或死亡；若长时间接触还会使听阈升移，更有可能发展为噪声性耳聋，也可能造成内分泌系统失调等不良影响[3]。分析爆炸焊接对环境的噪声影响时，主要考虑距离衰减因素，一般忽略地面效应、雾和温度等影响因素。声级表达式可以为：

$$L_{A(R)} = L_{A(R_0)} - 20\lg_{10}\frac{R}{R_0} - \Delta L \tag{1}$$

式中，$L_{A(R)}$ 为距声源 R 处的声级值，dB(A)；$L_{A(R_0)}$ 为距声源 R_0 处的声级值，dB(A)；R 为测量点距离声源的距离，m；R_0 为参考位置距离，m；ΔL 为其他衰减因子，dB(A)，主要为山谷和树林隔声衰减。

声级的表达式也可以通过下列方式获得。

根据炸药在无限空气介质中爆炸时空气冲击波超压的计算公式[4]：

$$\Delta p = 0.082\frac{W^{1/3}}{R} + 0.26\left(\frac{W^{1/3}}{R}\right)^2 + 0.69\left(\frac{W^{1/3}}{R}\right)^3 \tag{2}$$

式中，W 为炸药的 TNT 当量，kg；R 为计算点距离爆炸中心的距离，m。

由空气超压计算爆破噪声声级的公式为[5]：

$$S = 20\lg\frac{\Delta p}{p_0} \tag{3}$$

式中，S 为声压级别，dB；Δp 为空气冲击波超压，10^6Pa；p_0 为声压有效值，在噪声测量中通常取 2×10^{-5}Pa。

显然，在距离较远的地方，超压的大小主要由距离的二次方决定，因此，关于噪声声级的公式（1）和（3）是等效的。

我国爆破安全规程认为，爆破冲击波对人员的安全超压应低于 2000Pa，爆破噪声应低于 160dB。事实上，有研究表明[6]，当爆破噪声低于 120dB 时，人们对噪声有一定反应，但可以接受；当爆破噪声在 120~129.9dB 区间时，人们普遍有被惊吓的轻微感觉，但在偶发时，可以接受；但当噪声大于 130dB 时，人们会有强烈的被惊吓感，普遍表现出强烈的反感；当爆破噪声达到 140dB 以上时，在没有保护的情况下，人的耳膜有疼痛感，难以忍受。

3 应对爆炸空气冲击波危害的措施

爆炸焊接加工对环境影响的主要原因是能量利用效率太低。目前的爆炸焊接采用炸药/复层金属板/基层金属板的三明治组装工艺，真正用于使复层金属与基层金属产生冶金焊接结合的能量不到炸药能量的 1/4 左右。大部分的炸药能量以空气冲击波、地基物质的飞散、地震波等形式浪费掉。在这些被浪费的能源中，又以空气冲击波对周围环境的影响最大，范围最广，也是影响爆炸焊接企业生存最关键的因素。过去的研究大多集中在爆炸焊接工艺及原理方面，经过科研和生产实践人员的不懈努力，在爆炸焊接技术方面做出了卓越的成绩，不论在各种材料组合方面，在工艺措施方面，在专用炸药研制方面，还是大面积加工方面，都取得重大突破。然而，在爆炸焊接工艺技术环保方面的研究较为鲜见。近年来，随着人们环境意识的提高，爆炸焊接加工对环境影响因素已经成为爆炸焊接技术研究的迫在眉睫的重要课题。也已有人关注到了这一问题[7~9]，并对此进行了研究[10~12]。

目前，对于爆炸焊接空气冲击波的解决措施，大体上有以下几方面：

（1）寻找远离居民的山区，通过高大山体和茂密树林消耗空气冲击波。由于空气冲击波和爆炸噪声的强度随着传播距离的增加而衰减，远离居民区是最简单并被长期采用的一种选择。

（2）建造人工掩体。美国的 DMC 公司采用弃用的军事工程，在人工山洞中实施爆炸焊接加工作业(如图 1 所示)。日本的旭化成采用钢筋混凝土建造了半封闭式的人工掩体(如图 2 所示)。我们注意到，爆炸焊接加工复合板现在无论是在美国还是在日本，产量基本上处于萎缩状态，这也说明了其所依赖的掩体并不能满足大量进行爆炸加工金属复合板的需求。2007 年在大连船舶重工集团爆炸焊接研究所建造了一个 36m 直径的半球体全钢结构的阻波装置。结构体的设计药量为 1.2t 铵油炸药。由于半球体结构设计有上排烟口和进出通道口，爆炸焊接时，冲击波通过这两个出口后，在方圆一定距离内的冲击波和噪声强度仍然较大，为了控制这种影响，实际施工药量控制在 350kg 铵油炸药以下的低水平运行，如图 3 所示。

(a)   (b)

图 1　美国 DMC 公司的人工掩体爆炸焊接场地
（a）爆炸洞的前出口；（b）爆炸洞的后出口和通风设备
Fig.1　The America DMC Co., Ltd. explosive welding artificial shelters
(a) forward export; (b) behind export and air-moving devices

图 2　日本旭化成公司的覆土拱顶式爆炸洞
Fig.2　The earth covered arch explosive site of Asahi Kasei Corporation

图 3   大连船舶重工集团爆炸加工研究所半球形钢结构覆土爆炸洞
Fig.3   The earth covered hemi-spherical steel structure explosive site of Dalian Shipbuilding Industry Explosive Processing Research Co., Ltd.

（3）近真空的封闭空间内的爆炸焊接工事。荷兰 SMT 爆炸焊接复合材料加工公司设计了一种封闭的空间体，并增加了抽真空的设施[13]。在爆炸焊接装置及爆破器材安装完毕后，对封闭空间进行抽真空。当封闭空间内的真空度达到一定水平后，实施爆炸焊接作业（如图 4 所示）。这种装置的原理是改变炸药爆炸冲击波传播介质特征。众所周知，在真空中，炸药爆炸的冲击波是无法传播出去的，其能量主要通过爆轰产物的膨胀和热辐射等向外释放。因此，封闭空间内的抽真空法应用了这一原理。但由于爆炸焊接的空间较大，抽真空的设备能力需要提高，工作效率也受到很大影响。事实上，即使采用了这种措施，周围 3.5km 外的居民也经常抱怨爆炸噪声和空气冲击波给他们生产生活造成的不良影响。

图 4   荷兰 SMT 公司可抽真空的封闭式钢结构爆炸洞
Fig.4   The vacuumed and sealed steel structure explosive welding site of the STM-Holland

（4）工艺措施的改造方法。汪育等[14]认为，双立式爆炸焊接、水下爆炸焊接和爆炸+轧制三种工艺，是爆炸焊接行业实现节能减排和大规模标准化生产的发展趋势。文章对这三种工艺进行了论述，认为双立式的组装结构比目前普遍采用的平行法爆炸焊接节省 2/3 的炸药，并能有效降低爆炸冲击波、地震波和噪声对周围环境的影响，节省了生产成本。事实上，目前爆炸+轧制工艺已经在某些尺寸规格和材质组合的产品上获得了应用，并生产了大批的板材。然而，爆炸+轧制虽然解决了大面积复合材料在爆炸加工时，可采用较厚的复层和基层板的小尺寸规格，从而降低炸药爆炸量，降低爆炸对环境的危害，但这种工艺方法具有很大的局限性，如在复层较薄、基层又非常厚的尺寸组合情况下，爆炸+轧制的工艺显然就不能满足加工需求了。水下爆炸焊接工艺目前仅在研究性论文中看到爆炸焊接小板面的复合板，且其工艺特征是炸药在水面爆炸，水作为传压介质将能量传递给复层，主要针对复层非常薄的情况。然而，在水下爆炸焊接时，复板和基板之间的密封性成为这种工艺实施的一个非常大的难题。另外，如果不将炸药置于一定深的水中，这种水下爆炸焊接工艺也无法有效地削弱空气冲击波和噪声的强度。关于双立式爆炸焊接，是一种具有很好发展前景的工艺措施。首先，提高了炸药的能量利用率，其次，由于将炸药的能量相比传统工艺来说提高了一倍，因此，从理论上来说，炸药爆炸产生的空气冲击波和噪声的强度将大大降低。这种工艺措施最大的局限是安全防护问题。早在 1995 年，大连理工大学力学系就进行了类似的相关实验和工程实践，由于存在着极大的安全问题，这种实验和工程实践被搁置。史长根等人[15]在双立式爆炸焊接的防护方面进行了研究，目前研究结果还不能满足爆炸焊接较大板面复合板的需求，需要进一步深入探索。

4 爆炸焊接发展方向的思考

由于目前还没有研究和发展出一种完全可以替代爆炸焊接加工大面积层状金属复合材料的成熟工艺，可以预见，在一段较长的时间内，爆炸焊接加工工艺仍然是加工高质量金属复合板的主要方式。有鉴于此，我们就必须针对这种工艺和当前的加工现状提出切实可行的方案，降低爆炸焊接加工给环境带来的危害，显著减少对周围居民生产生活的影响。这里我们提出以下两点建议：

（1）研究和实施化整为零的工艺更改措施。这个建议包含两方面情况：1）如果在复合板设备的设计上能够裁剪为小面积板的，要积极与客户及客户的客户进行沟通，通过协商，将大面积复合板裁剪为多块板分别爆炸，从而降低单次起爆药量 W，进而降低爆炸导致的空气冲击波和噪声的危害；2）如果在设计上确实不能或者无法说服客户对大面积复合板订单进行裁剪，则可进行多次爆炸焊接的方法。显然这种方法也避免了单次爆炸药量 W 过大的问题，同时保证了复合板的基板为整张板的要求。这方面，我们已经在工业生产上进行了工程实践，取得了良好的效果。当然，对于不同的基板材质，这种多次爆炸，仍然需要进行多方面的研究工作，对于爆炸焊接工作者和科研人员，有发挥才能空间。比如工艺细节的研究、多次爆炸焊接对材料性能影响的研究及数值模拟、热处理制度研究等。

（2）消耗能量的对称式多层爆炸焊接工艺。虽然双立式爆炸焊接这种工艺目前还存在着许多需要科研人员和工程人员研究的课题，但其理念对削弱爆炸焊接加工带来的空气冲击波及噪声危害会有很大作用。理由是这种工艺方式建立在提高能量利用的基础上。如前所述，空气冲击波和噪声源于炸药能量大量地作用在周围空气上，用于焊接的能量很少。如果将作用在空气上的能量大部分地利用和消耗掉，必然会显著地降低空气冲击波和噪声的强度和影响范围。这方面，我们可以将这种双立式的工艺理念和爆炸成形的工艺实践结合起来。在我们的爆炸成形实践中，炸药爆炸通过介质加工成形坯料板坯的同时，将传压介质抛散开来，被抛撒的传压介质（水或沙）吸收了大量炸药能量，使得炸药爆炸产生的空气冲击波和噪声的强度大大被削弱。因此，我们提出，应研究消耗能量的对称式多层爆炸焊接工艺。这种工艺的研究，应涉及很多方面的内容，比如安全方面的、操作性方面的、焊接质量方面的等。

但可以预见, 这种工艺将给爆炸焊接加工企业带来继续发展的活力, 能在现有或者较苛刻的作业场地内进行较大面积复合板爆炸加工工作的希望和可能。

参 考 文 献

[1] 杨学山, 朱磊, 吴江涛等:水分含量对爆炸复合用炸药性能的影响[J]. 四川兵工学报, 2013,34(2): 38~40.

[2] 孙光, 熊代余, 龚兵, 等. 粉状铵油炸药现场混装车的设计与应用[J].爆破器材, 2013,42(5): 27~30.

[3] 徐文洁. 大型爆炸焊接场环境影响评价指标体系研究[D]. 成都: 西南交通大学, 2013.

[4] 宋浦,肖川, 梁定安, 等. 炸药空中与水中爆炸冲击波超压的换算关系[J]. 火炸药学报, 2008,31(4):10~13.

[5] 纪冲, 龙源, 刘建青. 爆破冲击性低频噪声特性及其控制研究[J]. 爆破, 2005,22(1): 92~95.

[6] 刘益勇, 吴新霞. 向家坝水电站爆破噪声控制标准研究[J]. 长江科学院院报, 2005, 22(6): 41~43.

[7] 段卫东. 爆炸焊接的安全评估和安全防护措施[J]. 中国安全科学学报, 1999, 9(6): 41~44.

[8] 曲艳东.爆炸焊接过程的安全评价与安全管理[J]. 工程爆破, 2009, 15(3): 84~87.

[9] 史长根,洪津,蒋国良, 等.爆炸焊接危害机理分析[J]. 爆破器材,2009, 38(3): 28~30.

[10] 王等旺, 张德志, 李焰, 等.沙墙吸能作用对爆炸冲击波影响的实验研究[J]. 实验力学, 2011, 26(1): 37~42.

[11] 于盛发, 闫鸿浩, 李晓杰. 爆炸焊接用半球结构体的降压实验[J]. 辽宁工程技术大学学报(自然科学版), 2008, 27(增): 157~159.

[12] 秦小勇. 大型爆炸焊接半球消波器研究[D]. 大连: 大连理工大学, 2008.

[13] Buijs N W. Explosive welding of metals in a vacuum environment[J]. Stainless steel world, 2010: 1~4.

[14] 汪育, 史长根, 李焕良, 等.金属复合材料爆炸焊接综合技术发展新趋势[J]. 焊接技术, 2013, 42(7): 1~5.

[15] 史长根, 汪育, 徐宏. 双立爆炸焊接及防护装置数值模拟和试验[J]. 焊接学报, 2012, 33(3): 109~112.

电解行业中应用的新材料铅钢复合板

李　亚　邓光平　曲瑞波　韩　刚

（1. 中国船舶重工集团公司第七二五研究所，河南洛阳，471039;

2. 洛阳双瑞金属复合材料有限公司，河南洛阳，471822）

摘　要：简述了己二腈的应用和生产现状。以青岛某公司为例，介绍了铅-钢复合板的制作工艺及性能，总结了该材料在国内电解行业中的应用效果。

关键词：爆炸焊接；铅-钢复合板；己二腈；电解

New Materials of Lead-Steel Cladding Plate in Electrolytic

Li Ya　Deng Guangping　Qu Ruibo　Han Gang

(1. China Shipbuilding Industry Corporation Luoyang Ship Material Research Institute, Henan Luoyang, 471039;

2. Luoyang Sunrui Clad Metal Materials Co., Ltd., Henan Luoyang, 471822)

Abstract: The application and situation of adiponitrile is described. The lead-steel composite plate produced process and performance is introduced and the application of lead-steel composite plate in electrolysis industry for the first time with a company in Qingdao for example is summarized.

Keywords: explosive welding; lead-steel composite plate; adiponitrile; electrolysis

　　爆炸焊接也称爆炸复合，是利用炸药爆轰作为能源进行金属间焊接的一门新兴边缘学科和具有实用价值的高新技术。它的最大特点是能够在瞬间将不同的金属组合强固地焊接在一起。它的最大用途是制造大面积的各种组合、各种形状、各种尺寸和各种用途的双金属及多金属复合材料[1]。

　　爆炸复合材料作为一种新材料，已广泛应用于化工、造船和城市轨道等行业。本文以青岛某化工公司为例，简述铅-钢复合板在无隔膜式丙烯腈电解二聚法生产己二腈上的成功应用。

1　己二腈简述

　　己二腈(ADN)是一种无色透明的油状液体，易燃，分子式为 $NC(CH_2)_4CN$，有毒性和腐蚀性，主要用于生产己二胺(尼龙 66 的原料)、己内酰胺，此外，在电子、轻工以及其他有机

作者信息：李亚，工程师，380520651@qq.com。

合成领域也有着广泛的应用[2]。

我国目前还没有己二腈工业化生产装置，己二腈的需求一直全部依赖进口。随着我国尼龙 66 产业的快速发展，中间体己二胺对原料己二腈的需求量逐渐增大，这在很大程度上影响了我国相关产品的经济效益和国际市场竞争力。因此，己二腈产业在国内具有非常广阔的市场前景。

2 铅-钢复合板在己二腈生产中的应用

目前已实现工业化的己二腈生产路线主要有三种：(1)以传统的己二酸为原料的催化氨化法；(2)以丙烯腈为原料的电解二聚法；(3)以丁二烯为原料的生产工艺[3]。

丙烯腈(AN)电解二聚法生产工艺于 20 世纪 60 年代由美国孟山都公司率先开发成功，逐步从隔膜式电解法发展到无隔膜式电解法[2]。无隔膜式丙烯腈电解二聚法在电解过程中根据阳极和阴极的作用不同，对材质要求也各异。

阳极材料除需满足一般电极材料的基本需求（如导电性、催化活性强度、加工、来源、价格）外，还需能在强阳极极化和较高温度的阳极液中不溶解、不钝化，具有很高的稳定性。经过大量实验证明，Q245R 是己二腈电合成中较好的阳极材料。

阴极材料对丙烯腈的氢化二聚过程起重要作用。己二腈的最佳产率是在具有较高氢过电位的金属如铅、镉、石墨中得到[4]，考虑石墨机械加工性能较差，镉成本较高，对环境污染较大等因素，最终选择金属纯铅（Pb1）作为阴极。电极材料的物理性能见表 1。

表 1 电极材料的物理性能
Table 1 The performance of electrode material

材料牌号	密度/g·cm^{-3}	熔点/℃	抗拉强度/MPa	声速/m·s^{-1}	维氏硬度(HV)
Pb1	11.34	327	15	$1.3×10^3$	4~6
Q245R	7.85	1460	410	$4.6×10^3$	150~160

电极设计方案一般有两种：一是单极式，即将铅板和钢板分别做正负极，平行放置在电解槽中；二是复极式，即先将铅和钢做成复合板，然后平行放置在电解槽中。复极式电解槽两端的电极分别与直流电源的正负极相连，成为阳极或阴极。电流通过串联的电极流过电解槽时，中间各电极的一面为阳极，另一面为阴极,因此具有双极性，且具有设计简单、克服铅板变形、能耗低等优点。复极式电解槽结构如图 1 所示。

图 1 复极式电解槽结构示意图
Fig.1 The structure of bipolar electrolyzer

到目前为止，铅和其他金属大面积结合有一些方法，例如浇注法、电解法，这些方法通常不能保证满意的性能，两种金属间的结合强度很低，但是爆炸焊接后的铅复合材料可以弥补以上方法的缺陷[5]。

中国船舶重工集团公司第七二五研究所与青岛某公司为无隔膜式丙烯腈电解二聚法生产己二腈所需电极板采用了国内先进的爆炸焊接工艺，铅板在炸药爆轰驱动下高速运动，与Q245R 钢板发生倾斜碰撞，碰撞点瞬间呈流体状态，实现冶金结合。使用爆炸焊接法生产铅-钢复合板具有厚度比适应广、效率高、结合性能良好、成本低等优点。生产工艺流程如图 2 所示。

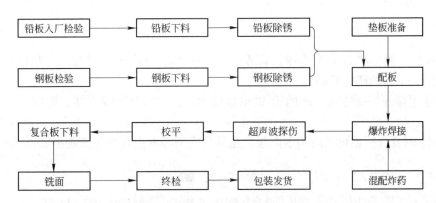

图 2 铅-钢复合板生产工艺流程图

Fig.2 The production process of lead-steel composite plate

复合板阳极材料为 Q245R，厚度为 4 mm，阴极材料为金属纯铅（Pb1），厚度为 2 mm。电极板尺寸为 330 mm×960 mm。纯铅（Pb1）与 Q245R 经过爆炸焊接制成复合板，然后经过矫平、切割和表面抛磨等加工后就可以用于电极板的制造。成品铅-钢复合板如图 3 所示。

图 3 成品铅-钢复合板

Fig.3 Lead-steel composite plate product

表 2 铅-钢复合板的主要性能

Table 2 The performance of lead-steel composite plate

批号	剪切强度/MPa	波高/mm	波长/mm	平整度/mm·m^{-1}	表面粗糙度 Ra/μm	26℃，电阻率/×10^{-7}Ω·m
	18	0.103	0.371	0.50	3.012	2.20
1	22	0.095	0.383	0.52	2.934	2.24
	14	0.090	0.365	0.51	2.958	2.13
	15	0.120	0.386	0.49	3.159	2.18
2	17	0.120	0.388	0.51	2.955	2.11
	18	0.107	0.393	0.51	3.162	2.21

　　表 2 列出了研制的电解用铅-钢复合板的主要性能指标。爆炸复合板的界面剪切强度在 10 MPa 以上（设计要求值为大于 10 MPa），复合板的结合率达到 100%（设计要求值为大于 95%）。采用爆炸焊接方法生产的电极板具有制造工艺简单、成本低、效率高、性能质量可靠且复合层结合强度高等优点，目前已应用在无隔膜式丙烯腈电解二聚法生产己二腈电解槽中。较其他材料及方式生产的电极板，使用爆炸焊接方式生产的铅钢电极板生产己二腈具有收率高、产品质量高、低污染等优点。

3 结论

　　（1）爆炸焊接生产铅-钢复合板具有成本低、效率高、性能稳定等优点，是材料科学及其工程应用的一个新的研究领域。

　　（2）使用爆炸焊接方式生产的铅-钢电极板生产己二腈具有收率高、质量高、低污染等优点。

　　（3）铅-钢复合板也可以应用于阳极放出氧气，阴极发生有机化合物电还原的反应中。

参 考 文 献

[1] 郑远谋, 黄荣光, 陈世红. 爆炸焊接和复合材料[J]. 复合材料学报, 1999, 16(1): 14~21.

[2] 马源, 禹保卫, 张海岩. 己二腈生产工艺比较[J]. 河南化工, 2007, 24(24): 4~6.

[3] 王志峰. 己二腈的应用与开发[J]. 四川化工与腐蚀控制, 1999, 4(2): 48~50.

[4] 樊凯非, 沈飞, 任诚. 己二腈生产工艺综述[J]. 化工进展, 2003, 22(10): 1129~1131.

[5] 郑远谋. 爆炸焊接和爆炸复合材料的原理及应用[M]. 长沙: 中南大学出版社, 2007.

减少爆炸焊接中边界效应的应用研究

刘　东　方　雨　夏克瑞　赵鹏飞　张　剑　杭逸夫

（安徽弘雷金属复合材料科技有限公司，安徽宣城，242000）

摘　要：本文阐述了爆炸焊接过程中存在的边界效应以及边界效应对复合板边界结合质量的影响。通过对几组复合板的爆炸实验研究，找到了一种既可以减小爆炸复合过程中的边界效应，又可以节约复层有色金属材料的方法。特别对于锆、钛、钽、铌等贵重稀有金属，大大节约了生产成本，对于生产爆炸焊接复合板的企业具有实质性意义。

关键词：爆炸焊接；复合板；边界效应

Flying Plate Edge Applied Research in Explosive Welding

Liu Dong　Fang Yu　Xia Kerui　Zhao Pengfei　Zhang Jian　Hang Yifu

(Anhui Honlly Clad Metal Materials Technology Co., Ltd., Anhui Xuancheng, 242000)

Abstract: This paper describes the edge effect and edge effects explosion welding process exists on the edge of the composite board combining quality impact study by the explosion of several groups of experimental composite board, found a complex process can reduce the explosion of edge effect , and the method can save multiple layers of non-ferrous materials, especially for zirconium, titanium, tantalum, niobium and other precious metals, greatly saving production costs, explosive composite panels for large-scale production enterprises have substantial significance.

Keywords: explosive welding; cladding plate; edge effects

1　引言

爆炸焊接是以炸药为能源，使不同金属板材实现冶金结合的一种复合技术，是一种容压力焊、熔化焊和扩散焊"三位一体"的金属焊接新技术。由于其在生产工艺、设施设备、加工成本等方面相对于其他金属复合技术具有显著的优越性，所以其产品已广泛应用于石油化工、真空制盐、铁路交通、轻工造纸、压力容器、航空航天等领域，在金属材料复合领域具有不可替代的地位。随着科技的不断进步，对爆炸焊接的产品也提出了越来越苛刻的要求，比如爆炸复合板的面积越来越大、种类越来越多、复层越来越厚以及结合质量越来越高等，这就要求我们不断去进行实践总结与理论探索，不断优化工艺与开拓创新。

本文通过对爆炸复合板边界效应的理论阐释和实验研究，找到了一种减小边界效应的方法，在保证焊接质量的前提下，起到了节约有色金属材料的目的。

作者信息：刘东，工程师，92343495@qq.com。

2 爆炸焊接边界效应分析

边界效应是爆炸焊接普遍存在的问题，尤其是厚复板爆炸焊接所出现的边界效应区域更大。边界效应主要是由爆轰波传递到边界所产生的爆炸能量反复作用而引起的。影响边界效应区大小的因素主要有复板厚度和保证复板充分加速的支撑间隙，该区的大小直接关系到复合板可有效利用的面积。边界效应区越大，复合板的有效利用面积也就越小，从而造成复合板的成品率也就越低。因此，减小和消除边界效应在实际生产中具有重要意义。

炸药爆炸会在复板上产生一个引爆、爆炸加速、稳定爆轰、爆轰结束的过程（如图 1 所示）。图 1（a）中，O_1 为起爆点，O_1a_1 为爆炸加速段，a_1b_1 为稳定爆轰段，$b_1c_1d_1e_1\cdots g_1$ 为爆轰结束段，爆速在结束段经过多次反复后趋向零。由此速度分布曲线做出如图 1（b）所示的能量分布曲线，可见端部 A—B 段存在速差。由于存在速差，高速段和低速段之间将产生应力和应变。当应力超过材料强度时，复层将被拉断。如果复板较厚，那么低速段对高速段的牵制作用是严重的，它使高速段爆速降低，动态角增大，从而造成边界不贴合。以上两种现象在各个厂家的实际生产中是可见的。

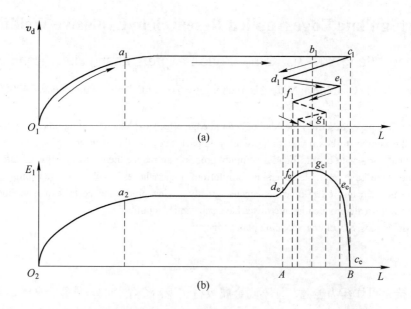

图 1 爆炸焊接过程爆轰的速度分布（a）和能量分布（b）示意图
Fig.1 Diagram of both detonation velocity (a) and energy (b) distribution during explosion welding process

3 预防措施

预防措施如下：

（1）经过上述爆炸焊接的爆轰-能量分析，找到一种减小和消除边界效应的措施，就是加大装药面积，将复合板的有效面积置于 O—A 之间，而将能量过大的 A—B 放在复合板的有效面积之外。在实际的操作过程中，复板的实际尺寸要大于基板的尺寸（多余部分即边界飞板），以便药包的尺寸大于基板的尺寸，将爆轰波的结束段引至复合板的有效面积之外（如

图 2 所示），这样，复板的边部多余部分将被剪切除去，从而起到对爆轰能量的卸载作用。长期实践表明，此举可有效减小爆炸复合过程中的边界效应范围。

（2）基、复板间支撑间隙是为了保证复板加速所必需的最小间隙，那么边界效应区的宽度将取决支撑的高度。但实际生产过程中由于复板的不平，为了保证最小支撑间隙，往往实际支撑间隙是比较大的，特别是针对复层较厚的复合板，其支撑间隙更大，因此边界效应区也更宽。针对此问题，我们通过试验，沿复层预留余量部分内侧人为加工一条沟槽（如图 3 所示），使其在切边处相对较薄，这样可以很好地解决边界开裂等边界效应问题。

（3）上述措施虽然能有效解决边界效应问题，但很显然，这是不经济的。由于复板加长、加宽，造成了复层材料利用率的降低，此现象在单张面积越小的复合板上越明显。为此，通过试验，可选用与复板具有可焊性的成本低廉的金属作为飞板，点焊在边界（如图 4 所示），此举不但能将边界效应区引出复合板有效尺寸外，还可以节约复层金属。

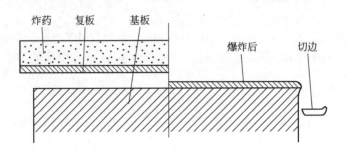

图 2 减小边界效应区域方法示意图

Fig.2　Method to reduce edge effect area

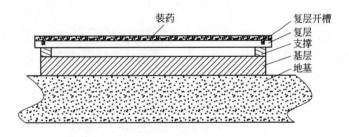

图 3 复板边界预留余量内侧开槽爆炸安装示意图

Fig.3　Explosive installation program of grooving the flying plate tack welding to clad layer

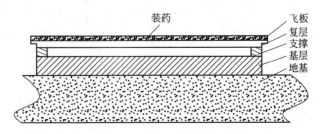

图 4 复板边界点焊飞板爆炸安装示意图

Fig.4　Installation diagram of tack welding of flying plate to edge of clad layer

4　实验过程与方法

4.1　实验过程

实验过程如下：

基复板下料→打磨抛光→爆炸焊接→一次探伤检验→热处理→校平→波纹观察→二次探伤检验

4.2　实验方法

采用两组对比实验，基板材质 Q345B，复板材质 S30408，分别对两组实验结果进行参照对比。

第一组：基板尺寸为 36mm×1000mm×1000mm，复板尺寸为 8mm×1040mm×1040mm，对复板进行开槽，槽深约 6mm，具体操作如图 3 所示。

第二组：基板尺寸为 36mm×1000mm×1000mm，复板尺寸为 8mm×1000mm×1000mm，四周点焊飞板至 10mm×1040mm×1040mm，飞板厚度 3mm，具体操作如图 4 所示。

4.3　爆炸参数

采用粉状乳化炸药，爆速介于 2500~2600m/s 之间，密度为 0.785g/cm^3。

4.4　热处理

采用 900℃，保温 2h，风冷的热处理制度。

4.5　检测

热处理矫平后，对两块复合板边界贴合率、贴合强度及厚度进行检测，数据见表 1。通过比对《压力容器用爆炸焊接复合钢板第 1 部分：不锈钢-钢复合板》（NB/T 47002.1—2009），各项检测结果均合格。

表 1　两组试验检测数据
Table 1　2 sets of test and inspection data

项目　序号	超声波检测	贴合强度/MPa	复合板厚度/mm
第一组	未发现不贴合	300	43.1
第二组	未发现不贴合	285	43.3

5　结论

（1）在爆炸焊接中广泛存在边界效应，已对复合板的产品质量产生严重影响，必须采取办法消除或者减小边界效应。

（2）实践证明加大边界飞板尺寸对减小复合板边界效应效果明显，在复合板的生产过程中已得到广泛应用。

（3）对于较厚复层或材料为锆、钽、铌等稀贵金属爆炸复合时，可选用与其具有可焊性的成本低廉的金属作为飞板，点焊在边界，能在减小边界效应区的同时节约生产成本。

参 考 文 献

[1] 郑哲敏, 杨振声. 爆炸加工[M]. 北京: 国防工业出版社, 1981.

[2] 全国锅炉压力容器标准化技术委员会. NB/T 47002.1—2009 压力容器用爆炸焊接复合钢板第 1 部分: 不锈钢-钢复合板[S]. 北京: 新华出版社, 2010.

[3] 王礼立. 应力波基础[M]. 北京: 国防工业出版社, 2005.

[4] 王耀华. 金属板材爆炸焊接研究与实践[M]. 北京: 国防工业出版社, 2007.

[5] 郑远谋. 爆炸焊接和金属复合材料及其工程应用[M]. 长沙: 中南大学出版社, 2002.

[6] 杨扬. 金属爆炸复合技术与物理冶金[M]. 北京: 化学工业出版社, 2006.

[7] [美]埃兹拉. 金属爆炸加工的原理与实践[M]. 张铁生, 梁宜强, 谭渤, 译. 北京: 国防工业出版社, 1981.

高压开关用铜钢导电块爆炸焊接及性能试验研究

张小磊　岳宗洪　李　军

（1. 中国船舶重工集团公司第七二五研究所，河南洛阳，471039;

2. 洛阳双瑞金属复合材料有限公司，河南洛阳，471039）

摘　要： 对用于加工铜钢导电块的铜钢复合板进行了爆炸焊接及其性能、组织试验研究。试验结果表明，铜钢复合板有较高的结合强度和良好的导电性能，可以满足高压开关对导电块的使用要求。金相试验结果表明，铜钢复合板界面成准正弦波纹特征，界面结合良好。

关键词： 铜钢复合板；高压开关；导电块

Investigation on Explosive Welding and Property of Copper Steel Conductive Block Used in High Voltage Switch

Zhang Xiaolei　Yue Zonghong　Li Jun

(1. China Shipbuilding Industry Corporation Luoyang Ship Material Research Institute,
Henan Luoyang, 471039;

2. Luoyang Sunrui Clad Metal Materials Co., Ltd., Henan Luoyang, 471039)

Abstract: Explosive welding, property and microstructure tests of copper clad steel plate processing of copper steel conductive block is studied. The test result indicated that, with higher combination of strength and good conductivity, copper clad steel plate can meet the requirements for the use of high voltage switch conduction block. The interface of copper clad steel plate shows a quasi sine corrugated feature by Metallographic test and good binding strength.

Keywords: copper/steel cladding plate; high voltage switch; conduction block

1　引言

高压开关用导电块主要有三种，第一种是纯铜块，第二种是在钢块上面垫一层铜板，第三种是铜钢导电块。由于纯铜块导电性能好，目前仍然被广泛使用；第二种钢块上面垫铜板，由于界面导电率低（界面电阻大），使用时间长后铜板易变形，使界面电阻急剧增加而影响使用，该方法目前已经停止使用；取而代之的是采用爆炸焊接获得的铜钢导电块，爆炸焊接铜钢导电块是利用炸药爆炸的能量，使铜板高速撞击碳钢基板，产生高温高压使两种材料的界面实现固相焊接。爆炸焊接技术在我国已有近50年的发展历程，对大多数金属组合，都能实现很好的焊接。采用爆炸焊接获得的铜钢导电块结合界面为冶金结合，结

作者信息：张小磊，工程师，yuezonghong725@163.com。

合强度高于基体铜板的强度，结合界面的导电率高于基体钢的导电率，近年来在高压开关和大型电器设备的接地中得到应用。本文对用于加工铜钢导电块的铜钢复合板的爆炸焊接工艺、导电性能、结合界面金相组织和力学性能进行了研究，这些试验结果对于工程技术人员更好地了解该复合材料的工艺性能并指导其生产应用具有重要意义和参考价值。

2 试验方法

2.1 试验用材料

试验材料为（6＋40）mm 厚的铜（T2）-钢（Q235B）爆炸复合板。铜（T2）和钢（Q235B）的化学成分见表 1。

表 1 铜（T2）和钢（Q235B）的化学成分
Table 1 Chemical composition of copper (T2) and steel (Q235B) (%)

材料	Cu+Ag	Fe	Sb	As	Mn	Si
T2	99.90	0.005	0.002	0.002	—	—
Q235B	—	—	—	—	1.40	0.35

材料	Pb	Bi	C	S	P
T2	0.005	0.001	—	0.005	—
Q235B	—	—	0.20	0.045	0.045

2.2 试验参数

铜钢复合板的爆炸焊接工艺参数见表 2。为了提高铜钢复合板的界面结合强度和导电率，爆炸焊接炸药采用专门配置的低爆速膨化硝铵炸药。

表 2 铜钢复合板的爆炸焊接工艺
Table 2 Explosive welding technique of copper clad steel plate

复合板	材料牌号	规格/mm×mm×mm	爆炸焊接工艺		
			炸药	药厚/mm	间隙/mm
复板	T2	6×1000×2000	50%分散剂	55	8
基板	Q235B	40×1000×2000			

2.3 试验结果

2.3.1 爆炸焊接后铜钢复合板

爆炸焊接后铜钢复合板如图 1 所示。从图 1 可以看出，铜钢复合板爆炸焊接后界面复合良好，对铜钢复合板取剪切、拉脱、导电率、金相试样，取样位置如图 2 所示，采用锯床对复合板锯切成块，进行机加工后铜钢导电块产品如图 3 所示。

图 1   铜钢复合板爆炸焊接后的宏观形态
Fig.1   The macro morphology of copper clad steel plate by explosive welding

图 2   铜钢复合板取样位置
Fig.2   Sampling location of copper clad steel plate

图 3   铜钢导电块产品
Fig.3   Products of copper clad steel conduction block

2.3.2   爆炸焊接后铜钢复合板的结合情况

按照《复合板超声波探伤方法》（GB/T 7734—2004）的规定对爆炸焊接后铜钢复合板进

行超声波探伤，经过超声波探伤，复合板的两个长边未复合区在 20~45mm 之间，该未复合区是爆炸焊接过程中的边界效应区；按照《承压设备无损检测 渗透检测》（JB/T 4730.5—2005）的规定，对铜钢复合板进行界面着色探伤，经过着色探伤，结合界面结合完好，无缺陷，如图 4 所示。

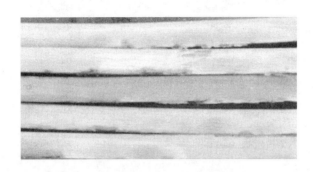

图 4 爆炸焊接后界面着色探伤情况
Fig.4 Detection conditions of interface color by explosive welding

2.3.3 铜钢复合板的力学性能

按照《复合钢板力学及工艺性能试验方法》（GB/T 6396—2008）的规定对铜钢复合板进行界面剪切、拉脱试验，试样破坏后形貌如图 5 和图 6 所示，结果见表 3。

表 3 力学性能结果
Table 3 The results of mechanical properties (MPa)

复合板编号	剪切强度		拉脱强度	
	数值	平均	数值	平均
A01	198/202/198	199	319/298/296	304
A02	192/190/199	194	288/301/318	302

图 5 剪切试样破坏后形貌
Fig.5 Damage morphology after shear test

图6　拉脱试样破坏后形貌

Fig.6　Damage morphology after pull off test

2.3.4　结合界面的金相组织

铜钢复合板结合界面呈准正弦波形，在波形上有漩涡，旋涡内有气孔缺陷，旋涡内为铜、钢两种成分的混合组织，如图7所示。

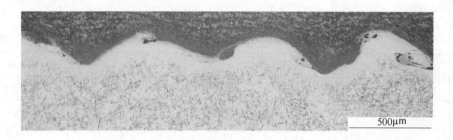

图7　铜钢复合板界面形貌(50×)

Fig.7　The interface morphology of copper clad steel plate (50×)

2.3.5　导电率

对铜钢复合板铜侧、钢侧和铜钢界面进行导电率测试，结果见表4，导电率测试试样如图8所示。

表4　导电率测试结果

Table 4　The results of electrical conductivity test　(%)

复合板编号	铜侧		钢侧		铜钢界面	
	数值	平均	数值	平均	数值	平均
A01	96.7/96.8/96.9	96.8	84.8/84.9/85.0	84.9	89.2/89.6/89.1	89.3
A02	97.0/96.8/96.9	96.9	84.6/84.3/84.6	84.5	91.0/91.3/91.3	91.2

图 8　导电率测试试样

Fig.8　Sample for electrical conductivity test

3　分析与讨论

　　试验结果表明，铜钢结合界面为波状结构,其形成与位于复板上炸药爆炸后所生成的爆轰波和爆炸产物的传播有关。具有一定波长、波幅和频率的爆轰波将其波动向前的能量传递给复板,引发复板相应位置质点的波动,使复板以波动方式向基板高速撞击。由于这种碰撞的压力远远超过它们的动态屈服强度,并在爆炸产物能量的作用下,最终形成波状结构的结合界面[1]。

　　爆炸焊接是复板在炸药作用下依次高速倾斜碰撞基板完成的，碰撞点附近具有高达 10^6~10^7/s^{-1} 的应变速率和高达 1.04×10^8GPa 的高压。该处金属受到很大的绝热剪切作用，塑性剪切功的绝大部分转变为热量，使得瞬时升温速率达 10^8~10^9K/s，温度高达 10^4~10^5℃[2]。在这种高温高压作用下，界面附近金属发生变形、熔化、扩散，并以 10^6~10^{11} K/s 的速度冷却，从而在微秒数量级时间内实现两种金属之间的冶金结合。结合界面漩涡区是熔化金属快速冷却凝固的产物。结合界面铜和钢熔化形成的界面具有比钢高的导电率，并具有比铜强度高的结合强度。

4　结论

　　（1）铜钢复合板爆炸焊接复合良好，界面剪切强度大于 190MPa，界面拉脱强度大于 300MPa。

　　（2）铜钢复合板的界面导电率大于89%，高于钢的导电率。

　　（3）铜钢复合板的结合界面为波状结构，在波形上有漩涡，漩涡内为铜、钢两种成分的混合组织。

参 考 文 献

[1]　郑远谋. 不锈钢-碳钢爆炸复合板和爆炸焊接机理探讨[J] . 广东有色金属学报, 1993, 3 (2) : 133.

[2]　Blazynskitz. Explosive welding Forming and compaction Applied science publishers ltd, 1983.

爆炸层状金属复合板生产工艺"同等条件"的研究

王　军　　张杭永　　刘继雄　　郭新虎　　郭龙创

（宝钛集团有限公司，陕西宝鸡，721014）

摘　要：爆炸焊接冲击载入条件的极端性——高压、高温、瞬时、高应变速率的复杂力学过程，涉及炸药+金属材料+地基条件和整体工艺系统，影响因素诸多，且相互之间匹配性需待解决，使爆炸焊接难以在同等条件下完成，爆炸焊接结果重复性差，必然决定了其观察和理论研究以及实际生产的难度，要实现爆炸质量的稳定性、可重复性，就很有必要研究如何在同等条件下进行爆炸焊接作业。

关键词：层状金属复合板；爆炸焊接；同等条件

Study on "the Same Technology Conditions" of the Cladding Plate in Explosive Welding

Wang Jun　　Zhang Hangyong　　Liu Jixiong　　Guo Xinhu　　Guo Longchuang

(Baoti Group Co., Ltd., Shaanxi Baoji, 721014)

Abstract: The extreme of impact loading conditions of explosive welding—high pressure, high temperature, transient, high strain rate complex mechanical process, involving dynamite, metal material, foundation conditions and the whole process system. So many influence factors and mutual match need to solve result in explosive welding can not accomplish under "the Same Conditions". Explosive welding repeat-ness weak, this determine its difficulties of observation and theoretical research and the actual production. To realize stability and repeat-ness of explosive quality, let explosive welding completed successfully under the same conditions is what we will solve.

Keywords: layered metal clad plate; explosive welding; the same conditions

1　引言

　　层状金属复合板作为一种性价比极为优良的功能性材料现广泛应用于航空、航天、石油、化工、冶金、电力、制药、制盐、海洋工程及民用产品等领域，为国民经济建设做出了突出贡献。层状金属复合板多采用爆炸焊接的工艺方法得到，爆炸层状金属复合板是利用炸药爆炸所产生的能量使金属间形成固相结合的一种焊接方法，爆炸焊接可以使两种以上采用传统焊接工艺不能完成焊接的金属实现焊接。爆炸焊接而成的复合金属材料具有单一金属不可比拟的综合性能和很高的性价比以及优异的功能性，同时还可以节约稀贵金属。因此，爆炸焊接在材料加工工程领域具有不可替代的地位。爆炸焊接就是利用炸药爆炸的能量将两块金属

作者信息：王军，高级工程师，zhy1893@163.com。

板材进行焊接，在爆轰波的作用下，实现高速倾斜碰撞，从而组合成新的复合材料。当炸药爆炸后，爆炸产物形成高压脉冲载荷，直接作用在复板上，复板被加速，在微秒量级的时间内复板就达到每秒几百米的速度，它从起始端开始，依次与基板碰撞，当两金属以一定的角度碰撞时产生很大的压力(约几十万个大气压)，将大大超过金属的动态屈服极限。因而碰撞区产生了剧烈的塑性变形，同时伴随有剧烈的热效应，此时，碰撞面金属板的物理性质类似于流体，这样在两金属板的内表面将形成两股运动方向相反的金属射流。一股是在碰撞点前的自由射流(或称再入射流，简称射流)，它向未结合的空间高速喷出，冲刷了金属的内表面的表面膜，使金属露出了有活性的清洁表面，为两块金属板的复合提供了条件；另一股是在碰撞点之后的凸角射流(有的也称为凝固射流)，它被凝固在两金属板之间，形成两种金属的冶金结合，在此过程中材料的应变应变率可以达到 $10^5 \sim 10^7 \text{s}^{-1}$。

爆炸焊接过程冲击加载条件的极端性——高压、高温、瞬时、高应变速率，决定了其在理论研究以及实际生产过程中，特别是目前的研究方法只是微观机理的观察，这些分析方法的局限性，对于其研究造成了一定的困难。在炸药+金属材料+地基条件和整体工艺系统，爆炸焊接参数可焊性窗口制作，在层状爆炸金属复合板生产中，所有的工艺技术条件均以窗口形式给出或进行确定。

2　层状爆炸金属复合板生产工艺现状

爆炸焊接工艺和操作从表面上看相对比较简单，它不需要昂贵的设备和高要求的厂房，实际上只要有炸药、金属材料和一块开阔地（爆炸场），以及一些辅助设备和工具，在经过相应的技术培训或者有实践经验人员的操作下，就能够进行爆炸焊接试验和生产，而且生产量范围和规模还可以随着市场的扩大，人才技术力量、装备能力、从业人员的增加以及机械化程度的提高而迅速扩大。

层状爆炸金属复合板生产工艺，对于炸药+金属材料+地基条件和工艺系统，影响和控制因素多，牵扯面广，在施工过程中，成败就在一瞬间，出现问题几率相对比较高。这些参数有相当部分是材料确定后即自然产生，关键是那些需要针对该复合板爆炸工艺需要确定的参数。影响因素诸多且相互之间匹配性需解决，使爆炸焊接难以在同等条件下完成，爆炸焊接结果重复性差，必然决定了其观察和理论研究以及实际生产的难度，要实现爆炸质量的稳定性、可重复性，就很有必要研究如何在同等条件下进行爆炸焊接作业。

在理论研究方面，爆炸焊接是一个复杂的物理过程，制定工艺需要考虑的参数有：

（1）物理参数，包括材料的密度 ρ、质量 m、熔点 t_m、声速 v_s。

（2）力学参数，包括延伸率 δ、剪切强度 δ_t、屈服强度 σ_s、极限强度 σ_b、冲击韧性 a_k。

（3）几何参数，包括复板的厚度 δ、面积与复板厚度的比、板面长度与宽度的比、板面的不平度等。

（4）动力学参数，包括爆速 v_D、复板的下落速度 v_p、碰撞角 β、碰撞点移动的速度 v_cp。

（5）工艺参数，包括爆速 v_D、单位面积药量 w_g、间隙 h、边部余量 Δ。

这些参数中还包括动态参数，动态参数就是在炸药爆炸以后，在炸药爆炸过程中以及金属系统内处于运动和变化状态下的一些参数。这些参数的大小决定爆炸焊接的结果，如碰撞角、偏转角、炸药的爆速、覆板的下落速度、碰撞点 C 的移动速度即焊接速度和碰撞点之前的"再入射流"速度等。炸药爆炸后的作用载荷的局部性和移动性等，加之还有地基条件。

爆炸复合材料涉及炸药、爆炸、金属材料、地基相互之间多次和多种形式的能量的转换、吸收、传递和分配，最后形成金属间的焊接结合，时间上这个过程以微秒计。爆炸焊接过程中能量的分配及分布规律，即爆炸焊接等厚度布药，随着爆轰过程的进行，爆轰压力逐渐增加，进而复板动量增加，碰撞区压力增加，扰动增加，气流速度增加，气体紊流严重，导致的结果是界面波纹逐渐增大，缺陷增多，波形混乱，焊接结果稳定性差。

3　层状爆炸金属复合材料非同等条件的研究

爆炸焊接涉及参数多，这些同时影响着爆炸焊接的结果，各个参数以"爆炸窗口"的形式设定，"窗口"的集合处即为爆炸焊接的最小、最优焊接窗口。

3.1　爆炸焊接用炸药的相变以及吸湿性对于做功能力方面影响问题

炸药是提供爆炸焊接能源的物质，其本身具有和我们进行爆炸焊接需要的几项参数，决定着爆炸焊接的结果。在高压、高温、瞬时、高应变率状态下，金属材料的性能会发生巨大变化。对于爆炸焊接来说，对其能源——炸药的研究是不可缺少的。民爆所用炸药品种相对比较少，且主要成分为硝酸铵，各种炸药硝酸铵的生产过程中结晶状态不同，由于配料方面的不同，所造成的爆炸做功能力、爆炸的破坏力、爆轰过程传播的稳定性以及对环境的影响等有较大差异。此外，根据不同的材料规格，爆炸焊接要求有适宜的炸药爆速、密度、猛度等。

当炸药密度一定时，装药厚度即代表了单位面积上的装药量。当单位面积上的装药量一定时，炸药密度和装药厚度会随着布药过程中的操作差异发生变化。由于炸药的反应发生得十分迅速，所以反应区中的温度、压力和密度的分布以及炸药的分解程度都不可能是到处一致的。

炸药爆轰中的反应区之间的正在反应的一段炸药就是炸药的爆轰反应区。试验研究表明，爆轰波中化学反应的机理是与炸药的化学组成及其物理状态紧密相关的。反应区的宽度除了与炸药的性质有关外，还随装药厚度的增大而增大。

反应高速度、放热并能生成大量气体产物这三个条件是炸药发生爆炸变化的主要因素。放热能给炸药爆炸提供能源；反应的高速度能使炸药有限的能量迅速释放出来，在较小的容积内集中着较大的能量；反应生成大量气体产物则是能量转换的基础。具有这样三方面性质是炸药应具有的共性。各种炸药的化学结构、组分和物理状态都不尽相同，反映它们的表征也有差异，这就是每种炸药的个性所在。

3.2　材料表面粗糙度条件

待复合的基板复板表面要进行处理，处理后表面粗糙度和表面状况是非常重要的，有以下几个原因：第一个原因是表面凹凸处的大小决定射流的滞留程度，因而也就是决定当射流的动能转变为热时在焊接界面上附加熔化的程度。第二个原因是如果相对于表面凹凸处来说波显得很小，就不可能形成稳定的波形，也难估计即使是正常的熔化量的分布。而现行的表面处理工艺使表面粗糙度能够得到控制，但是其均匀性相对比较差。

评定最佳焊接参数的标准是优质的焊接界面，如结合强度高，耐热，冷冲击的能力强，渗漏率低，耐应力腐蚀程度好和无脆性相形成等。其中焊接界面的结合强度是主要的评定因素，它通常取决于结合区界面的形态和特征。一般来说，均匀细小的周期性的波形结合界面，其结合强度通常较高；而波形畸变严重，形成漩涡并呈现缩孔和铸态组织等缺陷，通常强度较低是不理想的界面形态。经过处理的板材表面粗糙度和表面状况就决定了焊接界面状态，要得到良好的焊接界面就必须要有优良的表面处理状态。

3.3 加工工艺方面的情况

一旦材料材质、规格、配比确定，工艺参数确定，各个参数必须落在其可焊性窗口之内，在工艺系统中，工艺参数的确定存在着最佳工艺窗口和可焊性窗口两个重要方面，然而最佳工艺窗口和可焊性窗口相互交错但并不重合，而且多个窗口之间的匹配还存在适应性问题。对于爆炸焊接来说，根据材质不同，对炸药的要求也不同，如炸药的爆速、密度、猛度都是必须考虑的问题。

对于其他工艺参数，如待复合材料，即使材质、配比相同，由于存在规格上的差异，炸药爆轰过程中能量传递仍然存在着不同，爆轰波的传播伴随着能量的传播，其爆炸焊接结果必然会存在差异。

例如在进行小面积爆炸复合加工的时候，采用等厚度布药的方式进行，无论从操作的简易程度还是从工艺的设计难度的角度来看，这都是一种极好的爆炸焊接方式。但对于大板幅的复合板生产来说，等厚度布药的方式不一定可行，相对于等厚度布药结构，我们若采用不等厚度布药进行爆炸焊接，除起爆端爆轰的变化情况基本相同外，其余部分的波长和波幅不仅大大减小，而且变化也比较平缓。这对于提高大板幅复合板生产质量的均匀性有着很重要的作用。

3.4 能量方面的问题

能量是爆炸焊接的重要参数之一，它影响和制约着焊接结合区界面的性质。为在界面上产生金属的类流体行为，并产生射流，界面接触压力必须达到一个最小值。与最小压力有关的是复板的最小碰撞速度 v_{pmin}，而它又与炸药爆轰过程中传递给复板的动能有关。另一方面，满足焊接要求的最小动能 E_{min} 又与引起金属动态屈服的应变能有关，它是由金属材料的性质决定的。爆炸焊接参数上限即复板的最大动能将受到界面上过度熔化和热逸散能力的限制，也就是说，在界面尚未达到足够结合强度之前，所形成的焊接结合可能会因自由界面的拉伸波作用而撕开，尤其是对能形成脆性金属间化合物的金属组合，也有一个动能上限，超过它界面结合强度将减弱，以至达不到性能指标要求。因此，能量参数及其极限值可以作为可焊条件用于参数设计。

3.5 地基条件

传统压力加工理论对于砧座均假设和认为其是刚性体，涉及的研究非常少，冲压、旋压、锻压、挤压、拉拔、轧制等压力加工均在机械装备上完成，刚性体的砧座保证了作业在同等条件下进行。由于爆炸焊接的砧座与压力加工机械装备的砧座有着截然不同的概念，爆炸焊接的砧座就是地面。如果砧座与基板地面不紧密接触或砧座的声阻抗与基板的声阻抗不匹配，在基板和砧座的界面上就会形成张力波，使基板和覆板有分离的倾向。采用经过爆炸压紧的沙砧座的成本低，而且每次焊接用完后便于调整，并且沙子"可塑"，没有回弹性倾向。

同一土质的地基，在不同位置进行爆炸焊接，焊接质量不稳定，重复性差。同一土质的地基，在不同的土壤物理参数(如含水量、密度、孔隙度等)条件下进行爆炸焊接，或在不同土质的地基(如黏土基、壤土基、砂土基等)进行爆炸焊接，均出现土壤被压缩几厘米至几米深的现象，如此大的变化幅度，使爆炸焊接质量不易控制，在其他条件相对固定的状态下，爆炸焊接不能在同等条件下进行。关于地基特性与优化的研究，地基强度和波阻抗对复合板质量的影响，强度的影响主要体现在地基的压缩性，而波阻抗则直接影响复合板与地基之间接口透射波和反射波的大小；爆炸焊接地基应力-应变测试的特殊性，需要建立可靠的测试系统；根据测量数据和材料本构关系的计算原理，得出了黏土和砂土的动态本构关系曲线；通过大量的以提高复合板焊合率为目标函数的地基参数优化试验，才能建立起土质地基上的复合板焊合率模型，由此得出壤土与砂土地基的优化参数。爆炸焊接过程中，常出现复合板弹跳、旋转、翻转等现象，而且只要有这些现象发生，则复合板结合接口就可能被撕裂，使爆炸焊接的焊合质量明显下降。若地基土质不均匀，形成爆炸焊接起爆端对应的地基压缩变形量较小，而爆轰末端对应的地基压缩变形量过大，则复合板在焊合过程中就可能发生翻转现象。在翻转过程中，由于拉伸波的作用，致使已焊合界面被拉开，焊合率降低。

在爆炸焊接地基的诸参数测试中，人们较关心的是压应力场的测试，因为地基中压力的突变是爆炸破坏效应最直接的原因，反过来地基的变形情况又对爆炸焊接质量产生最直接的影响。

3.6　间隙以及间隙柱排列问题

基板和复板之间有间隙。爆炸焊接之所以需要间隙，根本原因就在于炸药的化学能不能直接提供给金属用于焊接，必须通过能量的传递、吸收转换和分配，金属间的焊接才能实现。该过程是在间隙中借助于复板与基板的高速碰撞来实现的，间隙是保证复板在炸药爆炸后能够达到足够的飞行速度向基板碰撞，在基板和复板产生金属射流的作用。复板和基板在碰撞焊接的瞬间，实际作用压力是直接关系焊接成败的关键，也是形成波状界面的直接原因。在爆炸焊接时，复板发生弯折并向基板飞行的过程中，由于受爆轰产物膨胀效应的影响，炸药爆轰瞬间反应区中实际的总压力在逐渐递减。

间隙柱排列方法（规律）决定着爆炸焊接过程复板的运动和飞行姿态，对于间隙中高速气流的影响，高速气流对于爆炸焊接的贡献与影响等。保证间隙值所使用的间隙柱排列方法直接影响到装药后复板的弯曲情况，这样实际必然导致作用间隙值小于设定的数据。由于复板金属材料的挠度问题存在，间隙值不均匀和不能在同等条件下进行爆炸焊接的现象，决定了爆炸焊接界面的结合强度不可能是均匀的，所以对于间隙柱排列方法的研究对于爆炸焊接的结果造成影响非常重要。在爆炸焊中由于金属材料表面粗糙度及板形的问题等，接口间气体会发生滞止，气体动能全部转化为内能，五倍声速的气体发生滞止后温度可上升到1500K，与变形热、摩擦热共同作用下，势必造成接口的熔化。因此，研究气体的运动规律对于如何保证爆炸焊接过程中气流的畅通无阻，对于结合接口的研究至关重要。对于爆炸焊接过程基复板之间气体排出，气体排出的速度等于及高于炸药的爆速，而这个速度与第一宇宙速度处于同一数量级水平。爆炸焊接过程中，间隙层的气体以5倍声速（2000~2200m/s）以上的速度向前推进，气体处于这样高的速度下与材料的作用直接影响着爆炸焊接质量。

3.7　外界气候气温条件对于爆炸焊接的影响问题

利用爆炸焊接的方式生产复合板，多采取野外露天作业，即使在爆破洞中进行作业，也同样存在气候条件对于爆炸焊接的影响问题。气温过低，材料本身将变硬变脆，这对于爆炸焊接是很不利的，如爆炸后薄板的撕裂、掉角问题。又如空气湿度过高，则对炸药爆速的稳定性以及其爆炸程度有一定的影响。再者，当地基中的含水量变化时，地基的密度、孔隙度将会受到变化，爆炸时能量对基板的影响将会有所变化，能量的利用率将会受到影响，这直接影响到爆炸焊接的最终结果。

4 结束语

通过以上分析我们认为爆炸焊接层状金属复合板的生产是在特定的条件下、在按照预先设计的工艺方案下完成的。由于爆炸焊接涉及参数多，影响因素诸多且相互之间匹配性需待解决，使爆炸焊接难以在同等条件下完成，爆炸焊接结果重复性差，其焊接结果即结合界面必然处于不均匀状态。这决定了其观察和理论研究以及实际生产的难度，要实现爆炸质量的稳定性、可重复性，就很有必要研究如何在同等条件下进行爆炸焊接作业。

参 考 文 献

[1] 郑哲敏，杨振声. 爆炸加工[M]. 北京：国防工业出版社，1981.
[2] 邵丙璜，张凯. 爆炸焊接原理及其工程应用[M]. 大连：大连工学院出版社，1987.
[3] 李晓杰，等. 爆炸合成新材料中的几个关键问题[C]//汪旭光. 爆炸合成新材料与高效、安全爆破关键科学和工程技术. 北京：冶金工业出版社，2011.
[4] 刘晓涛，等. 层状金属复合材料生产工艺及其新进展[J]. 材料导报，2002, 7: 44~46, 53.
[5] 宋秀娟，浩谦. 金属爆炸加工的理论和应用[M]. 北京：中国建筑工业出版社，1983.
[6] 张振逵，爆炸焊接参数设计能量模型(I)[J]. 材料开发与应用 2003, 1(18): 2.
[7] 陈燕俊. 层叠复合材料加工技术新进展[J]. 材料科学与工程，2002, 1: 142~144, 134.
[8] 田建胜，爆炸焊接技术的研究与应用进展[J]. 材料导报 ,2007, 11(21): 109~113.
[9] 丁力. 炸药在爆轰过程中热力学状态的吉布斯函数. 内部资料，2010.
[10] 杨扬，李正华. 爆炸复合界面温度场模型及应用[J]. 稀有金属材料与工程，2000, 3: 18~20.
[11] 王耀华. 金属板材爆炸实践与研究[M]. 北京：国防工业出版社，2007.
[12] 陈青术. 爆炸焊接机理与爆炸焊接专用炸药研究[D]. 徐州：中国矿业大学，2007.
[13] 郑远谋. 爆炸焊接和金属复合材料及其工程应用[M]. 长沙：中南工业大学出版社，2002.
[14] 韩顺昌. 爆炸焊接面相变与断口组织[M]. 北京：国防工业出版社，2011.
[15] 刘艳乔. 爆炸焊接质量的影响因素及参数优化分析，[D]. 武汉：武汉理工大学，2003.
[16] 黄风雷. 爆炸驱动下飞板运动速度的实验研究[J]. 爆炸与冲击 ，2002, 1: 27~30.
[17] 材料的动力学行为[M]. 张庆明. 刘彦，等译. 北京：国防工业出版社，2005.
[18] 恽寿榕，赵衡阳. 爆炸力学[M]. 北京：国防工业出版社，2005.
[19] 于九明. 金属层状复合技术及其新进展[J]. 材料研究学报 ，2000: 14.
[20] 许越. 化学反应动力学[M]. 北京：化学工业出版社，2008.

安注箱用爆炸复合板组织性能分析

王虎年　张文平　华先锋　李选明　李平仓　王　媛　朱　磊

(西安天力金属复合材料有限公司，层状金属复合材料国家地方联合工程
研究中心，陕西西安，710201)

摘　要： 安注箱是核电站安全注入系统中重要的应急安全设备，形状为一球形压力容器，其主要材料为低合金钢 ASME SA533B Cl.1，球内表面覆一层不锈钢，其材质为 ASME SA240 304L。安注箱的质量要求非常严格，目前国内核电机组使用的安注箱复合板都为进口材料，安注箱复合板国产化在原材料、制造工艺和检验等方面都具有极高的要求。本文对采用爆炸复合方法制备的 ASME SA240 304L/ASME SA 533BCl.1 复合板采用淬火和淬火+回火的热处理方式，并对热处理后试样的拉伸性能进行了测试和评定，按 ASTM E-208 要求对复合板开展落锤试验，按 SA-370 进行 10℃夏比 V 型缺口冲击试验，本文还对复合板结合界面特征进行了研究。

关键词： 安注箱；SA533B Cl.1；落锤试验

The Organizational Performance Analysis of Explosive Clad Plate for Accumulator

Wang Hunian　Zhang Wenping　Hua Xianfeng　Li Xuanming　Li Pingcang
Wang Yuan　Zhu Lei

(Xi'an Tianli Clad Metal Materials Corporation, State Engineering Research Center of
Layer Metal Composites, Shaanxi Xi'an, 710201)

Abstract: The accumulator is an important emergency safety equipment in the safety injection system of nuclear power station , the shape is spherical pressure vessels, and the main material is low alloy steel ASME SA533B C1.1, the stainless steel is covered on the spherical inside surface which the material is ASME SA240 304L, and the very strictly quality for accumulator. At present domestic nuclear power units used the accumulator clad plate for imported materials, the accumulator localization in such aspects as raw material、manufacturing process and inspection are have a very high demand. This paper using the method of explosive composite preparing of ASME SA240 304L/ASME SA533BC1.1 clad plate, adopts quenching, quenching and tempering heat treatment method, and the tensile properties of sample after heat treatment were tested and evaluated, in accordance with the requirement of ASTME-208 clad plate to carry out the drop weight test, and according the SA-370 to implement 10℃ charpy V-notch impact test, this paper also studied the clad plate interface characteristics.

Keywords: accumulator; SA533B C1.1; drop weight test

作者信息：王虎年，工程师，whn@c-tlc.com。

1 引言

安注箱是核电站安全注入系统中重要的应急安全设备，形状为一球形压力容器，其主要材料为低合金钢 ASME SA533B Cl.1，球内表面覆一层不锈钢，其材质为 ASME SA240 304L。安注箱接入系统后，内盛有硼酸，硼酸被压缩氮气覆盖，在反应堆压力降到中压时，安注箱能快速将硼酸溶液注入堆芯，对反应堆芯进行快速冷却，以防止燃料棒熔化，保证核电站安全。安注箱的质量要求非常严格，目前国内核电机组使用的安注箱复合板都为进口材料，安注箱复合板国产化在原材料、制造工艺和检验等方面都提出了非常高的要求，开展安注箱用复合板试制迫在眉睫，对制备的复合板开展全面的性能研究和评价则是确保其后续安全使用的必经之路。

2 实验

采用爆炸复合法制备 304L/SA533B Cl.1 复合板 1 块，其基复板化学成分见表 1 和表 2，复合板规格为 6mm/57mm×500mm×700mm，爆炸复合后对复合板进行淬火，淬火后切取试板 6mm/57mm×250mm×700mm，而后对切取试板进行回火，其中淬火制度为 920℃/90min，回火制度为 660℃/120min，对上述淬火和淬火+回火后的复合板分别采用拉伸试验机、冲击试验机、落锤试验机、金相显微镜进行抗拉强度、V 型缺口冲击试验、落锤试验和界面特征研究。

表 1 基板化学成分(质量分数)
Table 1 Chemical composition of base plate (%)

合金	C	Mn	P	S	Si	Mo	Ni	Cu	Cr	V	Nb	Ti	Co	Al
SA533B Cl.1	0.21	1.2	0.012	0.015	0.40	0.5	0.5	0.09	0.20	0.05	0.02	0.025	0.25	0.03

表 2 复板化学成分(质量分数)
Table 2 Chemical composition of clad plate (%)

合金	C	Mn	P	S	Si	Ni	Cu	Cr	V	Co	N
SA-240 304L	0.025	1.5	0.025	0.020	0.70	7.5	0.80	18	0.05	0.04	0.10

3 结果与分析

3.1 拉伸试验

切取 3 组试样，按照 SA—264 要求对本文所述复合板开展了室温拉伸试验和高温拉伸试验，试验结果见表 3 和表 4。

表 3 淬火复合板拉伸性能
Table 3 Tensile properties of clad plate after quenching

温度/℃	抗拉强度/MPa	屈服强度/MPa	标距 50mm 伸长率/%
20	592,648,677	484,526,537	34,27,26
150	561,598,637	486,515,507	33,26,26

从表 3 可以看出，20℃拉伸试验结果满足 ASME SA533 抗拉强度。

表 4   淬火+回火复合板拉伸性能

Table 4   Tensile properties of clad plate after quenching and tempering

温度/℃	抗拉强度/MPa	屈服强度/MPa	标距 50mm 伸长率/%
20	638,647,650	506,512,512	31,28,28
150	565,572,573	486,491,493	29,26,26

从表 3 和表 4 可以看出，经过淬火和淬火+回火处理后的总体情况为 20℃拉伸试验结果满足 ASME SA533 抗拉强度 550~690MPa 要求，屈服强度也符合不小于 345MPa 的要求，伸长率实测为 29%，满足不小于 18% 的要求；150℃拉伸试验要求指标为：抗拉强度不小于 550MPa，屈服强度不小于 315MPa，伸长率要求实测，本次试板测试结果完全满足 150℃拉伸试验要求。

但对比而言，淬火后抗拉强度、屈服强度和伸长率测试结果的离散型较大，其中抗拉最大差值达到 85MPa，而经追加回火即淬火+回火处理后其数据最大差值降低为 12MPa，对于屈服强度和延伸率也有类似趋势出现。

3.2 冲击试验

切取 4 组试样按本文所述分别开展淬火和淬火+回火试验，并按 SA–370 规定开展了 10℃条件下的夏比 V 型缺口冲击试验，冲击功结果如图 1 所示，侧向膨胀量结果如图 2 所示。从图 1 和图 2 可以看出，经过淬火处理后其冲击功为 75~96J，侧向膨胀量为 0.632~0.953mm。而经过淬火+回火处理后其冲击功增加到 244~262J，增加幅度达到 154%，侧向膨胀量达到 1.454~2.202mm，增加幅度达到 52.5%，淬火+回火状态下吸收功和侧向膨胀量均符合技术要求。

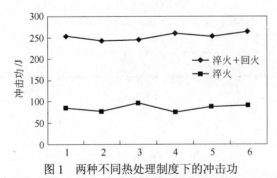

图 1   两种不同热处理制度下的冲击功

Fig.1   The impact energy of two different heat treatment

3.3 拉伸及冲击结果分析

拉伸及冲击试验结果表明，淬火状态下数据离散型较大，而且淬火状态下冲击吸收功和侧向膨胀量出现不达标的数据，这也说明淬火后存在不稳定组织，660℃/120min 回火时 SA533B Cl.1 中的 Fe、C、Mn、Ni 和 Mo 等合金元素可以较快地进行扩散，实现原子的重新组合，从而使不稳定的不平衡组织逐步转变为稳定的平衡组织，从而提高了其冲击吸收功和侧向膨胀量，并满足了安注箱复合板吸收能量不小于 100J 以及试样的横向膨胀不小于 0.90mm 的要求。

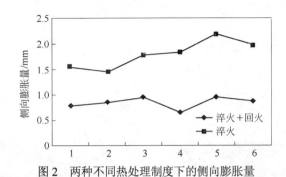

图2　两种不同热处理制度下的侧向膨胀量
Fig.2　The lateral expansion of two different heat treatment

3.4　落锤试验

对淬火和淬火+回火状态下的试样按 ASTM E-208 标准加工 P-3 试样，开展–21℃落锤试验，落锤试样图片如图 3 所示。图示经试验后钢板无贯穿性裂纹出现，证明本文所述两种热处理状态在–21℃条件下复合钢板并无塑脆性转变现象出现。

图3　落锤试验图片
Fig.3　The photo of drop weight test

3.5　界面特征研究

对本文所述两种热处理状态的爆炸试板切取纵向试样，其界面波形如图 4 所示。从图 4 可以看出，两种状态下界面特征对比差异性不大，其结合界面呈波形，并在波的前端产生漩涡，这是爆炸焊接技术的必然行为。漩涡中伴有微量熔化块出现，但界面的熔化物质仅仅保留在漩涡中并被周期地间断地分开，且不连续，其尺寸都不大，漩涡以外波状结合中沿着波形轮廓的部分是不锈钢与钢的直接结合，这说明爆炸复合界面状况较为良好。

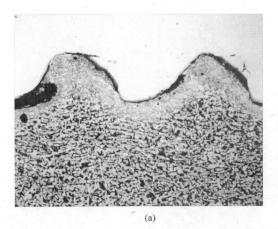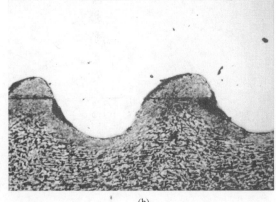

(a)　　　　　　　　　　　　　　　　　　　　(b)

图4　复合板界面照片(50×)

(a) 淬火; (b) 淬火+回火

Fig.4　The interface photo of clad plate (50×)

(a) after quenching; (b) after quenching and tempering

4　结论

(1) 安注箱复合板在两种热处理状态下，其拉伸性能和冲击性能存在较大差异。

(2) 经淬火+回火热处理，其强度较为均匀，冲击性能和落锤试验结果均满足设计要求。

(3) 复合板结合界面波形规则连续，界面虽存在熔化块，但都不连续，爆炸复合界面状况较为良好。

参 考 文 献

[1]　李朝锋，付可伟. 核电压力容器用钢板发展和宝钢研究现状[J]. 上海金属, 2012, 34(4): 33~37.

[2]　Blazynski T Z. Explosive welding forming and compaction[M]. London Applied Science, 1983: 200~207.

[3]　刘钊，朱喜斌，等. 核电装备制造中落锤试验的影响因素[J].工程与试验, 2011, 51(4): 34~37.

岩石破碎关键技术

延时爆破岩石破碎过程研究

施富强　廖学燕　蒋耀港　龚志刚

(四川省安全科学技术研究院，四川成都，610045)

摘　要：随着爆破技术和安全要求的提高，在岩石爆破工程中，为了降低爆破振动，控制用较少单段起爆药量，逐渐产生了逐孔延时起爆方法。一般认为逐一延时起爆会给后起爆炮孔创造新的临空面，爆破效果应该比多孔同时起爆效果会更好。但在实际岩石爆破工程中，单孔逐一延时起爆却容易出现大块率高、根底多和后冲严重等爆破效果不理想的现象。为了解决这一问题，本文采用岩石材料损伤强度理论分析和数值模拟了延时爆破岩石破碎过程，并根据分析和计算结果提出了改善爆破效果的方法，为明晰岩石爆破原理，优化设计方案提供了科学依据。

关键词：爆破；破碎过程；岩石

Study on Crush Progress of Rock in Delay Blasting

Shi Fuqiang　Liao Xueyan　Jiang Yaogang　Gong Zhigang

(Sichuan Province Academy of Safety Science and Technology, Sichuan Chengdu, 610045)

Abstract: With the development of blasting technology and improvement of safety requirement，a few of holes by holes and even sometimes hole by hole initiation technique is commonly used in rock blasting engineering for lowering blasting vibration. And as the formation of new free surface resulted from the former hole initiated，thus its blasting effect is better than holes initiated simultaneously. But hole by hole initiation may cause high boulder yield, much bedrock, heavy blown out and so on in rock blasting engineering. For the solution of above problems，this paper gives study on explosion shock wave and explosion product taking action on rock，proposes scientific blasting design idea and basis for effective and safe blasting design blasting scheme by combination of theory, numerical simulation and practice.

Keywords: blasting; crush progress; rock

1　引言

岩石爆破是利用炸药爆炸对岩石做功使岩石破碎，达到预期效果。在这个过程中涉及炸药爆炸、岩石材料冲击动态响应、应力波的传播等相关知识，加上爆破过程时间短、应力高、变形大和材料产生应变率效应等特点，使得爆破过程研究难度大。岩石爆破由于岩石是天然形成的材料，具有各向异性，并且内部普遍存在裂缝和其他损伤，使其研究难度比均质材料

作者信息：施富强，教授级高级工程师，sfq@swjtu.cn。

爆破更大。岩石中存在不均匀性对爆破应力波的作用可以产生三种效应：一是降低岩石材料的力学强度，使材料抗变形和破坏的能力降低；二是削弱了应力波的作用和传播；三是改变爆破动力作用过程和能量分布。翟越等利用 SHPB 压杆，对比研究不同加载率下对花岗岩和混凝土试件力学性能得出：混凝土的动态力学性能的加载率敏感性大于花岗岩，花岗石破碎均匀度比混凝土差，更容易形成裂缝，裂缝周围破碎，其他部分较完整。在延时爆破过程中，先爆破的岩石会形成粉碎区和裂缝带。这些破碎区和裂缝带会对后面岩石爆破产生影响，因此将先爆破岩石考虑成自由面或者完全破碎区都不能真实反映实际情况。为了准确研究延时爆破中先爆破岩石形成损伤对后起爆岩石破碎过程的影响，本文采用材料强度损伤模型，通过理论分析和数值模拟研究先爆破岩石区域对后爆破过程的影响。

2 延时爆破岩石破碎过程理论分析

为了分析岩石爆破破碎过程和已破碎岩石对爆破的影响，先建立含岩石损伤参数的材料模型，然后采用材料损伤强度模型对延时爆破破碎过程进行理论分析。

2.1 岩石材料损伤强度模型

考虑岩石材料的损伤对材料强度的影响，引入损伤度 D。假定材料发生塑性变形时出现损伤，损伤度 D 表达式如下：

$$D = \sum_{i=1}^{n} \frac{\Delta \varepsilon_{\mathrm{p}}}{\varepsilon_{\mathrm{p}}^{\mathrm{failure}}} \tag{1}$$

$$\varepsilon_{\mathrm{p}}^{\mathrm{failure}} = D_1 \left[\frac{p}{f_{\mathrm{c}}} \left(1 - \frac{f_{\mathrm{t}}}{f_{\mathrm{c}}} \right) \right]^{D_2} \tag{2}$$

式中，$\Delta \varepsilon_{\mathrm{p}}$ 为塑性应变增量；$\varepsilon_{\mathrm{p}}^{\mathrm{failure}}$ 为材料失效应变；f_{c} 是单轴压缩强度；f_{t} 为单轴抗拉强度；p 为应力；D_1,D_2 为损伤常数。

一旦材料产生损伤$(0 \leqslant D \leqslant 1)$，将岩石材料的破坏强度表示为：

$$Y_{\mathrm{fractured}} = (1 - D)Y_{\mathrm{failure}} + DY_{\mathrm{residual}} \, (0 \leqslant D \leqslant 1) \tag{3}$$

式中，$Y_{\mathrm{fractured}}$ 为损伤材料破坏强度；Y_{failure} 为材料失效强度；Y_{residual} 为残余强度。

其中材料失效强度 Y_{failure} 为应力 p、相似角 (Lode 角)θ 和应变率 $\dot{\varepsilon}$ 的函数：

$$Y_{\mathrm{failure}} = (p, \theta, \dot{\varepsilon}) = Y_{\mathrm{TXC}} + (p) \times F_{\mathrm{rate}}(\dot{\varepsilon}) \times R_3(\theta) \tag{4}$$

$$Y_{\mathrm{TXC}}^*(p) = \frac{Y_{\mathrm{TXC}}(p)}{f_{\mathrm{c}}} = A[p^* - (p_{\mathrm{spall}}^* F_{\mathrm{rate}})]^N \tag{5}$$

$$p^* = p / f_{\mathrm{c}} \tag{6}$$

$$p_{\mathrm{spall}}^* = p^* \left(\frac{f_{\mathrm{t}}}{f_{\mathrm{c}}} \right) \tag{7}$$

$$F_{\text{rate}}(\dot{\varepsilon}) = \left(\frac{\dot{\varepsilon}}{\dot{\varepsilon}_0}\right)^{\alpha}, \ \dot{\varepsilon}_0 = 30 \times 10^{-6}\,\text{s}^{-1} \tag{8}$$

$$R_3(\theta) = \frac{2(1-Q_2^2)\cos\theta + (2Q_2-1)[4(1-Q_2^2)\cos^2\theta + 5Q_2^2 - 4Q_2]^{1/2}}{4(1-Q_2^2)\cos^2\theta + (2Q_2-1)^2} \tag{9}$$

$$Q^2 = Q_{2,0} + BP^* \tag{10}$$

式中，$Y_{\text{TXC}}^*(p)$ 为压缩子午线；$F_{\text{rate}}(\dot{\varepsilon})$ 为应变率强化参数；$R_3(\theta)$ 为角函数；A 是失效面常数；N 是失效面指数；$\dot{\varepsilon}$ 是等效应变率；$\dot{\varepsilon}_0$ 是参考应变率；α 是压缩应变率指数；δ 是拉伸应变率指数；$Q_{2,0}$ 为拉压子午线之比。

材料完全失效后，压缩损伤变量 $D = 1$，材料只能承受有限压力，不能承受任何拉应力，残余压缩强度为：

$$Y_{\text{residual}} = b(f_c)^M \tag{11}$$

式中，b 为残余失效常数；M 为残余失效指数。

2.2 岩石爆破破碎过程理论分析

在岩石松动爆破中，炸药爆炸产生的冲击波和爆炸气体作用在岩石上的载荷迅速升高。

当载荷大于岩石的弹性强度极限，岩石出现损伤。损伤度达到 1 时，岩石破碎。破碎后的岩石虽然不能承载拉应力，但是能承载压应力，因此破碎的岩石不能完全考虑为自由面，应该考虑为材料间断面——材料力学性能发生突变。

根据应力波理论，应力波在材料间断面会发生透反射，从强度高的材料传播到强度低的材料将反射为拉应力。

岩石的抗拉强度远小于抗压强度，间断面处的岩石容易被拉裂，因此先爆破岩石形成的间断面有利于后爆破岩石的破碎。

另一方面，在爆破应力波的作用下，岩石会形成裂缝。后起爆区域岩石爆破时，应力波在裂缝处发生透反射，造成炮孔作用区内岩石内应力分布不均，甚至爆炸气体也从裂缝处逸出，容易导致岩石爆破块度不均匀。

因此，延时爆破时，先爆破破碎或者损伤的岩石对后爆破岩石的作用是双重的：一方面，形成间断面，有利于后爆破岩石破碎；另一方面，形成裂缝，易导致爆破岩石块度不均匀。

3 延时爆破岩石破碎过程数值模拟

3.1 爆破漏斗模拟

为了直观地分析延时爆破岩石破碎过程，对该过程进行数值模拟。模型中岩石材料采用损伤度强度材料模型。炸药采用 JWL 方程。

首先对典型的爆破进行数值模拟，炸药起爆 1ms 就形成了漏洞形的破碎区，如图 2 所示。

从图2可以看出，在破碎区域周边存在损伤区($0 \leq D \leq 1$)，在底部和两侧生产了带状损伤区。因此岩石爆破时除了生产破碎形式的爆破漏斗外，还会在破碎区外形成非破碎的损伤区域和不规则的损伤纹。

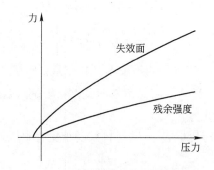

图1　失效面和残余强度面图

Fig.1　Picture of failure surface and residual strength

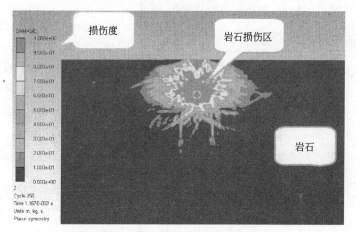

图2　单孔爆破岩石损伤云图

Fig.2　Damage cloud of one hole blast for rock

3.2　岩石裂缝对爆破影响

为了分析岩石裂缝对爆破过程的影响，在岩石中预设裂缝，计算岩石爆破过程，如图3所示。

爆破过程计算可以看出，在炸药爆炸10ms时，爆破漏斗已经形成，同时由于裂缝对爆破载荷启动干扰，使得应力分布不均，导致产生大块岩石，如图3所示。

3.3　延时爆破过程模拟

首先模拟计算得出，当第一个孔起爆4ms后，炸药周围岩石的损伤区基本趋于稳定。

因此，为了避免网格变形过大导致计算无法进行，计算模型中第一个药包爆炸作用5ms后，第二个药包开始起爆。

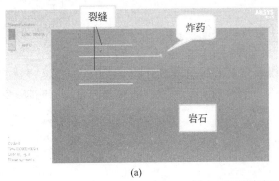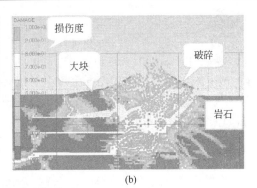

(a)　　　　　　　　　　　　　　　　　　　(b)

图 3　预裂缝岩石爆破损伤图

Fig.3　Damage cloud of presplit rock

(a) 0ms; (b) 10ms

模拟结果表明：第一个药包起爆后，在药包近区形成损伤区域，破碎区域外还有不规则的损伤纹，如图 4(a)所示；当第二个药包起爆后，爆炸载荷首先直接将周围的岩石压碎，然后应力波在之前爆破产生的损伤纹处形成应力集中，出现破碎带并扩展；随着爆炸载荷的继续作用，靠近先爆破损伤区一侧的岩石损伤区域明显大于另一侧，如图 4(b)所示；在延时爆破时，先爆破岩石生产的破碎区和损伤纹，使得后起爆炸药能量首先集中在在损伤纹周围，并形成岩石破碎；应力波传播到破碎岩石形成的间断面处发生透反射，形成拉应力将岩石拉裂。

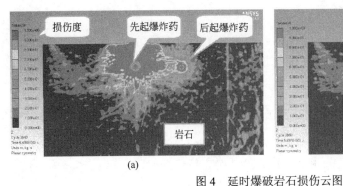

(a)　　　　　　　　　　　　　　　　　　　(b)

图 4　延时爆破岩石损伤云图

(a) 第二个孔起爆 0.4ms；(b) 第二个孔起爆 0.7ms

Fig.4　Damage cloud of delay blast

(a) the scend hole detonate 0.4ms later; (b) the scend hole detonate 0.7ms later

4　结论

(1) 采用岩石材料损伤强度模型，分析了岩石爆破过程中先爆破造成的岩石损伤会对后爆破岩石破碎产生影响：一方面，岩石损伤形成材料间断面，有利于后爆破岩石破碎；另一方面，形成的不规则损伤纹，易导致爆破块度不均匀。因此，控制先期爆破形成的损伤区域作为后续爆破的透反射面，但损伤纹不延伸到爆破区域是控制大块率的关键。

(2) 在逐孔延时爆破时，对后续炮孔而言，由于前期爆破形成的岩石间断面弱化了岩石原自由面的动力作用，导致堵塞段岩体借助间断面向斜上方运动，必然形成明显的后冲和根底现象。

(3) 逐排同段爆破时，同排孔间无延时不会形成间断面，可有效控制后冲击。必须采取逐孔爆破时，通过增大孔距，减小排距可有效改善后冲和根底问题。

(4) 采用岩石材料损伤强度模型对延时爆破岩石破碎过程进行数值模拟。模拟结果与工程实践相吻合，揭示了间断面透反射效果是改变岩体爆炸动力特性的重要因素，为明晰岩石爆破原理，优化设计方案提供了科学依据。

参 考 文 献

[1]　汪旭光. 爆破手册[M]. 北京:冶金工业出版社,2010.

[2]　Meyer, MA. Dynamic Behavior of Materials[M]. New York: John Wiley & Sons Inc., 1994.

[3]　杨军. 岩石爆破理论模型及数值计算[M] . 北京:科学出版社, 1999.

[4]　翟越,马国伟,赵均海,等.花岗岩和混凝土在冲击荷载下的动态性能比较研究[J].岩石力学与工程学报,2007,26(4):762~768.

[5]　AUTODYN materials library version 6.1.

炽热体爆破应用的研究

倪嘉滢

（新疆天河爆破工程有限公司，新疆阿克苏，843000）

摘　要：本文介绍了爆破法清除高炉内凝聚物的一种方法，对延期导爆管雷管、含水炸药和起爆网路进行了有效的隔热，对炉孔采用冷水降温，优化爆破方案和采取安全措施，保证了爆破工程安全快速有效地进行，为类似爆破工程提供了参考经验。

关键词：炉内凝聚物；隔热药包

The Specific Application of High-Temperature Hot Body Blasting

Ni Jiaying

(Xinjiang Tianhe Blasting Engineering Co., Ltd., Xinjiang Akesu, 843000)

Abstract: Introduced explosion method eliminate iron works furnace condensed slag, put forward delay detonating tube detonator selection, insulation charge production, explosive charge and the safety measures and so on the effective methods for clear furnace residue successful examples and experience.

Keywords: furnace condensed slag; insulation charge

1　工程概况

某钢铁公司炼铁 4 号高炉(400t)维修，需要对在冶炼过程中形成的附着在炉腰上、分布不均匀、由炉内焦炭、矿石和金属构成的凝聚物 700~1500℃的厚度炉瘤(如图 1 所示)进行爆破清除。高炉停火后，其温度为 800～1000℃。采用爆破清除炉瘤，须保护原炉体及耐火砖。

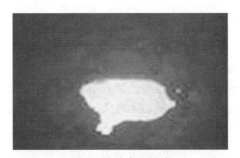

图 1　炉膛高温炉瘤
Fig.1　High temperature furnace tumor

作者信息：倪嘉滢，工程师，niz789820@sina.com。

该工程炽热体主要是指在冶炼过程中，残留在高炉、平炉或电炉中凝固炽热固态物体。温度很高，达到几百度近千度，虽然停炉冷却，但在短时间内很难达到 800℃以下，炉瘤表面温度为 300~400℃，瘤体内部温度为 400~800℃，要用爆破的方法拆除这些高温物体，只能用特殊的方法进行爆破。

炸药在常温下分解速度很慢，不会形成爆炸。当温度升高到一定值时，热分解就会加速直至转化为爆炸。雷管在 110℃时就有可能发生爆炸。在这种高温物体中爆破，一般可采用导爆索和导爆管雷管起爆或两种组合起爆。所以，药包、导爆索及导爆管等要在 5min 内的温度不超过 80℃，应做控热技术处理，并用石棉布或其他防火材料（如亚硫酸氢镁等）将药包包裹起来。

2　爆破技术要求

爆破技术要求如下：

(1) 爆破时严格控制高温炉瘤的飞块，炉体内炉瘤主体原地松动破碎，对个别细小飞块、飞渣控制在爆破保护区内；

(2) 控制爆破地震波的作用，保护高炉主体不受爆破振动破坏；

(3) 炉瘤爆后块度不宜过大，以利于快速清除运输；

(4) 预防爆破冲击波的危害。

3　爆破方案

根据当地民爆公司所供应爆破器材，本次爆破采用二号岩石乳化炸药小药卷或二号岩石膨化硝铵炸药小药卷（须防水处理），采用耐高温隔热防护装药、单孔单响、塑料导爆管雷管防热防静电起爆爆破技术，用高能脉冲起爆器 GM-500S（导爆管激发枪）激发引爆。

3.1　炉瘤爆破参数与计算

(1) 钻孔直径：50~60mm。

(2) 炮孔深度：炉瘤厚度的 2/3。

(3) 炮孔间距：等于炉瘤厚度。

(4) 保护层厚度：药包离炉身耐火砖内壁大于 10cm。

(5) 梅花形布孔或方形布孔。

(6) 单孔装药量：

$$Q = C\left(\frac{2b}{3} - 0.1\right)^3$$

式中　b——炉瘤厚度，m；

C——系数，2~3kg/m^3(根据资料和经验选取)。

当炮孔深度为 0.7m 时，孔内装药量取 100~150g。

3.2　炉底爆破

为清除炉底的残渣，把高炉底部火口扩大，以便机械进出作业。因炉底也是炽热体，也必须采用特制隔热药包。药包制作(如图 2 所示)，采用石棉布和防火泥，钢管和橡胶管保护导爆管雷管。

图 2 药包制作
Fig.2 Charge production

炉底炮孔布置为孔距 1m,排距 0.6 m。

炉底爆破参数计算:

单孔装药量 $$Q = qaLW$$

式中 q —— 炸药单耗,$1\sim1.2$ kg/m^3;

a —— 孔距,m;

L —— 孔深,m;

W —— 最小抵抗线,m。

当炮孔深度为 0.7m 时,孔内装药量取 $96\sim483$g。

3.3 裸露爆破

因时间限制及经验积累等因素,由于钻孔时间太长,爆破效果不太理想。清到炉体中部高度 2m 左右时,下面全部出现大块金属凝聚物,裸露爆破炸不动,用钻孔爆破和氧气切割,分成小块后采用裸露爆破。金属凝聚物在 1.2m 左右,爆破的时间也最长。第一次试用 3 kg 炸药做药包,爆炸威力较小,加大药量 5kg 爆破 4~5 次清除 1.2m 左右金属凝聚物,直至清除所有的金属凝聚物。

4 安全技术措施

4.1 炮孔降温

由于炮孔内温度高达 400~800℃,大大高于民用爆炸物品的爆发点,因此需要采用炮孔降温措施,本次爆破采用水冷降温,水冷时间以实测炮孔温度为准。

4.2 炸药隔热防护

经过水冷降温的炮孔会很快恢复到高温状态,因此,必须特殊制作隔热药包,以预防高温引起的早爆事故发生。

以往经验和资料表明,采用两层石棉防火布加内外涂覆耐火土,可以有效起到隔热降温作用。

石棉防火布隔热作用为:防火布可以有效延长热传递时间。

耐火泥隔热作用如下:

(1) 泥浆中的水分蒸发时会带走一部分热能，在药卷周围形成饱和蒸汽压力层，能够起到隔热作用；

(2) 泥浆中的耐火化合物可以起到消焰降温作用。

4.3　雷管隔热防护

塑料导爆管雷管装药中，主装起爆药一般能耐 180℃高温，次装猛炸药一般能耐 200℃高温，塑料管一般只能耐 80～100℃高温；因此雷管在高温控制爆破中是最薄弱环节，需要使用钢管做水冷爆破筒和橡胶管保护导爆管，采取石棉防火布、耐火泥包覆隔热，如图 3 所示。

图 3　钢管岩棉防护导爆管雷管

Fig.3　Steel pipe rock-wool protective detonating tube detonator

4.4　装药起爆时间

根据爆破安全规程规定，炮孔底部温度超过 80℃时，一次装药、堵塞、连线时间控制在 3min 内。

4.5　炮孔内温度

炮孔底部温度超过 200℃时，不得装药。

4.6　爆前试验

爆破前应多次对炮孔底部进行测温试验，并以最高温度确定隔热层厚度。

4.7　有毒气体防护

炉内温度很高，温度在 600～800℃左右，高温冶炼炉内具有一定的有毒气体，必须进行测量。发现有毒气体超过标准时，应采用机械通风，使有毒气体含量降到安全标准以下，炉内还有煤气，施工人员全部佩戴防护面具。

4.8　拒爆药包处理

装药药包预先用金属捆扎绳扎好，当发生拒爆时遥控拉出，使其掉入冷却水容器中，将炸药溶解或降温，拒爆雷管另做处理。

4.9 爆破飞石防护

个别爆破飞石可采用架设防护网防护。

4.10 爆破地震波防护

由于采用单孔单响，用药量极小，产生的地震波危害不足以破坏炉体结构。

5 操作注意事项

(1) 钻孔口径为 50～60mm，在炉瘤中孔深为炉瘤厚度的 2/3。

(2) 为保证不损坏炉身的耐火砖衬砌，药包离炉身内壁的距离要超过 10cm。

(3) 孔底温度降到 200℃以下才准装药，必须用特制隔热药包，从装药到爆破时间不得超过 5min，一次起爆不超过 5 个炮孔，以确保药包温度不超过 80℃。

(4) 必须用经过良好分筛的晾干的砂土作为炮泥认真填塞，隔热药包用石棉外壳和耐火泥作爆破筒。

(5) 当炉温超过 80℃时，应采取石棉包裹或水冷爆破筒等防高温爆破措施。

(6) 每个待装炮孔的周围备有干沙、石棉粉、湿黄土粉以便快速填塞炮孔，隔热药包事先按需要量制备，黄泥浆在隔热药包放入炮孔之前涂抹。

(7) 一人往炮孔撒石棉粉或湿黄泥垫底，垫层是炉瘤厚度的 2/3。另一人将经过隔热保护的并装有雷管和导火索的药包均匀涂抹一层黄泥浆，然后送入孔底，如图 4 所示。

图 4　窗口送药装药

Fig.4　Window send charge

6 结语

根据对此种炽热体爆破拆除的经验，现采用以上裸露爆破方法每年对该公司炼铁厂 1 号、2 号、3 号、4 号高炉及四座高炉配套的热风炉结瘤的爆破不间断进行，效果良好，并已在其他单位的高炉中应用。

参 考 文 献

[1] 汪旭光. 爆破手册[M]. 北京：冶金工业出版社，2010.

[2] 刘殿书. 中国爆破新技术[M]. 北京：冶金工业出版社，2008.

[3] 田厚建. 实用爆破技术[M]. 北京：解放军出版社，1999.

基于模糊综合评价的矿岩可爆性分级

余海华　　杨海涛

（1. 马鞍山矿山研究院爆破工程有限责任公司，安徽马鞍山，243000;

2. 中钢集团马鞍山矿山研究院有限公司，安徽马鞍山，243000）

摘　要： 以某露天铁矿为工程背景，分别选取某露天矿的矿岩的岩石容重、抗拉强度、抗压强度和完整性系数作为矿岩可爆性分级指标，采用 AHP 分析法确定各分级指标权重，并应用模糊变换原理和最大隶属度原则，对矿岩体可爆性进行定量分析，确定了矿岩体的可爆性级别，研究分析显示矿岩体可爆性属于中等，与矿山现场实际基本相符。

关键词： 可爆性分级；定量分析；AHP 层次分析法；模糊综合评价

Blast Ability Classification of Mine and Rock with Fuzzy Comprehensive Evaluation

Yu Haihua　　Yang Haitao

(1. Maanshan Institute of Mining Research Blasting Engineering Co., Ltd., Anhui Maanshan, 243000;

2. Sinosteel Maanshan Institute of Mining Research, Anhui Maanshan,243000)

Abstract: The density, tensile strength, compressive strength and rock mass integrity are served as the grading index coefficient in the engineering background of a certain open-pit iron mine. The AHP analysis method is employed to determine the classification index weight, then fuzzy transformation principle and the principle of maximum membership degree is applied, ore rock blast ability is quantitatively analyzed, the level of mine rock mass of explosive is determined, the research and analysis shows that blast ability of ore rock belongs to the medium, this accords with mine site actual basic consistent.

Keywords: blast ability classification; quantitative analysis; analytic hierarchy process; fuzzy comprehensive evaluation

1　引言

矿岩体爆破性表征岩石抵抗爆破的难易程度，它是动载荷作用下岩石物理力学性质的综合体现。对矿岩体进行可爆性分级是爆破参数优化设计与施工的基础，对改善爆破效果，降低爆破成本有十分重要的意义。根据不同的分级准则，主要有以岩石强度（抗压、抗拉、抗剪）、炸药单位消耗量、工程地质参数（节理、裂隙等）、岩石弹性波速或岩石波阻抗、岩石爆破能量等为准则的分级方法[1]。统计数学、模糊数学中的许多方法也相继引入到岩体可爆

作者信息：余海华，助理工程师，jxjjyuhaihhua@126.com。

性分级中，如灰色关联度爆破性分级[2]、人工神经网络爆破性分级[3]、遗传程序设计爆破性分级[4]和模糊聚类分析[5]等，使岩体可爆性分级在数据的处理上更加科学。本文以 AHP 层次分析法确定指标的权重，应用模糊理论建立岩体可爆性分级评判模型，对某露天铁矿的矿岩体可爆性分级进行探讨分析。

2　可爆性分级指标的选取及分级判据

2.1　选取可爆性分级指标

影响矿岩体爆破性的因素非常复杂，影响矿岩体可爆性的主要因素为矿岩的密度、容重、孔隙度及强度等力学性质。根据以前的相关研究成果，矿岩可爆性评价指标选择为岩石的容重、抗拉强度、抗压强度和岩体完整性系数，这些因素不仅代表了矿岩本身的物理力学性质和地质特点，而且在现场容易获取，具有一定的合理性和可操作性。

2.2　矿区矿岩物理力学性质

根据某露天铁矿的实际开采技术条件，通过试验测得的各种矿岩岩性的容重、抗压强度、抗拉强度，再通过现场矿岩体结构调查结果，得到了矿岩体的完整性系数，其物理力学性质见表1。

表 1　矿岩可爆性物理力学性质参数
Table 1　Physical and mechanical properties of ore-bearing rock burst

矿岩类别	容重/g·cm^{-3}	抗压强度/MPa	抗拉强度/MPa	完整性系数
磁铁富矿	3.82	107.50	9.79	0.3021
磁铁贫矿	3.48	114.40	10.47	0.4951
黄铁矿	3.42	75.60	6.35	0.4239
闪长岩	2.71	115.90	10.93	0.5124
砂质页岩	2.60	83.40	7.72	0.4879
石英片岩	2.63	71.80	6.83	0.2646
栖霞灰岩	2.74	161.40	14.58	0.3968

2.3　矿岩可爆性分级级别

矿岩可爆性分级指标确定以后，就要进行指标的评价分级，划分的级别档数要密切结合工程实际的需要，通常划分的级别档数为 5～10 级，过少，分级的作用不明显；过多，则分级的特色不明显，且易误判，即处于级与级边缘处的岩石因实测位置的离散系数过大而误进入前面或后面的级别档中去。本文以《工程岩体分级标准》作为蓝本来进行岩体可爆性分级，并根据国内工程岩体分级情况，因此本文可爆性分级分为 7 级，矿岩体可爆性分级级别见表2。

表 2 矿岩可爆性评价标准
Table 2 Ore-bearing rock explosive evaluation standard

级别	I	II	III	IV	V	VI	VII
描述	最易	易	较易	中等	较难	难	最难
容重	<2.5	2.5~2.7	2.8~3.0	3.1~3.3	3.4~3.6	3.7~3.9	>4.0
评分	10	20	35	50	70	85	100
抗拉强度	<4.0	4.0~5.5	5.5~8.0	8.0~11.0	11.0~15.0	15.0~20.0	>20.0
评分	15	25	40	60	75	90	100
抗压强度	<40	40~60	60~80	80~110	110~140	140~180	>180
评分	10	25	40	55	75	90	100
完整性系数	<0.05	0.05~0.35	0.35~0.45	0.45~0.55	0.55~0.65	0.65~0.75	>0.75
评分	20	30	45	55	70	85	100

3 可爆性模糊综合评价及 AHP 层次分析

模糊综合评价就是应用模糊变换原理和最大隶属度原则,考虑与被评价事物有关的各个因素而做出的综合判断[6, 7]。

设因素论域 U 为矿岩体可爆性评价的各单因素集合,对于每一具体的矿岩体 u,选择以下几项作为其特性指标,即

$$U = \{u_1, u_2, u_3, u_4\} = \{容重,抗拉强度,抗压强度,岩体完整性系数\}$$

根据特征指标将岩体稳定性分为 7 个等级,决策评语集可写:

$$V = \{I 级,II 级,III 级,IV 级,V 级,VI 级,VII 级\}$$
$$= \{最易,易,较易,中等,较难,难,最难\}$$

根据表 2 的各单因素评价分值,可以得到总评价矩阵:

$$\boldsymbol{R} = \begin{pmatrix} 10 & 20 & 35 & 50 & 70 & 85 & 100 \\ 15 & 25 & 40 & 60 & 75 & 90 & 100 \\ 10 & 25 & 40 & 55 & 75 & 90 & 100 \\ 20 & 30 & 45 & 55 & 70 & 85 & 100 \end{pmatrix} \tag{1}$$

对式(1)进行"归一化"处理,得到由隶属函数表征的模糊关系评价矩阵:

$$\boldsymbol{R} = \begin{pmatrix} 0.03 & 0.05 & 0.09 & 0.14 & 0.19 & 0.23 & 0.27 \\ 0.04 & 0.06 & 0.10 & 0.15 & 0.19 & 0.22 & 0.25 \\ 0.03 & 0.06 & 0.10 & 0.14 & 0.19 & 0.23 & 0.25 \\ 0.05 & 0.08 & 0.10 & 0.14 & 0.18 & 0.21 & 0.25 \end{pmatrix} \tag{2}$$

(1) 构建指标对比矩阵。对影响矿岩可爆性的 4 个因素,$x = \{x_1, x_2, x_3, x_4\}$,进行两两因素之间的比较,比较时取 1~9 尺度。比较度量表见表 3。

表 3　元素对比度量表
Table 3　Element contrast scale

标度 a_{ij}	定　　义
1	元素 i 与元素 j 对上一层次因素的重要性相同
3	元素 i 比元素 j 稍重要
5	元素 i 比元素 j 较重要
7	元素 i 比元素 j 非常重要
9	元素 i 比元素 j 绝对重要
2, 4, 6, 8	元素 i 与元素 j 的重要性的比较值介于等级之间

用 a_{ij} 表示 i 个因素相对于第 j 个因素的比较结果，则成对比较矩阵 A 为：

$$A = (a_{ij})_{4\times4} = \begin{pmatrix} a_{11} & a_{12} & a_{13} & a_{14} \\ a_{21} & a_{22} & a_{23} & a_{24} \\ a_{31} & a_{32} & a_{33} & a_{34} \\ a_{41} & a_{42} & a_{43} & a_{44} \end{pmatrix} = \begin{pmatrix} 1 & 1/3 & 1/5 & 1/5 \\ 3 & 1 & 2 & 1/2 \\ 5 & 1/2 & 1 & 1/2 \\ 5 & 2 & 2 & 1 \end{pmatrix} \tag{3}$$

(2) 对比矩阵归一化处理。将矩阵 $A = (a_{ij})_{4\times4}$ 的每一列向量归一化得到矩阵 A_{ij}，对其按行求和得到矩阵 A_i，将其归一化得到特征向量：

$$A = (0.072，0.270，0.216，0.409) \tag{4}$$

(3) 计算特征向量 A 对应的最大特征根 $\lambda_{\max}$ 的近似值：

$$\lambda_{\max} = \frac{1}{n}\sum_{i=1}^{n}\frac{(AA)_i}{A_i} \tag{5}$$

通过计算可以得到最大特征根 $\lambda_{\max} = 4.160$。

(4) 计算判断矩阵的一致性指标。一致性指标检验可通过 CI 与 RI 的比值 CR 进行，CI 用下式确定：

$$CI = \frac{\lambda_{\max} - n}{n - 1} \tag{6}$$

从而可以计算出 $CI = 0.018$。

(5) 计算随机一致性比率。检验一个矩阵的一致性指标为矩阵的随机一致性比率，计算公式为：

$$CR = \frac{CI}{RI}$$

RI 表示平均随机一致性指标，这个是一个常量。

根据阶数可以在表 4 里查询 $RI = 0.8931$，$CR = 0.018/0.8931 = 0.02015 < 0.1$，即保持显著水平，对比矩阵是保持一致性的。

表4 随机一致性指标 *RI* 的数值

Table 4 Random consistency index *RI'* value

N	1	2	3	4	5	6
RI	0	0	0.5149	0.8931	1.1185	1.2494

4 矿岩可爆性分级评价模型的求解

根据表 1 中磁铁富矿各因素的实测值，查询表 2 得到各单因素评价级别隶属函数，由式（2）可得黄铁矿可爆性的模糊关系评价矩阵 R_1：

$$R_1 = \begin{pmatrix} 0 & 0 & 0 & 0 & 0 & 0.23 & 0 \\ 0 & 0 & 0 & 0.15 & 0 & 0 & 0 \\ 0 & 0 & 0 & 0.14 & 0 & 0 & 0 \\ 0 & 0.08 & 0 & 0 & 0 & 0 & 0 \end{pmatrix}$$

模糊评价模型选择 $M(\wedge, \oplus)$，从而可以综合评价式 B：

$$B_1 = A \odot R_1 = （0, 0.0327, 0, 0.0707, 0, 0.0166, 0）$$

从而可看出磁富铁矿可爆性对 7 个等级的隶属度Ⅳ级=0.0707 为最高，按择优原则，应评定为Ⅳ级，矿岩可爆性为中等。同理，对其他几种矿岩岩性进行计算，均采用 $M(\wedge, \oplus)$ 模型，并按择优原则评定出矿岩可爆性级别列于表 5。

表5 矿岩体可爆性分级表

Table 5 Ore rock blasting ability scale table

矿岩类别	可爆性分级	可爆性描述
磁铁富矿	Ⅳ	中等
磁铁贫矿	Ⅳ	中等
黄铁矿	Ⅲ	较易
闪长岩	Ⅲ	较易
砂质页岩	Ⅳ	中等
石英片岩	Ⅱ	易
栖霞灰岩	Ⅴ	较难

5 结论

(1) 根据某露天铁矿的开采技术条件，以矿岩的容重、抗拉强度、抗压强度和完整性系数作为矿岩可爆性分级的评价指标，利用 AHP 层次分析法确定分级指标的权重。

(2) 以模糊变换原理和最大隶属度为原则，采用模糊评价模型 $M(\wedge, \oplus)$，得出模糊综合评价式，并按择优原则确定矿岩体可爆性分级为：黄铁矿、闪长岩级别较易，磁铁富矿、磁铁贫矿和砂质页岩级别为中等。综合比较矿岩体可爆性级别为中等，与矿岩体爆破单耗统计结果的现场实际情况比较符合。

参 考 文 献

[1]　张德明,王新民,郑晶晶,等. 基于模糊综合评判的矿岩体可爆性分级[J].爆破,2010,27(4):43~46.

[2]　谷拴成. 应用灰色系统理论进行岩体可爆性分级的探讨[J].爆破,1991,(4):61~64.

[3]　冯夏庭. 岩石可爆性神经网络研究[J].爆炸与冲击,1994,14(4):298~305.

[4]　蔡煜东. 岩体可爆性等级判别的遗传程序设计方法[J].爆炸与冲击,1995,15(4):329~334.

[5]　璩世杰,毛市龙. 一种基于加权聚类分析的岩体可爆性分级方法[J].北京科技大学学报,2006,28(4):324~329.

[6]　李永强, 张杰, 许利生. 岩体可爆性分级数学模型及其应用[J].金属矿山,2008(11):36~37.

[7]　范利华,璩世杰,尚留勇,等. 基于模糊识别的岩体可爆性分级[J].矿业快报,2007,2(2):15~17.

白水泥厂回转窑预热器粉渣结块除渣控制爆破实践

朱琳　杨帆

（安庆市向科爆破工程技术有限公司，安徽安庆，246003）

摘　要：水泥回转窑预热器堵塞是水泥厂常见现象，常规机械处理耗时长，效果不明显，影响工厂生产线运转。爆破疏通又面临作业面狭窄的困难和炉内高温的风险。基于本次实践提出了用石棉布、耐高温 PVC 管隔温保护导爆管起爆网路，高压水枪降温炉渣，循环多次爆破直至疏通等一系列措施，同时本文论述了此类控制爆破安全要点。

关键词：塔体结构炉；内高温；导爆管起爆网路；除渣控制爆破；安全技术

Slag Agglomeration Removing Controlled Blasting Operation in Rotary Kiln of White Cement Plant

Zhu Lin　Yang Fan

(Anqing Xiangke Blasting Engineering Technology Co.,Ltd., Anhui Anqing, 246003)

Abstract: It is a common phenomenon in cement plant for the cement rotary kiln preheater to be blocked. The regular mechanical removing method is not only time-consuming, ineffective, but affects the operation of the production line. On the other side, the blast method is faced with the problem of narrow work face and high temperature inside the kiln. Basing on practice, a series of measure are raised, including thermal insulation by asbestos fabric and PVC pipe to protect the detonating tube, high pressure spray to cool the slag, and repeated blasting till getting the kiln through, etc. The safety requirements of this kind of controlled blasting are discussed in this thesis.

Keywords: tower structure; high temperature inside the kiln; detonating tube initiation network; slag removing controlled blasting; safety technology

1　工程概况

安庆市某白水泥厂回转窑 C5 预热器由于浇注料的脱落，出料管被堵，内部高温无料形成结块，结块厚度达到 1～2m。结块形成后，该厂组织员工采用高压水枪等常规方法进行清理，连续多天的作业后无明显效果。该厂受此影响已停产多天，继续下去将严重影响该厂的经济效益。因此，业主要求在不损伤炉内耐火砖的情况下，对炉渣实施爆破解体快速解决炉渣堵塞问题。

作者信息：朱琳，工程师，244949215@qq.com。

2 难点分析

（1）炉内高温，虽经过多天的冷却，通风口处能明显感觉热风吹出。使用红外测温仪测得炉渣表面温度约为 200℃，估计炉渣结块中心温度约有 500~800℃。在此高温条件下，必须对起爆单元做好充分的隔热降温处理，防止早爆拒爆。

（2）预热器内径 4m，仅有两处较小通风孔，可做观测用，可操作空间小，无法通过如此小的孔口进行钻孔作业。装药过程也受到孔口的制约，操作难度增加。

（3）炉渣结块硬度高、韧性大，且爆破过程不允许对耐火砖层造成任何损害，所以本次爆破对炸药用量的控制应相当精确。

（4）很难达到一次爆破即解决炉渣堵塞问题的效果，需反复多次爆破，并且应根据每次爆后效果及时调整爆破方案。

3 施工方案

（1）预热器塔高达 47m，堵塞处在其塔尾缩口处。堵塞处上下方各有一通风口，但上口规格 60cm×80cm 勉强能观测到堵塞情况，且由于上层覆盖粉渣无法观测到粉渣下面情况；下口规格 40cm×60cm 能较易观测堵塞情况。现场能观测到结块中心裂纹及凹陷处。由于不采用钻孔装药的方式爆破，我们决定用高压水枪冲击结块中心部分，以形成便于固定药包的凹槽，减少炸药能量的损失。综合以上情况，选择从下方开口伸入药包抵至结块凹槽处，通过多次爆破扩大炉渣破坏范围直至炉渣完全脱落。装药方式如图 1 所示。

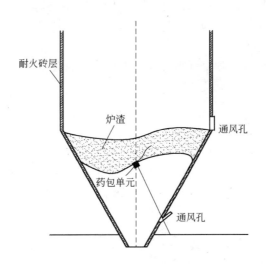

图1　装药方式示意图

Fig.1　Diagram of charging method

（2）药包的加工及隔热处理。为了爆破的安全性及可靠性，本项目爆破均采用双发耐高温导爆管雷管起爆。药包外层包裹黄泥浆并制成聚能穴状。导爆管外部套上耐高温的 PVC 管，保证能从孔口伸至结块处并固定住。药包部分及前端 PVC 管外部均包裹浸湿的石棉布，用石棉绳及铁丝系牢。装药结构如图 2 所示。

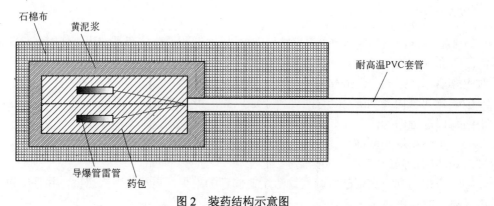

图 2 装药结构示意图
Fig.2 Diagram of charging structure

（3）控温措施。药包单元投入炉内前应用高压水枪给炉渣表面降温，药包投入炉内要保证准确而迅速。爆破后，新裸露出来的炉渣表面温度达 500~800℃，使用高压水枪既可以清理炸松后的粉渣，又可以为裸露的炉渣表面降温。在使用红外测温仪测得其温度在 200℃ 以内时可以进行下一轮爆破。

（4）药量控制。炉渣爆破经验公式如下：

$$Q = q\left(\frac{2}{3}B - 0.1\right)^3$$

式中，Q 为单孔炸药量，kg；q 为爆破系数，取 2~3kg/m³；B 为炉渣厚度，m。

考虑到裸露爆破，取炉渣厚度为 1~2m，得 Q＝0.35~0.55kg。

实际操作中首次爆破采用 0.3kg，根据爆破效果应该增加炸药用量。综合多次爆破效果，得出药量在 0.6kg 效果较好。

（5）起爆系统。采用导爆管雷管击发针起爆系统，一次起爆一个药包，药包装入炉块凹槽处，1min 内人员撤至安全区域起爆。

4 施工组织与安全措施

清渣与爆破应密切配合，严格按照先高压水枪降温，待炉渣表面温度降至 200℃ 以内再装药爆破的顺序进行施工。爆破流程循环多次，直至炉渣堵塞问题解决。

施工组织流程如图 3 所示。

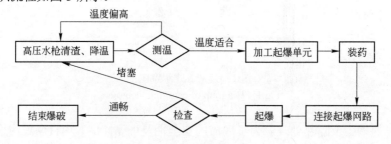

图 3 施工流程图
Fig.3 Diagram of construction process

（1）隔热试验：装药前先做隔热试验，把雷管用石棉布严密包裹后，放入高温炮孔里，如果雷管在 5min 内仍未自爆，则认为合格，否则应加厚石棉层，再做试验，直到合格为止。

（2）降温组与爆破组安全交底：清渣降温阶段，操作高压水枪人员应穿着防护用品，其他人员撤离至安全区域。测量温度适合装药，确定进入装药阶段，除爆破人员，其他人员应迅速撤离至安全区域。药包自装入炉内 1min 内应完成起爆。

（3）冲击波、飞石及爆破振动危害的防护：由于本次爆破主要在预热塔内完成，生产线也已停产，所以将人员撤离至安全区域即可。警戒点选择在进入爆破区域 50m 内各路口，由于爆破跨越时间段较长，每次确定装药之前开始警戒。爆破员撤离路线应规划好，要做到畅通、安全。警戒范围如图 4 所示。

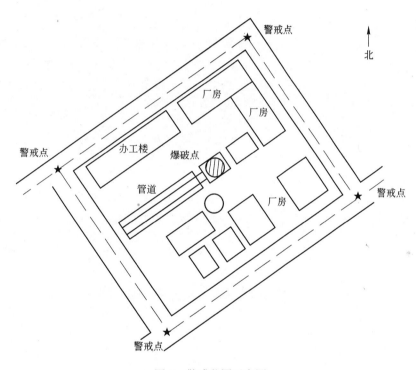

图 4　警戒范围示意图

Fig.4　Diagram of guarding area

5　爆破效果及经验总结

（1）爆破达到了预期效果，虽然经过多次爆破，爆破间隔等待冷却时间较长，但仍在 12h 内解决了炉渣堵塞问题。炉内耐火砖及炉壁未受任何损伤。

（2）探索出在无法钻孔情况下，提高炸药能量利用率的方法。

（3）证明在高温条件下，采取一定的隔温降温安全措施，同样能将爆破工作做好。爆破方法比常规方法更有效，扩大了爆破的应用范围。

（4）受爆破条件的制约和炉渣性质的影响，对炸药使用量的优化控制还需要探索。出于安全的考虑，先从小药量开始，根据效果灵活调整药量不失为一个很好的方法。

参 考 文 献

[1]　史秀志，李山存，谢本贤. 高温炉结快速拆除的爆破工艺及其应用[J]. 工程爆破，2006, 12(1).

[2]　张少光，王从银，王辛. 高温金属炉渣控制爆破技术研究与实践[J]. 爆破，2011, 4.

[3]　房泽法，阎晓荣，王维. 预热器系统结皮堵塞疏通爆破[J]. 爆破，2009, 2.

[4]　廖跃华，龙源，黄龙华. 大型炼铁高炉炉结的高温控制爆破技术研究[J]. 工程爆破，2011, 3.

[5]　汪旭光.爆破手册[M]. 北京：冶金工业出版社，2010.

中深孔逐孔起爆和分段装药技术
在太钢复合材料厂白云石矿的应用

李玉平　段振国

（太原钢铁（集团）有限公司复合材料厂，山西忻州，035500）

摘　要：在太原钢铁（集团）有限公司复合材料厂白云石矿中深孔台阶爆破中,成功地运用了分段装药和逐孔起爆先进工艺技术, 大大降低了爆破大块率,提高了爆破效果, 有效降低了采矿成本,并且达到了降低爆破振动危害, 减少飞石影响的良好效果。

关键词：分段装药；逐孔起爆；采矿成本；爆破振动

Deep Hole by Hole Detonation and Segmented Charge Technology in the Application of Dolomite Ore Taigang Composite Material Factory

Li Yuping　Duan Zhenguo

(Taiyuan Iron and Steel(Group) Co., Ltd.Composite Material Factory, Shanxi Xinzhou,035500)

Abstract: In the Taiyuan iron and steel (Group) Co., Ltd. composite material factory dolomite mine bench blasting, the successful use of the divided charge and hole by hole blasting advanced technology, greatly reducing the blasting boulder yield, improve blasting effect, effectively reduce the cost of mining. And to reduce the favorable effect of reducing harm of blasting vibration effect, flying rock.

Keywords: divided charge; hole by hole blasting; mining cost; blasting vibration

1　引言

太钢（集团）有限公司复合材料厂白云石矿矿区是太钢的重要辅料生产基地，现年生产白云石成品矿 113 万吨。爆破工序是矿山开采中最重要的生产环节，在生产爆破中，过去一直采用排间斜线起爆方式，一方面爆破效果不理想，大块、底根较多，爆堆松散度差，造成后续生产工艺成本偏高；另一方面，该起爆方式引起的爆破振动较大，对采场最终边帮、采场南部周边建（构）筑物的影响较大。爆破工序严重影响着采矿速度、安全和成本。因此，优化爆破工艺技术，提高爆破质量对整个矿山开采有着尤为重要的意义。

作者信息：李玉平，工程师，liyuping660201@163.com。

2　矿区地质和穿爆情况简介

矿区位于华北台块的山西台背斜的东北部,属五台隆起区及太行断裂隆起西北段变质岩地区。区内地势北高南低,最高标高为979.9m,最低标高为738.17m,相对高差为241.73m。矿区地层主要为下元古界滹沱超群东冶群瑶池村组和新生界第四系。矿区矿床为沉积浅变质型矿床。矿体与下盘千枚岩呈明显的整合接触。矿区矿层基本全部出露地表,矿体呈一缓倾伏向斜产出,矿体走向由南西—北东,倾向南东157°,倾角12°~45°,矿体在矿区范围内出露长660m,宽度为100~400m,平均宽为250m,矿体最小埋深0m,最大埋深235m。受区域构造的影响,矿区构造形成NE—SW方向的大小断层十余个,岩层形成一椭圆状环形内斜式向斜,主要轴向呈NE30°~40°,倾向SE,倾角10°~20°。矿区内发育着两组节理。

白云石矿区以前采用台阶高度10m,矿区未进行分类矿岩可爆性分区和分级,ϕ150mm潜孔钻穿孔,孔径ϕ150mm,孔深(11.5±0.5)m,全部4×6m孔网梅花形布孔,底盘抵抗线3.5m,多排孔排间微差起爆,柱状连续装药,单位炸药消耗量0.7kg/m³,炸药单耗2750kg/万吨,每次爆破用药15~20t。存在的主要问题是:矿石块度合格率低,部分爆堆大块率过高,而部分爆堆粉矿率过高,局部甚至大面积根底;爆堆矿石块度不均,下部粉矿多;盲炮多,爆破振动大。

3　中深孔爆破工艺技术优化

根据对影响爆破效果的原因分析,结合白云石矿区的具体条件,主要采取了以下优化措施提高爆破质量。

3.1　矿区矿岩合理分区

矿区矿岩合理分区,不同区域采取不同的孔网参数。

白云石矿区穿孔设备和开采台阶已定,调整爆破的孔网参数主要是依据矿区地质对矿岩合理分区,然后在已经确定的矿岩分区内确定炮孔密集系数m。

白云石矿区根据矿区地质特征结合破碎系统要求将采区大致分两个区域,采区南部解理裂隙较发育,矿岩松软,层面多且层间距小,炮孔排面和主结构面走向接近平行,为了避免孔间裂隙过早生成而泄漏爆轰气体,炮孔密集系数m取2.0~2.1;采区北部有两个大的断层经过,矿岩硬度大,解理裂隙面倾角达70°,炮孔密集系数m取值较小,根据经验取1.7。

根据破碎系统破碎口给矿口径要求和铲装设备能力,将矿石和岩石大块粒度进行定义,矿石粒度不大于0.8m³,岩石粒度不大于1.2m³。

根据以上分析,确定合理的爆破孔网参数为:

采区南部:孔距$a=mW_d=(1.8\sim2.0)\times3.5=6.3\sim7$m;

　　　　　排距$b=(0.6\sim1.0)W_d$,取4m。

采区北部:孔距$a=mW_d=1.7\times3.5=6$m;

　　　　　排距$b=(0.6\sim1.0)W_d$,取4m。

对局部裂隙发育、靠近断层带处采用孔距7m,排距3m。

3.2 利用逐孔起爆方式起爆

3.2.1 逐孔起爆技术的特点

爆破工作是采矿工作的重要组成部分，爆破效果和爆破振动受爆破器材质量、爆破参数、起爆顺序、岩石性质、节理裂隙等诸多因素的影响。在现场爆破中，许多难以预期的因素往往使爆破效果和爆破振动不可控。但是，在同等爆破条件下，根据岩石爆破破碎的动力过程，合理分配各孔的起爆顺序，确保各孔之间的精确毫秒延期，能够充分利用炸药能量改善爆破效果，同时明显降低爆破地震效应，通过为每个炮孔创造更多的自由面，实现爆炸应力波的多次反射，加强相邻炮孔之间的岩石碰撞，进一步改善爆破效果，使破碎块度更加均匀，使大块和底根数量减少。

逐孔起爆技术的核心是单孔延时起爆。依靠非电高精度毫秒导爆管雷管，实现爆区内任何一个炮孔爆破时，在空间和时间上都是按照一定的起爆顺序单独起爆，这样可以人为地为每个炮孔准备最充足的自由面。利用逐孔起爆技术，每个炮孔在起爆前，其前方和侧方的炮孔已经爆炸，并为该孔备出了至少3个以上的自由面，因此岩石爆破所需要抛散能量大大降低，同时，合理选择孔间和排间微差时间可以充分利用岩石破碎后的抛散能量，增加相邻炮孔间岩石的空中碰撞次数，从而显著改善爆破块度。此外，由于多个新生自由面的出现，该孔药柱爆炸后产生的应力波传至新自面后将同时发生反射，应力波同时抵达药包位置，反向拉伸波在传播过程中首先在自由面接触，然后依次向着药包位置在单孔爆破区内各点处发生叠加，拉应力强度大大提高，降低了岩石破碎时弹性变形能的损失，从而降低了炸药单耗，并极大改善了岩石爆破破碎效果。

3.2.2 孔间与排间逐孔延期时间的选择

在逐孔起爆技术网络设计中，有地表延期网络和孔内延期网络，孔间延期决定块度，排间延期决定爆堆松散度。其中地表延期合理微差时间的选择是关键。地表延期导爆管雷管（4号雷管），根据爆破动载理论和爆振最小的要求，结合钻孔孔径为150mm，确定控制排孔与孔之间的延期时间间隔为3～8ms/m，取25ms，分传爆列孔与孔之间的延期时间间隔为15～30ms/m，取65ms。孔内导爆管雷管（8号加强雷管）延期时间均为400ms。具体爆破地表网络连接如图1所示。

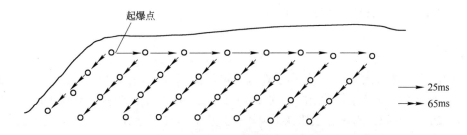

起爆点

—→ 25ms
—➤ 65ms

图 1　爆破地表网络连接图

Fig.1　Blasting surface network connection diagram

通过利用逐孔起爆方式起爆，爆破后，爆堆前伸12～18m,整体移动性好，爆堆表面隆起

1～3m，满足铲装高度，爆区内部岩石破碎较均匀，松散度较好，爆区内部存在大块的可能性较小；爆区最后排炮孔沉降2～4m，无后冲和后翻现象，实现了"反向起爆"，松动爆破区内没有产生飞石，为安全生产提供了保障，同时大大降低了根底出现的概率。

3.2.3 爆破振动测试

采场部分最终边帮位于地质情况复杂区段，且高度较大（目前最大高度为 70m），对爆破地震反应强烈；采场南部周边建（构）筑物距爆区的最小距离约为46m，其对爆破振动反应亦很敏感，因此，解决爆破振动过大问题成了当务之急。为了确保安全生产，对比逐孔起爆方式在降振方面的表现，定量评价爆破振动等级，以便采取相应措施，企业委托澳瑞凯公司进行了 5 次爆破振动测试，综合测试结果见表1。

表1 爆破振动测试结果表
Table 1 Results table test of blasting vibration

爆破时间	水平/m	测距/m	总装药量/kg	最大段药量/kg	最大振速/cm·s⁻¹	采用的爆破器材
2013.09.13	120	100	12400	360	3.324	普通导爆管雷管
2013.09.26	130	100	15000	180	2.012	澳瑞凯雷管
2013.10.09	140	100	10600	240	4.734	普通导爆管雷管
2013.10.20	140	100	14400	180	2.904	澳瑞凯雷管
2013.11.04	130	100	9800	320	2.312	澳瑞凯雷管

另外，将位于同一区段、地质条件基本一样的两次爆破进行详细分析，从爆破振动测试结果可以看出，采用澳瑞凯高精度导爆管雷管和逐孔起爆方式，爆破振动速度可降低35%～40%以上，降振效果明显。

3.3 优化装药结构

采用空气间隔装药技术和分段装药技术相结合。

由于孔口充填部分没有炸药，并且在一定深度范围受上一次爆破影响，容易形成大块。为克服空口大块的产生，同时减少根底，采用了分段装药结构。底部装药55%，充填1～1.5m后再装45%的炸药，最后进行孔口回填。

同时，为了克服底部矿石过于粉碎的问题，在底部装药时采取了空气间隔装药技术，在底部先放入0.5～0.8m的空气柱再装药。

4 效果分析

通过爆破工艺技术优化，大大提高了爆破质量，爆破大块率在原有的基础上减少了25%，粉矿率降低了20%，延米爆破量由原来的48t/m提高到55t/m，炸药单耗由原来的2750kg/万吨减少为 2200kg/万吨。同时由于加强了现场钻孔作业管理和爆破作业管理，基本上消除了边墙和根底的产生，也降低了爆破成本和整个采矿工序成本。

5 结束语

随着爆破技术的不断提高和新型爆破器材的应用，矿山爆破质量大大提高，爆破精确度和安全有了保障。太钢复合材料厂白云石矿矿区通过爆区分区管理，应用调整爆破孔网参数、逐孔起爆、调整装药结构等技术，在减少大块率、降低粉矿率、提高爆破安全方面收到了良好的效果。

参 考 文 献

[1] 郭进平,聂兴信,等. 新编爆破工程实用技术大全[M]. 北京：光明日报出版社, 2002.

[2] 刘殿书, 等. 中国爆破新技术Ⅱ[M]. 北京：冶金工业出版社，2008.

破碎岩体预裂爆破试验研究

杨海涛　　刘为洲　　张西良

(1. 马鞍山矿山研究院爆破工程有限责任公司，安徽马鞍山，243000;
2. 中钢集团马鞍山矿山研究院有限公司，安徽马鞍山，243000;
3. 金属矿山安全与健康国家重点实验室，安徽马鞍山，243000)

摘　要：本文针对珲春紫金矿业曙光金铜矿北帮破碎带不良地质条件，通过理论分析和现场试验，并对孔网参数、堵塞高度、线装药密度、装药结构及助碎孔布置等进行优化，确定出适合破碎带岩体预裂爆破方法、参数和工艺。研究成果在珲春紫金矿业曙光金铜矿破碎带岩体进行了多次生产试验，地面预裂缝完整连续，缝宽约 2~5cm，经孔内摄像拍照，孔内预裂缝连续完整，破碎岩体预裂爆破达到较好的效果。

关键词：破碎岩体；预裂爆破；参数优化

Experimental Study on Pre-split Blasting of Broken Rock

Yang Haitao　　Liu Weizhou　　Zhang Xiliang

(1. Maanshan Institute of Mining Research Blasting Engineering Co., Ltd., Anhui Maanshan,243000;
2. Sinosteel Maanshan Institute of Mining Research, Anhui Maanshan,243000;
3. State Key Laboratory of Safety and Health for Metal Mines,Anhui Maanshan,243000)

Abstract: According to the poor geological conditions of north crush zone in Shuguang Gold and Copper Mine of Hunchun Zijin Mining, the pre-split blasting method, parameters and process applicable to crushed band rock were determined on the basis of theoretical analysis and field tests, as well as the optimization of network parameters, plug height, line charge density, charge structure and charge structure of buffer holes. Based on the research results mentioned above, production tests were carried out many times in the crushed band rock of Shuguang Gold and Copper Mine. It showed that the ground pre-cracks were completed and continuous while the seam width was 2~5cm. The pre-cracks result of hole video camera indicated the same effect, achieving better pre-split blasting results for broken rock.

Keywords: broken rock; pre-split blasting; parameter optimization

1　引言

目前预裂爆破已广泛应用在矿山、水利、道路建设等领域，但在结构面及裂隙发育的破碎地段预裂爆破的效果不尽如人意，主要表现在：爆破后坡面破坏严重，以致预裂孔全被冲坏，不能形成完整预裂面，造成部分边坡的实际安全平台宽度达不到设计宽度，局部

作者信息：杨海涛，工程师，yht03121@163.com。

边坡无法靠界。本文针对复杂地质条件下破碎带预裂爆破存在的问题，寻求最佳预裂爆破参数。

2 机理分析

对于预裂爆破，利用空气作为爆破介质缓冲了爆炸能量，这时应保持孔壁不出现压碎，使应力波只能对孔壁产生一定数量的初始裂隙，这要求孔壁初始压力应不大于岩石的极限抗压强度：

$$p_0 \leqslant \sigma_{压} \tag{1}$$

式中　p_0——孔壁初始压力；

$\sigma_{压}$——岩石的极限抗压强度。

因为岩石的强度与加载速度有关，故分为静载强度和动载强度。试验证明，加载速度对岩石的强度有较大影响。加载速度提高，强度也相应提高。

爆破载荷是典型的动载荷，它的应变率可以达到 $2\times10^4 \mathrm{s}^{-1}$，预裂爆破中岩石间形成预裂缝属于动载破坏，所以用岩石的动载强度和动弹性模量来表征岩石在爆破作用下的强度特性是合理的。

由于初始裂缝的形成是受拉破坏，故这一极限值为岩石的动态抗拉强度，即在相邻炮孔应力场未相遇之前各炮孔内的应力波仅在各自孔壁上产生不定向和不定量的裂缝。由于相邻炮孔的存在改变了炮孔壁附近的环向应力分布，在炮孔连心线方向产生应力叠加，当集中的拉应力大于岩体的动态抗拉强度时，在炮孔连心线方向上首先产生裂纹，这样才能形成预裂缝。即当 σ_θ 超过岩石的动态抗拉强度时，岩石中将出现破坏裂缝。

$$\sigma_\theta \geqslant [\sigma_{tt}] = \xi_2 [\sigma]_{拉} \tag{2}$$

式中　σ_θ——相邻炮孔集中的拉应力，MPa；

$[\sigma_{tt}]$——岩石的动态抗拉强度，MPa；

ξ_2——岩石的抗拉动载荷系数，见表1[1]；

$[\sigma]_{拉}$——岩体静载荷下轴极限抗拉强度，MPa。

表1　抗拉动载荷系数
Table 1　Dynamic load factor of tensile

$[\sigma]_{拉}$/MPa	>20	15~20	10~15	5~10	<5
ξ_2	>2	1.8~2	1.6~1.8	1.4~1.6	<1.4

同时随着爆生产物的膨胀和耗散，其压力不断衰减，当其压力衰减至不足以使裂缝发展时，裂缝扩展停止。所以初始裂缝在爆生产物的作用下所能扩展的长度也是有限的，但如果两相邻炮孔的间距在裂缝所能扩展的长度范围内时，裂缝就会相互贯通。当相邻炮孔应力波叠加产生的集中拉应力小于岩石的动态抗拉强度即 $\sigma_\theta \leqslant [\sigma_{tt}]$ 时，裂纹停止发展。

在岩石断裂初期，炮孔周边具有应力场，由弹性理论可知[2]：

$$\begin{cases} \sigma_r = -p\dfrac{R^2}{r^2} \\[2mm] \sigma_\theta = p\dfrac{R^2}{r^2} \end{cases} \quad (r \geqslant R) \tag{3}$$

当 σ_θ 超过岩石的动抗拉强度时，岩石将出现破坏裂纹，当 $\sigma_\theta < [\sigma_{tt}]$ 时，裂纹将停止发展，所以炮孔中初始裂纹半径 r_0[3] 为

$$r_0 = R\sqrt{\frac{p}{[\sigma_{tt}]}} \tag{4}$$

式中，r_0 为初始裂纹半径；R 为炮孔半径；p 为作用在孔壁上的实际压力，$p \approx C_f p_1'$，p_1' 为爆生气体膨胀压力，MPa。

初始裂纹形成以后，将在静态压力 p_1 作用下裂纹进一步扩展，使裂纹贯穿形成裂缝的必要条件是[3]：

$$2Rp_1 = (S - 2r_0)[\sigma_{tt}] \tag{5}$$

式中，R 为炮孔半径；p_1 为炮孔内的静态压力，MPa，$p_1 \approx C_f p_1'$，p_1' 为爆生气体膨胀压力，MPa；S 为孔间距，m；r_0 为炮孔中初始裂纹半径。

$$p_1 = C_f p_1' \tag{6}$$

$$p' = p_L \left(\frac{p_0}{p_L}\right)^{\gamma/\kappa} \left(\frac{q_V}{p_L}\right)^{\gamma} + \frac{p_0}{(\kappa+1)}\left(\frac{q_V}{\rho_0}\right)^2 \tag{7}$$

$$p_1' = \frac{p_L}{\rho_0^\gamma}\left(\frac{p_0}{p_L}\right)^{\gamma/\kappa} q_V^\gamma \tag{8}$$

$$p_0 = \frac{0.1\rho_0 D^2}{21(\kappa+1)g} \tag{9}$$

式中，p_0 为爆生气体的初始平均压力，MPa；p_1 为炮孔内的静态压力，MPa；p_1' 为爆生气体膨胀压力，MPa；C_f 为空气冲击波及增压系数，取值为 1.1~1.2；γ 为空气的绝热等熵指数，$\gamma = 1.3$；p_L 为临界压力，即爆生气体等熵膨胀过程中冷压强占主导地位的压力，通常取 $p_L = 2.8 \times 10^8$ Pa；κ 为炸药的绝热等熵指数，工业炸药通常取值为 3；q_V 为炮孔内的体积装药密度，kg/m³；ρ_0 为炸药的密度，g/cm³；D 为炸药的爆速，m/s；g 为重力加速度，m/s²。

由式(3)~式(9)就可以从理论上计算出孔间距 $S = 2R\sqrt{\dfrac{p}{[\sigma_{tt}]}} + \dfrac{2Rp_1}{[\sigma_{tt}]}$。

3　破碎带主要岩石及力学性质

破碎带区域内见有三条大的断层(F1、F2、F3)，分布于Ⅰ-2区、Ⅱ区、Ⅳ区，三条断层

交汇于Ⅰ-2区，平面形状呈"大"字形。由于人工切坡，F1断层在平面上展布的面积较大，该断层带较宽，延伸自+638m平台至+578m平台，总体倾向南东，倾角近60°。区内节理裂隙较发育。破碎带主要岩性及物理力学性质详见表2。

表2　破碎带主要岩性及物理力学性质参数
Table 2　Lithology and physical and mechanical properties parameters of fracture zone

矿岩类别	比重 /kg·cm^{-3}	抗压强度 /MPa	抗拉强度 /MPa	弹性模量 E /GPa	泊松比	黏聚力/MPa	内摩擦角 /(°)
石英岩	2.81	97.28	5.42	120.01	0.27	14.1	43.8
闪长岩	2.84	101.44	7.81	83.11	0.25	14.2	43.4
斜长花岗岩	2.63	85.12	7.58	69.58	0.24	13.9	42.4
蚀变斜长岩	2.65	84.96	5.47	103.11	0.21	13.4	42.9

4　预裂爆破参数优化试验

4.1　预裂爆破参数优化

4.1.1　不耦合系数 K 值的确定

根据马鞍山矿山研究院提出的经验公式 $K=1+18.32[\sigma_压]^{-0.26}$，考虑到破碎带中含有各种类型岩石，且岩石力学实验中试块一般较为完整，与岩体中裂隙发育情况差别较大，而且上述公式是在岩体稳固性好的基础上得出的，因此应适当考虑系数。经过多次试验，得出在破碎岩体中预裂爆破不耦合系数 K 值计算公式：

$$K = 1+10.07[\sigma_压]^{-0.26}$$
(10)

式中　$[\sigma_压]$——岩石极限抗压强度，MPa；
　　　　K——不耦合系数。

4.1.2　预裂孔孔距

按一般经验公式：

$$a = 19.4D(K-1)^{-0.523}$$
(11)

式中　a——预裂孔孔距，m；
　　　　D——预裂孔孔径，取 0.15m；
　　　　K——不耦合系数。

考虑到该地段为破碎带，岩体节理裂隙较为发育，岩体破坏严重，岩石抗拉强度及抗压强度均有所降低，但岩石有一定的韧性，又不易破碎，因此应适当降低预裂孔距，因此孔距为 1.1~1.25m。

4.1.3　线装药密度 (q_L)

现场试验中采用 2 号岩石乳化炸药，药卷规格为 ϕ32mm×150 mm，150g，岩石乳化炸药主要性能指标见表3。

表3 乳化炸药性能指标

Table 3 Performance indicators of emulsion explosive

猛度/ mm	爆速/m·s^{-1}	做功能力/mL	殉爆距离/mm	比重/g·cm^{-3}
12	3200	260	30	1.0~1.2

线装药密度与预裂试验孔的孔距有直接关系。孔距和药量是两个相关的参数。预裂面的平整度和裂缝的充分发展相关，裂缝的充分发展与裂缝扩展的绝对距离相关。

根据一般经验公式计算线装药密度：

$$q_L=78.5D^2K^{-2}\rho \tag{12}$$

式中，ρ 为炸药密度，g/cm^3；D 为孔径，cm，取 15cm。

计算结果为946.78g/m，取 0.9kg/m。

考虑到该区域为破碎带，岩石较为破碎，岩性较软且有韧性，抗压及抗拉强度较低，炮孔内水深约为 8m，因此选取上部试验孔线装药密度为 0.75~0.9kg/m。孔距为 1.1m 的试验孔线装药密度为 0.75kg/m，孔距为 1.2~1.25m 的试验孔线装药密度为 0.9kg/m。

本次实验线装药密度按 0.75~0.9 kg/m，不包含孔底 1.5m 长的加强装药(线装药密度为 1.5~1.8kg/m)。

4.1.4 装药结构

采用径向不耦合的装药结构，装药高度为 12.5~12.0m，孔口部分余高不装药，一般的余高控制在 2.0m 左右，填塞高度 1.0m 左右。装药结构如图 1 所示。

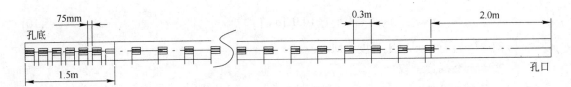

图 1 预裂孔装药结构图

Fig.1 Charge structure of pre-split hole

4.2 布孔方式及助碎孔参数

4.2.1 预裂孔布置

预裂孔直接布置在主爆区炮孔最后一排后 3.0m 处。

4.2.2 助碎孔参数

助碎孔参数选取的合理程度直接影响最终预裂爆破的效果。因此，即使预裂孔的参数合理，爆后实际形成完好的预裂缝，但由于助碎孔未能与之很好地配合，也会将已形成的预裂面破坏。为减少主爆区生产爆破对形成预裂面的影响，在预裂孔前一排炮孔为助碎孔(助碎孔)，排距为 2.8m，孔距为 3.2m，助碎孔为 4 个，比正常孔减少 40%的装药量，每孔装药量 60kg (正常炮孔排距为 3.5m，孔距为 4.2m)。预裂孔及助碎孔布置形式如图 2 所示。

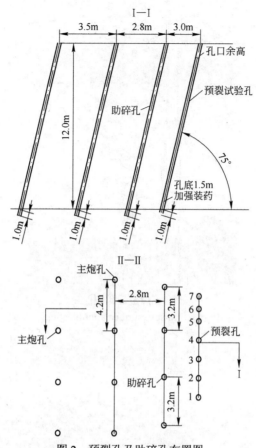

图2 预裂孔及助碎孔布置图

Fig.2 Layout of pre-split hole and assistant broken hole

4.3 试验结果分析

在破碎带边坡中共进行了6次试验，半壁孔率为73.50%，不平整度小于15~20cm，预裂缝宽度为2~5cm，通过经钻孔摄像拍照，孔内预裂缝连续，裂缝宽度为2~3cm。本试验形成完整的预裂缝，与未进行预裂实验地段形成明显的对比，预裂缝明显阻断地震波的传播；而未进行预裂试验段后冲较大，明显地破坏了周围的岩体，如图3和图4所示。

在破碎含水岩层中进行预裂和助碎爆破，只要适当地减少药量，控制好助碎孔到预裂孔的孔底距就能获得良好的预裂效果。

通过试验优化的破碎带预裂爆破参数详见表4，预裂孔和主炮孔孔径均为150mm。

表4 破碎带预裂爆破孔网参数及装药量

Table 4 Hole network parameters and loading dose of pre-split blasting in fracture zone

岩石种类	孔距/m	排距(距助碎孔距离)/m	线装药密度/kg·m⁻¹	助碎孔参数(排距和孔距)	填塞高度/m	孔口余高/m
石英岩	1.2~1.4	2.8~3.0	1.0~1.1		0.5	2.0~2.5
闪长岩	1.4	3.0~3.2	0.9~1.0	3.2×3.5	0.5	2.0
斜长花岗岩	1.4~1.5	2.9~3.1	1.2	3.0×3.0	0.5	2.0
蚀变斜长花岗岩	1.1~1.25	2.8~3.0	0.75~0.9	2.8×3.2	0.5	2.0~2.5

图 3　爆破后预裂面
Fig.3　Pre-split surface after blasting

图 4　边坡上部的预裂面
Fig.4　Pre-split surface at upper slope

5　结语

通过对珲春紫金曙光金铜矿北帮破碎带进行的试验研究与理论分析，修正了原计算预裂爆破参数的计算方法，利用获得的合理试验参数进行现场试验验证，得出了北帮破碎带复杂地质条件下预裂爆破参数。试验矿山应用表明，预裂爆破效果良好，预裂面平整，未出现后冲破坏坡面。该项技术的现场应用对解决矿山生产爆破振动对边坡的影响有重大意义。

参 考 文 献

[1]　Henrych J. 爆破动力学及其应用[M]. 北京: 科学出版社, 1987: 236~240.
[2]　徐芝纶. 弹性力学[M]. 2 版. 北京: 高等教育出版社, 1982: 112~115.
[3]　张志呈. 定向断裂控制爆破[M]. 重庆: 重庆出版社, 1997.
[4]　杨小林, 刘红岩, 王金星. 露天边坡预裂爆破参数计算[J]. 焦作工学院学报, 2002, 21(2): 118~120.

爆破安全与爆破器材

民爆仓库与埋地天然气管道的安全影响分析

姚金阶　赵润东　熊亚洲　罗振华

（三峡大学水利与环境学院工程力学系，湖北宜昌，443002）

摘　要：民爆仓库主要存储大量爆炸危险品，仓库发生意外爆炸时会产生大量的爆炸冲击波，冲击波在空中和地面产生强烈的冲击和振动，对周边建筑物带来危害；天然气管道承担大量高压气体的管道运输，若民爆仓库与天然气管道二者距离较近，一旦发生安全事故，将造成严重的相互影响和无法挽回的经济损失。本文旨在分析二者发生事故时的危害影响，确定二者的安全范围，为安全防护提供合理依据。

关键词：民爆仓库；埋地管道；安全维护

Analysis on Explosives Storage Warehouse & Buried Gas Pipeline Safety Influence

Yao Jinjie　Zhao Rundong　Xiong Yazhou　Luo Zhenhua

(Department of Engineering Mechanics, College of Hydraulic & Environmental Engineering of China Three Gorges University, Hubei Yichang, 443002)

Abstract: Dangerous goods are mainly Stored in Explosive warehouse，there lot of shock wave will be produced while exploded. The shock wave produced by the explosion at the same time will generate a lot of stress waves along the air and ground，causing strong vibration，which lead to damage to the buildings within the scope high-pressure pipeline transportation of gas pipelines. The security incidents happened the consequence will be serious if the distance between explosive warehouse and natural gas pipeline become closer. This paper provide reasonable foundation for safeguarding by analyze influence of the accident and determine safe distance range of explosive warehouse and pipelines.

Keywords: explosive warehouse；buried pipelines；security maintenance

1　引言

近年来，我国的天然气事业得到了飞速发展，天然气的储量、产量和销售量稳步上升。随着我国天然气管道建设逐年增加，目前我国有油气长输管线7万多公里，还计划新建油气管道十万余公里，包括引进俄罗斯油气、哈萨克斯坦的油气跨国大直径长距离管道工程等[1]。随着天然气管道的大规模规划建设，天然气管道与管线附近原有建筑距离较近，二者之间的安全矛盾日益突出。由于民爆危险品仓库存储大量易爆危险品，一旦发生事故将造成不可估量的损失，因而构建民爆物品储存仓库与天然气管道的安全运营环境，是两者和谐、安全发

作者信息：姚金阶，副教授，yaojinjie111@163.com。

展的前提与保障。现行标准尚未对天然气与民爆危险品仓库间安全防护距离做出明确的规定，也无直接参考的标准规范，因此，科学合理地设定两者间的安全防护距离成为当前安全管理的一个重要而迫切的内容。

2　民爆仓库及天然气管道的安全因素

2.1　民爆仓库安全主要危险因数

民用爆破器材储存仓库是存储爆炸物品的危险场所，是一个由多种因素构成的多层次、多变量的复杂系统。民爆仓库建设主要从外部距离、内部距离、建筑物结构和消防与电气设施四个方面进行设计和管理。其中外部距离按民爆仓库周边的环境如表 1 所示确定[2~5]。

表 1　民爆仓库与建筑安全距离

Table 1　Safe distance between of explosive warehouse and the construction

库房周边居民点人数/人	库房周边建筑	安全距离/m
10~50	危险品生产区、加油站	>220
50~500	铁路、建筑物	>330
500~5000	工厂企业	>370
>20000	220kV 输电线路、110kV 区域变电站	>430

表 1 所示民爆仓库与周边的最小的安全距离是 220m，当民爆仓库与周边的建筑物及管道小于 220m 时将带来安全影响。上述安全距离是在没有考虑民爆仓库的储存量时给出的平均距离，若民爆仓库装药较大，安全距离会随着提高。

2.2　天然气管道可引发的危险因数

据现有研究显示[6]，天然气管道存在的主要问题是由于天然气管道选线不合理、管道壁厚和材料的选择、管道腐蚀、管道焊接存在缺陷、防腐层补口与补伤、管沟开挖及回填质量不良等问题，从而可能引起管道的泄漏，最终导致天然气管道发生起火爆炸。

3　民爆仓库失事对天然气管道的影响分析

民爆物品对油气管道可能引发的危险因素包括爆炸空气冲击波、热辐射、地震波、爆炸破片和飞散物以及火灾等。现以中石化川气东送管道在某地管道一侧的两座民爆仓库为例做出分析，一座民爆仓库(1 号)储存量为雷管 2 万发，炸药 10t，距离埋地天然气管道 100m，另一座民爆仓库(2 号)储存量为雷管 6 万发，炸药 30t (两个 15t 库)，距离埋地天然气管道 290m[7, 8]。

3.1　爆炸冲击波分析

地表炸药爆炸时，可用如下公式计算空气冲击波超压：

$$\Delta p = 14\frac{Q}{R^3} + 4.3\frac{Q^{\frac{2}{3}}}{R^2} + 1.1\frac{Q^{\frac{1}{3}}}{R} \tag{1}$$

式中，Δp 表示空气冲击波超压值，$10^5 Pa$；Q 表示炸药 TNT 当量，kg；R 表示距离，m。按照上述两座民爆仓库的实际炸药储量及管道设施的距离，计算空气冲击波超压为：1 号库 $0.5716 \times 10^5 Pa$，2 号库 $0.1398 \times 10^5 Pa$。

天然气长距离运输管道管径粗，送气量大，管道在比较强烈冲击荷载下极易发生管道破裂引起天然气泄漏。由于天然气泄漏极易引起长距离大爆炸，造成严重的人员伤亡，因此天然气管道的破坏等级可参照建筑物破坏最低破坏等级的要求，空气冲击波超压值不能大于 $0.02 \times 10^5 Pa$。由上述计算看出，1 号库 100m 距离处的空气超压值达到严重破坏程度，对 100m 距离处的地面建筑物产生严重破坏；2 号库在 280m 处的空气冲击波超压值达到轻度破坏程度，对 280m 处的地面建筑物产生轻度破坏。

3.2 应力影响分析

民爆仓库发生爆炸后产生高温高压的爆生气体，对周边目标产生直接和间接的破坏。民爆仓库周边的天然气管道受到爆炸产生的空气冲击波和地震波的影响产生应力变形，伴随着管道周边的地表空气超压和岩石动应力的作用使管道的应力发生改变，当应力达到管道材料的强度时，管道出现塑性扭曲或拉伸裂隙，最终导致管道的破损[9]。管道在运行过程中，管道自身承受气体内压产生径向压力和环向拉力，可按拉米公式计算：

$$\sigma_r = \frac{b^2/r^2 - 1}{b^2/a^2 - 1} q_a - \frac{1 - a^2/r^2}{1 - a^2/b^2} q_b \tag{2}$$

$$\sigma_\theta = \frac{b^2/r^2 - 1}{b^2/a^2 - 1} q_a - \frac{1 - a^2/r^2}{1 - a^2/b^2} q_b \tag{3}$$

式中，a、b 表示天然气管道内径外径；q_a 表示管道内压，设计内压 10MPa；q_b 表示管道外压，设计外压 0.5MPa。由公式计算可得：1 号库 $\sigma_r = -0.5MPa$，$\sigma_\theta = 442MPa$，2 号库 $\sigma_r = -10MPa$，$\sigma_\theta = 446MPa$。

3.3 爆炸荷载总应力和安全距离分析

管道在周边爆炸冲击荷载作用下，管道内应力由工作应力、空气冲击波应力和振动应力叠加，在管道断面径向、环向和轴向应力中，环向拉伸是主要的破坏应力。管道由爆炸产生的振动应力和位移可按单质点简谐振动模式分析计算，动荷载产生的动应力可按动力放大系数 $\beta = \dfrac{1}{1 - (\theta/\omega)^2}$ 计算，其中，θ 表示荷载自振频率；ω 表示结构自振频率。

与天然地震不同，爆炸产生的地震振动频率较高，主频率在 10~40Hz。实测本地产生的爆炸地震波主频率近似为 12Hz，管道的振动主频为 3Hz[10, 11]，由此可得放大系数 $\beta=0.067$，最终应力叠加后具体结果见表 2。

表 2　爆炸荷载环向拉伸应力
Table 2　Blast load ring to tensile stress (MPa)

仓库名称	工作应力	冲击波动应力 σ	振动动应力	总应力	最低屈服强度
1 号仓库	442	51.0	29.9	522.9	485
2 号仓库	446	4.6	29.9	480.5	485

　　从破坏应力要求可反推安全距离,按照管道中最大应力不大于材料最低屈服强度要求可计算得到:1号仓库安全距离为585m,2号仓库安全距离为739m。

4　天然气管道失事时对民爆仓库的影响

4.1　TNT当量的计算

　　TNT当量是计算爆炸威力的一种标准,在计算天然气蒸汽云时的主要原理是根据热力学原理进行计算。假定一定的浓度蒸汽云参与爆炸,并以TNT当量法来表示发生爆炸的威力[12]。

4.2　管道爆炸产生热辐射危害

　　天然气管道失事的破坏主要是蒸汽云燃烧产生的大量热辐射,其破坏效应主要是热伤害效应,同时蒸汽云燃烧会伴随小范围的空气波产生,加快燃气云的燃烧。天然气管道发生泄漏后,形成的汽云一旦发生爆炸,产生的爆炸波效应会对建筑物和生命安全带来巨大威胁。爆炸冲击波破坏范围受泄漏孔直径、泄漏孔位置和管道压力初值的影响[13, 14]。泄漏孔直径的增加会导致破坏范围扩大,但随着孔径的增大,增加的外泄量增幅下降,即泄漏孔径大小对冲击波破坏范围的影响有一个极值效应;泄漏孔距管道初始端距离越远,冲击波破坏范围随之减小,压力越大单位时间的泄漏量越大。

5　结论

　　(1)通过上述的分析可判断,两座民爆仓库均对天然气管道安全有不同程度的影响,尤其1号仓库影响较大,安全风险明显,为避免影响管道的安全运行,应采取一定的安全措施减少两座仓库在失事时对天然气管道的影响。

　　(2)民爆仓库失事时对天然气管道的主要影响是爆炸产生的爆炸应力,当爆炸产生的爆炸应力大于管道的最低屈服强度时极易使管道破损,最终导致天然气发生泄漏。

　　(3)对天然气管道进行应力分析,天然气爆炸对建筑物的影响主要是爆炸冲击波作用,天然气爆炸后的冲击波沿压力较低的方向传播、泄压,最终会形成从引爆点到外界大气的泄流、泄压。同时天然气管道在失事时会产生大量的有毒有害物质,对环境产生不可消除的破坏。

　　(4)结合工程实例,从民爆仓库与天然气两个方面进行危害对比分析,计算出民爆仓库的安全距离,储量为10t的民爆仓库安全距离为585m,15t的民爆仓库的安全距离为739m。

参 考 文 献

[1]　曾喜喜,赵云胜.油气长输管道工程施工风险管理[J].安全与环境工程, 2011,18(3):72~75.
[2]　中国兵器工业部第二一七所. GB 15745—1995.小型民用爆破器材仓库安全标准[S].北京:中国标准出版社,2006.
[3]　公安部上海消防研究所. GB 50140—2005.建筑灭火器配置设计规范[S].北京:中国计划出版社,2005.
[4]　中华人民共和国住房和城乡建设部.GB 50057—2010.建筑物防雷设计规范[S].北京:中国计划出版社,2010.
[5]　公安部治安管理局,等.GA 838—2009.小型民用爆炸物品库安全规范[S].北京:中国标准出版社,2009.
[6]　董晟栋.天然气管道危害因素分析及预防措施[J].建筑科学,2012,2:142.

[7] 陈东.邻近建筑物的爆破振动测试与分析[D]. 宜昌:三峡大学,2012:25~33.

[8] 陈杰,宋宏伟,沈志永.下穿居民区隧道施工爆破振动控制的实践[J].三峡大学学报,2011,33(1) :55~57.

[9] 都的箭,邓正栋.土中爆炸的冲击作用下麦迪管线动应力的数值分析[J].爆破,2005. 01.

[10] 黎剑强,爆破工程施工安全技术标准实用手册[M].合肥:安徽文化音像出版社,2000.

[11] 魏晓林,郑炳旭.爆破震动对邻近建筑物的危害[J].工程爆破,2000,9(3):81~86.

[12] 汪传松,汪竹义,徐晓东.工程爆破对空气的污染及其对策[J].三峡大学学报,2002,24(6) :506~509.

[13] 王小完,马骥,骆正山.基于天然气管线泄漏蒸汽云爆炸危害分析[J].灾害学,2013,7(3):16~19.

[14] 李静静.天然气管道泄漏气云的爆炸危害研究[D].青岛:中国石油大学,2010:3~6.

[15] Yao Jinjie, Li Wanyou, Wang Guizhu. Analysis on Safety Influence of Blasting near the Natural Gas Pipeline. The Fragblast 10th,2012,11:541~544.

岩石爆破引起的环境振动安全评价研究

田运生　　左金库　　刘维华

(石家庄铁道大学土木工程学院，河北石家庄，050043)

摘　要：基于岩石爆破工程振动测试，依据《城市区域环境振动标准》(GB 10070—1988) 和《城市区域环境振动测量方法》(GB/T 10071—1988)两个国家标准，对测试数据进行了处理与分析，计算了振动加速度振级，探讨了岩石爆破引起的环境振动随距爆心距离、段药量、岩石性质、振动频率的变化特性及传播规律，分析了其影响因素，并对岩石爆破引起的环境振动进行了安全评价，提出了爆破振动应纳入到环境振动研究中的观点，以满足人们对环境安全的更高要求，减少爆破振动纠纷，达到岩石爆破工程安全顺利实施的目的。

关键词：岩石爆破；环境振动；振级；振动加速度；安全评价

Study on the Safety Evaluation of Environmental Vibration Caused by Rock Blasting

Tian Yunsheng　Zuo Jinku　Liu Weihua

(School of Civil Engineering, Shijiazhuang Tiedao University, Hebei Shijiazhuang, 050043)

Abstract: Based on the vibration testing of rock blasting engineering, and according to two national standard that Standard of Vibration in Urban Area Environment(GB 10070—1988) and Measurement Method of Environmental Vibration of Urban Area(GB/T 10071—1988), to process and analyze the testing data , and to calculate the level of vibration acceleration. Discussing the change characteristics and the propagation laws of environmental vibration caused by rock blasting in different distance from center of explosion, deck charge, rock properties and vibration frequency, and analyzing the related factors. By the same time, conducting safety evaluation for environmental vibration caused by rock blasting. Proposing the point that the blasting vibration should be lead into the research on environmental vibration, in order to meet higher demands of the people for environmental safety. This approach can also help to reduce blast vibration disputes, and to ensure the safety and smooth implementation of the rock blasting engineering.

Keywords: rock blasting; environmental vibration; vibration level; vibration acceleration; safety evaluation

1　引言

随着人们对所处生活环境和工作环境质量的更高要求，以及人们维权意识的提高，爆破

基金项目：河北省自然科学基金资助项目（E2011210013）。

作者信息：田运生，副教授，tianyunsh@126.com。

引起的环境振动对人类的影响已引起爆破工作者的关注。《爆破安全规程》(GB 6722—2003)中仅规定了爆破振动对建筑物损坏的安全控制标准，未涉及对人生活和工作环境的振动控制标准。因此，许多爆破工程实施过程中，其爆破振动速度未达到允许值，但附近居民反应极为强烈，由此产生民事纠纷[1]。为了避免法律纠纷，爆破工作者在确定爆破安全控制标准时，不仅应考虑对建(构)筑物的破坏影响，而更应关注人的感受以及心理承受能力等人性化的指标。否则，当超过心理可承受的振动阈值时，人们就会有抱怨和投诉了。以人的心理承受能力确定爆破振动安全控制指标是人情的关怀、和谐社会的需要、工程顺利进行的保证、社会进步的标志[2, 3]。因此，有必要将爆破振动纳入到环境振动研究中，探讨有效的预测和安全评价方法，为爆破设计控制振动，研究有效地降低爆破振动方法提供理论依据，为制定爆破引起的环境振动控制标准提供参考。

国际上已把振动列为七大环境公害之一，并已开始着手研究振动的规律、产生的原因、传播途径与控制方法以及对人体的危害等问题[4,5]。我国于 1988 年颁布执行《城市区域环境振动标准》(GB 10070—1988)，配套标准为《城市区域环境振动测量方法》(GB/T 10071—1988)。标准按照不同区域划分规定了环境振动限值。

2 环境振动评价方法应用于爆破振动安全评价的分析

2.1 环境振动评价指标和方法

环境振动对周围居民的影响一般采用振动加速度振级指标来评价。

国际标准化组织 ISO 2631《全身振动暴露度评价指南》，用于评价交通工具和机器附近的振动，其适用的振动频率是 1~80 Hz，该标准从振动的强度、振动的频率范围、振动的方向以及振动的暴露时间几个方面进行了阐述，给出了保证人体在振动环境中的舒适性界限、疲劳功效界限和安全健康界限三个公认的准则。为了评价在频率为 1~80 Hz 振动作用下建筑物的舒适度，ISO 发布了许多标准，标准中都使用了 ISO 定义的频率计权，并给出了舒适度曲线，以便用于对舒适度的评价[6]。ISO 2631 是现在国际上普遍采用的环境振动评价标准。

根据我国《城市区域环境振动标准》(GB 10070—1988)[7]，加速度振级的定义公式为：

$$VAL = 20\lg\left(\frac{a'_{rms}}{a_{ref}}\right) \tag{1}$$

式中，a'_{rms} 表示频率计权加速度有效值，m/s^2；a_{ref} 表示基准加速度值，$a_{ref} = 10^{-6}\,m/s^2$；VAL 表示加速度振级，dB。

频率计权加速度有效值 a'_{rms} 按下式计算：

$$a'_{rms} = \sqrt{\Sigma a_{rms}^2 \times 10^{0.1C_f}} \tag{2}$$

式中，a_{rms} 表示第 i 个中心频率的加速度有效值，m/s^2；C_f 表示按 ISO 2631 规定的全身振动不同频率计权的修正值，dB。

第 i 个中心频率的加速度有效值 a_{rms} 按下式计算：

$$a_{rms} = \sqrt{\frac{1}{T}\int_0^T a^2(t)\mathrm{d}t} \tag{3}$$

式中，$a(t)$ 表示某时刻 t 的加速度值，m/s^2；T 表示积分时间，s。

以上公式评价方法适用于任何形式的振动评价，只是在用式(3)计算加权加速度均方根值时，选取振动分析时间上有区别。当振动为平稳的随机过程时，振动分析时间的选取是任意的，否则振动分析时间应为整个暴露时间。爆破振动对人体健康影响的评价完全可以依据以上评价方法进行。但爆破振动有其特殊性，它属于脉冲激励阻尼振动，即振动系统是以其固有频率做自由衰减振动，当振幅衰减到一定程度后，其对人体健康的影响相对于之前的振动已经很小，可以忽略不计。因此，爆破环境振动对人体健康影响的评价过程可做适当简化[8,9]。

2.2 爆破振动对人体健康影响的简化评价过程

典型爆破振动加速度在时间域内的波形如图 1 所示。图中，A_0 为整个振动过程中的最大峰值；$A_1, A_2, \cdots, A_i$ 为其后相邻的第 $1, 2, \cdots, i$ 个峰的峰值，T 为振动周期。

$$T = 1/f \tag{4}$$

式中，f 表示振动系统的固有频率，Hz。

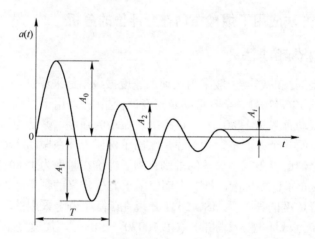

图 1 爆破振动加速度波形图

Fig.1 Blasting vibration acceleration waveforms

设振动系统的相对阻尼系数为 ψ，则

$$\frac{A_0}{A_i} = e^{\frac{\pi\psi}{\sqrt{1-\psi^2}}i} \tag{5}$$

当 $\dfrac{A_0}{A_i} \geqslant 5$，即第 i 个峰的峰值比最大峰值下降 14dB 以下，可以认为，包括第 i 个峰在内及其以后的振动对人体健康的影响相对较小，可以被忽略，此时未被忽略的振动时间定义为有效暴露时间：

$$T_2 = \frac{T}{2}i \tag{6}$$

第 i 个峰之前的振动可以按具有相同基频、相同最大峰值及相同暴露时间的脉冲正弦振动处理，表示如下：

$$a(t) = A_0 \sin(2\pi f t) \tag{7}$$

式中，$0 < t \leqslant T_2$。

这样，就简化了爆破环境振动对人体健康影响的评价过程。

3 岩石爆破环境振动测试及结果分析

3.1 岩石爆破工程概况

河北易县白云岩采石场矿产资源储量为 $1.864 \times 10^6 m^3$，设计最大年开采能力14万吨，开采设计年限为36.5年。矿区内矿体裸露，矿体及围岩均为中厚层中细晶白云岩，抗风化能力强。矿石抗压强度184.7MPa，抗剪切强度14.4MPa，属坚硬稳固类岩石，边坡稳定，岩溶不发育，工程地质条件良好，适宜采用露天开采。

根据矿山现有设备和施工经验，钻孔设备采用KQ-100型潜孔钻机，钻孔直径 $\phi = 100mm$。台阶坡面角 $\alpha = 60° \sim 70°$，采用垂直钻孔形式。形成平台后炮孔深度 $L = 15 \sim 20m$，最大孔深不超过20m。孔距 $a = 3 \sim 4m$，排距 $b = 3.0m$。最小抵抗线 $W = 3.5m$。单位炸药消耗量 $q = 0.4kg/m^3$。采用孔外延时导爆管起爆网路，孔内装9段导爆管雷管，孔外延时采用2~4段导爆管雷管。

3.2 测试仪器及测点布置

爆破振动监测仪器为成都中科测控有限公司TC-4850型爆破测振仪。为了准确测定爆破引起的环境振动的影响及其传播规律，分别在10m，20m，30m，50m，80m，100m，120m，150m处布置测点；测试了48kg，56kg，72kg，96kg，120kg几种段药量情况下振级的变化规律。

3.3 测试结果及安全评价

3.3.1 同一段药量条件下的测试结果及安全评价

测试了80kg段药量条件下，不同距离测点的垂直振动速度和振动加速度，根据振动加速度振级计算公式，得到了相应的振级值。测试及计算结果见表1，振级随距离的分布曲线如图2所示。

表1 同一段药量条件下测试结果
Table 1 Test results of the same deck charge

序 号	最大段药量/kg	距离/m	垂直振动速度/cm·s⁻¹	垂直振动加速度/cm·s⁻²	振级/dB
1		10	32.54	9.32	118
2		20	18.63	5.35	92
3		30	3.18	1.96	81
4	80	50	2.36	0.83	72
5		80	1.77	0.54	67
6		120	0.76	0.25	61
7		150	0.58	0.19	58

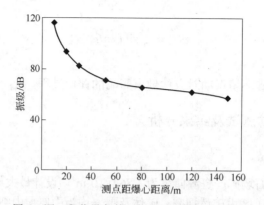

图2　同一段药量条件下振级随距离的分布曲线
Fig.2　Curve of changed with distance of the level of vibration of the same deck charge

由表 1 和图 2 可见，在一定段药量条件下，距离爆心越远，振级越低，50m 以内时，振级衰减较快，50m 以外，振级衰减较慢。

《爆破安全规程》(GB 6722—2003)规定，对于一般砖房、非抗震的大型砌块建筑物，10~50Hz 频率范围内，安全允许振速为 2.3~2.8cm/s.；城市各类区域铅垂向 z 振级标准值(dB)规定，对于居民区、文教区振级标准允许值，白天为 70dB，夜间为 67dB。

测试结果表明，在 80kg 段药量条件下，距离在 50m 以内时，垂直振动速度和振级值均大于标准值要求；在 50m 处，垂直振动速度满足标准要求，但振级值大于标准值要求；在 50m 以外时，垂直振动速度和振级值均满足标准要求。

3.3.2　同一距离条件下的测试结果及安全评价

测试 80m 距离条件下，测点的垂直振动速度和振动加速度随段药量的变化，根据振动加速度振级计算公式，得到了相应的振级值。测试及计算结果见表 2，振级随段药量的分布曲线如图 3 所示。

表2　同一距离条件下测试结果
Table 2　Test results of the same distance

序号	距离/m	最大段药量/kg	垂直振动速度/cm·s^{-1}	垂直振动加速度/cm·s^{-2}	振级/dB
1		48	1.35	0.32	61
2		56	1.52	0.40	65
3	80	72	1.78	0.45	69
4		96	2.05	0.52	74
5		120	2.39	0.60	81

测试结果表明，在同一距离条件下，段药量越大，振级越高，段药量越小，振级越低。对于 80m 距离条件下，当段药量小于 96kg 时，垂直振动速度和振级值均满足标准要求；当段药量为 96kg 时，垂直振动速度满足标准要求，但振级值大于标准值；当段药量大于 96kg 时，垂直振动速度和振级值均大于标准值。

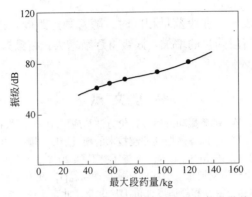

图 3　同一距离条件下振级随段药量的分布曲线

Fig.3　Curve of changed with deck charge of the level of vibration of the same distance

3.3.3　不同测点的振级随频率的分布

图 4 所示为对应于不同距离测点 1/3 倍频程中心频率处的振级分布情况。由图 4 可见，频率小于 20Hz 的振动分量随距离的衰减很小，其倍距离衰减量约为 3dB；20~40Hz 的振动分量随距离的衰减稍大，其倍距离衰减量约为 7~9dB；40~60Hz 的振动分量随距离的衰减较大，其倍距离衰减量约为 12~14dB；60~80Hz 的振动分量随距离的衰减更大，其倍距离衰减量约为 25~28dB[10]。

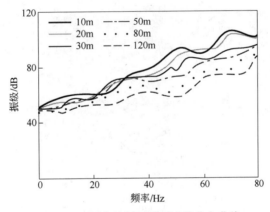

图 4　不同测点的振级随频率的分布曲线

Fig.4　Curve of changed with frequency of the level of vibration in different monitoring points

4　结论

(1) 工程爆破引起的环境振动问题，已成为制约爆破工程能否顺利实施的关键。测试结果表明，当爆破振动满足《爆破安全规程》(GB 6722—2003)允许标准时，不一定满足城市各类区域铅垂向 z 振级标准值(dB)规定，因此，应把爆破振动纳入到环境振动研究中，或两个标准结合使用，是解决振动纠纷和顺利实施爆破工程的可行方法。

(2) 在评价振动对人体健康的影响时，爆破环境振动可简化为一定暴露时间内的脉冲正弦振动，这样可以简化评价过程。

(3) 测试和计算结果表明，在段药量相同时，随着测点距爆心距离的增加，振级将逐渐降低；对于同一测点，随着段药量的增加，振级将逐渐增大；高频振动分量的振级衰减较快，低频振动分量的振级衰减较慢。

参 考 文 献

[1] 燕永峰, 陈士海, 张秋华, 等. 爆破振动舒适性评价方法与应用[J]. 工程爆破, 2012, 18(1):78~81.

[2] 张志毅, 杨年华, 卢文波, 等. 中国爆破振动控制技术的新进展[J]. 爆破, 2013, 30(2): 25~32.

[3] 杨宜谦. 人体全身振动的感知阈值[J]. 土木建筑与环境工程, 2012, 34(增刊): 54~60.

[4] 夏禾, 吴萱, 于大明. 城市轨道交通系统引起的环境振动问题[J]. 北方交通大学学报, 1999, 23(4):1~7.

[5] 杜阳阳. 环境振动下人体动力特性和舒适度评价[D]. 北京：北京工业大学, 2012.

[6] 何浩祥, 闫维明, 张爱林, 等. 竖向环境振动下人与结构相互作用及舒适度研究[J]. 振动工程学报, 2008, 21(5):446~451.

[7] 标准工作组. GB10070—1989 城市区域环境振动标准 [S]. 北京：中国标准出版社, 1989.

[8] 高树新, 余永生, 蒋永林, 等. 应用 ISO2631 评价脉冲激励阻尼振动对人体健康的影响[J]. 振动与冲击, 1997, 16(2):72~76.

[9] 蔡翔宇, 姚晓平. 环境振动评价标准研究[J]. 山西建筑, 2010, 36(27): 354~355.

[10] 闫维明, 聂晗, 任珉, 等. 地铁交通引起的环境振动的实测与分析[J]. 地震工程与工程振动, 2006, 26(4): 187~191.

落锤试验模拟爆破振动对民居安全性影响分析

李　明 [1,2,3]　　崔正荣 [2,3]

（1.马鞍山矿山研究院爆破工程有限责任公司，安徽马鞍山，243000；
2.中钢集团马鞍山矿山研究院有限公司，安徽马鞍山，243000；
3.金属矿山安全与健康国家重点实验室，安徽马鞍山，243000）

摘　要： 某已完工公路采用爆破作业施工，由于爆破作业已经完成，目前无法进行爆破振动测试。为了论证爆破过程对沿途居民房屋的影响，本文提出了采用落锤试验模拟重现爆破过程的新思路。在无法实测 K 和 α 的条件下，通过落锤模拟试验，结合爆破振动仪实测数据，提出了补充方法，有一定的参考价值。计算爆破振动影响范围，进而论证得出爆破作业对周围房屋的影响范围和影响程度。实践表明，该方法论证结果与实际较为吻合，取得了良好的应用效果。

关键词： 落锤试验；爆破振动；振动测试；论证分析

Blasting Vibration Impact on the Residential Security Analysis by Drop Hammer Test

Li Ming[1,2,3]　　Cui Zhengrong[2,3]

(1. Maanshan Institute of Mining Research Blasting Engineering Co., Ltd., Anhui Maanshan, 243000；
2.Sinosteel Maanshan Institute of Mining Research, Anhui Maanshan, 243000；
3. State Key Laboratory of Safety and Health for Metal Mines,Anhui Maanshan,243000)

Abstract: A completed highway was finished by blasting operation, and currently blasting vibration test could not be carried out. In order to demonstrate the blasting process influence on the houses along the highway, the text put forward the new idea, simulating and repeating the blasting process with drop hammer test. Through drop hammer simulation test, combing with the blasting vibration measuring data, the more accurate and reasonable K, alpha value could be obtained by regression analysis. Then the influence range of blasting vibration could be calculated. And the influence range and impact degree from blasting operations on surrounding buildings was determined. Practice showed that the results were consistent with the actual, obtaining better application effect.

Keywords: drop test; blasting vibration; vibration test; demonstration analysis

1　工程概况

某道路工程地层岩性分为五层，依次为层填土、层低液限黏土、层全分化闪长岩、层中等风化闪长岩和层微风化闪长岩。爆破施工主要分为山体爆破、隧道爆破、水沟爆破和施工

作者信息：李明，研究生，liming1234.ok@163.com。

便道爆破四段爆破作业。现场爆破作业统计情况见表 1。

通过现场走访、调查，结合相关图纸和资料，民房均位于隧道入口的西北和西南方向，共有 1~164 号在编房屋(其中包括东村 11~38 栋楼房)，民房结构部分为砖结构房屋，部分为混凝土结构楼房，建筑年代不一，部分房屋破损。

由于该道路工程爆破施工已经完工，无法进行实际的爆破振动测试得到爆破振动参数 K 和 α，为了准确圈定爆破振动影响范围，必须采用科学合理的方法得到更为可靠的 K 和 α 值[1, 2]。

表 1　爆破施工作业统计表
Table 1　Blasting construction operation statistics

爆破地点		爆破次数/次	总计/次
隧道外爆破	东大路地表爆破	33	132
	东大路山体爆破	39	
	东大路水沟爆破	22	
	东大路隧道口外爆破	33	
	施工便道爆破	5	
隧道爆破	左线左导硐爆破	91	413
	左线右导硐爆破	93	
	左线下台阶左侧爆破	45	
	左线下台阶右侧爆破	45	
	右线左导硐爆破	45	
	右线右导硐爆破	44	
	右线下台阶左侧爆破	25	
	右线下台阶右侧爆破	25	

2　落锤试验

2.1　试验方案

目前我国最常用的爆破振动峰值速度传播公式为萨道夫斯基公式[3]，由于公式中 K 和 α 的取值具有很大的灵活性，不同的取值就有可能造成几倍、十几倍、甚至几十倍的误差，这就大大降低了爆破振动计算结果的可信度。为准确确定萨道夫斯基中 K 和 α 值大小，这里通过落锤试验分析获取。落锤试验是利用吊车将一定重量的锤头提升到一定高度，然后自动摘钩，锤头做自由落体运动，利用锤头的冲击能量来模拟爆破振动。借助爆破振动测试仪，通过测振数据回归分析可以获得合理的 K 和 α 值。

2.2　试验方案的可行性

在理论上，落锤模拟试验中产生的冲击波是一种地震波，和爆破在远区产生地震波是同种性质，同为弹性波，区别是传播频率大小不同。可以通过能量换算、量纲分析把落锤试验和爆破地震波相结合在一起，理论上是可行的。

2.3 试验地点

试验地点充分考虑当地的地质地形条件，由于设备假设较为困难，不可能每个爆破区域都进行试验，以尽可能地选择在各个爆破区段相互连接的区域为原则，最终选择隧道入口的位置。

2.4 测试仪器及工作参数

采用 IDTs3850 型振动测试仪[4]，将传感器和仪器共同放置于振动测试点，重锤触地后用 RS232 数据线与计算机相连，便可读出整个落锤触地过程的振动信号，并对其进行分析处理。

2.5 落锤参数

(1) 小型重锤，长×宽×高=0.5m×0.5m×0.8m，重量 1.5t。
(2) 中型重锤，长×宽×高=0.5m×0.5m×1.35m，重量 2.7t。
(3) 大型重锤，长×宽×高=0.8m×0.8m×1.1m，重量 5.5t。

试验中测点与落锤地点的位置关系如图 1 所示[5]。

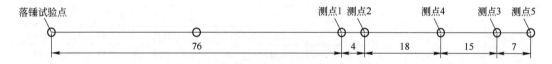

图 1　模拟试验中测点的布置(单位：m)
Fig.1　Arrangement of measuring points in simulation test (unit: m)

3 振动数据处理

3.1 测振数据记录

本次对三种不同重量的重锤从同一高度（锤顶到地面的垂直距离约 13m）下落破碎铁渣时分别进行振动测试，其中 1.5t 重锤触地每个测点测试三次，2.7t 重锤触地每个测点测试两次，5.5t 重锤触地每个测点测试三次。测振数据记录见表 2。试验中 1 号测点重锤质量为 5.5t 时第一次测量的振动波形图如图 2 所示。

表 2　测振数据记录表
Table 2　Vibration data records

测振日期	测点号	水平距离 /m	重锤质量/t	垂直向		水平向		合速度 /cm·s⁻¹
				振速 /cm·s⁻¹	主频率/Hz	振速 /cm·s⁻¹	主频率/Hz	
2014.2.19	1 号	76	1.5	0.11	6.1	0.15	9.03	0.19
				0.09	5.62	0.13	9.03	0.16
				0.1	6.1	0.12	9.03	0.16

测振日期	测点号	水平距离/m	重锤质量/t	垂直向		水平向		合速度/cm·s⁻¹
				振速/cm·s⁻¹	主频率/Hz	振速/cm·s⁻¹	主频率/Hz	
2014.2.19	1号	76	2.7	0.16	6.1	0.25	8.3	0.3
				0.19	6.1	0.29	9.03	0.34
			5.5	0.32	6.1	0.4	8.3	0.51
				0.27	6.1	0.32	8.3	0.42
				0.34	6.1	0.37	8.3	0.5
	2号	80	1.5	0.09	9.77	0.06	9.28	0.11
				0.08	9.77	0.04	9.28	0.09
				0.08	9.77	0.05	9.28	0.09
			2.7	0.17	9.52	0.11	9.28	0.2
				0.18	9.52	0.13	9.28	0.22
			5.5	0.26	7.81	0.19	9.03	0.32
				0.29	9.52	0.24	9.28	0.38
				0.33	9.52	0.22	9.28	0.39
	3号	123	1.5	0.05	8.3	0.03	8.06	0.06
				0.04	8.3	0.04	8.23	0.06
				0.05	8.3	0.03	7.81	0.06
			2.7	0.08	8.3	0.04	7.81	0.09
				0.1	7.08	0.04	7.81	0.11
			5.5	0.14	6.35	0.09	7.81	0.17
				0.12	7.81	0.07	7.81	0.14
				0.14	6.35	0.08	8.06	0.16
2014.2.25	4号	115	1.5	0.04	6.59	0.04	8.14	0.05
				0.04	6.59	0.04	8.79	0.06
				0.04	6.59	0.04	8.79	0.06
			2.7	0.07	6.59	0.05	8.79	0.09
				0.08	6.59	0.07	8.79	0.11
			5.5	0.14	6.59	0.1	8.79	0.17
				0.15	6.59	0.09	8.79	0.17
				0.14	6.59	0.11	8.79	0.18
	5号	98	1.5	0.07	8.3	0.08	7.32	0.11
				0.08	8.18	0.09	8.54	0.12
				0.08	8.3	0.08	8.54	0.11
			2.7	0.1	6.59	0.12	7.32	0.15
				0.12	6.59	0.16	7.32	0.2
			5.5	0.14	6.59	0.22	7.32	0.26
				0.13	6.59	0.22	7.32	0.26
				0.14	6.59	0.24	7.32	0.28

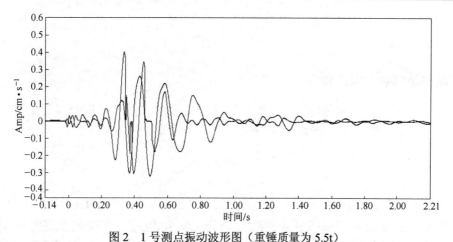

图2　1号测点振动波形图（重锤质量为5.5t）

Fig.2　The vibration waveform figure of $1^{\#}$ test point(hammer quality 5.5t)

3.2　试验数据回归分析

根据回归分析处理，落锤试验振动的测振数据回归结果如图3所示。

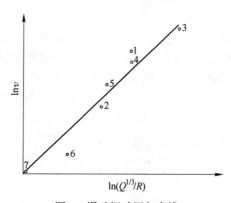

图3　爆破振动回归直线

Fig.3　Blasting vibration regression straight line

回归运算采用萨道夫斯基公式[5]：

$$v = K \left(\frac{Q^{\frac{1}{3}}}{R} \right)^{\alpha} \tag{1}$$

式中　　v——保护对象所在地质点振动安全允许速度，cm/s；

　　　　R——爆破振动安全允许距离，m；

　　　　Q——炸药量，齐发爆破为总药量，延时爆破为最大一段药量，kg；

　　K，α——与爆破点至计算保护对象间的地形、地质条件有关的系数和衰减指数。

回归计算 K 和 α 结果为：$K = 148.6$，$\alpha = 1.326$，相关性系数 $r = 0.970$，则振动传播规律公式：

$$v = 148.6 \left(\frac{Q^{\frac{1}{3}}}{R} \right)^{1.326} \qquad (2)$$

3.3　爆破振动影响范围计算

利用该试验得到的 K 和 α 值、爆破记录中的最大一段药量以及《爆破安全规程》(GB 6722—2003)中规定的安全允许爆破振动速度，根据萨道夫斯基公式：

$$R = \left(\frac{148.6}{v} \right)^{\frac{1}{1.326}} Q^{\frac{1}{3}} \qquad (3)$$

计算出每次爆破时爆破振动的影响范围。根据《爆破安全规程》(GB 6722—2003)中规定的不同类型房屋安全允许爆破振动速度，对于砖瓦结构房屋，安全允许爆破振动速度 $v = 2.0\text{cm/s}$，得到该道路工程单次爆破振动最大影响范围为 121.7m，单次爆破最小影响范围为 50.3m；对于土坯类型的房屋，安全允许爆破振动速度 $v = 0.5\text{cm/s}$，得到该道路工程单次爆破振动最大影响范围为 352.3m，单次爆破最小影响范围为 146.2m；安全允许爆破振动速度 $v = 3.0\text{cm/s}$，得到该道路工程单次爆破振动最大影响范围为 88.8m，单次爆破最小影响范围为 36.8m。

4　结论

(1) 根据现场的实际情况，提出了对已完成爆破的爆破振动参数 K 和 α 的测量方法，并进行了一系列的试验，详细记录了试验数据，对实验数据进行了回归分析。在无法实测 K 和 α 值的条件下，提出了补充办法，有一定的参考价值。

(2) 根据《爆破安全规程》(GB 6722—2003)中规定的不同类型房屋安全允许爆破振动速度，计算出不同类型房屋所允许的安全距离，从而确定了不同类型房屋的爆破振动影响范围。

(3) 根据确定的不同类型房屋的爆破振动的影响范围得出结论：在范围线以内的相应类型房屋可能会受到影响，在范围线外的相应类型房屋肯定不会受到影响，对该道路工程的善后工作提供了依据。

参 考 文 献

[1] 周同岭, 杨秀甫, 翁家杰爆破地震高程效应的试验研究[J]. 建井技术, 1998, 18(增): 31~35.
[2] 陈庆, 王宏图,胡国忠. 隧道开挖施工的爆破振动监测与控制技术[J]. 岩土力学, 2005, 26(6): 964~967.
[3] 冶金部安全技术研究所. GB 6722—2003 爆破安全规程[S]. 北京: 中国标准出版社, 2003.
[4] 成都中科动态仪器有限公司 IDTs3850, 爆破振动记录仪, 2003.
[5] 吕淑然, 胡刚, 杨军. 建筑物倒塌触地震动模拟研究[J].工程爆破, 2002, 8(3): 16~20.

建议生产一种大板爆炸复合专用毡垫状可卷展的炸药

邵丙璜

（中国科学院力学研究所，北京，100190）

摘　要：目前，国内外爆炸复合均采用颗粒状铵油类炸药。该炸药的临界厚度和极限厚度均大。在大板复合时，由于板的挠曲造成布药的厚度不均，导致爆速和爆压产生很大的波动，甚至局部息爆。当爆速低于弯曲波速时，在板的末端出现鞭梢效应，这些问题均使产品质量下降。此外，由于人工布药效率低下，使产率无法大幅度提高。

本文指出，对成熟的乳化炸药技术加以适当延伸，即可制成可卷展的毡垫状大板复合专用炸药。这样一来，可实现高效布药和药厚均匀，从而复合板的质量和产率均可提高。与此同时也为乳化炸药开拓了重要的应用领域。

关键词：爆炸复合；大板；可卷展的平板炸药

A Proposition about Producing Felt-Pad Shape Special-Use Explosive for Large Plate Explosion Cladding

Shao Binghuang

(Institute of Mechanics, Chinese Academy of Sciences, Beijing, 100190)

Abstract: So far, granular ammonium-nitrate-fuel-oil explosives have been used in explosive cladding widely. Both the critical and limit thickness of the explosive are larger. In large plat explosive cladding, due to flexing of the plat, uniform thickness of explosive can not be achieved. Consequently a large wavy of detonation velocity and detonation pressure will take place, even partial detonation quenches. When detonation velocity is lower than velocity of bending wave, whip-end effect will appear at the end of the plate. All of the problems will beget falling of products quality. In addition, the inefficient manual operation of spreading explosive limits increasing of productivity.

It is indicated in this paper, special-use explosives with shape of felt-pad for large plate cladding can be made by means of suitable extensions of mature technology of emulsion explosives. Thus, uniform thickness and high efficiency of spreading explosive can be realized. Consequently the quality and yield rate of cladding plates can be enhanced. Furthermore, an important application field of emulsion explosives will be exploited.

Keywords: explosive cladding; large plate; flexible flat explosives

作者信息：邵丙璜，研究员，zxt@imech.ac.cn。

1　概况[1,2]

1966 年 11 月，陈火金带领的大连造船厂爆炸加工组，率先爆炸焊接成功了我国第一块金属复合板产品，填补了我国爆炸复合领域的空白。

随着我国国民经济持续快速增长，对各种金属复合材料的需求显著增加，给爆炸加工业带来空前的发展机遇和可观的经济、社会效益。据 2007 年统计，国内金属复合板的产能大约年产 30 万吨，销售收入达 40 亿元。

爆炸复合引人注目之处在于具有设备投资少、产品性能优良、经济效益显著等优点。特别是可以节约大量的有色金属和贵重金属，从而可大大降低工程造价。

目前，全国十几家规模较大的爆炸复合企业产品在市场中占有主导地位和较大的市场份额。西安天力金属复合材料公司、宝钛集团金属复合板公司、南京宝钛特种材料公司等企业所生产的钛、镍、锆、钽等复合材料可与美国 DMC 公司的产品相媲美。

四川惊雷科技股份有限公司、太钢（集团）复合材料厂等企业生产双相不锈钢复合材料，成功应用于三峡水利枢纽工程。

据 2007 年的资料显示，法国、美国、瑞士三国联合的 DMC 爆炸加工公司（Dynamic Materials Corp.）以钛、锆等复合钢板制造为主，年产值约 12 亿美元。国内年产值超亿元的爆炸复合厂有六家，生产的各种标准的不锈钢复合板、钛-钢、锆-钢复合材料已广泛用于化工、舰艇、航空、航天、军工、机械、冶金等产业中。但和 DMC 的产值相比，我国六大生产厂家还存在相当大的赶超空间。

金属爆炸复合的生产过程，包括爆炸前板材表面清理、野外现场的爆炸复合、炸后的板材处理三个阶段。其中第一、第三阶段已实现机械化。而最重要的第二阶段则是效率低下的手工操作，是复合板生产率无法翻番的技术瓶颈，也是实现爆炸复合技术新飞跃的突破口。在大板复合中，第二阶段工艺革新的任务尤为突出。

2　爆炸复合的炸药

根据可压缩流体的力学模型可知，爆速大于碳钢板声速(5km/s)的高能炸药，在大板的爆炸复合中不能使用，而必须采用低爆速的民用炸药。

当采用粒状铵油炸药为代表的低爆速炸药时，基、复板的爆炸复合过程可视为不可压缩流体的亚声速斜碰撞。此时在基板与复板的碰撞点处，将出现金属射流，并形成基、复板之间的良好结合。

由于铵油类炸药制备简单、使用方便、来源丰富、安全性好、价格低廉等优点，在国内外的爆炸复合中得到了广泛的应用。但这种散装的粒状炸药不仅临界厚度较大，极限厚度也大，而通常铺放炸药的厚度一般均小于极限厚度。因此，在大板复合铺放此类炸药时，由于复板的挠曲而铺放厚度不均匀，爆速将随药厚不均匀而变化，严重影响爆炸复合板的焊接质量，甚至会出现局部区域焊接质量不合格，个别企业废品率达到 20%，需要返修和手工补焊。因此，铺放炸药是一个需要精心细致、反复检验，效率低下的手工操作过程。在大板复合中这一过程约需几十分钟，严重拖累了大板复合（例如 1.5m×8m 大板）的生产效率。

此外，铵油炸药的爆速（2.2~2.7km/s）低于钢板中的弯曲波声速(约 3km/s)，因此在大板复合中，复板中的弹性弯曲波将早于炸药的爆轰波到达复板末端，从而引起该处基板的移动增大，板间距离变宽，波状焊接界面的波纹变大，甚至脱焊的所谓的"鞭梢现象"，影响了复板的质量。

此外，铵油炸药是一种吸湿很强的物质，在潮湿或干燥的天气下，炸药的爆速会有很大的变化，从而使复合质量不稳定。

人们期望能找到一种既具有铵油炸药制备简单、来源丰富、安全性好，价格低廉的优点，同时又铺放快捷、均匀一致的炸药。这种炸药应呈平板毡垫状，其长、宽、厚尺度可根据大板复合的要求规格化，并由厂家规模化生产、供货。该炸药一经铺放在复板上立即可起爆，一次铺放作业时间应不超过 10min，从而使复板的年产率翻番，企业产值翻番，焊接质量无瑕疵，基本不受气候影响，从而实现爆炸复合技术的新飞跃。

下面作一个定量估算。以 2007 年的资料为例，一个年产值 1 亿多元的不锈钢复合板厂，大致产 1 万吨复合板，其中所需不锈钢约 1600~2000t，铵油炸药约 1600~2000t。如果该企业自身年产 30 万吨不锈钢，制约其爆炸复合板产量大幅提升的因素，显然不是不锈钢的供应而是复合效率。如果效率提高 5 倍，其不锈钢的消耗也不过 1 万吨，仅占其产量的 1/30。所需的爆炸复合专用平板炸药约 1 万吨，按 2007 年价格估计，该炸药的原料成本约 1600 元/t，略高于铵油炸药。如果复合板厂家由此需要增加的炸药生产成本为 1000 元/t。粗略估计，复合板生产厂家的年总产值将由 1 亿多元提升到 5 亿多元，总体效益也将因此提高 5 倍，而炸药厂家将由此年增收将达千万元到数千万元的双赢局面。

顺便指出，若铵油炸药爆速为 2.3km/s，而专用炸药的爆速为 3.2km/s，由于炸药能量与爆速平方成正比，后者的能量是前者 2 倍，因此复合同样数量的大板，采用专用炸药后，实际使用的药量还可节省一半。

3 大板爆炸复合的专用炸药

爆炸复合专用平板炸药（简称 BF 炸药）呈平板毡垫状。炸药的长、宽、厚尺度可根据大板爆炸复合（焊接）的要求系列化，并由专业厂实现规模化生产，可直接放置在复板上表面(不必再铺油毡缓冲层)。该炸药一经引爆，复板迅速加速，即可实行基、复板之间的爆炸焊接[2]。

3.1 炸药的物理属性

(1) 外形。BF 炸药为平板状泡沫炸药，取长×宽为 1m×2m，以 3 块拼接，就可用于 1m×6m 的大板复合。炸药厚度可为 10mm、20mm 和 25mm 三种，每块重量分别为 20kg、40kg 和 50kg。可组合成 20mm、25mm、30mm、35mm、40mm、45mm 和 50mm 等不同的炸药厚度（当然，也可以根据厂家需要，直接制成优化设计的药厚和长×宽的尺度），其尺度误差应不大于 1%。

(2) 机械强度和化学稳定性。其纵向和横向的拉伸强度不小于 9kg/cm，压缩应变在 1kg/cm^2 条件下不大于 1%。在储存温度为 10~30℃ 的环境下，不发生流变，炸药性能稳定。

(3) 爆炸力学属性。预计密度 $\rho = 1.0 \sim 1.2 \text{g/cm}^3$，爆速（炸药厚度为 25mm 时）$v_d = 3.0 \sim 3.2 \text{km/s}$，殉爆距离 $\delta \geqslant 4\text{cm}$，冲击感度和摩擦感度均不大于8%，多方指数 $\gamma_h \approx 2.6$，有效多方指数 $\gamma_0 \approx 2.2$。

这种专用炸药的下侧带有缓冲层，以保护复板上表面免受炸药爆轰波的损伤，故直接放置在复板上表面后进行爆炸复合。

3.2　现有低爆速泡沫炸药的研究现状[3,4]

早期的低爆速炸药易吸湿，不抗水，长期储存安定性差。20 世纪 60 年代，有人用含异氰酸酯和多元醇不完全酯化的硝酸酯进行反应，加水发泡，使体积膨胀，固化前加入炸药成分，得到低爆速的泡沫炸药。近年来，广泛而深入地研究了低爆速炸药，在配方设计、工艺路线、应用技术上有较大的突破，其中低爆速泡沫炸药就是一种崭新的概念，显然它也可以制成我们需要的多孔平板毡垫状爆炸复合专用炸药。

低爆速炸药的制备方法很多，不同的方法可得到不同用途、不同优缺点的低爆速炸药。但总的来讲，上述低爆速炸药在我国目前炸药生产企业的装备条件下，暂时尚无法实现大规模生产，暂时还达不到我们的预期要求。

3.3　乳化炸药

20 世纪 70 年代初以来，在冶金部北京矿冶研究院汪旭光院士及其团队以及我国多家研究院所的努力下，我国先后突破大量无机盐乳胶体系的储存稳定性、快速敏化技术、连续化微机控制生产、大产能多品种生产等一系列关键技术，成功地研制出适合各种不同爆破作业的一系列安全、高效、低成本的乳化炸药，使中国工业炸药生产进入世界前列[5]。显然，利用我国现有乳化炸药的生产技术和设备条件，可为大规模生产爆炸复合专用炸药的研发提供一个良好的平台和起点，以实现好、快、省发展。

3.4　现有乳化炸药性能与爆炸复合专用平板炸药的要求差异

一般矿用(或物探专用)乳化炸药和爆炸复合专用炸药的要求有所不同。前者呈流变体形态，主要用于矿山的爆破。使用的方式主要是将炸药灌(送)入炮孔。因此，对它的机械强度没有要求，对爆速、密度、猛度值及其随时间的变化的要求不很严格。而对爆炸复合专用炸药而言，不仅对其爆速和密度值有严格要求，还严格要求其值稳定，不随时间而变化，否则都可能导致复合质量下降。

此外，对炸药自身强度也有一定要求，乳化炸药是一种流变体，本身不具备抗拉强度。例如，在进行 1m×6m 或 1.5m×8m 的大板复合中，设炸药厚为 30mm，则 1m×6m 或 1.5m×4m 的炸药的自身重量均达 180kg，在搬运中如果炸药没有强度就会变形甚至断裂，根本无法保证炸药性能的稳定可靠。这对于国内以化学发泡为主的乳化炸药制备技术是极大的挑战。

此外，年产 5 万吨以上不锈钢复合板，大致需要 1 万吨爆炸复合专用平板炸药。这就面临着这 1 万吨新型炸药如何规模化提供的问题，它大致相当于一条年产 1 万吨的乳化炸药生产线的产量。

目前，我国乳化炸药各生产厂家的配方虽不统一，但基本成分含量相差不大，仅因使用的目的不同、要求不同，进行某些局部调整，形成各自的专利。即便是胶体乳化炸药和粉状乳化炸药，尽管两者形貌差异较大，但作为乳化炸药，其前期的主要设备相同，工艺流程也十分相似，只是到了最后期，工艺和设备才有所不同。乳化炸药生产的上述特点，使我们在利用其现有的流程和设备，适当调整配方，仅改变后期工艺和相应装备，就可以发展出一种炸药新品种——可规模化生产的爆炸复合平板炸药（简称 BF 炸药）成为可能。

3.5 爆炸复合平板炸药配方要点建议

(1) 水相（氧化剂水溶液）。和矿用炸药要求尽可能的高爆速有所不同，BF 炸药的爆速不应超过复板的声速（5000m/s），以免发生超声速碰撞，导致复合失败，通常以低于 3500m/s 为宜，但也不应太低（例如低于 2000m/s），以免导致炸药的能量利用率过低，临界炸药厚度过大，炸药爆速不稳定，并导致大板复合时，板端"鞭梢现象"加剧。为此在爆炸复合专用炸药中，作为氧化剂的高纯晶状硝酸铵的含量(质量分数)取为 58%~66%。

(2) 为改善爆炸性能和降低硝酸铵的析晶点的温度，硝酸钠和尿酸的含量(质量分数)取为 9%~15%。

(3) 水的含量(质量分数)为 10%~12%，此时炸药可获得在该组合下的最高爆速和猛度，能量得到最充分的利用。

(4) 油相。乳化炸药的油相作为连续相，对氧化剂（硝酸铵等）的水溶液构成油包水（W/O）型的乳化液，油相材料的黏稠度对乳化炸药的稳定性和外观呈流动性或弹塑性有很大影响，有多种复合蜡方案可供选择，使炸药具有弹塑体外观，但由于氧平衡的限制和爆炸性能的要求，其含量（质量分数）限定为 3%~5%。

(5) 乳化剂。经验表明 HIB 值（亲水亲油平衡值）为 3~7 的乳化剂多数可以选做炸药的乳化剂，例如失水山梨糖醇单油酸酯。为了获得炸药高物理性能，应采用具有高相对分子质量和大分子框架结构，能形成立体的阻碍膜的乳化剂材料。例如 RHP-1 型乳化剂和聚异丁烯丁二酰亚胺，两者均为可供采用的乳化剂，其含量为 2%~2.5%，为改善乳化剂性能，可适当增加约 0.6%的乳化助剂。

(6) 敏化剂。由于乳化胶体不具备雷管感度，需加入气泡敏化剂以提高起爆感度，通过添加不同数量的气泡敏化剂，将乳化炸药的密度控制在 1.05~1.25g/cm³，使小直径雷管也可以激发。国内通常采用亚硝酸钠的化学发泡技术。其优点是成本较低，但稳定性不易控制。物理发泡技术主要采用空心玻璃微球、膨胀珍珠岩和塑料微球。考虑到爆炸复合专用炸药需要在不同的气温条件和经过长时间（例如 1~2 年）的储存后，仍要求炸药性能（如爆速、密度）稳定，以及炸药在叠放或辊压下，气泡不应破裂或缩小，为此建议选用了空心玻璃微球作为主要敏化剂，其含量（质量分数）为 3%，以及含量（质量分数）为 0.1%左右的敏化助剂。

上述配方的氧平衡为 –0.00002g/g，可认为近于理想的氧平衡反应。但配方还需在实践中有所调整，以实现预期的要求。

所述平板炸药包括如下质量配比的各组分：

硝酸铵	65	（58~66）%
硝酸钠	13	（8~13）%
尿素	1.5	（1~2）%
复合蜡-2	3.3	（3~5）%
聚异丁烯丁二酰亚胺乳化剂	2.0	（2~2.5）%
DRQ 型乳化助剂	0.6	（<1）%
水	11	（10~12）%
敏化剂为微玻璃球和助剂	3.1	（2.5~3.5）%

其中方框内的数据较佳(仅供厂家参考)。

3.6　炸药的工艺流程

(1) 水相制备。将原料水和硝酸钠经计量后，通过提升螺旋输送料斗加入水相溶化罐中，蒸汽加热(压力为0.4MPa)，并进行搅拌，待完全溶化后，保温在85~105℃之间(以90℃为宜)，放入水相储罐中备用。

(2) 油相制备。称量后的复合油相(含乳化剂)加入油相熔化罐中，在蒸汽间接加热的条件下搅拌，待全部溶化后，保温在90~100℃之间(也以90℃为宜)，放入油相储罐中备用。

(3) 乳化。水相和复合油相溶液经过滤后，按工艺配比和流量计量后，由输送泵将水相慢慢地连续送入乳化器中，在激烈搅拌的复合油相中进行乳化。其初始温度以90℃为宜，搅拌线速度可达17m/s，时间约6~10min，形成W/O型的乳化胶体。

(4) 冷却。经乳化后的乳化胶体(温度可达100~110℃)，需流经喷淋水式钢带冷却机，冷却至一定温度(根据乳化胶体的不同，设在50~80℃之间)后进入敏化机，进行敏化处理。

(5) 敏化。经计量后的气泡敏化剂(微玻璃球)和助剂分别加入连续敏化机内，乳化胶体在连续敏化机的充分搅拌和分散作用下，得到密度均匀的乳化炸药。

上述流程与国内生产厂家基本相同，因而可在国内厂家的设备上进行或根据厂家条件做适当调整。

(6) 装药。由制药工序部制成的胶状乳化炸药，需经输送工具(小车)送至装药工序部，通过加料平台，将炸药加入装药机的料斗内，然后将炸药浇入炸药模具内(模具腔体尺寸长、宽、高可按用户要求设定)，让其一边继续发泡，一边冷却，直至充满模具内腔。由于离开敏化机后的发泡时间约为5min发泡基本结束，因此，模具在20min时即可打开。

其装药部分因现有的生产厂家不具备条件，需另行设计和加工。这是因为上述的配方可使BF炸药具有较好的弹塑性，但它毕竟由乳化技术制成，本质上仍然是一种流变体，在载荷作用下会缓慢变形。因此在炸药内应设置防止流变的骨架。但这种骨架它难以通过化学反应形成，也难以通过添加热塑微型空心球，使其在加热时相互黏接形成有效的连续相。最简便的方法是在炸药浇注时，在模具内铺设抗拉纤维网和在底部铺放具有抗拉强度的buffer(缓冲层)，既增强了炸药的抗拉强度，达到预计的要求，也保护了爆炸时的复板表面，免受爆轰波的损伤；也可以通过辊压，将大板复合所需的炸药碾制在buffer(缓冲层)上，形成炸药卷，供大板爆炸复合使用。

内设抗拉纤维网和在底部铺放具有抗拉强度的buffer(缓冲层)的平板炸药，可作为实用新型专利，申请保护。

3.7　爆炸复合专用炸药的参数值测定[2]

作为炸药生产厂家，在炸药研制出来后，其炸药的有关爆炸力学参数，包括密度、爆速、爆压、爆轰波头处的多方指数等均应能测量，以便确定是否满足爆炸复合的要求。

3.7.1　爆炸复合可焊窗口

不同材料的复合板材,其爆炸复合最佳参数是不同的。因此就爆炸复合而言,寻找不同配对材料的最佳复合参数是复合工艺优劣乃至成败的关键。

通常采用复板对碰撞点的速度(专业上称为来流速度)v_f 和动态碰撞角 β 两个参数,因为当采用不可压缩流体模型计算碰撞点附近的速度场、压力场、应变率场和温度场时,用上述两个参数最为直接和方便。

当考虑爆炸产物作用下的复板运动时,则采用复板运动速度 v_p 和复板弯折角 α 作为可变参数最为方便。在大板复合中,基、复板平行放置,此时 $\beta = \alpha$,相应有 $v_f = v_c = v_d$,其中 v_c 为碰撞点的移动速度,v_d 为爆轰速度。这样一来:

$$v_p = 2v_f \sin\frac{\alpha}{2} \tag{1}$$

图 1 所示为 A. A. Deribas 等人(1975)得出的不锈钢-低碳钢的可焊窗口。基板为 G3低碳钢,尺寸为 $260mm \times 80mm \times 27mm$,复板为 1Cr18Ni9Ti,不锈钢,尺寸为$300mm \times 100mm \times 5\ mm$ 。

两者原始材料的显微硬度分别为 $100kg/mm^2$ 和 $360kg/mm^2$,破坏强度 σ_b 分别为 $38\sim40kg/mm^2$ 和 $55kg/mm^2$ 。

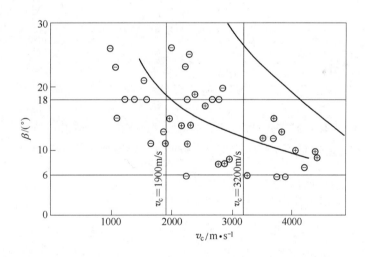

图 1　A. A. Deribas 等人(1975)得出的不锈钢-低碳钢的可焊窗口

Fig. 1　A.A.Deribas, etc., (1975)'s stainless steel-low carbon steel weldable window

图 1 中,$\oplus$ 表示以该点参数焊接时,结合强度大于 $40kg/mm^2$;$\ominus$ 表示以该点参数焊接时,结合强度在 $35\sim40kg/mm^2$ 之间;$\bigcirc\pm$ 表示以该点参数焊接时,结合强度小于 $35kg/mm^2$ 。

图 2 所示为陈火金等人(1982)得出的 1Cr18Ni9Ti 不锈钢-低碳钢可焊窗口。

图 2 中符号表示抗铲开能力,* 为优,表示界面结合牢固,铲不开;∇ 为良,表示可沿界面铲开,但很费劲,铲开后复层卷曲;$\bigcirc$ 为中,表示能沿界面铲开,复层不卷曲;$\triangle$ 为次,

表示试样加工时，沿界面分离，但表面新鲜无污染；×为差，表示爆炸后界面即行分离或试样加工时界面发生分离表面有污染；数字表示抗剪切强度 $\tau(\text{kg/mm}^2)$。

从图 1 和图 2 可以看到，在爆炸界面滑移速度 v_c（在大板复合时等同于爆速 v_d）处于 $1.8 \sim 3.2\,\text{km/s}$ 之间，碰撞角 β 处于 $8° \sim 14°$ 之间的窗口时，不锈钢-低碳钢的爆炸复合质量最佳，其结合强度 $\sigma > 40\text{kg/mm}^2$。

因此，在不锈钢-低碳钢大板爆炸复合时，要求复板和基板在碰撞点处的复合参数必须位于该可焊窗口内。为此，我们必须知道在滑移爆轰作用下，复板的飞行速度 v_p 和弯折角 α 随飞行距离 y 增大的规律。具体讲，就是当采用 BF 炸药爆炸复合不锈钢板时，必须知道应采用什么厚度的炸药，什么高度的飞行间隙时，其焊接参数 v_p 和 α 最佳，焊接质量最高。

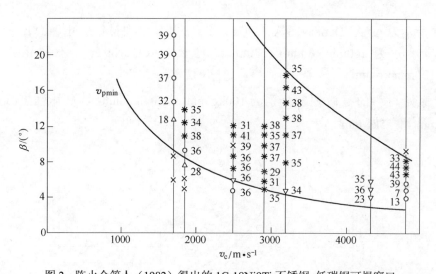

图 2　陈火金等人（1982）得出的 1Cr18Ni9Ti 不锈钢-低碳钢可焊窗口

Fig. 2　Chen Huojin, etc., (1982)'s 1Cr18Ni9Ti stainless steel-low carbon steel weldable window

3.7.2　复板弯曲运动姿态

图 3 所示为滑移爆轰作用下复板运动瞬间的脉冲 X 光照片和示意图。复板在不同飞程高度 y 时的复板速度 v_p 和弯折角 α 的关系式，详细的推导参见参考文献 [2]。此处仅给出其推导的结果。其弯折角 α 应满足以下微分方程：

$$\cos\alpha \mathrm{d}\alpha = \frac{\rho_0 \delta}{\rho_p h_p} \frac{1}{1+\gamma_0} \left[\cos\left(\sqrt{\frac{\gamma_0-1}{\gamma_0+1}} \tan^{-1}\frac{x}{\delta} \right) - \frac{\gamma_0-1}{2} \frac{(\Delta q)_y}{c_h} \right]^{\frac{2\gamma_0}{\gamma_0-1}} \mathrm{d}\left(\frac{x}{\delta} \right) \tag{2}$$

式中，α 是变量 (x/δ) 的函数，x 为质点至爆轰波头的水平距离；δ 为炸药厚度；x/δ 为无量纲距离；ρ_0 为炸药的密度；ρ_p、h_p 分别为复板的密度和厚度；γ_0 为炸药在复板运动过程中有效多方指数。

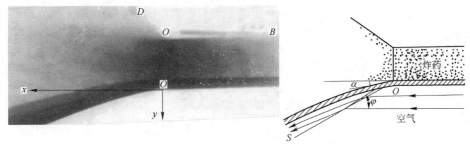

图 3　滑移爆轰作用下复板运动瞬间的脉冲 X 光照片和示意图

Fig. 3　X-ray picture and schematic diagram of instantaneous pulse of cladding plate movement under slippage detonation

$(\Delta q)_y$ 满足如下关系式：

$$\frac{(\Delta q)_y}{c_h} = \sqrt{\frac{\gamma_0+1}{\gamma_0-1}}\left\{1 - \frac{1}{\gamma_0+1}\cos^2\left[\sqrt{\frac{\gamma_0-1}{\gamma_0+1}}\tan^{-1}\frac{x}{\delta}\right]\right\}^{\frac{1}{2}} \times$$
$$\left\{\cos\left[\tan^{-1}\left(\sqrt{\frac{\gamma_0+1}{\gamma_0-1}}\tan\left(\sqrt{\frac{\gamma_0-1}{\gamma_0+1}}\tan^{-1}\frac{x}{\delta}\right)\right) + \tan^{-1}\frac{\delta}{x}\right] + \sin\alpha\right\} \tag{3}$$

式中，c_h 为爆轰波头处声速，$c_h = \dfrac{\gamma_0}{1+\gamma_0}v_d^2$。

复板弯曲运动时，其轴向位移 y 为：

$$\frac{y}{\delta} = \int_0^{\frac{x}{\delta}} \tan\alpha\, \mathrm{d}\left(\frac{x}{\delta}\right) \tag{4}$$

通过数值解式（2），可得到 $\alpha \sim \left(\dfrac{x}{\delta}\right)$ 的对应值。将其代入式(1)和式(4)两式，则可获得复板在不同飞程 $\dfrac{y}{\delta}$ 处的速度 v_p 和弯折角 α。从中选择合适的 $\dfrac{y}{\delta}$ 作为基、复板的间隙，使其在碰撞点处的 v_p 和 α 值为最佳可焊参数，以实现最佳复合质量。

图 4 所示为不锈钢-碳钢爆炸复合波状界面照片。在这种均匀的波状界面处，两种材料相互渗透形成合金，是使得界面强度高于复合原料中强度较低者的原因。但在大板复合中，由于操作的不稳定因素和复合参数选择不当，会使复合质量不够理想。在采用了爆炸复合专用

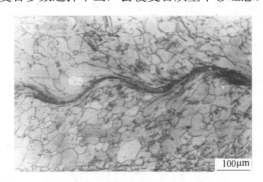

图 4　不锈钢-碳钢爆炸复合波状界面照片

Fig. 4　Wave interface photo of stainless steel-low carbon steel explosion cladding

炸药和最佳焊接参数后，不仅可提高其规模化生产的效率，而且质量也可大幅度改善，从而实现爆炸复合技术的新飞跃。

3.7.3　实施例子

实施例 1

当 δ =2.5cm，ρ =1.0g/ cm^3，v_d =3.0km/s，γ_0 =2.337 时，若复板厚度 t = 0.3cm，缓冲层面密度 m = 0.24g/cm^2，取复板飞行间距（也即基、复板的间距）y = 2.48cm，则相应的弯曲角 α =12.98°，复板的运动速度 v_p = 678m/s。由图 1 和图 2 可知，在该参数下焊接界面结合强度优。

实施例 2

当药厚改为 δ =3.0cm，其他参数同实施例 1 时，若取复板飞行间距（也即基、复板的间距）y = 0.641cm，则相应的弯曲角 α =13.04°，复板的运动速度 v_p = 681m/s，由图 1 和图 2 可知，在该参数下焊接界面结合强度也是优。

但后者由于炸药偏厚，故必须降低飞程 y，虽然也能获得好的复合质量，但显然炸药的利用率不高，多浪费了 20%能量。

实施例 1 和实施例 2 表明，在已知炸药和复板的基本参数条件下，从理论上可以预报在不同的间距处，相应的焊接参数和焊接质量。这为选择合理的炸药能量利用和实现高质量的爆炸焊接的优化设计，提供了可能和依据。

4　小结

长期以来爆炸复合均使用的颗粒状铵油类炸药，由于临界厚度大，极限厚度大，在大板复合时，会由于布药时的厚度不均，导致爆速和爆压很大的不均，甚至局部息爆。而爆速偏低（小于弯曲波速）导致大板复合出现鞭梢效应，使产品质量下降。此外还由于人工现场布药效率低下，使产率无法大幅度提高。成熟的乳化炸药技术适当延伸，就有可能制成大板爆炸复合专用可卷展的平板炸药，使其密度、爆速、稳定性等各方面均处于最佳状态。这既大大提高了我国爆炸复合板的质量和产率，也为乳化炸药开拓重要应用领域。

参 考 文 献

[1]　张勇. 中国工程爆破协会爆炸加工行业委员会筹备工作报告, 2007.

[2]　邵丙璜, 张凯. 爆炸焊接原理及其工程应用[M]. 大连：大连工学院出版社, 1987.

[3]　黄文尧, 颜事龙. 炸药化学与制造[M]. 北京：冶金工业出版社, 2009.

[4]　孙业斌, 惠君明, 赵欣茂. 军用混合炸药[M]. 北京：兵器工业出版社, 1995.

[5]　汪旭光. 乳化炸药[M]. 2 版. 北京：冶金工业出版社, 2008.

柔性导爆索系统分离过程中的速度分布和能量分配

陈　荣　　张弘佳　　卢芳云　　文学军

（国防科学技术大学理学院，湖南长沙，410073）

摘　要： 本文以线式爆炸分离系统为研究对象，运用 LS-Dyna 进行仿真计算，采用最优拉丁超立方算法采样进行试验设计，初步确定了分离过程中装药密度、屈服应力和破坏应力三个影响因素，探究了其分别对破片速度以及能量分配的影响，同时也考察了在分离板未能断裂的极限情况下，三个因素对能量分配趋势的影响情况；进一步研究了这些参数之间的相互关系，并利用多元二次回归模型建立了联合影响的合理描述，在假设三个因素都为正态分布的前提下，通过蒙特卡洛模拟，得到了分离破片速度的概率分布，并且在一定置信水平下给出了破片的最小速度。

关键词： 线式爆炸分离系统；试验设计；最优拉丁超立方；能量分配；破片速度分布

Study on the Distribution of Energy and Fragment Velocities in the Explosive Separation Process

Chen Rong　　Zhang Hongjia　　Lu Fangyun　　Wen Xuejun

(College of Science, University of Defense Science and Technology, Hunan Changsha, 410073)

Abstract: To study the mechanism of Linear Explosive Separation System(LESS), the LS-Dyna was utilized for simulation and the Optimal Latin Hypercube Sampling Algorithm was adopted for the design of experiments. The charge density, the yield stress and the failure strain were preliminarily determined as the main influencing factors and the effects they have on the fragment velocity and the energy distribution were studied. Meanwhile the influences of three factors on the trend of energy distribution were also explored under the limiting case where the separating plate failed to break. Moreover the correlation of the three factors was established and the description of the combined influence of them on the system was attained through a Multivariate Quadratic regression model. Furthermore the probability distribution of the fragment velocity was obtained through Monte Carlo simulation with the hypothesis that the three factors obey normal distribution. Eventually the minimum velocity of the fragment was given with a certain confidence level.

Keywords: linear explosive separation system; design of experiment; optimal latin hypercube sampling; energy distribution; fragment velocity distribution

　　线式爆炸分离装置是实现航天器级间分离、整流罩分离、有效载荷与运载工具分离等的关键元件，其可靠性甚至影响着发射任务的成败[1]。

基金项目：国家自然科学基金资助项目（11132012）。

作者信息：陈荣，讲师，r_chen@nudt.edu.cn。

　　分离装置的主要构件均受到局部强动载荷作用，理解材料、结构单元在强动载荷下的动态断裂现象和系统的快速分离过程，以及把握线式爆炸分离机理，对设计出可靠性高的线式爆炸分离装置有着重要的指导作用。将分离面和保护罩结构在中心柔性导爆索爆炸载荷作用下的动态破坏问题，归结于非对称结构在内部爆炸载荷作用下的动态响应问题。可通过研究非对称结构内爆过程的能量分配规律，考察影响爆炸分离过程中材料参数和结构控制参数，来获得对爆炸分离过程机理的认识，为分离装置的结构设计和材料选型提供依据，并为爆炸力学及动态断裂力学的相关应用发展做出贡献。

　　本文以线式爆炸分离系统为研究对象，运用 LS-Dyna 进行仿真计算，采用最优拉丁超立方算法进行试验设计，探究可能因素对能量分配的影响，考察分离面材料和结构参数、装药量等因素对分离破片速度分布以及爆炸能量分配的影响，进一步研究这些控制参数之间的相互关系。建立合理描述，在一定可靠度水平下给出分离破片速度响应的概率分布，研究平面非对称结构在内部爆炸加载下炸药爆炸能量的分配规律，为材料动态力学性能研究及结构优化设计提供指导。

1　拉丁超立方试验设计原理

1.1　试验设计

　　通过人为控制一定条件下的试验来研究探索事物发展规律，是科学研究的一个重要手段，但很多时候考虑到安全、成本、时间效率等诸多因素，物理试验并不可行，于是计算机试验代替物理试验正被越来越多地用到生产制造和产品优化中。系统的仿真模型随着设计参数和约束的增加而变得更加复杂，单次仿真所需要的时间也增加，尤其那些高维非线性的"黑箱"系统。时间成为制约仿真优化的瓶颈因素，在制订仿真方案时必须严格限制仿真次数。但从仿真精度上讲，则要求仿真次数尽可能多，因此存在仿真时间和仿真精度间的冲突，因此仿真的效率至关重要[2]。

　　为了解决这种冲突，需要合理安排仿真试验，提高仿真效率。试验设计正是这样的一种方法，试验设计（design of experiment，简称 DOE）也称为实验设计，是以概率论和数理统计为理论基础，经济地、科学地安排试验的一项技术。它的主要内容是讨论如何合理地安排试验，取得数据，然后进行综合的科学分析，从而达到尽快获得最优方案的目的。优秀的试验设计能有效降低试验次数，缓解仿真计算的压力[2]。

1.2　拉丁超立方采样

1.2.1　简述

　　拉丁超立方试验设计（Latin hypercube sampling, LHS）于 1979 年由 McKay 等人提出，采用分层抽样技术，是一种有效的用采样值反映随机变量的整体分布的方法。其目的是要保证所有的采样区域都能够被采样点覆盖，是"充满空间"设计领域的重要方法[2-4]。

1.2.2　抽样

　　假设一个试验设计，因子数（即变量数）为 K，水平数（每个因子所处状态的数目）为

N，则利用 LHS 生成样本步骤如下[3]：

(1) 产生一个 $N×K$ 的顺序矩阵，其每列都是数列$\{1,2,\cdots,N\}$的顺序排列。

(2) 采用一定算法排列各列顺序，消除列之间的相关性，如 Gram-Schmidt 序列正交方法、Cholesky 分解等方法，最终生成拉丁方矩阵 A，规模为 $N×K$ 。

(3) 将每维变量的定义域区间划分为 N 个相等的小区间，这样就将原来的一个 K 维超立方体划分成 K^N 个小超立方体。

(4) A 的每行就对应一个被选中的小超立方体，在每个被选中的小超立方体内随机产生一个样本，这样就选出了 N 个样本。

以一个 $K=2$，$N=10$ 的例子说明 LHS 的抽样过程。拉丁方矩阵为：

$$A=\begin{pmatrix} 4 & 10 & 6 & 8 & 3 & 7 & 2 & 5 & 1 & 9 \\ 6 & 5 & 10 & 1 & 8 & 7 & 3 & 4 & 9 & 2 \end{pmatrix}^{\mathrm{T}}$$

样本点分布如图 1 所示。

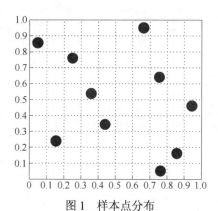

图 1　样本点分布
Fig. 1　Distribution of samples

1.2.3　优点

(1) 拉丁超立主采样与随机采样相比：

1) 空间覆盖率大。对于相同的采样规模 N，用随机采样和拉丁超立方采样得到的两个独立随机变量的联合覆盖空间百分比的期望值分别为$[(N-1)/(N+1)]^2×100\%$和$[(N-1)/N]^2×100\%$，对于任何 N 大于等于 2，后者的值总是比前者的值大，随着 N 的增加，覆盖效率差距越来越大[4]。

2) 降低方差，提高稳健性。设响应 Z 是因子的函数，如果对该函数进行多次相同采样次数的蒙特卡洛模拟，就会得到多个 Z 的分布，所有 Z 的分布的期望值形成另外一个新的分布，这个分布的方差反映了其离散程度，也反映了算法的稳健性。文献证明，拉丁超立方采样比随机采样的方差小 $1/N^2$，意味着拉丁超立方采样的稳定性较随机抽样有所提高[4]。

(2) 与全因子设计相比，拉丁超立方采样的空间填充效率更高。

(3) 与正交试验设计相比，拉丁超立方采样更适合拟合非线性响应，同样样本点数，可以有更多组合。

1.3　最优拉丁超立方采样

最优拉丁超立方采样（optimal Latin hypercube sampling, Opt LH）是针对某一测度进行的算法优化，在拉丁超立方实验设计的基础上运用优化算法，使得采样点尽可能地均匀分布在设计空间中，改进了均匀性，使因子和响应的拟合更加精确真实，也提高了空间填充性和均匀性。在本文的试验设计中就是采用 Chen Wei 和 Agus Sudjianto 等人联合开发的最优拉丁超立方采样算法[5]。最优拉丁超立方与拉丁超立方对比图如图 2 所示。

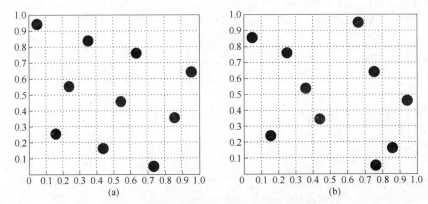

图 2　最优拉丁超立方与拉丁超立方对比图
(a) 最优拉丁超立方; (b) 拉丁超立方
Fig. 2　Comparison between LHS and opt LHS
(a) opt LHS; (b) LHS

2　线爆炸分离试验设计

2.1　仿真设计

利用 LS-Dyna 做仿真，得到结果。模型采用 ALE 耦合，分离板和保护罩采用 Lagrange 模型，其他部分采用欧拉模型。典型线式爆炸装置示意图如图 3 所示。

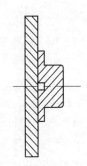

图 3　典型线式爆炸装置
Fig. 3　Typical LESS

2.2　抽样设计

抽样规模 $N = 10$，选取了三个因子（$K = 3$），分别为装药密度(ρ)、破坏应变(ε)和屈服应力(σ)，定义域见表 1。

表 1　因子
Table 1　Factors

因　子	定　义　域	单　位
ρ	[1.35 , 1.65]	g/cm^3
ε	[0.09 , 0.11]	
σ	[450 , 550]	MPa

选取研究了破片质心处的水平速度 v(m/s)、破片稳定时的总能 E(kJ)、破片稳定时总能量占分离装置总能量的百分比 η (%)三个响应。

利用最优拉丁超立方抽样得到 10 组样本值，见表 2。

表 2　抽样样本
Table 2　Samples

序　号	$\rho/g\cdot cm^{-3}$	ε	σ/MPa
1	1.583	0.0944	550
2	1.517	0.0989	506
3	1.483	0.0922	461
4	1.417	0.09	517
5	1.35	0.1011	483
6	1.65	0.0967	472
7	1.383	0.1033	539
8	1.617	0.1078	528
9	1.55	0.1056	450
10	1.45	0.11	494

3　结果分析

3.1　单因子影响

分别计算改变单因子后的结果。

3.1.1　装药密度

由图 4 可见，随着装药密度的增加，破片速度和破片能量都增加，这可以解释为装药密度增加带来的爆炸能量增加，以至最终破片的速度以及破片能量也会增加。但破片能量占整个分离装置总能量的百分比减少，装药增大后，更多的能量用在了保护罩上，说明装药密度在能量分配中对破片占能比例是负作用。

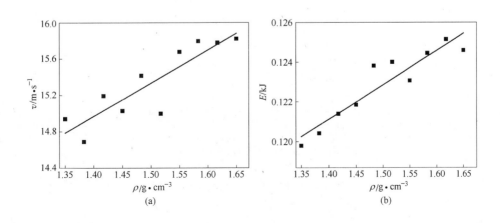

(a)　　　　　　　　　　　　　(b)

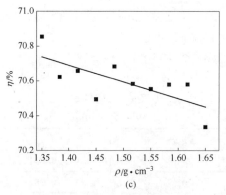

(c)

图 4 ρ 对各响应的单因子影响

(a) v-ρ; (b) E-ρ; (c) η-ρ

Fig. 4 Effect of ρ on responses

(a) v-ρ; (b) E-ρ; (c) η-ρ

3.1.2 屈服应力

由图 5 可见，随着屈服应力的增加，破片速度和破片能量都增加，这可以解释为屈服应力越大，在分离板破坏前集聚的能量越多，以至最终破片的速度以及破片能量也会增加。破片能量占整个分离装置总能量的百分比也增加，说明屈服应力在能量分配中对破片占能比例是正作用。

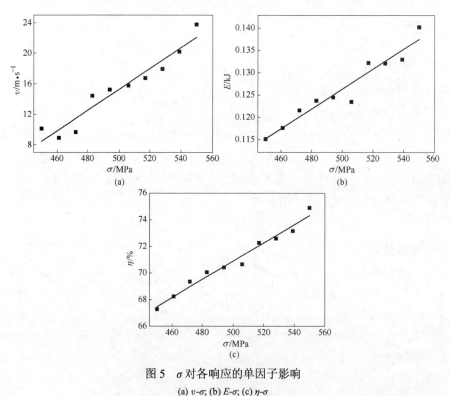

图 5 σ 对各响应的单因子影响

(a) v-σ; (b) E-σ; (c) η-σ

Fig. 5 Effect of σ on responses

(a) v-σ; (b) E-σ; (c) η-σ

3.1.3　破坏应变

由图6可见，随着破坏应变的增加，破片速度和破片能量都增加，这是由于破坏应力越大，破坏分离板所需要的力越大，破坏前积累的能量也就越多，以至最终破片的速度以及破片能量也会增加。破片能量占整个分离装置总能量的百分比也增加，说明破坏应变在能量分配中对破片占能比例是正作用。

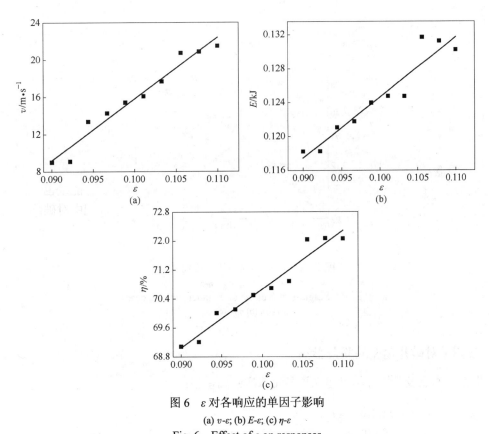

图 6　ε 对各响应的单因子影响

(a) v-ε; (b) E-ε; (c) η-ε

Fig. 6　Effect of ε on responses

(a) v-ε; (b) E-ε; (c) η-ε

3.1.4　极限情况

我们进一步研究了在分离板未能断裂的极限情况下三个因素对能量分配百分比的影响，结果如图7所示，其中虚线位置代表分离板断裂的阈值，分别是在装药密度小于阈值、屈服应力大于阈值和破坏应变大于阈值时分离板不能断裂。

从图7中可以看到，在分离板断裂阈值前后，装药密度对能量分配变化趋势影响并不大，除了总体水平略微升高。屈服应力和破坏应变对能量分配变化趋势影响比较大。在超过应力阈值后，百分比上升速度变缓。对于破坏应变，在应变阈值之前出现了不稳定区 B（如图7所示），百分比值有所下降，但是在超过应变阈值之后，百分比重回上升趋势且数值变大。

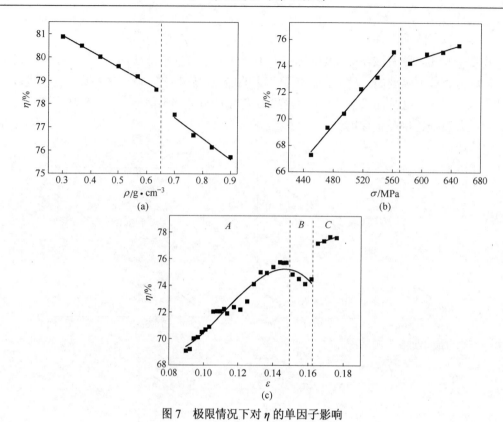

图 7　极限情况下对 η 的单因子影响

(a) η-ρ; (b) η-σ; (c) η-ε

Fig. 7　Single-factor effect on η under limiting cases

(a) η-ρ; (b) η-σ; (c) η-ε

3.2　多因子对破片速度的联合影响

根据样本点及其计算结果建立了多元二次回归模型：

$$
\begin{aligned}
v &= f(x_1, x_2, x_3) \\
&= -0.0008673 - 0.0035752x_1 + 0.1229762x_2 - 2.9321165x_3 - \\
&\quad 0.0002277x_1^2 + 1.2676126x_2^2 + 199.6250236x_3^2 - \\
&\quad 0.132994x_1x_2 + 3.3979358x_1x_3 - 25.1954939x_2x_3
\end{aligned}
$$

式中，x_1 是装药密度；x_2 是破坏应变；x_3 是屈服应力。

3.3　得到 v 的概率分布

假设三个因子都服从正态分布：

$$
\begin{aligned}
\rho &\sim N(1.5, 0.075^2) \\
\varepsilon &\sim N(0.1, 0.005^2) \\
\sigma &\sim N(500, 25^2)
\end{aligned}
$$

根据关系式，采用蒙特卡洛方法可得到 v 的分布：

$$v \sim N(15.0, 4.7^2) \qquad \sigma = 4.7$$

v的概率分布密度图如图8所示。

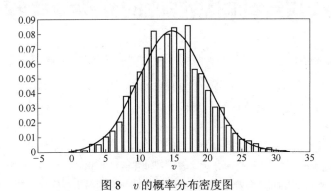

图8　v的概率分布密度图

Fig. 8　Probability density distribution of v

查分位数表得$\mu_{0.95} = 1.646$，则$P(v > 9.2638) = 0.95$，即可以说置信度0.95的概率条件下，破片稳定时的最小速度为9.2638m/s。

4　总结

本文以线式爆炸分离系统为研究对象，运用LS-Dyna进行仿真计算，采用最优拉丁超立方算法采样进行试验设计。探究了装药密度、屈服应力和破坏应力三个因素分别对破片速度以及能量分配的影响，同时也考察了在分离板未能断裂的极限情况下，三个因素对能量分配趋势的影响情况。进一步研究了这些参数之间的相互关系，并建立了联合影响的合理描述，给出了分离破片的速度响应的概率分布以及在一定置信度水平下破片的最小速度。

参 考 文 献

[1]　陈荣, 卢芳云, 王瑞峰, 阳志光, 吕钢. 爆炸分离装置中保护罩安全性能分析[J]. 导弹与航天运载技术, 2007, 4:13~16.

[2]　刘晓路, 陈英武, 荆显荣, 陈盈果. 优化拉丁方试验设计方法及其应用[J]. 国防科技大学学报, 2011, 33(5): 73~77.

[3]　郑金华, 罗彪. 一种基于拉丁超立方抽样的多目标进化算法[J]. 模式识别与人工智能, 2009, 22(2): 223~233.

[4]　于晗, 钟志勇, 黄杰波, 张建华. 采用拉丁超立方采样的电力系统概率潮流计算方法[J]. 电力系统自动化, 2009, 33(21): 32~35.

[5]　Jin R, Chen W, Sudjianto A. An efficient algorithm for constructing optimal design of computer experiments[J]. Journal of Statistical Planning and Inference, 2005, 134(1): 268~287.

[6]　Iman R L. Uncertainty and sensitivity analysis for computer modeling application[C]//Proceedings of the Winter Annual Meeting of ASME. 1992: 153~168.

[7]　Iman R L, Conover W J. Small sample sensitivity analysis techniques for computer models with an application to risk assessment[J]. Communications in Statistics: Part A Theory and Methods, 1980, 49(17): 1749~1842.

民用炸药耐热性能的分析与比较

郭子如[1]　束学来[1]　郑炳旭[2]　颜事龙[1]　崔晓荣[2]

（1. 安徽理工大学化学工程学院，安徽淮南，232001；
2. 广东宏大爆破股份有限公司，广东广州，510623）

摘　要： 针对高温爆破中炸药存在早爆的危险性，论述了民用炸药的主要成分热分解及其影响因素；基于理论分析和相关实验结果，分析比较了铵油炸药、胶状乳化炸药、粉状乳化炸药、水胶炸药耐热性能。得出的初步结论为：民用炸药的耐热性与炸药组成和成分的性质有关，可燃剂与氧化剂混合均匀程度对炸药耐热性有重要影响；铵油类干态混合物耐热性能较好，水胶炸药耐热性能较差。

关键词： 高温爆破；炸药；耐热性能；热分解

Analysis and Comparison of Heat Resistance for Civil Explosives

Guo Ziru[1]　Shu Xuelai[1]　Zheng Bingxu[2]　Yan Shilong[1]　Cui Xiaorong[2]

(1. School of Chemical Engineering，Anhui University of Science and Technology, Anhui Huainan, 232001; 2. Guangdong Hongda Blasting Engineering Co., Ltd ., Guangdong Guangzhou, 510623)

Abstract: Aiming at the risk of premature explosion in high temperature blasting, the factors affecting thermal decomposition of main ingredient in civil explosives are discussed. The heat resistance of different civil explosives (e.g. ANFO, emulsion, water gel etc.) is analyzed and compared theoretically and experimentally. It is showed that the heat resistance of a civil explosive is related to the properties of ingredients in the explosive compositions. The mixture homogeneity and the inseparable contact between oxidants and fuels is a important factor to the heat resistance of civil explosives. The heat resistance for dry explosive mixture of oxidants and fuels presents relatively well and the heat resistance for water gels presents relatively poor.

Keywords: high-temperature blasting; heat resistance ; explosives; thermal decomposition

1　引言

我国宁夏、新疆、内蒙古等地区存在较为严重的煤炭自燃矿区，每年燃烧宝贵的自然资源，同时又给环境造成污染。为了安全可靠开采有自燃区域的煤炭资源，我国每年都要投入大量人力和财物进行矿山火区的灭火。在煤炭自燃矿区进行煤炭开采，不可避免地要运用爆破技术，这种爆破环境与传统爆破环境的一个重要区别就是炮孔温度高。一般来说炮孔温度高于 60℃的爆破称为高温爆破[1]，在火区矿山，炮孔温度处于 80~200℃区域比较常见，有些

基金项目：国家自然科学重点基金（煤炭联合基金）资助项目（51134012）。
作者信息：郭子如，教授，zrguo@aust.edu.cn。

矿山的局部炮孔温度甚至高于 500℃。民用炸药是由氧化剂和可燃物等构成的混合物，其受热分解反应一般是可燃剂和氧化剂之间的氧化放热反应。民用炸药的耐热性实质就是受热化学分解问题。温度提高，热分解速率加快，分解反应速率加快又释放出更多的热量，这种正反馈作用使得炸药的温度不断提高，最终会导致爆炸。当然这种分解反应的加速机制在理论上是十分复杂的。在高温爆破区域，曾发生了不少的爆破安全事故，如宁夏某矿区曾发生的爆破事故等[2, 3]。这些事故的主要原因是由于炸药受热而发生早爆。本文基于文献中初步的实验结果和物理化学基本原理对常用民用炸药的耐热性能进行分析，得出的结论是初步的，还需要进行更加深入、细致和系统的研究和分析。

我国现在广泛使用的民用炸药可分为不含水的硝铵类炸药（如铵油炸药、膨化硝铵炸药等）和含水炸药（如胶状乳化炸药、粉状乳化炸药、浆状或水胶炸药）。尽管炸药品种众多，但其主要成分可归纳为硝酸铵等氧化剂、油类（机械油、柴油、石蜡等）等可燃物以及部分添加剂，对于含水炸药还含有较多量的水，水胶炸药含有 30%～40%的爆破物硝酸甲胺。民用炸药组分中硝酸铵所占的比重较大，如铵油炸药中硝酸铵占 94%～95%，乳化炸药一般在 60%以上[4]，水胶炸药在 30%左右。因此从化学观点看，硝酸铵的性质对炸药的耐热性影响较为突出，此外炸药的其他组分的物理化学性质对炸药的热感度也有重要影响。

2 硝酸铵的热分解及其影响因素

硝酸铵在常温下就可以进行热分解，但是分解速度缓慢，在 110℃以上时才能明显观察到。大量堆积的硝酸铵，165℃时日分解量不超过 1%[5]。

文献[6]和[7]的实验研究得出少量硝酸铵在敞开体系中加热，一般不会发生放热分解，但是在密闭或加压条件下会发生放热分解的结论[7]。

基于化学动力学的基本观点，硝酸铵的初始反应速率受温度的影响，根据 Arrhenius 定律，热分解反应的速率常数 k 由下式表达：

$$k = A\exp\left(-\frac{E}{RT}\right)$$

热分解反应的速率与 k 成正比，因此，随着温度的升高，热分解速率急剧增加。

常温时的分解反应为吸热反应[8]：

$$NH_4NO_3 \longrightarrow NH_3 + HNO_3 \qquad \Delta H = -174.3 \text{ kJ} \tag{1}$$

温度介于 185～270℃时，热分解的主要形式是：

$$NH_4NO_3 \longrightarrow N_2O + 2H_2O \qquad \Delta H = +36.80 \text{ kJ} \tag{2}$$

$$2NH_4NO_3 \longrightarrow 2N_2 + 4H_2O + O_2 \qquad \Delta H = +238.30 \text{ kJ} \tag{3}$$

反应(3)具有爆炸特征。

式(1)是吸热反应，在低温下转换为爆炸反应式存在着热障，其自行加速热分解是不会发生的。但是实际上由于硝酸铵容易吸湿，总是含有水分，少量水的存在对硝酸铵分解具有催化作用，在温度仅高于常温时也具有自行加速的特征，从而发生爆炸。

很多文献[8~13]都指出，含有可燃物、少量水、氯化钠等对硝酸铵的热分解具有重要影响。一般，燃料油、木粉、氯化钠、某些酸降低了硝酸铵的起始分解温度，而硝酸钠、尿素、双氰二胺、硫酸铵、碳酸钙等对硝酸铵的热分解加速影响较小，甚至起到抑制作用。

3 现有民用炸药的耐热性分析

3.1 不含水的硝铵类炸药

图 1 ~ 图 3 所示是在敞开体系下，DSC 和 TG 的实验结果。实验是采用美国 TA 公司 SDT2960DSC-TG 联用仪进行测试的。初步的实验表明[6, 11, 14]，纯硝酸铵不发生放热分解（图 1 中无放热峰），但是含有木粉的样品和含有燃料油的样品在硝酸铵的熔化后具有放热反应。放热峰温度分别为 450.89K 和 503.87K（见图 2 和图 3）。

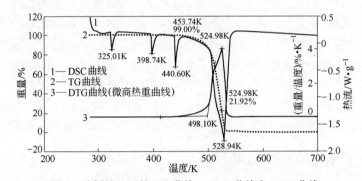

图 1 分析纯 AN 的 TG 曲线、DTG 曲线和 DSC 曲线
Fig.1 The curves of DSC, TG and DTG of pure AN thermal decomposition

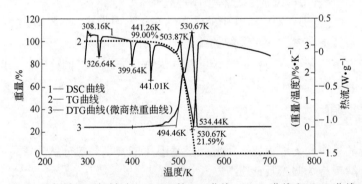

图 2 分析纯 AN/机械油（98/2）的 TG 曲线、DTG 曲线和 DSC 曲线
Fig.2 The curves of DSC, TG and DTG of the mixture of pure AN and oil(AN/oil=98/2)

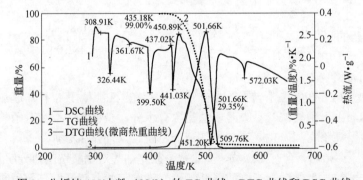

图 3 分析纯 AN/木粉（98/2）的 TG 曲线、DTG 曲线和 DSC 曲线
Fig.3 The curves of DSC, TG and DTG of the mixture of pure AN and wood powder(AN/WP=98/2)

然而采用 c-80 微热量量热仪进行测试，在密闭条件下，纯硝酸铵以及硝酸铵与硝酸钠混合物也有明显放热[15]。

上述结果说明硝酸铵受热分解与外界条件和是否混有可燃物密切相关。

3.2 乳化炸药和粉状乳化炸药

在 3.1 节相同的敞开实验条件下，乳化炸药具有显著的放热现象（见图4）[6, 11]。粉状乳化炸药与乳化炸药具有相似的结构，且由于水更少，粉状乳化炸药更加易于发生分解[16]。图 4 和图 2、图 3 比较说明，若可燃剂与氧化剂混合充分，在外界热作用下，更加易于发生放热反应。这些初步的实验结果与基本化学反应基本观点是一致的。

由 3.1 节和上述讨论初步得出乳化炸药和粉状乳化炸药耐热性比干态的铵油或铵木油差，同时粉状乳化炸药的耐热性不比胶状乳化好的结论。

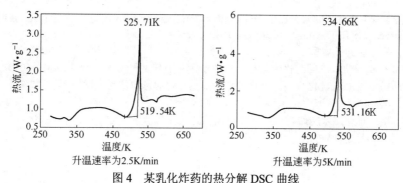

图4 某乳化炸药的热分解 DSC 曲线

Fig.4 The curves of DSC for a emulsion explosive

3.3 水胶炸药

水胶炸药是以硝酸甲胺为敏化剂，以无机硝酸盐、硝酸甲胺水溶液与胶凝剂形成的溶胶体系为连续相，采用交联剂技术制成的凝胶混合物。这种凝胶混合物中含有固体氧化剂、可燃物（如铝粉等）等组分。水胶炸药的水分含量约为10%左右，组成中含有的硝酸甲胺是一种爆炸物，感度较高，更易受热分解，其耐热性最差。文献[17]和[18]中的实验研究证实了这个分析。

4 结论

(1) 民用炸药的耐热性与炸药组成和成分的性质有关，可燃剂与氧化剂混合均匀程度对炸药耐热性有重要影响。

(2) 干态的铵油类炸药具有较好的耐热性。

(3) 胶状乳化炸药含水量高，含水量多可以明显提高炸药的耐热性能，导致其耐热性高于粉状乳化炸药。

(4) 水胶炸药的耐热性相对较差。

参 考 文 献

[1] 冶金部安全技术研究所.GB 6722—2003 爆破安全规程[S].北京:中国标准出版社,2004.

[2] 徐晨，李克民，李晋旭，等.露天煤矿高温火区爆破的安全技术探究[J].露天采矿技术，2010,(4)：73~75.

[3] 郑炳旭.中国高温介质爆破研究现状与展望[J].爆破，2010,27(3)：13~17.

[4] 黄文尧，颜事龙.炸药化学与制造[M].北京：冶金工业出版社，2009.

[5] 陆明．工业炸药配方设计[M]．北京：北京理工大学出版社，2002.

[6] 王小红.硝酸铵与乳化炸药典型组分混合物的热分解特性研究[D].淮南：安徽理工大学，2005.

[7] Nakamura, Hidetsugu, Kamo, Kenzi, etc. Effect of additives on the reaction of the mixtures of ammonium nitrate with aluminum Source[J]. Journal of the Japan Explosives Society, 1994, 55(4): 147~153.

[8] Опевскнн В М．硝酸铵工艺学[M]．王令仪，谢君方，夏开琦译．北京：化学工业出版社，1983.

[9] 王光龙，许秀成.硝酸铵热稳定的研究[J].郑州大学学报(工学版)，2003,24(1)：47~50.

[10] 唐双凌，吕春绪，等．改性硝酸铵爆炸安全性研究——Ⅱ.无机化学肥料对硝酸铵爆炸安全性的影响[J]．应用化学，2004，21(4)：400~404.

[11] 尹利.乳化炸药热安全性研究[D].淮南:安徽理工大学，2007.

[12] Turcotte R, Lightfoot P D, Fouchard R, et al. Thermal hazard assessment of AN and AN-based explosives[J]. Journal of hazardous materials, 2003: 1~27.

[13] Oxiey J C, Kaushik S M, Gilson N S. Thermal stability and compatibility of ammonium nitrate explosives on a small and large scale[J]. Thermochimica Acta, 1992, 212: 77~85.

[14] 郭子如，尹利，王小红.木粉与硝酸铵混合物热分解动力学分析[J].爆破器材，2005,34(5)：12~14.

[15] 陈晓春，郭子如．添加 AP 的乳化炸药基质的热分解研究[J].工程爆破，2009,19(3)：50~52.

[16] 马志刚，周易坤，王瑾.乳化炸药基质含水量对其热分解的影响及动力学参数的计算[J].火炸药学报，2009,32(1)：44~47.

[17] 王瑾，马志刚，刘治兵.水胶炸药的热分解动力学[J].火炸药学报，2007,30(3)：52~54.

[18] 崔鑫.乳化炸药热稳定性研究[D].淮南:安徽理工大学，2007.